全无敌·经典教材配套丛书

U0965787

微积分同步辅导与习题全解

(高教社·朱来义·第三版)

李红英　主编

華東理工大學出版社
EAST CHINA UNIVERSITY OF SCIENCE AND TECHNOLOGY PRESS
·上海·

图书在版编目(CIP)数据

微积分同步辅导与习题全解:高教社·朱来义·第三版/李红英主编.
上海:华东理工大学出版社,2015.8(2020.11重印)
(全无敌·经典教材配套丛书)
ISBN 978-7-5628-4342-9

Ⅰ.①微… Ⅱ.①李… Ⅲ.①微积分—高等学校—教学参考资料 Ⅳ.①O172

中国版本图书馆CIP数据核字(2015)第174101号

内容提要

本书是与朱来义主编的面向21世纪课程教材《微积分(第三版)》配套的学习辅导书,根据全国硕士研究生入学统一考试数学考试大纲(经济类)的要求编写而成。为了与教材保持同步,本书按原书的编排顺序逐章编写。每章内容包括:大纲要求、知识结构图、基本内容、重点难点剖析、典型例题解析、练习题全解、习题全解等七个栏目。

本书相对于教材有一定的独立性,可作为非数学专业微积分课程的学习参考书,也可作为考研的复习指导书。

全无敌·经典教材配套丛书

微积分同步辅导与习题全解(高教社·朱来义·第三版)

主　　编 / 李红英
责任编辑 / 周　颖
责任校对 / 金慧娟
出版发行 / 华东理工大学出版社有限公司
地址:上海市梅陇路130号,200237
电话:(021)64250306(营销部)
(021)64252344(编辑室)
传真:(021)64252707
网址:www.ecustpress.cn
印　　刷 / 常熟市华顺印刷有限公司
开　　本 / 787 mm×1092 mm　1/16
印　　张 / 20.5
字　　数 / 551千字
版　　次 / 2015年8月第1版
印　　次 / 2020年11月第12次
书　　号 / ISBN 978-7-5628-4342-9
定　　价 / 42.00元

联系我们:电子邮箱 press@ecust.edu.cn
官方微博 e.weibo.com/ecustpress
天猫旗舰店 http://hdlgdxcbs.tmall.com

華東理工大學出版社
客户端扫码进入天猫旗舰店

前言 PREFACE

为了帮助经济类和管理类在校学生和自学者学好“微积分”，为了给他们备考研究生提供一份复习资料，我们总结在教学中积累的大量资料和汇集的考题，编写了这本配套朱来义主编的面向21世纪课程教材《微积分(第三版)》同步辅导书。

全书根据全国硕士研究生入学统一考试数学考试大纲(经济类)的要求编写。为了与教材保持同步，本书按原书的编排顺序逐章编写。每章内容包括：大纲要求、知识结构图、基本内容、重点难点剖析、典型例题解析、练习题全解、习题全解等七个栏目。此外，还归纳了考研题和例题的解答过程中的常用方法、技巧及易错之处，尽量使解题方法标准、简捷、巧妙。

考虑到经管类学生和自学者学习数学过程中缺少过程指导书的困难，编写此书时，在选材、理论推导、文字叙述等诸多方面尽量满足其需要，并且在例题后增加了注意要点、解题思路和分析，帮助学生总结解题经验，避免常犯错误。

本书可作为经济和管理类本科生的学习辅导书，更是自学者和有志攻读经济和管理类硕士研究生青年的良师益友，对于从事“微积分”教学的教师也有一定的参考价值。

由于水平有限，不足与不当之处在所难免，恳请读者和专家批评指正。

编者

2015年6月

目录 CONTENTS

第1章 函　数

一、大纲要求

1. 理解函数的概念
2. 掌握函数的单调性、周期性、奇偶性和有界性
3. 理解反函数和复合函数的概念
4. 熟悉基本初等函数的性质及图形
5. 理解初等函数和隐函数的概念
6. 了解简单函数关系的建立

二、本章知识结构图

- 函数
  - 函数的定义
    - 求定义域
    - 求函数表达式
    - 求反函数
  - 函数的性质
    - 有界性
    - 单调性
    - 奇偶性
    - 周期性
  - 函数的类型
    - 基本初等函数
    - 初等函数
    - 非初等函数
  - 函数的形式
    - 显函数
    - 隐函数
    - 复合函数
    - 参数方程确定的函数
    - 分段函数
  - 简单函数关系的建立
    - 总成本函数
    - 总收入函数
    - 总利润函数
    - 需求函数
    - 供给函数

三、本章基本内容

1. 预备知识

表 1-1 绝对值、邻域

名 称	定 义	注 意
实数与数轴	有理数和无理数统称为实数，数轴是一条有原点、正方向和长度单位的直线	微积分中的函数都是在实数范围里讨论
实数的绝对值及其基本性质	$x\in\mathbf{R}$ $\|x\|=\begin{cases}x, 当\ x\geqslant 0\ 时;\\ -x, 当\ x<0\ 时\end{cases}$ $x\in\mathbf{R},y\in\mathbf{R}$ 1. $\|x\|\geqslant 0$; 2. $\|-x\|=\|x\|$; 3. $-\|x\|\leqslant x\leqslant\|x\|$; 4. $\|x\pm y\|\leqslant\|x\|+\|y\|$; 5. $\|\|x\|-\|y\|\|\leqslant\|x-y\|$; 6. $\|xy\|=\|x\|\|y\|$; 7. $\left\|\frac{x}{y}\right\|=\frac{\|x\|}{\|y\|}(y\neq 0)$	
区间与邻域	设 $\delta>0$，我们称 $O_\delta(x_0)$ 为 x_0 的 δ 邻域(实心邻域)，即 $O_\delta(x_0)=(x_0-\delta,x_0+\delta)$；我们称 $O_\delta(x_0)/\{x_0\}$ 为 x_0 的 δ 去心邻域(空心邻域)，即 $O_\delta(x_0)/\{x_0\}=(x_0-\delta,x_0)\cup(x_0,x_0+\delta)$；设 $M>0$，我们称 $\|x\|>M$ 为 ∞ 点的 M 邻域，记为 $O_M(\infty)$	1. 实心邻域与空心邻域的区别 2. $(x_0-\delta,x_0)$ 为 x_0 的左邻域，$(x_0,x_0+\delta)$ 为 x_0 的右邻域 3. 邻域是开区间

2. 函数概念

表 1-2 函数

名 称	定 义	注 意
函数	设有两个变量 x 与 y，变量 x 属于某实数集合 D，如果存在一个确定的法则(也说对应规则) f，使得对于每一个 $x\in D$，都有唯一的一个实数 y 与之对应，则称这个对应法则 f 为定义在实数集合 D 上的一个一元函数，简称函数，D 称为 f 的定义域 $R(f)=\{y\|y=f(x),x\in D(f)\}$，$R(f)$ 称为 f 的值域	二要素：定义域、对应法则
复合函数	已知函数 $y=f(u),u\in D(f),y\in R(f),u=g(x),x\in D(g),u\in R(g)$. 如果 $D(f)\cap R(g)\neq\varnothing$(空集)，则称函数 $y=f[g(x)]$，$x\in\{x\|g(x)\in D(f)\}$ 为由函数 $y=f(u)$ 和 $u=g(x)$ 复合而成的复合函数	$D(f)\cap R(g)\neq\varnothing$ 为复合条件，否则不能复合
反函数	设函数 $y=f(x)$ 的定义域是 $D(f)$，值域是 $R(f)$，如果对每一个 $y\in R(f)$，都有唯一确定的 $x\in D(f)$ 与之对应且满足 $y=f(x)$，则 x 是定义在 $R(f)$ 上以 y 为自变量的函数，记此函数为 $x=f^{-1}(y),y\in R(f)$ 并称其为函数 $y=f(x)$ 的反函数	

续 表

名 称	定 义	注 意
初等函数	由基本初等函数经过有限次四则运算和有限次复合而成的函数称为初等函数	有限次
隐函数	设二元方程 $F(x,y)=0$,对于某一实数集合 D 内的每一个 x,均有上述方程唯一确定的 y 与之对应(此处的 y 与 x 一起满足方程),称由方程 $F(x,y)=0$ 确定了一个定义在 D 上的隐函数 $y=f(x)$,$x\in D$. 也称方程 $F(x,y)=0$ 为隐式方程	

3. 函数的性质

表 1-3 函数的几种特性

性 质		定 义	图例或说明
有界性		函数 $f(x)$ 的定义域为 D,若存在 $M>0$,对 $\forall x\in D$ 有 $\vert f(x)\vert\leqslant M$,称 $f(x)$ 在 D 内有界,或称 $f(x)$ 为 D 内的有界函数. 上界:$\exists M_1$,对 $\forall x\in D$,有 $f(x)\leqslant M_1$;下界:$\exists M_2$,对 $\forall x\in D$,有 $f(x)\geqslant M_2$	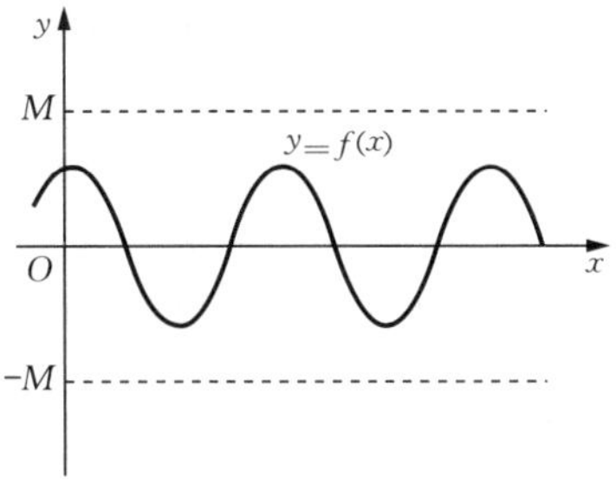
无界性		函数 $f(x)$ 的定义域为 D,对 $\forall M>0$,$\exists x_0\in D$,使 $\vert f(x_0)\vert>M$,称 $f(x)$ 在 D 上无界	如:$f(x)=\dfrac{1}{x}$ 在 $(0,+\infty)$ 上无界;$\forall M>0$,$\exists x_0=\dfrac{1}{2M}$,$f(x_0)=2M>M$
单调性	单调增加	函数 $f(x)$ 的定义域为 D,$\forall x_1,x_2\in D$,当 $x_1<x_2$ 时,恒有 $f(x_1)\leqslant f(x_2)$,称 $f(x)$ 在区间 D 上单调增加,若恒有 $f(x_1)<f(x_2)$,称 $f(x)$ 在区间 D 上**严格**单调增加	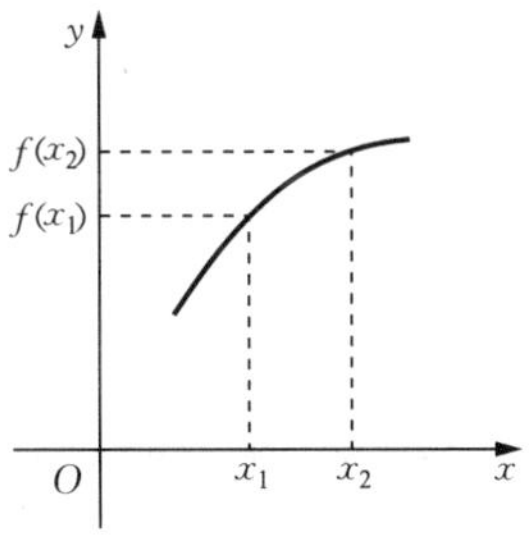
	单调减少	函数 $f(x)$ 的定义域为 D,$\forall x_1,x_2\in D$,当 $x_1<x_2$ 时,恒有 $f(x_1)\geqslant f(x_2)$,称 $f(x)$ 在区间 D 上单调减少,若恒有 $f(x_1)>f(x_2)$,称 $f(x)$ 在区间 D 上**严格**单调减少	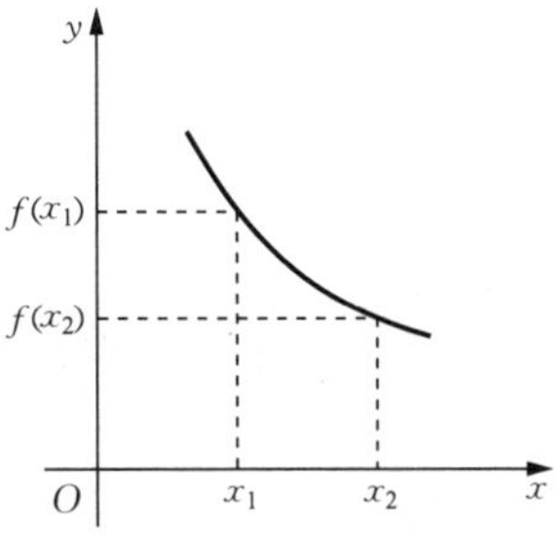

续　表

性　质		定　　义	图例或说明
奇偶性	偶函数	函数 $f(x)$ 在一个关于原点对称的实数集合 D 内有定义,若对 $\forall x \in D$,有 $f(x)=f(-x)$,称 $f(x)$ 为集合 D 内的偶函数	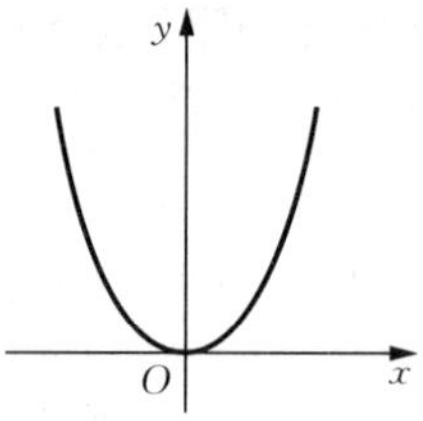
	奇函数	函数 $f(x)$ 在一个关于原点对称的实数集合 D 内有定义,若对 $\forall x \in D$,有 $f(-x)=-f(x)$,称 $f(x)$ 为集合 D 内的奇函数	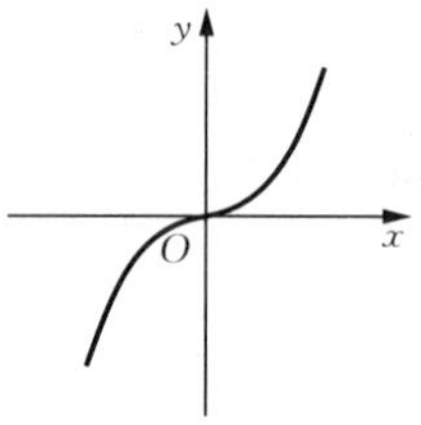
周期性		函数 $f(x)$ 的定义域为 D,若存在一个非零常数 T,使对 $\forall x \in D$,有 $(x+T) \in D$,且 $f(x+T)=f(x)$ 恒成立,称 $f(x)$ 为 D 上的周期函数,满足上式的最小正数 T_0 称为 $f(x)$ 的基本周期,简称周期	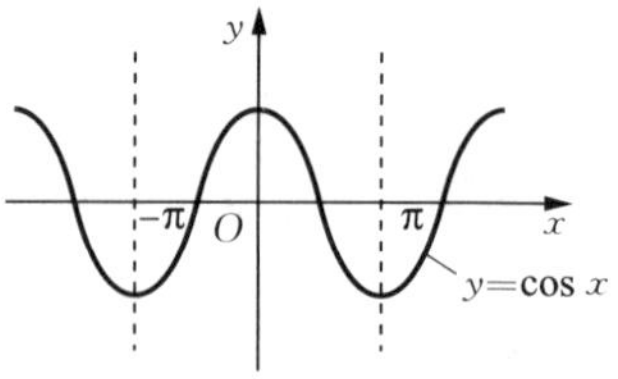

4. 基本初等函数

表 1-4　定义、性质、图形

名称	定义与性质	图　　形
常数函数	$y=C$,C 为常数, 定义域为 $(-\infty,+\infty)$, 其图形为平行于 x 轴的直线	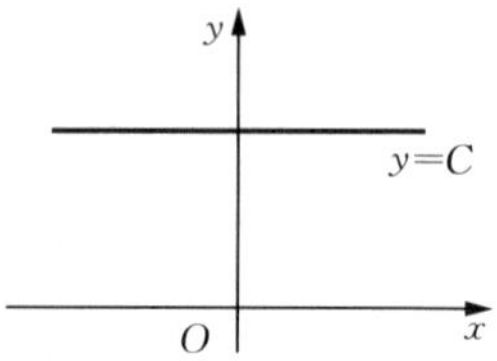
幂函数	$y=x^{\alpha}$(α 为实数),当 $x>0$ 时, $\alpha>0$,为增函数; $\alpha<0$,为减函数	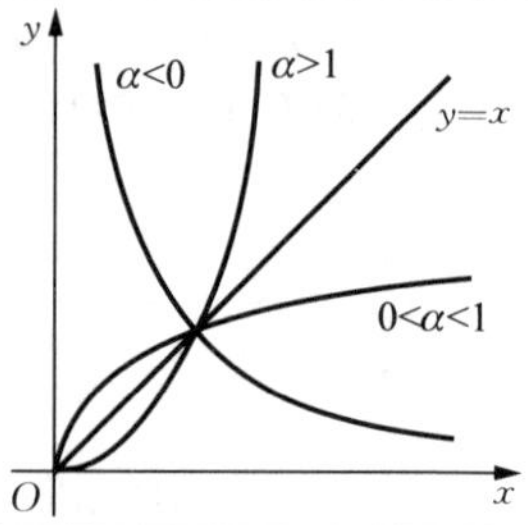
指数函数	$y=a^{x}$($a>0,a\neq 1$), 定义域为 $(-\infty,+\infty)$, 当 $a>1$ 时,为严格单调增加函数; 当 $0<a<1$ 时,为严格单调减少函数	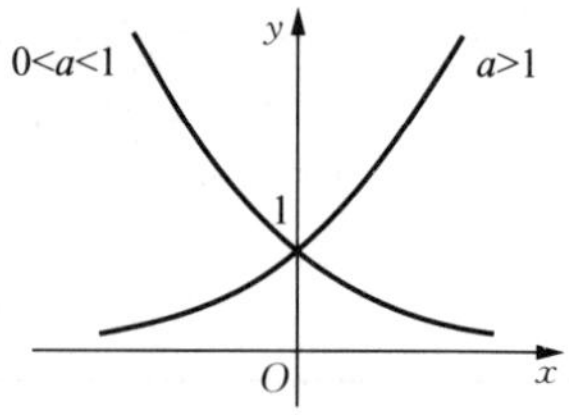

续 表

名称	定义与性质	图 形
三角函数	正弦函数：$y=\sin x$， 定义域为$(-\infty,+\infty)$， 奇函数，周期 $T=2\pi$，$\lvert\sin x\rvert\leqslant 1$， 最大值为 1，最小值为 -1	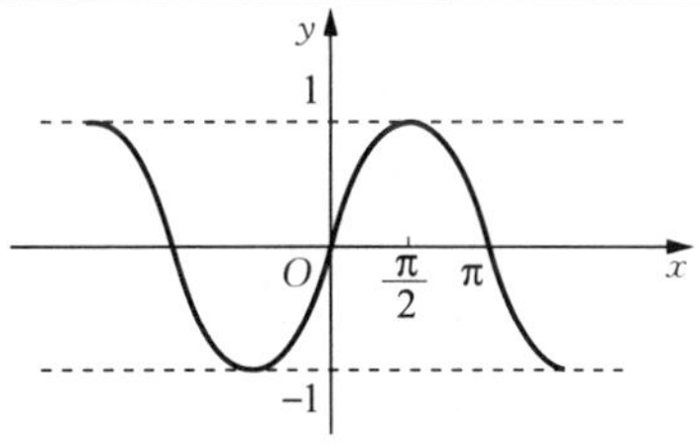
	余弦函数：$y=\cos x$， 定义域为$(-\infty,+\infty)$， 偶函数，周期 $T=2\pi$，$\lvert\cos x\rvert\leqslant 1$， 最大值为 1，最小值为 -1	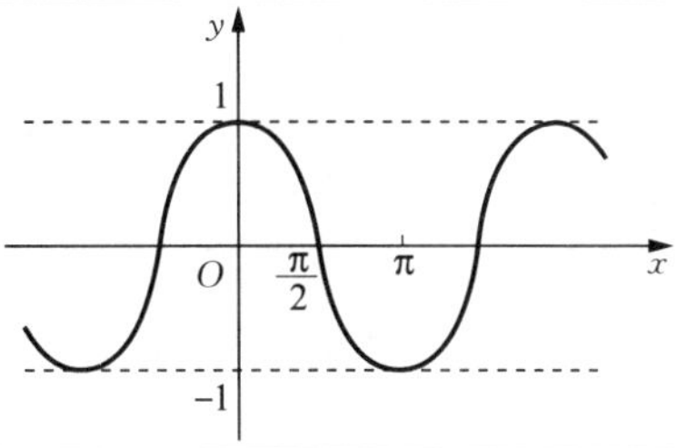
	正切函数：$y=\tan x$， 定义域为$\{x\neq k\pi+\frac{\pi}{2},k=0,\pm1,\pm2,\cdots\}$， 奇函数，周期 $T=\pi$	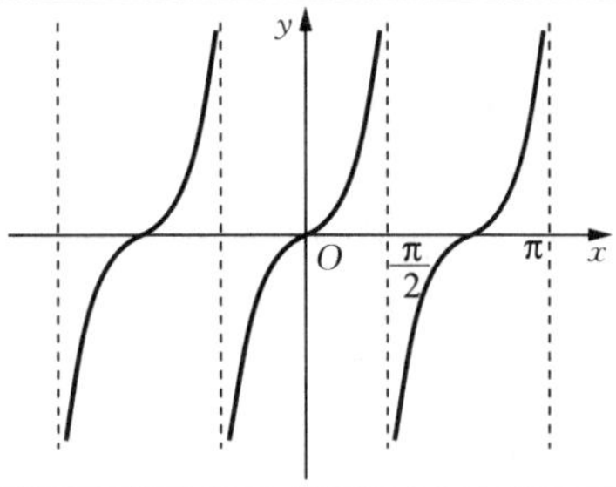
	余切函数：$y=\cot x$， 定义域为$\{x\neq k\pi,k=0,\pm1,\pm2,\cdots\}$， 奇函数，周期 $T=\pi$	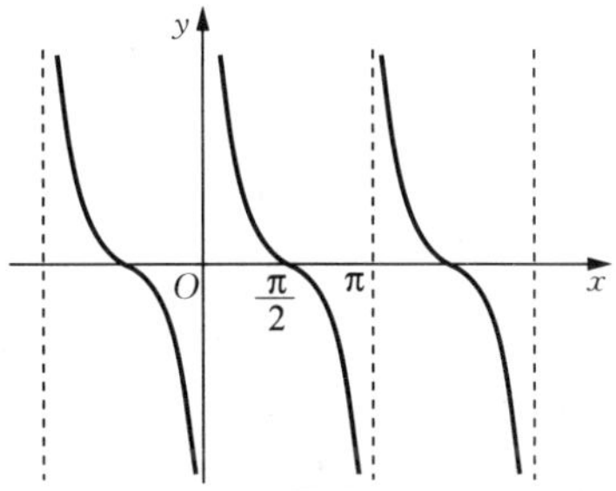
反三角函数	反正弦函数：$y=\arcsin x$， 定义域为$[-1,1]$， 值域为$\left[-\frac{\pi}{2},\frac{\pi}{2}\right]$， 奇函数，单调增函数	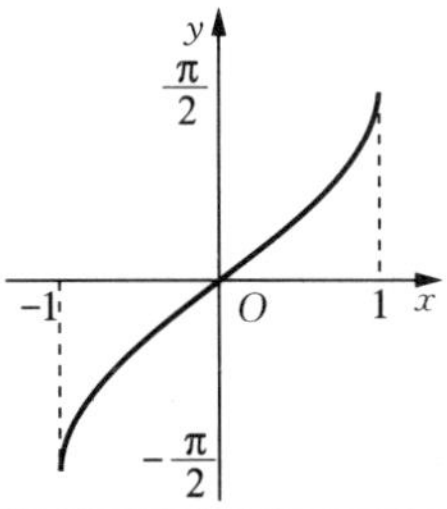
	反余弦函数：$y=\arccos x$， 定义域为$[-1,1]$， 值域为$[0,\pi]$， 非奇非偶函数，单调减函数	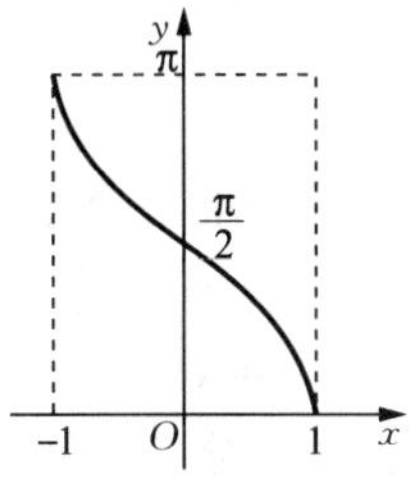

四、重点难点剖析

1. 函数定义两要素:定义域及对应规则 f.

2. $f(x)$有界,则 $f(x)$有下界$-M$ 和上界M;反之,若 $f(x)$有上界 M_1 和下界 M_2,则 $f(x)$必有界,$M=\max\{|M_1|,|M_2|\}$.

3. 注意复合函数 $y=f[g(x)]$的定义及构成复合函数的条件. 如果 $D(f)\cap R(g)\neq\varnothing$(空集),则可以复合成复合函数;如果 $D(f)\cap R(g)=\varnothing$,不能复合成复合函数.

例 $y=f(u)=\ln(u^2-1)$,$u=g(x)=\cos x$ 不能复合为 $y=\ln(\cos^2 x-1)$.

4. 周期函数的周期是指最小正周期,但最小正周期不一定存在,如常数函数 $y=C$、狄利克雷函数 $D(x)=\begin{cases}1, & x\text{ 为有理数};\\0, & x\text{ 为无理数}\end{cases}$ 均为周期函数,但无最小正周期.

5. 掌握分段函数的表示法和定义域.

五、典型例题解析

例 1 指出下面各组中两个函数是否相同,并说明理由.

(1) $f(x)=\dfrac{|x|}{x}$, $g(x)=\dfrac{\sqrt{x^2}}{x}$;

(2) $f(x)=x+1$, $g(x)=\sqrt{(x+1)^2}$;

(3) $f(x)=x$, $g(x)=\sin(\arcsin x)$.

解 (1) $f(x)$与 $g(x)$相同. 因为它们的定义域相同,都是$(-\infty,0)\cup(0,+\infty)$,对应关系也相同,是 $y=\begin{cases}1, & x>0;\\-1, & x<0.\end{cases}$

(2) $f(x)$与 $g(x)$不同. 因为它们的对应关系不同,$g(x)=|x+1|$.

(3) $f(x)$与 $g(x)$不同. 因为它们的定义域不同.

$f(x)$的定义域是$(-\infty,+\infty)$,而 $g(x)$的定义域为$[-1,1]$.

例 2 已知 $f(x)=\dfrac{1}{\lg(3-x)}+\sqrt{49-x^2}$,求 $f(x)$的定义域及 $f[f(-7)]$.

解 要使函数 $f(x)$有意义,应有$\begin{cases}3-x>0,\\3-x\neq 1,\\-7\leqslant x\leqslant 7\end{cases}$

解之得$-7\leqslant x<2$ 及 $2<x<3$,因为 $f(-7)=\dfrac{1}{\lg 10}=1$,

所以 $f[f(-7)]=f(1)=\dfrac{1}{\lg 2}+4\sqrt{3}$.

关于定义域的求法应注意:如果函数是一个抽象的数学式子,则其定义域是使这个式子有意义的一切实数,这时应注意到:① 分式的分母不能为零;② 偶次根号下应大于或等于零;③ 对数的真数应大于零;④ $\arcsin x$ 或 $\arccos x$,其中$|x|\leqslant 1$;⑤ 若函数表达式由几项组成,则其定义域是各项定义域的公共部分;⑥ 分段函数定义域是各段定义域的并集.

例 3 设 $f(x)=\frac{x}{x-1}$,试求 $f(f(x)),f(f(f(x))),f\left(\frac{1}{f(x)}\right)$.

$$f(f(x))=\frac{f(x)}{f(x)-1}=\frac{\frac{x}{x-1}}{\frac{x}{x-1}-1}=x \quad (x\neq1).$$

$$f(f(f(x)))=\frac{f(f(x))}{f(f(x))-1}=\frac{x}{x-1}=f(x) \quad (x\neq1).$$

$$f\left(\frac{1}{f(x)}\right)=\frac{\frac{1}{f(x)}}{\frac{1}{f(x)}-1}=\frac{1}{1-f(x)}=1-x \quad (x\neq0,1).$$

本题是考查对函数符号的理解以及函数符号的运用,若令 $f_n(x)=\underbrace{f[\cdots f}_{n层}(x)]$,则可利用数学归纳法证得 $f_{2k}(x)=x,\quad f_{2k+1}(x)=f(x)$.

例 4 设 $f(x)=\begin{cases}\sqrt{2-x^2}, & |x|\leqslant1;\\ 0, & |x|>1,\end{cases}$ 求 $f[f(x)]$.

解 因为 $f[f(x)]=\begin{cases}\sqrt{2-(f(x))^2}, & |f(x)|\leqslant1;\\ 0, & |f(x)|>1.\end{cases}$

所以关键是要找出使 $|f(x)|\leqslant1$ 和 $|f(x)|>1$ 时的 x 的范围.

当 $|x|<1$ 时,$f(x)=\sqrt{2-x^2}>1$;$|x|=1$ 时,$f(x)=1$;$|x|>1$ 时,$f(x)=0$,所以

$$f[f(x)]=\begin{cases}0, & |x|<1;\\ 1, & |x|=1;\\ \sqrt{2}, & |x|>1.\end{cases}$$

例 5 证明下列函数在所示区间内是单调的:

(1) $f(x)=2^{1-x}\quad(-\infty<x<+\infty)$; (2) $f(x)=\frac{1+x}{x}\quad(0<x<+\infty)$.

证明 (1) 设 $-\infty<x_1<x_2<+\infty$,则 $f(x_1)-f(x_2)=2^{1-x_1}-2^{1-x_2}=2^{1-x_2}(2^{x_2-x_1}-1)$.

因为 $x_2-x_1>0$,故 $2^{x_2-x_1}>1$,所以 $f(x_1)-f(x_2)>0$,即 $f(x)$ 是单调减少的.

(2) 设 $0<x_1<x_2<+\infty$,则 $f(x_1)-f(x_2)=\frac{1+x_1}{x_1}-\frac{1+x_2}{x_2}=\frac{x_2-x_1}{x_1x_2}$.

因为 $x_2-x_1>0,x_1x_2>0$,所以 $f(x_1)-f(x_2)>0$,即 $f(x)$ 是单调减少的.

例 6 判断下列函数的奇偶性:

(1) $f(x)=e^{x^2}\sin x$; (2) $f(x)=\begin{cases}2x+3, & 0<x\leqslant\pi;\\ 0, & x=0;\\ 2x-3, & -\pi\leqslant x<0;\end{cases}$

(3) $f(x)=\ln(x+\sqrt{1+x^2})\quad(a>0,a\neq1)$.

解 (1) $f(-x)=-e^{(-x)^2}\sin x=-f(x)$,故 $f(x)$ 为奇函数.

(2) $x\in[-\pi,0)$ 时,$-x\in(0,\pi]$,$f(-x)=-2x+3=-f(x)$;

$x\in(0,\pi]$ 时,$-x\in[-\pi,0)$,$f(-x)=-2x-3=-f(x)$.

又 $f(0)=0$,综上所述,对任何 $x\in[-\pi,\pi]$,$f(-x)=-f(x)$,故 $f(x)$ 为奇函数.

(3) $f(-x)=\ln(-x+\sqrt{1+x^2})=\ln\frac{1}{x+\sqrt{1+x^2}}=-f(x)$,故 $f(x)$ 为奇函数.

例 7 证明下列函数的有界性:

(1) $f(x)=\dfrac{1+x^2}{1+x^4}\quad(-\infty<x<+\infty)$; (2) $f(x)=\dfrac{e^x-e^{-x}}{e^x+e^{-x}}\quad(-\infty<x<+\infty)$.

证明 (1) 对任何实数 x,有 $0<\dfrac{1+x^2}{1+x^4}=\dfrac{1}{1+x^4}+\dfrac{x^2}{1+x^4}\leqslant 1+\dfrac{1}{2}=\dfrac{3}{2}$,

即 $0<f(x)\leqslant\dfrac{3}{2}$,所以 $f(x)$ 在 $(-\infty,+\infty)$ 内是有界函数.

(2) 当 $x\geqslant 0$ 时,$f(x)=1-\dfrac{2}{e^{2x}+1}$,此时,$0\leqslant f(x)<1$;

当 $x<0$ 时,$f(x)=-1+\dfrac{2}{e^{-2x}+1}$,此时,$-1<f(x)<0$.

故对任何 x,$-1<f(x)<1$,即 $f(x)$ 在 $(-\infty,+\infty)$ 内是有界函数.

例 8 设 $f(x)$ 是以 $T>0$ 为周期的函数,证明 $f(Cx)(C>0)$ 是以 $\dfrac{T}{C}$ 为周期的函数.

证明 令 $F(x)=f(Cx)$,则

$$F\left(x+\frac{T}{C}\right)=f\left[C\left(x+\frac{T}{C}\right)\right]=f(Cx+T)=f(Cx)=F(x),$$

故 $f(Cx)$ 是以 $\dfrac{T}{C}$ 为周期的函数.

例 9 设 $f(x)=\begin{cases}0, & x<0;\\ x, & x\geqslant 0,\end{cases}$ $g(x+1)=x^2+x+1$,试求 $f[g(x)]$,$g[f(x)]$.

解 因为 $g(x+1)=x^2+x+1=(x+1)^2-(x+1)+1$,

于是 $g(x)=x^2-x+1=\left(x-\dfrac{1}{2}\right)^2+\dfrac{3}{4}>0$,所以

$$f[g(x)]=\begin{cases}0, & g(x)<0;\\ g(x), & g(x)\geqslant 0\end{cases}=x^2-x+1\quad x\in(-\infty,+\infty),$$

$$g[f(x)]=f^2(x)-f(x)+1=\begin{cases}1, & x<0;\\ x^2-x+1, & x\geqslant 0.\end{cases}$$

例 10 设某商品的需求函数为 $Q_d=15-0.4P$,其中 P 为销售价格,总成本函数为 $C=12+0.3Q_d$,求该商品总利润对于销售价格的函数.

解 当销售量为 Q_d 时,总收入为 $R(P)=Q_dP=(15-0.4P)P$.

于是总利润对于销售价格的函数为

$$L(P)=R(P)-C(Q_d)=(15-0.4P)P-[12+0.3(15-0.4P)]=15.12P-0.4P^2-16.5.$$

六、练习题全解

练习 1.1

1. 解下列不等式,并用区间表示不等式的解集:

(1) $|x+1|<3$; (2) $|x-2|\geqslant 5$; (3) $|2x+1|>|x-1|$; (4) $|x|>x+1$;

(5) $0<|ax+b|<\delta$ (a,b,δ 均为正的常数); (6) $|x+1|+|x-1|\leqslant 4$.

解 (1) 原不等式等价于 $-3<x+1<3$ $\quad -4<x<2\quad (-4,2)$

(2) 原不等式等价于 $x-2\geqslant 5$ $x\geqslant 7$ 或 $x-2\leqslant -5$ $x\leqslant -3$ $(-\infty,-3]\cup[7,+\infty)$

(3) 原不等式等价于 $(2x+1)^2>(x-1)^2$ $x(x+2)>0$ $\begin{cases}x>0\\x+2>0\end{cases}$ 得 $x>0$

或 $\begin{cases}x<0\\x+2<0\end{cases}$ 得 $x<-2$ $(-\infty,-2)\cup(0,+\infty)$

(4) 原不等式等价于 $\begin{cases}x+1\geqslant 0\\x^2>x^2+2x+1\end{cases}$ 或 $x+1<0\Rightarrow -1\leqslant x<-\dfrac{1}{2}$ 或 $x<-1\Rightarrow x<-\dfrac{1}{2}$

故原不等式的解集为 $\left(-\infty,-\dfrac{1}{2}\right)$

(5) 因为 $ax+b\neq 0$ 所以 $x\neq -\dfrac{b}{a}$ $|ax+b|<\delta$ $-\delta<ax+b<\delta$

$\dfrac{-\delta-b}{a}<x<\dfrac{\delta-b}{a}$ $\left(-\dfrac{1}{a}(\delta+b),-\dfrac{b}{a}\right)\cup\left(-\dfrac{b}{a},\dfrac{1}{a}(\delta-b)\right)$

(6) 当 $x\leqslant -1$ 时 $-(x+1)-(x-1)\leqslant 4$ $x\geqslant -2$

当 $x\geqslant 1$ 时 $x+1+x-1\leqslant 4$ $x\leqslant 2$

当 $-1<x<1$ 时 $x+1-(x-1)\leqslant 4$ $2\leqslant 4$ 恒成立,所以原不等式的解集为 $[-2,2]$

2. 利用不等式 $|a+b|<|a|+|b|$,证明:

(1) 当 $|x+1|<\dfrac{1}{2}$ 时,$|x-2|<\dfrac{7}{2}$; (2) 当 $|x-1|\leqslant 1$ 时,$|x^2-1|\leqslant 3|x-1|$.

证明 (1) 因为 $|a+b|<|a|+|b|$ $|x-2|=|x+1-3|<|x+1|+|-3|<\dfrac{1}{2}+3=\dfrac{7}{2}$

(2) 当 $|x-1|\leqslant 1$ 时 $|x^2-1|=|(x+1)(x-1)|=3|x-1|$

3. 证明不等式:

(1) $|a-b|\leqslant|a-c|+|c-b|$; (2) $|a-b|\leqslant|a|+|b|$.

证明 (1) 因为 $|a+b|\leqslant|a|+|b|$

所以 $|a-b|=|(a-c)+(c-b)|\leqslant|a-c|+|c-b|$

(2) $|a-b|=|a+(-b)|\leqslant|a|+|-b|=|a|+|b|$

练习 1.2

1. 试判断下列每对函数是否是相同的函数,并说明理由:

(1) $y=x$ 与 $y=2^{\log_2 x}$; (2) $y=\sin(\arcsin x)$ 与 $y=x$; (3) $y=2\ln x$ 与 $y=\ln x^2$;

(4) $y=|x|$ 与 $y=\sqrt{x^2}$; (5) $y=\sqrt{1+\cos 2x}$ 与 $y=\sqrt{2}\cos x$;

(6) $y=\arctan(\tan x)$ 与 $y=x$; (7) $y=\sin^2x+\cos^2x$ 与 $y=1$;

(8) $y=f(x)$ 与 $x=f(y)$; (9) $y=\ln(x^2-1)$ 与 $y=\ln(x+1)+\ln(x-1)$.

解 (1) $y=x$,它的定义域为 $D(f)=(-\infty,+\infty)$,

$y=2^{\log_2 x}$,它的定义域为 $D(g)=(0,+\infty)$

因为定义域不同,故 $y=x$ 与 $y=2^{\log_2 x}$ 不相同.

(2) $y=\sin(\arcsin x)$,它的定义域为 $D(f)=[-1,1]$,

$y=x$,它的定义域为 $D(g)=(-\infty,+\infty)$

定义域不同,故 $y=\sin(\arcsin x)$ 与 $y=x$ 不相同.

(3) $y=2\ln x$,它的定义域为:$D(f)=(0,+\infty)$

$y=\ln x^2$,它的定义域为:$D(g)=(-\infty,0)\cup(0,+\infty)$

定义域不同,故 $y=2\ln x$ 与 $y=\ln x^2$ 不相同.

(4) $f=y=|x|$ $D(f)=(-\infty,+\infty)$ $R(f)=[0,+\infty)$

$g=y=\sqrt{x^2}$ $D(g)=(-\infty,+\infty)$ $R(g)=[0,+\infty)$

定义域相同,对应规则相同,所以 $y=|x|$ 与 $y=\sqrt{x^2}$ 相同.

(5) $f=y=\sqrt{1+\cos 2x}$ $R(f)=[0,\sqrt{2}]$

$g=y=\sqrt{2}\cos x$ $R(g)=[-\sqrt{2},\sqrt{2}]$

对应规则不同,所以 $y=\sqrt{1+\cos 2x}$ 与 $y=\sqrt{2}\cos x$ 不相同.

(6) $f=y=\arctan(\tan x)$ $D(f)=\{x\neq k\pi+\frac{\pi}{2},k=0,\pm1,\pm2,\cdots\}$

$g=y=x$ $D(g)=(-\infty,+\infty)$

定义域不同,所以 $y=\arctan(\tan x)$ 与 $y=x$ 不相同.

(7) $f=g=\sin^2x+\cos^2x$ $D(f)=D(g)=(-\infty,+\infty)$ $R(f)=R(g)=1$ $g=y=1$,

定义域相同,对应规则相同,所以 $y=\sin^2x+\cos^2x$ 与 $y=1$ 相同.

(8) 由函数表示法“无关特性”知 $f(x)=f(y)$,其定义域和对应关系完全相同,

所以 $y=f(x)$ 与 $x=f(y)$ 相同.

(9) $f=y=\ln(x^2-1)$ $D(f)=(-\infty,-1)\cup(1,+\infty)$

$g=y=\ln(x+1)+\ln(x-1)$ $D(g)=(1,+\infty)$

定义域不同,所以 $y=\ln(x^2-1)$ 与 $y=\ln(x+1)+\ln(x-1)$ 不相同.

2. 求下列函数的定义域,并用区间表示:

(1) $y=\sqrt{x-2}+\dfrac{1}{x-3}+\ln(5-x)$; (2) $y=\dfrac{\sqrt{x+2}}{|x|-x}$; (3) $y=2^{\frac{1}{x}}+\arcsin\ln\sqrt{1-x}$;

(4) $y=\arcsin\dfrac{1}{x}$; (5) $y=\sqrt{\dfrac{1-x}{1+x}}$; (6) $y=\ln\sin x$; (7) $y=e^{\frac{1}{\sqrt{x}}}+\dfrac{1}{1-\ln x}$.

解 (1) $\begin{cases}x-2\geqslant0\\x-3\neq0\\5-x>0\end{cases}\Rightarrow\begin{cases}x\geqslant2\\x\neq3\\x<5\end{cases}\Rightarrow D(f)=[2,3)\cup(3,5)$

(2) $\begin{cases}x+2\geqslant0\\|x|-x\neq0\end{cases}\Rightarrow\begin{cases}x\geqslant-2\\x<0\end{cases}\Rightarrow D(f)=[-2,0)$

(3) $\begin{cases}x\neq0\\\left|\ln\sqrt{1-x}\right|\leqslant1\\1-x>0\end{cases}\Rightarrow\begin{cases}x\neq0\\1-e^2\leqslant x\leqslant1-e^{-2}\\x<1\end{cases}\Rightarrow D(f)=[1-e^2,0)\cup(0,1-e^{-2}]$

(4) $\begin{cases}x\neq0\\\left|\dfrac{1}{x}\right|\leqslant1\end{cases}\Rightarrow\begin{cases}x\neq0\\x\geqslant1\text{ 或 }x\leqslant-1\end{cases}\Rightarrow D(f)=(-\infty,-1]\cup[1,+\infty)$

(5) $\begin{cases}1+x\neq0\\\dfrac{1-x}{1+x}\geqslant0\end{cases}\Rightarrow\begin{cases}x\neq-1\\-1\leqslant x\leqslant1\end{cases}\Rightarrow D(f)=(-1,1]$

(6) $\begin{cases}\sin x>0\\x\in(-\infty,+\infty)\end{cases}\Rightarrow D(f)=(2k\pi,(2k+1)\pi)\ (k=0,\pm1,\pm2,\cdots)$

(7) $\begin{cases}x\neq0\\1-\ln x\neq0\\x>0\end{cases}\Rightarrow\begin{cases}x\neq0\\x\neq e\\x>0\end{cases}\Rightarrow D(f)=(0,e)\cup(e,+\infty)$

3. 求下列分段函数的定义域,并作出函数的图形:

(1) $y=\begin{cases}\sqrt{4-x^2}, & |x|<2;\\ x^2-1, & 2\leqslant|x|<4;\end{cases}$ (图 1-1)

(2) $y=\begin{cases}\dfrac{1}{x}, & x<0;\\ x-3, & 0\leqslant x<1;\\ -2x+1, & 1\leqslant x<+\infty.\end{cases}$ (图 1-2)

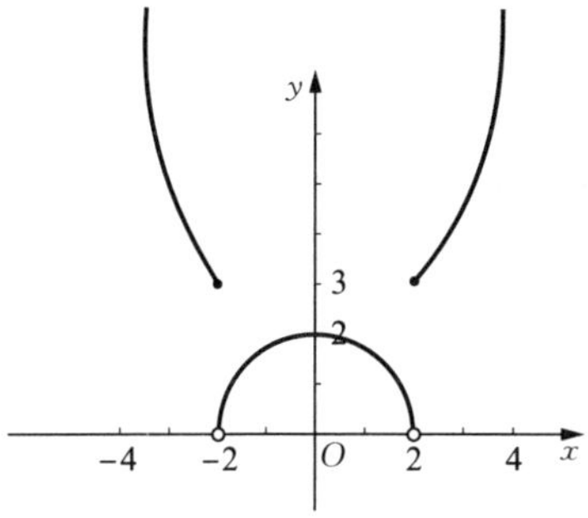

图 1-1

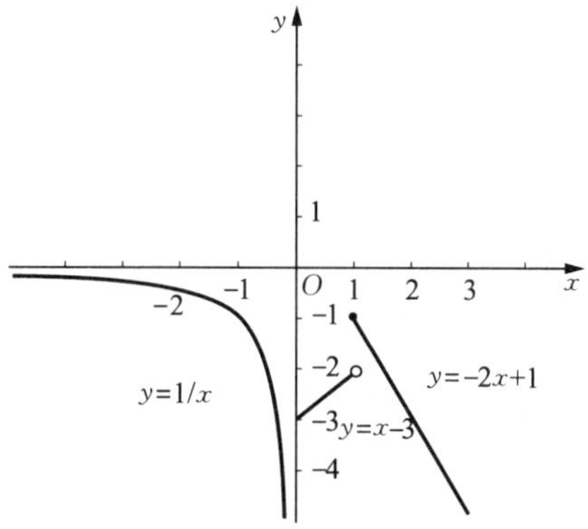

图 1-2

解 (1) $D(f)=(-4,-2]\cup(-2,2)\cup[2,4)=(-4,4)$

(2) $D(f)=(-\infty,+\infty)$

4. 求分段函数的函数值 $f(0)$,$f(1)$,$f(-1)$,$f(1.5)$,$f(-1.5)$,$f(1+k)$:

(1) $f(x)=\begin{cases}1-2x, & |x|\leqslant1;\\ x^2+1, & |x|>1;\end{cases}$ (2) $f(x)=\begin{cases}\dfrac{x^2-1}{2}, & x\neq1;\\ 0, & x=1.\end{cases}$

解 (1) $f(0)=1$ $f(1)=-1$ $f(-1)=3$ $f(1.5)=3.25$ $f(-1.5)=3.25$

$$f(1+k)=\begin{cases}1-2(1+k) & |1+k|\leqslant1\\ (1+k)^2+1 & |1+k|>1\end{cases}=\begin{cases}-2k-1, & -2\leqslant k\leqslant0;\\ k^2+2k+2, & k>0 \text{ 或 } k<-2\end{cases}$$

(2) $f(0)=-\dfrac{1}{2}$ $f(1)=0$ $f(-1)=0$ $f(1.5)=0.625$ $f(-1.5)=0.625$

$$f(1+k)=\begin{cases}\dfrac{(1+k)^2-1}{2}, & (1+k)\neq1\\ 0, & (1+k)=1\end{cases}=\begin{cases}\dfrac{k^2+2k}{2}, & k\neq0;\\ 0, & k=0\end{cases}$$

5. 将下列函数写成分段函数:

(1) $f(x)=3x+|x-5|$; (2) $f(x)=|x^2-9|$;

(3) $f(x)=[x]-x$, $4\leqslant x<6$; (4) $f(x)=\dfrac{|x|}{x^2}$.

解 (1) 当 $x\geqslant5$ 时,$f(x)=3x+x-5=4x-5$ 当 $x<5$ 时,$f(x)=3x-x+5=2x+5$

所以 $f(x)=\begin{cases}4x-5, & x\geqslant5\\ 2x+5, & x<5\end{cases}$

(2) 当 $|x|\geqslant3$ 时,$f(x)=x^2-9$ 当 $|x|<3$ 时,$f(x)=9-x^2$

所以 $f(x)=\begin{cases}x^2-9, & |x|\geqslant3\\ 9-x^2, & |x|<3\end{cases}$

(3) 当 $4\leqslant x<5$ 时，$f(x)=4-x$　当 $5\leqslant x<6$ 时，$f(x)=5-x$

所以 $f(x)=\begin{cases}4-x, & 4\leqslant x<5\\ 5-x, & 5\leqslant x<6\end{cases}$

(4) 当 $x>0$ 时，$f(x)=\dfrac{1}{x}$　当 $x<0$ 时，$f(x)=-\dfrac{1}{x}$

所以 $f(x)=\begin{cases}\dfrac{1}{x}, & x>0\\ -\dfrac{1}{x}, & x<0\end{cases}$

练习 1.3

1. 讨论下列函数的单调性(指出其单调增加区间和单调减少区间)：

(1) $y=\mathrm{e}^{ax}(a\neq 0)$；　(2) $y=\sqrt{4x-x^2}$；　(3) $y=x^3+1$；　(4) $y=|x|-x$.

解　(1) $D(f)=(-\infty,+\infty)$，对 $\forall x_1,x_2\in(-\infty,+\infty)$ 且设 $x_1<x_2$

$$f(x_2)-f(x_1)=\mathrm{e}^{ax_2}-\mathrm{e}^{ax_1}\begin{cases}>0, & a>0\\ <0, & a<0\end{cases}\Rightarrow\begin{cases}f(x_2)>f(x_1), & a>0\\ f(x_2)<f(x_1), & a<0\end{cases}$$

$$\Rightarrow\begin{cases}f(x)\text{单调增加}, & a>0\\ f(x)\text{单调减少}, & a<0\end{cases}$$

$$\Rightarrow\begin{cases}\text{当 } a>0 \text{ 时，单调增加区间}(-\infty,+\infty)\\ \text{当 } a<0 \text{ 时，单调减少区间}(-\infty,+\infty)\end{cases}$$

(2) **解法 1**　$D(f)=[0,4]$　　$\forall x_1,x_2\in[0,4]$　设 $x_2>x_1$

$$f(x_2)-f(x_1)=\sqrt{4x_2-x_2^2}-\sqrt{4x_1-x_1^2}=\frac{4x_2-x_2^2-4x_1+x_1^2}{\sqrt{4x_2-x_2^2}+\sqrt{4x_1-x_1^2}}$$

$$=\frac{(x_2-x_1)\cdot[4-(x_2+x_1)]}{\sqrt{4x_2-x_2^2}+\sqrt{4x_1-x_1^2}}$$

当 $0\leqslant x\leqslant 2$ 时，即 x 在 $[0,2]$ 上 $f(x)$ 单调增加

当 $2\leqslant x\leqslant 4$ 时，即 x 在 $[2,4]$ 上 $f(x)$ 单调减少

解法 2　$y=\sqrt{4x-x^2}\Leftrightarrow y^2+(x-2)^2=4\quad y\geqslant 0$

它表示圆心为(2,0)，半径为 2 的半圆(图 1－3)

当 $0\leqslant x\leqslant 2$ 时，即在 $[0,2]$ 上 $f(x)$ 单调增加

当 $2\leqslant x\leqslant 4$ 时，即在 $[2,4]$ 上 $f(x)$ 单调减少

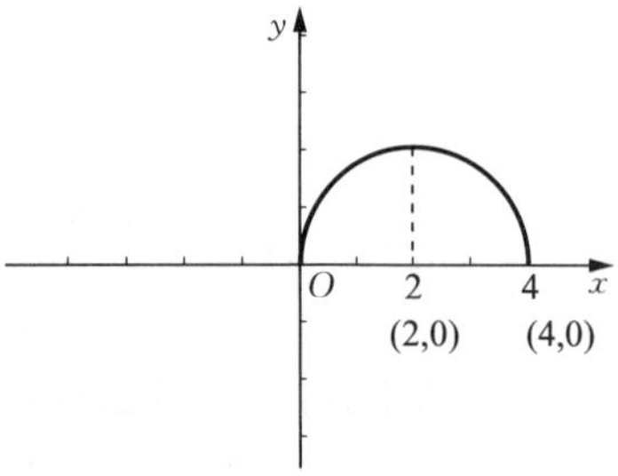

图 1－3

(3) $D(f)=(-\infty,+\infty)$，$\forall x_1,x_2\in(-\infty,+\infty)$ 并设 $x_2>x_1$

$$f(x_2)-f(x_1)=x_2^3+1-x_1^3-1=x_2^3-x_1^3$$

$$=(x_2-x_1)(x_2^2+x_2x_1+x_1^2)$$

$$=(x_2-x_1)\left[\left(x_2+\frac{1}{2}x_1\right)^2+\frac{3}{4}x_1^2\right]$$

因为 $x_2>x_1$，所以 $f(x_2)-f(x_1)>0$，$f(x_2)>f(x_1)$，$f(x)$ 单调增加，单调增加区间 $(-\infty,+\infty)$

(4) $D(f)=(-\infty,+\infty)$，$\forall x_1,x_2\in(-\infty,+\infty)$，

当 $x\geqslant 0$ 时，$y=x-x=0$　　当 $x<0$ 时，$y=-x-x=-2x$，

对 $\forall x_1,x_2\in(-\infty,0)$　并设 $x_2>x_1$　$f(x_2)-f(x_1)=-2x_2-(-2x_1)=2(x_1-x_2)<0$

所以 $f(x_2)-f(x_1)<0$　$f(x_1)>f(x_2)$

所以严格单调减少区间 $(-\infty,0)$，单调减少区间 $(-\infty,+\infty)$

2. 讨论下列函数的奇偶性：

(1) $f(x)=\dfrac{\sin x}{x}+\cos x\ (x\neq 0)$；　　(2) $f(x)=x\sqrt{x^2-1}+\tan x$；

(3) $f(x)=\ln(\sqrt{x^2+1}-x)$；　　(4) $f(x)=\ln\dfrac{1-x}{1+x}$；

(5) $f(x)=\dfrac{e^x+e^{-x}}{e^x-e^{-x}}$；　　(6) $f(x)=\cos\ln x$；

(7) $f(x)=\begin{cases}1-x, & x<0;\\ 1+x, & x\geqslant 0;\end{cases}$　　(8) $f(x)=x^2-x+1$.

解 (1) $f(-x)=\dfrac{\sin(-x)}{-x}+\cos(-x)=\dfrac{\sin x}{x}+\cos x=f(x)$　所以 $f(x)$为偶函数

(2) $f(-x)=(-x)\sqrt{(-x)^2-1}+\tan(-x)=-x\sqrt{x^2-1}-\tan x$

$=-(x\sqrt{x^2-1}+\tan x)=-f(x)$

即 $f(x)+f(-x)=0$,所以 $f(x)$为奇函数

(3) $f(-x)=\ln[\sqrt{(-x)^2+1}-(-x)]=\ln(\sqrt{x^2+1}+x)=-\ln(\sqrt{x^2+1}-x)=-f(x)$

即 $f(x)+f(-x)=0$,所以 $f(x)$为奇函数

(4) $f(-x)=\ln\dfrac{1-(-x)}{1+(-x)}=\ln\dfrac{1+x}{1-x}=-\ln\dfrac{1-x}{1+x}=-f(x)$

即 $f(x)+f(-x)=0$,所以 $f(x)$为奇函数

(5) $f(-x)=\dfrac{e^{-x}+e^x}{e^{-x}-e^x}=-\dfrac{e^x+e^{-x}}{e^x-e^{-x}}=-f(x)$,

即 $f(x)+f(-x)=0$,所以 $f(x)$为奇函数

(6) 该函数的定义域为$(0,+\infty)$,关于原点不对称,所以 $f(x)$为非奇非偶函数

(7) $f(-x)=\begin{cases}1-(-x), & x>0\\ 1+(-x), & x\leqslant 0\end{cases}=\begin{cases}1+x, & x>0\\ 1-x, & x\leqslant 0\end{cases}=f(x)$

即 $f(x)-f(-x)=0$,所以 $f(x)$为偶函数

(8) $f(-x)=(-x)^2-(-x)+1=x^2+x+1$,所以 $f(x)$为非奇非偶函数

3. 判断下列函数是否为周期函数,如果是周期函数,求其周期：

(1) $f(x)=\sin(2x+3)$；　　(2) $f(x)=x\cos x$；

(3) $f(x)=\sin^2 x$；　　(4) $f(x)=1+|\sin 2x|$.

解 (1) $f(x+\pi)=\sin[2(x+\pi)+3]=\sin[(2x+3)+2\pi]=\sin(2x+3)=f(x)$

所以 $T=\pi$,$f(x)$为周期函数,且周期 $T_0=\pi$

(2) 若 T 是 $f(x)$的周期

$f(x+T)=(x+T)\cos(x+T)=x\cos(x+T)+T\cos(x+T)$

$=x\cos x\cos T+T\cos x\cos T-x\sin x\sin T-T\sin x\sin T$

$=f(x)=x\cos x,\ \forall x\in(-\infty,+\infty)$

令 $x=0$ 得　$T\cos T=0$,又 $T\neq 0$

所以 $\cos T=0$,$\sin T=1$ 或 -1　$f(x+T)=-x\sin x\sin T-T\sin x\sin T\neq f(x)$

所以 $f(x)$为非周期函数

(3) $f(x)=\sin^2 x=\dfrac{1-\cos 2x}{2}=\dfrac{1}{2}-\dfrac{1}{2}\cos 2x$

$$f(x+\pi)=\frac{1}{2}-\frac{1}{2}\cos 2(x+\pi)=\frac{1}{2}-\frac{1}{2}\cos 2x=f(x)$$

所以 $f(x)$ 为周期函数,且周期 $T_0=\pi$

(4) $f(x)=1+|\sin 2x|=1+\sqrt{\sin^2 2x}=1+\sqrt{\dfrac{1-\cos 4x}{2}}$

$$f\left(x+\frac{\pi}{2}\right)=1+\sqrt{\frac{1-\cos 4\left(x+\frac{\pi}{2}\right)}{2}}=1+\sqrt{\frac{1-\cos 4x}{2}}=f(x)$$

所以 $f(x)$ 为周期函数,且周期 $T_0=\dfrac{\pi}{2}$

4. 已知 $f(x)$ 是以 2 为周期的函数,在 $[0,2)$ 上,$f(x)=x^2$,求 $f(x)$ 在 $[0,6]$ 上的表达式.

解 $f(x)=\begin{cases} x^2, & 0\leqslant x<2; \\ (x-2)^2, & 2\leqslant x<4; \\ (x-4)^2, & 4\leqslant x<6; \\ 0, & x=6 \end{cases}$

5. 设 $f(x)$ 在 $(-\infty,+\infty)$ 内有定义,证明:$f(x)+f(-x)$ 为偶函数,而 $f(x)-f(-x)$ 为奇函数.

证明 因为 $f(x)$ 在 $(-\infty,+\infty)$ 上有定义

设 $F(x)=f(x)+f(-x)$

$$F(-x)=f(-x)+f[-(-x)]=f(-x)+f(x)=F(x)$$

即 $f(x)+f(-x)$ 为偶函数

设 $G(x)=f(x)-f(-x)$

$$G(-x)=f(-x)-f[-(-x)]=f(-x)-f(x)=-[f(x)-f(-x)]=-G(x)$$

所以 $f(x)-f(-x)$ 为奇函数

练习 1.4

1. 求下列函数的反函数及反函数的定义域:

(1) $y=\ln(1-2x)$, $D_f=(-\infty,0)$;

(2) $y=\sqrt{9-x^2}$, $D_f=[0,3]$;

(3) $y=2\cos\dfrac{x}{3}$, $D_f=[0,\pi]$;

(4) $y=\dfrac{e^x+e^{-x}}{2}$, $D_f=[0,+\infty)$;

(5) $y=f(x)=\begin{cases} x-1, & x<0; \\ x^2, & x\geqslant 0; \end{cases}$

(6) $y=\begin{cases} 2x-1, & 0<x\leqslant 1; \\ 2-(x-2)^2, & 1<x\leqslant 2. \end{cases}$

解 (1) $1-2x=e^y$,所以 $x=\dfrac{1}{2}-\dfrac{1}{2}e^y$

所以反函数为 $y=\dfrac{1}{2}-\dfrac{1}{2}e^x$ $\quad D(f^{-1})=(0,+\infty)$

(2) $x=\sqrt{9-y^2}$,所以反函数为 $y=\sqrt{9-x^2}$ $\quad D(f^{-1})=[0,3]$

(3) $x=3\arccos\dfrac{y}{2}$ $\quad y=3\arccos\dfrac{x}{2}$ $\quad D(f^{-1})=[1,2]$

(4) $(e^x)^2-2ye^x+1=0$ 所以 $e^x=\dfrac{2y\pm\sqrt{4y^2-4}}{2}=y\pm\sqrt{y^2-1}$(负的舍去)

$x=\ln(y+\sqrt{y^2-1})$ 所以反函数为 $y=\ln(x+\sqrt{x^2-1})$ $D(f^{-1})=[1,+\infty)$

(5) 当 $x<0$ 时 $y=x-1, x=y+1$ 所以反函数为 $y=x+1$

又因为 $y=x+1<0$ 所以 $x<-1$

当 $x\geqslant 0$ 时 $y=x^2, x=\sqrt{y}$ 所以 $y=\sqrt{x}$ $x\geqslant 0$

所以 $y=\begin{cases}x+1, & x<-1\\ \sqrt{x}, & x\geqslant 0\end{cases}$ $D(f^{-1})=(-\infty,-1)\cup(0,+\infty)$

(6) 当 $0<x\leqslant 1$ 时 $x=\dfrac{y+1}{2}$ 它的反函数为 $y=\dfrac{x+1}{2}$ $D(f^{-1})$:$-1<x\leqslant 1$

当 $1<x\leqslant 2$ 时 $x=2-\sqrt{2-y}$ $y=2-\sqrt{2-x}$ $D(f^{-1})$:$1<x\leqslant 2$

所以 $y=\begin{cases}\dfrac{1}{2}(x+1), & -1<x\leqslant 1\\ 2-\sqrt{2-x}, & 1<x\leqslant 2\end{cases}$ $D(f^{-1})=(-1,2]$

练习 1.5

1. 已知 $f(x)=\begin{cases}x^2+2x, & x\leqslant 0;\\ 2, & x>0,\end{cases}$ 求 $f(x+1)$ 及 $f(x)+f(-x)$.

解 $f(x+1)=\begin{cases}(x+1)^2+2(x+1), & x+1\leqslant 0\\ 2, & x+1>0\end{cases}=\begin{cases}x^2+4x+3, & x\leqslant -1\\ 2, & x>-1\end{cases}$

$f(-x)=\begin{cases}(-x)^2+2(-x), & -x\leqslant 0\\ 2, & -x>0\end{cases}=\begin{cases}x^2-2x, & x\geqslant 0\\ 2, & x<0\end{cases}$

所以 $f(x)+f(-x)=\begin{cases}x^2-2x+2, & x>0,\\ 0, & x=0,\\ x^2+2x+2, & x<0\end{cases}$

2. 已知 $f(x)=\dfrac{x}{1-x}(x\neq 1)$,证明:$f\left[\dfrac{f(x)}{f(x)-1}\right]=-f(x)$.

证明 $f\left[\dfrac{f(x)}{f(x)-1}\right]=\dfrac{\dfrac{f(x)}{f(x)-1}}{1-\dfrac{f(x)}{f(x)-1}}=\dfrac{f(x)}{f(x)-1-f(x)}=-f(x)$

3. (1) 已知 $f\left(x-\dfrac{1}{x}\right)=\dfrac{x^2}{1+x^4}$,求 $f(x)$;

(2) 已知 $f(x^2-1)=\ln\dfrac{x^2}{x^2-2}$,且 $f[\varphi(x)]=\ln x$,求 $\varphi(x)$.

解 (1) $f\left(x-\dfrac{1}{x}\right)=\dfrac{x^2}{1+x^4}=\dfrac{1}{\dfrac{1}{x^2}+x^2-2+2}=\dfrac{1}{\left(x-\dfrac{1}{x}\right)^2+2}$

令 $x-\dfrac{1}{x}=u$ 所以 $f(u)=\dfrac{1}{u^2+2}$ 所以 $f(x)=\dfrac{1}{x^2+2}$

(2) $f(x^2-1)=\ln\dfrac{x^2}{x^2-2}=\ln\dfrac{(x^2-1)+1}{(x^2-1)-1}$　令 $u=x^2-1$

$f(u)=\ln\dfrac{u+1}{u-1}$　所以 $f[\varphi(x)]=\ln\dfrac{\varphi(x)+1}{\varphi(x)-1}=\ln x$

所以$\dfrac{\varphi(x)+1}{\varphi(x)-1}=x$，$\varphi(x)+1=x\varphi(x)-x$，$\varphi(x)(x-1)=1+x$，所以 $\varphi(x)=\dfrac{1+x}{x-1}$

4. 已知 $f(x)=e^{x^2}$，$f[g(x)]=1-x$，且 $g(x)\geqslant 0$，求 $g(x)$及其定义域.

解　$f[g(x)]=e^{[g(x)]^2}=1-x$，$\ln(1-x)=[g(x)]^2$

$g(x)\geqslant 0$，$g(x)=\sqrt{\ln(1-x)}$，$D(g)=(-\infty,0]$

5. 在下列各题中，求由给定函数复合而成的复合函数：

(1) $y=u^2$，$u=\ln v$，$v=\dfrac{x}{3}$；　　(2) $y=\sqrt{u}$，$u=e^x-1$；

(3) $y=\ln u$，$u=v^2+1$，$v=\tan x$；　　(4) $y=\sin u$，$u=\sqrt{v}$，$v=2x-1$.

解　(1) $y=u^2$，$u=\ln v$，$v=\dfrac{x}{3}$　　所以 $y=\left(\ln\dfrac{x}{3}\right)^2$

(2) $y=\sqrt{u}$，$u=e^x-1$　　所以 $y=\sqrt{e^x-1}$

(3) $y=\ln u$，$u=v^2+1$，$v=\tan x$　所以 $y=\ln(\tan^2x+1)$

(4) $y=\sin u$，$u=\sqrt{v}$，$v=2x-1$　所以 $y=\sin\sqrt{2x-1}$

6. 指出下列各函数是由哪些基本初等函数经复合或四则运算而成的：

(1) $y=\arccos\sqrt{x}$；　(2) $y=\ln\sin^2x$；　(3) $y=x^x$；　(4) $y=\arctan e^{\sqrt{x}}$.

解　(1) $y=\arccos\sqrt{x}$ 是由 $y=\arccos u$，$u=\sqrt{x}$ 复合而成的

(2) $y=\ln\sin^2x$ 是由 $y=\ln u$，$u=v^2$，$v=\sin x$ 复合而成的

(3) $y=x^x$ 是由 $y=e^u$，$u=x\ln x$ 复合而成的(因为 $x^x=e^{x\ln x}$，所以 u 是两个初等函数的乘积)

(4) $y=\arctan e^{\sqrt{x}}$是由 $y=\arctan u$，$u=e^v$，$v=\sqrt{x}$ 复合而成的

7. 以下各对函数 $f(u)$与 $u=g(x)$中，哪些可以复合构成复合函数 $f[g(x)]$？哪些不可复合？为什么？

(1) $f(u)=\arcsin(2+u)$，$u=x^2$；　　(2) $f(u)=\arccos u$，$u=\dfrac{x}{1+x^2}$；

(3) $f(u)=\sqrt{u}$，$u=\ln\dfrac{1}{1+x^2}$；　　(4) $f(u)=\ln(1-u)$，$u=\sin x$.

解　(1) $D(f)=[-3,-1]$，$R(g)=[0,+\infty)$，$D(f)\cap R(g)=\varnothing$　所以不能复合

(2) $D(f)=[-1,1]$，$R(g)=\left[-\dfrac{1}{2},\dfrac{1}{2}\right]$，$D(f)\cap R(g)=\left[-\dfrac{1}{2},\dfrac{1}{2}\right]\neq\varnothing$

所以可以复合　$f(x)=\arccos\dfrac{x}{1+x^2}$

(3) $D(f)=[0,+\infty)$，$R(g)=(-\infty,0]$，$D(f)\cap R(g)\neq\varnothing$

所以可以复合　$f(x)=\sqrt{\ln\dfrac{1}{1+x^2}}$

(4) $D(f)=(-\infty,1)$，$R(g)=[-1,1]$，$D(f)\cap R(g)\neq\varnothing$

所以可以复合　$f(x)=\ln(1-\sin x)$

练习 1.6

1. 设 $\pi<x<\frac{3\pi}{2}$,且满足 $\sin x=a$,其中 a 是区间 $(-1,0)$ 内的某个常数,求 x 的值.

解 $\sin(x-\pi)=-a$ $\quad 0<x-\pi<\frac{\pi}{2}$,$0<-a<1$,$0<\arcsin(-a)<\frac{\pi}{2}$ 在 $\left(0,\frac{\pi}{2}\right)$ 内,仅有一个角,$\arcsin(-a)=x-\pi$ 即 $x=\pi+\arcsin(-a)=\pi-\arcsin a$

2. 设 $-\pi<x<\pi$,若 $\cos x=-\frac{\sqrt{3}}{2}$,求 x 的值.

解 $x_1=\arccos\left(-\frac{\sqrt{3}}{2}\right)=\frac{5\pi}{6}$, $\quad x_1\in$ Ⅱ象限

$x_2=-\arccos\left(-\frac{\sqrt{3}}{2}\right)=-\frac{5\pi}{6}$,$x_2\in$ Ⅲ象限

3. 取整函数 $y=[x]$,$x\in(-\infty,+\infty)$是否为初等函数?为什么?

解 不是.因为

$$y=[x]=n,\ x\in[n,n+1),\ n=0,\pm1,\pm2,\cdots$$

不能用一个解析式表示.

4. 方程 $xy^2+y-1=0$ 能否确定 y 是 x 的隐函数?若能,试写出它的显函数形式.

解 能.从方程 $xy^2+y-1=0$ 中可以解出

$$y=\begin{cases}\dfrac{-1+\sqrt{1+4x}}{2x}, & x\geqslant-\dfrac{1}{4}\\ 1, & x=0\end{cases} \quad 或 \quad y=\begin{cases}\dfrac{-1-\sqrt{1+4x}}{2x}, & x\geqslant-\dfrac{1}{4}\\ 1, & x=0\end{cases}$$

练习 1.7

1. 某工厂生产积木玩具,每生产一套积木玩具的可变成本为 15 元,每天的固定成本为 2 000 元.如果每套积木玩具的出厂价为 20 元,为了不亏本,问该厂每天至少生产多少套这种积木玩具?

解 已知 C_1(可变成本)=15 元/套,C_2(固定成本)=2 000 元,P(出厂价)=20 元/套

设每天至少生产 Q 套积木玩具

$PQ\geqslant C_1Q+C_2$

$(P-C_1)Q\geqslant C_2$

$(20-15)Q\geqslant 2\,000$ 所以 $Q\geqslant 400$ 套/天

2. 某商场以每件 a 元的价格出售某种商品,若顾客一次购买 50 件以上,则超出 50 件的商品以每件 $0.8a$ 元的优惠价出售,试将一次成交的销售收入 R 表示成销售量 x 的函数.

解 设 x 为销售量,则

$$R(x)=\begin{cases}ax, & 0<x\leqslant50\\ 50a+0.8ax-0.8a\cdot50, & x>50\end{cases}=\begin{cases}ax, & 0<x\leqslant50\\ 50a+0.8a(x-50), & x>50\end{cases}$$

3. 设某商品的价格 P 与需求量 q 的关系为 $P=24-2q$,试将该商品的市场销售总额 R 表示为商品价格 P 的函数.

解 $R(P)=P\cdot q=P\cdot\frac{24-P}{2}=12P-\frac{1}{2}P^2$

4. 某公司全年需购某商品 1 000 台，每台购进价为 4 000 元，分若干批进货. 每批进货台数相同，一批商品售完后马上进下一批货. 每进货一次需消耗费用 2 000 元. 商品均匀投放市场(即平均年库存量为批量的一半)，该商品每年每台库存费为进货价格的 4%. 试将公司全年在该商品上的投资总额表示为每批进货量的函数.

解 设该商品的投资总额为 y 元，每批进货量为 x 台

$$y=\frac{1\ 000}{x}\cdot 2\ 000+4\ 000\cdot\frac{4}{100}\cdot\frac{x}{2}+4\ 000\cdot 1\ 000=\frac{2\times10^6}{x}+80x+4\times10^6$$

5. 已知下列需求函数和供给函数，求相应的市场均衡价格 P_0：

(1) $Q_d=\frac{100}{3}-\frac{2}{3}P,Q_s=-10+5P$；　　(2) $Q_d^2+P^2=58,P=Q_s+4$.

解 (1) $Q_d=Q_s$　$\frac{100}{3}-\frac{2}{3}P=-10+5P$　$17P=130$　所以 $P_0=\frac{130}{17}$

(2) $Q_d^2=58-P^2$　$Q_d=\pm\sqrt{58-P^2}$　$Q_s=P-4$　$Q_d=Q_s$

$\pm\sqrt{58-P^2}=P-4$　$58-P^2=P^2-8P+16$　$P^2-4P-21=0$

$(P-7)(P+3)=0$　所以 $P_0=7$　$P_2=-3$(舍去)　所以 $P_0=7$

七、习题全解

1. 设 $f(x)$是定义在 $\mathbf{R}$ 上的函数，证明 $|f(x)|=f(x)\text{sgn}[f(x)]$.

其中 $\text{sgn}\, x=\begin{cases}1, & x>0\\ 0, & x=0\\ -1, & x<0\end{cases}$ 称为符号函数.

证明 $\text{sgn}[f(x)]=\begin{cases}1, & f(x)>0\\ 0, & f(x)=0\\ -1, & f(x)<0\end{cases}$

(1) 当 $f(x)>0$ 时　$|f(x)|=f(x)$　　$f(x)\text{sgn}[f(x)]=f(x)\cdot 1=f(x)$

$|f(x)|=f(x)\cdot\text{sgn}[f(x)]$

(2) 当 $f(x)<0$ 时　$|f(x)|=-f(x)$　　$f(x)\text{sgn}[f(x)]=f(x)\cdot(-1)=-f(x)$

$|f(x)|=f(x)\cdot\text{sgn}[f(x)]$

(3) 当 $f(x)=0$ 时　$|f(x)|=0$　　$f(x)\text{sgn}[f(x)]=f(x)\cdot 0=0$

综上所述 $|f(x)|=f(x)\text{sgn}[f(x)]$

2. 设 $f(x)$在$[-a,a]$　$(a>0)$上有定义，证明：$f(x)$等于一个奇函数与一个偶函数的和.

证明 考虑 $F(x)=\frac{1}{2}[f(x)+f(-x)],G(x)=\frac{1}{2}[f(x)-f(-x)]$

$$F(-x)=\frac{f(-x)+f(-(-x))}{2}=\frac{1}{2}[f(-x)+f(x)]=F(x)$$

所以 $F(x)$为偶函数

$$G(-x)=\frac{1}{2}[f(-x)-f(-(-x))]=\frac{1}{2}[f(-x)-f(x)]=-G(x)$$

所以 $G(x)$为奇函数

$$F(x)+G(x)=\frac{1}{2}f(x)+\frac{1}{2}f(-x)+\frac{1}{2}f(x)-\frac{1}{2}f(-x)=f(x)$$

故 $f(x)$ 等于一个奇函数与一个偶函数之和

3. 求 $y=|x|+|x-1|-|4-2x|$ 的最大值与最小值.

解 当 $x<0$ 时，$y=-x+1-x-(4-2x)=1-2x-4+2x=-3$

当 $0\leqslant x<1$ 时，$y=x+1-x-(4-2x)=1-4+2x=2x-3$

当 $1\leqslant x<2$ 时，$y=x+x-1-(4-2x)=2x-1-4+2x=4x-5$

当 $x\geqslant 2$ 时，$y=x+x-1-(2x-4)=2x-1-2x+4=3$

最大值 $y=3$，最小值 $y=-3$（图 1-4）

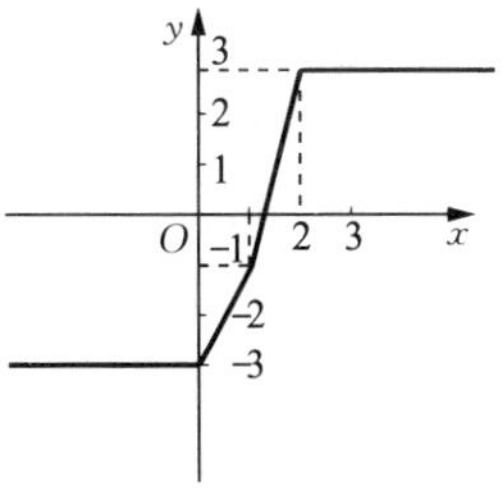

图 1-4

4. (1) 设 $f(x)$ 是 $[0,+\infty)$ 上的单调减少函数，

证明：对任何满足 $\lambda+\mu=1$ 的正数 λ,μ 及 $x\in[0,+\infty)$ 有下列不等式成立：

$$f(x)\leqslant\lambda f(\lambda x)+\mu f(\mu x);$$

证明 $\forall x\in[0,+\infty)$，$\lambda+\mu=1$. $\lambda=1-\mu$

$f(x)$ 在 $[0,+\infty]$ 上单调减少，且 $x\geqslant\lambda x$，$x\geqslant\mu x$ 则有

$$f(x)\leqslant f(\lambda x) \qquad ①$$

$$f(x)\leqslant f(\mu x) \qquad ②$$

λ①$+\mu$② $\quad \lambda f(x)+\mu f(x)\leqslant\lambda f(\lambda x)+\mu f(\mu x)$

$$(\lambda+\mu)f(x)\leqslant\lambda f(\lambda x)+\mu f(\mu x)$$

$$f(x)\leqslant\lambda f(\lambda x)+\mu f(\mu x)$$

(2) 设 $\frac{f(x)}{x}$ 是 $(0,+\infty)$ 内的单调减少函数，证明：对任何满足 $\lambda+\mu=1$ 的正数 λ,μ 及 $x\in(0,+\infty)$ 有下列不等式成立：

$$f(x)\leqslant f(\lambda x)+f(\mu x).$$

并由此证明：对任何正数 a,b，有下列不等式成立：

$$f(a+b)\leqslant f(a)+f(b).$$

证明 $\frac{f(x)}{x}$ 是 $(0,+\infty)$ 内的单调减少函数

由①得

$$\frac{f(x)}{x}=\frac{(\lambda+\mu)f(x)}{(\lambda+\mu)x}\leqslant\frac{\lambda f(\lambda x)}{\lambda x}+\frac{\mu f(\mu x)}{\mu x}=\frac{f(\lambda x)+f(\mu x)}{x}$$

则 $f(x)\leqslant f(\lambda x)+f(\mu x)$

若令 $x=a+b$，$\lambda=\frac{a}{a+b}$，$\mu=\frac{b}{a+b}$，$\lambda+\mu=\frac{a+b}{a+b}=1$

则 $\lambda x=\lambda(a+b)=\frac{a}{a+b}(a+b)=a$

$$\mu x=\mu(a+b)=\frac{b}{a+b}(a+b)=b$$

所以 $f(a+b)\leqslant f(a)+f(b)$

5. (1) 设 $f(x)$ 在 $\mathbf{R}$ 上有定义，证明：$y=f(x)$ 的图形关于直线 $x=1$ 对称的充要条件是 $f(x)$ 满足 $f(x+1)=f(1-x)$，$x\in\mathbf{R}$；

(2) 设 $f(x)$ 在 $\mathbf{R}$ 上有定义，且 $y=f(x)$ 的图形关于直线 $x=1$ 与直线 $x=2$ 对称，证明：$f(x)$ 是周期函数，并求 $f(x)$ 的一个正周期.

证明 (1) 必要性:由 $y=f(x)$ 的图形关于直线 $x=1$ 对称知
对 $\forall x\in\mathbf{R}$,有 $f(x)=f(2-x)$ 成立
因而对 $\forall x\in\mathbf{R}$,有 $f(x+1)=f(2-(x+1))=f(1-x)$ 成立
充分性:已知 $f(x+1)=f(1-x)$,$x\in\mathbf{R}$ 令 $x+1=t$,有 $f(t)=f(1-(t-1))=f(2-t)$
即对 $\forall x\in\mathbf{R}$,有 $f(x)=f(2-x)$
故 $y=f(x)$ 的图形关于直线 $x=1$ 对称
(2) 由(1)得,$y=f(x)$ 的图形关于直线 $x=1$ 与 $x=2$ 对称的充要条件是对 $\forall x\in\mathbf{R}$,
$f(x)$ 满足 $f(x)=f(2-x)=f(4-x)$,故对任意的 $x\in\mathbf{R}$ 有

$$f(x+2)=f(2-(x+2))=f(4-(2+x))=f(2-x)=f(x),$$

故 $f(x)$ 是以 2 为周期的周期函数
6. 设 $f(x)$ 在 $\mathbf{R}$ 上处处有定义,证明:

$$F(x)=\frac{[f(x)]^2}{1+[f(x)]^4}\text{是 }\mathbf{R}\text{ 上的有界函数.}$$

证明 $|F(x)|=\left|\frac{[f(x)]^2}{1+[f(x)]^4}\right|\leqslant\frac{[f(x)]^2}{2[f(x)]^2}=\frac{1}{2}$(因为 $1+[f(x)]^4\geqslant 2[f(x)]^2$)

故 $|F(x)|\leqslant\frac{1}{2}\Leftrightarrow|F(x)|\leqslant M=\frac{1}{2}$

在 $\mathbf{R}$ 上 $F(x)=\frac{[f(x)]^2}{1+[f(x)]^4}$ 是有界函数

第2章　极限与连续

一、大纲要求

1. 了解极限的 $\varepsilon-N$，$\varepsilon-\delta$ 定义
2. 理解函数左、右极限的概念及极限存在与左、右极限的关系
3. 掌握极限的性质及四则运算，极限存在准则（夹逼准则和单调有界准则），会用两个重要极限求极限
4. 熟练掌握用等价无穷小求极限，利用等价无穷小的性质求极限
5. 理解无穷小、无穷大的概念
6. 理解函数在一点连续的概念（含左连续与右连续）并会判断间断点的类型
7. 了解初等函数的连续性，熟练掌握闭区间上连续函数的性质（介值定理与最值定理）

二、本章知识结构图

- 极限与连续
  - 定义
    - 数列极限
      - $\varepsilon-N$ 定义
      - 收敛数列的性质
    - 函数极限
      - $\lim\limits_{x\to\infty} f(x)=A$（$\varepsilon-X$ 定义）
      - $\lim\limits_{x\to x_0} f(x)=A$（$\varepsilon-\delta$ 定义）
      - 左、右极限
      - 极限存在的充要条件
  - 存在准则
    - 单调有界必有极限
    - 夹逼准则
  - 无穷小与无穷大
    - 定义
    - 性质
    - 比较
      - 高阶无穷小
      - 等价无穷小（主部定义）
      - 同阶无穷小
  - 连续与间断
    - 定义
    - 间断点分类
    - 性质

三、本章基本内容

1. 数列的极限

表 2-1 数列极限的定义

	定义
数列极限	$\lim\limits_{n\to\infty} x_n=a$($a$ 有限):$\forall\varepsilon>0,\exists N>0$,当 $n>N$ 时,有 $\|x_n-a\|<\varepsilon$
	$\lim\limits_{n\to\infty} x_n=\infty$:$\forall M>0,\exists N>0$,当 $n>N$ 时,有 $\|x_n\|>M$

表 2-2 数列极限的性质

唯一性	若数列$\{x_n\}$的极限存在,则极限值是唯一的
有界性	若数列$\{x_n\}$有极限,则数列$\{x_n\}$有界
保号性	如果$\lim\limits_{n\to\infty} x_n=a$,且 $a>0$(或 $a<0$),则存在 $N>0$,当 $n>N$ 时,$x_n>0$(或 $x_n<0$)
收敛数列与子数列的关系	如果数列$\{x_n\}$收敛于 a,那么它的任一子数列也收敛,且极限都为 a

表 2-3 数列极限运算法则

数列$\{x_n\}$,$\{y_n\}$ $\lim\limits_{n\to\infty} x_n=A\quad \lim\limits_{n\to\infty} y_n=B$	$\lim\limits_{n\to\infty}(x_n\pm y_n)=A\pm B$;$\quad\lim\limits_{n\to\infty}(x_n\cdot y_n)=A\cdot B$; 当 $y_n\neq0(n=1,2,\cdots)$且 $B\neq0$ 时,$\lim\limits_{n\to\infty}\dfrac{x_n}{y_n}=\dfrac{A}{B}$

表 2-4 极限存在准则

数列极限存在准则	夹逼准则	假设存在正整数 N_0,使得 $n\geqslant N_0$ 时,给定数列$\{x_n\}$,$\{y_n\}$,$\{z_n\}$,满足 $y_n\leqslant x_n\leqslant z_n$ $(n=1,2,\cdots)$,且$\lim\limits_{n\to\infty}y_n=\lim\limits_{n\to\infty}z_n=a$,则$\lim\limits_{n\to\infty}x_n=a$($a$ 为有限或$\pm\infty$)
	单调有界性判别法	单调上升有上界的数列必有极限; 单调下降有下界的数列必有极限

2. 函数的极限

表 2-5 函数极限的定义

	定义	说明
函数极限	$\lim\limits_{x\to x_0} f(x)=A$ (x_0,A 有限) $\forall\varepsilon>0,\exists\delta>0$, 当 $0<\|x-x_0\|<\delta$ 时,有 $\|f(x)-A\|<\varepsilon$	
	$\lim\limits_{x\to x_0} f(x)=\infty$ (x_0 有限) $\forall M>0,\exists\delta>0$, 当 $0<\|x-x_0\|<\delta$ 时,有 $\|f(x)\|>M$	有$\pm\infty$两种情况
	$\lim\limits_{x\to\infty} f(x)=A$ (A 有限) $\forall\varepsilon>0,\exists X_0>0$, 当 $\|x\|>X_0$ 时,有 $\|f(x)-A\|<\varepsilon$	有 x 趋于$+\infty$和$-\infty$两种情形
	$\lim\limits_{x\to\infty} f(x)=\infty\quad\forall M>0,\exists X_0>0$, 当 $\|x\|>X_0$ 时,有 $\|f(x)\|>M$	有 x 趋于$+\infty$,$-\infty$,$f(x)$趋于$+\infty$,$-\infty$四种情形

表 2-6　函数极限的性质

唯一性	若 $\lim\limits_{x\to x_0} f(x)$ 存在，则极限值唯一
局部有界性	若 $\lim\limits_{x\to x_0} f(x)$ 存在，则 $f(x)$ 在 x_0 的某一空心邻域内有界
局部保号性	若 $\lim\limits_{x\to x_0} f(x)=A$，且 $A>0$（或 $A<0$），则在 x_0 的某一空心邻域内 $f(x)>0$（或 $f(x)<0$）
与数列极限的关系	如果极限 $\lim\limits_{x\to x_0} f(x)$ 存在，$\{x_n\}$ 为 $f(x)$ 定义域内一个收敛于 x_0 的数列，且 $x_n\neq x_0$，则 $\lim\limits_{n\to\infty} f(x_n)=\lim\limits_{x\to x_0} f(x)$，若 $\lim\limits_{x\to x_0} f(x)=A$，则 $\lim\limits_{n\to\infty} f(x_n)=A$

表 2-7　函数极限存在的充要条件

左极限	$\lim\limits_{x\to x_0^-} f(x)=A$：$\forall\varepsilon>0$，$\exists\delta>0$，当 $0<x_0-x<\delta$ 时，$\lvert f(x)-A\rvert<\varepsilon$
右极限	$\lim\limits_{x\to x_0^+} f(x)=A$：$\forall\varepsilon>0$，$\exists\delta>0$，当 $0<x-x_0<\delta$ 时，$\lvert f(x)-A\rvert<\varepsilon$
极限存在的充要条件	当 $x\to x_0$ 时，$f(x)$ 的极限存在的充要条件是左右极限存在并且相等

表 2-8　函数极限四则运算法则

$\lim\limits_{x\to X} f(x)=A$ 与 $\lim\limits_{x\to X} g(x)=B$ 的运算	$\lim\limits_{x\to X}[f(x)\pm g(x)]=\lim\limits_{x\to X} f(x)\pm\lim\limits_{x\to X} g(x)=A\pm B$； $\lim\limits_{x\to X}[f(x)\cdot g(x)]=\lim\limits_{x\to X} f(x)\cdot\lim\limits_{x\to X} g(x)=A\cdot B$； $\lim\limits_{x\to X}\dfrac{f(x)}{g(x)}=\dfrac{\lim\limits_{x\to X} f(x)}{\lim\limits_{x\to X} g(x)}=\dfrac{A}{B}$（$B\neq 0$ 时）；　$\lim\limits_{x\to X} Cf(x)=C\lim\limits_{x\to X} f(x)=CA$；　$\lim\limits_{x\to X}[f(x)]^n=A^n$； 如果 $f(x)>g(x)$，则 $A\geqslant B$（保序性）

表 2-9　函数极限存在准则

函数极限存在准则	夹逼准则	设在 x_0 的空心邻域上有 $f(x)\leqslant g(x)\leqslant h(x)$，且 $\lim\limits_{x\to x_0} f(x)=\lim\limits_{x\to x_0} h(x)=A$，则 $\lim\limits_{x\to x_0} g(x)=A$（$A$ 为有限或 $\pm\infty$）
	单侧极限判别	设 $f(x)$ 在 x_0 的某一空心邻域上有定义，则 $\lim\limits_{x\to x_0} f(x)$ 存在的充要条件是 $\lim\limits_{x\to x_0^+} f(x)$、$\lim\limits_{x\to x_0^-} f(x)$ 存在且相等，即 $f(x_0+0)=f(x_0-0)=A$

3. 无穷小与无穷大

表 2-10　定义及性质

	定　义	性　质
无穷小	如果函数 $f(x)$ 当 $x\to x_0$（或 $x\to\infty$）时的极限为零，则称 $f(x)$ 为 $x\to x_0$（或 $x\to\infty$）下的无穷小量	在自变量的同一变化过程 $x\to x_0$（或 $x\to\infty$）中，函数 $f(x)$ 具有极限 A 的充要条件是 $f(x)=A+o(1)$，其中 $o(1)$ 是无穷小
无穷大	设 $f(x)$ 在 x_0 的某一空心邻域中有定义（或 $\lvert x\rvert$ 大于某一正数时有定义），对于任意给定的正数 M（不论它多大），总存在正数 δ（或正数 X），只要 x 适合不等式 $0<\lvert x-x_0\rvert<\delta$（或 $\lvert x\rvert>X$），对应的函数值 $f(x)$ 总满足 $\lvert f(x)\rvert>M$，称 $f(x)$ 为 $x\to x_0$（或 $x\to\infty$）下的无穷大量	在自变量的同一变化过程中，如果 $f(x)$ 为无穷大，则 $\dfrac{1}{f(x)}$ 为无穷小；反之，如果 $f(x)$ 为无穷小，且 $f(x)\neq 0$，则 $\dfrac{1}{f(x)}$ 为无穷大

表 2-11 极限运算法则

运算	法则
无穷小的运算	有限个无穷小的和为无穷小; 有界函数与无穷小的乘积为无穷小; 常数与无穷小的乘积为无穷小; 有限个无穷小的乘积为无穷小

表 2-12 无穷小的比较

类别	定义
高阶无穷小 $o(f(x))$	设 $f(x)$,$g(x)$均为无穷小,若 $\lim\limits_{x\to x_0}\dfrac{g(x)}{f(x)}=0$,称 $g(x)$为 $f(x)$的高阶无穷小, 记作 $g(x)=o(f(x))$,或称 $f(x)$为 $g(x)$的低阶无穷小
同阶无穷小 $O(f(x))$	设 $f(x)$,$g(x)$均为无穷小,若 $\lim\limits_{x\to x_0}\dfrac{g(x)}{f(x)}=c\neq0$ (c 为常数), 则称 $g(x)$为 $f(x)$的同阶无穷小,记为 $g(x)=O(f(x))$
等价无穷小 $f(x)\sim g(x)$	设 $f(x)$,$g(x)$均为无穷小,若 $\lim\limits_{x\to x_0}\dfrac{g(x)}{f(x)}=1$,则称 $g(x)$为 $f(x)$的等价无穷小, 记作 $f(x)\sim g(x)$

表 2-13 无穷小的等价代换

等价无穷小的代换定理	1. 设 $f(x)$,$g(x)$均为无穷小,且 $\alpha(x)\sim f(x)$,$\beta(x)\sim g(x)$,且$\lim\dfrac{\beta(x)}{\alpha(x)}$存在, 则$\lim\dfrac{g(x)}{f(x)}=\lim\dfrac{\beta(x)}{\alpha(x)}$
	2. 设 $f(x)$为无穷小,且 $g(x)=o(f(x))$, 则 $f(x)+g(x)\sim f(x)$或 $f(x)+o(f(x))\sim f(x)$
常用等价无穷小关系公式	$x\to0$ 时,$\sin x\sim x$,$\arcsin x\sim x$,$\tan x\sim x$,$\arctan x\sim x$,$1-\cos x\sim\dfrac{x^2}{2}$,$e^x-1\sim x$,$a^x-1\sim x\ln a$, $\ln(1+x)\sim x$,$\sqrt[n]{1+x}-1\sim\dfrac{x}{n}$,$(1+x)^\alpha-1\sim\alpha x$ ($\alpha\neq0$ 是常数),$x\to1$ 时,$\ln x\sim x-1$

表 2-14 主部概念

主部定义	设$\lim\limits_{x\to X}f(x)=\infty$(或$\lim\limits_{x\to X}f(x)=0$ 且 $f(x)\neq0$),若 $g(x)=f(x)+o(f(x))(x\to X)$ 则称 $x\to X$ 时,$f(x)$是 $g(x)$的主部
主部的性质	1. 设$\lim\limits_{x\to X}f(x)=\infty$(或 $f(x)=o(1)$,$x\to X$),且 $g(x)$的主部是 $f(x)$, 则$\lim\limits_{x\to X}g(x)=\infty$(或$g(x)=o(1)$,$x\to X$),且 $g(x)\sim f(x)$. 2. 若 $f(x)=o(1)$,$g(x)=o(1)(x\to X)$,且 $f(x)\sim g(x)(x\to X)$,若$\lim\limits_{x\to X}g(x)u(x)=A$, 则$\lim\limits_{x\to X}f(x)u(x)=A$,若$\lim\limits_{x\to X}\dfrac{v(x)}{f(x)}=B$,则$\lim\dfrac{v(x)}{g(x)}=B$

4. 函数的连续性和间断点

表 2－15　连续函数的定义

	定　义	等价条件
函数 $f(x)$ 在点 x_0 处连续	定义 1：$f(x)$是定义域 D 上给定的函数，$x_0\in D$，若 $\lim\limits_{x\to x_0}f(x)=f(x_0)$，称 $f(x)$在点 x_0 处连续. 定义 2：$\forall\varepsilon>0,\exists\delta>0$，当$\lvert x-x_0\rvert<\delta$时，有$\lvert f(x)-f(x_0)\rvert<\varepsilon$	等价条件： $\lim\limits_{x\to x_0^+}f(x)=f(x_0+0)$，$\lim\limits_{x\to x_0^-}f(x)=f(x_0-0)$， 则 $f(x_0-0)=f(x_0)=f(x_0+0)$，即 $f(x)$在点 x_0 处连续$\Leftrightarrow f(x)$在该点左右极限存在且相等，等于 $f(x_0)$

表 2－16　连续函数的性质

名　称	性　质
四则运算	$f(x)$，$g(x)$在点 x_0 连续，则 $f(x)\pm g(x)$，$f(x)\cdot g(x)$，$\dfrac{f(x)}{g(x)}$要求$g(x)\neq0$，在点 x_0 也连续
复合函数	$y=f(t)$在点 $t=t_0$ 连续，$t=g(x)$在 $x=x_0$ 连续且 $g(x_0)=t_0$，则 $y=f[g(x)]$在点 x_0 连续
反函数	若 $y=f(x)$在区间 I_x 上单调且连续，则其反函数 $x=f^{-1}(y)$在对应区间 $I_y=\{y\mid y=f(x),x\in I_x\}$上单调且连续，并且单调性与 $f(x)$相同
初等函数	基本初等函数在其定义域内处处连续，初等函数在其定义区间内处处连续

表 2－17　间断点定义及分类

<table>
<tr><th>定　义</th><th colspan="3">分　类</th></tr>
<tr><td rowspan="4">函数 $f(x)$在区间中的不连续点，称为间断点（只讨论 $\lim\limits_{x\to x_0^+}f(x)$ 和 $\lim\limits_{x\to x_0^-}f(x)$都存在的情形）</td><td rowspan="3">第一类间断点</td><td rowspan="2">可去间断点</td><td>$f(x_0)$无定义，但 $\lim\limits_{x\to x_0^+}f(x)$，$\lim\limits_{x\to x_0^-}f(x)$都存在且相等</td></tr>
<tr><td>$f(x_0)$有定义，且 $\lim\limits_{x\to x_0^+}f(x)$，$\lim\limits_{x\to x_0^-}f(x)$都存在且相等，但不等于 $f(x_0)$</td></tr>
<tr><td>跳跃间断点</td><td>$\lim\limits_{x\to x_0^+}f(x)$，$\lim\limits_{x\to x_0^-}f(x)$都存在但不相等</td></tr>
<tr><td>第二类间断点</td><td colspan="2">$\lim\limits_{x\to x_0^+}f(x)$，$\lim\limits_{x\to x_0^-}f(x)$中至少有一个不存在</td></tr>
</table>

5. 闭区间上连续函数的性质

表 2－18　闭区间上连续函数的性质

有界性与最大最小值定理	在闭区间上连续函数有界且能取到其最大值和最小值
零值点定理	设 $f(x)$在闭区间$[a,b]$上连续，且 $f(a)$与 $f(b)$异号，则在开区间(a,b)内至少有一点 ξ，使 $f(\xi)=0$
介值定理	设 $f(x)$在闭区间$[a,b]$上连续，且设 m,M 分别为 $f(x)$在$[a,b]$上的最小值和最大值，则对任何 $c\in[m,M]$一定存在 $x_0\in[a,b]$，使得 $f(x_0)=c$

四、重点难点剖析

(一) 数列的极限

1. 要正确理解"$\varepsilon-N$"语言中的 ε 和 N，一方面，对极限全过程来说，ε 要多小就可取多小. 另一方面，对极限全过程的瞬间而言，ε 又是相对固定的，且 N 存在，并不唯一.

2. 单调有界准则是证明数列极限存在最常用的准则，是本章的难点，要注意两个条件：单调、有界.

3. 用夹逼准则判别数列或函数存在极限，需要对数列或函数进行估计，夹逼准则往往适合某些特定形式.

4. 两个重要极限分别由两个极限存在准则得到，要掌握基本形式的一些变形，利用两个重要极限求极限，是求极限方法中一个常用的方法.

(二) 函数极限

1. 理解"$\varepsilon-\delta$"语言内涵，$x\to x_0$ 表示 $|x-x_0|\to 0$，x 趋于 x_0 的方式是任意的；而 $x\to x_0\pm 0$ 分别表示 $x-x_0\to 0$ 和 $x_0-x\to 0$，从右或左趋于 x_0，表示右极限和左极限. 结合前面的"$\varepsilon-N$"语言一起理解.

2. 根据"$\varepsilon-\delta$"定义证明 $\lim\limits_{x\to a}f(x)=b$，主要步骤如下：

(1) 任意给定 $\varepsilon>0$；

(2) 解不等式 $|f(x)-b|<\varepsilon$，这个过程注意放大法的使用，使之含有 $|x-a|$，使不等式简单易解.

(3) 在不等式解集中选择一数作为 δ.

3. 极限存在的充要条件：左、右极限相等.

4. 分段函数分割点处的极限一定要讨论左右极限.

5. 注意极限运算法则成立的条件，如：函数个数有限，分母函数极限值不为零.

(三) 无穷小量、无穷大量

1. 无穷小量是一个变量，"0"是作为无穷小量的唯一常数，任何一个很小很小的正数都不能作为无穷小量，证明数列或函数为无穷小量即证明其极限为零.

2. 无穷小量乘以有界量仍为无穷小量，有限个无穷小量的和、差与积仍为无穷小量.

3. 无穷大量必无界，而无界未必是无穷大量. 因为无穷大量要求对一切满足 $n>N$(或 $0<|x-x_0|<\delta$ 或 $|x|>X$)的 x_n(或 $f(x)$)，有 $|x_n|>M$(或 $|f(x)|>M$)；无界仅需存在一个 n_1(或 x_M)即可.

4. 比较两个无穷小量，就是比较它们趋于 0 的速度，无穷小量的阶越高，表示它趋于零的速度越快.

5. 利用等价无穷小量是一种计算极限非常有效且简便的方法，应该熟记常用等价代换公式.

6. 若 $\lim\limits_{x\to x_0}\dfrac{f(x)}{g(x)}$ 不存在，则 $f(x)$ 与 $g(x)$ 不可比较阶.

7. 注意用主部求极限的方法.

(四) 函数的连续性

1. 函数 $f(x)$ 在点 x_0 的连续性描述了 $f(x)$ 在 x_0 某邻域的性态，它是对某一邻域而言的，若这一点虽属于函数定义域，但是孤立点，那么在这点无连续性之说.

2. 连续的三要素：有定义，有极限，极限值等于函数值.

3. 从图形上看，函数连续性表示两点的横坐标之差充分小时，曲线上对应点纵坐标之差可以任意小，即几何意义是："连续函数的图形是一条没有间隙的连续曲线".

4. $f(x)$在点 x_0 连续$\Rightarrow x\to x_0$ 时，函数有极限，反之不一定成立.

（五）闭区间上连续函数的性质

1. 注意这部分所有定理的条件：连续＋闭区间.
2. 结合几何图形更易理解上面的定理.
3. 介值定理、最值定理是闭区间上连续的重要性质，以后要经常用到.

五、典型例题解析

例 1　求下列极限.

(1) $\lim\limits_{n\to\infty}\left(\frac{1}{n^k}+\frac{2}{n^k}+\cdots+\frac{n}{n^k}\right)$；

(2) $\lim\limits_{n\to\infty}\left(\frac{1}{1\times 3}+\frac{1}{3\times 5}+\cdots+\frac{1}{4n^2-1}\right)$；

(3) $\lim\limits_{n\to\infty}\left(\frac{1}{n^2}+\frac{2}{n^2}+\cdots+\frac{n}{n^2}\right)$；

(4) $\lim\limits_{n\to\infty}\left(1-\frac{1}{2^2}\right)\cdot\left(1-\frac{1}{3^2}\right)\cdot\cdots\cdot\left(1-\frac{1}{n^2}\right)$；

(5) 求$\lim\limits_{n\to\infty}\left[\frac{1}{n^2}+\frac{1}{(n+1)^2}+\cdots+\frac{1}{(2n)^2}\right]$；

(6) 设 $y_n=\sqrt[n]{2^n+3^n}$，求$\lim\limits_{n\to\infty}y_n$；

(7) 求$\lim\limits_{x\to 1}\frac{x+x^2+\cdots+x^n-n}{x-1}$（$n$ 为正整数）；

(8) 求$\lim\limits_{x\to\infty}x(\sqrt{x^2+1}-\sqrt{x^2-1})$；

(9) $\lim\limits_{x\to 0}\frac{\cos nx-\cos mx}{x^2}$；

(10) $\lim\limits_{x\to 1}(1-x)\cdot\tan\frac{\pi}{2}x$；

(11) $\lim\limits_{x\to\infty}\left(\frac{x^2}{x^2-1}\right)^x$；

(12) 已知 $f(x)=\frac{px^2-2}{x^2+1}+3qx+5$，问当 $x\to\infty$时，p、q 为何值时 $f(x)$是无穷小？无穷大？

(13) $\lim\limits_{x\to 0}\frac{e^{x^2}-1}{x\sin x}$；

(14) $\lim\limits_{x\to 0}\frac{1-\cos x\cos 2x}{1-\cos x}$；

(15) $\lim\limits_{x\to 0}\frac{2\sin\sqrt[3]{x}-x}{\sqrt[3]{x}+2x-x^2}$；

(16) $\lim\limits_{x\to 0}\frac{\ln(\cos x)}{x^2}$；

(17) $\lim\limits_{x\to\infty}\frac{e^x-e^{-x}}{e^x+e^{-x}}$.

解　(1) **分析**　考查极限的四则运算以及数列求和技巧.

因为 $1+2+3+\cdots+n=\frac{n(n+1)}{2}$，所以

$$原式=\lim_{n\to\infty}\frac{n(n+1)}{2n^k}=\frac{1}{2}\lim_{n\to\infty}\left(\frac{1}{n^{k-2}}+\frac{1}{n^{k-1}}\right)=\begin{cases}0, & k>2\\ \frac{1}{2}, & k=2\\ +\infty, & k<2\end{cases}.$$

(2) 因为$\frac{1}{4k^2-1}=\frac{1}{2}\left(\frac{1}{2k-1}-\frac{1}{2k+1}\right)$（$k=1,2,\cdots,n$），所以

$$原式=\frac{1}{2}\lim_{n\to\infty}\left[\left(1-\frac{1}{3}\right)+\left(\frac{1}{3}-\frac{1}{5}\right)+\cdots+\left(\frac{1}{2n-1}-\frac{1}{2n+1}\right)\right]=\frac{1}{2}\lim_{n\to\infty}\left(1-\frac{1}{2n+1}\right)=\frac{1}{2}.$$

(3) $原式=\lim\limits_{n\to\infty}\frac{\frac{1}{2}n(n+1)}{n^2}=\lim\limits_{n\to\infty}\left(\frac{1}{2}+\frac{1}{2n}\right)=\frac{1}{2}.$

(4) **分析**　若是求形如$\lim\limits_{n\to\infty}a_1a_2\cdots a_n$ 型极限，常用化简技巧是先适当分解因子，然后约去公因子.

因为 $1-\frac{1}{k^2}=\frac{k-1}{k}\cdot\frac{k+1}{k}$（$k=2,\cdots,n$），所以

$$原式=\lim_{n\to\infty}\left(\frac{1}{2}\times\frac{3}{2}\times\frac{2}{3}\times\frac{4}{3}\cdot\cdots\cdot\frac{n-1}{n}\cdot\frac{n+1}{n}\right)=\lim_{n\to\infty}\frac{n+1}{2n}=\frac{1}{2}.$$

(5) **分析** 学习夹逼准则判断极限的存在性,并求极限的方法.

"夹" $\frac{1}{4n}\leqslant\frac{n+1}{4n^2}=\frac{1}{(2n)^2}+\cdots+\frac{1}{(2n)^2}\leqslant\frac{1}{n^2}+\frac{1}{(n+1)^2}+\cdots+\frac{1}{(2n)^2}\leqslant\frac{1}{n^2}+\cdots+\frac{1}{n^2}=\frac{1}{n}+\frac{1}{n^2}$

"逼" $\lim\limits_{n\to\infty}\frac{1}{4n}=\lim\limits_{n\to\infty}\left(\frac{1}{n}+\frac{1}{n^2}\right)=0$

故由夹逼准则知 $\lim\limits_{n\to\infty}\left[\frac{1}{n^2}+\frac{1}{(n+1)^2}+\cdots+\frac{1}{(2n)^2}\right]=0.$

[注] 也许有人会问:根据极限的运算法则有

$$原式=\lim_{n\to\infty}\frac{1}{n^2}+\lim_{n\to\infty}\frac{1}{(n+1)^2}+\cdots+\lim_{n\to\infty}\frac{1}{(2n)^2}=0$$

而此方法不是简单多了吗?实际上,这不过是一种巧合而已,这种解法是错误的.因为极限的四则运算法则只适用于有限个数列(或函数)和的情形,但此式随着 $n\to\infty$,数列本身的项数也随之增加为无穷多.

(6)"夹" $3\leqslant\sqrt[n]{2^n+3^n}\leqslant\sqrt[n]{2\cdot3^n}=3\cdot2^{\frac{1}{n}}$ "逼" $\lim\limits_{n\to\infty}3\cdot2^{\frac{1}{n}}=3.$

因此由夹逼准则可得 $\lim\limits_{n\to\infty}y_n=\lim\limits_{n\to\infty}\sqrt[n]{2^n+3^n}=3.$

(7) **分析** 考查函数极限的四则运算,熟悉有理函数极限化简技巧.

$$原式=\lim_{x\to1}\frac{(x-1)+(x^2-1)+\cdots+(x^n-1)}{x-1}=\lim_{x\to1}\frac{x-1}{x-1}+\lim_{x\to1}\frac{x^2-1}{x-1}+\cdots+\lim_{x\to1}\frac{x^n-1}{x-1}$$

$$=1+2+\cdots+n=\frac{n(n+1)}{2}.$$

(8) **分析** 练习极限的四则运算法则,熟悉求极限的有理化技巧.此题当 $x\to+\infty$ 时,$\sqrt{x^2+1}-\sqrt{x^2-1}$ 为 $\infty-\infty$ 型极限,但依此并不能断言 $\sqrt{x^2+1}-\sqrt{x^2-1}\to0$,故需先变形,而含有根式的极限通常的变形技巧是有理化.

$$原式=\lim_{x\to+\infty}\frac{x(\sqrt{x^2+1}-\sqrt{x^2-1})(\sqrt{x^2+1}+\sqrt{x^2-1})}{\sqrt{x^2+1}+\sqrt{x^2-1}}$$

$$=\lim_{x\to+\infty}\frac{2x}{\sqrt{x^2+1}+\sqrt{x^2-1}}=\lim_{x\to+\infty}\frac{2}{\sqrt{1+\frac{1}{x^2}}+\sqrt{1-\frac{1}{x^2}}}=1.$$

(9) **分析** 考查两个重要极限的应用.

$$原式=\lim_{x\to0}\frac{\cos nx-1+1-\cos mx}{x^2}=\lim_{x\to0}\frac{\cos nx-1}{x^2}+\lim_{x\to0}\frac{1-\cos mx}{x^2}$$

$$=\lim_{x\to0}\left(-2\frac{\sin^2\frac{nx}{2}}{x^2}\right)+2\lim_{x\to0}\frac{\sin^2\frac{mx}{2}}{x^2}=\frac{m^2-n^2}{2}.$$

(10) $原式\xlongequal[x\to1,t\to0]{令1-x=t,则x=1-t}\lim\limits_{t\to0}t\cdot\tan\left[\frac{\pi}{2}(1-t)\right]=\lim\limits_{t\to0}t\cdot\cot\frac{\pi}{2}t$

$$=\lim_{t\to0}\frac{t}{\tan\frac{\pi}{2}t}=\lim_{t\to0}\frac{\frac{\pi}{2}t\cdot\frac{2}{\pi}}{\tan\frac{\pi}{2}t}=\frac{2}{\pi}.$$

(11) **解法1** 原式$=\lim\limits_{x\to\infty}\left(\dfrac{1}{1-\dfrac{1}{x^2}}\right)^x=\lim\limits_{x\to\infty}\dfrac{1}{\left(1-\dfrac{1}{x}\right)^x\left(1+\dfrac{1}{x}\right)^x}=\lim\limits_{x\to\infty}\dfrac{\left(1-\dfrac{1}{x}\right)^{-x}}{\left(1+\dfrac{1}{x}\right)^x}=\dfrac{e}{e}=1.$

解法2 原式$=\lim\limits_{x\to\infty}e^{x\ln\frac{x^2}{x^2-1}}=e^{\lim\limits_{x\to\infty}x\left(\frac{x^2}{x^2-1}-1\right)}=e^{\lim\limits_{x\to\infty}x\cdot\frac{x^2-x^2+1}{x^2-1}}=e^{\lim\limits_{x\to\infty}\frac{x}{x^2-1}}=e^0=1.$

(12) **分析** 考查对无穷小与无穷大定义的理解.

因$\lim\limits_{x\to\infty}\dfrac{1}{x}=0$,将此极限等式两端分别与所给极限等式两端相乘得到

$$\lim_{x\to\infty}\frac{1}{x}\cdot\lim_{x\to\infty}\left(\frac{px^2-2}{x^2+1}+3qx+5\right)=0\qquad\lim_{x\to\infty}\left(\frac{1}{x}\cdot\frac{px^2-2}{x^2+1}+3q+\frac{5}{x}\right)=0$$

故$3q=0,q=0$.将$q=0$代回原式,得到

$$\lim_{x\to\infty}f(x)=\lim_{x\to\infty}\left(\frac{px^2-2}{x^2+1}+5\right)=0,\quad\lim_{x\to\infty}\left(\frac{p-\dfrac{2}{x^2}}{1+\dfrac{1}{x^2}}+5\right)=0,\quad p+5=0,$$

所以$p=-5$,即$p=-5,q=0$时,$f(x)$是无穷小;而当$q\neq0,p$为任何实数时,$f(x)$为无穷大.

(13) **分析** 利用等价无穷小用于求极限.

原式$\xlongequal[x\sin x\sim x^2]{e^{x^2}-1\sim x^2}\lim\limits_{x\to0}\dfrac{x^2}{x^2}=1.$

(14) **分析** 利用等价无穷小用于求极限.

$$\begin{aligned}\text{原式}&=\lim_{x\to0}\frac{1-\cos x+\cos x(1-\cos 2x)}{1-\cos x}=1+\lim_{x\to0}\frac{\cos x(1-\cos 2x)}{1-\cos x}\\&=1+\lim_{x\to0}\frac{1-\cos 2x}{1-\cos x}\xlongequal[1-\cos x\sim\frac{1}{2}x^2]{1-\cos 2x\sim 2x^2}1+\lim_{x\to0}\frac{2x^2}{\frac{1}{2}x^2}=5.\end{aligned}$$

[注] ① 此题可推广到一般情形,即

$$\lim_{x\to0}\frac{1-\cos x\cos 2x\cdots\cos nx}{1-\cos x}=1+2^2+\cdots+n^2=\frac{n(n+1)(2n+1)}{6}.$$

② 利用等价无穷小求极限时,必须注意是在两个无穷小商(或积)的形式下对分子或分母进行整体代换,否则可能会出现错误,例如

$$\lim_{x\to0}\frac{2\sin x-\sin 2x}{x^3}=\lim_{x\to0}\frac{2\sin x(1-\cos x)}{x^3}=\lim_{x\to0}\frac{\sin x}{x}\cdot\frac{2(1-\cos x)}{x^2}=1,\text{这是正确的.}$$

但若$\lim\limits_{x\to0}\dfrac{2\sin x-\sin 2x}{x^3}=\lim\limits_{x\to0}\dfrac{2x-2x}{x^3}=0$,则是错误的.

③ 记住下面这些常用的等价关系是有好处的:

$x\to0,x\sim\sin x\sim\tan x\sim\ln(1+x)\sim e^x-1\sim\arcsin x\sim\arctan x$;

$(1+x)^r-1\sim rx$ ($r\neq0$,是常数); $1-\cos x\sim\dfrac{x^2}{2}$;$a^x-1\sim x(\ln a)$ $(a>0,a\neq1)$.

$x\to1,\ln x\sim x-1$.

(15) **分析** 考查利用主部求极限.

$x\to0$时,$\sqrt[3]{x}\to0,\sin\sqrt[3]{x}\sim\sqrt[3]{x}$,因此$2\sin\sqrt[3]{x}-x$的主部为$2\sin\sqrt[3]{x}$,$\sqrt[3]{x}+2x-x^2$的主部为$\sqrt[3]{x}$,因此$\lim\limits_{x\to0}\dfrac{2\sin\sqrt[3]{x}-x}{\sqrt[3]{x}+2x-x^2}=\lim\limits_{x\to0}\dfrac{2\sin\sqrt[3]{x}}{\sqrt[3]{x}}\xlongequal{y=\sqrt[3]{x}}2\lim\limits_{y\to0}\dfrac{\sin y}{y}=2.$

[注] 记住主部定义,用主部求极限是非常快捷方便的.

① 设$\lim\limits_{x\to x_0} f(x)=\infty$ (或$\lim\limits_{x\to x_0} f(x)=0$ 且 $f(x)\neq 0(x\to x_0)$),

如果 $g(x)=f(x)+o(f(x))$ $(x\to x_0)$,则称 $x\to x_0$ 时,$f(x)$是 $g(x)$的主部.

② 设$\lim\limits_{x\to x_0} f(x)=\infty$,且 $x\to x_0$ 时,$g(x)$的主部是 $f(x)$,则$\lim\limits_{x\to x_0} g(x)=\infty$,

且 $g(x)\sim f(x)(x\to x_0)$.

(16) **分析** 利用等价无穷小代换

$x\to 0$ 时,$\ln(\cos x)=\ln(1+\cos x-1)\sim\cos x-1\sim-\dfrac{1}{2}x^2$.

原式$=\lim\limits_{x\to 0}\dfrac{\ln(1+\cos x-1)}{x^2}=\lim\limits_{x\to 0}\dfrac{\cos x-1}{x^2}=-\dfrac{1}{2}$.

(17) **分析** 练习利用左右极限判别极限的存在性.

因为$\lim\limits_{x\to+\infty} e^x=+\infty$,$\lim\limits_{x\to-\infty} e^x=0$. 所以此极限应分为 $x\to+\infty$与 $x\to-\infty$来讨论.

$$\lim_{x\to+\infty}\frac{e^x-e^{-x}}{e^x+e^{-x}}=\lim_{x\to+\infty}\frac{1-e^{-2x}}{1+e^{-2x}}=1,\quad \lim_{x\to-\infty}\frac{e^x-e^{-x}}{e^x+e^{-x}}=\lim_{x\to-\infty}\frac{e^{2x}-1}{e^{2x}+1}=-1,$$

由此可知,$\lim\limits_{x\to\infty}\dfrac{e^x-e^{-x}}{e^x+e^{-x}}$不存在.

例 2 练习函数连续性的判别.

(18) 设 $f(x)=\begin{cases} e^{\frac{1}{x}}+1, & x<0 \\ 1, & x=0 \\ 1+x\sin\dfrac{1}{x}, & x>0 \end{cases}$. 讨论 $f(x)$在其定义域内的连续性.

分析 分段函数在分段区间内,若表达式为初等函数,则可按初等函数方法研究其连续性,但在分段点处的连续性,必须按分段点左、右两侧的连续性加以讨论.

解 ① 当 $x<0$ 时,由于 $e^{\frac{1}{x}}+1$ 是一个初等函数,故 $f(x)$在$(-\infty,0)$内是连续的,同理可知,$f(x)$在$(0,+\infty)$内也是连续的.

② 在分段点 $x=0$ 处,$f(0)=1$,且$\lim\limits_{x\to 0^-} f(x)=\lim\limits_{x\to 0^-}(e^{\frac{1}{x}}+1)=1$,

$\lim\limits_{x\to 0^+} f(x)=\lim\limits_{x\to 0^+}\left(1+x\sin\dfrac{1}{x}\right)=1$,从而 $f(x)$在 $x=0$ 处也连续,综合即知,

$f(x)$在定义域$(-\infty,+\infty)$内都是连续的.

(19) 已知 $f(x)=\begin{cases} \dfrac{1-\cos ax}{\sin^2 bx}, & x>0 \\ a, & x=0 \\ (1+4x)^{\frac{1}{x}}, & x<0 \end{cases}$ 连续,试求 a,b 的值.

分析 练习利用连续性确定函数中的待定系数.

解 利用$\lim\limits_{x\to x_0^+} f(x)=\lim\limits_{x\to x_0^-} f(x)=f(x_0)$建立含参数的方程.

因为$\lim\limits_{x\to 0^+} f(x)=\lim\limits_{x\to 0^+}\dfrac{1-\cos ax}{\sin^2 bx}=\dfrac{a^2}{2b^2}$, $\lim\limits_{x\to 0^-} f(x)=\lim\limits_{x\to 0^-}(1+4x)^{\frac{1}{x}}=e^4$,

所以由题设 $f(x)$在 $x=0$ 处连续,有$\dfrac{a^2}{2b^2}=a=e^4$,即 $a=e^4$,$b=\pm\dfrac{\sqrt{2}}{2}e^2$.

(20) 求 $f(x)=\dfrac{x^2-x}{|x|(x^2-1)}$的间断点,并说明其类型.

分析　练习函数间断点的确定以及间断点类型的判别.

解　因为 $f(x)$在 $x=0,\pm1$ 处均无意义,所以它们都是 $f(x)$的间断点.

又因为 $\lim\limits_{x\to0^+}f(x)=\lim\limits_{x\to0^+}\dfrac{1}{1+x}=1\neq\lim\limits_{x\to0^-}f(x)=\lim\limits_{x\to0^-}\left(-\dfrac{1}{1+x}\right)=-1$;

所以 $x=0$ 是 $f(x)$的第一类跳跃间断点;$\lim\limits_{x\to1^+}f(x)=\lim\limits_{x\to1^+}\dfrac{1}{1+x}=\dfrac{1}{2}$,$\lim\limits_{x\to1^-}\dfrac{1}{1+x}=\dfrac{1}{2}$;

所以 $x=1$ 是 $f(x)$的第一类可去间断点,此时可补充定义如下,

$$f(x)=\begin{cases}\dfrac{x^2-x}{|x|(x^2-1)}, & x\neq1;\\ \dfrac{1}{2}, & x=1,\end{cases}$$ 使得 $f(x)$在 $x=1$ 处连续.

因为 $\lim\limits_{x\to-1^+}f(x)=\lim\limits_{x\to-1^+}\left(-\dfrac{1}{1+x}\right)=-\infty$,$\lim\limits_{x\to-1^-}\left(-\dfrac{1}{1+x}\right)=+\infty$,

所以 $x=-1$ 是 $f(x)$的第二类间断点.

(21) 试证方程 $2^x=4x$ 至少有一个小于 1 的正根.

分析　考查零值点定理的应用.

证明　令 $f(x)=2^x-4x$,显然 $f(x)$在$[0,1]$上连续,又 $f(0)\cdot f(1)=-2<0$,

故由零值点定理可知,则一定存在 $\xi\in(0,1)$,使得 $f(\xi)=0$.

结论得证.

(22) 设 $f(x)$在$[a,b]$上连续,$a<x_1<x_2<\cdots<x_n<b$,则在$[x_1,x_n]$中必有 ξ,使得

$$f(\xi)=\frac{1}{n}[f(x_1)+f(x_2)+\cdots+f(x_n)]$$

证明　n 个函数值 $f(x_1),f(x_2),\cdots,f(x_n)$中必有最小值和最大值,故设

$$f(x_t)=\min\{f(x_1),f(x_2),\cdots,f(x_n)\}\quad f(x_k)=\max\{f(x_1),f(x_2),\cdots,f(x_n)\}$$

其中 t,k 是 $1,2,\cdots,n$ 中的某两个数,因此,

$$f(x_t)\leqslant\frac{1}{n}\{f(x_1)+f(x_2)+\cdots+f(x_n)\}\leqslant f(x_k).$$

由介值定理知,在 x_t,x_k 之间必存在 $f(\xi)\in[f(x_t),f(x_k)]$,使

$$f(\xi)=\frac{1}{n}\{f(x_1)+f(x_2)+\cdots+f(x_n)\},\xi\in(x_t,x_k)\subset(x_1,x_n).$$

六、练习题全解

练习 2.1

1. 设数列$\{a_n\}$的通项 $a_n=\begin{cases}\dfrac{1}{\sqrt{n}+1}, & n=2k-1\\ \dfrac{1}{\sqrt{n}-1}, & n=2k\end{cases}$　$(k=1,2,\cdots)$,

将数列$\{a_n\}$写成 $a_1,a_2,\cdots,a_n,\cdots$的形式.

解 $a_1=\dfrac{1}{2},a_2=\dfrac{1}{\sqrt{2}-1},\ a_3=\dfrac{1}{\sqrt{3}+1},\ a_4=1,\ \cdots,\ a_{2k-1}=\dfrac{1}{\sqrt{2k-1}+1},\ a_{2k}=\dfrac{1}{\sqrt{2k}-1},\ \cdots$

所以$\dfrac{1}{2},\dfrac{1}{\sqrt{2}-1},\dfrac{1}{\sqrt{3}+1},1,\cdots,\dfrac{1}{\sqrt{2k-1}+1},\dfrac{1}{\sqrt{2k}-1},\cdots$

2. 写出下列数列的通项,考查 $n\to\infty$ 时通项的变化趋势,用极限的形式表示其结果:

(1) $1,\dfrac{2}{3},\cdots,\dfrac{n}{2n-1},\cdots$;　　(2) $1,\dfrac{1}{2},3,\dfrac{1}{4},\cdots,2n-1,\dfrac{1}{2n},\cdots$;

(3) $\cos\pi,\cos 2\pi,\cdots,\cos n\pi,\cdots$;　　(4) $\sin(\pi+x),\sin(2\pi+x),\cdots,\sin(n\pi+x),\cdots$;

(5) $-\dfrac{1}{2},\dfrac{1}{4},\cdots,\left(-\dfrac{1}{2}\right)^n,\cdots$;　　(6) 设 $\alpha>0$, $1,\dfrac{1}{2^\alpha},\cdots,\dfrac{1}{n^\alpha},\cdots$.

解 (1) $a_n=\dfrac{n}{2n-1}$　　$\lim\limits_{n\to\infty}\dfrac{n}{2n-1}=\dfrac{1}{2}$

(2) $a_n=\begin{cases}n, & n=2k-1;\\ \dfrac{1}{n}, & n=2k,\end{cases}$　$(k=1,2,\cdots)$　$\lim\limits_{n\to\infty}a_n$ 不存在

(3) $a_n=\cos n\pi=(-1)^n=\begin{cases}1, & n\text{ 为偶数};\\ -1, & n\text{ 为奇数},\end{cases}$　所以 $\lim\limits_{n\to\infty}a_n$ 不存在

(4) $a_n=\sin(n\pi+x)=\cos n\pi\cdot\sin x=(-1)^n\cdot\sin x$

当 $\sin x\neq 0$ 时,$\lim\limits_{n\to\infty}a_n$ 不存在;当 $\sin x=0$ 时,$\lim\limits_{n\to\infty}a_n=0$

(5) $a_n=\left(-\dfrac{1}{2}\right)^n$　　$\lim\limits_{n\to\infty}\left(-\dfrac{1}{2}\right)^n=0$

(6) $a_n=\dfrac{1}{n^\alpha}$　$\lim\limits_{n\to\infty}\dfrac{1}{n^\alpha}=0$

3. 求下列数列的极限:

(1) $\lim\limits_{n\to\infty}\dfrac{2n-\sqrt{n+2}}{n+\sqrt[3]{n+1}}$;　　(2) $\lim\limits_{n\to\infty}\dfrac{9^n+4^{n+2}}{5^n-3^{2n-1}}$;

(3) $\lim\limits_{n\to\infty}[\ln(2n^2-n+1)-2\ln n]$.

解 (1) $\lim\limits_{n\to\infty}\dfrac{2n-\sqrt{n+2}}{n+\sqrt[3]{n+1}}=\lim\limits_{n\to\infty}\dfrac{2-\dfrac{\sqrt{n+2}}{n}}{1+\dfrac{\sqrt[3]{n+1}}{n}}=\lim\limits_{n\to\infty}\dfrac{2-\sqrt{\dfrac{1}{n}+\dfrac{2}{n^2}}}{1+\sqrt[3]{\dfrac{1}{n^2}+\dfrac{1}{n^3}}}=2$

(2) $\lim\limits_{n\to\infty}\dfrac{9^n+4^{n+2}}{5^n-3^{2n-1}}=\lim\limits_{n\to\infty}\dfrac{1+16\left(\dfrac{4}{9}\right)^n}{\left(\dfrac{5}{9}\right)^n-\dfrac{1}{3}}=-3$

(3) $\lim\limits_{n\to\infty}[\ln(2n^2-n+1)-2\ln n]=\lim\limits_{n\to\infty}\ln\left(2-\dfrac{1}{n}+\dfrac{1}{n^2}\right)=\ln 2$

4. 求下列数列的极限:

(1) 设 $a>0,a\neq 1,x_n=\sqrt[n]{a},n=1,2,\cdots$;

(2) 设 $0\leqslant q<1,x_n=\sum\limits_{k=1}^{n}q^k\left(\sum\limits_{k=1}^{n}a_k=a_1+a_2+\cdots+a_n\right),n=1,2,\cdots$;

(3) 设 $a_n=\sqrt[2^n]{2},x_n=\prod\limits_{k=1}^{n}a_k\left(\prod\limits_{k=1}^{n}a_k=a_1a_2\cdots a_n\right),n=1,2\cdots$;

(4) 设 $x_1=1, x_2=-1, \cdots, x_n=\sum\limits_{k=3}^{n}\dfrac{1}{k(k+1)}$，$n=3,4,\cdots$；

(5) $x_n=n+\sqrt[3]{n^2-n^3}$，　$n=1,2,\cdots$.

解　(1) 当 $a>1$ 时　令 $\sqrt[n]{a}=1+h_n(h_n>0)$　$a=(1+h_n)^n$

$$a=(1+h_n)^n=1+nh_n+C_n^2h_n^2+\cdots+h_n^n\geqslant nh_n \quad 0<h_n<\frac{a}{n}$$

令 $n\to\infty$　由两边夹定理可得 $\lim\limits_{n\to+\infty}h_n=0$（$h_n$ 为无穷小量）　$\lim\limits_{n\to+\infty}\sqrt[n]{a}=1$

当 $a=1$ 时，$\lim\limits_{n\to\infty}\sqrt[n]{a}=1$

当 $0<a<1$　令 $b=\dfrac{1}{a}$　因为 $\lim\limits_{n\to+\infty}\sqrt[n]{b}=\lim\limits_{n\to+\infty}\dfrac{1}{\sqrt[n]{a}}=1\Rightarrow\lim\limits_{n\to\infty}\sqrt[n]{a}=1$

综上可知，$\lim\limits_{n\to\infty}x_n=1$

(2) $\lim\limits_{n\to\infty}x_n=\lim\limits_{n\to\infty}(q+q^2+q^3+\cdots+q^n)=\lim\limits_{n\to\infty}\dfrac{q-q^{n+1}}{1-q}=\lim\limits_{n\to\infty}\dfrac{q}{1-q}-\lim\limits_{n\to\infty}\dfrac{q^{n+1}}{1-q}$

$$=\frac{q}{1-q}\quad（因为 0\leqslant q<1, \lim_{n\to\infty}q^{n+1}=0）$$

(3) $x_n=\prod\limits_{k=1}^{n}a_k=\sqrt{2}\cdot\sqrt[4]{2}\cdot\sqrt[8]{2}\cdot\cdots\cdot\sqrt[2^n]{2}=2^{\frac{1}{2}+\frac{1}{4}+\frac{1}{8}+\cdots+\frac{1}{2^n}}=2^{\frac{\frac{1}{2}\left(1-\frac{1}{2^n}\right)}{1-\frac{1}{2}}}$　所以 $\lim\limits_{n\to\infty}x_n=2$

(4) $\lim\limits_{n\to\infty}x_n=\lim\limits_{n\to\infty}\sum\limits_{k=3}^{n}\dfrac{1}{k(k+1)}=\lim\limits_{n\to\infty}\left(\dfrac{1}{3}-\dfrac{1}{n+1}\right)=\dfrac{1}{3}$

(5) $x_n=n+\sqrt[3]{n^2-n^3}=n\left(1+\sqrt[3]{\dfrac{1}{n}-1}\right)$

$$\lim_{n\to\infty}x_n=\lim_{n\to\infty}\frac{n\left(1+\sqrt[3]{\frac{1}{n}-1}\right)\left[1-\sqrt[3]{\frac{1}{n}-1}+\left(\frac{1}{n}-1\right)^{\frac{2}{3}}\right]}{1-\sqrt[3]{\frac{1}{n}-1}+\left(\frac{1}{n}-1\right)^{\frac{2}{3}}}=\lim_{n\to\infty}\frac{n\cdot\left(1+\frac{1}{n}-1\right)}{1-\left(\frac{1}{n}-1\right)^{\frac{1}{3}}+\left(\frac{1}{n}-1\right)^{\frac{2}{3}}}=\frac{1}{3}$$

5. 用夹逼定理证明 $\lim\limits_{n\to\infty}\dfrac{\sin nx}{n}=0$ 对一切实数 x 成立.

证明　“夹”：$|\sin nx|\leqslant 1$　　$-1\leqslant\sin nx\leqslant 1$

“逼”：$n>0$　$-\dfrac{1}{n}\leqslant\dfrac{\sin nx}{n}\leqslant\dfrac{1}{n}$　$\lim\limits_{n\to\infty}\left(-\dfrac{1}{n}\right)=0$　$\lim\limits_{n\to\infty}\dfrac{1}{n}=0$

所以 $\lim\limits_{n\to\infty}\dfrac{\sin nx}{n}=0$ 对一切实数 x 成立

6. 求极限 $\lim\limits_{n\to\infty}\dfrac{3n-\sin n}{2n+\cos n}$.

解　因为 $\lim\limits_{n\to\infty}\dfrac{\sin n}{n}=0$，$\lim\limits_{n\to\infty}\dfrac{\cos n}{n}=0$

所以 $\lim\limits_{n\to\infty}\dfrac{3n-\sin n}{2n+\cos n}=\lim\limits_{n\to\infty}\dfrac{3-\dfrac{\sin n}{n}}{2+\dfrac{\cos n}{n}}=\dfrac{3}{2}$

7. 设 $a_i>0$ $(i=1,2,\cdots,k)$，求极限 $\lim\limits_{n\to\infty}(a_1^n+a_2^n+\cdots+a_k^n)^{\frac{1}{n}}$.

解　设 $a_M=\max\{a_1,a_2,\cdots,a_k\}$　　$(k\geqslant 1)$

"夹":$(a_M^n)^{\frac{1}{n}}<(a_1^n+a_2^n+\cdots+a_k^n)^{\frac{1}{n}}<(a_M^n+a_M^n+\cdots+a_M^n)^{\frac{1}{n}}$

$$a_M<(a_1^n+a_2^n+\cdots+a_k^n)^{\frac{1}{n}}<k^{\frac{1}{n}}\cdot a_M$$

"逼":$\lim\limits_{n\to\infty}a_M=a_M \qquad \lim\limits_{n\to\infty}k^{\frac{1}{n}}\cdot a_M=a_M$

所以 $\lim\limits_{n\to\infty}(a_1^n+a_2^n+\cdots+a_k^n)^{\frac{1}{n}}=a_M=\max\{a_1,a_2,\cdots,a_k\}$

8. (1) 设 $x_n=\dfrac{1}{n^2+1}+\dfrac{2}{n^2+2}+\cdots+\dfrac{n}{n^2+n}$,求极限$\lim\limits_{n\to\infty}x_n$;

(2) 设 $y_n=\dfrac{1}{\sqrt{n^2+1}}+\dfrac{1}{\sqrt{n^2+2}}+\cdots+\dfrac{1}{\sqrt{n^2+n}}$,求极限$\lim\limits_{n\to\infty}y_n$.

解 (1)"夹":$\dfrac{1}{n^2+n}+\dfrac{2}{n^2+n}+\cdots+\dfrac{n}{n^2+n}<\dfrac{1}{n^2+1}+\dfrac{2}{n^2+2}+\cdots+\dfrac{n}{n^2+n}$

$$<\frac{1}{n^2+1}+\frac{2}{n^2+1}+\cdots+\frac{n}{n^2+1}$$

$$\frac{\frac{1}{2}n\cdot(n+1)}{n^2+n}<\frac{1}{n^2+1}+\frac{2}{n^2+2}+\cdots+\frac{n}{n^2+n}<\frac{\frac{1}{2}n\cdot(n+1)}{n^2+1}$$

"逼":$\lim\limits_{n\to\infty}\dfrac{n^2+n}{2(n^2+n)}=\dfrac{1}{2},\quad \lim\limits_{n\to\infty}\dfrac{n^2+n}{2(n^2+1)}=\dfrac{1}{2}$

所以 $\lim\limits_{n\to\infty}x_n=\lim\limits_{n\to\infty}\left(\dfrac{1}{n^2+1}+\dfrac{2}{n^2+2}+\cdots+\dfrac{n}{n^2+n}\right)=\dfrac{1}{2}$

(2)"夹":$\dfrac{1}{\sqrt{n^2+n}}+\dfrac{1}{\sqrt{n^2+n}}+\cdots+\dfrac{1}{\sqrt{n^2+n}}<\dfrac{1}{\sqrt{n^2+1}}+\dfrac{1}{\sqrt{n^2+2}}+\cdots+\dfrac{1}{\sqrt{n^2+n}}$

$$<\frac{1}{\sqrt{n^2+1}}+\frac{1}{\sqrt{n^2+1}}+\cdots+\frac{1}{\sqrt{n^2+1}}$$

$$\frac{n}{\sqrt{n^2+n}}<\frac{1}{\sqrt{n^2+1}}+\frac{1}{\sqrt{n^2+2}}+\cdots+\frac{1}{\sqrt{n^2+n}}<\frac{n}{\sqrt{n^2+1}}$$

"逼":$\lim\limits_{n\to\infty}\dfrac{n}{\sqrt{n^2+n}}=\lim\limits_{n\to\infty}\dfrac{1}{\sqrt{1+\dfrac{1}{n}}}=1,\ \lim\limits_{n\to\infty}\dfrac{n}{\sqrt{n^2+1}}=\lim\limits_{n\to\infty}\dfrac{1}{\sqrt{1+\dfrac{1}{n^2}}}=1$

所以 $\lim\limits_{n\to\infty}y_n=\lim\limits_{n\to\infty}\left(\dfrac{1}{\sqrt{n^2+1}}+\dfrac{1}{\sqrt{n^2+2}}+\cdots+\dfrac{1}{\sqrt{n^2+n}}\right)=1$

练习 2.2

1. 由函数 $y=2^{-x}$ 的图形(图 2-1)考查极限 $\lim\limits_{x\to+\infty}2^{-x}$,$\lim\limits_{x\to-\infty}2^{-x}$,$\lim\limits_{x\to\infty}2^{-x}$.

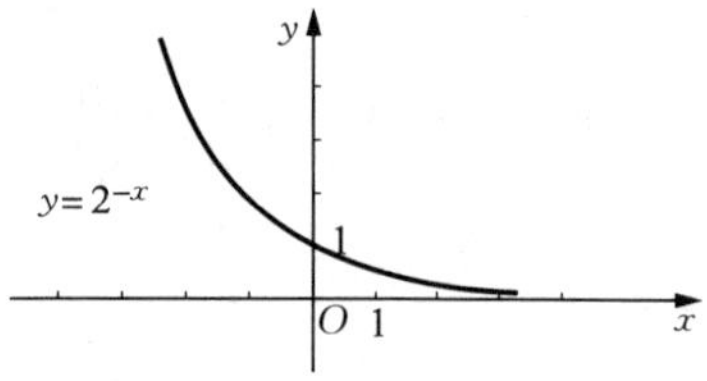

图 2-1

解 $\lim\limits_{x\to+\infty}2^{-x}=0,\ \lim\limits_{x\to-\infty}2^{-x}=+\infty \quad \lim\limits_{x\to\infty}2^{-x}$不存在

2. 由函数 $y=\log_a(1+x)$的图形(图 2-2)考查极限 $\lim\limits_{x\to+\infty}\log_a(1+x)$,$\lim\limits_{x\to0}\log_a(1+x)$,$\lim\limits_{x\to-1^+}\log_a(1+x)$,其中 $a>0,a\neq1$.

解 当 $0<a<1$ 时 $\lim\limits_{x\to+\infty}\log_a(1+x)=-\infty,\ \lim\limits_{x\to0}\log_a(1+x)=0,\ \lim\limits_{x\to-1^+}\log_a(1+x)=+\infty$

当 $a>1$ 时 $\lim\limits_{x\to+\infty}\log_a(1+x)=+\infty,\ \lim\limits_{x\to0}\log_a(1+x)=0,\ \lim\limits_{x\to-1^+}\log_a(1+x)=-\infty$

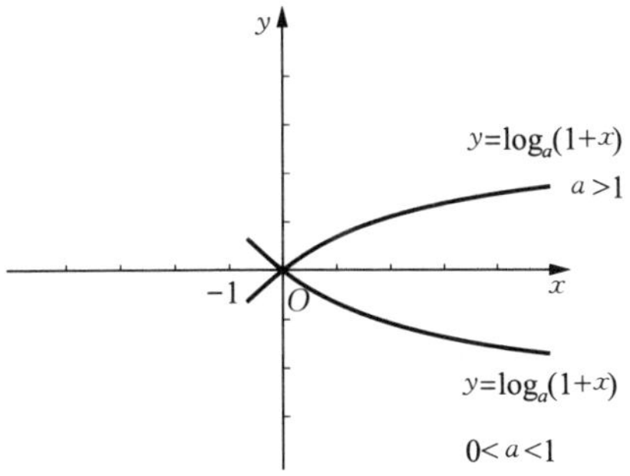

图 2-2

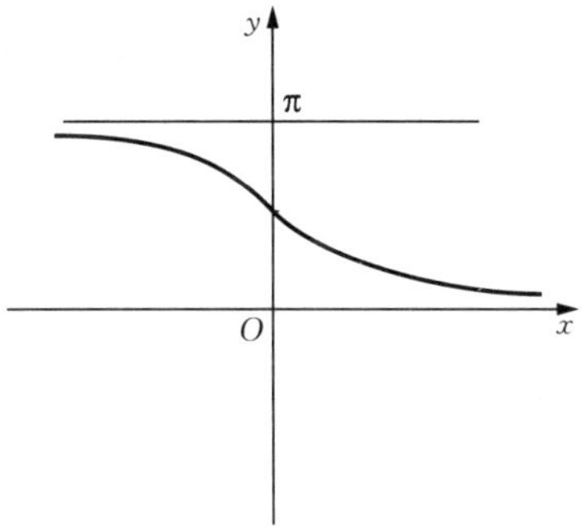

图 2-3

3. 由函数 $y=\operatorname{arccot} x$ 的图形(图 2-3)考查极限 $\lim\limits_{x\to+\infty}\operatorname{arccot} x$, $\lim\limits_{x\to-\infty}\operatorname{arccot} x$, $\lim\limits_{x\to\infty}\operatorname{arccot} x$.

解　$\lim\limits_{x\to+\infty}\operatorname{arccot} x=0$　$\lim\limits_{x\to-\infty}\operatorname{arccot} x=\pi$　$\lim\limits_{x\to\infty}\operatorname{arccot} x$ 不存在

4. 由函数 $y=\cos x$ 的图形(图 2-4)考查极限 $\lim\limits_{x\to 0}\cos x$, $\lim\limits_{x\to\frac{\pi}{2}}\cos x$, $\lim\limits_{x\to\infty}\cos x$.

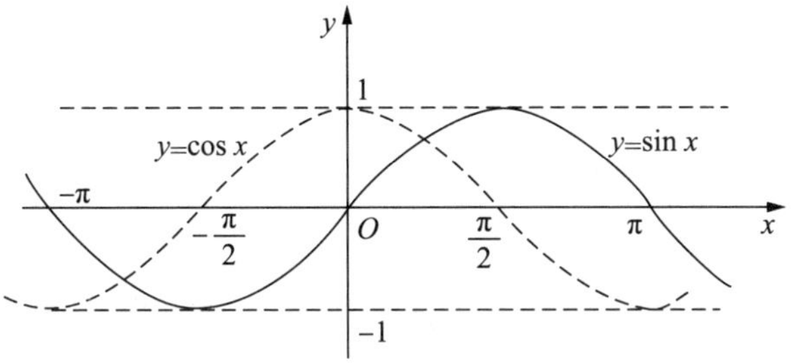

图 2-4

解　$\lim\limits_{x\to 0}\cos x=1$　$\lim\limits_{x\to\frac{\pi}{2}}\cos x=0$　$\lim\limits_{x\to\infty}\cos x$ 不存在

5. 由函数 $y=\sqrt{x^2+x}-x$ 的值的变化趋势考查极限

$$\lim_{x\to+\infty}(\sqrt{x^2+x}-x),\ \lim_{x\to-\infty}(\sqrt{x^2+x}-x),\ \lim_{x\to\infty}(\sqrt{x^2+x}-x),\ \lim_{x\to 1}(\sqrt{x^2+x}-x).$$

解　$$\lim_{x\to+\infty}(\sqrt{x^2+x}-x)=\lim_{x\to+\infty}\frac{x}{\sqrt{x^2+x}+x}=\lim_{x\to+\infty}\frac{1}{\sqrt{1+\frac{1}{x}}+1}=\frac{1}{2}$$

$$\lim_{x\to-\infty}(\sqrt{x^2+x}-x)=\lim_{x\to-\infty}|x|\cdot\left(\sqrt{1+\frac{1}{x}}-\frac{x}{|x|}\right)=\lim_{x\to-\infty}|x|\cdot 2=+\infty$$

$$\lim_{x\to\infty}(\sqrt{x^2+x}-x)\text{不存在},\lim_{x\to 1}(\sqrt{x^2+x}-x)=\sqrt{2}-1$$

6. 求下列函数的极限.

(1) $\lim\limits_{x\to-\infty}(x^2+x\sqrt{x^2+2})$;　(2) $\lim\limits_{x\to\infty}\left(\dfrac{x^3}{1-x^2}+\dfrac{x^2}{1+x}\right)$;　(3) $\lim\limits_{x\to-1}\left(\dfrac{2x-1}{x+1}+\dfrac{x-2}{x^2+x}\right)$;

(4) $\lim\limits_{x\to 0}\dfrac{x^2+x}{x^3-x^2-2x}$;　(5) $\lim\limits_{x\to 0^+}\left(\dfrac{1}{\sqrt{x}}-\dfrac{2\sqrt{x}-1}{x-\sqrt{x}}\right)$;　(6) $\lim\limits_{x\to 1^-}\dfrac{\sqrt{1-x}}{1-x-\sqrt{1-x}}$;

(7) $\lim\limits_{x\to 1}\dfrac{\sqrt{2x+7}-3}{\sqrt[3]{x}-1}$;　(8) $\lim\limits_{x\to 1}\left(\dfrac{4}{1-x^4}-\dfrac{3}{1-x^3}\right)$;　(9) $\lim\limits_{x\to-1}\dfrac{x+x^3+x^5+x^7+4}{x+1}$;

(10) $\lim\limits_{x\to 0}\dfrac{(1-x)^{10}-1}{(1-x)^{11}-1}$;　(11) $\lim\limits_{x\to\infty}\dfrac{x^7(1-2x)^8}{(3x+2)^{15}}$;

(12) $\lim\limits_{x\to 1}\dfrac{x^{n+1}-(n+1)x+n}{(x-1)^2}$ (n 为正整数).

解 (1) 原式 $=\lim\limits_{x\to-\infty}\dfrac{(x^2+x\sqrt{x^2+2})(x^2-x\sqrt{x^2+2})}{(x^2-x\sqrt{x^2+2})}=\lim\limits_{x\to-\infty}\dfrac{-2x^2}{x^2-x|x|\sqrt{1+\frac{2}{x^2}}}$

$$=\lim_{x\to-\infty}\frac{-2}{1-\frac{|x|}{x}\sqrt{1+\frac{2}{x^2}}}=\frac{-2}{1+1}=-1$$

(2) 原式 $=\lim\limits_{x\to\infty}\dfrac{x^3+x^2(1-x)}{1-x^2}=\lim\limits_{x\to\infty}\dfrac{x^2}{1-x^2}=\lim\limits_{x\to\infty}\dfrac{1}{\frac{1}{x^2}-1}=-1$

(3) 原式 $=\lim\limits_{x\to-1}\dfrac{2x^2-x+x-2}{x\cdot(x+1)}=\lim\limits_{x\to-1}\dfrac{2(x-1)}{x}=4$

(4) 原式 $=\lim\limits_{x\to 0}\dfrac{x+1}{x^2-x-2}=\lim\limits_{x\to 0}\dfrac{x+1}{(x-2)(x+1)}=\lim\limits_{x\to 0}\dfrac{1}{x-2}=-\dfrac{1}{2}$

(5) 原式 $=\lim\limits_{x\to 0^+}\dfrac{x-\sqrt{x}-2x+\sqrt{x}}{\sqrt{x}(x-\sqrt{x})}=\lim\limits_{x\to 0^+}\dfrac{-x}{x\sqrt{x}-x}=\lim\limits_{x\to 0^+}\dfrac{-1}{\sqrt{x}-1}=1$

(6) 原式 $=\lim\limits_{x\to 1^-}\dfrac{1}{\sqrt{1-x}-1}=-1$

(7) 原式 $=\lim\limits_{x\to 1}\dfrac{(\sqrt{2x+7}-3)(\sqrt{2x+7}+3)(x^{\frac{2}{3}}+x^{\frac{1}{3}}+1)}{(x^{\frac{1}{3}}-1)(x^{\frac{2}{3}}+x^{\frac{1}{3}}+1)(\sqrt{2x+7}+3)}=\lim\limits_{x\to 1}\dfrac{(2x+7-9)(x^{\frac{2}{3}}+x^{\frac{1}{3}}+1)}{(x-1)(\sqrt{2x+7}+3)}$

$$=\lim_{x\to 1}\frac{2(x^{\frac{2}{3}}+x^{\frac{1}{3}}+1)}{\sqrt{2x+7}+3}=1$$

(8) 原式 $=\lim\limits_{x\to 1}\dfrac{4(1-x^3)-3(1-x^4)}{(1-x^3)(1-x^4)}=\lim\limits_{x\to 1}\dfrac{4(1+x+x^2)-3(1+x^2)(1+x)}{(1+x)(1+x^2)(1-x)(1+x+x^2)}$

$$=\lim_{x\to 1}\frac{1+x+x^2-3x^3}{(1+x^2)(1+x)(1+x+x^2)}=\frac{0}{2\times2\times3}=0$$

(9) 原式 $=\dfrac{(x^7+x^6)-(x^6+x^5)+2(x^5+x^4)-\cdots+(5x+5)-1}{x+1}$

$$=\lim_{x\to-1}(x^6-x^5+2x^4-2x^3+3x^2-3x+4)=16$$

(10) 原式 $=\lim\limits_{x\to 0}\dfrac{(1-x-1)[(1-x)^9+(1-x)^8+\cdots+1]}{(1-x-1)[(1-x)^{10}+(1-x)^9+\cdots+1]}=\dfrac{10}{11}$

(11) 原式 $=\lim\limits_{x\to\infty}\dfrac{\left(\frac{1}{x}-2\right)^8}{\left(3+\frac{2}{x}\right)^{15}}=\dfrac{2^8}{3^{15}}$

(12) 原式 $=\lim\limits_{x\to 1}\dfrac{x^{n+1}-nx-x+n}{(x-1)^2}=\lim\limits_{x\to 1}\dfrac{(x^n+x^{n-1}+\cdots+x)-n}{x-1}$

$$=\lim_{x\to 1}\frac{(x^n-1)+(x^{n-1}-1)+\cdots+(x-1)}{x-1}$$

$$=\lim_{x\to 1}[(x^{n-1}+x^{n-2}+\cdots+1)]+\lim_{x\to 1}[(x^{n-2}+x^{n-3}+\cdots+1)]+\cdots+1$$

$$=n+(n-1)+(n-2)+\cdots+2+1=\frac{n(n+1)}{2}$$

7. 设 $f(x)=\begin{cases}1, & x>0\\ 0, & x=0\\ -1, & x<0\end{cases}$，试讨论$\lim\limits_{x\to 0} f(x)$是否存在.

解　$f(0^-)=\lim\limits_{x\to 0^-} f(x)=-1$　$f(0^+)=\lim\limits_{x\to 0^+} f(x)=1$

因为 $f(0^-)\neq f(0^+)$　所以 $\lim\limits_{x\to 0} f(x)$不存在

8. 设 $f(x)=\begin{cases}\sqrt{2x+1}, & 0<x\leqslant 1\\ a+\ln x, & x>1\end{cases}$，已知 $\lim\limits_{x\to 1} f(x)$存在，求 a 的值.

解　$f(1^-)=\lim\limits_{x\to 1^-} f(x)=\lim\limits_{x\to 1^-}\sqrt{2x+1}=\sqrt{3}$　　$f(1^+)=\lim\limits_{x\to 1^+} f(x)=\lim\limits_{x\to 1^+}(a+\ln x)=a$

因为 $\lim\limits_{x\to 1} f(x)$存在　所以 $\lim\limits_{x\to 1^-} f(x)=\lim\limits_{x\to 1^+} f(x)$　所以 $a=\sqrt{3}$

练习 2.3

1. 利用夹逼定理求极限$\lim\limits_{x\to 0} x\left[\dfrac{1}{x}\right]$，其中$\left[\dfrac{1}{x}\right]$是$\dfrac{1}{x}$的取整函数. 提示：当 $x\neq 0$ 时，$\dfrac{1}{x}-1<\left[\dfrac{1}{x}\right]\leqslant\dfrac{1}{x}$.

解　因为$\dfrac{1}{x}-1<\left[\dfrac{1}{x}\right]\leqslant\dfrac{1}{x}$ $(x\neq 0)$，

当 $x>0$ 时，$1-x<x\left[\dfrac{1}{x}\right]\leqslant 1$；当 $x<0$ 时，$1\leqslant x\left[\dfrac{1}{x}\right]<1-x$

由于$\lim\limits_{x\to 0}(1-x)=1$，由夹逼定理可知：$\lim\limits_{x\to 0} x\left[\dfrac{1}{x}\right]=1$

2. 利用性质 2.10 及$\lim\limits_{x\to 0}\dfrac{\sin x}{x}=1$，证明：

(1) $\lim\limits_{x\to 0}\dfrac{\tan x}{x}=1$；　(2) $\lim\limits_{x\to 0}\dfrac{\arcsin x}{x}=1$；　(3) $\lim\limits_{x\to 0}\dfrac{\arctan x}{x}=1$.

证明　(1) $\lim\limits_{x\to 0}\dfrac{\tan x}{x}=\lim\limits_{x\to 0}\left(\dfrac{\sin x}{\cos x}\cdot\dfrac{1}{x}\right)=\lim\limits_{x\to 0}\left(\dfrac{\sin x}{x}\cdot\dfrac{1}{\cos x}\right)=\lim\limits_{x\to 0}\dfrac{\sin x}{x}\cdot\lim\limits_{x\to 0}\dfrac{1}{\cos x}=1$

(2) $\lim\limits_{x\to 0}\dfrac{\arcsin x}{x}\xlongequal{\arcsin x=y, x\to 0, y\to 0}\lim\limits_{y\to 0}\dfrac{y}{\sin y}=\dfrac{1}{\lim\limits_{y\to 0}\dfrac{\sin y}{y}}=1$

(3) $\lim\limits_{x\to 0}\dfrac{\arctan x}{x}\xlongequal{\arctan x=y, x\to 0, y\to 0}\lim\limits_{y\to 0}\dfrac{y}{\tan y}=\dfrac{1}{\lim\limits_{y\to 0}\dfrac{\tan y}{y}}=1$

3. 讨论极限$\lim\limits_{x\to 0}\dfrac{1}{1+e^{\frac{1}{x}}}$是否存在.

解　$\lim\limits_{x\to 0^+}\dfrac{1}{1+e^{\frac{1}{x}}}=0$，$\lim\limits_{x\to 0^-}\dfrac{1}{1+e^{\frac{1}{x}}}=1$，所以$\lim\limits_{x\to 0}\dfrac{1}{1+e^{\frac{1}{x}}}$不存在

4. 利用变量替换 $y=\dfrac{1}{x^2}$求极限$\lim\limits_{x\to 0} e^{-\frac{1}{x^2}}$.

解　令 $t=\dfrac{1}{x^2}$，则当 $x\to 0$ 时，$t\to +\infty$. 所以

$$\lim_{x\to 0} e^{-\frac{1}{x^2}}=\lim_{t\to +\infty} e^{-t}=\lim_{t\to +\infty}\frac{1}{e^t}=0$$

5. 利用变量替换 $y=x-1$ 求极限 $\lim\limits_{x\to 1}(x-1)\tan\frac{\pi x}{2}$.

解 $\lim\limits_{x\to 1}(x-1)\tan\frac{\pi x}{2}\xlongequal{x-1=y,x=y+1,x\to 1,y\to 0}\lim\limits_{y\to 0}y\tan\frac{\pi}{2}(y+1)$

$$=\lim_{y\to 0}y\cdot\frac{\sin\left(\frac{\pi}{2}y+\frac{\pi}{2}\right)}{\cos\left(\frac{\pi}{2}y+\frac{\pi}{2}\right)}=\lim_{y\to 0}\cos\frac{\pi}{2}y\cdot\lim_{y\to 0}\frac{-y}{\sin\frac{\pi}{2}y}$$

$$=\lim_{y\to 0}\frac{-1}{\frac{\sin\frac{\pi}{2}y}{\frac{\pi}{2}y}\times\frac{\pi}{2}}=-\frac{2}{\pi}$$

6. 设 $f(x)=\begin{cases}1, & x\neq 1\\ 0, & x=1\end{cases}$, $g(x)=\begin{cases}1, & x\neq 0\\ 0, & x=0\end{cases}$.

求:(1) $\lim\limits_{x\to 0}g(x)$,$\lim\limits_{x\to 1}f(x)$;

(2) $f[g(x)]$及$\lim\limits_{x\to 0}f[g(x)]$;

(3) 能否用性质 2.10 求$\lim\limits_{x\to 0}f[g(x)]$?

解 (1) $\lim\limits_{x\to 0}g(x)=1$, $\lim\limits_{x\to 1}f(x)=1$

(2) $f[g(x)]=\begin{cases}1, & g(x)\neq 1;\\ 0, & g(x)=1\end{cases}=\begin{cases}1, & x=0;\\ 0, & x\neq 0\end{cases}$ 所以$\lim\limits_{x\to 0}f[g(x)]=0$

(3) 由复合函数求极限的条件知道,若 $x\to 0$ 时,$g(x)\to 1$,且 $g(x)\neq 1$,那么$\lim\limits_{x\to 0}f[g(x)]$ $\xlongequal[x\to 0,y\to 1]{y=g(x)}\lim\limits_{y\to 1}f(y)$成立,本题中的条件是 $x\to 0$ 时,$g(x)=1$,因此不满足复合函数求极限的条件故不能用

7. 证明:$\lim\limits_{x\to x_0}f(x)=A$ 的充要条件是$|f(x)-A|=o(1)(x\to x_0)$.

证明 必要性:$\lim\limits_{x\to x_0}f(x)=A$ 所以 $f(x)=A+o(1)$ $f(x)-A=o(1)$

$|f(x)-A|=|o(1)|=o(1)$

充分性:$|f(x)-A|=o(1)$,$f(x)-A=\pm(o(1))=o(1)$

所以 $f(x)=A+o(1)$ 所以$\lim\limits_{x\to x_0}f(x)=A$

8. 设 $a>0,a\neq 1$,证明:$\lim\limits_{x\to 0}a^{\frac{1}{x}}$不存在,且不为无穷大.

证明 当 $0<a<1$ 时,$\lim\limits_{x\to 0^+}a^{\frac{1}{x}}=0$,$\lim\limits_{x\to 0^-}a^{\frac{1}{x}}=+\infty$ 所以$\lim\limits_{x\to 0}a^{\frac{1}{x}}$不存在,且不为无穷大

当 $a>1$ 时,$\lim\limits_{x\to 0^-}a^{\frac{1}{x}}=0$,$\lim\limits_{x\to 0^+}a^{\frac{1}{x}}=+\infty$ 所以 $\lim\limits_{x\to 0}a^{\frac{1}{x}}$不存在,且不为无穷大

练习 2.4

1. 证明:$\lim\limits_{x\to 0}\frac{2x-1}{\ln(1+x)}=\infty$.

证明 因为 $\lim\limits_{x\to 0}\frac{\ln(1+x)}{2x-1}=0$ 所以$\lim\limits_{x\to 0}\frac{2x-1}{\ln(1+x)}=\infty$

2. 证明下列极限都为 0：

(1) $\lim\limits_{x\to 0^+}\dfrac{1}{\ln x}$；　　(2) $\lim\limits_{x\to\infty}\dfrac{1}{x}\arctan x$；

(3) $\lim\limits_{x\to+\infty}(\sin\sqrt{x}-\sin\sqrt{x+1})$；　　(4) $\lim\limits_{x\to 1}\ln x\sin\dfrac{1}{x-1}$.

证明　(1) 因为 $\lim\limits_{x\to 0^+}\ln x=-\infty$,所以 $\lim\limits_{x\to 0^+}\dfrac{1}{\ln x}=0$

(2) 因为 $\lim\limits_{x\to\infty}\dfrac{1}{x}=0$　$|\arctan x|<\dfrac{\pi}{2}$为有界函数　所以 $\lim\limits_{x\to\infty}\dfrac{1}{x}\arctan x=0$

(3) 原式$=\lim\limits_{x\to+\infty}\left(2\cdot\cos\dfrac{\sqrt{x}+\sqrt{x+1}}{2}\cdot\sin\dfrac{\sqrt{x}-\sqrt{x+1}}{2}\right)$

$$=\lim_{x\to\infty}\left(2\cdot\cos\frac{\sqrt{x}+\sqrt{x+1}}{2}\cdot\sin\frac{-1}{2(\sqrt{x}+\sqrt{x+1})}\right)=0$$

(4) 因为 $\lim\limits_{x\to 1}\ln x=0$，$\left|\sin\dfrac{1}{x-1}\right|\leqslant 1$ 为有界函数　所以 $\lim\limits_{x\to 1}\ln x\sin\dfrac{1}{x-1}=0$

3. 证明性质 2.12.

性质 2.12　设 $f(x)=o(1)$，$f(x)\neq 0$，$(x\to X)$且 $g(x)$的主部是 $f(x)$，则 $g(x)=o(1)$ $(x\to X)$，且$g(x)\sim f(x)$，$(x\to X)$.

证明　设 $f(x)=o(1)$　$(x\to X)$，且 $g(x)$的主部是 $f(x)$

即 $g(x)=f(x)+o(f(x))=o(1)$　$(x\to X)$

所以 $\lim\limits_{x\to X}\dfrac{g(x)}{f(x)}=\lim\limits_{x\to X}\left[1+\dfrac{o(f(x))}{f(x)}\right]=1$　$(f(x)\neq 0)$

所以 $g(x)\sim f(x)$　$(x\to X)$

4. 设$\lim\limits_{x\to X}f(x)=\infty$，$\lim\limits_{x\to X}g(x)=\infty$，且 $f(x)\sim g(x)(x\to X)$，

若$\lim\limits_{x\to X}g(x)u(x)=A$，$\lim\limits_{x\to X}\dfrac{v(x)}{g(x)}=B$，证明：$\lim\limits_{x\to X}f(x)u(x)=A$，$\lim\limits_{x\to X}\dfrac{v(x)}{f(x)}=B$.

证明　由 $f(x)\sim g(x)$　$(x\to X)$可得

$$\lim_{x\to X}f(x)u(x)=\lim_{x\to X}\left(g(x)\cdot u(x)\cdot\frac{f(x)}{g(x)}\right)=\lim_{x\to X}\frac{f(x)}{g(x)}\cdot\lim_{x\to X}g(x)\cdot u(x)=A$$

$$\lim_{x\to X}\frac{v(x)}{f(x)}=\lim_{x\to X}\left(\frac{v(x)}{g(x)}\cdot\frac{g(x)}{f(x)}\right)=\lim_{x\to X}\frac{v(x)}{g(x)}\cdot\lim_{x\to X}\frac{g(x)}{f(x)}=B$$

5. 若 $f(x)=o(1)$，$g(x)=o(1)$　$(x\to X)$，且$\lim\limits_{x\to X}\dfrac{f(x)}{g(x)}=A$　$(A\neq 0)$，

证明：$f(x)\sim Ag(x)$　$(x\to X)$.

证明　$\lim\limits_{x\to X}\dfrac{f(x)}{g(x)}=A$　所以 $f(x)=Ag(x)+o(1)g(x)$

$$\lim_{x\to X}\frac{f(x)}{Ag(x)}=\lim_{x\to X}\frac{Ag(x)+o(1)g(x)}{Ag(x)}=\lim_{x\to X}\left(1+\frac{o(1)}{A}\right)=1$$

所以 $f(x)\sim Ag(x)$　$(x\to X)$

6. 证明：$1-\cos x\sim\dfrac{1}{2}x^2(x\to 0)$.

证明　$\lim\limits_{x\to 0}\dfrac{1-\cos x}{\frac{1}{2}x^2}=\lim\limits_{x\to 0}\dfrac{2\sin^2\frac{x}{2}}{\frac{x^2}{2}}=\left(\lim\limits_{x\to 0}\dfrac{\sin\frac{x}{2}}{\frac{x}{2}}\right)^2=1$　所以 $1-\cos x\sim\dfrac{1}{2}x^2$　$(x\to 0)$

7. 设 $a>0,a\neq 1$,证明:$a^x-1\sim x\ln a(x\to 0)$.

证明 $\lim\limits_{x\to 0}\dfrac{a^x-1}{x\ln a}\xlongequal{y=a^x-1,x=\log_a(1+y),x\to 0,y\to 0}\lim\limits_{y\to 0}\dfrac{y}{\log_a(1+y)\cdot\ln a}$

$$=\lim_{y\to 0}\frac{y}{\frac{\ln(1+y)}{\ln a}\cdot\ln a}=\lim_{y\to 0}\frac{y}{\ln(1+y)}=\frac{1}{\ln\left[\lim\limits_{y\to 0}(1+y)^{\frac{1}{y}}\right]}$$

$$=\frac{1}{\ln e}=1$$

所以 $a>0,a\neq 1$ 时 $a^x-1\sim x\ln a(x\to 0)$

8. 求下列极限:

(1) $\lim\limits_{x\to 0}\dfrac{\sin 3x}{\sin 5x}$; (2) $\lim\limits_{x\to 0}\dfrac{\sqrt{1-2x^2}-1}{x\ln(1-x)}$; (3) $\lim\limits_{x\to -\infty}\dfrac{\ln(1+3^x)}{\ln(1+2^x)}$;

(4) $\lim\limits_{x\to 0}\dfrac{x\arcsin x}{e^{-x^2}-1}$; (5) $\lim\limits_{x\to +\infty}\dfrac{\sqrt{2x+\sin x}}{\sqrt{x+\sqrt{x}}}$; (6) $\lim\limits_{x\to 0}\dfrac{1-\sqrt[3]{1-x+x^2}}{x}$;

(7) $\lim\limits_{x\to 2}\dfrac{\cos\frac{\pi}{x}}{2-\sqrt{2x}}$; (8) $\lim\limits_{x\to 0}\dfrac{x\arcsin x\sin\frac{1}{x}}{\sin x}$.

解 (1) 原式$\xlongequal[x\to 0]{\sin 3x\sim 3x,\sin 5x\sim 5x}\lim\limits_{x\to 0}\dfrac{3x}{5x}=\dfrac{3}{5}$

(2) 原式$=\lim\limits_{x\to 0}\dfrac{-2x}{\ln(1-x)(\sqrt{1-2x^2}+1)}=\lim\limits_{x\to 0}\dfrac{-2x}{(-x)\cdot 2}=1$

(3) 原式$\xlongequal[x\to -\infty]{\ln(1+3^x)\sim 3^x,\ln(1+2^x)\sim 2^x}\lim\limits_{x\to -\infty}\left(\dfrac{3}{2}\right)^x=0$

(4) 原式$\xlongequal[x\to 0]{\arcsin x\sim x,e^{-x^2}-1\sim -x^2}\lim\limits_{x\to 0}\dfrac{x^2}{-x^2}=-1$

(5) 原式$=\lim\limits_{x\to +\infty}\sqrt{\dfrac{2+\frac{\sin x}{x}}{1+\frac{\sqrt{x}}{x}}}=\sqrt{\dfrac{2+0}{1}}=\sqrt{2}$

(6) 原式$=\lim\limits_{x\to 0}\dfrac{1-1+x-x^2}{x[1+\sqrt[3]{1-x+x^2}+(1-x+x^2)^{\frac{2}{3}}]}$

$$=\lim_{x\to 0}\frac{1-x}{1+(1-x+x^2)^{\frac{1}{3}}+(1-x+x^2)^{\frac{2}{3}}}=\frac{1-0}{1+1+1}=\frac{1}{3}$$

(7) 令 $x=2+t,x\to 2,t\to 0$

所以原式$=\lim\limits_{t\to 0}\dfrac{\cos\frac{\pi}{2+t}}{2-\sqrt{2(2+t)}}=\lim\limits_{t\to 0}\dfrac{\sin\left(\frac{\pi}{2}-\frac{\pi}{2+t}\right)(2+\sqrt{2(2+t)})}{(2-\sqrt{2(2+t)})(2+\sqrt{2(2+t)})}$

$$=\lim_{t\to 0}\frac{\left(\frac{\pi}{2}-\frac{\pi}{2+t}\right)[2+\sqrt{2(2+t)}]}{4-2(2+t)}=\lim_{t\to 0}\frac{4\pi t}{-2t\cdot 4}=-\frac{\pi}{2}$$

(8) 原式$=\lim\limits_{x\to 0}\dfrac{x}{\sin x}\cdot\lim\limits_{x\to 0}\arcsin x\cdot\sin\dfrac{1}{x}=1\cdot 0=0$

9. 已知 $\lim\limits_{x\to\infty}\left(\dfrac{x^2+x+1}{x-1}-ax-b\right)=0$，求 a,b 的值.

解　$\lim\limits_{x\to\infty}\left(\dfrac{x^2+x+1}{x-1}-ax-b\right)=\lim\limits_{x\to\infty}\dfrac{x^2+x+1-ax^2-(b-a)x+b}{x-1}$

$$=\lim_{x\to\infty}\frac{(1-a)x^2-(b-a-1)x+1+b}{x-1}=0$$

所以 $1-a=0$　所以 $a=1$ 代入原极限 $\lim\limits_{x\to\infty}\left(\dfrac{x^2+x+1}{x-1}-x-b\right)=0$

即　$\lim\limits_{x\to\infty}\dfrac{x^2+x+1-x^2-(b-1)x+b}{x-1}=\lim\limits_{x\to\infty}\dfrac{(2-b)x+1+b}{x-1}=\lim\limits_{x\to\infty}\dfrac{2-b+\dfrac{1+b}{x}}{1-\dfrac{1}{x}}=0$

所以 $2-b=0$　　所以 $b=2$　故 $a=1,b=2$

10. 已知 $(2x)^x-2\sim a(x-1)+b(x-1)^2\ (x\to1)$，求 a,b 的值.

解　令 $x-1=t, x\to1, t\to0$

$$\lim_{x\to1}\frac{(2x)^x-2}{a(x-1)+b(x-1)^2}\xlongequal{x-1=t,x\to1,t\to0}\lim_{t\to0}\frac{2^{t+1}(t+1)^{t+1}-2}{at+bt^2}$$

$$=2\lim_{t\to0}\frac{2^t\cdot(t+1)^{t+1}-1}{at+bt^2}=2\lim_{t\to0}\frac{e^{t\cdot\ln[2(t+1)]}(t+1)-1}{at+bt^2}$$

$$=2\lim_{t\to0}\frac{t\cdot e^{t\ln[2(t+1)]}}{(a+bt)t}+2\lim_{t\to0}\frac{e^{t\ln[2(t+1)]}-1}{(a+bt)t}$$

$$=2\cdot\frac{1}{a}+2\lim_{t\to0}\frac{t\ln[2(t+1)]}{(a+bt)t}=\frac{2}{a}+2\cdot\frac{\ln 2}{a}$$

$$=2\cdot\frac{1+\ln 2}{a}=1$$

所以 $a=2(1+\ln 2)$　$t\to0$ 时，b 为任意实数

即 $a=2(1+\ln 2)$，b 为任意实数

练习 2.5

1. 求 $f(x)=\begin{cases}\sin\dfrac{1}{x+1}, & x<-1\\ 0, & x=0\\ \dfrac{\sin x}{x}, & 0<|x|\leqslant1\\ 1, & x>1\end{cases}$ 的间断点，并指出它们的类型.

解　因为 $D(f)=(-\infty,-1)\cup[-1,0]\cup(0,1]\cup(1,+\infty)$

且在 $(-\infty,-1)$，$[-1,0]$，$(0,1]$，$(1,+\infty)$ 内 $f(x)$ 均为初等函数

所以 $f(x)$ 的间断点只可能在 $x_1=-1, x_2=0, x_3=1$ 处

由于 $\lim\limits_{x\to-1^-}f(x)=\lim\limits_{x\to-1^-}\sin\dfrac{1}{x+1}$ 不存在，所以在 $x_1=-1$ 处为第二类间断点

由于 $\lim\limits_{x\to0}\dfrac{\sin x}{x}=1\neq0=f(0)$，所以在 $x_2=0$ 处为第一类可去间断点

由于 $\lim\limits_{x\to1^-}\dfrac{\sin x}{x}=\sin 1$，$\lim\limits_{x\to1^+}f(x)=1$，$\lim\limits_{x\to1^-}\dfrac{\sin x}{x}\neq\lim\limits_{x\to1^+}f(x)$

所以在 $x_3=1$ 处为第一类跳跃间断点

2. 设 $f(x)$，$g(x)$在(a,b)内有定义，且 $f(x)>g(x)$，$x\in(a,b)$，

(1) 设 $x_0\in(a,b)$，且$\lim\limits_{x\to x_0}f(x)=A$，$\lim\limits_{x\to x_0}g(x)=B$，问 $A>B$ 是否一定成立？

(2) 在(1)的条件下，若 $f(x)$，$g(x)$在 x_0 点连续，则 $A>B$ 是否一定成立？

解 (1) 设 $f(x)=1$，$x\in[-1,1]$ $g(x)=\begin{cases}\dfrac{\sin x}{x}, & 0<|x|\leqslant 1;\\ 0, & x=0\end{cases}$

有 $f(x)>g(x)$ 但$\lim\limits_{x\to x_0}f(x)=A=1$，$\lim\limits_{x\to x_0}g(x)=B=1$，显然 $A=B$

即 $A>B$ 未必成立

(2) 因为 $f(x)$，$g(x)$在 x_0 点连续，$f(x)>g(x)$

所以$\lim\limits_{x\to x_0}f(x)=f(x_0)$，$\lim\limits_{x\to x_0}g(x)=g(x_0)$ $f(x)>g(x)$

由局部保号性 $A=f(x_0)>g(x_0)=B$ 一定成立

3. (1) 设$\lim\limits_{x\to x_0}f(x)=A$，证明$\lim\limits_{x\to x_0}|f(x)|=|A|$，并问其逆是否正确？

(2) 设 $f(x)$在点 x_0 连续，证明$|f(x)|$在点 x_0 连续，并问其逆是否正确？

证明 (1) 因为$\lim\limits_{x\to x_0}f(x)=A\Leftrightarrow\forall\varepsilon>0,\exists\delta>0$ 使 $0<|x-x_0|<\delta$ 有$|f(x)-A|<\varepsilon$

又因为$\big||f(x)|-|A|\big|<|f(x)-A|<\varepsilon$ 所以 $\lim\limits_{x\to x_0}|f(x)|=|A|$ 其逆不真

例如 $\lim\limits_{x\to 1}|x-3|=|-2|=2=A$ 而$\lim\limits_{x\to 1}(x-3)=-2$

(2) **提示** 利用$|y|=\sqrt{y^2}$及性质 2.17

方法 1 因为 $f(x)$在点 x_0 连续 $\Leftrightarrow\lim\limits_{x\to x_0}f(x)=f(x_0)\Leftrightarrow\forall\varepsilon>0,\exists\delta>0$

使得当$|x-x_0|<\delta$时，有$|f(x)-f(x_0)|<\varepsilon$

又因为$\big||f(x)|-|f(x_0)|\big|<|f(x)-f(x_0)|<\varepsilon$，即$|f(x)|$在点 x_0 连续

方法 2 因为$\lim\limits_{x\to x_0}f(x)=f(x_0)$，

所以$\lim\limits_{x\to x_0}|f(x)|=\sqrt{\lim\limits_{x\to x_0}f^2(x)}=\sqrt{\left(\lim\limits_{x\to x_0}f(x)\right)^2}=\sqrt{(f(x_0))^2}=|f(x_0)|$

所以$|f(x)|$在点 x_0 连续 但其逆不真

例如 $f(x)=\begin{cases}1, & x\geqslant 0;\\ -1, & x<0\end{cases}$ $|f(x)|$在点 $x=0$ 连续，但 $f(x)$在点 $x=0$ 不连续

4. 求下列极限：

(1) $\lim\limits_{x\to\infty}\left(1-\dfrac{2}{x}+\dfrac{3}{x^2}\right)^x$； (2) $\lim\limits_{x\to 0}(\cos x)^{1+\cot^2 x}$； (3) $\lim\limits_{x\to 0}\left(\dfrac{2x-1}{3x-1}\right)^{\frac{1}{x}}$； (4) $\lim\limits_{x\to 0}(x+e^x)^{\frac{1}{x}}$.

解 (1) 原式$=\lim\limits_{x\to\infty}\left(1+\dfrac{3-2x}{x^2}\right)^x=\lim\limits_{x\to\infty}\left[\left(1+\dfrac{3-2x}{x^2}\right)^{\frac{x^2}{3-2x}}\right]^{\frac{3-2x}{x}}=e^{\lim\limits_{x\to\infty}\left(\frac{3}{x}-2\right)}=e^{-2}$

(2) **解法 1** 原式$=\lim\limits_{x\to 0}\left\{[1+(\cos x-1)]^{\frac{1}{\cos x-1}}\right\}^{(\cos x-1)\cdot(1+\cot^2 x)}=e^{\lim\limits_{x\to 0}(\cos x-1)\cdot\csc^2 x}=e^{\lim\limits_{x\to 0}\frac{\cos x-1}{\sin^2 x}}$

$=e^{\lim\limits_{x\to 0}\frac{\cos x-1}{(1-\cos x)\cdot(1+\cos x)}}=e^{-\frac{1}{2}}$

解法 2 原式$=\lim\limits_{x\to 0}e^{(1+\cot^2 x)\ln\cos x}=\lim\limits_{x\to 0}e^{\csc^2 x\cdot(\cos x-1)}=e^{\lim\limits_{x\to 0}\frac{\cos x-1}{(\sin^2 x)}}=e^{\lim\limits_{x\to 0}\frac{\cos x-1}{(1-\cos x)(1+\cos x)}}=e^{-\frac{1}{2}}$

(3) **解法 1** 原式$=\lim\limits_{x\to 0}\left(\dfrac{2x+x-1}{2x-1}\right)^{-\frac{1}{x}}=\lim\limits_{x\to 0}\left(1+\dfrac{x}{2x-1}\right)^{-\frac{1}{x}}=\lim\limits_{x\to 0}\left[\left(1+\dfrac{x}{2x-1}\right)^{\frac{2x-1}{x}}\right]^{\frac{x}{2x-1}\left(-\frac{1}{x}\right)}$

$$=e^{\lim\limits_{x\to 0}\left(\frac{1}{1-2x}\right)}=e$$

解法 2　原式$=\lim\limits_{x\to 0} e^{\frac{1}{x}\ln\left(\frac{2x-1}{3x-1}\right)}=\lim\limits_{x\to 0} e^{\frac{1}{x}\left(\frac{2x-1}{3x-1}-1\right)}=\lim\limits_{x\to 0} e^{\frac{1}{1-3x}}=e$

(4) **解法 1**　原式$=\lim\limits_{x\to 0}\left[e^x\cdot\left(1+\frac{x}{e^x}\right)\right]^{\frac{1}{x}}=e\cdot\lim\limits_{x\to 0}\left[\left(1+\frac{x}{e^x}\right)^{\frac{e^x}{x}}\right]^{\frac{x}{e^x}\cdot\frac{1}{x}}=e\cdot e=e^2$

解法 2　原式$=\lim\limits_{x\to 0} e^{\frac{1}{x}\ln(x+e^x)}=\lim\limits_{x\to 0} e^{\frac{1}{x}(x+e^x-1)}=\lim\limits_{x\to 0} e^{\left(1+\frac{e^x-1}{x}\right)}$

$$=\lim_{x\to 0} e\cdot\lim_{x\to 0} e^{\frac{e^x-1}{x}}=e\cdot\lim_{x\to 0} e^{\frac{x}{x}}=e\cdot e=e^2$$

5. 设 $a>0,b>0$ 且 $f(x)=\begin{cases}\dfrac{\sin ax}{x}, & x<0\\ 2, & x=0\\ (1+bx)^{\frac{1}{x}}, & x>0\end{cases}$ 在$(-\infty,+\infty)$内处处连续，求 a,b 的值.

解　$\lim\limits_{x\to 0^-} f(x)=\lim\limits_{x\to 0^-}\dfrac{\sin ax}{ax}a=a=f(0)=2$　　所以 $a=2$

$\lim\limits_{x\to 0^+} f(x)=\lim\limits_{x\to 0^+}(1+bx)^{\frac{1}{x}}=\lim\limits_{x\to 0^+}[(1+bx)^{\frac{1}{bx}}]^b=e^b=2$　　所以 $b=\ln 2$

即 $a=2,b=\ln 2$

6. 设 $f(x)=\lim\limits_{t\to+\infty}\dfrac{e^{tx}-1}{e^{tx}+1}$，求 $f(x)$的表达式，并求出它的间断点.

解　$f(x)=\lim\limits_{t\to+\infty}\dfrac{e^{tx}-1}{e^{tx}+1}=\begin{cases}\lim\limits_{t\to+\infty}\dfrac{1-\frac{1}{e^{tx}}}{1+\frac{1}{e^{tx}}}=1, & x>0;\\ 0, & x=0;\\ -1, & x<0\end{cases}$

在 $x=0$ 处，由于 $\lim\limits_{x\to 0^-} f(x)=-1$，$\lim\limits_{x\to 0^+} f(x)=1$　所以 $x=0$ 为间断点(第一类跳跃间断点)

7. 利用函数极限求下列数列极限：

(1) $\lim\limits_{n\to\infty} n(\sqrt[n]{a}-1)$　$(a>0,a\neq 1)$；　　(2) $\lim\limits_{n\to\infty}\left(\dfrac{n^2-2n}{n^2+1}\right)^n$；　　(3) $\lim\limits_{n\to\infty}\left(n\sin\dfrac{\pi}{n}\right)$.

解　(1) **解法 1**　令 $f(x)=x(\sqrt[x]{a}-1)$为连续函数，

$$\lim_{x\to+\infty} x(\sqrt[x]{a}-1)\xlongequal{a^{\frac{1}{x}}-1=t\quad x=\frac{1}{\log_a(t+1)},x\to+\infty,t\to 0}\lim_{t\to 0}\frac{t}{\log_a(t+1)}=\frac{1}{\log_a e}=\frac{\ln a}{\ln e}=\ln a$$

$$\lim_{n\to\infty} n(\sqrt[n]{a}-1)=\ln a$$

解法 2　设 $f(x)=x(\sqrt[x]{a}-1)$为连续函数，

$$\lim_{x\to+\infty} x(\sqrt[x]{a}-1)=\lim_{x\to+\infty} x\cdot\frac{1}{x}\ln a=\ln a$$

(2) 设 $f(x)=\left(\dfrac{x^2-2x}{x^2+1}\right)^x$ 为连续函数，

$$\lim_{x\to+\infty}\left(\frac{x^2-2x}{x^2+1}\right)^x=\lim_{x\to+\infty}\left[\left(1-\frac{2x+1}{x^2+1}\right)^{-\frac{x^2+1}{2x+1}}\right]^{\left(-\frac{2x+1}{x^2+1}\right)x}=\exp\lim_{x\to+\infty}\left[-\frac{(2x+1)x}{x^2+1}\right]$$

$$=\exp\lim_{x\to+\infty}\left[-\left(\frac{2x^2+x}{x^2+1}\right)\right]=e^{-2}$$

(3) 设 $f(x)=x\sin\frac{\pi}{x}$ 为连续函数，$\lim\limits_{x\to+\infty}\left(x\sin\frac{\pi}{x}\right)=\lim\limits_{x\to+\infty}\left(x\cdot\frac{\pi}{x}\right)=\pi$　所以 $\lim\limits_{n\to\infty}\left(n\sin\frac{\pi}{n}\right)=\pi$

8. 某保险公司开展养老保险业务，当存入 R_0(单位:元)时，t 年后可得到养老金 $R_t=R_0e^{at}$ $(a>0)$(单位:元)，另外，银行存款的年利率为 r，按连续复利计息，问 t 年后的养老金现在价值是多少(即养老金的现值是多少)?

解　设 t 年后的养老金现在价值是 $A(t)$ 元，$A(t)\cdot e^{rt}=R_0e^{at}$　$(a>0)$

所以 $A(t)=\frac{R_0e^{at}}{e^{rt}}=R_0e^{(a-r)t}$

练习 2.6

1. 设 $f(x)$ 在 $[a,b]$ 上连续，m 和 M 分别是 $f(x)$ 在 $[a,b]$ 上的最小值和最大值，若 $m>0$，求 $\frac{1}{f(x)}$ 在 $[a,b]$ 上的最小值和最大值.

解　因为 $f(x)$ 在 $[a,b]$ 上连续，且 $0<m\leqslant f(x)\leqslant M$　$(x\in[a,b])$，

则有 $\frac{1}{f(x)}$ 在 $[a,b]$ 上连续，且 $\frac{1}{M}\leqslant\frac{1}{f(x)}\leqslant\frac{1}{m}$

即 $\frac{1}{f(x)}$ 在 $[a,b]$ 上的最小值是 $\frac{1}{M}$，最大值是 $\frac{1}{m}$

2. 设 $f(x)$ 在 (a,b) 内连续，若存在 $x_1,x_2\in(a,b)$，$x_1<x_2$，使得 $f(x_1)f(x_2)<0$，证明 $f(x)$ 在 (a,b) 内至少有一个零点.

证明　因为 $[x_1,x_2]\subset(a,b)$，则 $f(x)$ 在 $[x_1,x_2]$ 上连续，

且 $f(x_1)f(x_2)<0$，由零值定理知，存在 $\xi\in(x_1,x_2)\subset(a,b)$，使 $f(\xi)=0$，

即 $f(x)$ 在 (a,b) 内至少有一个零点

3. 设 $f(x)$ 在 $[a,b]$ 上连续，且没有零值点. 证明 $f(x)$ 在 $[a,b]$ 上保号.

证明　(用反证法)若不然 $f(x)$ 在 $[a,b]$ 上变号，即

$\exists x_1,x_2\in[a,b]$ 使得 $f(x_1)>0$，$f(x_2)<0$，即 $f(x_1)\cdot f(x_2)<0$

由闭区间上连续函数的零值点定理知，$\exists\xi\in(x_1,x_2)$ 使 $f(\xi)=0$.

即 ξ 是 $f(x)$ 在 $[a,b]$ 上的一个零值点，

这与 $f(x)$ 在 $[a,b]$ 上无零值点矛盾，因此 $f(x)$ 在 $[a,b]$ 上保号

4. 证明方程 $\ln x=x-e$ 在 $(1,e^2)$ 内必有实根.

证明　令 $F(x)=\ln x-x+e$，则 $F(x)$ 在 $[1,e^2]$ 上连续，

且 $F(1)=\ln 1-1+e=-1+e=-(1-e)>0$，$F(e^2)=\ln e^2-e^2+e=2-e^2+e<0$

因此由零值点定理可知 $F(x)$ 在 $(1,e^2)$ 内一定有零值点，

即方程 $\ln x=x-e$ 在 $(1,e^2)$ 内必有实根

七、习题全解

1. 证明:若 $\lim\limits_{n\to\infty}a_n=a$，则 $\lim\limits_{n\to\infty}|a_n|=|a|$，并以数列 $a_n=(-1)^n$，$n=1,2,\cdots$ 为例，说明结论"若 $\lim\limits_{n\to\infty}|a_n|=|a|$，则 $\lim\limits_{n\to\infty}a_n=a$"未必正确.

证明　若 $\lim\limits_{n\to\infty}a_n=a$，则 $a_n=a+o(1)$，从而有 $|a_n|=|a+o(1)|$　$(n\to\infty)$

所以 $\lim\limits_{n\to\infty}|a_n|=\lim\limits_{n\to\infty}|a+o(1)|=|a|$

反之不成立. 即若 $\lim\limits_{n\to\infty}|a_n|=|a|$，不能推出$\lim\limits_{n\to\infty}a_n=a$.

例如：$a_n=(-1)^n$，$\lim\limits_{n\to\infty}|a_n|=\lim\limits_{n\to\infty}|(-1)^n|=1$，但是 $\lim\limits_{n\to\infty}a_n=\lim\limits_{n\to\infty}(-1)^n$ 不存在

2. 证明：$\lim\limits_{n\to\infty}a_n=0$ 的充要条件是$\lim\limits_{n\to\infty}|a_n|=0$

证明　必要性：$\lim\limits_{n\to\infty}a_n=0 \Leftrightarrow a_n=0+o(1)$　$|a_n|=|0+o(1)|$ $(n\to\infty)$

所以 $\lim\limits_{n\to\infty}|a_n|=\lim\limits_{n\to\infty}|0+o(1)|=0$

充分性：$\lim\limits_{n\to\infty}|a_n|=0 \Leftrightarrow |a_n|=0+o(1)$　$a_n=0\pm o(1)$ $(n\to\infty)$　$\lim\limits_{n\to\infty}a_n=\lim\limits_{n\to\infty}[0\pm o(1)]=0$

3. 证明：$\lim\limits_{n\to\infty}q^n=\begin{cases}0, & |q|<1\\ \infty, & |q|>1\\ 1, & q=1\\ \text{不存在}, & q=-1\end{cases}$.

提示　利用非零无穷小量的倒数是无穷大量证明$\lim\limits_{n\to\infty}q^n=\infty$，$|q|>1$.

证明　① 当$|q|<1$ 时，$\lim\limits_{n\to\infty}q^n=0$

② 当$|q|>1$ 时，$\lim\limits_{n\to\infty}\dfrac{1}{q^n}=0$　　所以$\lim\limits_{n\to\infty}q^n=\infty$

③ 当 $q=1$ 时，$\lim\limits_{n\to\infty}q^n=1$

④ 当 $q=-1$ 时，$\lim\limits_{n\to\infty}q^n$ 不存在

4. 设数列$\{a_n\}$是无穷小量，$\{b_n\}$是有界数列，证明：$\{a_nb_n\}$是无穷小量，并由此证明：

$$\lim_{n\to\infty}(\sin\sqrt{n}-\sin\sqrt{n+1})=0.$$

证明　因为$\lim\limits_{n\to\infty}a_n=0$　$|b_n|\leqslant M$ (M 为常数)

“夹”　$0\leqslant|a_nb_n|\leqslant M|a_n|$

“逼”　$\lim\limits_{n\to\infty}M|a_n|=M\lim\limits_{n\to\infty}|a_n|=0$

所以$\lim\limits_{n\to\infty}|a_nb_n|=0 \Leftrightarrow \lim\limits_{n\to\infty}a_nb_n=0$

所以当 $n\to\infty$时，$a_nb_n=o(1)$

再证　$\lim\limits_{n\to\infty}(\sin\sqrt{n}-\sin\sqrt{n+1})=0$

$$\lim_{n\to\infty}(\sin\sqrt{n}-\sin\sqrt{n+1})=\lim_{n\to\infty}2\cos\frac{\sqrt{n}+\sqrt{n+1}}{2}\cdot\sin\frac{\sqrt{n}-\sqrt{n+1}}{2}$$

因为$\left|\cos\dfrac{\sqrt{n}+\sqrt{n+1}}{2}\right|\leqslant 1$，$\lim\limits_{n\to\infty}\sin\dfrac{\sqrt{n}-\sqrt{n+1}}{2}=\lim\limits_{n\to\infty}\sin\dfrac{-1}{2(\sqrt{n}+\sqrt{n+1})}=0$

所以 $\sin\dfrac{\sqrt{n}-\sqrt{n+1}}{2}=o(1)$ $(n\to\infty)$

所以 $\lim\limits_{n\to\infty}(\sin\sqrt{n}-\sin\sqrt{n+1})=0$

5. 证明：$\lim\limits_{n\to\infty}\dfrac{n!}{n^n}=0$.

提示　$\dfrac{k}{n}\leqslant 1$ $(k=1,2,\cdots,n)$.

证明　“夹”$0<\dfrac{n!}{n^n}=\dfrac{1}{n}\cdot\dfrac{2}{n}\cdot\dfrac{3}{n}\cdot\cdots\cdot\dfrac{n-1}{n}\cdot\dfrac{n}{n}<\dfrac{2}{n}$

“逼”$\lim\limits_{n\to\infty}\frac{2}{n}=0$

由夹逼定理得$\lim\limits_{n\to\infty}\frac{n!}{n^n}=0$

6. 设数列$\{x_n\}$满足:$0<x_1<\frac{1}{2}, x_{n+1}=x_n(1-2x_n)$ $(n=1,2,\cdots)$

证明:(1) $\{x_n\}$单调减少,且$0<x_n<\frac{1}{2}$ $(n=1,2,\cdots)$;(2) $\lim\limits_{n\to\infty}x_n$存在,并求其值.

证明 (1) $x_n-x_{n+1}=x_n-[x_n(1-2x_n)]=x_n-x_n+2{x_n}^2=2{x_n}^2>0$

所以$\{x_n\}$单调减少,$x_n>x_{n+1}$

又因为$\frac{x_{n+1}}{x_n}=1-2x_n, x_n\leqslant x_1<\frac{1}{2}$　所以$\frac{x_{n+1}}{x_n}>0$,而$x_1>0$,所以$x_n>0$

故$0<\frac{x_{n+1}}{x_n}<1$,即$0<\frac{x_n(1-2x_n)}{x_n}<1$　$0<(1-2x_n)<1$

所以$0<x_n<\frac{1}{2}$　$(n=1,2,\cdots)$

(2) $\{x_n\}$单调减少且$0<x_n<\frac{1}{2}, n=1,2,\cdots$(有界)

单调有界数列必有极限,设$\lim\limits_{n\to\infty}x_n=l=\lim\limits_{n\to\infty}x_{n+1}$

$\lim\limits_{n\to\infty}x_{n+1}=\lim\limits_{n\to\infty}x_n(1-2x_n)=\lim\limits_{n\to\infty}x_n-2\lim\limits_{n\to\infty}x_n\cdot\lim\limits_{n\to\infty}x_n$

即$l=l-2l\cdot l$　　$2l^2=0$　　所以$l=0$

即$\lim\limits_{n\to\infty}x_n=l=0$

7. 已知$\lim\limits_{x\to0}\left[\frac{f(x)-1}{x}-\frac{\sin x}{x^2}\right]=2$,求$\lim\limits_{x\to0}f(x)$.

解 $\frac{f(x)-1}{x}-\frac{\sin x}{x^2}=2+o(1)$　$(x\to0)$

$xf(x)-x-\sin x=2x^2+x^2\cdot o(1)$　$(x\to0)$

$f(x)=1+\frac{\sin x}{x}+2x+x\cdot o(1)(x\to0)$

所以$\lim\limits_{x\to0}f(x)=1+1=2$

8. 已知$\lim\limits_{x\to\infty}[f(x)-ax-b]=0$,求$\lim\limits_{x\to\infty}\frac{f(x)}{x}$.

解 $f(x)-ax-b=0+o(1)$　$(x\to\infty)$

$f(x)=ax+b+0+o(1)$　$(x\to\infty)$

$\frac{f(x)}{x}=a+\frac{b}{x}+0+\frac{o(1)}{x}$　$(x\to\infty)$

$\lim\limits_{x\to\infty}\frac{f(x)}{x}=a$

9. 求极限$\lim\limits_{x\to+\infty}\frac{\ln(1+2^x)}{\ln(1+3^x)}$.

提示 利用$1+a^x=a^x(1+a^{-x})(a>0,a\neq1)$.

解 $\lim\limits_{x\to+\infty}\frac{\ln(1+2^x)}{\ln(1+3^x)}=\lim\limits_{x\to+\infty}\frac{\ln[2^x(1+2^{-x})]}{\ln[3^x(1+3^{-x})]}=\frac{\ln 2}{\ln 3}=\log_3 2$

10. 设 $a>0,a\neq 1$,求极限 $\lim\limits_{n\to\infty} n^2\left(a^{\frac{1}{n}}+a^{-\frac{1}{n}}-2\right)$.

解 要求 $\lim\limits_{n\to\infty} n^2(a^{\frac{1}{n}}+a^{-\frac{1}{n}}-2)$ 即求 $\lim\limits_{x\to\infty} f(x)$.

其中 $f(x)=\lim\limits_{x\to\infty} x^2(a^{\frac{1}{x}}+a^{-\frac{1}{x}}-2)$ 为连续函数,

$$\lim_{x\to\infty} x^2(a^{\frac{1}{x}}+a^{-\frac{1}{x}}-2)=\lim_{x\to\infty} x^2\,\frac{a^{\frac{2}{x}}+1-2(a^{\frac{1}{x}})}{a^{\frac{1}{x}}}=\lim_{x\to\infty} x^2\,\frac{(a^{\frac{1}{x}}-1)^2}{a^{\frac{1}{x}}}$$

$$\xlongequal{x\to\infty,a^{\frac{1}{x}}-1=o(1),a^{\frac{1}{x}}-1\sim\frac{1}{x}\ln a}\lim_{x\to\infty} x^2\cdot\frac{\frac{1}{x^2}(\ln a)^2}{1}=(\ln a)^2$$

11. 求极限 $\lim\limits_{x\to\infty}\left(\dfrac{2^{\frac{1}{x}}+3^{\frac{1}{x}}}{2}\right)^x$.

解法 1 原式 $=\lim\limits_{x\to\infty}\left[\left(1+\dfrac{2^{\frac{1}{x}}+3^{\frac{1}{x}}-2}{2}\right)^{\frac{2}{2^{\frac{1}{x}}+3^{\frac{1}{x}}-2}}\right]^{\left(\frac{2^{\frac{1}{x}}+3^{\frac{1}{x}}-2}{2}\right)x}$

$$=e^{\lim\limits_{x\to\infty}x\left(\frac{2^{\frac{1}{x}}+3^{\frac{1}{x}}-2}{2}\right)}\xlongequal{\frac{1}{x}=t,x=\frac{1}{t},x\to\infty,t\to 0,e^{\lim\limits_{t\to 0}\frac{1}{t}\cdot\frac{2^t+3^t-2}{2}}}e^{\lim\limits_{t\to 0}\frac{e^{t\ln 2}+e^{t\ln 3}-2}{2t}}$$

$$=e^{\lim\limits_{t\to 0}\frac{e^{t\ln 2}-1}{2t}}\cdot e^{\lim\limits_{t\to 0}\frac{e^{t\ln 3}-1}{2t}}=e^{\lim\limits_{t\to 0}\frac{t\ln 2}{2t}}\cdot e^{\lim\limits_{t\to 0}\frac{t\ln 3}{2t}}=e^{\frac{\ln 2+\ln 3}{2}}=e^{\ln\sqrt{6}}=\sqrt{6}$$

解法 2 原式 $=\lim\limits_{n\to\infty} e^{x\ln\left(\frac{2^{\frac{1}{x}}+3^{\frac{1}{x}}}{2}\right)}=\lim\limits_{x\to\infty} e^{x\cdot\left(\frac{2^{\frac{1}{x}}+3^{\frac{1}{x}}-2}{2}\right)}=e^{\frac{1}{2}\lim\limits_{x\to\infty}x(2^{\frac{1}{x}}-1)}\cdot e^{\frac{1}{2}\lim\limits_{x\to\infty}x(3^{\frac{1}{x}}-1)}$

$$=e^{\frac{1}{2}\lim\limits_{x\to\infty}x\cdot\frac{1}{x}\ln 2}\cdot e^{\frac{1}{2}\lim\limits_{x\to\infty}x\cdot\frac{1}{x}\ln 3}=e^{\ln\sqrt{2}}\cdot e^{\ln\sqrt{3}}=\sqrt{2}\cdot\sqrt{3}=\sqrt{6}$$

12. 求极限 $\lim\limits_{x\to 0}\dfrac{\sin[\ln(1+2x)]-\sin[\ln(1-x)]}{x}$.

解 因为 $\sin[\ln(1+2x)]-\sin[\ln(1-x)]$

$$=2\sin\left[\frac{\ln(1+2x)-\ln(1-x)}{2}\right]\cos\left[\frac{\ln(1+2x)+\ln(1-x)}{2}\right]$$

$$=2\sin\frac{\ln\frac{1+2x}{1-x}}{2}\cos\frac{\ln(1+x-2x^2)}{2}$$

则 $$\lim_{x\to 0}\frac{\sin[\ln(1+2x)]-\sin[\ln(1-x)]}{2}=\lim_{x\to 0}\left(\frac{2\sin\frac{\ln\frac{1+2x}{1-x}}{2}}{x}\cdot\cos\frac{\ln(1+x-2x^2)}{2}\right)$$

$$=\lim_{x\to 0}\frac{\ln\frac{1+2x}{1-x}}{x}=\lim_{x\to 0}\frac{\ln\left(1+\frac{3x}{1-x}\right)}{x}$$

$$=\lim_{x\to 0}\frac{\frac{3x}{1-x}}{x}=\lim_{x\to 0}\frac{3}{1-x}=3$$

13. 求 $y=\lim\limits_{n\to\infty}(x-1)\arctan|x|^n$ 的表达式,并求其间断点.

解 $y=f(x)=\lim\limits_{n\to\infty}(x-1)\arctan|x|^n$

当 $|x|>1$ 时 $\arctan|x|^n\to\dfrac{\pi}{2}\quad(n\to\infty)$

当 $|x|=1$ 时 $\arctan|x|^n\to\frac{\pi}{4}$ $(n\to\infty)$

当 $|x|<1$ 时 $\arctan|x|^n\to 0$ $(n\to\infty)$

$$f(x)=\begin{cases}\frac{\pi}{2}(x-1), & |x|>1;\\ \frac{\pi}{4}(x-1), & |x|=1;\\ 0, & |x|<1\end{cases}$$

$$\lim_{x\to-1^-}f(x)=\lim_{x\to-1^-}\frac{\pi}{2}(x-1)=-\pi$$

$\lim\limits_{x\to-1^+}f(x)=0$ 所以 $f(-1^-)\neq f(-1^+)$

所以 $x=-1$ 为第一类跳跃间断点

易知 $x=1$ 不是间断点

14. 设 $f(x),g(x)$ 在 $[a,b]$ 上连续,证明:$\max\{f(x),g(x)\}$,$\min\{f(x),g(x)\}$ 在 $[a,b]$ 上连续.

提示 $\max\{f(x),g(x)\}=\frac{f(x)+g(x)+|f(x)-g(x)|}{2}$,

$\min\{f(x),g(x)\}=\frac{f(x)+g(x)-|f(x)-g(x)|}{2}$.

证明 设 $F(x)=\max\{f(x),g(x)\}=\frac{f(x)+g(x)+|f(x)-g(x)|}{2}$

因为 $f(x),g(x)$ 在 $[a,b]$ 上连续,$\forall x_0\in[a,b]$ $\lim\limits_{x\to x_0}f(x)=f(x_0)$

$\lim\limits_{x\to x_0}g(x)=g(x_0)$ $\lim\limits_{x\to x_0}|f(x)-g(x)|=|f(x_0)-g(x_0)|$

$$\lim_{x\to x_0}F(x)=\lim_{x\to x_0}\frac{f(x)+g(x)+|f(x)-g(x)|}{2}=\frac{f(x_0)+g(x_0)+|f(x_0)-g(x_0)|}{2}=F(x_0)$$

$$\lim_{x\to x_0}G(x)=\lim_{x\to x_0}\{\min\{f(x),g(x)\}\}(G(x)=\min\{f(x),g(x)\})$$

$$=\lim_{x\to x_0}\frac{f(x)+g(x)-|f(x)-g(x)|}{2}=\frac{f(x_0)+g(x_0)-|f(x_0)-g(x_0)|}{2}=G(x_0)$$

所以 $\max\{f(x),g(x)\}$,$\min\{f(x),g(x)\}$ 在 $[a,b]$ 上连续

15. 证明:$f(x)=x^3+px^2+qx+r$ (p,q,r 为常数)至少有一个零值点.

证明 令 $f(x)=x^3+px^2+qx+r$,$x\in(-\infty,+\infty)$ $f(0)=r$

① 当 $r>0$ 时 $f(0)=r>0$

② $\lim\limits_{x\to-\infty}f(x)=-\infty$ $\exists x_1$,使 $f(x_1)<0$,则 $f(x_1)f(0)<0$,由零值点定理知:至少 $\exists$ 一点 $\xi_1\in(x_1,0)\subset(-\infty,0)$ 使得 $f(\xi_1)=0$

③ 当 $r<0$ 时 $f(0)=r<0$

④ $\lim\limits_{x\to+\infty}f(x)=+\infty$ $\exists x_2$,使 $f(x_2)>0$,则 $f(x_2)f(0)<0$,由零值点定理知:至少 $\exists$ 一点 $\xi_2\in(0,x_2)\subset(0,+\infty)$ 使得 $f(\xi_2)=0$

所以在 $(-\infty,0)$,$(0,+\infty)$ 内 $f(x)$ 各有一个零值点

即 $f(x)$ 在 $(-\infty,+\infty)$ 上至少有一个零值点

16. 设 $f(x)$ 在 $[0,1]$ 上连续，且 $f(0)=f(1)$. 证明：一定存在 $x_0\in\left[0,\frac{1}{2}\right]$，使得 $f(x_0)=f\left(x_0+\frac{1}{2}\right)$.

提示 考虑函数 $F(x)=f(x)-f\left(x+\frac{1}{2}\right)$.

解 令 $F(x)=f(x)-f\left(x+\frac{1}{2}\right)$ 在 $[0,1]$ 上连续

$$F(0)=f(0)-f\left(0+\frac{1}{2}\right)=f(0)-f\left(\frac{1}{2}\right)$$

$$F\left(\frac{1}{2}\right)=f\left(\frac{1}{2}\right)-f\left(\frac{1}{2}+\frac{1}{2}\right)=f\left(\frac{1}{2}\right)-f(1)=-\left[f(0)-f\left(\frac{1}{2}\right)\right] \quad (\text{因为 } f(0)=f(1))$$

所以 $F(0)\cdot F\left(\frac{1}{2}\right)=-\left[f(0)-f\left(\frac{1}{2}\right)\right]\cdot\left[f(0)-f\left(\frac{1}{2}\right)\right]=-\left[f(0)-f\left(\frac{1}{2}\right)\right]^2\leqslant 0$

若 $f(0)=f\left(\frac{1}{2}\right)$，则 $x=0$ 或 $x=\frac{1}{2}$ 即 $f(x_0)=f\left(x_0+\frac{1}{2}\right)$

若 $f(0)\neq f\left(\frac{1}{2}\right)$，则 $F(0)\cdot F\left(\frac{1}{2}\right)<0$. 由零值点定理，$\exists\, x_0\in\left(0,\frac{1}{2}\right)$ 使得 $F(x_0)=0$

即 $f(x_0)=f\left(x_0+\frac{1}{2}\right)$ x_0 是 $\left(0,\frac{1}{2}\right)$ 内 $f(x)=f\left(x+\frac{1}{2}\right)$ 的根

即 $f(x_0)=f\left(x_0+\frac{1}{2}\right)$

第 3 章　导数与微分

一、大纲要求

1. 理解导数的概念，理解导数的几何意义及经济意义（含边际与弹性的概念）

2. 会建立平面曲线的切线和法线方程

3. 理解微分的概念，理解微分与导数之间的关系，理解可导性与连续性之间的关系

4. 熟练掌握导数四则运算法则和复合函数求导法则，熟记基本初等函数的导数公式，了解微分的四则运算法则和一阶微分形式的不变性，了解微分在近似计算中的应用

5. 会求隐函数和参数方程确定的函数的一阶导数；会求反函数的导数，会求分段函数的导数

6. 了解高阶导数的概念，会求简单函数的 n 阶导数

二、本章知识结构图

- 导数与微分
  - 导数
    - 定义
      - Δx，Δy 记号的定义
      - 左、右导数
      - 导数存在的充要条件
    - 导数的几何意义
    - 可导性与连续性的关系
    - 求导数方法
      - 按定义求导
      - 四则运算
      - 复合函数求导
      - 隐函数求导
      - 参数方程求导
      - 极坐标系下曲线的切线问题
      - 反函数求导
      - 对数法求导
      - 分段函数求导
    - 高阶导数
      - 定义
      - 求高阶导数的方法
      - 莱布尼茨公式
  - 微分
    - 定义
    - 几何意义
    - 可导与微分关系[$\mathrm{d}y=f'(x_0)\Delta x=f'(x_0)\mathrm{d}x$]
    - 高阶微分
  - 导数微分在经济学中的应用
    - 边际分析
    - 弹性分析

三、本章基本内容

1. 导数概念

表 3-1　导数概念

名　称	定　　义	记　号
函数 $f(x)$ 在点 x_0 可导	设函数 $y=f(x)$ 在 x_0 的某个邻域内有定义，若极限 $\lim\limits_{\Delta x\to 0}\frac{\Delta y}{\Delta x}=\lim\limits_{\Delta x\to 0}\frac{f(x_0+\Delta x)-f(x_0)}{\Delta x}$ 存在，称 $f(x)$ 在点 x_0 处可导，称这个极限为函数 $y=f(x)$ 在点 x_0 处的导数	$y'\big\|_{x=x_0}$，$\frac{dy}{dx}\big\|_{x=x_0}$ 或 $\frac{df(x)}{dx}\big\|_{x=x_0}$，$f'(x_0)$
导函数	若函数 $y=f(x)$ 在 (a,b) 内每一点都可导，这样对任一 $x\in(a,b)$，都对应着 $f(x)$ 一确定的导数值，这个函数叫作 $f(x)$ 的导函数	y' 或 $f'(x)$ 或 $\frac{dy}{dx}$ 或 $\frac{df(x)}{dx}$
$f(x)$ 在点 x_0 的左导数	若 $\lim\limits_{\Delta x\to 0^-}\frac{f(x_0+\Delta x)-f(x_0)}{\Delta x}$ 存在，则称此极限为 $f(x)$ 在点 x_0 处的左导数	$f'_-(x_0)$
$f(x)$ 在点 x_0 的右导数	若 $\lim\limits_{\Delta x\to 0^+}\frac{f(x_0+\Delta x)-f(x_0)}{\Delta x}$ 存在，则称此极限为 $f(x)$ 在点 x_0 处的右导数	$f'_+(x_0)$，左、右导数统称为单侧导数
$f(x)$ 在闭区间 $[a,b]$ 上可导	若函数 $f(x)$ 在开区间 (a,b) 内可导，且 $f'_+(a)$ 和 $f'_-(b)$ 都存在，则称 $f(x)$ 在 $[a,b]$ 上可导	

表 3-2　函数可导的充要条件

函数 $f(x)$ 在点 x_0 处可导的充要条件是左导数 $f'_-(x_0)$ 和右导数 $f'_+(x_0)$ 都存在且相等

表 3-3　导数的几何意义

几何意义	函数 $f(x)$ 在点 x_0 处可导表示曲线 $y=f(x)$ 在 $(x_0,f(x_0))$ 处切线存在，且该处的切线的斜率为 $f'(x_0)$， 过 $(x_0,f(x_0))$ 的切线方程为 $y-f(x_0)=f'(x_0)(x-x_0)$， 过 $(x_0,f(x_0))$ 的法线方程为 $(x-x_0)+f'(x_0)(y-y_0)=0$

表 3-4　可导与连续的关系

函数 $f(x)$ 在点 x_0 处可导，必在点 x_0 处连续，反之不一定成立

2. 函数求导法则

表 3-5 函数求导法则

法则	公式定理
四则运算	设 $f(x)$,$g(x)$在点 x 处可导,则 $[f(x)\pm g(x)]'=f'(x)\pm g'(x)$; $[f(x)\cdot g(x)]'=f'(x)g(x)+f(x)g'(x)$; $\left[\dfrac{f(x)}{g(x)}\right]'=\dfrac{f'(x)g(x)-f(x)g'(x)}{g^2(x)}\quad(g(x)\neq 0)$
复合函数求导	设 $f'(u_0)$与 $g'(x_0)$存在,$u_0=g(x_0)$,则复合函数 $F(x)=f[g(x)]$在点 x_0 处可导,且 $F'(x_0)=f'[g(x_0)]\cdot g'(x_0)$
反函数求导	若函数 $x=\varphi(y)$在某区间 I_y 内单调可导且 $\varphi'(y)\neq 0$,则其反函数 $y=f(x)$在对应区间 I_x 内也可导,且 $f'(x)=\dfrac{1}{\varphi'(y)}$

表 3-6 隐函数及由参数方程所确定的函数的导数

法则	公式定理
隐函数求导	若函数满足方程 $F(x,f(x))=0(\forall x\in D)$,则称 $y=f(x)$是方程 $F(x,y)=0$ 确定的隐函数,对 $F(x,y)=0$ 求导,再整理,可得 $y'=g(x,y)$
取对数求导	对某些幂指函数或连乘式函数求导时,可以先在 $y=f(x)$的两边取对数转化为隐函数后,再利用隐函数求导法则,可以简化求导运算
由参数方程确定的函数求导	由参数方程$\begin{cases}x=\varphi(t)\\y=\psi(t)\end{cases}$所确定的函数 $y=y(x)$,若 $x=\varphi(t)$,$y=\psi(t)$均连续可导,且 $\varphi'(t)\neq 0$,那么$\dfrac{dy}{dx}=\dfrac{\frac{dy}{dt}}{\frac{dx}{dt}}$,即 $y'_x=\dfrac{\psi'(t)}{\varphi'(t)}$

表 3-7 基本求导公式

$(c)'=0$(c 为常数)	$(x^\mu)'=\mu x^{\mu-1}(\mu\neq 0)$
$(\sin x)'=\cos x$	$(\cos x)'=-\sin x$
$(\tan x)'=\sec^2 x$	$(\cot x)'=-\csc^2 x$
$(\sec x)'=\sec x\tan x$	$(\csc x)'=-\csc x\cot x$
$(a^x)=a^x\ln a\ (a>0)$	$(e^x)'=e^x$
$(\log_a\|x\|)'=\dfrac{1}{x\ln a}\ (a>0)$	$(\ln\|x\|)'=\dfrac{1}{x}$
$(\arcsin x)'=\dfrac{1}{\sqrt{1-x^2}}$	$(\arccos x)'=-\dfrac{1}{\sqrt{1-x^2}}$
$(\arctan x)'=\dfrac{1}{1+x^2}$	$(\text{arccot}\, x)'=-\dfrac{1}{1+x^2}$

3. 函数的微分

表 3-8 微分的定义

定 义	几何意义	图 例
设函数 $y=f(x)$ 在某区间内有定义，x_0 及 $x_0+\Delta x$ 在此区间内，如果函数的增量 $\Delta y=f(x_0+\Delta x)-f(x_0)$ 可表示为 $$\Delta y=A\Delta x+o(\Delta x)$$ 其中 A 是不依赖于 Δx 的常数，而 $o(\Delta x)$ 表示 Δx 的高阶无穷小，那么称 $y=f(x)$ 在点 x_0 是可微的，而 $A\Delta x$ 叫作 $y=f(x)$ 在点 x_0 相对于自变量增量 Δx 的微分，记作 $\mathrm{d}y$，即 $\mathrm{d}y=A\mathrm{d}x$	微分是切线纵坐标的改变量	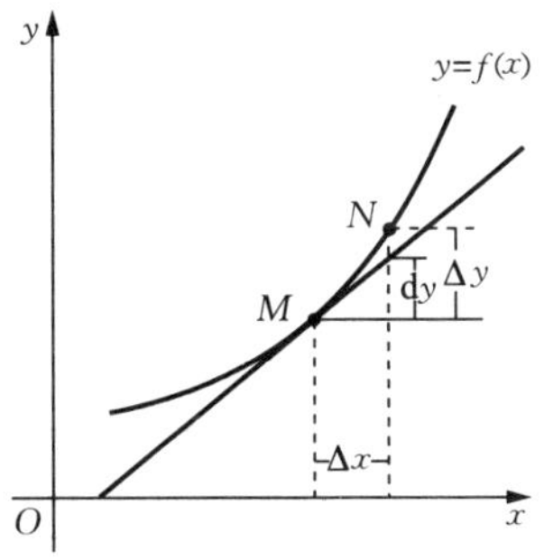

表 3-9 函数可微与可导的关系

函数可微必可导，可导必可微，且 $\mathrm{d}y=f'(x)\mathrm{d}x$ 或 $\frac{\mathrm{d}y}{\mathrm{d}x}=f'(x)$（微商）

表 3-10 微分法则

四则运算	设 $u=u(x)$，$v=v(x)$ 都可微，则 $\mathrm{d}(u\pm v)=\mathrm{d}u\pm\mathrm{d}v$ $\quad \mathrm{d}(Cu)=C\mathrm{d}u$ $\quad \mathrm{d}(uv)=v\mathrm{d}u+u\mathrm{d}v$ $\quad \mathrm{d}\left(\frac{v}{u}\right)=\frac{u\mathrm{d}v-v\mathrm{d}u}{u^2}\ (u\neq 0)$
微分形式不变性	设 $y=f(x)$，$u=\varphi(x)$ 都可微，则复合函数 $y=f[\varphi(x)]$ 的微分为 $\mathrm{d}y=y'_u\cdot u'_x\mathrm{d}x=y'_u\mathrm{d}u$

表 3-11 基本初等函数的微分公式

$\mathrm{d}(C)=0$（C 为常数）	$\mathrm{d}(\sin x)=\cos x\mathrm{d}x$
$\mathrm{d}(\cos x)=-\sin x\mathrm{d}x$	$\mathrm{d}(\tan x)=\sec^2 x\mathrm{d}x$
$\mathrm{d}(\cot x)=-\csc^2 x\mathrm{d}x$	$\mathrm{d}(\sec x)=\sec x\tan x\mathrm{d}x$
$\mathrm{d}(\csc x)=-\csc x\cot x\mathrm{d}x$	$\mathrm{d}(x^\mu)=\mu x^{\mu-1}\mathrm{d}x$
$\mathrm{d}(\mathrm{e}^x)=\mathrm{e}^x\mathrm{d}x$	$\mathrm{d}(a^x)=a^x\ln a\mathrm{d}x$
$\mathrm{d}(\ln x)=\frac{1}{x}\mathrm{d}x$	$\mathrm{d}(\log_a x)=\frac{1}{x\ln a}\mathrm{d}x$
$\mathrm{d}(\arccos x)=-\frac{1}{\sqrt{1-x^2}}\mathrm{d}x$	$\mathrm{d}(\arcsin x)=\frac{1}{\sqrt{1-x^2}}\mathrm{d}x$
$\mathrm{d}(\mathrm{arccot}\, x)=-\frac{1}{1+x^2}\mathrm{d}x$	$\mathrm{d}(\arctan x)=\frac{1}{1+x^2}\mathrm{d}x$

表 3-12 微分在近似计算中的应用

基本公式	当 $\lvert\Delta x\rvert$ 很小时，忽略高阶无穷小，可用 $\mathrm{d}y$ 作为 Δy 的近似值，即 $\Delta y\approx\mathrm{d}y=f'(x_0)\Delta x$ 或 $f(x_0+\Delta x)\approx f(x_0)+f'(x_0)\Delta x$ $\quad f(x)\approx f(x_0)+f'(x_0)(x-x_0)$
常用近似公式	$\sqrt[n]{1+x}\approx 1+\frac{1}{n}x$，$\tan x\approx x$，$\sin x\approx x$，$\ln(1+x)\approx x$，$\mathrm{e}^x\approx 1+x$，$\cos x\approx 1-\frac{x^2}{2}$

4. 高阶导数

表 3-13　高阶导数定义

名　称	定　　义
二阶导数	设函数 $y=f(x)$ 导数 $\frac{dy}{dx}$ 存在，如果 $\frac{dy}{dx}$ 的导数也存在，则称为 y 的二阶导数，记作 $$f''(x)=\frac{d^2y}{dx^2}=\frac{d}{dx}\left(\frac{dy}{dx}\right)=(f'(x))'$$
n 阶导数	如果函数 $y=f(x)$ 的 $n-1$ 阶导数的导数存在，则称之为 y 的 n 阶导数，记作 $$f^{(n)}(x)=\frac{d^ny}{dx^n}=\frac{d}{dx}\left(\frac{d^{n-1}y}{dx^{n-1}}\right)=y^{(n)}$$

表 3-14　高阶导数公式

$(e^x)^{(n)}=e^x$	$(\sin ax)^{(n)}=a^n\cdot\sin\left(ax+\frac{n\pi}{2}\right)$
$(a^x)^{(n)}=(\ln a)^n\cdot a^x$	$(\cos ax)^{(n)}=a^n\cdot\cos\left(ax+\frac{n\pi}{2}\right)$
$(\ln\|ax\|)^{(n)}=(-1)^{n-1}\frac{(n-1)!}{x^n}$	$(x^a)^{(n)}=\begin{cases}a(a-1)\cdots(a-n+1)x^{a-n}, & n\leqslant a, a\in\mathbf{N}\\ 0, & n>a\end{cases}$
$[u(x)\cdot v(x)]^{(n)}=\sum\limits_{k=0}^{n}C_n^k\cdot u^{(k)}(x)\cdot v^{(n-k)}(x)$，其中 $C_n^k=\frac{n!}{k!\ (n-k)!}$，且 $u(x)$，$v(x)$ 具有 n 阶导数，该公式称为莱布尼茨公式	

5. 导数微分在经济学中的应用

表 3-15　边际分析

边际成本	成本函数：$C=C(q)$（q 为产量）， 边际成本：$MC=C'(q)=\frac{dC}{dq}$
边际收益	总收益函数：$R(q)=qP(q)$， 边际收益：$MR=R'(q)=\frac{dR}{dq}$
边际利润	总利润函数：$L(q)=R(q)-C(q)$， 边际利润：$ML=L'(q)=\frac{dL}{dq}=R'(q)-C'(q)$

表 3-16　弹　性

需求价格弹性	需求函数 $Q=Q(p)$，	需求价格弹性 $E_P=\left\|Q'(p)\cdot\frac{p}{Q}\right\|$
需求收入弹性	总收入函数 $R=R(Q)$，	需求收入弹性 $E_M=R'(Q)\cdot\frac{Q}{R(Q)}$
供给弹性	供给函数 $P=S(Q)$，	供给弹性 $E_S=S'(Q)\cdot\frac{Q}{S(Q)}$

四、重点难点剖析

(一) 导数概念

1. 导数的定义

(1) 导数的定义也可以写成$\left.\frac{\mathrm{d}y}{\mathrm{d}x}\right|_{x=x_0}=\lim\limits_{x\to x_0}\frac{f(x)-f(x_0)}{x-x_0}$，将 $x-x_0$ 记作 Δx，则与课本上的定义是一致的：$\lim\limits_{x\to x_0}\frac{f(x)-f(x_0)}{x-x_0}=\lim\limits_{\Delta x\to 0}\frac{f(x_0+\Delta x)-f(x_0)}{\Delta x}$，记 $\Delta y=f(x)-f(x_0)$，$\Delta x=x-x_0$，则 $\Delta x\to 0$ 时，$\frac{\Delta y}{\Delta x}$的极限即为 $f(x)$在 x_0 处的导数.

(2) 要求 $f'(x_0)$一般有两种方法，一种方法是先求出 $f'(x)$的一般形式，将 x_0 代入得到；另一种方法是直接按照定义求 $f'(x_0)$.

(3) 计算分段函数分割点处的导数时，一定要分别计算它的左导数和右导数，两者都存在且相等时，才说分割点处的导数存在，定义为 $f'(x_0)=f'_+(x_0)=f'_-(x_0)$，这本身也是可导与连续的关系：函数 $f(x)$在一点 x_0 处连续，但在该点处左右导数有可能不相等，故不一定可导.

(4) 注意符号的写法：$f'(x_0)$与 $f(x_0)'$是不同的，前者是导数 $f'(x)$在 $x=x_0$ 时的值，而后者是一个常数的导数，等于 0，如$\left(\cos\frac{\pi}{6}\right)'=0$，$\cos'\left(\frac{\pi}{6}\right)=-\sin\left(\frac{\pi}{6}\right)=-\frac{1}{2}$，$f'_+(x_0)$与 $f'(x_0+0)$是不同的，$f'_+(x_0)$表示右导数，而 $f'(x_0+0)$表示导函数 $f'(x)$ 在点 x_0 的右极限.

2. 导数的几何意义

(1) 曲线 $y=f(x)$在 x_0 处的切线斜率为 $f'(x_0)$，过$(x_0,f(x_0))$的切线方程为 $y-f(x_0)=f'(x_0)(x-x_0)$.

(2) 过一点(x_0,y_0)作曲线 $y=f(x)$的切线方程时，先要判断(x_0,y_0)是否在曲线 $y=f(x)$上，只有在曲线上时才可用(1)中公式，否则应设切点为$(x_1,f(x_1))$，然后确定切线方程为 $y-f(x_1)=f'(x_1)(x-x_1)$，将(x_0,y_0)代入切线方程，解出 x_1.

(3) 单调函数的导数性质：若 $f(x)$是定义在(a,b)内的单调增加(减少)函数，则 $f'(x)$在(a,b)内满足 $f'(x)\geqslant 0(\leqslant 0)$.

(二) 函数的求导法则

1. 在求导前应尽量对给定函数进行化简，以方便求导. 如 $y=4\sin^2 x\cos^2 x$ 应先化为$y=\sin^2 2x$或 $y=\frac{1}{2}(1-\cos 4x)$，$\ln\frac{x^2}{y}(x>0,y>0)$化为 $2\ln x-\ln y$ 等. 函数应尽量化为加、减、乘运算，因为除法求导计算量很大.

2. 求函数 $y=f(x)$的反函数 $x=\varphi(y)$的导数 x'_y时，若要应用反函数求导法则，要求$y=f(x)$是单调的，若所给的 $y=f(x)$不是单调的，则应找出其单调区间，再对各单调区间分别应用反函数求导法则.

3. 复合函数求导的链式法则是本章的重点和难点，在求导过程中要正确分解其复合结构，由外层到内层逐层求导，不能缺漏“链式”中某一个“环节”.

4. 应熟记基本初等函数的求导公式，这是熟练计算导数的基础，记忆中应注意下述特点：

(1) 幂函数、指数函数、三角函数的导数仍是它们的同类函数，而对数函数、反三角函数的导数都是代数函数.

(2) 正弦、正切、反正弦、反正切的导数带正号，而余弦、余切、反余弦、反余切的导数带负号.

(3) 反正弦、反余弦的导数相差一个负号，反正切和反余切的导数也仅相差一个负号.

5. 分段函数求导时，对分段区间内的函数可按常规求导，对分段点 x_0 处的导数，应按左右导数定义进行计算，只有 $f'_-(x_0)$ 和 $f'_+(x_0)$ 相等时可认为函数在 x_0 点可导.

6. 隐函数求导的实质是在所给方程中存在复合函数 $y=y(x)$，在方程两边对 x 求导时，关于含 y 的因式必须应用复合函数求导的方法求导，最后还应利用所给方程简化求导结果.

7. 由参数方程确定导数的实质是 $\frac{\mathrm{d}y}{\mathrm{d}x}=\frac{\frac{\mathrm{d}y}{\mathrm{d}t}}{\frac{\mathrm{d}x}{\mathrm{d}t}}$，这是建立在微商基础上的.

8. 极坐标曲线 $\rho=\rho(\theta)$ 上求切线问题，关键是将其方程改写为直角坐标系下的参数方程 $\begin{cases}x=\rho(\theta)\cos\theta,\\ y=\rho(\theta)\sin\theta.\end{cases}$

(三) 函数的微分

微分的计算和导数的计算是密切相关的，通常有以下两类方法：

1. 先应用计算导数的各种方法计算出函数的导数，再用微分与导数的关系式 $\mathrm{d}y=f'(x)\mathrm{d}x$ 写出函数的微分.

2. 根据微分法则和微分形式不变性逐步对表示函数的方程式求微分，直到对自变量的微分 $\mathrm{d}x$，对因变量的微分 $\mathrm{d}y$ 为止，并整理出 $\mathrm{d}y$ 的表达式.

(四) 高阶导数

由高阶导数的定义知，高阶导数可由通常的求导方法连续求导解得，这种方法一般用于较低阶导数；对于较高阶的导数，需分析其有限阶(如 1,2,3,4 阶)导数形式，归纳总结出 n 阶导数式.

五、典型例题解析

例 1 设 $f'(x_0)$ 存在，求下列极限 $\lim\limits_{\Delta x\to 0}\frac{f(x_0+3\Delta x)-f(x_0)}{\Delta x}$.

分析 练习用导数定义求极限.

解 $\lim\limits_{\Delta x\to 0}\frac{f(x_0+3\Delta x)-f(x_0)}{\Delta x}=\lim\limits_{\Delta x\to 0}\frac{f(x_0+3\Delta x)-f(x_0)}{3\Delta x}\cdot 3=3f'(x_0)$

例 2 设 $f(x)$ 在 $x=1$ 处连续，且 $\lim\limits_{x\to 1}\frac{f(x)}{x-1}=2$，求 $f'(1)$.

分析 练习导数定义.

解 因为 $f(1)=\lim\limits_{x\to 1}f(x)=\lim\limits_{x\to 1}(x-1)\cdot\frac{f(x)}{x-1}=\lim\limits_{x\to 1}(x-1)\lim\limits_{x\to 1}\frac{f(x)}{x-1}=0\times 2=0.$

所以，$f'(1)=\lim\limits_{x\to 1}\frac{f(x)-f(1)}{x-1}=\lim\limits_{x\to 1}\frac{f(x)}{x-1}=2.$

例 3 已知 $f(x)=\begin{cases}\sin x, & x<0\\ x, & x\geqslant 0\end{cases}$. 求 $f'(x)$.

解 (1) 当 $x<0$ 时，$f'(x)=(\sin x)'=\cos x$；

(2) 当 $x>0$ 时，$f'(x)=x'=1$；

(3) 讨论分段点 $x=0$ 处的可导性,因

$$f'_+(0)=\lim_{x\to0^+}\frac{f(x)-f(0)}{x-0}=\lim_{x\to0^+}\frac{x-0}{x}=1;\quad f'_-(0)=\lim_{x\to0^-}\frac{f(x)-f(0)}{x-0}=\lim_{x\to0^-}\frac{\sin x-0}{x}=1,$$

故 $f'_+(0)=f'_-(0)$,所以 $f(x)$ 在 $x=0$ 处可导,且 $f'(0)=1$.

综上所述有 $f'(x)=\begin{cases}\cos x, & x<0\\ 1, & x\geqslant0\end{cases}$.

[注]　本题是练习求分段函数在分段点的导数.应防止当 $x\geqslant0$ 时,$f(x)=x$,所以 $f'(x)=1$,于是 $f'(x)=\begin{cases}\cos x, & x<0\\ 1, & x\geqslant0\end{cases}$.

犯了用分段点 $x=0$ 右边表示式的导函数求出分段点 $x=0$ 处的导数这个错误.

例 4　设曲线 $f(x)=x^3+ax$ 与 $g(x)=bx^2+c$ 都通过点 $(-1,0)$,且在点 $(-1,0)$ 有公共切线,求 a,b,c.

解　因曲线 $f(x)$ 与 $g(x)$ 都通过点 $(-1,0)$,且在该点有公切线,故有

$$\begin{cases}f(-1)=0 & \text{即}(-1)^3-a=0,\\ g(-1)=0 & \text{即 } b+c=0,\\ f'(-1)=g'(-1) & \text{即 } 3+a=-2b,\end{cases}\quad \text{解之得到}\begin{cases}a=-1,\\ b=-1,\\ c=1\end{cases}$$

本题练习曲线的切线方程及其所含参数的求法,也是练习导数的几何意义.

例 5　(1)求 $y=e^{e^{-x}}$ 的导数.

分析　防止对某个中间变量不求导的错误.

解　$y'=\dfrac{de^{e^{-x}}}{de^{-x}}\cdot\dfrac{de^{-x}}{d(-x)}\cdot\dfrac{d(-x)}{dx}=e^{e^{-x}}e^{-x}(-1)=-e^{-x}\cdot e^{e^{-x}}$.

(2) 已知 $y=f\left(\dfrac{3x-2}{3x+2}\right)$,$f'(x)=\arcsin x^2$,求 $\left.\dfrac{dy}{dx}\right|_{x=0}$.

解　$\dfrac{dy}{dx}=\dfrac{d}{dx}f\left(\dfrac{3x-2}{3x+2}\right)=f'\left(\dfrac{3x-2}{3x+2}\right)\cdot\left(\dfrac{3x-2}{3x+2}\right)'=\arcsin\left(\dfrac{3x-2}{3x+2}\right)^2\cdot\dfrac{12}{(3x+2)^2}$

于是 $\left.\dfrac{dy}{dx}\right|_{x=0}=(\arcsin 1)\cdot3=\dfrac{3}{2}\pi$.

例 6　(1) $y=f^n[\varphi^n(\sin x^n)]$,求 y';

分析　练习抽象复合函数的求导.

解　$y'=nf^{n-1}[\varphi^n(\sin x^n)]\cdot f'[\varphi^n(\sin x^n)]\cdot n\varphi^{n-1}(\sin x^n)\cdot\varphi'(\sin x^n)\cdot\cos x^n\cdot nx^{n-1}$

$=n^3\cdot x^{n-1}\cos x^n\cdot f^{n-1}[\varphi^n(\sin x^n)]\cdot\varphi^{n-1}(\sin x^n)\cdot f'[\varphi^n(\sin x^n)]\cdot\varphi'(\sin x^n)$

(2) $y=x^{a^a}+a^{x^a}+a^{a^x}$,求 y'.

分析　练习求导公式.

解　$y'=a^ax^{a^a-1}+a^{x^a}\cdot\ln a\cdot ax^{a-1}+a^{a^x}\ln a\cdot a^x\ln a$

$=a^ax^{a^a-1}+a\ln a\,x^{a-1}a^{x^a}+(\ln a)^2a^xa^{a^x}$

例 7　设方程 $xy^2+e^y=\cos(x+y^2)$,求 y'.

分析　练习隐函数的微分法.

解法 1　两边对 x 求导

$$y^2+2xyy'+e^y\cdot y'=-\sin(x+y^2)\cdot(1+2yy')$$

$$y'=-\frac{y^2+\sin(x+y^2)}{2xy+e^y+2y\sin(x+y^2)}$$

解法 2 令 $F(x,y)=xy^2+e^y-\cos(x+y^2)$

$$F'_x=y^2+\sin(x+y^2) \qquad F'_y=2xy+e^y+2y\sin(x+y^2)$$

所以 $\dfrac{dy}{dx}=-\dfrac{F'_x(x,y)}{F'_y(x,y)}=-\dfrac{y^2+\sin(x+y^2)}{2xy+e^y+2y\sin(x+y^2)}$

解法 3 $d(xy^2+e^y)=d[\cos(x+y^2)]$

$$y^2dx+2xydy+e^ydy=-\sin(x+y^2)\cdot(dx+2ydy)$$

$$[(2xy+e^y)+2y\sin(x+y^2)]dy=-[y^2+\sin(x+y^2)]dx$$

$$\frac{dy}{dx}=-\frac{y^2+\sin(x+y^2)}{2xy+e^y+2y\sin(x+y^2)}$$

例 8 设 $y=x^{a^x}+a^{x^x}+x^{x^a}$,求 y'.

解 $y=e^{a^x\ln x}+a^{e^{x\ln x}}+e^{x^a\ln x}$

$$y'=e^{a^x\ln x}\left(a^x\ln x\cdot\ln a+a^x\cdot\frac{1}{x}\right)+a^{e^{x\ln x}}\cdot e^{x\ln x}\cdot(\ln x+1)\cdot\ln a+e^{x^a\cdot\ln x}\left(ax^{a-1}\ln x+x^a\cdot\frac{1}{x}\right)$$

$$=x^{a^x}a^x\left(\ln a\ln x+\frac{1}{x}\right)+a^{x^x}(\ln x+1)x^x\cdot\ln a+x^{x^a+a-1}(a\ln x+1)$$

例 9 设 $\varphi(x)=\begin{cases}x^3\cdot\sin\dfrac{1}{x}, & x\neq0\\ 0, & x=0\end{cases}$. 又函数 $f(x)$ 在点 $x=0$ 处可导,求 $F(x)=f[\varphi(x)]$ 的导数.

解 $F(x)=f[\varphi(x)]=\begin{cases}f\left(x^3\sin\dfrac{1}{x}\right), & x\neq0\\ f(0), & x=0\end{cases}$.

当 $x\neq0$ 时,$F'(x)=f'\left(x^3\sin\dfrac{1}{x}\right)\cdot\left[3x^2\sin\dfrac{1}{x}+x^3\cos\dfrac{1}{x}\left(-\dfrac{1}{x^2}\right)\right]$

$$=f'\left(x^3\sin\frac{1}{x}\right)\left(3x^2\sin\frac{1}{x}-x\cos\frac{1}{x}\right)$$

分析 因为分段点 $x=0$ 的两侧 $f(x)$ 的表达式用同一形式表示,所以分段点处的导数只用一种形式求即可.

$$F'(0)=\lim_{x\to0}\frac{F(x)-F(0)}{x-0}=\lim_{x\to0}\frac{f\left(x^3\sin\frac{1}{x}\right)-f(0)}{x-0}=\lim_{x\to0}\frac{f\left(x^3\sin\frac{1}{x}\right)-f(0)}{x^3\sin\frac{1}{x}-0}\cdot\frac{x^3\sin\frac{1}{x}}{x}$$

$$=\lim_{x\to0}\frac{f\left(x^3\sin\frac{1}{x}\right)-f(0)}{x^3\sin\frac{1}{x}-0}\lim_{x\to0}\frac{x^3\sin\frac{1}{x}}{x}=f'(0)\cdot\lim_{x\to0}\left(x^2\cdot\sin\frac{1}{x}\right)=f'(0)\cdot0=0$$

故 $F'(x)=\begin{cases}f'\left(x^3\sin\dfrac{1}{x}\right)\left[3x^2\left(\sin\dfrac{1}{x}\right)-x\cos\dfrac{1}{x}\right], & x\neq0\\ 0, & x=0\end{cases}$.

例 10 设 $y=\sin^6x+\cos^6x$,求 $y^{(n)}$.

解 $y=(\sin^2x)^3+(\cos^2x)^3=(\sin^2x+\cos^2x)\cdot(\sin^4x-\sin^2x\cos^2x+\cos^4x)$

$$=\sin^4x+\cos^4x-\sin^2x\cos^2x=(\sin^2x+\cos^2x)^2-3\sin^2x\cos^2x$$

$$=1-\frac{3}{4}\sin^22x=1-\frac{3}{4}\cdot\frac{1-\cos4x}{2}=\frac{5}{8}+\frac{3}{8}\cos4x.$$

$$y^{(n)}=\frac{3}{8}4^n\cdot\cos\left(4x+n\cdot\frac{\pi}{2}\right)$$

例 11 求函数 $f(x)=x^2\cdot 2^x$ 在 $x=0$ 处的 n 阶导数 $f^{(n)}(0)$.

分析 由于 $f(x)$ 是函数 x^2 和 2^x 的乘积，且函数 x^2 的三阶导数是 0，所以可利用莱布尼茨公式求 n 阶导数.

解 利用莱布尼茨公式可得

$$f^{(n)}(0)=C_n^2 2\left(2^x\right)^{(n-2)}\Big|_{x=0}=\frac{n(n-1)}{2}2(\ln 2)^{n-2}=n(n-1)(\ln 2)^{n-2}.$$

例 12 为了实现利润的最大化，厂商需要对某商品确定其定价模型，设 Q 为该商品的需求量，P 为价格，MC 为边际成本，η 为需求弹性($\eta>0$).

(1) 证明定价模型为 $P=\dfrac{MC}{1-\dfrac{1}{\eta}}$；

(2) 若该商品的成本函数为 $C(Q)=1600+Q^2$，需求函数为 $Q=40-P$，试由(1)中的定价模型确定此商品的价格.

解 (1) 由于利润函数 $L(Q)=R(Q)-C(Q)=PQ-C(Q)$，对 Q 求导，得

$\dfrac{dL}{dQ}=P+Q\dfrac{dP}{dQ}-C'(Q)=P+Q\dfrac{dP}{dQ}-MC$，

当且仅当 $\dfrac{dL}{dQ}=0$ 时，利润 $L(Q)$ 最大，又由于 $\eta=-\dfrac{P}{Q}\cdot\dfrac{dQ}{dP}$，即 $\dfrac{dP}{dQ}=-\dfrac{1}{\eta}\cdot\dfrac{P}{Q}$，

代入 $P+Q\dfrac{dP}{dQ}-MC=0$，可得 $P=\dfrac{MC}{1-\dfrac{1}{\eta}}$ 时，利润最大.

(2) 由于 $MC=C'(Q)=2Q=2(40-P)$，则 $\eta=-\dfrac{P}{Q}\cdot\dfrac{dQ}{dP}=\dfrac{P}{40-P}$ 代入(1)中的定价模型，得

$P=\dfrac{2(40-P)}{1-\dfrac{40-P}{P}}$，从而解得 $P=30$.

例 13 设某厂商生产某种产品，其产量与人们对该产品的需求量 Q 相同，其价格为 P，试利用边际收益与需求价格弹性之间的关系解释 $|E_p|<1$ 时，价格的变动对总收益的影响. 设收益为 R，利用关系 $R=PQ$ 就可以找出边际收益 $MR=\dfrac{dR}{dQ}$ 与需求价格弹性 $|E_p|=-\dfrac{P}{Q}\dfrac{dQ}{dP}$ 之间的关系，在解释时要用到 $\dfrac{dR}{dP}$ 与 MR 之间的关系及近似公式 $\Delta R\approx dR$.

解 设总收益为 R，则 $R=PQ$，边际收益

$$MR=\frac{dR}{dQ}=\frac{d(PQ)}{dQ}=P+Q\frac{dP}{dQ}=P\cdot\left(1+\frac{1}{\dfrac{P}{Q}\dfrac{dQ}{dP}}\right)=P\left(1-\frac{1}{|E_p|}\right)$$

另外，$\dfrac{dR}{dP}=\dfrac{dR}{dQ}\cdot\dfrac{dQ}{dP}=P\cdot\left(1-\dfrac{1}{|E_p|}\right)\cdot\dfrac{dQ}{dP}$.

因此由 $dP=\Delta P$，知道收益的微分 $dR=P\left(1-\dfrac{1}{|E_p|}\right)\dfrac{dQ}{dP}\Delta P$.

当 ΔP 充分小时 $\Delta R\approx dR$，因此 $\Delta R\approx P\left(1-\dfrac{1}{|E_p|}\right)\cdot\dfrac{dQ}{dP}\Delta P$

注意到 $\dfrac{dQ}{dP}<0$，当 $|E_p|<1$ 时，

提价 $\Delta P>0$，从而 $\Delta R>0$，说明总收益增加；

降价 $\Delta P<0$,从而 $\Delta R<0$,说明总收益减少.

总结 导数与微分在经济学中的应用主要体现在边际与弹性这两方面,因此在处理这方面问题时,必须掌握经济变量之间的关系,另外,还要掌握下面的规律常识;边际的概念都是相对于产量的变化率;市场上商品的需求量 Q 与价格 P 总是满足 $\frac{\mathrm{d}Q}{\mathrm{d}P}<0$;经济学中的弹性一般都是非负的;在进行简单的经济分析时常常用微分近似公式.

六、练习题全解

练习 3.1

1. 一质点以初速度为 v_0 向上作抛物运动,其运动方程为

$$s=s(t)=v_0 t-\frac{1}{2}gt^2 \quad (v_0>2\text{ 为常数}),$$

(1) 求质点在 t 时刻的瞬时速度;

(2) 何时质点的速度为 0;

(3) 求质点回到出发点时的速度.

解 (1) $\Delta s=v_0(t+\Delta t)-\frac{1}{2}g(t+\Delta t)^2-v_0 t+\frac{1}{2}gt^2$

$$\frac{\Delta s}{\Delta t}=\frac{v_0(t+\Delta t)}{\Delta t}-\frac{1}{2}g[t^2+2t\Delta t+(\Delta t)^2]/\Delta t-\left(v_0 t-\frac{1}{2}gt^2\right)/\Delta t=v_0-gt-\frac{1}{2}g(\Delta t)$$

$$\lim_{\Delta t\to 0}\frac{\Delta s}{\Delta t}=\lim_{\Delta t\to 0}\left[v_0-gt-\frac{1}{2}g(\Delta t)\right]=v_0-gt$$

(2) 令 $v_0-gt=0$, 所以 $t=\frac{v_0}{g}$

(3) $v_0 t-\frac{1}{2}gt^2=0$, $t\left(v_0-\frac{1}{2}gt\right)=0$, $t_1=0$, $v_0-\frac{1}{2}gt=0$, 所以 $t_2=\frac{2v_0}{g}$;

将 $t_2=\frac{2v_0}{g}$ 代入 v_0-gt 中,

$$v_t=v_0-gt=v_0-g\cdot\frac{2v_0}{g}=-v_0$$

2. (1) 求圆的面积变量 S 相对于半径变量 r 的变化率;

(2) 求圆的面积为 1 时,周长变量 l 相对于半径变量 r 的变化率;

(3) 求圆的面积为 1 时,面积变量 S 相对于周长变量 l 的变化率.

解 (1) $S=\pi r^2 \quad \Delta S=S(r+\Delta r)-S(r)=\pi(r+\Delta r)^2-\pi r^2=2\pi r\Delta r+\pi(\Delta r)^2$

$$\frac{\Delta S}{\Delta r}=2\pi r+\pi\Delta r \quad \lim_{\Delta r\to 0}\frac{\Delta S}{\Delta r}=2\pi r$$

(2) $l=2\pi r \quad \Delta l=2\pi(r+\Delta r)-2\pi r=2\pi\Delta r$

$$\frac{\Delta l}{\Delta r}=2\pi \quad \lim_{\Delta r\to 0}\frac{\Delta l}{\Delta r}=2\pi \quad \left(\lim_{\Delta r\to 0}\frac{\Delta l}{\Delta r}\right)\bigg|_{S=1}=2\pi$$

(3) $S=\pi r^2=\pi\cdot\left(\frac{l}{2\pi}\right)^2=\frac{l^2}{4\pi} \quad \Delta S=\frac{(l+\Delta l)^2}{4\pi}-\frac{l^2}{4\pi}=\frac{2l\Delta l+(\Delta l)^2}{4\pi} \quad \frac{\Delta S}{\Delta l}=\frac{2l+\Delta l}{4\pi}$

所以$\lim\limits_{\Delta l\to 0}\dfrac{\Delta S}{\Delta l}=\dfrac{l}{2\pi}$　$S=1$　$r=\dfrac{1}{\sqrt{\pi}}$　$l=2\pi\cdot\dfrac{1}{\sqrt{\pi}}=2\sqrt{\pi}$

所以$\left(\lim\limits_{\Delta l\to 0}\dfrac{\Delta S}{\Delta l}\right)\Big|_{S=1}=\dfrac{2\sqrt{\pi}}{2\pi}=\dfrac{1}{\sqrt{\pi}}$

3. 求曲线 $y=x(1-x)$在横坐标为1处的切线斜率.

解　$y'(1)=\lim\limits_{\Delta x\to 0}\dfrac{(1+\Delta x)[1-(1+\Delta x)]-1\cdot(1-1)}{\Delta x}=\lim\limits_{\Delta x\to 0}\dfrac{-\Delta x-(\Delta x)^2}{\Delta x}=-1$

4. 利用定义求下列函数的导函数:

(1) $y=\sqrt{x}$;　(2) $y=\ln x$;　(3) $y=\sec x$;　(4) $y=\tan x$.

解　(1) $y'=\lim\limits_{\Delta x\to 0}\dfrac{\sqrt{x+\Delta x}-\sqrt{x}}{\Delta x}=\lim\limits_{\Delta x\to 0}\dfrac{x+\Delta x-x}{\Delta x(\sqrt{x+\Delta x}+\sqrt{x})}=\lim\limits_{\Delta x\to 0}\dfrac{1}{\sqrt{x+\Delta x}+\sqrt{x}}=\dfrac{1}{2\sqrt{x}}$

(2) **解法1**　$y'=\lim\limits_{\Delta x\to 0}\dfrac{\ln(x+\Delta x)-\ln x}{\Delta x}=\lim\limits_{\Delta x\to 0}\dfrac{\ln\left[1+\dfrac{\Delta x}{x}\right]}{\Delta x}=\ln\lim\limits_{\Delta x\to 0}\left[\left(1+\dfrac{\Delta x}{x}\right)^{\frac{x}{\Delta x}}\right]^{\frac{\Delta x}{\Delta x\cdot x}}$

$=\ln e^{\frac{1}{x}}=\dfrac{1}{x}$

解法2　$y'=\lim\limits_{\Delta x\to 0}\dfrac{\ln(x+\Delta x)-\ln x}{\Delta x}=\lim\limits_{\Delta x\to 0}\dfrac{\ln\left(1+\dfrac{\Delta x}{x}\right)}{\Delta x}=\lim\limits_{\Delta x\to 0}\dfrac{\frac{\Delta x}{x}}{\Delta x}=\dfrac{1}{x}$

(3) $y'=(\sec x)'=\left(\dfrac{1}{\cos x}\right)'=\lim\limits_{\Delta x\to 0}\dfrac{1}{\Delta x}\left[\dfrac{1}{\cos(x+\Delta x)}-\dfrac{1}{\cos x}\right]$

$=\lim\limits_{\Delta x\to 0}\dfrac{\cos x-\cos(x+\Delta x)}{\Delta x[\cos(x+\Delta x)\cdot\cos x]}=\lim\limits_{\Delta x\to 0}\dfrac{-2\sin\dfrac{2x+\Delta x}{2}\cdot\sin\left(-\dfrac{\Delta x}{2}\right)}{\Delta x[\cos(x+\Delta x)\cdot\cos x]}$

$=\dfrac{\sin x}{\cos x}\cdot\dfrac{1}{\cos x}\cdot\lim\limits_{\Delta x\to 0}\dfrac{\sin\left(-\dfrac{\Delta x}{2}\right)}{\left(-\dfrac{\Delta x}{2}\right)}=\tan x\cdot\sec x$

(4) $y'=(\tan x)'=\lim\limits_{\Delta x\to 0}\dfrac{1}{\Delta x}\left[\dfrac{\sin(x+\Delta x)}{\cos(x+\Delta x)}-\dfrac{\sin x}{\cos x}\right]=\lim\limits_{\Delta x\to 0}\dfrac{\sin\Delta x}{\Delta x[\cos(x+\Delta x)\cdot\cos x]}$

$=\lim\limits_{\Delta x\to 0}\dfrac{\sin\Delta x}{\Delta x[\cos(x+\Delta x)\cdot\cos x]}=\lim\limits_{\Delta x\to 0}\dfrac{\sin\Delta x}{\Delta x}\cdot\lim\limits_{\Delta x\to 0}\dfrac{1}{\cos(x+\Delta x)\cdot\cos x}$

$=\dfrac{1}{\cos^2 x}=\sec^2 x$

5. (1) 判别 $y=x|x|$在点 $x=0$ 是否可导;

(2) 设 $y=|x|^{\alpha}$ 在点 $x=0$ 可导,求 α 的取值范围.

提示　当 $x<0$ 时,$\dfrac{(-x)^{\alpha}}{x}=-(-x)^{\alpha-1}$.

解　(1) $f'_-(0)=\lim\limits_{x\to 0^-}\dfrac{x|x|-0}{x-0}=\lim\limits_{x\to 0^-}|x|=0$　　$f'_+(0)=\lim\limits_{x\to 0^+}\dfrac{x|x|-0}{x-0}=\lim\limits_{x\to 0^+}|x|=0$

所以 $f'_-(0)=f'_+(0)$可导,且 $f'(0)=0$

(2) $f'_+(0)=\lim\limits_{x\to 0^+}\dfrac{x^{\alpha}-0}{x}=\lim\limits_{x\to 0^+}x^{\alpha-1}$　　$f'_-(0)=\lim\limits_{x\to 0^-}\dfrac{(-x)^{\alpha}-0}{x-0}=-\lim\limits_{x\to 0^-}(-x)^{\alpha-1}$

由 $f'_-(0)=f'_+(0)$,得 $\alpha>1$

6. 设 $f(x)=\begin{cases} e^x-1, & x<0 \\ x+a, & 0\leqslant x<1 \\ b\sin(x-1)+1, & x\geqslant 1 \end{cases}$. 求 a,b 使得 $f(x)$ 在 $x=0$ 和 $x=1$ 处可导.

解 $f(x)$在 $x=0$ 处可导,可导必连续,$f(x)$在点 $x=0$ 连续

即 $f(0+0)=\lim\limits_{x\to 0^+}f(x)=\lim\limits_{x\to 0^+}(x+a)=a$. $f(0-0)=\lim\limits_{x\to 0^-}f(x)=\lim\limits_{x\to 0^-}(e^x-1)=0$

因为 $f(0)=a$ 所以 $a=0$

$f(x)$在 $x=1$ 处可导,$f'_+(1)=f'_-(1)$

$$f'_+(1)=\lim_{\Delta x\to 0^+}\frac{\Delta y}{\Delta x}=\lim_{\Delta x\to 0^+}\frac{b\sin[(1+\Delta x)-1]+1-b\sin(1-1)-1}{\Delta x}=\lim_{\Delta x\to 0^+}b\cdot\frac{\sin\Delta x}{\Delta x}=b$$

$$f'_-(1)=\lim_{\Delta x\to 0^-}\frac{\Delta y}{\Delta x}=\lim_{\Delta x\to 0^-}\frac{(1+\Delta x)+a-1-a}{\Delta x}=1$$

$f'_+(1)=f'_-(1)$ 所以 $b=1$

7. 设 $f(x)$在点 $x=0$ 连续,且$\lim\limits_{x\to 0}\dfrac{f(x)-1}{x}=-1$,

(1) 求 $f(0)$;

(2) 问 $f(x)$在点 $x=0$ 是否可导?

解 (1) $f(x)$在点 $x=0$ 连续,$\lim\limits_{x\to 0}f(x)=f(0)$

$\lim\limits_{x\to 0}\dfrac{f(x)-1}{x}=-1$,$x\to 0$,$f(x)-1\to 0$ 所以 $f(0)=1$

(2) $\lim\limits_{x\to 0}\dfrac{f(x)-1}{x}=\lim\limits_{x\to 0}\dfrac{f(x)-f(0)}{x-0}=f'(0)=-1$ 故可导,$f'(0)=-1$

8. 设 $g(x)$在点 $x=0$ 连续,求 $f(x)=g(x)\cdot\sin 2x$ 在点 $x=0$ 的导数.

解 $g(x)$在点 $x=0$ 连续, $\lim\limits_{x\to 0}g(x)=g(0)$, $f(0)=g(0)\sin 0=0$

$$f'(0)=\lim_{x\to 0}\frac{f(x)-f(0)}{x-0}=\lim_{x\to 0}\frac{g(x)\sin 2x-0}{x-0}=\lim_{x\to 0}2g(x)\cdot\frac{\sin 2x}{2x}=\lim_{x\to 0}2g(x)=2g(0)$$

即 $f'(0)=2g(0)$

9. 设 $f(0)=1$,$g(1)=2$,$f'(0)=-1$,$g'(1)=-2$,

求(1) $\lim\limits_{x\to 0}\dfrac{\cos x-f(x)}{x}$, (2) $\lim\limits_{x\to 0}\dfrac{2^x f(x)-1}{x}$, (3) $\lim\limits_{x\to 1}\dfrac{\sqrt{x}g(x)-2}{x-1}$.

解 (1) 原式$=\lim\limits_{x\to 0}\dfrac{(\cos x-1)+(1-f(x))}{x}=\lim\limits_{x\to 0}\dfrac{\cos x-1}{x}+\lim\limits_{x\to 0}\dfrac{1-f(x)}{x}$

$$=\lim_{x\to 0}\left(\frac{-\frac{x^2}{2}}{x}+\frac{f(0)-f(x)}{x-0}\right)=-\lim_{x\to 0}\frac{f(x)-f(0)}{x-0}=-f'(0)=-(-1)=1$$

(2) 原式$=\lim\limits_{x\to 0}\dfrac{2^x f(x)-2^x+2^x-1}{x}=\lim\limits_{x\to 0}2^x\cdot\lim\limits_{x\to 0}\dfrac{f(x)-f(0)}{x-0}+\lim\limits_{x\to 0}\dfrac{2^x-1}{x}$

$$=f'(0)+\lim_{x\to 0}\frac{x\ln 2}{x}=f'(0)+\ln 2=\ln 2-1$$

(3) 原式$=\lim\limits_{x\to 1}\dfrac{\sqrt{x}g(x)-2\sqrt{x}+2\sqrt{x}-2}{x-1}=\lim\limits_{x\to 1}\dfrac{\sqrt{x}(g(x)-2)+2(\sqrt{x}-1)}{x-1}$

$$=\lim_{x\to 1}\sqrt{x}\cdot\lim_{x\to 1}\frac{g(x)-g(1)}{x-1}+\lim_{x\to 1}\frac{2}{\sqrt{x}+1}$$

$=g'(1)+1=-2+1=-1$

10. 设 $f(0)=1, f'(0)=-1$,求极限 $\lim\limits_{x\to1}\frac{f(\ln x)-1}{1-x}$.

解 $\lim\limits_{x\to1}\frac{f(\ln x)-1}{1-x}\xlongequal{\ln x=t,x\to1,t\to0}\lim\limits_{t\to0}\frac{f(t)-f(0)}{t-0}\cdot\frac{t}{1-e^t}=\lim\limits_{t\to0}\frac{f(t)-f(0)}{t-0}\cdot\lim\limits_{t\to0}\frac{t}{1-e^t}$

$$=f'(0)\lim_{t\to0}\frac{t}{-t}=(-1)(-1)=1$$

11. 设 $f(0)=1, f'(0)=-1$,

(1) 求 $x\to0$ 时, $f(x)-1$ 的主部;

(2) 求极限 $\lim\limits_{x\to2}\frac{f(2-x)-1}{x^2-2x}$.

解 (1) $f'(0)=\lim\limits_{x\to0}\frac{f(x)-f(0)}{x-0}=\lim\limits_{x\to0}\frac{f(x)-1}{x}=-1$

$$\Leftrightarrow f(x)-1=(-1)x+o(1)x=-x+o(x)$$

所以 $x\to0$ 时, $f(x)-1$ 的主部为 $-x$

(2) $\lim\limits_{x\to2}\frac{f(2-x)-1}{x^2-2x}=-\lim\limits_{x\to2}\frac{1}{x}\cdot\frac{f(2-x)-f(0)}{(2-x)-0}=-\frac{1}{2}f'(0)=(-\frac{1}{2})\cdot(-1)=\frac{1}{2}$

12. 设 $f(x)$ 在 $[a,b]$ 上连续, $f(a)=f(b)=0$,且 $f'_+(a)<0, f'_-(b)<0$,
证明: $f(x)$ 在 (a,b) 内必有一个零值点.

证明 $f'_+(a)=\lim\limits_{\Delta x_1\to0^+}\frac{f(a+\Delta x_1)-f(a)}{\Delta x_1}<0$ $\quad f'_-(b)=\lim\limits_{\Delta x_2\to0^-}\frac{f(b+\Delta x_2)-f(b)}{\Delta x_2}<0$

由保号性知 $\exists\ \Delta x_1>0, \Delta x_2<0$

使 $f(a+\Delta x_1)-f(a)<0 \quad f(b+\Delta x_2)-f(b)>0$

由零值点定理得必∃一点 $x_0\in(a,b)$ 使 $f(x_0)=0$

故 $f(x)$ 在 (a,b) 内必有一个零值点

练习 3.2

1. 求下列函数的导数:

(1) $y=\frac{1}{f(x)}$, $f(x)\neq0$,且 $f(x)$ 可导;

(2) $y=x^{-\frac{1}{n}}$ (n 为正整数);

(3) $y=e^x(\sin x-2\cos x)$;

(4) $y=\sec x\tan x-2x\arcsin x$.

解 (1) $y'=\frac{-f'(x)}{f^2(x)}$

(2) $y'=-\frac{1}{n}x^{-\frac{1}{n}-1}$

(3) $y'=(e^x)'(\sin x-2\cos x)+e^x(\sin x-2\cos x)'$

$$=e^x(\sin x-2\cos x)+e^x(\cos x+2\sin x)=e^x(3\sin x-\cos x)$$

(4) $y'=\sec x\tan^2 x+\sec^3 x-2\arcsin x-\frac{2x}{\sqrt{1-x^2}}$

2. 设 $f(x)=x^2-2\ln x$,求使得 $f'(x)=0$ 的 x.

解 $x\in(0,+\infty)$ $\quad f'(x)=2x-\frac{2}{x}=0$ $\quad$ 所以 $x=1$ $\quad x\in(0,+\infty)$

3. 求下列函数的导数:

(1) $y=\dfrac{x^2-x}{x+\sqrt{x}}$;　(2) $y=\dfrac{2x^2-x+1}{x+2}$;　(3) $y=x^2\cdot\log_3 x$;

(4) $y=x\arctan x$;　(5) $y=\dfrac{\cos 2x}{\sin x+\cos x}$;　(6) $y=2^x\arcsin x-3\sqrt[3]{x^2}$;

(7) $y=\arcsin x+\arccos x$;　(8) $y=\prod\limits_{k=0}^{n}(x-k)$.

解　(1) $y=\dfrac{x^2-x}{x+\sqrt{x}}=\dfrac{x(x-1)(x-\sqrt{x})}{(x+\sqrt{x})(x-\sqrt{x})}=\dfrac{x(x-1)}{x(x-1)}(x-\sqrt{x})=x-\sqrt{x}$

所以 $y'=1-\dfrac{1}{2\sqrt{x}}$

(2) $y=\dfrac{2x^2-x+1}{x+2}=\dfrac{2x^2+4x-5x+11-10}{x+2}=\dfrac{2x(x+2)-5(x+2)+11}{x+2}=2x-5+\dfrac{11}{x+2}$

所以 $y'=2-\dfrac{11}{(x+2)^2}$

(3) $y'=(x^2)'\log_3 x+x^2(\log_3 x)'=2x\log_3 x+\dfrac{x^2}{x\ln 3}=2x\log_3 x+\dfrac{x}{\ln 3}$

(4) $y'=\arctan x+\dfrac{x}{1+x^2}$

(5) $y=\dfrac{\cos 2x}{\sin x+\cos x}=\dfrac{\cos^2 x-\sin^2 x}{\sin x+\cos x}=-\dfrac{(\sin x+\cos x)(\sin x-\cos x)}{\sin x+\cos x}=-\sin x+\cos x$

$y'=-\sin x-\cos x$

(6) $y'=2^x\ln 2\arcsin x+\dfrac{2^x}{\sqrt{1-x^2}}-\dfrac{2}{\sqrt[3]{x}}$

(7) $y'=\dfrac{1}{\sqrt{1-x^2}}-\dfrac{1}{\sqrt{1-x^2}}=0$

(8) $y'=[x(x-1)(x-2)\cdots(x-n)]'$

$=(x-1)(x-2)\cdots(x-n)+x(x-2)\cdots(x-n)+\cdots+x(x-1)(x-2)\cdots[x-(n-1)]$

$=\sum\limits_{k=0}^{n}\prod\limits_{\substack{j=0\\j\neq k}}^{n}(x-j)$

4. 求下列函数的导数:

(1) $y=\operatorname{arccot} x\ln e^{1+x^2}$;　(2) $y=xe^{-x}$;

(3) $y=\sin 2x$;　(4) $y=\tan\left(\dfrac{\pi}{4}+x\right)$.

解　(1) $y=\operatorname{arccot} x\ln e^{1+x^2}=(1+x^2)\operatorname{arccot} x$

$$y'=2x\operatorname{arccot} x-(1+x^2)\cdot\frac{1}{1+x^2}=2x\operatorname{arccot} x-1$$

(2) $y=xe^{-x}=\dfrac{x}{e^x}$

$y'=\dfrac{e^x-xe^x}{e^{2x}}=e^{-x}-xe^{-x}$

(3) $y=\sin 2x=2\sin x\cos x$

$y'=2\cos^2 x-2\sin^2 x=2\cos 2x$

(4) $y=\tan\left(\frac{\pi}{4}+x\right)=\dfrac{\tan\frac{\pi}{4}+\tan x}{1-\tan\frac{\pi}{4}\tan x}=\dfrac{1+\tan x}{1-\tan x}=\dfrac{2}{1-\tan x}-1$

$y'=\dfrac{2\sec^2 x}{(1-\tan x)^2}$

5. 设 $f_k(x)$可导,且 $f_k(x)\neq 0,k=1,2,\cdots,n$,

$y=f_1(x)\cdot f_2(x)\cdot\cdots\cdot f_n(x)$,证明:$y'=y\sum\limits_{k=1}^{n}\dfrac{f'_k(x)}{f_k(x)}$.

证明　用数学归纳法证明.

当 $i=1$ 时,$y=f_1(x)$,则 $y'=f'_1(x)=f_1(x)\cdot\dfrac{f'_1(x)}{f_1(x)}$,成立.

假设当 $i=k$ 时,成立.即有 $y=f_1(x)f_2(x)\cdot\cdots\cdot f_k(x)$,

$$y'=y\cdot\sum_{i=1}^{k}\frac{f'_i(x)}{f_i(x)}$$

当 $i=k+1$ 时,$y=f_1(x)\cdot f_2(x)\cdot\cdots\cdot f_k(x)\cdot f_{k+1}(x)$,则

$y=[f_1(x)f_2(x)\cdot\cdots\cdot f_k(x)]'f_{k+1}(x)+f_1(x)\cdot f_2(x)\cdot\cdots\cdot f_k(x)\cdot f'_{k+1}(x)$

$=f_1(x)\cdot f_2(x)\cdot\cdots\cdot f_k(x)\sum\limits_{i=1}^{k}\dfrac{f'_i(x)}{f_i(x)}\cdot f_{k+1}(x)+f_1(x)\cdots f_k(x)\cdot f_{k+1}(x)\cdot\dfrac{f'_{k+1}x}{f_{k+1}(x)}$

$=f_1(x)\cdot\cdots\cdot f_k(x)f_{k+1}(x)\sum\limits_{i=1}^{k+1}\dfrac{f'_i(x)}{f_i(x)}$

$=y\cdot\sum\limits_{i=1}^{k+1}\dfrac{f'_i(x)}{f_i(x)}$,

结论成立.由数学归纳法可知,结论成立

练习 3.3

1. 设 $f(x)$可导,求下列函数的导数:

(1) $y=[f(x)]^2$;　(2) $y=e^f(x)$;　(3) $y=\dfrac{1}{1+[f(x)]^2}$;

(4) $y=\arctan[f(x)]$;　(5) $y=\ln[1+f^2(x)]$;　(6) $y=f(\sqrt{x}+1)$.

解　(1) $y'=2f(x)\cdot f'(x)$　(2) $y'=e^{f(x)}\cdot f'(x)$

(3) $y'=-\dfrac{2f(x)\cdot f'(x)}{\{1+[f(x)]^2\}^2}=-\dfrac{2f(x)\cdot f'(x)}{[1+f^2(x)]^2}$

(4) $y'=\dfrac{f'(x)}{1+f^2(x)}$　(5) $y'=\dfrac{2f(x)f'(x)}{1+f^2(x)}$　(6) $y'=f'(\sqrt{x}+1)\cdot\dfrac{1}{2\sqrt{x}}$

2. 求下列函数的导数:

(1) $y=(x-2\sqrt{x})^4$;　(2) $y=xe^{-2x}$;　(3) $y=\arctan\dfrac{x+1}{x-1}$;

(4) $y=\ln(2^{-x}+3^{-x}+4^{-x})$;　(5) $y=[\sin(\sqrt{1-2x})]^2$;　(6) $y=2^{\sqrt{x+1}}-\ln|\sin x|$;

(7) $y=x\sqrt{x^2-a^2}-a^2\ln|x+\sqrt{x^2-a^2}|\ (a>0)$;

(8) $y=\ln(x+\sqrt{x^2+a^2})\ (a>0)$;　(9) $y=\dfrac{\sqrt{x^2+2x}}{\sqrt[3]{x^3-2}}$;　(10) $y=\left(1-\dfrac{1}{2x}\right)^x$.

解 (1) $y'=4(x-2\sqrt{x})^3\cdot\left(1-2\dfrac{1}{2\sqrt{x}}\right)=4(x-2\sqrt{x})^3\cdot\left(1-\dfrac{1}{\sqrt{x}}\right)$

(2) $y'=e^{-2x}+(-2x)\cdot e^{-2x}=e^{-2x}(1-2x)$

(3) $y'=\dfrac{1}{1+\left(\dfrac{x+1}{x-1}\right)^2}\cdot\left(\dfrac{x+1}{x-1}\right)'=\dfrac{(x-1)^2}{(x-1)^2+(x+1)^2}\cdot\dfrac{(x-1)-(x+1)}{(x-1)^2}=-\dfrac{1}{x^2+1}$

(4) $y'=-\dfrac{2^{-x}\ln 2+3^{-x}\ln 3+4^{-x}\ln 4}{2^{-x}+3^{-x}+4^{-x}}$

(5) $y'=2\sin\sqrt{1-2x}\cdot\cos\sqrt{1-2x}\cdot\dfrac{(-2)}{2\sqrt{1-2x}}=-\dfrac{1}{\sqrt{1-2x}}\sin(2\sqrt{1-2x})$

(6) $y'=2^{\sqrt{x+1}}\ln 2\,\dfrac{1}{2\sqrt{x+1}}-\cot x$

(7) $y'=\sqrt{x^2-a^2}+x\dfrac{2x}{2\sqrt{x^2-a^2}}-a^2(\ln|x+\sqrt{x^2-a^2}|)'$

$$=\sqrt{x^2-a^2}+\frac{x^2}{\sqrt{x^2-a^2}}-\frac{a^2}{\sqrt{x^2-a^2}}=2\sqrt{x^2-a^2}$$

(8) $y'=\dfrac{1}{x+\sqrt{x^2+a^2}}\left(1+\dfrac{2x}{2\sqrt{x^2+a^2}}\right)=\dfrac{1}{\sqrt{x^2+a^2}}$

(9) **解法 1** $y'=\dfrac{\dfrac{2x+2}{2\sqrt{x^2+2x}}\cdot\sqrt[3]{x^3-2}-\sqrt{x^2+2x}\cdot\dfrac{3x^2}{3\sqrt[3]{(x^3-2)^2}}}{\sqrt[3]{(x^3-2)^2}}$

$$=\frac{(x+1)(x^3-2)-x^2(x^2+2x)}{\sqrt{x^2+2x}\cdot(x^3-2)\cdot\sqrt[3]{x^3-2}}=\frac{\sqrt{x^2+2x}}{\sqrt[3]{x^3-2}}\left[\frac{(x+1)(x^3-2)-x^2(x^2+2x)}{(x^2+2x)(x^3-2)}\right]$$

$$=\frac{\sqrt{x^2+2x}}{\sqrt[3]{x^3-2}}\left[\frac{x+1}{x(x+2)}-\frac{x^2}{x^3-2}\right]$$

解法 2 利用对数求导法公式

$$y'=\frac{\sqrt{x^2+2x}}{\sqrt[3]{x^3-2}}\left[\frac{1}{2}\ln(x^2+2x)-\frac{1}{3}\ln(x^3-2)\right]'=\frac{\sqrt{x^2+2x}}{\sqrt[3]{x^3-2}}\left(\frac{1}{2}\cdot\frac{2x+2}{x^2+2x}-\frac{1}{3}\cdot\frac{3x^2}{x^3-2}\right)$$

$$=\frac{\sqrt{x^2+2x}}{\sqrt[3]{x^3-2}}\left[\frac{x+1}{x(x+2)}-\frac{x^2}{x^3-2}\right]$$

(10) **解法 1** $\ln y=x\ln\left(1-\dfrac{1}{2x}\right)=x\ln\dfrac{2x-1}{2x}=x\ln(2x-1)-x\ln(2x)$

$$=x\ln(2x-1)-x\ln 2-x\ln x$$

$$\frac{y'}{y}=\ln(2x-1)+\frac{2x}{2x-1}-\ln 2-\ln x-1$$

所以 $y'=\left(1-\dfrac{1}{2x}\right)^x\left[\ln(2x-1)+\dfrac{2x}{2x-1}-\ln 2-\ln x-1\right]$

$$=\left(1-\frac{1}{2x}\right)^x\left[\ln\left(1-\frac{1}{2x}\right)+\frac{1}{2x-1}\right]$$

解法 2 利用对数求导法公式

$$y'=\left(1-\frac{1}{2x}\right)^x\cdot\left[x\cdot\ln\left(1-\frac{1}{2x}\right)\right]'=\left(1-\frac{1}{2x}\right)^x\cdot\left[\ln\frac{2x-1}{2x}+x\cdot\left(\ln\frac{2x-1}{2x}\right)'\right]$$

$$=\left(1-\frac{1}{2x}\right)^x\cdot\left[\ln\left(1-\frac{1}{2x}\right)+x\cdot(\ln(2x-1)-\ln 2x)'\right]$$

$$=\left(1-\frac{1}{2x}\right)^x\cdot\left[\ln\left(1-\frac{1}{2x}\right)+\frac{2x}{2x-1}-\frac{2x}{2x}\right]$$

$$=\left(1-\frac{1}{2x}\right)^x\left[\ln\left(1-\frac{1}{2x}\right)+\frac{1}{2x-1}\right]$$

3. 设 $f(x)=\begin{cases}x^\alpha \sin\dfrac{1}{x}, & x\neq 0\\ 0, & x=0\end{cases}$.

(1) 若 $f(x)$在$(-\infty,+\infty)$内可导，求 α 的取值范围；

(2) 若 $f(x)$在$(-\infty,+\infty)$内连续可导(即 $f'(x)$连续)，求 α 的取值范围.

提示　α 为无理数或 $\alpha=\dfrac{n}{2m}$(m,n 是正整数，且 n 与 $2m$ 互素)时，x^α 在$(-\infty,0)$内没有定义.

解　(1) 当 $\alpha>0$ 时，$f(x)$在点 $x=0$ 处连续

$$f'(0)=\lim_{x\to 0}\frac{f(x)-f(0)}{x-0}=\lim_{x\to 0}\frac{x^\alpha \sin\frac{1}{x}-0}{x-0}=\lim_{x\to 0}x^{\alpha-1}\cdot\sin\frac{1}{x}$$

因为当 $\alpha-1>0$ 时，$x^{\alpha-1}$才是无穷小量$(x\to 0)$，因而 $f'(0)=0$

故当 $\alpha>1$，为有理数且不为$\dfrac{n}{2m}$时，$f(x)$在 $x=0$ 可导，且 $f'(0)=0$

(2) 当 $x\neq 0$ 时，$f(x)$可导，其导数为 $f'(x)=\alpha\cdot x^{\alpha-1}\sin\dfrac{1}{x}-x^{\alpha-2}\cdot\cos\dfrac{1}{x}$

$$x=0\qquad f'_-(0)=\lim_{x\to 0^-}\frac{x^\alpha \sin\frac{1}{x}-0}{x-0}=\lim_{x\to 0^-}x^{\alpha-1}\sin\frac{1}{x}=0$$

$$f'_+(0)=\lim_{x\to 0^+}\frac{x^\alpha \sin\frac{1}{x}-0}{x-0}=\lim_{x\to 0^+}x^{\alpha-1}\sin\frac{1}{x}=0$$

所以 $f'(0)=f'_-(0)=f'_+(0)=0$

所以 $f'(x)=\begin{cases}\alpha x^{\alpha-1}\sin\dfrac{1}{x}-x^{\alpha-2}\cos\dfrac{1}{x}, & x\neq 0;\\ 0, & x=0\end{cases}$

显然当 $\alpha-2>0$ 为有理数且不为$\dfrac{n}{2m}$时，$x^{\alpha-1}$及 $x^{\alpha-2}$才是无穷小量$(x\to 0)$，因而才有 $\lim\limits_{x\to 0}f'(x)=0$ $=f'(0)$　故当 $\alpha>2$ 为有理数且不为$\dfrac{n}{2m}$时，$f'(x)$在点 $x=0$ 处连续

4. 已知 $y=x^2+a$ 与 $y=b\ln(1+2x)$在 $x=1$ 点相切(两曲线在(x_0,y_0)处相切是指它们在(x_0,y_0)处有共同切线)，求 a,b 的值.

解　$y'=2x$　$y'=b\cdot\dfrac{2}{1+2x}$

$y'|_{x=1}=2$　$y'|_{x=1}=\dfrac{2}{3}b$　所以 $2=\dfrac{2}{3}b$　所以 $b=3$

在点 $x=1$：$y|_{x=1}=1+a$　$y\Big|_{\substack{x=1\\b=3}}=3\ln 3$　所以 $1+a=3\ln 3$　所以 $a=3\ln 3-1$

5. 设 $f(x)$在$(-\infty,+\infty)$上可导,

(1) 若 $f(x)$为奇函数,证明 $f'(x)$为偶函数;

(2) 若 $f(x)$为偶函数,证明 $f'(x)$为奇函数;

(3) 若 $f(x)$为周期函数,证明 $f'(x)$为周期函数.

证明 (1) $f(-x)=-f(x)\quad f(x)=-f(-x)$

所以 $f'(x)=-f'(-x)(-1)=f'(-x)\quad f'(x)$为偶函数

(2) $f(-x)=f(x)\quad f'(x)=-f'(-x)$ 所以 $f'(x)$为奇函数

(3) $f(x+T)=f(x)\quad f'(x)=f'(x+T)$ 所以 $f'(x+T)$为周期函数

6. 设 $y=f(x)$的反函数为 $x=\varphi(y)$,利用复合函数求导法则,

证明:若 $y=f(x)$可导,且 $f'(x)\neq 0$ (这时 $x=\varphi(y)$可导),则 $\varphi'(y)=\dfrac{1}{f'(x)}$.

证明 因为 $x=\varphi(y)$ 两边对 x 求导 $1=\dfrac{\mathrm{d}x}{\mathrm{d}x}=\dfrac{\mathrm{d}\varphi(y)}{\mathrm{d}y}\cdot\dfrac{\mathrm{d}f(x)}{\mathrm{d}x}=\varphi'(y)\cdot f'(x)$

所以 $\varphi'(y)=\dfrac{1}{f'(x)}\quad (f'(x)\neq 0)$

7. 设 $y=y(x)$是由函数方程 $1+\sin(x+y)=\mathrm{e}^{-xy}$在$(0,0)$点附近所确定的隐函数,求 y'及 $y=y(x)$在点$(0,0)$的法线方程.

解 $1+\sin(x+y)=\mathrm{e}^{-xy}$

两边对 x 求导

$$0+\cos(x+y)(1+y')=\mathrm{e}^{-xy}(-y-xy')$$

$$\cos(x+y)+y'\cos(x+y)=-y\mathrm{e}^{-xy}-x\mathrm{e}^{-xy}y'$$

$$y'[x\mathrm{e}^{-xy}+\cos(x+y)]=-y\mathrm{e}^{-xy}-\cos(x+y)$$

$$y'=-\frac{y\mathrm{e}^{-xy}+\cos(x+y)}{x\mathrm{e}^{-xy}+\cos(x+y)}\qquad y'|_{(0,0)}=-1$$

所以 $y=y(x)$在点$(0,0)$的法线方程为 $y-0=-(-1)(x-0)$即 $y=x$

8. 设 $y=y(x)$是由函数方程 $\ln(x+2y)=x^2-y^2$ 所确定的隐函数.

(1) 求曲线 $y=y(x)$与直线 $y=-x$ 的交点坐标(x_0,y_0);

(2) 求曲线 $y=y(x)$在(1)中交点处的切线方程.

解 (1) 将 $y=-x$ 代入 $\ln(x+2y)=x^2-y^2$ 中,得 $\ln(-x)=0$,

即 $x=-1$,从而 $y=1$.所以交点为$(-1,1)$

(2) 方程 $\ln(x+2y)=x^2-y^2$ 两边对 x 求导,注意到 $y=y(x)$,则有

$$\frac{1}{x+2y}(1+2y')=2x-2y\cdot y'$$

将 $x=-1,y=1$ 代入上式,解得 $y'|_{(-1,1)}=-\dfrac{3}{4}$

所以曲线 $y=y(x)$在点$(-1,1)$处的切线方程为 $y-1=-\dfrac{3}{4}(x+1)$

即 $4y+3x-1=0$

练习 3.4

1. 求$\sqrt[5]{31}$的近似值.

解 设 $y=f(x)=\sqrt[5]{x}$,$f(x)=\sqrt[5]{x}$在 $x=32$ 处可微,

$$\sqrt[5]{31}=f(32-1)\approx f(32)+f'(32)\times(-1)=2-\frac{1}{5}x^{-\frac{4}{5}}\bigg|_{x=32}=2-\frac{1}{5}\times\frac{1}{16}$$
$$=2-0.0125=1.9875$$

2. 验证性质 3.8 和性质 3.9 中的微分运算法则.

证明　性质 3.8.

(1) 因为 $c'=0$ (c 为常数),所以 $\mathrm{d}(c)=c'\mathrm{d}x=0$

(2) $\mathrm{d}[cf(x)]=[cf(x)]'\mathrm{d}x=cf'(x)\mathrm{d}x=c\mathrm{d}f(x)$ (c 为常数)

(3) $\mathrm{d}[f(x)\pm g(x)]=[f(x)\pm g(x)]'\mathrm{d}x=[f'(x)\pm g'(x)]\mathrm{d}x$
$=f'(x)\mathrm{d}x\pm g'(x)\mathrm{d}x=\mathrm{d}f(x)\pm \mathrm{d}g(x)$

(4) $\mathrm{d}[f(x)g(x)]=[f(x)g(x)]'\mathrm{d}x=[f'(x)g(x)+f(x)g'(x)]\mathrm{d}x$
$=g(x)f'(x)\mathrm{d}x+f(x)g'(x)\mathrm{d}x=g(x)\mathrm{d}f(x)+f(x)\mathrm{d}g(x)$

(5) $\mathrm{d}\left[\dfrac{f(x)}{g(x)}\right]=\left[\dfrac{f(x)}{g(x)}\right]'\mathrm{d}x\quad [g(x)\neq 0]$

$$=\frac{f'(x)g(x)-f(x)g'(x)}{g^2(x)}\mathrm{d}x=\frac{g(x)f'(x)\mathrm{d}x-f(x)g'(x)\mathrm{d}x}{g^2(x)}$$
$$=\frac{g(x)\mathrm{d}f(x)-f(x)\mathrm{d}g(x)}{g^2(x)}$$

性质 3.9 (复合函数的微分)

$$\mathrm{d}[f(g(x))]=[f(g(x))]'\mathrm{d}x=f'(g(x))\cdot g'(x)\mathrm{d}x=f'(g(x))\cdot \mathrm{d}g(x)$$

3. 设 $y=x\mathrm{e}^{-2x}$,求 $\mathrm{d}y,\mathrm{d}y|_{x=\frac{1}{2}},\mathrm{d}y|_{x=0}$.

解　$\mathrm{d}y=(x\cdot \mathrm{e}^{-2x})'\mathrm{d}x=(\mathrm{e}^{-2x}-2x\mathrm{e}^{-2x})\mathrm{d}x=\mathrm{e}^{-2x}(1-2x)\mathrm{d}x$

$\mathrm{d}y|_{x=\frac{1}{2}}=[\mathrm{e}^{-2x}(1-2x)]|_{x=\frac{1}{2}}\mathrm{d}x=0$

$\mathrm{d}y|_{x=0}=[\mathrm{e}^{-2x}(1-2x)]|_{x=0}\mathrm{d}x=\mathrm{d}x$

4. 求下列函数的微分:

(1) $y=\ln\left|x+\sqrt{x^2\pm a^2}\right|\quad(a>0)$;　　(2) $y=x\arcsin x+\sqrt{1-x^2}$;

(3) $y=f(x^2-1)$, $f(u)$可微;　　(4) $y=f(\cos x^2)$,$f(u)$可微.

解　(1) 因为 $y'=\dfrac{1}{x+\sqrt{x^2\pm a^2}}\left(1+\dfrac{x}{\sqrt{x^2\pm a^2}}\right)=\dfrac{1}{\sqrt{x^2\pm a^2}}$,所以 $\mathrm{d}y=\dfrac{1}{\sqrt{x^2\pm a^2}}\mathrm{d}x$

(2) $\mathrm{d}y=\arcsin x\mathrm{d}x+x\mathrm{d}\arcsin x+\mathrm{d}\sqrt{1-x^2}$

$$=\arcsin x\mathrm{d}x+\frac{x}{\sqrt{1-x^2}}\mathrm{d}x-\frac{x}{\sqrt{1-x^2}}\mathrm{d}x=\arcsin x\mathrm{d}x$$

(3) $\mathrm{d}y=\mathrm{d}f(x^2-1)=f'(x^2-1)\mathrm{d}(x^2-1)=2xf'(x^2-1)\mathrm{d}x$

(4) $\mathrm{d}y=\mathrm{d}f(\cos x^2)=f'(\cos x^2)\mathrm{d}\cos x^2=f'(\cos x^2)(-\sin x^2)\mathrm{d}x^2$
$=-2x\sin x^2 f'(\cos x^2)\mathrm{d}x$

5. 设 $y=y(x)$是函数方程 $\ln(x^2+y^2)=x+y-1$ 在$(0,1)$处所确定的隐函数,求 $\mathrm{d}y$ 及 $\mathrm{d}y|_{(0,1)}$.

解　两边对 x 微分 $\dfrac{1}{x^2+y^2}(2x\mathrm{d}x+2yy'\mathrm{d}x)=\mathrm{d}x+y'\mathrm{d}x$　(注:$y'\mathrm{d}x=\mathrm{d}y$)

$$\left(\frac{2y}{x^2+y^2}-1\right)y'\mathrm{d}x=\left(1-\frac{2x}{x^2+y^2}\right)\mathrm{d}x$$

所以$\dfrac{2y-x^2-y^2}{x^2+y^2}\mathrm{d}y=\dfrac{x^2+y^2-2x}{x^2+y^2}\mathrm{d}x$

即 $\mathrm{d}y=\dfrac{x^2+y^2-2x}{2y-x^2-y^2}\mathrm{d}x$ $\quad \mathrm{d}y\Big|_{(0,1)}=\dfrac{0+1-0}{2-0-1}\mathrm{d}x=\mathrm{d}x$

6. 给定参数方程$\begin{cases}x=\mathrm{e}^t(1-\cos t)\\ y=\mathrm{e}^t(1+\sin t)\end{cases}$ $t\in(-\infty,+\infty)$，求$\dfrac{\mathrm{d}y}{\mathrm{d}x}$及$\dfrac{\mathrm{d}x}{\mathrm{d}y}$.

解 $\dfrac{\mathrm{d}y}{\mathrm{d}x}=\dfrac{\mathrm{d}y}{\mathrm{d}t}\cdot\dfrac{\mathrm{d}t}{\mathrm{d}x}=\dfrac{\mathrm{e}^t(1+\sin t)+\mathrm{e}^t\cos t}{\mathrm{e}^t(1-\cos t)+\mathrm{e}^t\sin t}=\dfrac{1+\sin t+\cos t}{1-\cos t+\sin t}$

$\dfrac{\mathrm{d}x}{\mathrm{d}y}=\dfrac{1}{\dfrac{\mathrm{d}y}{\mathrm{d}x}}=\dfrac{1-\cos t+\sin t}{1+\sin t+\cos t}$

7. 证明：$y=\dfrac{\mathrm{e}^x+\mathrm{e}^{-x}}{2}$在$x>0$时满足微分方程$\mathrm{d}y=\sqrt{y^2-1}\mathrm{d}x$.

证明 $y'=\dfrac{\mathrm{e}^x-\mathrm{e}^{-x}}{2}$ $\quad y^2=\dfrac{\mathrm{e}^{2x}+\mathrm{e}^{-2x}+2}{4}$

$$y^2-1=\frac{\mathrm{e}^{2x}+\mathrm{e}^{-2x}+2-4}{4}=\left(\frac{\mathrm{e}^x-\mathrm{e}^{-x}}{2}\right)^2 \quad y'=\sqrt{\left(\frac{\mathrm{e}^x-\mathrm{e}^{-x}}{2}\right)^2}=\frac{\mathrm{e}^x-\mathrm{e}^{-x}}{2}\ (x>0)$$

即 $y'=\sqrt{y^2-1}$满足微分方程$\mathrm{d}y=\sqrt{y^2-1}\mathrm{d}x$

8. 用变量替换$u=\dfrac{y}{x}$将微分方程$\dfrac{\mathrm{d}y}{\mathrm{d}x}=\varphi\left(\dfrac{y}{x}\right)$变成$\dfrac{\mathrm{d}u}{\varphi(u)-u}=\dfrac{\mathrm{d}x}{x}$

解 设$u=\dfrac{y}{x}$，$y=xu$ $\quad \dfrac{\mathrm{d}y}{\mathrm{d}x}=u+x\dfrac{\mathrm{d}u}{\mathrm{d}x}$ $\quad u+x\dfrac{\mathrm{d}u}{\mathrm{d}x}=\varphi(u)$ $\quad x\dfrac{\mathrm{d}u}{\mathrm{d}x}=\varphi(u)-u$ $\quad \dfrac{\mathrm{d}u}{\varphi(u)-u}=\dfrac{\mathrm{d}x}{x}$

9. 求适合下列微分关系式的一个原函数$f(x)$：

(1) $x\mathrm{d}x=\mathrm{d}f(x)$； (2) $\dfrac{\mathrm{d}x}{x}=\mathrm{d}f(x)$； (3) $\mathrm{e}^{-2x}\mathrm{d}x=\mathrm{d}f(x)$；

(4) $x\mathrm{e}^{x^2}\mathrm{d}x=\mathrm{d}f(x)$； (5) $\ln x\mathrm{d}x=\mathrm{d}(x\ln x)-\mathrm{d}f(x)$； (6) $\dfrac{\mathrm{d}x}{1+x^2}=\mathrm{d}f(x)$；

(7) $\dfrac{x\mathrm{d}x}{1+x^2}=\mathrm{d}f(x)$； (8) $\sqrt{x+1}\mathrm{d}x=\mathrm{d}f(x)$； (9) $\dfrac{\mathrm{d}x}{\sqrt{1-x^2}}=\mathrm{d}f(x)$；

(10) $\tan x\mathrm{d}x=\mathrm{d}f(x)$.

解 (1) 因为$x\mathrm{d}x=\mathrm{d}\left(\dfrac{x^2}{2}+C\right)$ 所以$f(x)=\dfrac{x^2}{2}+C$

(2) $\dfrac{\mathrm{d}x}{x}=\mathrm{d}(\ln|x|+C)$ 所以$f(x)=\ln|x|+C$

(3) $\mathrm{e}^{-2x}\mathrm{d}x=\mathrm{d}\left(-\dfrac{1}{2}\mathrm{e}^{-2x}+C\right)$ 所以$f(x)=-\dfrac{1}{2}\mathrm{e}^{-2x}+C$

(4) $x\mathrm{e}^{x^2}\mathrm{d}x=\mathrm{d}\left(\dfrac{1}{2}\mathrm{e}^{x^2}+C\right)$ 所以$f(x)=\dfrac{1}{2}\mathrm{e}^{x^2}+C$

(5) $\ln x\mathrm{d}x=\mathrm{d}(x\ln x)-\mathrm{d}(x+C)$ 所以$f(x)=x+C$

(6) $\dfrac{\mathrm{d}x}{1+x^2}=\mathrm{d}(\arctan x+C)$ 所以$f(x)=\arctan x+C$

(7) $\dfrac{x\mathrm{d}x}{1+x^2}=\mathrm{d}\left[\dfrac{1}{2}\ln(1+x^2)+C\right]$ 所以$f(x)=\dfrac{1}{2}\ln(1+x^2)+C$

(8) $\sqrt{x+1}\mathrm{d}x=\mathrm{d}\left[\dfrac{2}{3}(x+1)^{\frac{3}{2}}+C\right]$ 所以$f(x)=\dfrac{2}{3}(x+1)^{\frac{3}{2}}+C$

(9) $\dfrac{\mathrm{d}x}{\sqrt{1-x^2}}=\mathrm{d}(\arcsin x+C)=\mathrm{d}(-\arccos x+\tilde{C})$

所以 $f(x)=\arcsin x+C=-\arccos x+\tilde{C}$

(10) $\tan x\mathrm{d}x=\mathrm{d}(\ln|\sec x|+C)$ 所以 $f(x)=\ln|\sec x|+C=-\ln|\cos x|+C$

练习 3.5

1. 设 $f(x)=x\mathrm{e}^{-2x}$,求使得 $f''(x)=0$ 的点 x.

解 $f'(x)=\mathrm{e}^{-2x}-2x\mathrm{e}^{-2x}$

$f''(x)=-2\mathrm{e}^{-2x}-2[\mathrm{e}^{-2x}+\mathrm{e}^{-2x}x(-2)]=-2\mathrm{e}^{-2x}-2\mathrm{e}^{-2x}+4x\mathrm{e}^{-2x}$

$=-4\mathrm{e}^{-2x}+4x\mathrm{e}^{-2x}=0$

即 $4\mathrm{e}^{-2x}(x-1)=0$ 所以 $x=1$

2. 设 $f(x)=x^2+\ln x$,求使得 $f''(x)>0$ 的 x 的取值范围.

解 $D(f)=(0,+\infty)$ $f'(x)=2x+\dfrac{1}{x}$ $f''(x)=2-\dfrac{1}{x^2}>0$ $x^2>\dfrac{1}{2}$

所以 $|x|>\dfrac{1}{\sqrt{2}}$ $x\in\left(\dfrac{1}{\sqrt{2}},+\infty\right)$

3. 证明:$y=\mathrm{e}^{-x}(\sin x+\cos x)$满足方程 $y''+y'+2\mathrm{e}^{-x}\cos x=0$.

证明 $y'=\mathrm{e}^{-x}(-1)(\sin x+\cos x)+\mathrm{e}^{-x}(\cos x-\sin x)$

$y''=\mathrm{e}^{-x}(\sin x+\cos x)-\mathrm{e}^{-x}(\cos x-\sin x)+\mathrm{e}^{-x}(-1)(\cos x-\sin x)+\mathrm{e}^{-x}(-\sin x-\cos x)$

将 y',y''代入原微分方程 则得 $y''+y'+2\mathrm{e}^{-x}\cos x=0$

4. 设 $y=y(x)$是函数方程 $\mathrm{e}^{x+y}=2+x+2y$ 在点$(1,-1)$所确定的隐函数,求 $y''|_{(1,-1)}$和 d^2y.

解 方程 $\mathrm{e}^{x+y}=2+x+2y$ 两边同时对 x 求导,注意 $y=y(x)$,则

$$\mathrm{e}^{x+y}(1+y')=1+2y' \qquad ①$$

解得 $y'=\dfrac{1-\mathrm{e}^{x+y}}{\mathrm{e}^{x+y}-2}$. 方程①两边再对 x 求导,得

$$\mathrm{e}^{x+y}(1+y')^2+\mathrm{e}^{x+y}y''=2y''$$

解得 $y''=\dfrac{\mathrm{e}^{x+y}}{2-\mathrm{e}^{x+y}}(1+y')^2=\dfrac{\mathrm{e}^{x+y}}{(2-\mathrm{e}^{x+y})^3}$

所以有 $y''|_{(1,-1)}=1$, $\mathrm{d}^2y=y''\mathrm{d}x^2=\dfrac{\mathrm{e}^{x+y}}{(2-\mathrm{e}^{x+y})^3}\mathrm{d}x^2$

5. 设 $f(t)$二阶可导,且 $f''(t)\neq0$,求参数方程$\begin{cases}x=f(t)-tf'(t)\\y=t^2f'(t)\end{cases}$所确定的函数 $y=y(x)$的导数$\dfrac{\mathrm{d}y}{\mathrm{d}x}$.

解 $\dfrac{\mathrm{d}y}{\mathrm{d}x}=\dfrac{\mathrm{d}y}{\mathrm{d}t}\cdot\dfrac{\mathrm{d}t}{\mathrm{d}x}=\dfrac{2tf'(t)+t^2f''(t)}{f'(t)-f'(t)-tf''(t)}=\dfrac{t[2f'(t)+tf''(t)]}{-tf''(t)}=-t-\dfrac{2f'(t)}{f''(t)}$

6. 求 $y=3^{-x}$的 n 阶导数.

解 $y'=3^{-x}(-\ln 3)$

$y''=(-1)^2\cdot3^{-x}(\ln 3)^2$

$y'''=(-1)^3\cdot3^{-x}(\ln 3)^3$

……

$y^{(k)}=(-1)^k3^{-x}(\ln 3)^k$

$$y^{(k+1)}=(y^{(k)})'=[(-1)^k 3^{-x}\cdot(\ln 3)^k]'=(-1)^{k+1}\cdot 3^{-x}(\ln 3)^{k+1}$$

由数学归纳法可得 $y^{(n)}=(-1)^n 3^{-x}(\ln 3)^n$

7. 设 $y=e^x$,求 dy 和 $d^2 y$:

(1) x 为自变量;(2) $x=x(t)$,t 为自变量,$x(t)$二阶可导.

解 (1) x 为自变量 $y=e^x$ $dy=y'dx=e^x dx$

$$d^2 y=d(dy)=dx\cdot d(e^x)=dxe^x dx=e^x(dx)^2=e^x dx^2$$

(2) $x=x(t)$ t 为自变量,$x(t)$二阶可导 $y=e^{x(t)}$ $dy=(e^{x(t)})'dt=e^{x(t)}x'(t)dt$

$$d^2 y=d(dy)=d[e^{x(t)}x'(t)dt]=dtd[e^{x(t)}x'(t)]=dt\{e^{x(t)}[x'(t)]^2+e^{x(t)}x''(t)\}dt$$
$$=e^{x(t)}[[x'(t)]^2+x''(t)]dt^2$$

8. 证明 $(xe^{ax})^{(n)}=(ax+n)a^{n-1}e^{ax}(a\neq 0),n=1,2,\cdots$.

提示 利用莱布尼茨公式.

证明 由莱布尼茨公式可知:

$$(xe^{ax})^{(n)}=C_n^0 x(e^{ax})^{(n)}+C_n^1 x'(e^{ax})^{(n-1)}$$
$$=xa^n e^{ax}+na^{n-1}e^{ax}$$
$$=e^{ax}a^{n-1}(ax+n)$$

练习 3.6

1. 假设某商品的需求量 Q 与价格 p 的函数关系为

$$Q=\frac{k}{p^r},$$

其中 k 和 r 是正的常数,证明该商品的需求价格弹性 $|E_p|=r$.

证明 需求价格弹性为

$$E_p=\frac{p}{Q}\cdot\frac{dQ}{dp}=\frac{p}{kp^{-r}}\cdot\frac{k(-r)}{p^{r+1}}=-r,$$

所以 $|E_p|=r$

2. 假设某产品的成本 C 关于产量 q 的弹性定义为

$$E_{C,q}=\frac{q}{C}\cdot\frac{dC}{dq},$$

证明 $E_{C,q}=\frac{MC}{AC}$. 其中 MC 和 AC 分别是边际成本和平均成本.

证明 边际成本为 $MC=\frac{dC}{dq}$

平均成本为总成本与总产量之商,即 $AC=\frac{C}{q}$

所以 $E_{C,q}=\frac{q}{C}\cdot\frac{dC}{dq}=\frac{dC/dq}{C/q}=\frac{MC}{AC}$

3. 将旅店的房租价格从每天 75 元提高到每天 80 元,会使出租量从每天 100 套降到每天 90 套. (1)求房租为每天 75 元时的需求价格弹性;(2)求房租分别为每天 75 元和 80 元时旅店的总收益;(3)问该旅店是否应该提价?

解 (1) 需求价格弹性为 $E_q\approx\frac{p}{Q}\cdot\frac{\Delta Q}{\Delta p}=\frac{75}{100}\times\frac{90-100}{80-75}=-1.5$,即 $|E_q|\approx 1.5$

(2) $R(75)=75\times 100=7\ 500$(元), $R(80)=80\times 90=7\ 200$(元)

(3) 不应该提价

4. 设某厂商生产某种产品，其产量与人们对该产品的需求量 Q 相同，价格为 p，试利用边际收益与需求价格弹性之间的关系解释 $|E_p|<1$ 时，价格的变动对总收益的影响.

解　$|E_p|=\left|\frac{p}{Q}\cdot\frac{\mathrm{d}Q}{\mathrm{d}p}\right|<1$　　$\Delta R\approx\left(1-\frac{1}{|E_p|}\right)p\cdot\Delta Q$

提价　$\Delta p>0,\Delta Q<0,\Delta R>0$　　总收益增加

降价　$\Delta p<0,\Delta Q>0,\Delta R<0$　　总收益减少

七、习题全解

1. 设 $\alpha(x),\beta(x)$ 在 x_1 的某一去心邻域内满足：

(1) $\beta(x)\neq x_0,\alpha(x)\neq\beta(x)$；

(2) 存在常数 $M>0$，使得 $|\beta(x)-x_0|\leqslant M|\beta(x)-\alpha(x)|$；

(3) $\lim\limits_{x\to x_1}\alpha(x)=\lim\limits_{x\to x_1}\beta(x)=x_0$.

证明：若 $f(x)$ 在 x_0 可导，则 $\lim\limits_{x\to x_1}\frac{f[\beta(x)]-f[\alpha(x)]}{\beta(x)-\alpha(x)}=f'(x_0)$

并求极限 $\lim\limits_{x\to 1}\frac{f[2(x-1)+x_0]-f[x_0-(x-1)]}{x-1}$

证明　由条件(3) $\lim\limits_{x\to x_1}\alpha(x)=\lim\limits_{x\to x_1}\beta(x)=x_0$ 知 $x\to x_1$ 时 $\beta(x)\to x_0,\alpha(x)\to x_0$

$$\lim_{x\to x_1}\frac{f[\beta(x)]-f(x_0)}{\beta(x)-x_0}=\lim_{\beta(x)\to x_0}\frac{f[\beta(x)]-f(x_0)}{\beta(x)-x_0}=f'(x_0)$$

$$\lim_{x\to x_1}\frac{f[\alpha(x)]-f(x_0)}{\alpha(x)-x_0}=\lim_{\alpha(x)\to x_0}\frac{f[\alpha(x)]-f(x_0)}{\alpha(x)-x_0}=f'(x_0)$$

$$\frac{f[\beta(x)]-f[\alpha(x)]}{\beta(x)-\alpha(x)}=\frac{f[\beta(x)]-f(x_0)}{\beta(x)-x_0}+\left\{\frac{f[\beta(x)]-f(x_0)}{\beta(x)-x_0}-\frac{f[\alpha(x)]-f(x_0)}{\alpha(x)-x_0}\right\}\cdot\frac{\alpha(x)-x_0}{\beta(x)-\alpha(x)}$$

又因为 $\frac{\alpha(x)-x_0}{\beta(x)-\alpha(x)}=\frac{\beta(x)-x_0}{\beta(x)-\alpha(x)}-1$

所以　$\left|\frac{\alpha(x)-x_0}{\beta(x)-\alpha(x)}\right|\leqslant\left|\frac{\beta(x)-x_0}{\beta(x)-\alpha(x)}\right|+1\leqslant M+1$

$$\lim_{x\to x_1}\left\{\frac{f[\beta(x)]-f(x_0)}{\beta(x)-x_0}-\frac{f[\alpha(x)]-f(x_0)}{\alpha(x)-x_0}\right\}=0$$

故 $\frac{f[\beta(x)]-f(x_0)}{\beta(x)-x_0}-\frac{f[\alpha(x)]-f(x_0)}{\beta(x)-x_0}$ 为 $x\to x_1$ 时的无穷小量

而 $\frac{\alpha(x)-x_0}{\beta(x)-\alpha(x)}$ 为 $x\to x_1$ 时的有界量

所以 $\lim\limits_{x\to x_1}\frac{f[\beta(x)]-f[\alpha(x)]}{\beta(x)-\alpha(x)}=\lim\limits_{x\to x_0}\frac{f[\beta(x)]-f(x_0)}{\beta(x)-x_0}=f'(x_0)$

$$\lim_{x\to 1}\frac{f[2(x-1)+x_0]-f[x_0-(x-1)]}{x-1}\xlongequal{x-1=t,x\to 1,t\to 0}\lim_{t\to 0}\frac{f(2t+x_0)-f(x_0-t)}{t}$$

$$=2\cdot\lim_{t\to 0}\frac{f(x_0+2t)-f(x_0)}{2t}-\lim_{t\to 0}\frac{f(x_0-t)-f(x_0)}{(t)}$$

$$=2f'(x_0)-(-f'(x_0))=3f'(x_0)$$

2. 设 $f(x)$,$g(x)$在点 x_0 可导,且 $f(x_0)=g(x_0)$,$f'(x_0)=g'(x_0)$,若 $h(x)$在 x_0 的某一邻域内满足 $f(x)\leqslant h(x)\leqslant g(x)$,

证明:$h(x)$在点 x_0 可导,并且 $h'(x_0)=f'(x_0)=g'(x_0)$.

证明 $h(x)$在 x_0 的某一邻域内满足 $f(x)\leqslant h(x)\leqslant g(x)$

故 $f'(x_0)=\lim\limits_{x\to x_0}\dfrac{f(x)-f(x_0)}{x-x_0}=\lim\limits_{x\to x_0}\dfrac{g(x)-g(x_0)}{x-x_0}=g'(x_0)$

$$f(x)\leqslant h(x)\leqslant g(x) \qquad ①$$

$$f(x_0)=h(x_0)=g(x_0) \qquad ②$$

①－② $f(x)-f(x_0)\leqslant h(x)-h(x_0)\leqslant g(x)-g(x_0)$在 x_0 的某邻域内成立

$x>x_0$时 $\dfrac{f(x)-f(x_0)}{x-x_0}\leqslant\dfrac{h(x)-h(x_0)}{x-x_0}\leqslant\dfrac{g(x)-g(x_0)}{x-x_0}$

由局部保号性得

$$\lim_{x\to x_0^+}\frac{f(x)-f(x_0)}{x-x_0}\leqslant\lim_{x\to x_0^+}\frac{h(x)-h(x_0)}{x-x_0}\leqslant\lim_{x\to x_0^+}\frac{g(x)-g(x_0)}{x-x_0}$$

$f'_+(x_0)\leqslant h'_+(x_0)\leqslant g'_+(x_0)$又 $f'(x_0)=g'(x_0)$ 所以 $f'(x_0)=h'_+(x_0)=g'(x_0)$

同理可证 $f'(x_0)=h'_-(x_0)=g'(x_0)$ 故 $h'(x_0)=f'(x_0)=g'(x_0)$

3. 设 $f(x)$,$g(x)$的定义域为 $\mathbf{R}$,且它们在 x_0 可导,证明:

$$h(x)=\begin{cases}f(x), & x\leqslant x_0\\ g(x), & x>x_0\end{cases}$$

在点 x_0 可导的充要条件是 $f(x_0)=g(x_0)$,$f'(x_0)=g'(x_0)$

证明 必要性: $h(x)$在点 x_0 可导,必在点 x_0 连续

所以 $\lim\limits_{x\to x_0^+}h(x)=h(x_0)=\lim\limits_{x\to x_0^+}g(x)=f(x_0)$

又 $g(x)$在 x_0 可导, 所以 $\lim\limits_{x\to x_0^+}g(x)=g(x_0)$ 所以 $f(x_0)=g(x_0)$

$h'_+(x_0)=\lim\limits_{x\to x_0^+}\dfrac{g(x)-g(x_0)}{x-x_0}=g'_+(x_0)$ $\qquad h'_-(x_0)=\lim\limits_{x\to x_0^-}\dfrac{f(x)-f(x_0)}{x-x_0}=f'_-(x_0)$

因为 $h'_+(x_0)=h'_-(x_0)$, 即 $g'_+(x_0)=f'_-(x_0)$ $f(x)$,$g(x)$的定义域为 $\mathbf{R}$,且它们在 x_0 可导,只有$f'(x_0)=g'(x_0)$

充分性:显然,当 $f(x_0)=g(x_0)$,$f'(x_0)=g'(x_0)$时

$$h(x)=\begin{cases}f(x), & x\leqslant x_0\\ g(x), & x>x_0\end{cases}\text{在点 } x_0 \text{ 处可导}$$

4. 设 $f(x)=x(x+1)\cdots(x+n)$,求 $f^{(n)}(x)$.

解 因为 $f(x)=x(x+1)\cdots(x+n)=x^{n+1}+(1+2+3+\cdots+n)x^n+\cdots$

从第三项开始以后的 n 阶导数都为零

所以 $f^{(n)}(x)=(n+1)!x+\dfrac{n(n+1)}{2}n!+0+0+\cdots=(n+1)!\left(x+\dfrac{n}{2}\right)$

5. (1) 设 $F(x)=f(-x)$,且 $f(x)$有 n 阶导数,求 $F^{(n)}(x)$;

(2) 设 $f(x)=xe^{-x}$,求 $f^{(n)}(x)$.

解 (1) $F'(x)=-f'(-x)$ $\quad F''(x)=(-1)^2f''(-x)$,…,$F^{(k)}(x)=(-1)^kf^{(k)}(-x)$

$$F^{(k+1)}(x)=[F^{(k)}(x)]'=[(-1)^kf^{(k)}(-x)]'=(-1)^{k+1}f^{(k+1)}(-x)$$

由数学归纳法证明成立,即 $F^{(n)}(x)=(-1)^nf^{(n)}(-x)$

(2) $f'(x)=e^{-x}+e^{-x}(-1)x=(1-x)e^{-x}=-(x-1)e^{-x}$

$f''(x)=-e^{-x}+xe^{-x}-e^{-x}=(-1)^2(x-2)e^{-x}$

$f'''(x)=(-1)^3(x-3)e^{-x}$

$f^{(k)}(x)=(-1)^k(x-k)e^{-x}$

$$f^{(k+1)}(x)=[(-1)^k(x-k)e^{-x}]'=(-1)^k[e^{-x}+(x-k)(-e^{-x})]$$
$$=(-1)^{k+1}[x-(k+1)]e^{-x}$$

由数学归纳法知 $f^{(n)}(x)=(-1)^n(x-n)e^{-x}$

6. (1) 求曲线 $\begin{cases}x=a\cos^3 t\\ y=a\sin^3 t\end{cases}$ $t\in\left(0,\frac{\pi}{2}\right)$在点$(x(t),y(t))$处的切线$L(t)$的方程；

(2) 证明 $L(t)$在坐标轴上的截距平方和等于a^2.

解 (1) $K_{切}=\frac{dy}{dx}=\frac{3a\sin^2 t\cos t dt}{3a\cos^2 t(-\sin t)dt}=\tan^2 t(-\cot t)=-\tan t$

在点$(x(t),y(t))$处的切线$L(t)$的方程

$$y-y(t)=-\tan t[x-x(t)]=-\frac{\sin t}{\cos t}[x-x(t)]$$

$$\cos t y-a\sin^3 t\cos t=-\sin t\cdot x+\sin t\cdot a\cos^3 t$$

$$\sin t\cdot x+\cos t\cdot y=a\cos t\cdot\sin t$$

$$\frac{\sin t\cdot x}{a\cos t\cdot\sin t}+\frac{\cos t\cdot y}{a\cos t\cdot\sin t}=1$$

即 $L(t)$的方程为：$\frac{x}{a\cos t}+\frac{y}{a\sin t}=1$

证明 (2) $L(t)$在 x 轴上的截距 $y=0$，即 $x=a\cos t$

$L(t)$在 y 轴上的截距 $x=0$，即 $y=a\sin t$

$x^2+y^2=a^2(\cos^2 t+\sin^2 t)=a^2$

7. 求 $f(x)=(1+x)^{\frac{1}{n}}$ 在 $x=0$ 点的微分，并证明：

$\sqrt[n]{A^n+B}$ 的近似值为 $A+\frac{B}{nA^{n-1}}$，其中 $A>0$，且$\frac{|B|}{A^n}$很小(n 为正整数). 并由此求$\sqrt[5]{33}$的近似值.

解 $df(x)=d[(1+x)^{\frac{1}{n}}]=\frac{1}{n}(1+x)^{\frac{1}{n}-1}dx$

$$df(x)|_{x=0}=\frac{1}{n}(1+x)^{\frac{1}{n}-1}\Big|_{x=0}dx=\frac{1}{n}dx$$

证明 当 $A>0$ 时，$\sqrt[n]{A^n+B}=\sqrt[n]{A^n\left(1+\frac{B}{A^n}\right)}=A\left(1+\frac{B}{A^n}\right)^{\frac{1}{n}}$

当$\frac{|B|}{A^n}\ll 1$时，运用近似公式$\sqrt[n]{1+x}\approx 1+\frac{1}{n}x(|x|\ll 1)$

$$\sqrt[n]{A^n+B}=A\left(1+\frac{B}{A^n}\right)^{\frac{1}{n}}\approx A\left(1+\frac{B}{nA^n}\right)=A+\frac{B}{nA^{n-1}}$$

$$\sqrt[5]{33}=\sqrt[5]{2^5+1}=2\left(1+\frac{1}{2^5}\right)^{\frac{1}{5}}\approx 2+\frac{1}{5\times 2^4}=2.012\ 5$$

第4章　微分中值定理与导数的应用

一、大纲要求

1. 理解罗尔定理、拉格朗日中值定理、柯西中值定理及它们的几何意义，并会应用这些定理进行一些简单的推理和证明

2. 能熟练运用洛必达法则求$\frac{\infty}{\infty}$，$\frac{0}{0}$，$0\cdot\infty$，$\infty-\infty$，0^0，1^∞，∞^0 型未定式的极限

3. 会判断函数凹凸性及拐点，会求函数图形的渐近线，会描绘一些简单图形

4. 理解函数极值的概念，会用导数求函数极值和判断函数的单调性

5. 会求函数的最值

二、本章知识结构图

微分中值定理与导数的应用

- 中值定理
  - 罗尔定理
  - 拉格朗日中值定理
  - 柯西中值定理
- 洛必达法则（计算$\frac{0}{0}$，$\frac{\infty}{\infty}$，$0\cdot\infty$，$\infty-\infty$，0^0，1^∞，∞^0 型未定式的极限）
- 泰勒公式
- 函数的单调性（利用导数判断）
- 函数的极值
  - 驻点
  - 极值存在的必要条件
  - 极值存在的充分条件（两种判别法）
- 函数的凹凸性
  - 拐点
  - 凹凸性的判别法
- 函数的最大、最小值
- 曲线的渐近线　　利用导数作图
- 中值定理的应用
  - 证明不等式
  - 讨论方程根的存在性及个数

三、本章基本内容

1. 微分中值定理

表 4－1　微分中值定理

定　理	条　件	结　论	几何意义
罗尔定理	1. $f(x)$在$[a,b]$上连续； 2. $f(x)$在(a,b)内可导； 3. $f(a)=f(b)$	存在$\xi\in(a,b)$，使$f'(\xi)=0$	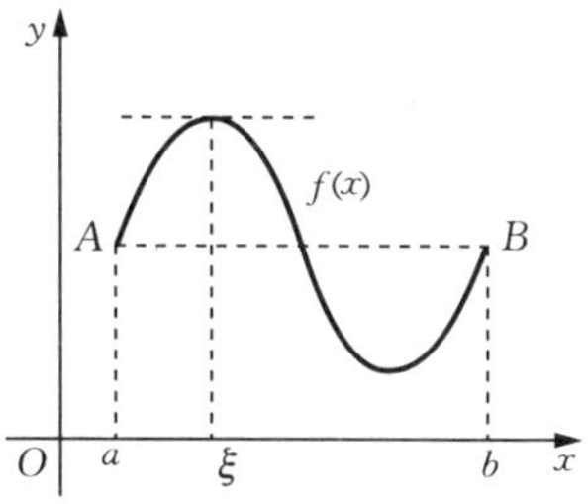 **图 4－1**
拉格朗日中值定理	1. $f(x)$在$[a,b]$上连续； 2. $f(x)$在(a,b)内可导	存在$\xi\in(a,b)$，使$\dfrac{f(b)-f(a)}{b-a}=f'(\xi)$	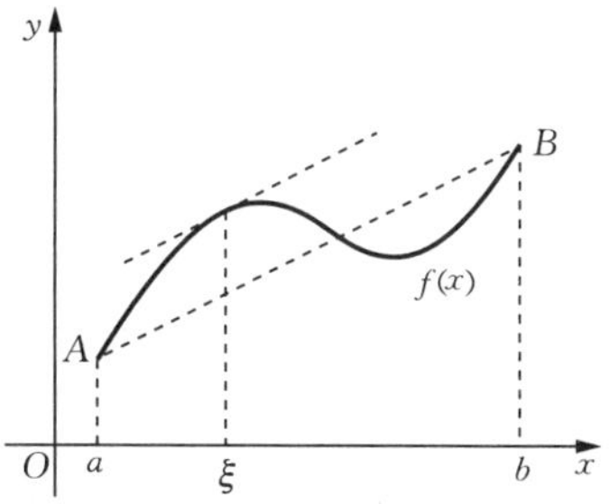 **图 4－2**
柯西中值定理	1. $f(x)$，$g(x)$在$[a,b]$上连续； 2. $f(x)$，$g(x)$在(a,b)内可导； 3. $g'(x)$在(a,b)内任何一点都不为零	存在$\xi\in(a,b)$，使$\dfrac{f(b)-f(a)}{g(b)-g(a)}=\dfrac{f'(\xi)}{g'(\xi)}$	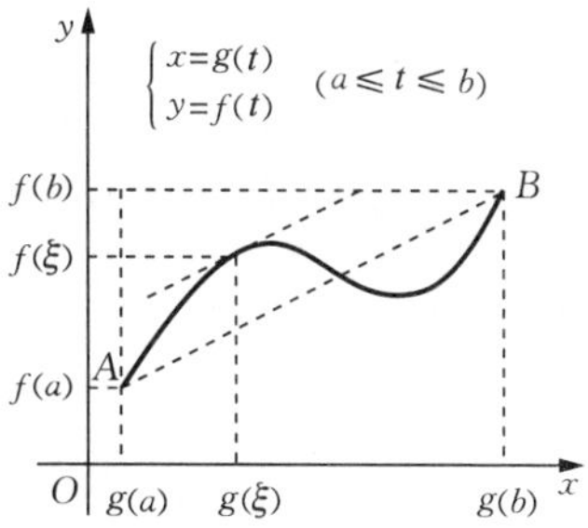 **图 4－3**

2. 洛必达法则

表 4-2　洛必达法则

类　型	条　件	结　论
$\frac{0}{0}$型	函数 $f(x)$与 $g(x)$满足如下条件： 1. $\lim\limits_{x\to a} f(x)=\lim\limits_{x\to a} g(x)=0$； 2. 在点 a 的某个空心邻域内均可导，且 $g'(x)\neq 0$； 3. $\lim\limits_{x\to a}\frac{f'(x)}{g'(x)}$存在(或为无穷大)	$\lim\limits_{x\to a}\frac{f(x)}{g(x)}=\lim\limits_{x\to a}\frac{f'(x)}{g'(x)}$
$\frac{\infty}{\infty}$型	函数 $f(x)$与 $g(x)$满足如下条件： 1. $\lim\limits_{x\to a} f(x)=\lim\limits_{x\to a} g(x)=\infty$； 2. 在点 a 某个空心邻域内均可导，且 $g'(x)\neq 0$； 3. $\lim\limits_{x\to a}\frac{f'(x)}{g'(x)}$存在(或为无穷大)	$\lim\limits_{x\to a}\frac{f(x)}{g(x)}=\lim\limits_{x\to a}\frac{f'(x)}{g'(x)}$
备　注	1. $0\cdot\infty$型，$\infty-\infty$型，0^0 型，1^∞ 型，∞^0 型未定式必须经恒等变形，转化为$\frac{0}{0}$型或$\frac{\infty}{\infty}$型未定式后，才能应用洛必达法则； 2. a 可以是$\pm\infty$	

3. 泰勒公式

表 4-3　泰勒公式

名　称	定　理
泰勒定理 (带拉格朗日余项)	如果 $f(x)$在含有 x_0 的开区间(a,b)内具有$(n+1)$阶导数，则对任意 $x\in(a,b)$，有 $f(x)=f(x_0)+f'(x_0)(x-x_0)+\frac{f''(x_0)}{2!}(x-x_0)^2+\cdots+\frac{f^{(n)}(x_0)}{n!}(x-x_0)^n+R_n(x)$， 其中 $R_n(x)=\frac{f^{(n+1)}(\xi)}{(n+1)!}(x-x_0)^{n+1}$，$\xi$是介于 x_0 和 x 之间的某个值
带佩亚诺余项 的泰勒公式	如果 $f(x)$在含有 x_0 的开区间(a,b)内具有$(n+1)$阶导数，且 $f^{(n)}(x)$在点 $x=x_0$ 连续，则对任意 $x\in(a,b)$，有 $f(x)=f(x_0)+f'(x_0)(x-x_0)+\frac{f''(x_0)}{2!}(x-x_0)^2+\cdots+\frac{f^{(n)}(x_0)}{n!}(x-x_0)^n+o[(x-x_0)^n]$ 其中 $o[(x-x_0)^n]$称为佩亚诺(Peano)余项
麦克劳林公式	上面两公式在 $x_0=0$ 时的特殊情形： $f(x)=f(0)+f'(0)x+\frac{f''(0)}{2!}x^2+\cdots+\frac{f^{(n)}(0)}{n!}x^n+R_n(x)$， 其中 $R_n(x)=o(x^n)$或 $R_n(x)=\frac{1}{(n+1)!}f^{(n+1)}(\xi)x^{n+1}$，$\xi$在 0 和 x 之间

表 4-4　初等函数的麦克劳林公式

函　数	公　式	余　项
e^x	$e^x=1+x+\frac{1}{2!}x^2+\cdots+\frac{1}{n!}x^n+R_n(x)$	$R_n(x)=\frac{1}{(n+1)!}e^{\theta x}\cdot x^{n+1}(0<\theta<1)$或 $R_n(x)=o(x^n)$
$\sin x$	$\sin x=x-\frac{1}{3!}x^3+\frac{1}{5!}x^5+\cdots+(-1)^{n-1}\frac{x^{2n-1}}{(2n-1)!}$ $+R_{2n}(x)$	$R_{2n}(x)=\frac{x^{2n+1}}{(2n+1)!}\sin\left[\theta x+(2n+1)\frac{\pi}{2}\right]$ $(0<\theta<1)$或 $R_{2n}(x)=o(x^{2n-1})$
$\cos x$	$\cos x=1-\frac{1}{2!}x^2+\frac{1}{4!}x^4+\cdots+(-1)^n\frac{1}{(2n)!}x^{2n}$ $+R_{2n+1}(x)$	$R_{2n+1}(x)=\frac{\cos[\theta x+(n+1)\pi]}{(2n+2)!}x^{2n+2}$ $(0<\theta<1)$或 $R_{2n+1}(x)=o(x^{2n})$
$\ln(1+x)$	$\ln(1+x)=x-\frac{x^2}{2}+\frac{x^3}{3}+\cdots+(-1)^{n-1}\frac{x^n}{n}+R_n(x)$, $\lvert x\rvert<1$	$R_n(x)=(-1)^n\frac{x^{n+1}}{(n+1)(1+\theta x)^{n+2}}$ $(0<\theta<1)$或 $R_n(x)=o(x^n)$
$(1+x)^\alpha$	$(1+x)^\alpha=1+\alpha x+\frac{\alpha(\alpha-1)}{2!}x^2+\cdots$ $+\frac{\alpha(\alpha-1)\cdots(\alpha-n+1)}{n!}x^n+R_n(x)$	$R_n(x)=\frac{\alpha(\alpha-1)\cdots(\alpha-n)}{(n+1)!}(1+\theta x)^{\alpha-n-1}x^{n+1}$ $(0<\theta<1)$或 $R_n(x)=o(x^n)$

4. 函数的单调性与曲线的凹凸性

表 4-5　函数单调区间判别法

判　别　法	说　明
设函数 $y=f(x)$在$[a,b]$上连续,在(a,b)内可导,那么 1. 如果在(a,b)内 $f'(x)>0$,则 $y=f(x)$在$[a,b]$上单调增加; 2. 如果在(a,b)内 $f'(x)<0$,则 $y=f(x)$在$[a,b]$上单调减少	如果 $f(x)$在(a,b)内 $f'(x)\geqslant 0$(或 $f'(x)\leqslant 0$),但只是在一些孤立点上等号成立,则 $f(x)$在$[a,b]$上仍是单调增加(或减少)的

表 4-6　曲线的凹凸性

名　称	定　义	图　例
凹曲线	设 $f(x)$在区间 I 上连续,如果对 I 上任意两点 x_1,x_2 恒有 $f\left(\frac{x_1+x_2}{2}\right)\leqslant\frac{f(x_1)+f(x_2)}{2}$, 那么称 $f(x)$在 I 上的图形是凹的	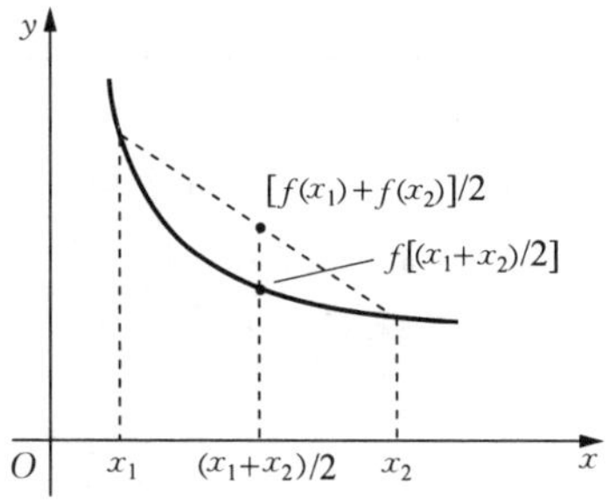 图 4-4

续 表

名 称	定 义	图 例
凸曲线	在上面条件下,如果恒有 $f\left(\frac{x_1+x_2}{2}\right)\geqslant\frac{f(x_1)+f(x_2)}{2}$, 那么称 $f(x)$ 在 I 上的图形是凸的	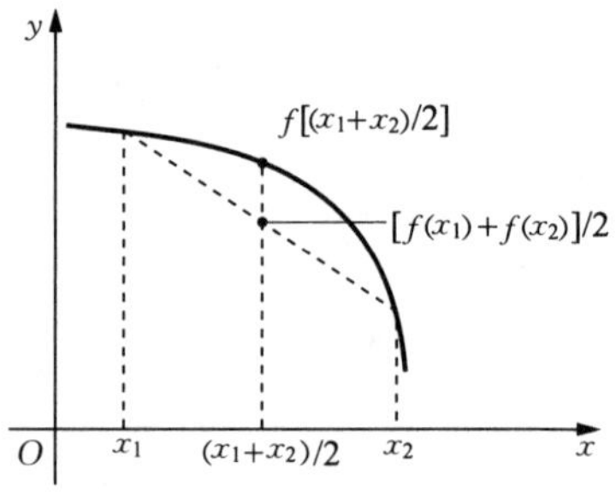 图 4-5

说明:这段内容根据教育部考试中心 2008 年考研大纲规范提法写成,与原教材恰好相反

表 4-7 曲线凹凸性的判别法

判 别 法	说 明
设 $f(x)$ 在区间 $[a,b]$ 上连续,在 (a,b) 内具有一阶和二阶导数,那么 1. 若在 (a,b) 内 $f''(x)>0$,则 $f(x)$ 在 $[a,b]$ 上的图形是凹的; 2. 若在 (a,b) 内 $f''(x)<0$,则 $f(x)$ 在 $[a,b]$ 上的图形是凸的	凹(凸) $\Leftrightarrow f''(x)>0(<0)$ $\Leftrightarrow$ 切线斜率 单调增加(单调减少)

表 4-8 拐点

定 义	设 $f(x)$ 在区间 I 上连续,x_0 是 I 的内点,若曲线 $y=f(x)$ 在 $(x_0,f(x_0))$ 点左右侧的凹凸性正好相反,称 $(x_0,f(x_0))$ 为曲线 $y=f(x)$ 的拐点
性 质	若 x_0 是函数的拐点,$f''(x_0)$ 存在,则 $f''(x_0)=0$
判别法	设 $f(x)$ 在区间 I 上连续可导,x_0 是 I 的内点,且 $f''(x)$ 在 x_0 左、右两侧邻近有定义,那么当两侧的符号相反时,则点 $(x_0,f(x_0))$ 是曲线 $y=f(x)$ 的拐点,当两侧的符号相同时,点 $(x_0,f(x_0))$ 不是拐点

5. 函数的极值与最大值最小值

表 4-9 极值点与驻点

定 义	说 明
$f(x)$ 在点 x_0 连续,若存在点 x_0 的邻域 $U(x_0)$,使 $f(x)\leqslant f(x_0)$,$\forall x\in U(x_0)$,称 x_0 是极大值点,$f(x_0)$ 为极大值; 若 $f(x)\geqslant f(x_0)$,$\forall x\in U(x_0)$,称 x_0 是极小值点,$f(x_0)$ 为极小值	极值是一个局部的概念,只是在其邻域中最大或最小,而不是在整个定义域上
使函数 $f(x)$ 导数为 0 的点叫作 $f(x)$ 的驻点	可导函数的极值点一定是驻点,反之不成立

表 4-10　函数极值的判别法

必要条件	设函数 $f(x)$在点 x_0 处可导，且在 x_0 处取得极值，那么函数在点 x_0 导数为零，即 $f'(x_0)=0$
一阶充分条件	设 $f(x)$在 x_0 邻域内可导且 $f'(x_0)=0$， (1) 如果 $x\in(x_0-\delta,x_0)$时，$f'(x)>0$，而 $x\in(x_0,x_0+\delta)$时，$f'(x)<0$，则 $f(x)$在 x_0 取极大值； (2) 如果 $x\in(x_0-\delta,x_0)$时，$f'(x)<0$，而 $x\in(x_0,x_0+\delta)$时，$f'(x)>0$，则 $f'(x)$在 x_0 取极小值； (3) 如果 $f'(x)$在$(x_0-\delta,x_0)\cup(x_0,x_0+\delta)$上恒为正或恒为负，则 $f(x)$在 x_0 处没有极值
二阶充分条件	设 $f(x)$在 x_0 处具有二阶导数且 $f'(x_0)=0$， (1)当 $f''(x_0)<0$ 时，$f(x)$在 x_0 处取极大值； (2)当 $f''(x_0)>0$ 时，$f(x)$在 x_0 处取极小值； (3)当 $f''(x_0)=0$ 时，那么 x_0 是否为 $f(x)$的极值点仍需进一步判别

表 4-11　求函数最值的一般步骤

设函数 $f(x)$定义在$[a,b]$上，

(1) 求 $f'(x)$；

(2) 令 $f'(x)=0$，求出全部驻点 $x_1,x_2,\cdots x_m$；

(3) 求出全部导数不存在的点 $x_{m+1},x_{m+2},\cdots,x_{m+n}$；

(4) 比较 $f(a),f(x_1),\cdots,f(x_m),f(x_{m+1}),\cdots,f(x_{m+n}),f(b)$，其中最小和最大的分别是 $f(x)$在$[a,b]$上的最小值和最大值

6. 函数图形的描绘

表 4-12　曲线的渐近线

名　称	定　义
垂直渐近线	若 $\lim\limits_{x\to x_0^+}f(x)=\infty$或 $\lim\limits_{x\to x_0^-}f(x)=\infty$，则 $x=x_0$ 是曲线 $y=f(x)$的垂直渐近线
水平渐近线	若 $\lim\limits_{x\to+\infty}f(x)=A$ 或 $\lim\limits_{x\to-\infty}f(x)=A$，则 $y=A$ 是曲线 $y=f(x)$的水平渐近线
斜渐近线	若 $\lim\limits_{x\to+\infty}\dfrac{f(x)}{x}=a$ 且 $\lim\limits_{x\to+\infty}(f(x)-ax)=b$ 或 $\lim\limits_{x\to-\infty}\dfrac{f(x)}{x}=a$ 且 $\lim\limits_{x\to-\infty}(f(x)-ax)=b$，则 $y=ax+b$ 是曲线 $y=f(x)$的斜渐近线

表 4-13　函数作图的一般步骤

1. 确定函数 $y=f(x)$的定义域及对称性，并求 $f'(x)$，$f''(x)$；
2. 令 $f'(x)=0$，$f''(x)=0$，求出全部根及 $f'(x)$不存在的点，$f''(x)$不存在的点，这些点将函数定义域分为若干个小区间；
3. 判断函数在各个小区间上的单调性及极值点；
4. 判断函数图形的凹凸性及拐点；
5. 确定函数图形的水平、垂直渐近线或斜渐近线；
6. 计算出一些关键点所对应的函数值，按上述分析描绘出函数图形

四、重点难点剖析

(一) 中值定理

1. 罗尔定理是拉格朗日定理和柯西定理的基础，拉格朗日定理用途最广，其重要推论“$f'(x)\equiv 0$，x 属于区间 X，则 $f(x)\equiv$常数”在不定积分的理论中起着基本作用.

2. 三个定理的条件都是充分的，不是充分必要的.

3. 柯西中值定理$\xrightarrow{g(x)=x}$拉格朗日中值定理$\xrightarrow{f(a)=f(b)}$罗尔定理.

4. 拉格朗日定理的其他形式：

令 $\theta=\dfrac{\xi-a}{b-a}$，则 $0<\theta<1$，拉格朗日中值定理可写成

$$f(b)-f(a)=f'[a+\theta(b-a)](b-a)\quad(0<\theta<1)$$

若记 $a=x_0$，$b=x$，则可写成

$$f(x)=f(x_0)+f'(\xi)(x-x_0),\quad x_0<\xi<x.$$

5. 中值定理的运用. 应用中值定理解题是本章的一个难点，但仍有一定规律可循，下面是总结的一些规律.

如果要解决的问题中有未知的“ξ”，首先应分析题目中给出的函数 $f(x)$的条件，如果仅有连续性条件，一般就用闭区间上连续函数的性质；如果有可导条件，则可考虑使用微分中值定理；如果给出 $f(x)$二阶可导条件，往往需要对 $f(x)$使用二次罗尔定理或拉格朗日定理，得到 ξ_1,ξ_2，然后在$[\xi_1,\xi_2]$上对 $f'(x)$再使用上述定理推出 ξ，或者直接利用泰勒公式. 其次应仔细分析结论，寻求题目中条件与结论的衔接点，找到了衔接点，题目基本就解决了，因此需要推理与演绎相结合，另外如果结论中有多个 ξ 出现，如要证明$f(\xi)+\xi f'(\xi)=C$，显然这与中值定理的基本形式有差异，我们可将其变形为

$$F'(\xi)=f(\xi)+\xi f'(\xi)-C=0$$

对 $F(x)$而言，正是罗尔定理的结论，因此我们应构造辅助函数 $F(x)$，使得$F'(x)=f(x)+xf'(x)-C$，利用$(uv)'=u'v+uv'$或者下一章中求原函数的方法找到 $F(x)=xf(x)-Cx$，然后利用已知条件检查 $F(x)$是否满足罗尔定理的条件，若满足，问题就迎刃而解了.

如果给出的是具体函数，由于一般基本初等函数在定义的区间上总是连续且可微的，此时究竟应选择哪个定理需做尝试，通过具体题目的练习后应该能够掌握解题的关键.

(二) 洛必达法则

洛必达法则是求解未定式极限的一种十分有效的方法，但在使用中应注意下面几点：

1. 应用洛必达法则求极限要满足$\dfrac{0}{0}$型或$\dfrac{\infty}{\infty}$型未定式的条件，特别是在多次重复应用洛必达法则时应每次都检查条件是否满足.

2. 当$\lim\limits_{x\to a}\dfrac{f'(x)}{g'(x)}$极限不存在时，不能用洛必达法则.

3. 其他未定型转化为$\dfrac{0}{0}$或$\dfrac{\infty}{\infty}$型的方法：

(1) $0\cdot\infty=\dfrac{0}{\frac{1}{\infty}}=\dfrac{0}{0}$或$0\cdot\infty=\dfrac{\infty}{\frac{1}{0}}=\dfrac{\infty}{\infty}$

(2) $\infty_1-\infty_2=\dfrac{0}{\dfrac{1}{\infty_1}}-\dfrac{1}{\dfrac{1}{\infty_2}}=\dfrac{\dfrac{1}{\infty_2}-\dfrac{1}{\infty_1}}{\dfrac{1}{\infty_1\infty_2}}=\dfrac{0}{0}$

(3) $1^{\infty}=e^{\infty\ln 1}=e^{\infty\cdot 0}$

(4) $0^{0}=e^{0\ln 0}=e^{0\cdot\infty}$

(5) $\infty^{0}=e^{0\ln\infty}=e^{0\cdot\infty}$

(三) 泰勒公式

1. 拉格朗日中值定理是泰勒定理的特殊情形，当 $n=0$ 时，

$$f(x)=f(x_0)+f'(\xi)(x-x_0)$$

就是拉格朗日中值定理.

2. 麦克劳林公式在计算未定型极限时非常有效. 对于那些“和或差项中的无穷小不能用等价代换”的极限计算，可以用泰勒公式将函数展开后直接代入所求极限中进行运算，由于使用了带佩亚诺余项的泰勒公式，所以不需要对余项进行定量计算.

(四) 函数单调性及其图形的凹凸性

对任意 $x\in(a,b)$，$f'(x)>0$(或 $f'(x)<0$)是函数 $f(x)$在(a,b)内严格单调增加(或严格单调减少)的充分条件而非充分必要条件，如 $y=x^3$，$y'=2x^2$，$x=0$ 时，$y'=0$，但显然 y 是严格单调增加函数. 若 $f'(x)$在(a,b)内满足 $f'(x)\geqslant 0$(或 $f'(x)\leqslant 0$)，且 $f'(x)$的零点不构成区间时，$f(x)$在(a,b)上严格单调增加(或严格单调减少).

按教育部考试中心 2007 年 8 月版最新规范的凹凸定义：

在区间(a,b)上，若 $f''(x)>0$，则称函数 $f(x)$的图形是凹的；

在区间(a,b)上，若 $f''(x)<0$，则称函数 $f(x)$的图形是凸的.

(五) 函数的极值与最值

1. 驻点与极值点的关系：驻点不一定是极值点，可导函数的极值点一定是驻点. 这点很容易从费尔马定理看出，为求函数在某区间上的极值点，一般需要求出该区间上全体驻点和导数不存在的点，然后逐一研究它们是否为各自邻域上的极值点.

2. 极值点与最值点的比较：

极值点是函数在某点的小邻域内的局部最值点，但不一定是一个更大区间上的整体最值点. 一个区间上可能有多个极值点，甚至某个极小值比另一个极大值还要大.

最值点是函数在某一区间上取得最大(小)值的点，它可能是极值点，也可能是边界点，而且某一连续的闭区间上可能不存在最值点.

(六) 函数图形的描绘

函数作图涉及的概念较多，它包括了判别函数的单调增减区间与极值、判别函数曲线的凹凸性及拐点以及函数的定义域奇偶性和渐近线等几方面的知识要点，一般采用列表分析法直观明了，同时应注意以下几点：

1. 熟练掌握函数定义域、奇偶性和渐近线等特征的分析方法，应用导数判别函数的单调增减区间与极值、函数曲线的凹凸性及拐点的方法.

2. 从函数图形变化趋势入手，利用列表法所反映的函数图形的各个特征，可以准确地作出函数的图形.

五、典型例题解析

例 1 设 $f(x)=\sqrt{x}$,求在区间[1,4]上满足拉格朗日中值定理结论中的 ξ.

分析 本题验证拉格朗日中值定理的结论.

解 由拉格朗日定理有$\sqrt{4}-\sqrt{1}=\dfrac{1}{2\sqrt{\xi}}(4-1)$,解之,得 $\xi=2.25$.

例 2 设 $f(x)=x^2$,求在 $x,x+\Delta x$ 之间满足拉格朗日中值定理结论中的θ.

分析 本题验证拉格朗日中值定理的结论.

解 由拉格朗日定理有$(x+\Delta x)^2-x^2=2(x+\theta\Delta x)\cdot\Delta x$.

解之得 $\theta=\dfrac{1}{2}$.

[注] 可证明二次多项式中的θ与$x,\Delta x$的取值无关,ξ总取区间的中点.

例 3 设 $a_0,a_1,a_2,\cdots,a_n$ 满足条件$a_0+\dfrac{a_1}{2}+\dfrac{a_2}{3}+\cdots+\dfrac{a_n}{n+1}=0$.

证明在(0,1)内方程$a_0+a_1x+a_2x^2+\cdots+a_nx^n=0$至少有一个根.

分析 本题训练掌握用罗尔定理证明方程根的存在性.

证 设 $f(x)=a_0x+\dfrac{a_1}{2}x^2+\dfrac{a_2}{3}x^3+\cdots+\dfrac{a_n}{n+1}x^{n+1}$,

则 $f(0)=f(1)=0$. $f'(x)=a_0+a_1x+a_2x^2+\cdots+a_nx^n$.

由罗尔定理 $\exists\xi\in(0,1)$,使 $f'(\xi)=0$ 即得证.

例 4 对任何实数 a,b 证明:$|\arctan a-\arctan b|\leqslant|a-b|$.

分析 由 $\arctan x$ 在$[a,b]$上的拉格朗日中值定理可得

$$\arctan a-\arctan b=\frac{a-b}{1+\xi^2},\ \xi\in(a,b)$$

再利用$\dfrac{1}{1+x^2}\leqslant1,x\in(-\infty,+\infty)$,即得到所要证明的不等式.

证明 当 $a=b$ 时,结论显然正确;

当 $a\neq b$ 时,不妨设 $a<b$,由于 $\arctan x$ 在$[a,b]$上连续,在(a,b)内可导,由拉格朗日中值定理可得

$$\arctan a-\arctan b=\frac{a-b}{1+\xi^2},\xi\in(a,b).$$

注意到$\left|\dfrac{1}{1+x^2}\right|=\dfrac{1}{1+x^2}\leqslant1,x\in(-\infty,+\infty)$

因此 $|\arctan a-\arctan b|\leqslant|a-b|$.

例 5 求极限 $\lim\limits_{x\to0}\dfrac{(1+x)^{\frac{1}{x}}-\mathrm{e}}{x}$.

分析 本题练习$\dfrac{0}{0}$型极限用洛必达法则求解的方法.

注意如何使运算简捷.

解 $\lim\limits_{x\to0}\dfrac{(1+x)^{\frac{1}{x}}-\mathrm{e}}{x}=\lim\limits_{x\to0}(1+x)^{\frac{1}{x}}\left[\dfrac{1}{x}\ln(1+x)\right]'=\lim\limits_{x\to0}(1+x)^{\frac{1}{x}}\cdot\lim\limits_{x\to0}\dfrac{\dfrac{x}{1+x}-\ln(1+x)}{x^2}$

$$=\mathrm{e}\cdot\lim_{x\to 0}\frac{\frac{1}{(1+x)^2}-\frac{1}{1+x}}{2x}=\mathrm{e}\cdot\lim_{x\to 0}\frac{-1}{2(1+x)^2}=-\frac{\mathrm{e}}{2}.$$

例 6　求极限 $\lim\limits_{n\to\infty}n\mathrm{e}^{-n}\ln n$.

分析　本题化数列极限为函数极限利用洛必达法则计算.

解　$\lim\limits_{n\to\infty}n\mathrm{e}^{-n}\ln n=\lim\limits_{x\to+\infty}\frac{x\ln x}{\mathrm{e}^x}=\lim\limits_{x\to+\infty}\frac{\ln x+1}{\mathrm{e}^x}=\lim\limits_{x\to+\infty}\frac{\frac{1}{x}}{\mathrm{e}^x}=0.$

例 7　求极限 $\lim\limits_{x\to 0}\frac{\mathrm{e}^{\sin x}-\mathrm{e}^x}{\sin x-x}$.

分析　本题练习一题多解，其中包括用换元和微分中值定理求解.

解法 1　直接用洛必达法则.

$$\lim_{x\to 0}\frac{\mathrm{e}^{\sin x}-\mathrm{e}^x}{\sin x-x}=\lim_{x\to 0}\frac{\mathrm{e}^{\sin x}\cos x-\mathrm{e}^x}{\cos x-1}=\lim_{x\to 0}\frac{\mathrm{e}^{\sin x}(\cos^2 x-\sin x)-\mathrm{e}^x}{-\sin x}$$

$$=\lim_{x\to 0}\frac{\mathrm{e}^{\sin x}(\cos^3 x-3\sin x\cos x-\cos x)-\mathrm{e}^x}{-\cos x}=1.$$

解法 2　用等价无穷小替换.

$$\lim_{x\to 0}\frac{\mathrm{e}^{\sin x}-\mathrm{e}^x}{\sin x-x}=\lim_{x\to 0}\frac{\mathrm{e}^x(\mathrm{e}^{\sin x-x}-1)}{\sin x-x}=\lim_{x\to 0}\mathrm{e}^x\cdot\lim_{x\to 0}\frac{\mathrm{e}^{\sin x-x}-1}{\sin x-x}=\lim_{x\to 0}\frac{\sin x-x}{\sin x-x}=1.$$

或　$\lim\limits_{x\to 0}\frac{\mathrm{e}^{\sin x-x}-1}{\sin x-x}\xlongequal[x\to 0,y\to 0]{\sin x-x=y}\lim\limits_{y\to 0}\frac{\mathrm{e}^y-1}{y}=1.$

解法 3　用拉格朗日中值定理解.

在 $\sin x,x$ 之间对 e^x 用拉格朗日中值定理有 $\frac{\mathrm{e}^{\sin x}-\mathrm{e}^x}{\sin x-x}=\mathrm{e}^\xi$，$\xi$ 在 $\sin x,x$ 之间.

当 $x\to 0$，$\sin x\to 0$，所以 $\xi\to 0$.　故原式 $=\lim\limits_{\xi\to 0}\mathrm{e}^\xi=1$.

例 8　求极限 $\lim\limits_{x\to 0}\frac{\mathrm{e}^x-1-x-\frac{x^2}{2}}{x^3}$.

分析　练习用洛必达法则或麦克劳林公式求解.

解法 1　用洛必达法则.

原式 $=\lim\limits_{x\to 0}\frac{\mathrm{e}^x-1-x}{3x^2}=\lim\limits_{x\to 0}\frac{\mathrm{e}^x-1}{6x}=\lim\limits_{x\to 0}\frac{\mathrm{e}^x}{6}=\frac{1}{6}.$

解法 2　用麦克劳林公式.

因为 $\mathrm{e}^x=1+x+\frac{x^2}{2}+\frac{x^3}{3!}+o(x^3)$，

所以原式 $=\lim\limits_{x\to 0}\frac{\frac{x^3}{3!}+o(x^3)}{x^3}=\frac{1}{3!}=\frac{1}{6}.$

例 9　求极限 $\lim\limits_{x\to 0}\left[\frac{1}{n}(a_1^x+a_2^x+\cdots+a_n^x)\right]^{\frac{n}{x}}$　$(a_i>0)$

分析　练习幂指函数类未定式求极限.

解法 1　原式 $=\lim\limits_{x\to 0}\mathrm{e}^{\frac{n}{x}\ln\frac{a_1^x+a_2^x+\cdots+a_n^x}{n}}=\mathrm{e}^{n\cdot\lim\limits_{x\to 0}\frac{\ln(a_1^x+a_2^x+\cdots+a_n^x)-\ln n}{x}}=\mathrm{e}^{n\cdot\lim\limits_{x\to 0}\frac{a_1^x\ln a_1+a_2^x\ln a_2+\cdots+a_n^x\ln a_n}{a_1^x+a_2^x+\cdots+a_n^x}}=a_1a_2\cdots a_n.$

解法 2　令 $y=\left[\frac{1}{n}(a_1^x+a_2^x+\cdots+a_n^x)\right]^{\frac{n}{x}}$，则

$$\ln y=\frac{n}{x}[\ln(a_1^x+a_2^x+\cdots+a_n^x)-\ln n]$$

$$\lim_{x\to 0}\ln y=\lim_{x\to 0}\frac{n[\ln(a_1^x+a_2^x+\cdots+a_n^x)-\ln n]}{x}=\ln(a_1a_2\cdots a_n)$$

所以$\lim\limits_{x\to 0}y=a_1a_2\cdots a_n$.

例 10 求函数 $y=x-\frac{1}{2}\ln(1+x^2)-\arctan x$ 的极值.

分析 这是一个处处可导的函数,它的极值点只可能位于驻点处,判别时既可以用一阶导数又可以用二阶导数.

解 由于 $y'=\frac{x(x-1)}{1+x^2}$,得到驻点 $x_1=0,x_2=1$,由于 $y''(0)=-1,y''(1)=\frac{1}{2}$.

因此 $y(0)=0$ 为极大值,$y(1)=1-\frac{1}{2}\ln 2-\frac{\pi}{4}$为极小值.

例 11 求 $y=(x-1)^{\frac{8}{3}}+\frac{8}{5}(x-1)^{\frac{5}{3}}$在区间$[-1,2]$上的最大值和最小值.

解 $y'=\frac{8}{3}(x-1)^{\frac{2}{3}}x$. 得到驻点 $x_1=0,x_2=1$,由于 $x\in(-1,0)$时,$y'<0$,y 单调减少;$x\in(0,1)$时,$y'>0$,y 单调增加;$x\in(1,2)$时,$y'>0$,y 单调增加.

因此 $y(0)=-\frac{3}{5}$为极小值,$y(1)$不是极值,另外

$$y(-1)=\frac{2^{\frac{8}{3}}}{5}=\frac{4\sqrt[3]{4}}{5},\quad y(2)=\frac{13}{5},\frac{4\sqrt[3]{4}}{5}<\frac{13}{5}.$$

因此 $y=(x-1)^{\frac{8}{3}}+\frac{8}{5}(x-1)^{\frac{5}{3}}$在$[-1,2]$上的最大值为 $y(2)=\frac{13}{5}$,最小值为 $y(0)=-\frac{3}{5}$.

例 12 市场上某商品的单价为 $P(q)=\frac{9}{2}-\frac{3}{2}q$(万元/单位),其中 q 为需求量,某厂商生产该商品 q 单位的总成本为$C(q)=1+q^{\frac{3}{2}}$(万元). 求厂商生产该商品所获得的最大利润.

分析 这是一道经济应用方面的题,关键是建立利润作为产量的函数的解析式. 其中认为产量就是需求量.

解 设产量为 q 时的利润为 $L(q)$,则

$$L(q)=P(q)q-C(q)=-\frac{3}{2}q^2-q^{\frac{3}{2}}+\frac{9}{2}q-1$$

由于 $q>0$,$L'(q)=-3q-\frac{3}{2}\sqrt{q}+\frac{9}{2}$,由此求得唯一驻点 $q=1$,并且$L''(1)=-\frac{15}{4}<0$,因此$L(1)=1$为极大值,从而是最大值. 即厂商生产该商品 1 个单位时获得的利润最大,最大利润为 1 万元.

例 13 已知函数 $f(x)$在区间$[a,+\infty]$上具有二阶导数,$f(a)=0$,$f'(x)>0$,$f''(x)>0$,设$b>a$,曲线 $y=f(x)$在点$(b,f(b))$处的切线与 x 轴的交点是$(x_0,0)$,证明:$a<x_0<b$.

证明 根据题意得点$(b,f(b))$处的切线方程为 $y-f(b)=f'(b)(x-b)$,

令 $y=0$,得 $x_0=b-\frac{f(b)}{f'(b)}$.

因为 $f'(x)>0$,所以 $f(x)$单调递增,又因为 $f(a)=0$,所以 $f(b)>0$,又因为 $f'(b)>0$,

所以 $x_0=b-\frac{f(b)}{f'(b)}<b$.

又因为 $x_0-a=b-a-\frac{f(b)}{f'(b)}$，而在区间 $[a,b]$ 上对函数 $f(x)$ 应用拉格朗日中值定理有

$$\frac{f(b)-f(a)}{b-a}=f'(\xi),\quad \xi\in(a,b).$$

则 $b-a=\frac{f(b)-f(a)}{f'(\xi)}=\frac{f(b)}{f'(\xi)}$，所以

$$x_0-a=b-a-\frac{f(b)}{f'(b)}=\frac{f(b)}{f'(\xi)}-\frac{f(b)}{f'(b)}=f(b)\frac{f'(b)-f'(\xi)}{f'(b)f'(\xi)},$$

因为 $f''(x)>0$，则 $f'(x)$ 单调递增，所以 $f'(b)>f'(\xi)$，从而有 $x_0-a>0$，即 $x_0>a$，综上可得 $a<x_0<b$，结论得证.

总结　本题综合运用了导数的几何意义、函数的单调性判别以及拉格朗日中值定理，是一道综合性的题目.

六、练习题全解

练习 4.1

1. 求 $y=x^3$ 的驻点，并由 $y=x^3$ 的图形判别驻点是否为极值点.

解　$y'=3x^2$　令 $y'=0$　$x=0$ 不是极值点

因 $y'=3x^2\geqslant 0$，　y 在 $(-\infty,+\infty)$ 内严格单调增加，见图 4-6

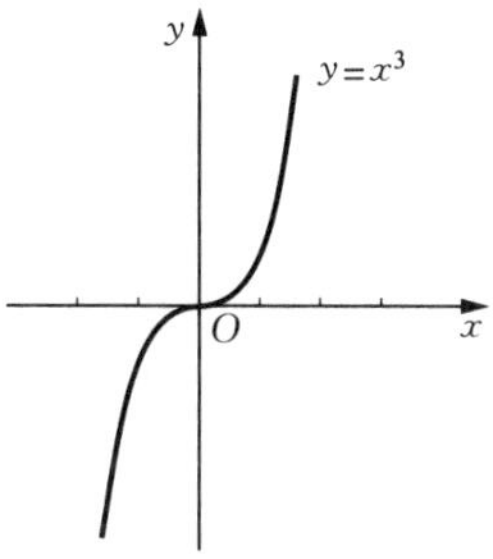

图 4-6

2. 比较以下两个结论：

"设 $f(x)$ 在 $[a,b]$ 上连续，在 (a,b) 内可导，若 $f(a)=f(b)$，则存在 $\xi\in(a,b)$ 使得 $f'(\xi)=0$"；

"设 $f(x)$ 在 $[a,b]$ 上连续可导，若 $f'(a)f'(b)<0$，则存在 $\xi\in(a,b)$ 使得 $f'(\xi)=0$".

解　第一个命题是罗尔定理，第二个命题是达布定理.

虽然两个命题的条件不同，但是结论是一样的. 达布定理说明了即使 $f'(x)$ 不连续，对 $f'(x)$ 零值定理结论仍然成立，这两个命题都提供了证明方程 $f'(x)=0$ 有根的方法

3. 证明方程 $1+x+\frac{x^2}{2}+\frac{x^3}{6}=0$ 只有一个实根.

证明　(反证法)

设 $f(x)=1+x+\frac{x^2}{2}+\frac{x^3}{6}$

$$f(-2)=-\frac{1}{3}<0\quad f(0)=1>0$$

所以 $\exists\xi\in(-2,0)$　使得　$f(\xi)=0$

假设方程有两个不同的实根 x_1,x_2 且 $x_1\neq x_2$，$f(x_1)=f(x_2)=0$

在区间 $[x_1,x_2]$ 上对 $f(x)$ 用罗尔定理可得

$f'(x)=1+x+\frac{1}{2}x^2=0$　应有一个零值点 $\xi\in(x_1,x_2)$

$1+\xi+\frac{1}{2}\xi^2=0$　　$\xi^2+2\xi+2=0$　　$\Delta=4-8<0$

没有实根,即找不到 ξ,这与罗尔定理结论矛盾

所以方程 $1+x+\frac{x^2}{2}+\frac{x^3}{6}=0$ 只有一个实根

4. 设 $f(x)$在(a,b)内二阶可导,且 $f''(x)\neq 0, x\in(a,b)$,证明:$f(x)$在(a,b)内至多有一个驻点.

证明 (反证法)假设 $f(x)$在(a,b)内有两个不同的驻点 $x_1,x_2,x_1\neq x_2$

$f'(x_1)=0, f'(x_2)=0, f'(x)$在$[x_1,x_2]$上应用罗尔定理可得

存在 $\xi\in(x_1,x_2), f''(\xi)=0$,但这与假设 $f''(x)\neq 0$ 相矛盾

所以 $f(x)$在(a,b)内至多有一个驻点

5. 设 $f(x)$在$[0,1]$上连续,在$(0,1)$内可导,证明:存在 $\xi\in(0,1)$,使得

$$f(\xi)+f'(\xi)=e^{-\xi}[f(1)e-f(0)].$$

分析:① 将 ξ 换成 x $f(x)+f'(x)=e^{-x}[f(1)e-f(0)]$

② $f(1)e-f(0)=[f(x)+f'(x)]e^x=[e^x f(x)]'$

证明 设 $F(x)=e^x f(x)$,则 $F(x)$在$[0,1]$上连续,在$(0,1)$内可导,满足拉格朗日中值定理条件,必$\exists\xi\in(0,1)$使得

$$\frac{F(1)-F(0)}{1-0}=F'(\xi), F(1)-F(0)=f(1)e-f(0)e^0$$

$$f(1)e-f(0)=F'(\xi)=(e^x f(x))'|_{x=\xi}=[e^x f(x)+e^x f'(x)]|_{x=\xi}=e^\xi f(\xi)+e^\xi f'(\xi)$$

所以$[f(1)e-f(0)]e^{-\xi}=f(\xi)+f'(\xi)$等式成立

6. 设 $f(x)$在$[a,b]$上连续,$f'(x)$在(a,b)内是常数,证明 $f(x)$在$[a,b]$上的表达式为 $f(x)=Ax+B$,其中 A,B 是常数.

证明 记 $f'(x)=A$,设 $F(x)=f(x)-Ax$,则 $F'(x)=0$ 所以 $F(x)$为常数记为 $B=F(x)$

即 $B=f(x)-Ax$ 所以 $f(x)=Ax+B$(A,B 是常数)

7. 设 $f(x),g(x)$在$[a,b]$上连续,在(a,b)内可导,且 $f'(x)=g'(x), x\in(a,b)$,

证明存在常数 C,使得 $f(x)=g(x)+C, x\in[a,b]$.

证明 由假设可知对一切 $x\in(a,b)$,有 $f'(x)=g'(x)$,因此

$[f(x)-g(x)]'=f'(x)-g'(x)=0$ (对一切 $x\in(a,b)$)

可知函数 $f(x)-g(x)$在区间(a,b)内是一个常数,设此常数为 C

则有 $f(x)-g(x)=C$ $x\in[a,b]$

8. 设 $x>-1$,用拉格朗日中值定理证明不等式$\frac{x}{1+x}\leqslant\ln(1+x)\leqslant x$.

证明 ① 当 $x=0$ 时,显然等号成立,故只须证$-1<x<0, x>0$ 时不等式成立即可

② 若$-1<x<0$,则由拉格朗日中值定理知

$$\exists\xi\in(x+1,1),\quad st.\quad \frac{\ln(x+1)-\ln 1}{x}=\frac{1}{\xi},\quad 又\ 1<\frac{1}{\xi}<\frac{1}{x+1}$$

所以$\frac{x}{x+1}<\ln(x+1)<1\cdot x$ (因为 $x<0$)

③ 若 $x>0$ $\exists\xi\in(1,1+x)$, $st.$ $\frac{\ln(x+1)-\ln 1}{x}=\frac{1}{\xi}$,且$\frac{1}{x+1}<\frac{1}{\xi}<1$

$\frac{x}{x+1}<\ln(x+1)<1\cdot x$ (因为 $x>0$)

综上知 $\frac{x}{x+1}\leqslant\ln(1+x)\leqslant x$

9. 设 $f(x)$在$[a,b]$上连续，在(a,b)内可导，且 $f(a)>f(b)$，证明$\exists\xi\in(a,b)$使得 $f'(\xi)<0$.

证明　$f(x)$在$[a,b]$上连续，在(a,b)内可导，且 $f(a)>f(b)$满足拉格朗日中值定理条件

所以至少存在一点 $\xi\in(a,b)$使得 $\dfrac{f(b)-f(a)}{b-a}=f'(\xi)$

$b-a>0$　$f(b)-f(a)<0$　所以 $f'(\xi)<0$

10. 证明：(1) $\arcsin x+\arccos x=\dfrac{\pi}{2}$, $x\in[-1,1]$;

(2) $\arctan x+\operatorname{arccot} x=\dfrac{\pi}{2}$, $x\in(-\infty,+\infty)$;

(3) $\arcsin x+\arcsin\sqrt{1-x^2}=\dfrac{\pi}{2}$, $x\in[0,1]$;

(4) $\arcsin x-\arcsin\sqrt{1-x^2}=-\dfrac{\pi}{2}$, $x\in[-1,0]$.

证明　(1) 设 $f(x)=\arcsin x+\arccos x$　$f'(x)=\dfrac{1}{\sqrt{1-x^2}}-\dfrac{1}{\sqrt{1-x^2}}=0$

所以 $f(x)=C$　(C 为常数)

令 $x=0$　所以 $C=f(0)=\arcsin 0+\arccos 0=\dfrac{\pi}{2}$

所以 $\arcsin x+\arccos x=\dfrac{\pi}{2}$　$x\in(-1,1)$

因 $f'_+(-1)=0,f'_-(1)=0$ 故 $\arcsin x+\arccos x=\dfrac{\pi}{2}$　$x\in[-1,1]$成立

(2) 设 $f(x)=\arctan x+\operatorname{arccot} x$　$f'(x)=\dfrac{1}{1+x^2}-\dfrac{1}{1+x^2}=0$

所以 $f(x)=C$　(C 为常数)

令 $x=1$　所以 $C=f(1)=\arctan 1+\operatorname{arccot} 1=\dfrac{\pi}{2}$

所以 $\arctan x+\operatorname{arccot} x=\dfrac{\pi}{2}$　$x\in(-\infty,+\infty)$

(3) 设 $f(x)=\arcsin x+\arcsin\sqrt{1-x^2}$

$$f'(x)=\frac{1}{\sqrt{1-x^2}}+\frac{\frac{-x}{\sqrt{1-x^2}}}{\sqrt{1-(1-x^2)}}=\frac{1}{\sqrt{1-x^2}}-\frac{1}{\sqrt{1-x^2}}=0$$

所以 $f(x)=C$　(C 为常数)

令 $x=\dfrac{1}{2}$　$C=f\left(\dfrac{1}{2}\right)=\dfrac{\pi}{2}$　所以 $\arcsin x+\arcsin\sqrt{1-x^2}=\dfrac{\pi}{2}$　$x\in(0,1)$

因 $f'_+(0)=0,f'_-(1)=0$ 故 $\arcsin x+\arcsin\sqrt{1-x^2}=\dfrac{\pi}{2}$,$x\in[0,1]$成立

(4) 设 $f(x)=\arcsin x-\arcsin\sqrt{1-x^2}$

$$f'(x)=\frac{1}{\sqrt{1-x^2}}-\frac{1}{\sqrt{1-(1-x^2)}}\cdot\frac{-2x}{2\sqrt{1-x^2}}=\frac{1}{\sqrt{1-x^2}}-\frac{1}{\sqrt{1-x^2}}=0$$

所以 $f(x)=C$　(C 为常数)

令 $x=-\dfrac{1}{2}$　$f\left(-\dfrac{1}{2}\right)=-\dfrac{\pi}{2}=C$　所以 $\arcsin x-\arcsin\sqrt{1-x^2}=-\dfrac{\pi}{2}$　$x\in(-1,0)$

因 $f'_{+}(-1)=0, f'_{-}(0)=0$,故 $\arcsin x-\arcsin\sqrt{1-x^2}=-\frac{\pi}{2}, x\in[-1,0]$成立

11. 设 $ab>0$,$f(x)$在$[a,b]$上连续,在(a,b)内可导,证明:存在 $\xi\in(a,b)$,使得

$$\frac{bf(a)-af(b)}{b-a}=f(\xi)-\xi f'(\xi).$$

提示 考虑函数 $F(x)=\frac{f(x)}{x}, G(x)=\frac{1}{x}$ 在$[a,b]$上的柯西中值定理.

证明 设辅助函数 $F(x)=\frac{f(x)}{x}, G(x)=\frac{1}{x}$

$F(x), G(x)$在$[a,b]$上连续,在(a,b)内可导,满足柯西中值定理条件,则必$\exists\,\xi\in(a,b)$使得

$$\frac{F(b)-F(a)}{G(b)-G(a)}=\frac{f'(\xi)}{G'(\xi)} \quad \text{即} \quad \frac{\frac{f(b)}{b}-\frac{f(a)}{a}}{\frac{1}{b}-\frac{1}{a}}=\frac{\frac{\xi f'(\xi)-f(\xi)}{\xi^2}}{-\frac{1}{\xi^2}}$$

所以$\frac{af(b)-bf(a)}{b-a}=\xi f'(\xi)-f(\xi) \quad \frac{bf(a)-af(b)}{b-a}=f(\xi)-\xi f'(\xi)$ 即等式成立

练习 4.2

1. 求 $f(x)=\ln(1-2x)$的 6 阶麦克劳林公式(带佩亚诺型余项).

解 设 $f(x)=\ln(1-2x) \qquad f(0)=0$

$$f'(x)=\frac{-2}{1-2x} \qquad f'(0)=-2$$

$$f''(x)=\frac{-4}{(1-2x)^2} \qquad f''(0)=-4$$

$$f'''(x)=\frac{-16}{(1-2x)^3} \qquad f'''(0)=-16$$

$$f^{(4)}(x)=\frac{-96}{(1-2x)^4} \qquad f^{(4)}(0)=-96$$

$$f^{(5)}(x)=\frac{-768}{(1-2x)^5} \qquad f^{(5)}(0)=-768$$

$$f^{(6)}(x)=\frac{-7\,680}{(1-2x)^6} \qquad f^{(6)}(0)=-7\,680$$

因此 $\ln(1-2x)=0+\frac{-2}{1!}x+\frac{-4}{2!}x^2+\frac{-16}{3!}x^3+\frac{-96}{4!}x^4+\frac{-768}{5!}x^5+\frac{-7\,680}{6!}x^6+o(x^6)$

$$=-2x-2x^2-\frac{8}{3}x^3-4x^4-\frac{32}{5}x^5-\frac{32}{3}x^6+o(x^6)$$

2. 求 $f(x)=\frac{1}{1-x}$的$(n+1)$阶麦克劳林公式(带佩亚诺型余项).

解 $f(x)=\frac{1}{1-x} \qquad f(0)=1$

$$f'(x)=\frac{1!}{(1-x)^2} \qquad f'(0)=1!$$

$$f''(x)=\frac{2!}{(1-x)^3} \qquad f''(0)=2!$$

…… ……

$f^{(n+1)}(x)=\dfrac{(n+1)!}{(1-x)^{n+2}}$　　　　$f^{(n+1)}(0)=(n+1)!$

$\dfrac{1}{1-x}=1+x+x^2+\cdots+x^n+x^{n+1}+o(x^{n+1})$

3. 求 $f(x)=x^5-5x+1$ 在 $x=1$ 处的 6 阶泰勒公式.

解 $f(x)=x^5-5x+1$　　　　$f(1)=-3$

$f'(x)=5x^4-5$　　　　$f'(1)=0$

$f''(x)=20x^3$　　　　$f''(1)=20$

$f'''(x)=60x^2$　　　　$f'''(1)=60$

$f^{(4)}(x)=120x$　　　　$f^{(4)}(1)=120$

$f^{(5)}(x)=120$　　　　$f^{(5)}(1)=120$

$f^{(6)}(x)=0$　　　　$f^{(6)}(1)=0$

$f^{(7)}(x)=0$　　　　$f^{(7)}(\theta x)=0$

$f(x)=x^5-5x+1=-3+10(x-1)^2+10(x-1)^3+5(x-1)^4+(x-1)^5$

4. 用泰勒公式求下列极限：

(1) $\lim\limits_{x\to 0}\dfrac{e^x+\sin x-1}{\ln(1+x)}$；　(2) $\lim\limits_{x\to\infty}[x^2(e^{\frac{1}{x}}-1)-x]$；　(3) $\lim\limits_{x\to 0}\dfrac{\sqrt{1-x}+\frac{1}{2}x-\cos x}{\ln(1+x)-x}$.

解 (1) 原式$=\lim\limits_{x\to 0}\dfrac{e^x-1}{\ln(1+x)}+\lim\limits_{x\to 0}\dfrac{\sin x}{\ln(1+x)}=\lim\limits_{x\to 0}\dfrac{x+o(1)}{x+o(1)}+\lim\limits_{x\to 0}\dfrac{x+o(1)}{x+o(1)}=1+1=2$

(2) 原式$=\lim\limits_{x\to\infty}x^2\left[(e^{\frac{1}{x}}-1)-\dfrac{1}{x}\right]=\lim\limits_{x\to\infty}\dfrac{\dfrac{1}{x}+\dfrac{1}{2!}\left(\dfrac{1}{x}\right)^2+o\left(\dfrac{1}{x^2}\right)-\dfrac{1}{x}}{\dfrac{1}{x^2}}$

$=\lim\limits_{x\to\infty}\dfrac{\dfrac{1}{2!}\left(\dfrac{1}{x}\right)^2+o\left(\dfrac{1}{x^2}\right)}{\dfrac{1}{x^2}}=\dfrac{1}{2}$

(3) 原式$=\lim\limits_{x\to 0}\dfrac{(\sqrt{1-x}-1)+\frac{1}{2}x+(1-\cos x)}{\ln(1+x)-x}=\lim\limits_{x\to 0}\dfrac{-\dfrac{1}{2!}\dfrac{x^2}{4}+o(x^2)+\dfrac{x^2}{2!}+o(x^2)}{-\dfrac{x^2}{2}+o(x^2)}$

$=\dfrac{1}{4}-1=-\dfrac{3}{4}$

练习 4.3

1. 用洛必达法则求下列极限：

(1) $\lim\limits_{x\to 0}\dfrac{\arctan x-x}{\sin x^3}$；　(2) $\lim\limits_{x\to 1}\dfrac{e^{x^2}-e}{\ln x}$；　(3) $\lim\limits_{x\to\infty}\dfrac{e^{-x^2}}{\arcsin\frac{1}{x}}$；

(4) $\lim\limits_{x\to 0}\dfrac{\ln(2^x+3^x)-\ln 2}{x}$；　(5) $\lim\limits_{x\to 0}\dfrac{2^x-2^{\sin x}}{x^3}$；　(6) $\lim\limits_{x\to 0}\dfrac{\ln\cos ax}{\ln\cos bx}$；

(7) $\lim\limits_{x\to a}\dfrac{a^x-x^a}{x-a}(a>0,a\neq 1)$；　(8) $\lim\limits_{x\to 0}\dfrac{\ln|\sin ax|}{\ln|\sin bx|}$ $(ab\neq 0)$.

解 (1) 原式$=\lim\limits_{x\to 0}\dfrac{\arctan x-x}{x^3}=\lim\limits_{x\to 0}\dfrac{\dfrac{1}{1+x^2}-1}{3x^2}=\lim\limits_{x\to 0}\dfrac{-x^2}{3x^2(1+x^2)}=-\dfrac{1}{3}$

(2) 原式$=\lim\limits_{x\to 1}\dfrac{2xe^{x^2}}{\dfrac{1}{x}}=2e$

(3) 原式$=\lim\limits_{x\to\infty}\dfrac{e^{-x^2}}{\dfrac{1}{x}}=\lim\limits_{x\to\infty}\dfrac{-2xe^{-x^2}}{-\dfrac{1}{x^2}}=\lim\limits_{x\to\infty}\dfrac{2x^3}{e^{x^2}}=\lim\limits_{x\to\infty}\dfrac{6x^2}{2xe^{x^2}}=\lim\limits_{x\to\infty}\dfrac{3x}{e^{x^2}}=\lim\limits_{x\to\infty}\dfrac{3}{2xe^{x^2}}=0$

(4) 原式$=\lim\limits_{x\to 0}\dfrac{1}{2^x+3^x}(2^x\ln 2+3^x\ln 3)=\dfrac{1}{2}\ln 6$

(5) **解法 1**

原式$=\lim\limits_{x\to 0}\dfrac{2^x\ln 2-2^{\sin x}\ln 2\cos x}{3x^2}$

$=\lim\limits_{x\to 0}\dfrac{2^x(\ln 2)^2-(\ln 2)^2 2^{\sin x}(\cos x)^2+2^{\sin x}\ln 2\cdot\sin x}{6x}$

$=\lim\limits_{x\to 0}\dfrac{2^x(\ln 2)^3-(\ln 2)^3 2^{\sin x}(\cos x)^3+(\ln 2)^2 2^{\sin x}\sin 2x+2^{\sin x}(\ln 2)^2\cos x\sin x+2^{\sin x}\cos x\ln 2}{6}$

$=\dfrac{(\ln 2)^3-(\ln 2)^3+\ln 2}{6}=\dfrac{\ln 2}{6}$

解法 2 原式$=-\lim\limits_{x\to 0}2^x\cdot\lim\limits_{x\to 0}\dfrac{2^{\sin x-x}-1}{x^3}=-\lim\limits_{x\to 0}\dfrac{(\sin x-x)\ln 2}{x^3}=-\ln 2\cdot\lim\limits_{x\to 0}\dfrac{\cos x-1}{3x^2}$

$=\ln 2\cdot\lim\limits_{x\to 0}\dfrac{\dfrac{1}{2}x^2}{3x^2}=\dfrac{\ln 2}{6}$

(6) 原式$=\lim\limits_{x\to 0}\dfrac{-\dfrac{a^2\sin ax}{\cos ax(ax)}}{-\dfrac{b^2\sin bx}{\cos bx(bx)}}=\dfrac{a^2}{b^2}$

(7) 原式$=\lim\limits_{x\to a}(a^x\ln a-ax^{a-1})=a^a(\ln a-1)$

(8) 原式$=\lim\limits_{x\to 0}\dfrac{\dfrac{a\cos ax}{\sin ax}}{\dfrac{b\cos bx}{\sin bx}}=1$

2. 用洛必达法则求下列极限：

(1) $\lim\limits_{x\to+\infty}\dfrac{e^x-2x}{e^x+3x}$； (2) $\lim\limits_{x\to-\infty}\dfrac{e^x-2x}{e^x+3x}$； (3) $\lim\limits_{x\to 0^+}\dfrac{\ln x}{\cot x}$.

解 (1) 原式$=\lim\limits_{x\to+\infty}\dfrac{e^x-2}{e^x+3}=1$

(2) 原式$=\lim\limits_{x\to-\infty}\dfrac{e^x-2}{e^x+3}=-\dfrac{2}{3}$

(3) 原式$=\lim\limits_{x\to 0^+}\dfrac{\dfrac{1}{x}}{-\csc^2 x}=\lim\limits_{x\to 0^+}\dfrac{-1}{x\csc^2 x}=\lim\limits_{x\to 0^+}\dfrac{-\sin^2 x}{x}=\lim\limits_{x\to 0^+}(-2\sin x\cos x)=0$

3. 求下列极限：

(1) $\lim\limits_{x\to 0}\left(\dfrac{1}{x}-\dfrac{1}{e^x-1}\right)$； (2) $\lim\limits_{x\to 0}\left(\cot x-\dfrac{1}{x}\right)$； (3) $\lim\limits_{x\to\infty} x\left[\left(1+\dfrac{1}{x}\right)^x-e\right]$；

(4) $\lim\limits_{x\to\frac{\pi}{4}}(\tan x)^{\tan 2x}$； (5) $\lim\limits_{x\to 0}\left(\dfrac{2^x+3^x+4^x}{3}\right)^{\frac{1}{x}}$； (6) $\lim\limits_{x\to 0}\dfrac{(a+x)^x-a^x}{x^2}$ $(a>0,a\neq 1)$；

(7) $\lim\limits_{x\to 0^+}\left(1+\dfrac{1}{x}\right)^x$； (8) $\lim\limits_{x\to 1} x^{\frac{1}{1-x}}$.

解 (1) **解法1** 原式$=\lim\limits_{x\to 0}\dfrac{e^x-1-x}{x(e^x-1)}=\lim\limits_{x\to 0}\dfrac{e^x-1}{e^x x+e^x-1}=\lim\limits_{x\to 0}\dfrac{e^x}{xe^x+e^x+e^x}=\dfrac{1}{2}$

解法2 原式$=\lim\limits_{x\to 0}\dfrac{e^x-1-x}{x(e^x-1)}=\lim\limits_{x\to 0}\dfrac{e^x-1-x}{x^2}=\lim\limits_{x\to 0}\dfrac{e^x-1}{2x}=\lim\limits_{x\to 0}\dfrac{e^x}{2}=\dfrac{1}{2}$

(2) 原式$=\lim\limits_{x\to 0}\left(\dfrac{\cos x}{\sin x}-\dfrac{1}{x}\right)=\lim\limits_{x\to 0}\dfrac{x\cos x-\sin x}{x\sin x}=\lim\limits_{x\to 0}\dfrac{\cos x-x\sin x-\cos x}{\sin x+x\cos x}$

$=\lim\limits_{x\to 0}\dfrac{-\sin x-x\cos x}{\cos x+\cos x-x\sin x}=\dfrac{0}{2}=0$

(3) 原式$=\lim\limits_{x\to\infty}\dfrac{\left(1+\dfrac{1}{x}\right)^x-e}{\dfrac{1}{x}}=\lim\limits_{x\to\infty}\dfrac{\left(1+\dfrac{1}{x}\right)^x\cdot\left[x\ln\left(1+\dfrac{1}{x}\right)\right]'}{\left(\dfrac{1}{x}\right)'}$

$=-e\lim\limits_{x\to\infty}\dfrac{\ln\left(1+\dfrac{1}{x}\right)-\dfrac{\frac{1}{x}}{1+\frac{1}{x}}}{\dfrac{1}{x^2}}$ $\left(令\dfrac{1}{x}=t,x\to\infty,t\to 0\right)$

$=-e\lim\limits_{t\to 0}\dfrac{\ln(1+t)-\dfrac{t}{1+t}}{t^2}=-e\lim\limits_{t\to 0}\dfrac{(1+t)\ln(1+t)-t}{t^2+t^3}$

$=-e\lim\limits_{t\to 0}\dfrac{\ln(1+t)+1-1}{2t+3t^2}=-e\lim\limits_{t\to 0}\dfrac{\frac{1}{1+t}}{2+6t}=-\dfrac{e}{2}$

(4) 原式$=e^{\lim\limits_{x\to\frac{\pi}{4}}\tan 2x\ln(\tan x)}=e^{\lim\limits_{x\to\frac{\pi}{4}}\frac{\ln\tan x}{\cot 2x}}=e^{\lim\limits_{x\to\frac{\pi}{4}}\frac{\frac{1}{\tan x}\sec^2 x}{-\csc^2 2x\cdot 2}}=e^{-\lim\limits_{x\to\frac{\pi}{4}}\frac{\sin^2 2x}{\frac{1}{2}\sin 2x\cdot 2}}=e^{-1}=\dfrac{1}{e}$

(5) 原式$=e^{\lim\limits_{x\to 0}\frac{\ln(2^x+3^x+4^x)-\ln 3}{x}}=e^{\lim\limits_{x\to 0}\frac{2^x\ln 2+3^x\ln 3+4^x\ln 4}{2^x+3^x+4^x}}=e^{\frac{1}{3}\ln 24}=2\cdot\sqrt[3]{3}$

(6) 原式$=\lim\limits_{x\to 0}\dfrac{e^{x\ln(a+x)}-a^x}{x^2}=\lim\limits_{x\to 0}\dfrac{(a+x)^x\left[\ln(a+x)+\dfrac{x}{a+x}\right]-a^x\ln a}{2x}$

$=\lim\limits_{x\to 0}\dfrac{(a+x)^x\left[\ln(a+x)+\dfrac{x}{a+x}\right]^2+(a+x)^x\left[\dfrac{1}{a+x}+\dfrac{a}{(a+x)^2}\right]-a^x(\ln a)^2}{2}$

$=\left[(\ln a)^2+\dfrac{2}{a}-(\ln a)^2\right]\cdot\dfrac{1}{2}=\dfrac{1}{a}$

(7) 原式$=\lim\limits_{x\to 0^+}e^{x\ln\left(1+\frac{1}{x}\right)}=e^{\lim\limits_{x\to 0^+}\frac{\ln\left(1+\frac{1}{x}\right)}{\frac{1}{x}}}=e^{\lim\limits_{x\to 0^+}\frac{\frac{1}{1+\frac{1}{x}}\left(-\frac{1}{x^2}\right)}{-\frac{1}{x^2}}}=e^0=1$

(8) 原式$=\lim\limits_{x\to 1}e^{\frac{1}{1-x}\ln x}=e^{\lim\limits_{x\to 1}\frac{\ln x}{1-x}}=e^{\lim\limits_{x\to 1}\left(-\frac{1}{x}\right)}=e^{-1}=\dfrac{1}{e}$

4. 设 $f(x)=\begin{cases}\dfrac{\sin x}{x}-x, & x\neq 0\\ 1, & x=0\end{cases}$，求 $f'(x)$.

解 当 $x\neq 0$ 时 $f'(x)=\dfrac{x\cos x-\sin x}{x^2}-1$

当 $x=0$ 时 $f'(0)=\lim\limits_{\Delta x\to 0}\dfrac{f(0+\Delta x)-f(0)}{\Delta x}=\lim\limits_{\Delta x\to 0}\dfrac{\dfrac{\sin\Delta x}{\Delta x}-\Delta x-1}{\Delta x}=\lim\limits_{\Delta x\to 0}\dfrac{\sin\Delta x-(\Delta x)^2-\Delta x}{(\Delta x)^2}$

$=\lim\limits_{\Delta x\to 0}\dfrac{\cos\Delta x-2\Delta x-1}{2\Delta x}=\lim\limits_{\Delta x\to 0}-\dfrac{\sin\Delta x+2}{2}=-1$

所以 $f(x)=\begin{cases}\dfrac{x\cos x-\sin x}{x^2}-1, & x\neq 0;\\ -1, & x=0\end{cases}$

练习 4.4

1. 证明 $f(x)=\sin x-x$ 在$(-\infty,+\infty)$上严格单调减少.

证明 $f'(x)=\cos x-1\leqslant 0$ 在$(-\infty,+\infty)$且不在任何区间上恒等于 0

所以 $f(x)=\sin x-x$ 在$(-\infty,+\infty)$上严格单调减少

2. 确定下列函数的单调区间：

(1) $f(x)=x^3-3x+1$；　　(2) $f(x)=x^2-2\ln x$；

(3) $f(x)=\dfrac{2x}{(x-1)^2}$；　　(4) $f(x)=x|x|$.

解 (1) $D(f)=(-\infty,+\infty)$ $f'(x)=3x^2-3=0$

令 $f'(x)=0$ 得驻点 $x_1=-1,x_2=1$

在$(-\infty,-1)\cup(1,+\infty)$内 $f'(x)=3x^2-3>0$ $f(x)$单调增加

在$(-1,1)$内 $f'(x)=3x^2-3<0$ $f(x)$单调减少

(2) $D(f)=(0,+\infty)$ $f'(x)=2x-\dfrac{2}{x}$

令 $f'(x)=0$ 得驻点 $x=1$

$f(x)$在$(0,1)$内 $f'(x)<0$ $f(x)$单调减少

$f(x)$在$(1,+\infty)$内 $f'(x)>0$ $f(x)$单调增加

(3) $D(f)=(-\infty,1)\cup(1,+\infty)$ $f'(x)=\dfrac{2(x-1)^2-2x\cdot 2(x-1)}{(x-1)^4}=-\dfrac{2(x+1)}{(x-1)^3}$

令 $f'(x)=0$ $x=-1$

$f(x)$在$(-1,1)$内， $f'(x)>0$， $f(x)$单调增加

$f(x)$在$(-\infty,-1)\cup(1,+\infty)$内， $f'(x)<0$, $f(x)$单调减少

(4) $f(x)=\begin{cases}x^2, & x\geqslant 0,\\ -x^2, & x<0.\end{cases}$

当 $x>0$ 时, $f'(x)=2x>0$, $f(x)$单调增加

当 $x<0$ 时, $f'(x)=-2x>0$, $f(x)$单调增加

所以 $f(x)$的单增区间为$(-\infty,+\infty)$

3. 证明：当 $x\in\left(0,\dfrac{\pi}{2}\right)$时, $\dfrac{2}{\pi}<\dfrac{\sin x}{x}<1$.

证明 1　设 $f(x)=1-\frac{\sin x}{x}$　$f'(x)=-\frac{x\cos x-\sin x}{x^2}>0$　$x\in\left(0,\frac{\pi}{2}\right)$

$f(x)$在$\left(0,\frac{\pi}{2}\right)$内单调增加，当 $0<x<\frac{\pi}{2}$时，$f(0)<f(x)<f\left(\frac{\pi}{2}\right)$，

$\left(f(0+0)=0\quad 因为 \lim\limits_{x\to0^+}f(x)=\lim\limits_{x\to0^+}\left(1-\frac{\sin x}{x}\right)=0=f(0+0)\right)$

故 $0<1-\frac{\sin x}{x}<1-\frac{2}{\pi}$

故当 $x\in\left(0,\frac{\pi}{2}\right)$时，$\frac{2}{\pi}<\frac{\sin x}{x}<1$

证明 2　即证明$\frac{2}{\pi}x<\sin x<x$　$x\in\left(0,\frac{\pi}{2}\right)$

① $\sin x<x$，在证第一个重要极限时已证

② 只证 $0<x<\frac{\pi}{2}$时，有$\frac{2}{\pi}x<\sin x$

为证$\frac{2}{\pi}x<\sin x$，只需证$\frac{2}{\pi}<\frac{\sin x}{x}$

令 $f(x)=\frac{\sin x}{x}$，因为 $f\left(\frac{\pi}{2}\right)=\frac{2}{\pi}$　只需证 $f(x)$在$\left(0,\frac{\pi}{2}\right)$单调减少

因为 $f'(x)=\frac{\cos x(x-\tan x)}{x^2}$　在$\left(0,\frac{\pi}{2}\right)$内 $\cos x>0$

只需证 $x-\tan x<0$　令 $\varphi(x)=x-\tan x$

$\varphi'(x)=(x-\tan x)'=1-\sec^2 x=1-\frac{1}{\cos^2 x}<0\left(0<x<\frac{\pi}{2}\right)$

所以 $\varphi(x)=x-\tan x$ 在$\left(0,\frac{\pi}{2}\right)$内单调减少，从而 $0<x<\frac{\pi}{2}$时

有 $\varphi(x)<\varphi(0)=0$　即　$x-\tan x<0$ 故 $f'(x)<0$

即　$f(x)$在$\left[0,\frac{\pi}{2}\right]$内单调减少，所以

$f(x)=\frac{\sin x}{x}>f\left(\frac{\pi}{2}\right)=\frac{2}{\pi}$即 $\sin x>\frac{2}{\pi}x$

综合得　$\frac{2}{\pi}<\frac{\sin x}{x}<1$　$x\in\left(0,\frac{\pi}{2}\right)$

4. 设 $f(x)$在(a,b)内是严格下凸函数，证明对任何 $x_1,x_2\in(a,b)$，$x_1<x<x_2$，有不等式

$$f(x)<\frac{x_2-x}{x_2-x_1}f(x_1)+\frac{x-x_1}{x_2-x_1}f(x_2)$$

成立.

证明　因为 $x_1<x<x_2$，　所以$\frac{x_2-x}{x_2-x_1}>0$，$\frac{x-x_1}{x_2-x_1}>0$

令 $q_1=\frac{x_2-x}{x_2-x_1}>0$　$q_2=\frac{x-x_1}{x_2-x_1}>0$　$q_1+q_2=\frac{x_2-x}{x_2-x_1}+\frac{x-x_1}{x_2-x_1}=1$

若曲线 $y=f(x)$的图形在(a,b)内是下凸的

则对任何正数 $q_1,q_2,q_1+q_2=1$ 有 $f(q_1x_1+q_2x_2)<q_1f(x_1)+q_2f(x_2)$

对一切 $x_1,x_2\in(a,b)$成立，即

$$\frac{x_2-x}{x_2-x_1}f(x_1)+\frac{x-x_1}{x_2-x_1}f(x_2)=q_1f(x_1)+q_2f(x_2)>f(q_1x_1+q_2x_2)$$

因为 $q_1x_1+q_2x_2=\frac{x_2-x}{x_2-x_1}x_1+\frac{x-x_1}{x_2-x_1}x_2=\frac{(x_2-x_1)x}{(x_2-x_1)}=x$

$$\frac{x_2-x}{x_2-x_1}f(x_1)+\frac{x-x_1}{x_2-x_1}f(x_2)>f(q_1x_1+q_2x_2)=f(x)$$

所以不等式成立

5. 确定下列函数图形的凹凸区间,并求拐点:

(1) $f(x)=x^3-x^4$; (2) $f(x)=x^2+\ln x$; (3) $f(x)=3x^{\frac{4}{3}}-\frac{2}{3}x^2$;

(4) $f(x)=3x^{\frac{5}{3}}+\frac{5}{3}x^2$; (5) $f(x)=x^4$; (6) $f(x)=x|x|$.

解 (1) $D(f)=(-\infty,+\infty)$ $f'(x)=3x^2-4x^3$ $f''(x)=6x-12x^2=6x(1-2x)$

令 $f''(x)=0$ 得 $x_1=0,x_2=\frac{1}{2}$ 列表

x	$(-\infty,0)$	0	$\left(0,\frac{1}{2}\right)$	$\frac{1}{2}$	$\left(\frac{1}{2},+\infty\right)$
$f''(x)$	$-$	0	$+$	0	$-$
$f(x)$	$\cap$	拐点$(0,0)$	$\cup$	拐点$\left(\frac{1}{2},\frac{1}{16}\right)$	$\cap$

(2) $D(f)=(0,+\infty)$ $f'(x)=2x+\frac{1}{x}$ $f''(x)=2-\frac{1}{x^2}$

令 $f''(x)=0$ $x_1=\frac{\sqrt{2}}{2}$ 列表

x	$\left(0,\frac{\sqrt{2}}{2}\right)$	$\frac{\sqrt{2}}{2}$	$\left(\frac{\sqrt{2}}{2},+\infty\right)$
$f''(x)$	$-$	0	$+$
$f(x)$	$\cap$	拐点$\left(\frac{\sqrt{2}}{2},\frac{1}{2}(1-\ln 2)\right)$	$\cup$

(3) $D(f)=(-\infty,+\infty)$ $f'(x)=4x^{\frac{1}{3}}-\frac{4}{3}x$ $f''(x)=\frac{4}{3}x^{-\frac{2}{3}}-\frac{4}{3}=\frac{4}{3\sqrt[3]{x^2}}-\frac{4}{3}$

令 $f''(x)=0$ 设 $x_1=-1,x_2=1,x_3=0$ (为二阶不可导点) 列表

x	$(-\infty,-1)$	-1	$(-1,0)$	0	$(0,1)$	1	$(1,+\infty)$
$f''(x)$	$-$	0	$+$	/	$+$	0	$-$
$f(x)$	$\cap$	拐点$\left(-1,\frac{7}{3}\right)$	$\cup$	/	$\cup$	拐点$\left(1,\frac{7}{3}\right)$	$\cap$

(4) $D(f)=(-\infty,+\infty)$ $f'(x)=5x^{\frac{2}{3}}+\frac{10}{3}x$ $f''(x)=\frac{10}{3}x^{-\frac{1}{3}}+\frac{10}{3}$

令 $f''(x)=0$ 所以 $x_1=-1,x_2=0$ (为二阶不可导点) 列表

x	$(-\infty,-1)$	-1	$(-1,0)$	0	$(0,+\infty)$
$f''(x)$	$+$	0	$-$	/	$+$
$f(x)$	$\cup$	拐点$\left(-1,-\frac{4}{3}\right)$	$\cap$	拐点$(0,0)$	$\cup$

(5) $D(f)=(-\infty,+\infty)$　$f'(x)=4x^3$　$f''(x)=12x^2$

令 $f''(x)=0$　得 $x=0$　列表

x	$(-\infty,0)$	0	$(0,+\infty)$
$f''(x)$	+	0	+
$f(x)$	$\cup$	/	$\cup$

(6) $f(x)=\begin{cases}x^2, & x\geqslant 0,\\ -x^2, & x<0.\end{cases}$　当 $x>0$ 时, $f'(x)=2x$, $f''(x)=2$

当 $x<0$ 时, $f'(x)=-2x$, $f''(x)=-2$　当 $x=0$ 时, $f''(x)$不存在. 列表

x	$(-\infty,0)$	0	$(0,+\infty)$
$f''(x)$	−	不存在	+
$f(x)$	$\cap$	拐点(0,0)	$\cup$

练习 4.5

1. 求下列函数的极值:

(1) $y=x^5-5x+1$;　　(2) $y=x\ln x$;　　(3) $y=x|2x-1|$.

解　(1) $D(f)=(-\infty,+\infty)$, $y'=5x^4-5$　令 $y'=0$ 得驻点 $x_1=1$, $x_2=-1$

列表

x	$(-\infty,-1)$	−1	$(-1,1)$	1	$(1,+\infty)$
y'	+	0	−	0	+
y	↗	$y(-1)=5$ 极大值	↘	$y(1)=-3$ 极小值	↗

(2) $D(f)=(0,+\infty)$, $y'=\ln x+1$　令 $y'=0$　得驻点 $x=\frac{1}{e}$　列表

x	$\left(0,\frac{1}{e}\right)$	$\frac{1}{e}$	$\left(\frac{1}{e},+\infty\right)$
y'	−	0	+
y	↘	$y\left(\frac{1}{e}\right)=-\frac{1}{e}$　极小值	↗

(3) $D(f)=(-\infty,+\infty)$　$y=\begin{cases}2x^2-x, & x>\frac{1}{2}\\ 0, & x=\frac{1}{2}.\\ x-2x^2, & x<\frac{1}{2}\end{cases}$

当 $x>\frac{1}{2}$时, $y'=4x-1>1$

当 $x<\frac{1}{2}$时, $y'=1-4x$, 令 $y'=0$ 所以 $x_2=\frac{1}{4}$(驻点)

当 $x=\frac{1}{2}$ 时，

$$f'_+\left(\frac{1}{2}\right)=\lim_{x\to\frac{1}{2}^+}\frac{f(x)-f\left(\frac{1}{2}\right)}{x-\frac{1}{2}}=\lim_{x\to\frac{1}{2}^+}\frac{2x^2-x-0}{x-\frac{1}{2}}=\lim_{x\to\frac{1}{2}^+}2x=1$$

$$f'_-\left(\frac{1}{2}\right)=\lim_{x\to\frac{1}{2}^-}\frac{f(x)-f\left(\frac{1}{2}\right)}{x-\frac{1}{2}}=\lim_{x\to\frac{1}{2}^-}\frac{x-2x^2-0}{x-\frac{1}{2}}=\lim_{x\to\frac{1}{2}^-}(-2x)=-1$$

因为 $f'_+\left(\frac{1}{2}\right)\neq f'_-\left(\frac{1}{2}\right)$　所以 $x_3=\frac{1}{2}$ 为一阶不可导点　列表

x	$\left(-\infty,\frac{1}{4}\right)$	$\frac{1}{4}$	$\left(\frac{1}{4},\frac{1}{2}\right)$	$\frac{1}{2}$	$\left(\frac{1}{2},+\infty\right)$
y'	+	0	−	/	+
y	↗	$f\left(\frac{1}{4}\right)=\frac{1}{8}$ 极大值	↘	$f\left(\frac{1}{2}\right)=0$ 极小值	↗

2. 求下列函数的最大值和最小值：

(1) $y=x^4-4x^3+8$　$x\in[-1,1]$；　　(2) $y=4e^x+e^{-x}$　$x\in[-1,1]$；

(3) $y=xe^{-x^2}$　$x\in[-1,1]$；　　(4) $y=x+\frac{1}{x}$　$x\in\left[\frac{1}{2},2\right]$.

解　(1) $y'=4x^3-12x^2=4x^2(x-3)$　令 $y'=0,x=0,x=3$ 为驻点　$x=3\notin[-1,1]$舍去

$y(-1)=13$　　$y(1)=5$　　$y(0)=8$

$\max y=y(-1)=13$　　$\min y=y(1)=5$

(2) $y'=4e^x-e^{-x}=\frac{4e^{2x}-1}{e^x}$　　令 $y'=0,x=-\ln 2$

$y(-1)=\frac{4}{e}+e$　　$y(1)=4e+\frac{1}{e}$　　$y(-\ln 2)=4$

$\max y=y(1)=4e+\frac{1}{e}$　　$\min y=y(-\ln 2)=4$

(3) $y'=e^{-x^2}+xe^{-x^2}(-2x)=e^{-x^2}(1-2x^2)$　　所以 $x_1=-\frac{\sqrt{2}}{2},x_2=\frac{\sqrt{2}}{2}$

$y(-1)=-\frac{1}{e}$　　$y\left(-\frac{1}{\sqrt{2}}\right)=-\frac{1}{\sqrt{2e}}$　　$y(1)=\frac{1}{e}$　　$y\left(\frac{1}{\sqrt{2}}\right)=\frac{1}{\sqrt{2e}}$

$\min y=y\left(-\frac{1}{\sqrt{2}}\right)=-\frac{1}{\sqrt{2e}}$　　$\max y=y\left(\frac{1}{\sqrt{2}}\right)=\frac{1}{\sqrt{2e}}$

(4) $y'=1-\frac{1}{x^2}=\frac{x^2-1}{x^2}$　　所以 $x_1=1,x_2=-1\notin\left[\frac{1}{2},2\right]$(舍去)

$y\left(\frac{1}{2}\right)=\frac{5}{2}$　　$y(1)=2$　　$y(2)=\frac{5}{2}$

$\min y=y(1)=2$　　$\max y=y\left(\frac{1}{2}\right)=y(2)=\frac{5}{2}$

3. 证明：(1) 周长一定的矩形中，正方形的面积最大；

(2) 面积一定的矩形中，正方形的周长最小.

证明　(1) 设矩形周长为 l，矩形的一条边长为 x，面积为 S

$$S=x(l-2x)\frac{1}{2}=\frac{1}{2}xl-x^2 \qquad \frac{dS}{dx}=\frac{1}{2}l-2x$$

令 $\frac{dS}{dx}=0$ 得唯一驻点 $x=\frac{1}{4}l$，另一边长为 $\frac{1}{4}l$

因矩形的短边长＝长边长，故 $\max S=x\left(\frac{1}{4}l\right)=\frac{1}{16}l^2$，当此矩形为正方形时取到

(2) 设矩形面积为 S，周长为 l，其中一边长为 x

则 $l=2x+2\frac{S}{x}$　　$\frac{dl}{dx}=2-\frac{2S}{x^2}$　　令 $\frac{dl}{dx}=0$，得唯一驻点

$x=\sqrt{S}$　　(因为 $x=-\sqrt{S}$ 舍去)另一条边长 $=\sqrt{S}$

因此，当矩形为正方形时周长为 $4\sqrt{S}$ 最小

4. 设 $p>1$，证明不等式 $\frac{1}{2^{p-1}}\leqslant x^p+(1-x)^p\leqslant 1\quad x\in[0,1]$.

提示　考虑 $f(x)=x^p+(1-x)^p$ 在 $[0,1]$ 上的最大值和最小值.

证明　设 $f(x)=x^p+(1-x)^p$　　$f'(x)=px^{p-1}+p(1-x)^{p-1}(-1)=px^{p-1}-p(1-x)^{p-1}$

令 $f'(x)=0$　　$px^{p-1}=p(1-x)^{p-1}$　　　所以 $x=\frac{1}{2}$(唯一驻点)

$$f(0)=1 \qquad f(1)=1 \qquad f\left(\frac{1}{2}\right)=\frac{1}{2^{p-1}}$$

$$\max f(x)=f(0)=f(1)=1 \qquad \min f(x)=f\left(\frac{1}{2}\right)=\frac{1}{2^{p-1}}$$

即　$\frac{1}{2^{p-1}}\leqslant x^p+(1-x)^p\leqslant 1$

5. 有一块等腰直角三角形钢板，斜边为 a，欲从这块钢板中割下一块矩形，使其面积最大，要求以斜边为矩形的一条边，问如何截取？

解　如图 4－7 所示，设矩形边长 $DC=x$，$BC=y$，面积为 $S(x)$

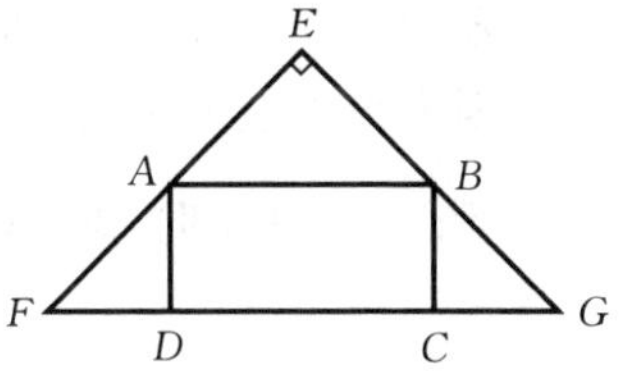

图 4－7

则 $y=\left(\frac{a-x}{2}\right)\tan\frac{\pi}{4}=\frac{a-x}{2}$

$S(x)=xy=x\left(\frac{a-x}{2}\right)=\frac{a}{2}x-\frac{1}{2}x^2$

令 $S'(x)=0$　　$S'(x)=\frac{a}{2}-x=0$　　得唯一驻点 $x=\frac{a}{2}$

$BC=y=\frac{a}{4}$　　$DC=\frac{a}{2}$　　即一条边为 $\frac{a}{2}$，另一条边为 $\frac{a}{4}$

6. 从一块半径为 R 的圆形铁皮上，剪下一块圆心角为 α 的圆扇形，用剪下的铁皮做一个圆锥形漏斗，问 α 为多大时，漏斗的容积最大？

解　如图 4－8 所示，设 r 是漏斗底面半径，h 是漏斗的高，容积为 V

则 $h=\sqrt{R^2-r^2}$　　$V=\frac{1}{3}\pi r^2h$　　$2\pi r=R\alpha$　　所以 $r=\frac{R\alpha}{2\pi}$

即 $V=\frac{1}{3}\pi\left(\frac{R\alpha}{2\pi}\right)^2\sqrt{R^2-\left(\frac{R\alpha}{2\pi}\right)^2}=\frac{R^3}{24\pi^2}\alpha^2\sqrt{4\pi^2-\alpha^2}$ $(0<\alpha<2\pi)$

$$V'=\frac{R^3}{24\pi^2}\left(2\alpha\sqrt{4\pi^2-\alpha^2}-\frac{\alpha^3}{\sqrt{4\pi^2-\alpha^2}}\right)=\frac{R^3\alpha(8\pi^2-3\alpha^2)}{24\pi^2\sqrt{4\pi^2-\alpha^2}}$$

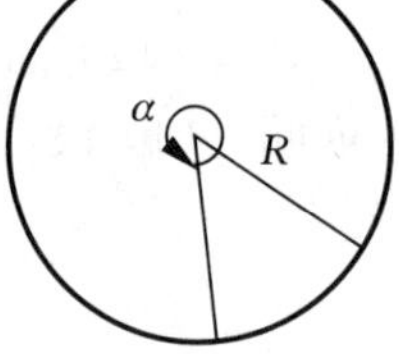

图 4-8

令 $V'=0$　得唯一驻点 $\alpha=\frac{2\sqrt{6}}{3}\pi$

当 α 取 $\frac{2\sqrt{6}}{3}\pi$ 左侧邻近值时，$V'>0$

当 α 取 $\frac{2\sqrt{6}}{3}\pi$ 右侧邻近值时，$V'<0$

当 $\alpha=\frac{2\sqrt{6}}{3}\pi$ 时，V 有极大值. 因为驻点唯一，也是函数最大值

故当 $\alpha=\frac{2\sqrt{6}}{3}\pi$ 时，可使漏斗的容积最大 $V_{\max}=\frac{2\sqrt{3}}{27}\pi R^3$

7. 要建一个体积为 V 的有盖圆柱形氨水池，已知上下底的造价是四周造价的 2 倍，问这个氨水池底面半径为多大时，总造价最低？

解　设蓄水池底半径为 r，则高 $h=\frac{V}{\pi r^2}$，四周造价为 a，蓄水池总造价为 y

$$y=4a\pi r^2+2a\pi rh=4a\pi r^2+\frac{2aV}{r}\qquad y'=8a\pi r-\frac{2aV}{r^2}\qquad y''=8a\pi+\frac{4aV}{r^3}$$

令 $y'=0$，得唯一驻点 $r=\sqrt[3]{\frac{V}{4\pi}}$，　$y''\left(\sqrt[3]{\frac{V}{4\pi}}\right)>0$，有极小值，也是最小值

当 $r=\sqrt[3]{\frac{V}{4\pi}}$，有极小值，故当蓄水池底半径为 $\sqrt[3]{\frac{V}{4\pi}}$ 时，总造价最低

8. 商店销售某商品的价格为

$$p(x)=e^{-x}\quad (x \text{ 为销售量}),$$

求收入最大时的价格.

解　设价格为 $p(x)$，x 为销售量，收入为 $R(x)$

$$R(x)=p(x)x\qquad R'(x)=p'(x)x+p(x)=-e^{-x}x+e^{-x}=e^{-x}(1-x)$$

令 $R'(x)=0$，得唯一驻点 $x=1$

因为收入最大时的价格确实存在

所以当 $x=1$ 时，即 $p(1)=e^{-1}=\frac{1}{e}$ 时，收入最大

练习 4.6

1. 求下列函数的渐近线：

(1) $y=\ln\frac{x^2-3x+2}{x^2+1}$；　　(2) $y=\frac{x}{2}+\arctan x$；

(3) $y=\frac{e^x}{1+x}$；　　(4) $y=\sqrt{x^2-2x}$.

解　(1) $\lim\limits_{x\to+\infty}y=\lim\limits_{x\to+\infty}\ln\frac{x^2-3x+2}{x^2+1}=\ln\lim\limits_{x\to+\infty}\frac{2x-3}{2x}=\ln 1=0$

所以 $y=0$ 为水平渐近线

$$\lim_{x\to1}y=\lim_{x\to1}\ln\frac{x^2-3x+2}{x^2+1}=-\infty$$

$$\lim_{x\to 2}y=\lim_{x\to 2}\ln\frac{x^2-3x+2}{x^2+1}=\lim_{x\to 2}\ln\frac{(x-2)(x-1)}{x^2+1}=-\infty$$

所以 $x=1,x=2$ 为垂直渐近线

(2) $k=\lim\limits_{x\to+\infty}\dfrac{f(x)}{x}=\lim\limits_{x\to+\infty}\dfrac{1}{2}+\lim\limits_{x\to+\infty}\dfrac{\arctan x}{x}=\dfrac{1}{2}$

$$b=\lim_{x\to+\infty}[f(x)-kx]=\lim_{x\to+\infty}\left(\frac{x}{2}+\arctan x-\frac{x}{2}\right)=\frac{\pi}{2}$$

$$b=\lim_{x\to-\infty}[f(x)-kx]=\lim_{x\to-\infty}\left(\frac{x}{2}+\arctan x-\frac{x}{2}\right)=-\frac{\pi}{2}$$

所以有斜渐近线两条：$y=\dfrac{x}{2}+\dfrac{\pi}{2}$，$y=\dfrac{x}{2}-\dfrac{\pi}{2}$

(3) $\lim\limits_{x\to-\infty}y=\lim\limits_{x\to-\infty}\dfrac{e^x}{1+x}=0$　所以 $y=0$ 为水平渐近线

$\lim\limits_{x\to-1}y=\lim\limits_{x\to-1}\dfrac{e^x}{1+x}=+\infty$　所以 $x=-1$ 为垂直渐近线

(4) $k=\lim\limits_{x\to+\infty}\dfrac{f(x)}{x}=\lim\limits_{x\to+\infty}\dfrac{\sqrt{x^2-2x}}{x}=\lim\limits_{x\to+\infty}\sqrt{\dfrac{1-\frac{2}{x}}{1}}=1$

$$k=\lim_{x\to-\infty}\frac{f(x)}{x}=\lim_{x\to-\infty}\frac{\sqrt{x^2-2x}}{x}=-\lim_{x\to-\infty}\sqrt{\frac{1-\frac{2}{x}}{1}}=-1$$

$$b=\lim_{x\to+\infty}[f(x)-kx]=\lim_{x\to+\infty}(\sqrt{x^2-2x}-x)=\lim_{x\to+\infty}\frac{-2x}{\sqrt{x^2-2x}+x}=-1$$

$$b=\lim_{x\to-\infty}[f(x)-kx]=\lim_{x\to-\infty}(\sqrt{x^2-2x}+x)=\lim_{x\to-\infty}\frac{-2x}{\sqrt{x^2-2x}-x}=\lim_{x\to-\infty}\frac{2}{\sqrt{1-\frac{2}{x}}+1}=1$$

所以有两条斜渐近线 $y=x-1$，$y=-x+1$

2. 作下列函数的图形：

(1) $y=x+e^{-x}$；　　(2) $y=x-\ln x$；　　(3) $y=\dfrac{x^2}{1+x}$.

解　(1) ① $D(f)=(-\infty,+\infty)$

② 列表求单调区间，极值，凹凸区间，拐点

$y'=1-e^{-x}$，令 $y'=0$，唯一驻点 $x=0$

$y''=e^{-x}$　　列表

x	$(-\infty,0)$	0	$(0,+\infty)$
y'	$-$	0	$+$
y''	$+$	$y(0)=1$ 极小值	$+$
y	↘∪	不是拐点	↗∪

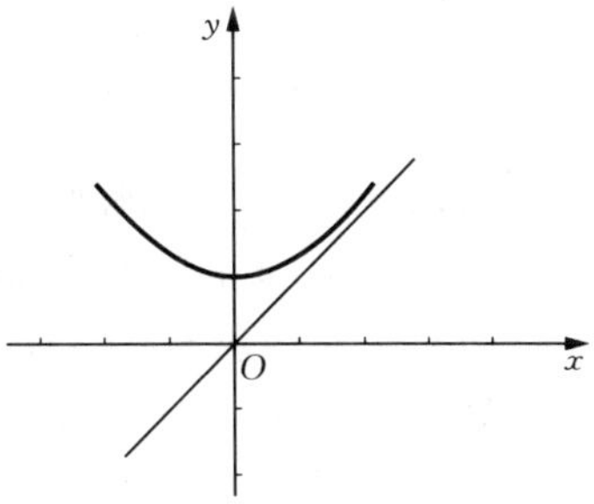

图 4-9

$$k=\lim_{x\to+\infty}\frac{f(x)}{x}=\lim_{x\to+\infty}\frac{x+e^{-x}}{x}=\lim_{x\to+\infty}\left(1+\frac{1}{e^x x}\right)=1$$

$b=\lim\limits_{x\to+\infty}[f(x)-kx]=\lim\limits_{x\to+\infty}(x+e^{-x}-x)=\lim\limits_{x\to+\infty}e^{-x}=0$ 有斜渐近线 $y=x$(图 4-9)

(2) ① $D(f)=(0,+\infty)$

② 求单调区间，极值，凹凸区间，拐点

$y'=1-\frac{1}{x}$,令 $y'=0$,驻点 $x=1$,$x=0$ 为 y'不存在的点

$y''=\frac{1}{x^2}$,$x=0$ 为 y''不存在的点　　列表

x	$(0,1)$	1	$(1,+\infty)$
y'	$-$	0	$+$
y''	$+$	/	$+$
y	↘∪	$y(1)=1$ 极小值	↗∪

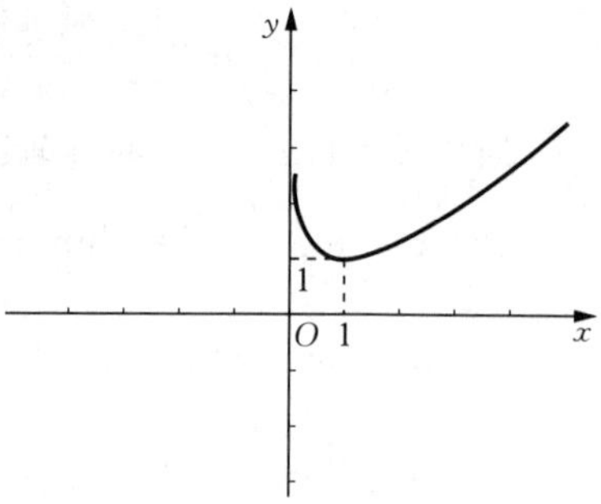

图 4-10

③ 有垂直渐近线 $x=0$　所以 $\lim\limits_{x\to0^+}y=\lim\limits_{x\to0^+}(x-\ln x)=+\infty$　(图 4-10)

(3) ① $D(f)=(-\infty,-1)\cup(-1,+\infty)$

② 单调区间,极值,凹凸区间,拐点

$$y'=\frac{2x(x+1)-x^2}{(1+x)^2}=\frac{x(2+x)}{(1+x)^2}$$

令 $y'=0$,得驻点 $x=0$,$x=-2$,$x=-1$ 为 y'不存在的点　　列表

x	$(-\infty,-2)$	-2	$(-2,-1)$	-1	$(-1,0)$	0	$(0,+\infty)$
y'	$+$	0	$-$	/	$-$	0	$+$
y''	$-$		$-$	/	$+$		$+$
y	↗∩	$y(-2)=-4$ 极大值	↘∩	间断	↘∪	$y(0)=0$ 极小值	↗∪

$$y''=\frac{(2+2x)(1+x)^2-2(2x+x^2)(1+x)}{(1+x)^4}=\frac{2}{(1+x)^3}$$

令 $y''=0$,$x=-1$ 为 y''不存在的点

$$\lim_{x\to-1}\frac{x^2}{1+x}=+\infty,\text{所以 } x=-1 \text{ 为垂直渐近线}$$

$$k=\lim_{x\to+\infty}\frac{x^2}{x(1+x)}=1,b=\lim_{x\to+\infty}\left(\frac{x^2}{1+x}-x\right)=\lim_{x\to+\infty}\frac{-x}{1+x}=-1$$

所以 $y=x-1$ 为斜渐近线

$$k=\lim_{x\to-\infty}\frac{x^2}{x(1+x)}=1,b=\lim_{x\to-\infty}\left(\frac{x^2}{1+x}-x\right)=\lim_{x\to-\infty}\frac{-x}{1+x}=-1$$

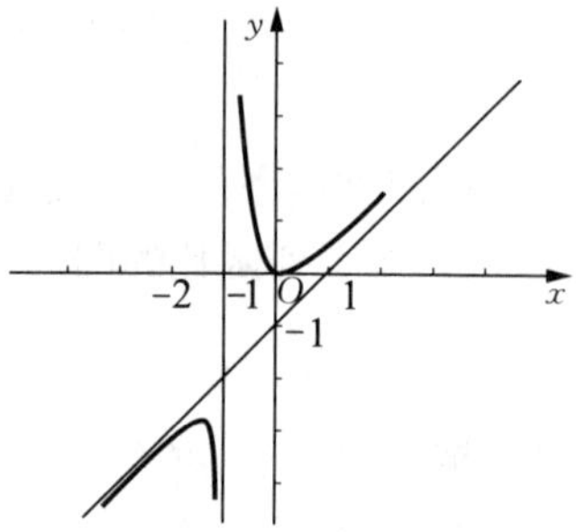

图 4-11

所以 $y=x-1$ 为斜渐近线(图 4-11)

3. 试确定 p 的取值范围,使得 $y=x^3-3x+p$ 与 x 轴

(1) 有一个交点;(2)有两个交点;(3) 有三个交点.

解　设 $f(x)=x^3-3x+p$　$D(f)=(-\infty,+\infty)$

$f'(x)=3x^2-3=3(x+1)(x-1)$,令 $f'(x)=0$,得驻点 $x_1=1$,$x_2=-1$　　列表

x	$(-\infty,-1)$	-1	$(-1,1)$	1	$(1,+\infty)$
y'	$+$	0	$-$	0	$+$
y	↗	$y(-1)=2+p$ 极大值	↘	$y(1)=-2+p$ 极小值	↗

（1）当 $p<-2$ 时，$f(-1)=2+p<0$，$f(1)=-2+p<0$，即极大值，极小值都在 x 轴下方，$f(x)$在$[1,+\infty)$上与 x 轴只有一个交点（图 4－12）

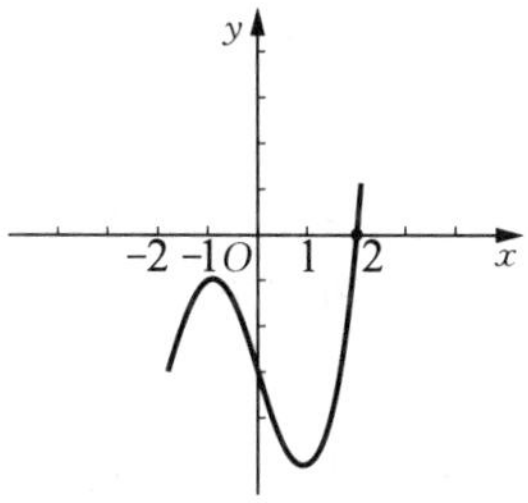

图 4－12

（2）当 $p>2$ 时，$f(-1)=2+p>0$，$f(1)=-2+p>0$，即极大值，极小值都在 x 轴上方，$f(x)$在$(-\infty,-1]$上与 x 轴只有一个交点（图 4－13）

（3）当 $p=2$ 时，$f(-1)=2+p=4>0$，$f(1)=-2+p=0$，极大值在 x 轴上方，极小值在 x 轴上，所以 $f(x)$在$(-\infty,+\infty)$上与 x 轴有两个交点（图 4－14）

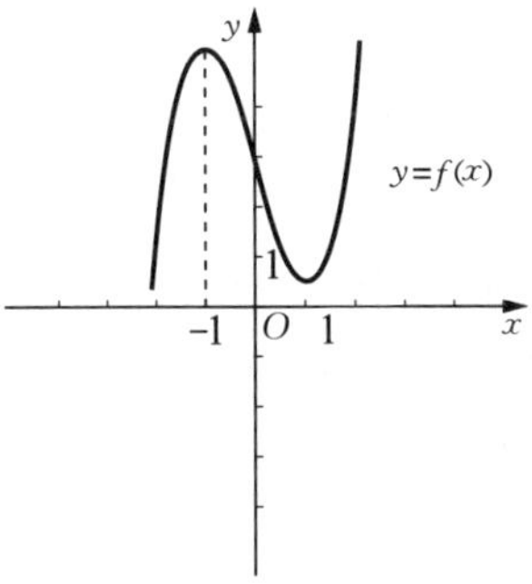

图 4－13

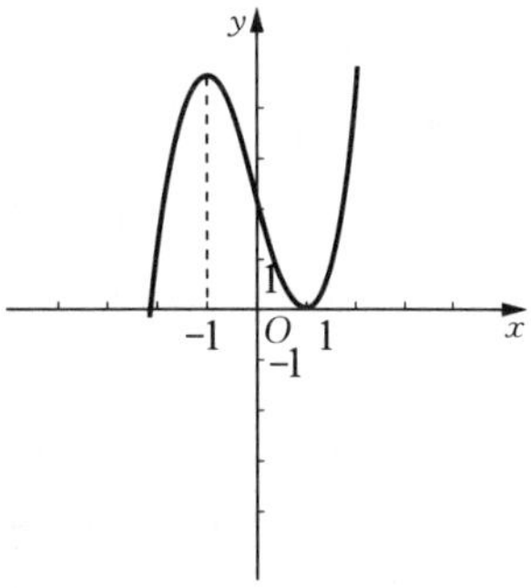

图 4－14

（4）当 $p=-2$ 时，$f(-1)=2+p=0$，极大值在 x 轴上，$f(1)=-2+p=-4<0$，极小值在 x 轴下方. 所以 $f(x)$的图形与 x 轴有两个交点（图 4－15）

（5）当 $-2<p<2$ 时，$f(-1)>0$，$f(1)<0$，即极大值在 x 轴上方，极小值在 x 轴下方，曲线与 x 轴有三个交点（图 4－16）

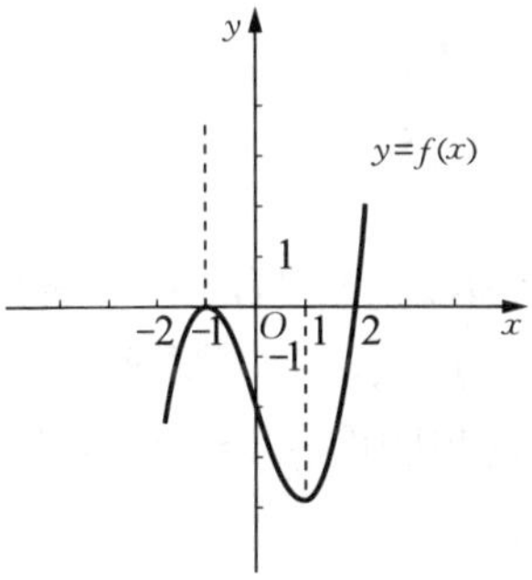

图 4－15

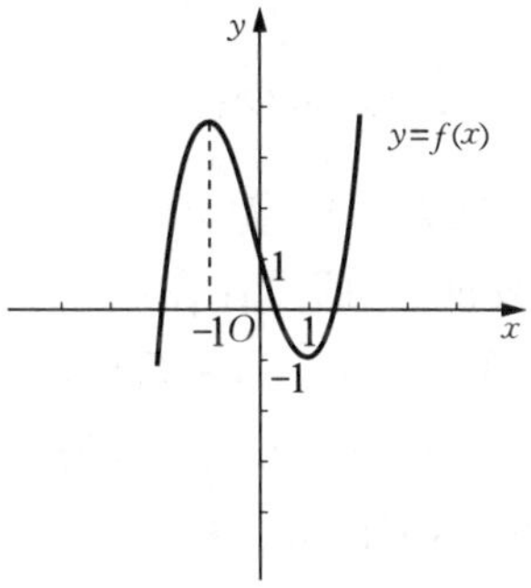

图 4－16

七、习题全解

1. 设 $a_0+\frac{a_1}{2}+\cdots+\frac{a_n}{n+1}=0$，证明方程 $a_0+a_1x+\cdots+a_nx^n=0$，在$(0,1)$内必有实根.

见例 3.

2. 证明曲线 $y=e^x$ 与 $y=ax^2+bx+c$ 的交点不超过 3 个.

证明　（用反证法）假设方程有四个不同的根 $x_1<x_2<x_3<x_4$

设 $f(x)=e^x-ax^2-bx-c$,则 $f(x)$有四个不同的零值点 $f(x_i)=0(i=1,2,3,4)$,在区间$[x_i,x_{i+1}](i=1,2,3)$上对 $f(x)$分别用罗尔中值定理可得

$f'(x)=e^x-2ax-b$,有三个不同的零值点

即存在 $\xi_1\in(x_1,x_2),\xi_2\in(x_2,x_3),\xi_3\in(x_3,x_4)$,使得 $f'(\xi_1)=f'(\xi_2)=f'(\xi_3)=0$

显然 $x_1<\xi_1<\xi_2<\xi_3<x_4$

对 $f'(x)$在$[\xi_1,\xi_2]$与$[\xi_2,\xi_3]$上再分别应用罗尔定理,有 $\eta_1\in(\xi_1,\xi_2),\eta_2\in(\xi_2,\xi_3)$,

使得 $f''(x)=e^x-2a,f''(\eta_1)=f''(\eta_2)=0$,显然 $x_1<\eta_1<\eta_2<x_4$

进而,对 $f''(x)$在$[\eta_1,\eta_2]$上应用罗尔定理,有 $\eta\in(\eta_1,\eta_2)\subset(x_1,x_4)$

使 $f'''(\eta)=0$,由假设知,对 $\forall x\in[x_1,x_4]$, $f'''(x)=e^x\neq0$. $f'''(\eta)=0$ 这是不可能的

因此,$f(x)$在(x_1,x_4)内至多只有 3 个零值点

注:该结论的一般形式是:如果 $f(x)$在$[a,b]$上 k 阶可导,且 $f^{(k)}(x)\neq0,\forall x\in(a,b)$

则 $f(x)$在(a,b)内至多有 k 个零值点

3. 设 $f(x),g(x)$在$[a,b]$上连续,(a,b)内可导,证明存在 $\xi\in(a,b)$

使得
$$[f(b)-f(a)]g'(\xi)=[g(b)-g(a)]f'(\xi)$$

证明 设 $F(x)=[f(b)-f(a)]g(x)-[g(b)-g(a)]f(x)$,

显然 $F(x)$在$[a,b]$上连续,(a,b)内可导,且
$$F(a)=f(b)g(a)-g(b)f(a)=F(b)$$

由罗尔定理知,必存在 $\xi\in(a,b)$,使 $F'(\xi)=0$,即
$$F'(\xi)=[f(b)-f(a)]g'(\xi)-[g(b)-g(a)]f'(\xi)=0$$

所以结论成立

4. 设 $f(x),g(x)$在$[a,b]$上存在二阶导数,且 $g''(x)\neq0,f(a)=f(b)=g(a)=g(b)=0$,

证明:(1) 在开区间(a,b)内 $g(x)\neq0$;

(2) 在开区间(a,b)内至少存在一点 ξ,使得 $\dfrac{f(\xi)}{g(\xi)}=\dfrac{f''(\xi)}{g''(\xi)}$.

提示 考虑函数 $F(x)=f(x)g'(x)-f'(x)g(x)$.

证明 (1)(反证法)假设存在点 $c\in(a,b)$,使 $g(c)=0$,则 $f(x),g(x)$分别在区间$[a,c]$,$[c,b]$上用罗尔定理,得 $\exists\xi_1\in(a,c),\xi_2\in(c,b)$,使得 $g'(\xi_1)=g'(\xi_2)=0$,进而再在区间$[\xi_1,\xi_2]$上对 $g'(x)$再用罗尔定理知 $\exists\xi_3\in(\xi_1,\xi_2)$,使得 $g''(\xi_3)=0$;但这与题设 $g''(x)\neq0$ 矛盾

所以在开区间(a,b)内 $g(x)\neq0$

(2) 在开区间(a,b)内至少存在一点 ξ,使得$\dfrac{f(\xi)}{g(\xi)}=\dfrac{f''(\xi)}{g''(\xi)}$

设 $F(x)=f(x)g'(x)-f'(x)g(x)$,易知

$F(a)=f(a)g'(a)-f'(a)g(a)=0$,

$F(b)=f(b)g'(b)-f'(b)g(b)=0$,在$[a,b]$上对 $F(x)$用罗尔定理,

必存在 $\xi\in(a,b)$,使 $f'(\xi)=0$
$$F'(\xi)=F'(x)|_{x=\xi}=[f'(x)g'(x)+f(x)g''(x)-f''(x)g(x)-f'(x)g'(x)]|_{x=\xi}$$
$$=[f(x)g''(x)-f''(x)g(x)]|_{x=\xi}=f(\xi)g''(\xi)-f''(\xi)g(\xi)=0$$

又因为 $g(\xi)\neq0,g''(\xi)\neq0$ 所以$\dfrac{f(\xi)}{g(\xi)}=\dfrac{f''(\xi)}{g''(\xi)}$ $\xi\in(a,b)$

5. 求极限：

(1) $\lim\limits_{x\to0^+} x^x$；　　(2) $\lim\limits_{x\to0}\left[\dfrac{(1+x)^{\frac{1}{x}}}{e}\right]^{\frac{1}{x}}$；　　(3) $\lim\limits_{n\to\infty}\tan^n\left(\dfrac{\pi}{4}+\dfrac{1}{n}\right)$.

解　(1) 原式 $\xlongequal{0^0}\lim\limits_{x\to0^+}e^{x\ln x}=e^{\lim\limits_{x\to0^+}\frac{\ln x}{\frac{1}{x}}}\xlongequal{\frac{\infty}{\infty}}e^{\lim\limits_{x\to0^+}\frac{\frac{1}{x}}{-\frac{1}{x^2}}}=e^{\lim\limits_{x\to0^+}-x}=e^0=1$

(2) 原式 $\xlongequal{1^\infty}e^{\lim\limits_{x\to0}\frac{1}{x}[\ln(1+x)^{\frac{1}{x}}-1]}=e^{\lim\limits_{x\to0}\frac{\ln(1+x)^{\frac{1}{x}}-1}{x}}\xlongequal{\frac{0}{0}}e^{\lim\limits_{x\to0}\frac{\ln(1+x)-x}{x^2}}=e^{\lim\limits_{x\to0}\frac{\frac{1}{1+x}-1}{2x}}=e^{\lim\limits_{x\to0}\frac{-x}{2x(1+x)}}$

$=e^{\lim\limits_{x\to0}\frac{-1}{2(1+x)}}=e^{-\frac{1}{2}}=\dfrac{1}{\sqrt{e}}$

(3) 原式 $\xlongequal{1^\infty}e^{\lim\limits_{n\to\infty}n\ln\tan\left(\frac{\pi}{4}+\frac{1}{n}\right)}=e^{\lim\limits_{n\to\infty}\frac{\ln\tan\left(\frac{\pi}{4}+\frac{1}{n}\right)}{\frac{1}{n}}}=e^{\lim\limits_{n\to\infty}\frac{1}{\frac{1}{2}\sin\left(\frac{\pi}{2}+\frac{2}{n}\right)}}=e^2$

6. 比较 m^n 与 n^m 的大小，其中 m,n 是大于 2 的自然数.

提示　考虑函数 $f(x)=\dfrac{\ln x}{x}$ 的单调性.

解　由于 $m^n=e^{n\ln m}$，$n^m=e^{m\ln n}$

问题转化为比较同底数的幂指数 $e^{n\ln m}$ 与 $e^{m\ln n}$ 大小

即当 $m,n>2>0$ 时，$n\ln m>m\ln n$ 即 $\dfrac{\ln m}{m}>\dfrac{\ln n}{n}$

令 $f(x)=\dfrac{\ln x}{x}$，$f'(x)=\dfrac{1-\ln x}{x^2}$，

当 $x>2$ 时，$f'(x)<0$，$f(x)$ 单调减少

① 当 $m>n>2$ 时，$\dfrac{\ln m}{m}<\dfrac{\ln n}{n}\Rightarrow m^n<n^m$

② 当 $m<n$ 时，$\dfrac{\ln m}{m}>\dfrac{\ln n}{n}\Rightarrow m^n>n^m$

7. 设 $f(x)$ 在 $[0,1]$ 上具有二阶连续导数，且 $f(0)=f(1)$，

证明 $\max\limits_{x\in[0,1]}|f'(x)|\leqslant\dfrac{1}{2}\max\limits_{x\in[0,1]}|f''(x)|$.

提示　考虑 $f(0)$ 和 $f(1)$ 在点 $x\in(0,1)$ 的一阶泰勒公式.

解　设 $f(x)$ 在 $[0,1]$ 上具有二阶连续导数

$$f(x)=f(x_0)+f'(x_0)(x-x_0)+\frac{f''(\xi)}{2!}(x-x_0)^2\qquad(x_0<\xi<x)$$

$$f'(x)=f'(x_0)+f''(\xi)(x-x_0)$$

$$f(0)=f(x_0)+f'(x_0)(-x_0)+\frac{f''(\xi_1)}{2!}(-x_0)^2=f(x_0)-f'(x_0)x_0+\frac{f''(\xi_1)}{2!}x_0^2$$

$$f(1)=f(x_0)+f'(x_0)(1-x_0)+\frac{f''(\xi_2)}{2!}(1-x_0)^2$$

$$f(0)-f(1)=-f'(x_0)+\frac{f''(\xi_1)}{2}x_0^2-\frac{f''(\xi_2)}{2}(1-x_0)^2=0$$

$$f'(x_0)=\frac{f''(\xi_1)}{2}x_0^2-\frac{f''(\xi_2)}{2}(1-x_0)^2$$

$$|f'(x_0)|\leqslant\frac{\max\limits_{x\in[0,1]}|f''(x)|}{2}[x_0^2+(1-x_0)^2]\quad\forall x_0\in(0,1)$$

$$\leqslant\frac{1}{2}\max_{x\in[0,1]}|f''(x)|$$

所以 $\max\limits_{x\in[0,1]}|f'(x_0)|\leqslant\frac{1}{2}\max\limits_{x\in[0,1]}|f''(x)|$

8. 用无穷小量和无穷大量的主部说明：

(1) $x=0$ 一定是 $\sqrt[3]{x^2}-2x^3$ 的极小值点；

(2) $x=0$ 一定不是 x^3-x^4 的极值点.

*(2) $x=0$ 一定不是 $\sqrt[3]{x}+x^2$ 的极值点(该题为第一版题目)

(3) $x=1$ 一定是 $\sqrt[3]{x-1}-2\sqrt[3]{(x-1)^2}-x+1$ 的拐点；

*(3) $x=1$ 一定是 $\sqrt[3]{x-1}-x+1$ 的拐点(该题为第一版题目)

(4) $x=-1$ 一定不是 $\sqrt[3]{(x+1)^2}-(x+1)^3$ 的拐点.

*(4) $x=-1$ 一定不是 $\sqrt[3]{(x+1)^2}-x-1$ 的拐点(该题为第一版题目)

解 (1) 因为 $\lim\limits_{x\to0}\sqrt[3]{x^2}=0$ 所以当 $x\to0$ 时，$\sqrt[3]{x^2}=o(1)$

又因为 $\lim\limits_{x\to0}\frac{-2x^3}{\sqrt[3]{x^2}}=\lim\limits_{x\to0}(-2\sqrt[3]{x^7})=0$ 所以 $(-2x^3)=o(\sqrt[3]{x^2})$ $(x\to0)$

即 $\sqrt[3]{x^2}-2x^3=\sqrt[3]{x^2}+o(\sqrt[3]{x^2})$ 当 $x\to0$ 时，$\sqrt[3]{x^2}$ 是 $\sqrt[3]{x^2}-2x^3$ 的无穷小量主部

令 $f(x)=\sqrt[3]{x^2}$， $f'(x)=\frac{2}{3\sqrt[3]{x}}$. $x=0$ 是 $f'(x)$不存在点 列表

x	$(-\infty,0)$	0	$(0,+\infty)$
$f'(x)$	$-$	/	$+$
$f(x)$	↘	$f(0)=0$ 极小值	↗

(2) 因为 $\lim\limits_{x\to0}\frac{x^4}{x^3}=0$，所以 $x\to0$ 时，$x^4=o(x^3)$

当 $x\to0$ 时，x^3 是 x^3-x^4 的无穷小量主部

令 $f(x)=x^3$，$f'(x)=3x^2$，令 $f'(x)=3x^2=0$

所以 $x=0$ 为驻点. 但 $x=0$ 一定不是 x^3-x^4 的极值点 列表

x	$(-\infty,0)$	0	$(0,+\infty)$
$f'(x)$	$+$	0	$+$
$f(x)$	↗	不是极值点	↗

*(2) $\lim\limits_{x\to0}\sqrt[3]{x}=0$ 所以当 $x\to0$ 时，$\sqrt[3]{x}=o(1)$

$\lim\limits_{x\to0}\frac{x^2}{\sqrt[3]{x}}=\lim\limits_{x\to0}x^{\frac{5}{3}}=0$ 所以当 $x\to0$ 时，$x^2=o(\sqrt[3]{x})$

即 $\sqrt[3]{x}+x^2=\sqrt[3]{x}+o(\sqrt[3]{x})$ 当 $x\to0$ 时，$\sqrt[3]{x}$是$\sqrt[3]{x}+x^2$ 的无穷小量主部

令 $f(x)=\sqrt[3]{x}$，$f'(x)=\frac{1}{3}\cdot x^{-\frac{2}{3}}$ $x=0$ 是 $f'(x)$不存在点 列表

x	$(-\infty,0)$	0	$(0,+\infty)$
$f'(x)$	$+$	0	$+$
$f(x)$	↗	$f(0)=0$ 不是极值点	↗

(3) $x\to1$ 时，$\sqrt[3]{x-1}-2\sqrt[3]{(x-1)^2}-x+1$ 的主部是 $\sqrt[3]{x-1}$　故令 $f(x)=\sqrt[3]{x-1}$

$f'(x)=\dfrac{1}{3\sqrt[3]{(x-1)^2}}$，$x=1$ 时 $f'(x)$ 不存在. $f''(x)=-\dfrac{2}{9\sqrt[3]{(x-1)^5}}$，$x=1$ 为 $f''(x)$ 不存在点

列表

x	$(-\infty,1)$	1	$(1,+\infty)$
$f''(x)$	$+$	/	$-$
$f(x)$	$\cup$	拐点　$(1,0)$	$\cap$

*(3) $\lim\limits_{x\to1}\sqrt[3]{x-1}=0$　$x\to1$ 时，$\sqrt[3]{x-1}=o(1)$

$\lim\limits_{x\to1}\dfrac{-(x-1)}{\sqrt[3]{x-1}}=\lim\limits_{x\to1}[-(x-1)^{\frac{2}{3}}]=0$，所以 $x\to1$ 时 $-(x-1)=o(\sqrt[3]{x-1})$

$\sqrt[3]{x-1}-x+1=\sqrt[3]{x-1}+o(\sqrt[3]{x-1})$

所以 $x\to1$ 时，$\sqrt[3]{x-1}$ 是 $\sqrt[3]{x-1}-x+1$ 的主部

令 $f(x)=\sqrt[3]{x-1}$　$f'(x)=\dfrac{1}{3\sqrt[3]{(x-1)^2}}$　$x=1$ 为 $f'(x)$ 不存在的点

$f''(x)=-\dfrac{2}{9\sqrt[3]{(x-1)^5}}$，　$x=1$ 为 $f''(x)$ 不存在的点　列表

x	$(-\infty,1)$	1	$(1,+\infty)$
$f''(x)$	$+$	/	$-$
$f(x)$	$\cup$	拐点　$(1,0)$	$\cap$

(4) $x\to-1$ 时，$\sqrt[3]{(x+1)^2}-(x+1)^3$ 的主部是 $\sqrt[3]{(x+1)^2}$

令 $f(x)=\sqrt[3]{(x+1)^2}$，$f'(x)=\dfrac{2}{3}(x+1)^{-\frac{1}{3}}$，　$x=-1$ 是 $f'(x)$ 不存在点

$f''(x)=-\dfrac{2}{9}(x+1)^{-\frac{4}{3}}$　　$x=-1$ 是 $f''(x)$ 不存在点　　列表

x	$(-\infty,-1)$	-1	$(-1,+\infty)$
$f''(x)$	$-$	/	$-$
$f(x)$	$\cap$	$f(-1)=0$ 不是拐点	$\cap$

*(4) $\lim\limits_{x\to-1}\sqrt[3]{(x+1)^2}=0$　所以 $x\to-1$ 时，$\sqrt[3]{(x+1)^2}=o(1)$

$\lim\limits_{x\to-1}\dfrac{-(x+1)}{\sqrt[3]{(x+1)^2}}=-\lim\limits_{x\to-1}\sqrt[3]{(x+1)}=0$

所以 $x\to-1$ 时，$-(x+1)=o(\sqrt[3]{(x+1)^2})$

令 $f(x)=\sqrt[3]{(x+1)^2}$　　所以 $\sqrt[3]{(x+1)^2}-(x+1)=\sqrt[3]{(x+1)^2}+o(\sqrt[3]{(x+1)^2})$

当 $x\to-1$ 时，$f(x)=\sqrt[3]{(x+1)^2}$ 是 $\sqrt[3]{(x+1)^2}-(x+1)$ 的主部

$f'(x)=\dfrac{2}{3}(x+1)^{-\frac{1}{3}}$　$f''(x)=-\dfrac{2}{9}(x+1)^{-\frac{4}{3}}$

所以 $x=-1$ 是 $f''(x)$ 不存在点　列表

x	$(-\infty,-1)$	-1	$(-1,+\infty)$
$f''(x)$	$-$	/	$-$
$f(x)$	$\cap$	$f(-1)=0$ 不是拐点	$\cap$

9. 设 $f(x)$ 在 $[a,b]$ 上有二阶连续导数，且满足方程 $f''(x)+x^2f'(x)-2f(x)=0$，证明：若 $f(a)=f(b)=0$，则 $f(x)$ 在 $[a,b]$ 上恒为 0.

提示　考虑 $f(x)$ 的最大值和最小值.

证明　(用反证法)

若最大值 $M>0$，设 $f(x_M)=M$，$x_M\in(a,b)$

则由费马定理得 $f'(x_M)=0$，又 $f(x_M)$ 为极大值

则 $f''(x_M)<0$，另由题设得

$f''(x_M)=-x_M^2f'(x_M)+2f(x_M)=2f(x_M)=2M>0$

(与 $f''(x_M)<0$ 矛盾)故最大值 $M\leqslant 0$

同理可证最小值也必为 0，所以 $f(x)$ 在 $[a,b]$ 上的最大值 M 和最小值 m 都必为零

因为 $f(a)=f(b)=0$，则 $f(x)$ 在 $[a,b]$ 上恒为零

10. 设 $f(x)$ 在 $[a,b]$ 上连续，在 (a,b) 内连续可导，$x_0\in(a,b)$ 是 $f(x)$ 的唯一驻点. 若 $f(x_0)$ 是极小值，证明：$x\in(a,x_0)$ 时，$f'(x)<0$；$x\in(x_0,b)$ 时，$f'(x)>0$.

证明　因为 $f(x_0)$ 是极小值　所以 $f(a)>f(x_0)$　$f(b)>f(x_0)$

所以 $\exists\xi_1\in(a,x_0)$　$\xi_2\in(x_0,b)$

使得 $f'(\xi_1)=\dfrac{f(x_0)-f(a)}{x_0-a}<0$　$f'(\xi_2)=\dfrac{f(b)-f(x_0)}{b-x_0}>0$

若 $\exists\xi'_1\in(a,x_0)$，使得 $f'(\xi'_1)>0$，则由导函数的介值性知 $\exists\eta\in(\xi'_1,\xi_1)$ 或 (ξ_1,ξ'_1) 满足 $f'(\eta)=0$ 与 x_0 为 $f(x)$ 在 (a,b) 上的唯一驻点矛盾

所以对 $\forall x\in(a,x_0)$，有 $f'(x)<0$

同理对 $\forall x\in(x_0,b)$ 有 $f'(x)>0$

第5章　不定积分

一、大纲要求

1. 理解原函数概念
2. 理解不定积分的概念与性质
3. 熟悉不定积分的基本公式
4. 熟练掌握不定积分的换元积分法和分部积分法
5. 掌握较简单的有理函数、简单无理函数、三角函数有理式的积分

二、本章知识结构图

- 不定积分
  - 基本概念
    - 原函数
    - 不定积分
  - 基本性质
  - 基本积分公式
  - 积分方法
    - 用基本积分公式求不定积分
    - 换元积分法
      - 第一类换元(凑微分法)
      - 第二类换元
        - 三角代换法
        - 倒代换法
    - 分部积分法
  - 有理函数的积分
    - 四种基本形式的积分
    - 可化为有理函数的积分

三、本章基本内容

1. 不定积分的概念与性质

表 5-1　原函数与不定积分

名称	定　　义
原函数	若在区间 I 上,可导函数 $F(x)$ 的导函数为 $f(x)$,即对 $\forall x \in I$ 都有 $F'(x)=f(x)$ 或 $\mathrm{d}F(x)=f(x)\mathrm{d}x$,则称 $F(x)$ 为 $f(x)$ 在 I 上的一个原函数
不定积分	函数 $f(x)$ 在区间 I 上的所有原函数 $F(x)+C$ 称为 $f(x)$ 在 I 上的不定积分,记作 $\int f(x)\mathrm{d}x$,即 $\int f(x)\mathrm{d}x=F(x)+C$,其中 $f(x)$ 称为被积函数,$f(x)\mathrm{d}x$ 称为被积表达式,C 称为积分常数

表 5-2　不定积分的性质

(1) $\int[f(x)\pm g(x)]\mathrm{d}x=\int f(x)\mathrm{d}x\pm\int g(x)\mathrm{d}x$;	(2) $\int kf(x)\mathrm{d}x=k\int f(x)\mathrm{d}x$　($k\neq 0$ 的常数);
(3) $\dfrac{\mathrm{d}}{\mathrm{d}x}\left[\int f(x)\mathrm{d}x\right]=f(x)$;	(4) $\int F'(x)\mathrm{d}x=F(x)+C$

表 5-3　基本积分公式

(1) $\int k\mathrm{d}x=kx+C$　(k 是常数);	(9) $\int\dfrac{\mathrm{d}x}{\sin^2 x}=\int\csc^2 x\mathrm{d}x=-\cot x+C$;
(2) $\int x^\mu\mathrm{d}x=\dfrac{x^{\mu+1}}{\mu+1}+C$　($\mu\neq -1$);	(10) $\int\sec x\tan x\mathrm{d}x=\sec x+C$;
(3) $\int\dfrac{\mathrm{d}x}{x}=\ln\vert x\vert+C$;	(11) $\int\csc x\cot x\mathrm{d}x=-\csc x+C$;
(4) $\int\dfrac{\mathrm{d}x}{1+x^2}=\arctan x+C$　(或 $-\mathrm{arccot}\, x+C$);	(12) $\int\mathrm{e}^x\mathrm{d}x=\mathrm{e}^x+C$;
(5) $\int\dfrac{\mathrm{d}x}{\sqrt{1-x^2}}=\arcsin x+C$　(或 $-\arccos x+C$);	(13) $\int a^x\mathrm{d}x=\dfrac{a^x}{\ln a}+C$
(6) $\int\cos x\mathrm{d}x=\sin x+C$;	
(7) $\int\sin x\mathrm{d}x=-\cos x+C$;	
(8) $\int\dfrac{\mathrm{d}x}{\cos^2 x}=\int\sec^2 x\mathrm{d}x=\tan x+C$;	

2. 换元积分法

表 5-4 换元积分法

第一类换元法	设$\int f(u)\mathrm{d}u=F(u)+C$,$u=\varphi(x)$ 可导,且 $F[\varphi(x)]\varphi'(x)$ 连续,则 $\int f(u)\mathrm{d}u=\int F'[\varphi(x)]\varphi'\mathrm{d}x=\int F'[\varphi(x)]\mathrm{d}\varphi(x)=\int \mathrm{d}F'[\varphi(x)]=F[\varphi(x)]+C$
第二类换元法	设 $x=\varphi(t)$ 是单调、可导的函数,且 $\varphi'(t)\neq 0$,又$\int f[\varphi(t)]\varphi'(t)\mathrm{d}t=F(t)+C$,则 $\int f(x)\mathrm{d}x=\int f[\varphi(t)]\mathrm{d}[\varphi(t)]=\int f[\varphi(t)]\varphi'(t)\mathrm{d}t=F(t)+C$ $=F[\varphi^{-1}(x)]+C$,$t=\varphi^{-1}(x)$ 是 $x=\varphi(t)$ 的反函数

表 5-5 常用积分公式

$\int \tan x\mathrm{d}x=-\ln\mid\cos x\mid+C$	$\int \cot x\mathrm{d}x=\ln\mid\sin x\mid+C$
$\int \sec x\mathrm{d}x=\ln\mid\sec x+\tan x\mid+C$	$\int \csc x\mathrm{d}x=\ln\mid\csc x-\cot x\mid+C$
$\int \frac{1}{\sqrt{a^2-x^2}}\mathrm{d}x=\arcsin\frac{x}{a}+C\quad(a>0)$	$\int \frac{1}{x^2+a^2}\mathrm{d}x=\frac{1}{a}\arctan\frac{x}{a}+C\quad(a>0)$
$\int \frac{1}{x^2-a^2}\mathrm{d}x=\frac{1}{2a}\ln\left\|\frac{x-a}{x+a}\right\|+C\quad(a>0)$	$\int \frac{1}{\sqrt{x^2+a^2}}\mathrm{d}x=\ln\mid x+\sqrt{x^2+a^2}\mid+C\quad(a>0)$
$\int \frac{1}{\sqrt{x^2-a^2}}\mathrm{d}x=\ln\left\|x+\sqrt{x^2-a^2}\right\|+C\quad(a>0)$	$\int \frac{1}{a^2-x^2}\mathrm{d}x=\frac{1}{2a}\ln\left\|\frac{a+x}{a-x}\right\|+C\quad(a>0)$

3. 分部积分法

表 5-6 分部积分法定义

	定 义	说 明
分部积分法	设函数 $u=u(x)$ 及 $v=v(x)$ 具有连续导数,则 $\int uv'\mathrm{d}x=uv-\int u'v\mathrm{d}x$ 或 $\int u\mathrm{d}v=uv-\int v\mathrm{d}u$	应用分部积分法的关键是将被积表达式 $f(x)\mathrm{d}x$ 转化为u 与 $\mathrm{d}v$ 的乘积 $u\mathrm{d}v$,且$\int v\mathrm{d}u$ 比$\int u\mathrm{d}v$ 易求

4. 有理函数的积分

表 5-7　有理函数与真分式

名　称	定　义
有理函数	有理函数的一般形式是 $\dfrac{P(x)}{Q(x)}=\dfrac{a_0x^n+a_1x^{n-1}+\cdots+a_{n-1}x+a_n}{b_0x^m+b_1x^{m-1}+\cdots+b_{m-1}x+b_m}$ 其中 m 和 n 都是非负整数,$a_0,a_1,\cdots a_n,b_0,b_1,\cdots,b_m$ 都是实数且 $a_0\neq 0,b_0\neq 0$
真分式	假定多项式 $P(x)$ 和 $Q(x)$ 之间没有公因式,当 $n<m$ 时,称$\dfrac{P(x)}{Q(x)}$ 为有理真分式,当 $n\geqslant m$ 时,称$\dfrac{P(x)}{Q(x)}$ 为有理假分式

表 5-8　有理函数的积分

由于有理真分式$\dfrac{P(x)}{Q(x)}$ 分解后只含有如下四种分式:

$\dfrac{A}{x-a},\dfrac{B}{(x-a)^\alpha},\dfrac{Cx+D}{x^2+px+q},\dfrac{Ex+F}{(x^2+px+q)^\lambda}$,其中 α,λ 都是大于 1 的自然数,$p^2-4q<0$.

因而任何有理真分式都可归结为上述四种类型的不定积分:

(1) $\displaystyle\int\frac{A}{x-a}\mathrm{d}x=A\ln|x-a|+C$;

(2) $\displaystyle\int\frac{B}{(x-a)^\alpha}\mathrm{d}x=\frac{B}{(1-\alpha)(x-a)^{\alpha-1}}+C$;

(3) $\displaystyle\int\frac{Cx+D}{x^2+px+q}\mathrm{d}x=\frac{C}{2}\ln(x^2+px+q)+\frac{2D-Cp}{\sqrt{4q-p^2}}\arctan\frac{2x+p}{\sqrt{4q-p^2}}+C_0$;

(4) $\displaystyle\int\frac{Ex+F}{(x^2+px+q)^\lambda}\mathrm{d}x=\frac{E}{2(1-\lambda)(x^2+px+q)^{\lambda-1}}+\left(F-\frac{Ep}{2}\right)\int\frac{1}{(x^2+px+q)^\lambda}\mathrm{d}x$

表 5-9　可化为有理函数的积分

三角函数有理式积分 $\int R(\sin x,\cos x)\mathrm{d}x$	对一般的三角函数的有理式 $R(\sin x,\cos x)$,令 $\tan\dfrac{x}{2}=t$,则 $x=2\arctan t,\ \sin x=\dfrac{2t}{1+t^2},\ \cos x=\dfrac{1-t^2}{1+t^2},\mathrm{d}x=\dfrac{2}{1+t^2}\mathrm{d}t$ (万能公式)
简单无理函数积分	(1) $\int R(x,\sqrt[n]{ax+b})\mathrm{d}x$,令 $\sqrt[n]{ax+b}=t$; (2) $\int R\left(x,\sqrt[n]{\dfrac{ax+b}{cx+d}}\right)\mathrm{d}x$,令$\sqrt[n]{\dfrac{ax+b}{cx+d}}=t$ $(ad\neq bc)$

四、重点难点剖析

(一) 基本概念

1. 不定积分是原函数的全体，$f(x)$的任意两个原函数至多相差一个常数，在可相差常数的前提下，不定积分与导数互为逆运算.

2. 有时候，在求不定积分之前需对被积函数加以整理，或利用三角函数恒等式进行变换，使之变为能用积分公式求得积分的形式.

(二) 换元积分法

1. 第一类换元法又叫凑微分法，其目的是把不定积分$\int g(x)\mathrm{d}x$ 转化为$\int f[\varphi(x)]\mathrm{d}[\varphi(x)]$，如何把 $g(x)$ 分离成 $f[\varphi(x)]\varphi'(x)$ 应视具体情况而定，一般取 $g(x)$ 中较复杂的部分作为 $f[\varphi(x)]$.

2. 第二类换元法的目的是通过变量代换把被积表达式简化，从而可以求出不定积分，关键在于选择适当的变量代换 $x=\varphi(t)$. 常用的代换有三角函数代换、倒代换、根式代换等，用第二类换元法时，不要忘记把 $t=\varphi^{-1}(x)$ 代入所求结果 $F(t)+C$ 中.

(三) 分部积分法

1. 分部积分法与两个函数乘积的导数公式是互逆运算，即由$(uv)'=u'v+uv'$ 移项可得 $uv'=(uv)'-u'v$，两边再求不定积分，得$\int uv'\mathrm{d}x=uv-\int u'v\mathrm{d}x$.

2. 使用分部积分法，关键是选取 u 和 $\mathrm{d}v$，原则是应使$\int v\mathrm{d}u$ 比$\int u\mathrm{d}v$ 易求. 现将常用的分部积分法总结如下：

(1) $\int P_n(x)\mathrm{e}^{kx}\mathrm{d}x$ 型：$u(x)=P_n(x)$，$\mathrm{d}v(x)=\mathrm{e}^{kx}\mathrm{d}x$

(2) $\int P_n(x)\cos kx\mathrm{d}x$ 和$\int P_n(x)\sin kx\mathrm{d}x$ 型：$u(x)=P_n(x)$，$\mathrm{d}v(x)=\cos kx\mathrm{d}x$ 和 $\mathrm{d}v(x)=\sin kx\mathrm{d}x$

(3) $\int \mathrm{e}^{ax}\cos kx\mathrm{d}x$ 和$\int \mathrm{e}^{ax}\sin kx\mathrm{d}x$ 型：$u(x)=\mathrm{e}^{ax}$，$\mathrm{d}v(x)=\cos kx\mathrm{d}x$ 和 $\mathrm{d}v(x)=\sin kx\mathrm{d}x$

(4) $\int P_n(x)\ln^m x\,\mathrm{d}x$ 型：$u(x)=\ln^m x$，$\mathrm{d}v(x)=P_n(x)\mathrm{d}x$

(5) $\int P_n(x)\arcsin x\mathrm{d}x$ 和$\int P_n(x)\arctan x\mathrm{d}x$ 型：$u(x)=\arcsin x$ 和 $u(x)=\arctan x$，$\mathrm{d}v(x)=P_n(x)\mathrm{d}x$.

上面各式中，$P_n(x)$ 为 n 次多项式，k，a，m 都是常数.

3. 对某些积分，有时需连用几次分部积分公式，才能得到结果，而有时连用几次后才回到原来的积分形式，这时需要解方程求出所求积分.

(四) 有理函数的积分

1. 由于三角函数的有理式和简单无理函数的积分，都可通过变量代换化为有理函数的积分，所以有理函数的积分是本部分的基础. 求有理函数的积分的一般方法是用待定系数法把被积函数分解后，分项求积分.

2. 有理函数虽然一定可积，但计算时非常复杂，在解题中应寻求简便的方法，避免一般方法，如三角函数有理式，虽然都能用万能公式化为有理函数积分，但应首先利用三角公式寻求简便方法.

五、典型例题解析

例 1 设 $f'(\sqrt{x})=x+1$,且 $f(0)=1$,求 $f(x)$.

分析 本题主要检查原函数的概念是否掌握.

解 设 $u=\sqrt{x}$,则 $f'(u)=u^2+1$

所以 $f(u)=\int f'(u)\mathrm{d}u=\int(u^2+1)\mathrm{d}u=\frac{1}{3}u^3+u+C$

又 $f(0)=1$,所以 $C=1$,所以 $f(x)=\frac{1}{3}x^3+x+1$.

例 2 用 4 种方法求解 $\int\frac{\mathrm{e}^{2x}}{1+\mathrm{e}^x}\mathrm{d}x$.

分析 本题主要复习求不定积分的一些技巧.

解法 1

$$原式=\int\frac{\mathrm{e}^x}{1+\mathrm{e}^x}\mathrm{d}\mathrm{e}^x=\int\left(1-\frac{1}{1+\mathrm{e}^x}\right)\mathrm{d}\mathrm{e}^x=\mathrm{e}^x-\ln(1+\mathrm{e}^x)+C.$$

解法 2

令 $1+\mathrm{e}^x=t$,则

$$原式=\int\frac{(t-1)^2}{t}\cdot\frac{\mathrm{d}t}{t-1}=\int\left(1-\frac{1}{t}\right)\mathrm{d}t=t-\ln t+C=1+\mathrm{e}^x-\ln(1+\mathrm{e}^x)+C.$$

解法 3

$$原式=\int\frac{\mathrm{e}^{2x}-1+1}{1+\mathrm{e}^x}\mathrm{d}x=\int\left[(\mathrm{e}^x-1)+\frac{1}{1+\mathrm{e}^x}\right]\mathrm{d}x=\mathrm{e}^x-x+\int\frac{\mathrm{e}^{-x}}{\mathrm{e}^{-x}+1}\mathrm{d}x$$

$$=\mathrm{e}^x-x-\ln(\mathrm{e}^{-x}+1)+C.$$

解法 4

$$原式=\int\left(\mathrm{e}^x-\frac{\mathrm{e}^x}{1+\mathrm{e}^x}\right)\mathrm{d}x=\mathrm{e}^x-\ln(1+\mathrm{e}^x)+C.$$

例 3 求 $\int\tan^4x\mathrm{d}x$.

分析 本题利用三角公式求不定积分.

解法 1

$$原式=\int[(\tan^2x-1)(\tan^2x+1)+1]\mathrm{d}x=\int(\tan^2x\sec^2x-\sec^2x+1)\mathrm{d}x$$

$$=\int\tan^2x\mathrm{d}\tan x-\tan x+x=\frac{1}{3}\tan^3x-\tan x+x+C.$$

解法 2

$$原式=\int\tan^2x(\sec^2x-1)\mathrm{d}x=\int(\tan^2x\sec^2x-\sec^2x+1)\mathrm{d}x$$

$$=\frac{1}{3}\tan^3x-\tan x+x+C.$$

解法 3

令 $\tan x=t$,则

$$原式=\int\frac{t^4}{1+t^2}\mathrm{d}t=\int\left(t^2-1+\frac{1}{1+t^2}\right)\mathrm{d}t=\frac{1}{3}t^3-t+\arctan t+C$$

$$= \frac{1}{3}\tan^3 x - \tan x + x + C.$$

例 4 求 $\int \frac{\arctan\sqrt{x}}{\sqrt{x}(1+x)}\mathrm{d}x$.

分析 本题练习含有反三角函数的不定积分解法.

解法 1

$$\text{原式} = 2\int \frac{\arctan\sqrt{x}}{1+x}\mathrm{d}\sqrt{x} = 2\int \arctan\sqrt{x}\mathrm{d}(\arctan\sqrt{x}) = (\arctan\sqrt{x})^2 + C.$$

解法 2

令 $\sqrt{x} = t$,则

$$\text{原式} = \int \frac{\arctan t}{t(1+t^2)} \cdot 2t\mathrm{d}t = 2\int \arctan t\mathrm{d}\arctan t = (\arctan t)^2 + C = (\arctan\sqrt{x})^2 + C.$$

例 5 求 $\int \frac{\tan\frac{1}{x}}{x^2\ln\cos\frac{1}{x}}\mathrm{d}x$.

分析 本题练习用第一换元法处理含有对数函数的不定积分.

解 原式 $= -\int \frac{\tan\frac{1}{x}}{\ln\cos\frac{1}{x}}\mathrm{d}\left(\frac{1}{x}\right) = \int \frac{\mathrm{d}\left(\ln\cos\frac{1}{x}\right)}{\ln\cos\frac{1}{x}} = \ln\ln\cos\frac{1}{x} + C.$

例 6 求 $\int \frac{2^x 3^x}{9^x - 4^x}\mathrm{d}x$.

分析 本题练习用第一换元法处理含有指数函数的不定积分.

解 原式 $= \int \frac{\left(\frac{3}{2}\right)^x}{\left(\frac{3}{2}\right)^{2x} - 1}\mathrm{d}x = \frac{1}{\ln\frac{3}{2}}\int \frac{\mathrm{d}\left(\frac{3}{2}\right)^x}{\left[\left(\frac{3}{2}\right)^x\right]^2 - 1} = \frac{1}{2(\ln 3 - \ln 2)} \cdot \ln\left|\frac{3^x - 2^x}{3^x + 2^x}\right| + C.$

例 7 求 $\int \frac{\mathrm{d}x}{x\sqrt{x^2+4}}$.

分析 本题练习掌握第二换元法,并熟练地用多种方法解此种类型的不定积分.

解法 1

令 $x = 2\tan t$ (图 5-1),$|t| < \frac{\pi}{2}$,则

$$\text{原式} = \int \frac{1}{2\tan t\sqrt{4\tan^2 t + 4}} \cdot 2\sec^2 t\mathrm{d}t = \frac{1}{2}\int \csc t\mathrm{d}t$$

$$= \frac{1}{2}\ln(\csc t - \cot t) + C = \frac{1}{2}\ln\frac{x}{\sqrt{x^2+4}+2} + C.$$

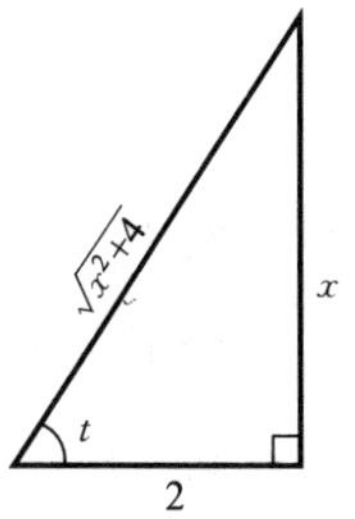

图 5-1

解法 2

令 $\sqrt{x^2+4} = t$,$x = \sqrt{t^2-4}$(根号前取"—"也可以),则

$$\text{原式} = \int \frac{t}{\sqrt{t^2-4} \cdot t \cdot \sqrt{t^2-4}}\mathrm{d}t = \int \frac{\mathrm{d}t}{t^2-4} = \frac{1}{4}\ln\frac{t-2}{t+2} + C$$

$$= \frac{1}{2}\ln\frac{x}{\sqrt{x^2+4}+2} + C.$$

解法 3

令 $x=\dfrac{1}{t}$,则

$$\text{原式}=\int \frac{1}{\frac{1}{t}\sqrt{\frac{1}{t^2}+4}}\left(-\frac{1}{t^2}\right)\mathrm{d}t=-\int \frac{1}{\sqrt{1+4t^2}}\mathrm{d}t=-\frac{1}{2}\ln(2t+\sqrt{4t^2+1})+C$$

$$=\frac{1}{2}\ln\frac{x}{\sqrt{x^2+4}+2}+C.$$

解法 4

$$\text{原式}=\int \frac{x\mathrm{d}x}{x^2\sqrt{x^2+4}}\xlongequal{\text{令 } x^2=u}\frac{1}{2}\int \frac{\mathrm{d}u}{u\sqrt{u+4}}\xlongequal{\text{令 }\sqrt{u+4}=t}\frac{1}{2}\int \frac{2t\mathrm{d}t}{(t^2-4)\cdot t}$$

$$=\frac{1}{4}\ln\frac{t-2}{t+2}+C=\frac{1}{2}\ln\frac{x}{\sqrt{x^2+4}+2}+C.$$

解法 5

令 $x^2=\dfrac{1}{t}$,$x=t^{-\frac{1}{2}}$,则

$$\text{原式}=\int \frac{t^{\frac{1}{2}}}{t^{-\frac{1}{2}}\sqrt{1+4t}}\left(-\frac{1}{2}t^{-\frac{3}{2}}\right)\mathrm{d}t=-\frac{1}{2}\int \frac{\mathrm{d}t}{\sqrt{t}\sqrt{1+4t}}\xlongequal{\text{令 }\sqrt{1+4t}=u}-\frac{1}{2}\int \frac{\mathrm{d}u}{\sqrt{u^2-1}}$$

$$=-\frac{1}{2}\ln(u+\sqrt{u^2-1})+C=\frac{1}{2}\ln\frac{x}{\sqrt{x^2+4}+2}+C.$$

例 8 求 $\int f'(x)f''(x)\mathrm{d}x$.(其中 $f''(x)$ 连续)

分析 本题复习原函数的概念,用分部积分法求抽象函数的不定积分.

解 原式 $=\int f'(x)\mathrm{d}f'(x)=[f'(x)]^2-\int f'(x)f''(x)\mathrm{d}x$,移项

从而 $\int f'(x)f''(x)\mathrm{d}x=\dfrac{1}{2}[f'(x)]^2+C.$

例 9 求不定积分 $\displaystyle\int \frac{\arcsin\sqrt{x}+\ln x}{\sqrt{x}}\mathrm{d}x.$

分析 本题练习凑微分法和分部积分法的综合运用.

解 原式 $=2\int(\arcsin\sqrt{x}+\ln x)\mathrm{d}\sqrt{x}$

$$=2\sqrt{x}(\arcsin\sqrt{x}+\ln x)-2\int \sqrt{x}\left(\frac{1}{\sqrt{1-x}}\frac{1}{2\sqrt{x}}+\frac{1}{x}\right)\mathrm{d}x$$

$$=2\sqrt{x}(\arcsin\sqrt{x}+\ln x)-\int\left(\frac{1}{\sqrt{1-x}}+\frac{2}{\sqrt{x}}\right)\mathrm{d}x$$

$$=2\sqrt{x}(\arcsin\sqrt{x}+\ln x)+2\sqrt{1-x}-4\sqrt{x}+C.$$

例 10 已知 $f(x)$ 的一个原函数为 $\ln(x+\sqrt{1+x^2})$,求 $\int xf'(x)\mathrm{d}x$.

分析 本题是练习原函数概念与分部积分的综合题.

解 $\int xf'(x)\mathrm{d}x=\int x\mathrm{d}f(x)=xf(x)-\int f(x)\mathrm{d}x$

因为 $\ln(x+\sqrt{1+x^2})$ 是 $f(x)$ 的一个原函数

所以 $f(x)=[\ln(x+\sqrt{1+x^2})]'=\dfrac{1}{\sqrt{1+x^2}}$ $\quad \int f(x)\mathrm{d}x=\ln(x+\sqrt{1+x^2})+C.$

故 原式 $=\dfrac{x}{\sqrt{1+x^2}}-\ln(x+\sqrt{1+x^2})+C.$

例 11 求 $\displaystyle\int\frac{-3x^2+2x}{(x-1)^2(x^2+1)}\mathrm{d}x.$

分析 本题复习并掌握有理函数的积分法.

解 设 $\dfrac{-3x^2+2x}{(x-1)^2(x^2+1)}=\dfrac{A}{x-1}+\dfrac{B}{(x-1)^2}+\dfrac{Cx+D}{x^2+1}.$

比较两边同次幂的系数.

$$-3x^2+2x=A(x-1)(x^2+1)+B(x^2+1)+(Cx+D)(x-1)^2$$

$$\begin{cases}A+C=0\\-A+B-2C+D=-3\\A+C-2D=2\\-A+B+D=0\end{cases}\Rightarrow\begin{cases}A=-\dfrac{3}{2}\\B=-\dfrac{1}{2}\\C=\dfrac{3}{2}\\D=-1\end{cases}$$

$$\begin{aligned}\text{原式}&=\int\left[-\frac{3}{2}\,\frac{1}{x-1}-\frac{1}{2}\,\frac{1}{(x-1)^2}+\frac{\frac{3}{2}x-1}{x^2+1}\right]\mathrm{d}x\\&=\frac{1}{2}\cdot\frac{1}{x-1}-\arctan x+\frac{3}{4}\ln\frac{x^2+1}{(1-x)^2}+C.\end{aligned}$$

例 12 求 $\displaystyle\int\frac{\mathrm{d}x}{\sin x+1}.$

分析 本题用多种方法处理三角有理函数积分.

解法 1

令 $t=\tan\dfrac{x}{2}$,则 $\sin x=\dfrac{2t}{1+t^2}$,$\mathrm{d}x=\dfrac{2\mathrm{d}t}{1+t^2}$,

所以原式 $=\displaystyle\int\frac{2\mathrm{d}t}{1+2t+t^2}=2\int\frac{\mathrm{d}t}{(1+t)^2}=-\frac{2}{1+t}+C=-\frac{2}{1+\tan\frac{x}{2}}+C.$

解法 2

$$\begin{aligned}\text{原式}&=\int\frac{\mathrm{d}x}{\left(\sin\frac{x}{2}+\cos\frac{x}{2}\right)^2}=\int\frac{\mathrm{d}x}{\left(\tan\frac{x}{2}+1\right)^2\cos^2\frac{x}{2}}=2\int\frac{\mathrm{d}\tan\frac{x}{2}}{\left(1+\tan\frac{x}{2}\right)^2}\\&=-\frac{2}{1+\tan\frac{x}{2}}+C.\end{aligned}$$

解法 3

$$\text{原式}=\int\frac{\mathrm{d}x}{\sin\frac{\pi}{2}+\sin x}=\int\frac{\mathrm{d}x}{2\cos\left(\frac{\pi}{4}-\frac{x}{2}\right)\sin\left(\frac{\pi}{4}+\frac{x}{2}\right)}$$

因为 $\cos\left(\dfrac{\pi}{4}-\dfrac{x}{2}\right)=\cos\left[\dfrac{\pi}{2}-\left(\dfrac{\pi}{4}+\dfrac{x}{2}\right)\right]=\sin\left(\dfrac{\pi}{4}+\dfrac{x}{2}\right)$

所以原式$=\frac{1}{2}\int\frac{dx}{\sin^2\left(\frac{\pi}{4}+\frac{x}{2}\right)}=\int\frac{d\left(\frac{\pi}{4}+\frac{x}{2}\right)}{\sin^2\left(\frac{\pi}{4}+\frac{x}{2}\right)}=-\cot\left(\frac{\pi}{4}+\frac{x}{2}\right)+C.$

解法 4

$$原式=\int\frac{1-\sin x}{\cos^2x}dx=\int\frac{1}{\cos^2x}dx-\int\frac{\sin x}{\cos^2x}dx=\tan x-\frac{1}{\cos x}+C.$$

解法 5

$$\begin{aligned}原式&=\int\frac{1+\cos x-\cos x}{1+\sin x}dx=\int\frac{1+\cos x}{1+\sin x}dx-\int\frac{\cos x}{1+\sin x}dx\\&=\int\frac{(1+\cos x)(1-\sin x)}{\cos^2x}dx-\ln(1+\sin x)\\&=\tan x-\frac{1}{\cos x}+\ln(\sec x+\tan x)+\ln\cos x-\ln(1+\sin x)+C\\&=\tan x-\frac{1}{\cos x}+C.\end{aligned}$$

解法 6

令 $z=1+\sin x$,则 $x=\arcsin(z-1)$,$dx=\frac{dz}{\sqrt{1-(z-1)^2}}$,

$$\begin{aligned}原式&=\int\frac{dz}{z\sqrt{1-(z-1)^2}}\xlongequal{令u=z-1}\int\frac{1}{(1+u)\sqrt{1-u^2}}du\\&=\int\sqrt{\frac{1-u}{1+u}}\cdot\frac{1}{1-u^2}du,\end{aligned}$$

再令$\sqrt{\frac{1-u}{1+u}}=t$,则 $u=\frac{1-t^2}{1+t^2}$,$du=-\frac{4t}{(1+t^2)^2}dt$,

$$\begin{aligned}所以原式&=\int t\cdot\frac{1}{1-\left(\frac{1-t^2}{1+t^2}\right)^2}\cdot\frac{-4t}{(1+t^2)^2}dt=-\int dt=-t+C=-\sqrt{\frac{1-u}{1+u}}+C\\&=-\sqrt{\frac{1-\sin x}{1+\sin x}}+C=\tan x-\frac{1}{\cos x}+C.\end{aligned}$$

例 13 求$\int\frac{2x+3}{\sqrt{4x^2-4x+5}}dx$.

分析 本题考查对简单无理函数的积分,方法是要通过适当的变形及变量代换消除根号.

解 原式$=\int\frac{2x-1+4}{\sqrt{(2x-1)^2+4}}dx$,

令 $t=2x-1$,$dt=2dx$,则

$$\begin{aligned}原式&=\int\frac{t+4}{\sqrt{t^2+4}}\cdot\frac{1}{2}dt=\frac{1}{2}\int\frac{tdt}{\sqrt{t^2+4}}+\frac{1}{2}\int\frac{4}{\sqrt{t^2+4}}dt\\&=\frac{1}{4}\int\frac{d(t^2+4)}{\sqrt{t^2+4}}+2\int\frac{dt}{\sqrt{t^2+4}}=\frac{1}{2}\sqrt{t^2+4}+2\ln\left|t+\sqrt{t^2+4}\right|+C\\&=\frac{1}{2}\sqrt{4x^2-4x+5}+2\ln\left|2x-1+\sqrt{4x^2-4x+5}\right|+C.\end{aligned}$$

六、练习题全解

练习 5.1

1. 求函数 $f(x)$，使得 $f'(x)=(3x-4)(2-x)$，$f(1)=1$.

解　$f'(x)=(3x-4)(2-x)=-3x^2+10x-8$

因为$(-x^3+5x^2-8x+C)'=-3x^2+10x-8$　所以 $f(x)=-x^3+5x^2-8x+C$

$f(1)=-1+5-8+C=1$　所以 $C=5$

所以 $f(x)=-x^3+5x^2-8x+5$

2. 已知一曲线过点(2,1)，且在其上任一点(x,y)处的切线斜率等于 $3x$，求曲线的方程.

解　$\begin{cases}\dfrac{dy}{dx}=3x\\ y|_{x=2}=1\end{cases}$　$dy=3xdx$，　$y=\int dy=3\int xdx=\dfrac{3}{2}x^2+C$　(＊)

将 $y|_{x=2}=1$ 代入式(＊)，$1=\dfrac{3}{2}\times4+C$　所以 $C=-5$，所以 $y=\dfrac{3}{2}x^2-5$

3. 一曲线 $y=f(x)$ 过点(0,2)，且其上任意点的斜率为 $x+e^x$，求 $f(x)$.

解　$y'=x+e^x$，$dy=xdx+e^x dx$

所以 $y=\int xdx+\int e^x dx=\dfrac{1}{2}x^2+e^x+C$　(＊)

将 $y|_{x=0}=2$ 代入式(＊)，所以 $C=1$，所以 $y=\dfrac{1}{2}x^2+e^x+1$

4. 一质点做直线运动，已知其加速度$\dfrac{d^2s}{dt^2}=3t^2-\sin t$，如果初速度为 $v_0=3$，初始位移 $s_0=2$，求(1) v 和 t 间的函数关系，(2) s 和 t 间的函数关系.

解　$\begin{cases}\dfrac{d^2s}{dt^2}=3t^2-\sin t\\ s_0|_{t=0}=2\\ v_0|_{t=0}=3\end{cases}$

$v=\int(3t^2-\sin t)dt=t^3+\cos t+C_1$　(＊)

$s=\int(t^3+\cos t+C_1)dt=\dfrac{t^4}{4}+\sin t+C_1t+C_2$　(＊＊)

将 $v_0|_{t=0}=3$ 代入式(＊)得：$C_1=2$

将 $s_0|_{t=0}=2$ 代入式(＊＊)得：$C_2=2$

(1) v 与 t 之间的函数关系：$v=t^3+\cos t+2$

(2) s 与 t 之间的函数关系：$s=\dfrac{t^4}{4}+\sin t+2t+2$

5. 已知 $f(x)$ 的一个原函数是 e^{-x^2}，求不定积分$\int f'(x)dx$.

解　由原函数的定义可知

$$f(x)=(e^{-x^2})'=-2xe^{-x^2}$$

所以　$\int f'(x)dx=f(x)+C=-2xe^{-x^2}+C$

6. 已知 $\int f(x)\mathrm{d}x=\sin^2 x+C$,求不定积分 $\int\frac{(\sin x+\cos x)^3}{1+f(x)}\mathrm{d}x$.

提示 利用 $1+\sin 2x=(\sin x+\cos x)^2$.

解 由不定积分的定义可知

$$f(x)=(\sin^2 x)'=2\sin x\cos x=\sin 2x$$

这时,
$$\int\frac{(\sin x+\cos x)^3}{1+f(x)}\mathrm{d}x=\int\frac{(\sin x+\cos x)^3}{1+\sin 2x}\mathrm{d}x=\int\frac{(\sin x+\cos x)^3}{(\sin x+\cos x)^2}\mathrm{d}x$$
$$=\int(\sin x+\cos x)\mathrm{d}x=\int\sin x\mathrm{d}x+\int\cos x\mathrm{d}x$$
$$=-\cos x+\sin x+C$$

练习 5.2

1. 求下列不定积分:

(1) $\int x^2\sqrt[3]{x}\mathrm{d}x$; (2) $\int\sqrt[n]{x^m}\mathrm{d}x$; (3) $\int\frac{1}{\sqrt{2gt}}\mathrm{d}t$; (4) $\int\frac{(x+1)^2}{\sqrt{x}}\mathrm{d}x$;

(5) $\int\sqrt{x\sqrt{x\sqrt{x}}}\mathrm{d}x$; (6) $\int\frac{x^3-27}{x-3}\mathrm{d}x$; (7) $\int\frac{x^2-1}{x^2+1}\mathrm{d}x$; (8) $\int\frac{1+2x^2}{x^2(1+x^2)}\mathrm{d}x$;

(9) $\int\frac{\cos 2x}{\cos x-\sin x}\mathrm{d}x$; (10) $\int\frac{1+\cos^2 x}{1+\cos 2x}\mathrm{d}x$; (11) $\int\frac{\cos 2x}{\sin^2 x\cos^2 x}\mathrm{d}x$;

(12) $\int\frac{1+\sin 2x}{\sin x+\cos x}\mathrm{d}x$; (13) $\int\frac{\mathrm{e}^x(x-\mathrm{e}^{-x})}{x}\mathrm{d}x$; (14) $\int\frac{2^{x+1}-5^{x-1}}{10^x}\mathrm{d}x$;

(15) $\int(\mathrm{e}^x+3^x)(1+2^x)\mathrm{d}x$; (16) $\int\left(\sqrt{\frac{1+x}{1-x}}+\sqrt{\frac{1-x}{1+x}}\right)\mathrm{d}x$.

解 (1) 原式 $=\int x^{\frac{7}{3}}\mathrm{d}x=\frac{3}{10}x^{\frac{10}{3}}+C$

(2) 原式 $=\int x^{\frac{m}{n}}\mathrm{d}x=\frac{n}{m+n}x^{\frac{m+n}{n}}+C$

(3) 原式 $=\frac{1}{\sqrt{2g}}\int t^{-\frac{1}{2}}\mathrm{d}t=\sqrt{\frac{2}{g}}t^{\frac{1}{2}}+C$

(4) 原式 $=\int x^{\frac{3}{2}}\mathrm{d}x+2\int x^{\frac{1}{2}}\mathrm{d}x+\int x^{-\frac{1}{2}}\mathrm{d}x=\frac{2}{5}x^{\frac{5}{2}}+\frac{4}{3}x^{\frac{3}{2}}+2x^{\frac{1}{2}}+C$

(5) 原式 $=\int x^{\frac{7}{8}}\mathrm{d}x=\frac{8}{15}x^{\frac{15}{8}}+C$

(6) 原式 $=\int(x^2+3x+9)\mathrm{d}x=\frac{1}{3}x^3+\frac{3}{2}x^2+9x+C$

(7) 原式 $=\int\frac{x^2+1-2}{x^2+1}\mathrm{d}x=\int\left(1-\frac{2}{x^2+1}\right)\mathrm{d}x=x-2\arctan x+C$

(8) 原式 $=\int\frac{(1+x^2)+x^2}{x^2(1+x^2)}\mathrm{d}x=\int\frac{1}{x^2}\mathrm{d}x+\int\frac{1}{1+x^2}\mathrm{d}x=-\frac{1}{x}+\arctan x+C$

(9) 原式 $=\int\frac{\cos^2 x-\sin^2 x}{\cos x-\sin x}\mathrm{d}x=\int\cos x\mathrm{d}x+\int\sin x\mathrm{d}x=\sin x-\cos x+C$

(10) 原式 $=\int\frac{2-\sin^2 x}{2(1-\sin^2 x)}\mathrm{d}x=\int\frac{1}{\cos^2 x}\mathrm{d}x+\int\frac{1-\sin^2 x}{2(1-\sin^2 x)}\mathrm{d}x+\int\frac{-1}{2(1-\sin^2 x)}\mathrm{d}x$

$$=\tan x+\frac{1}{2}x-\frac{1}{2}\tan x+C=\frac{1}{2}\tan x+\frac{1}{2}x+C$$

(11) 原式 $=\int \frac{1}{\sin^2 x}\mathrm{d}x-\int \frac{1}{\cos^2 x}\mathrm{d}x=-\cot x-\tan x+C$

(12) 原式 $=\int \frac{(\sin x+\cos x)^2}{\sin x+\cos x}\mathrm{d}x=\int \sin x\,\mathrm{d}x+\int \cos x\mathrm{d}x=-\cos x+\sin x+C$

(13) 原式 $=\int \mathrm{e}^x\,\mathrm{d}x-\int \frac{1}{x}\mathrm{d}x=\mathrm{e}^x-\ln|x|+C$

(14) 原式 $=\int \left(\frac{1}{5}\right)^x\cdot 2\mathrm{d}x-\int \left(\frac{1}{2}\right)^x\cdot 5^{-1}\mathrm{d}x=2\cdot 5^{-x}\frac{1}{\ln\frac{1}{5}}-\frac{1}{5\ln\frac{1}{2}}2^{-x}+C$

$$=-\frac{2}{\ln 5}5^{-x}+\frac{1}{5\ln 2}2^{-x}+C$$

(15) 原式 $=\int (\mathrm{e}^x+3^x+2^x\,\mathrm{e}^x+6^x)\mathrm{d}x$

$$=\mathrm{e}^x+3^x\frac{1}{\ln 3}+(2\mathrm{e})^x\cdot\frac{1}{\ln 2+1}+\frac{6^x}{\ln 6}+C$$

(16) 原式 $=\int \left(\frac{\sqrt{1-x^2}}{1-x}+\frac{\sqrt{1-x^2}}{1+x}\right)\mathrm{d}x=2\int \frac{1}{\sqrt{1-x^2}}\mathrm{d}x=2\arcsin x+C$

2. 求下列不定积分：

(1) $\int \frac{\sqrt{1+x^2}-\sqrt{1-x^2}}{\sqrt{1-x^4}}\mathrm{d}x$；　　(2) $\int \frac{x-2\sqrt{9x^2-4}}{x\sqrt{9x^2-4}}\mathrm{d}x$.

解　(1) 原式 $=\int \frac{\sqrt{1+x^2}-\sqrt{1-x^2}}{\sqrt{(1-x^2)(1+x^2)}}\mathrm{d}x=\int \frac{1}{\sqrt{1-x^2}}\mathrm{d}x-\int \frac{1}{\sqrt{1+x^2}}\mathrm{d}x$

$$=\arcsin x-\ln\left|x+\sqrt{x^2+1}\right|+C$$

(2) 原式 $=\int \frac{1}{\sqrt{9x^2-4}}\mathrm{d}x-\int \frac{2}{x}\mathrm{d}x=\int \frac{1}{3\sqrt{x^2-\left(\frac{2}{3}\right)^2}}\mathrm{d}x-\int \frac{2}{x}\mathrm{d}x$

$$=\frac{1}{3}\ln\left|x+\sqrt{x^2-\left(\frac{2}{3}\right)^2}\right|-2\ln|x|+C$$

3. 设 $a>0,b>0$. 求不定积分 $\int \frac{\mathrm{d}x}{\sqrt{a^2x^2\pm b^2}}$.

解　利用基本积分公式中的公式(6)

$$\int \frac{\mathrm{d}x}{\sqrt{a^2x^2\pm b^2}}=\int \frac{\mathrm{d}x}{a\sqrt{x^2\pm\left(\frac{b}{a}\right)^2}}=\frac{1}{a}\ln\left|x+\sqrt{x^2\pm\left(\frac{b}{a}\right)^2}\right|+C$$

$$=\frac{1}{a}\ln\left|\frac{ax+\sqrt{a^2x^2\pm b^2}}{a}\right|+C_1=\frac{1}{a}\ln\left|ax+\sqrt{a^2x^2\pm b^2}\right|+C$$

练习 5.3

1. 用凑微分法求下列不定积分：

(1) $\int \sqrt{2x+1}\mathrm{d}x$；　(2) $\int x(1-x)^{20}\mathrm{d}x$；　(3) $\int \frac{\mathrm{d}x}{\sqrt{a^2-x^2}}\ (a\neq 0)$；　(4) $\int \frac{x}{\sqrt{1-x^2}}\mathrm{d}x$；

(5) $\int x\mathrm{e}^{-2x^2}\mathrm{d}x$；　(6) $\int \frac{\mathrm{e}^{2x}}{3^x}\mathrm{d}x$；　(7) $\int \frac{\ln x}{x}\mathrm{d}x$；　(8) $\int \frac{\mathrm{d}x}{x\ln x}$.

解 (1) 原式 $=\frac{1}{2}\int(2x+1)^{\frac{1}{2}}\mathrm{d}(2x+1)=\frac{1}{2}\times\frac{2}{3}(2x+1)^{\frac{3}{2}}+C=\frac{1}{3}(2x+1)^{\frac{3}{2}}+C$

(2) 原式 $=\int[(x-1)+1](1-x)^{20}\mathrm{d}x=\int-(1-x)^{21}\mathrm{d}x+\int(1-x)^{20}\mathrm{d}x$

$$=\int(1-x)^{21}\mathrm{d}(1-x)-\int(1-x)^{20}\mathrm{d}(1-x)=\frac{1}{22}(1-x)^{22}-\frac{1}{21}(1-x)^{21}+C$$

(3) 原式 $=\int\frac{1}{|a|\sqrt{1-\left(\frac{x}{|a|}\right)^2}}\mathrm{d}x=\int\frac{1}{\sqrt{1-\left(\frac{x}{|a|}\right)^2}}\mathrm{d}\frac{x}{|a|}=\arcsin\frac{x}{|a|}+C$

(4) 原式 $=\int\frac{1}{\sqrt{1-x^2}}\left(-\frac{1}{2}\right)\mathrm{d}(1-x^2)=-\sqrt{1-x^2}+C$

(5) 原式 $=\int-\frac{1}{4}\mathrm{e}^{-2x^2}\mathrm{d}(-2x^2)=-\frac{1}{4}\mathrm{e}^{-2x^2}+C$

(6) 原式 $=\int\left(\frac{\mathrm{e}^2}{3}\right)^x\mathrm{d}x=\left(\frac{\mathrm{e}^2}{3}\right)^x\Big/\ln\frac{\mathrm{e}^2}{3}+C=\frac{1}{2-\ln 3}\cdot\frac{\mathrm{e}^{2x}}{3^x}+C$

(7) 原式 $=\int\ln x\mathrm{d}(\ln x)=\frac{1}{2}\ln^2x+C$

(8) 原式 $=\int\frac{\mathrm{d}(\ln x)}{\ln x}=\ln(\ln x)+C$

2. 用凑微分法求下列不定积分：

(1) $\int\sin x\cos x\mathrm{d}x$； (2) $\int\sin^2x\cos^2x\mathrm{d}x$； (3) $\int\sin^2x\cos^3x\mathrm{d}x$； (4) $\int\sin ax\cos bx\mathrm{d}x$.

解 (1) 原式 $=\int\sin x\mathrm{d}\sin x=\frac{1}{2}\sin^2x+C$

(2) 原式 $=\int\frac{1}{4}\sin^2 2x\mathrm{d}x=\frac{1}{4}\int\frac{1-\cos 4x}{2}\mathrm{d}x=\frac{1}{8}\int\mathrm{d}x-\frac{1}{8\times4}\int\cos 4x\mathrm{d}4x$

$$=\frac{1}{8}x-\frac{1}{32}\sin 4x+C$$

(3) 原式 $=\int\sin^2x(1-\sin^2x)\mathrm{d}\sin x=\int(\sin^2x-\sin^4x)\mathrm{d}\sin x$

$$=\frac{1}{3}\sin^3x-\frac{1}{5}\sin^5x+C$$

(4) 原式 $=\frac{1}{2}\int[\sin(a+b)x+\sin(a-b)x]\mathrm{d}x$

当 $a^2-b^2\neq0$ 时，即 $a+b\neq0$，且 $a-b\neq0$

原式 $=\frac{1}{2}\left[-\frac{1}{a+b}\cos(a+b)x-\frac{1}{a-b}\cos(a-b)x\right]+C$

当 $a+b=0$ 时

原式 $=\frac{1}{2}\int\sin(a-b)x\mathrm{d}x=-\frac{1}{2}\frac{1}{a-b}\cos(a-b)x+C$

当 $a-b=0$ 时

原式 $=\frac{1}{2}\int\sin(a+b)x\mathrm{d}x=-\frac{1}{2}\frac{1}{a+b}\cos(a+b)x+C$

3. 求下列有理函数不定积分：

(1) $\int\frac{x}{1-x^2}\mathrm{d}x$； (2) $\int\frac{\mathrm{d}x}{x^2+x}$； (3) $\int\frac{x^6}{1+x^7}\mathrm{d}x$； (4) $\int\frac{\mathrm{d}x}{x(1+x^7)}$；

(5) $\int \frac{1-x}{1-x^3}dx$；　(6) $\int \frac{x-x^2}{1-x^3}dx$；　(7) $\int \frac{x^2}{1-x^3}dx$；　(8) $\int \frac{dx}{1-x^3}$；

(9) $\int \frac{2x^2-x}{x+1}dx$；　(10) $\int \frac{dx}{1-x^4}$.

解　(1) 原式 $=-\frac{1}{2}\int \frac{1}{1-x^2}d(1-x^2)=-\frac{1}{2}\ln|1-x^2|+C$

(2) 原式 $=\int \frac{1+x-x}{x(x+1)}dx=\int\left(\frac{1}{x}-\frac{1}{x+1}\right)dx=\ln|x|-\ln|x+1|+C=\ln\left|\frac{x}{x+1}\right|+C$

(3) 原式 $=\frac{1}{7}\int \frac{1}{1+x^7}d(1+x^7)=\frac{1}{7}\ln|1+x^7|+C$

(4) 原式 $=\int \frac{x^6}{x^7(1+x^7)}dx=\frac{1}{7}\int\left(\frac{1}{x^7}-\frac{1}{1+x^7}\right)dx^7=\frac{1}{7}(\ln|x^7|-\ln|1+x^7|)+C$

$$=\frac{1}{7}\ln\left|\frac{x^7}{1+x^7}\right|+C$$

(5) 原式 $=\int \frac{1-x}{(1-x)(1+x+x^2)}dx=\int \frac{1}{\frac{3}{4}+\left(x+\frac{1}{2}\right)^2}dx$

$$=\frac{2}{\sqrt{3}}\int \frac{1}{1+\left(\frac{x+\frac{1}{2}}{\frac{\sqrt{3}}{2}}\right)^2}d\frac{x+\frac{1}{2}}{\frac{\sqrt{3}}{2}}=\frac{2}{\sqrt{3}}\arctan\left(\frac{2x+1}{\sqrt{3}}\right)+C$$

(6) 原式 $=\int \frac{x(1-x)}{(1-x)(1+x+x^2)}dx=\int \frac{x}{1+x+x^2}dx=\int \frac{x+\frac{1}{2}-\frac{1}{2}}{1+x+x^2}dx$

$$=\frac{1}{2}\int \frac{d(x^2+x+1)}{1+x+x^2}-\frac{1}{2}\int \frac{dx}{1+x+x^2}$$

$$=\frac{1}{2}\ln(1+x+x^2)-\frac{1}{\sqrt{3}}\arctan\left(\frac{2x+1}{\sqrt{3}}\right)+C$$

(7) 原式 $=-\frac{1}{3}\int \frac{1}{1-x^3}d(1-x^3)=-\frac{1}{3}\ln|1-x^3|+C$

(8) $\frac{1}{1-x^3}=\frac{1}{(1-x)(1+x+x^2)}\equiv\frac{A}{1-x}+\frac{Bx+C}{1+x+x^2}$

$1\equiv A(1+x+x^2)+(Bx+C)(1-x)$

令 $x=1$，得 $A=\frac{1}{3}$；令 $x=0$，得 $C=\frac{2}{3}$；令 $x=-1$，得 $B=\frac{1}{3}$.

原式 $=\frac{1}{3}\int \frac{1}{1-x}dx+\frac{1}{3}\int \frac{x+2}{1+x+x^2}dx=-\frac{1}{3}\ln|1-x|+\frac{1}{6}\int \frac{2x+1+3}{1+x+x^2}dx$

$$=-\frac{1}{3}\ln|1-x|+\frac{1}{6}\int \frac{d(1+x+x^2)}{1+x+x^2}+\frac{1}{2}\int \frac{1}{\frac{\sqrt{3}}{2}\left[1+\left(\frac{2x+1}{\sqrt{3}}\right)^2\right]}d\frac{2x+1}{\sqrt{3}}$$

$$=-\frac{1}{3}\ln|1-x|+\frac{1}{6}\ln(1+x+x^2)+\frac{1}{\sqrt{3}}\arctan\left(\frac{2x+1}{\sqrt{3}}\right)+C$$

(9) 原式 $=\int \frac{2x^2+2x-3x-3+3}{x+1}dx=\int\left(2x-3+\frac{3}{x+1}\right)dx=x^2-3x+3\ln|x+1|+C$

(10) 原式 $=\int\frac{1}{(1-x)(1+x)(1+x^2)}\mathrm{d}x$

$$\frac{1}{(1-x)(1+x)(1+x^2)}\equiv\frac{A}{1-x}+\frac{B}{1+x}+\frac{Cx+D}{1+x^2}$$

$$1\equiv A(1+x)(1+x^2)+B(1-x)(1+x^2)+(Cx+D)(1-x)(1+x)$$

令 $x=1$,得 $A=\frac{1}{4}$;令 $x=-1$,得 $B=\frac{1}{4}$;令 $x=0$,得 $D=\frac{1}{2}$;令 $x=2$,得 $C=0$. 所以

$$\begin{aligned}原式&=\frac{1}{4}\int\frac{1}{1-x}\mathrm{d}x+\frac{1}{4}\int\frac{1}{1+x}\mathrm{d}x+\frac{1}{2}\int\frac{1}{1+x^2}\mathrm{d}x\\&=-\frac{1}{4}\ln|1-x|+\frac{1}{4}\ln|1+x|+\frac{1}{2}\arctan x+C\\&=\frac{1}{4}\ln\left|\frac{1+x}{1-x}\right|+\frac{1}{2}\arctan x+C\end{aligned}$$

4. 用凑微分法求下列不定积分:

(1) $\int\frac{x\ln(1+x^2)}{1+x^2}\mathrm{d}x$; (2) $\int\frac{\mathrm{e}^x}{1+\mathrm{e}^{2x}}\mathrm{d}x$; (3) $\int\tan x\mathrm{d}x$;

(4) $\int\cot x\mathrm{d}x$; (5) $\int\csc x\mathrm{d}x$; (6) $\int\frac{\mathrm{d}x}{1+\mathrm{e}^x}$.

解 (1) 原式 $=\frac{1}{2}\int\frac{\ln(1+x^2)}{1+x^2}\mathrm{d}(1+x^2)=\frac{1}{2}\int\ln(1+x^2)\mathrm{d}\ln(1+x^2)=\frac{1}{4}\ln^2(1+x^2)+C$

(2) 原式 $=\int\frac{1}{1+(\mathrm{e}^x)^2}\mathrm{d}\mathrm{e}^x=\arctan\mathrm{e}^x+C$

(3) 原式 $=\int\frac{\sin x}{\cos x}\mathrm{d}x=-\int\frac{\mathrm{d}\cos x}{\cos x}=-\ln|\cos x|+C$

(4) 原式 $=\int\frac{\cos x}{\sin x}\mathrm{d}x=\int\frac{\mathrm{d}\sin x}{\sin x}=\ln|\sin x|+C$

(5) 原式 $=\int\frac{\csc x(\csc x-\cot x)}{\csc x-\cot x}\mathrm{d}x=\int\frac{\csc^2x-\csc x\cot x}{\csc x-\cot x}\mathrm{d}x$

$$=\int\frac{1}{\csc x-\cot x}\mathrm{d}(\csc x-\cot x)=\ln|\csc x-\cot x|+C$$

(6) 原式 $=\int\frac{\mathrm{e}^{-x}}{1+\mathrm{e}^{-x}}\mathrm{d}x=-\int\frac{\mathrm{d}(1+\mathrm{e}^{-x})}{1+\mathrm{e}^{-x}}=-\ln(1+\mathrm{e}^{-x})+C$

5. 用分部积分法求下列不定积分:

(1) $\int x\mathrm{e}^{-2x}\mathrm{d}x$; (2) $\int x\ln x\mathrm{d}x$; (3) $\int x^3\mathrm{e}^{x^2}\mathrm{d}x$;

(4) $\int(\ln x)^2\mathrm{d}x$; (5) $\int x\cos x\mathrm{d}x$; (6) $\int\arcsin x\mathrm{d}x$;

(7) $\int x\arctan x\mathrm{d}x$; (8) $\int\sqrt{x^2-a^2}\mathrm{d}x\ (a\neq0)$; (9) $\int\mathrm{e}^{-x}\cos x\mathrm{d}x$;

(10) $\int\ln(2x+1)\mathrm{d}x$.

解 (1) 原式 $=-\frac{1}{2}\int x\mathrm{d}\mathrm{e}^{-2x}=-\frac{1}{2}x\mathrm{e}^{-2x}+\frac{1}{2}\int\mathrm{e}^{-2x}\mathrm{d}x=-\frac{1}{2}x\mathrm{e}^{-2x}-\frac{1}{4}\mathrm{e}^{-2x}+C$

(2) 原式 $=\int\ln x\mathrm{d}\frac{x^2}{2}=\frac{x^2}{2}\ln x-\int\frac{x}{2}\mathrm{d}x=\frac{x^2}{2}\ln x-\frac{1}{4}x^2+C$

(3) 原式$=\frac{1}{2}\int x^2e^{x^2}dx^2=\frac{1}{2}\int x^2de^{x^2}=\frac{1}{2}x^2e^{x^2}-\frac{1}{2}\int e^{x^2}dx^2=\frac{1}{2}x^2e^{x^2}-\frac{1}{2}e^{x^2}+C$

(4) 原式$=x(\ln x)^2-2\int \ln x dx=x(\ln x)^2-2x\ln x+2\int dx$

$=x(\ln x)^2-2x\ln x+2x+C$

(5) 原式 $=\int x d\sin x=x\sin x-\int \sin x dx=x\sin x+\cos x+C$

(6) 原式$=\int \arcsin x dx=x\arcsin x-\int \frac{x}{\sqrt{1-x^2}}dx$

$=x\arcsin x+\int \frac{d(1-x^2)}{2\sqrt{1-x^2}}=x\arcsin x+\sqrt{1-x^2}+C$

(7) 原式$=\int \arctan x d\frac{x^2}{2}=\frac{x^2}{2}\arctan x-\int \frac{x^2}{2}\cdot\frac{1}{1+x^2}dx$

$=\frac{x^2}{2}\arctan x-\frac{1}{2}\int\left(1-\frac{1}{1+x^2}\right)dx$

$=\frac{x^2}{2}\arctan x-\frac{1}{2}x+\frac{1}{2}\arctan x+C$

(8) 原式 $=I=x\cdot\sqrt{x^2-a^2}-\int \frac{x^2-a^2+a^2}{\sqrt{x^2-a^2}}dx$

$=x\sqrt{x^2-a^2}-\int \sqrt{x^2-a^2}dx-a^2\int \frac{dx}{\sqrt{x^2-a^2}}$

$=x\sqrt{x^2-a^2}-I-a^2\ln\left|x+\sqrt{x^2-a^2}\right|$

所以 $I=\frac{1}{2}\left(x\sqrt{x^2-a^2}-a^2\ln\left|x+\sqrt{x^2-a^2}\right|\right)+C$

(9) $\int e^{-x}\cos x dx=\int e^{-x}d\sin x=e^{-x}\sin x+\int \sin x e^{-x}dx=e^{-x}\sin x-\int e^{-x}d\cos x$

$=e^{-x}\sin x-e^{-x}\cos x-\int \cos x e^{-x}dx$

所以$\int e^{-x}\cos x dx=\frac{1}{2}e^{-x}(\sin x-\cos x)+C$

(10) 原式$=\frac{1}{2}\int \ln(2x+1)d(2x+1)=\frac{1}{2}(2x+1)\ln(2x+1)-\int dx$

$=\frac{1}{2}(2x+1)\ln(2x+1)-x+C$

6. 求不定积分$\int \csc^3 x dx$.

解　$\int \csc^3 x dx=\int \csc x d(-\cot x)=-\csc x\cot x-\int \cot^2 x\cdot\csc x dx$

$=-\csc x\cot x-\int(\csc^2 x-1)\csc x dx$

$=-\csc x\cot x-\int \csc^3 x dx+\int \csc x dx$

$=-\csc x\cot x-\int \csc^3 x dx+\ln|\csc x-\cot x|$

所以$\int \csc^3 x dx=-\frac{1}{2}\csc x\cot x+\frac{1}{2}\ln|\csc x-\cot x|+C$

7. 用分部积分法求下列不定积分:

(1) $\int x(1+x)^{\mu}\mathrm{d}x\quad(\mu\neq-1,-2)$;　　(2) $\int\sin^{n}x\,\mathrm{d}x\quad$ (n 为正整数).

解 (1) 原式 $=\dfrac{1}{\mu+1}\int x\mathrm{d}(1+x)^{\mu+1}$

$$=\frac{1}{\mu+1}x(1+x)^{\mu+1}-\frac{1}{\mu+1}\int(1+x)^{\mu+1}\mathrm{d}x$$

$$=\frac{1}{\mu+1}x(1+x)^{\mu+1}-\frac{1}{(\mu+1)(\mu+2)}(1+x)^{\mu+2}+C$$

(2) 原式 $=I_n=-\int\sin^{n-1}x\mathrm{d}\cos x=-\cos x\sin^{n-1}x+\int(n-1)\cos^{2}x\sin^{n-2}x\mathrm{d}x$

$$=-\cos x\sin^{n-1}x+(n-1)\int(1-\sin^{2}x)\sin^{n-2}x\mathrm{d}x$$

$$=-\cos x\sin^{n-1}x+(n-1)\int\sin^{n-2}x\mathrm{d}x-(n-1)\int\sin^{n}x\mathrm{d}x$$

$$=-\cos x\sin^{n-1}x+(n-1)I_{n-2}-(n-1)I_n$$

所以　$I_n=-\dfrac{1}{n}\cos x\sin^{n-1}x+\dfrac{n-1}{n}I_{n-2}$

当 $n=0$ 时, $I_0=\int\mathrm{d}x=x+C$; 当 $n=1$ 时, $I_1=\int\sin x\mathrm{d}x=-\cos x+C$

练习 5.4

1. 求下列不定积分:

(1) $\int\dfrac{\mathrm{d}x}{1+\sqrt{x}}$;　(2) $\int\sqrt[3]{1+\sqrt{x}}\mathrm{d}x$;　(3) $\int\dfrac{\sqrt{1+\sqrt[3]{x}}}{x}\mathrm{d}x$;　(4) $\int\dfrac{1}{x}\sqrt{\dfrac{x+1}{x-1}}\mathrm{d}x$.

解 (1) 令 $t=\sqrt{x}$, 则 $x=t^2$, $\mathrm{d}x=2t\mathrm{d}t$

原式 $=\int\dfrac{2t\mathrm{d}t}{1+t}=2\int\left(1-\dfrac{1}{1+t}\right)\mathrm{d}t=2[t-\ln(1+t)]+C$

$$=2\sqrt{x}-2\ln(1+\sqrt{x})+C$$

(2) 令 $t=\sqrt{x}$, 则 $x=t^2$, $\mathrm{d}x=2t\mathrm{d}t$

原式 $=\int\sqrt[3]{1+t}\cdot 2t\mathrm{d}t=2\int(t+1-1)\sqrt[3]{1+t}\mathrm{d}t$

$$=2\int(1+t)^{\frac{4}{3}}\mathrm{d}t-2\int(1+t)^{\frac{1}{3}}\mathrm{d}t=\frac{6}{7}(1+t)^{\frac{7}{3}}-\frac{3}{2}(1+t)^{\frac{4}{3}}+C$$

$$=\frac{6}{7}(1+\sqrt{x})^{\frac{7}{3}}-\frac{3}{2}(1+\sqrt{x})^{\frac{4}{3}}+C$$

(3) 令 $t=\sqrt{1+\sqrt[3]{x}}$, 则 $x=(t^2-1)^3$, $\mathrm{d}x=3(t^2-1)^2\cdot 2t\mathrm{d}t$

原式 $=\int\dfrac{t}{(t^2-1)^3}\cdot 6(t^2-1)^2t\mathrm{d}t=6\int\dfrac{t^2}{t^2-1}\mathrm{d}t$

$$=6\int\left(1+\frac{1}{t^2-1}\right)\mathrm{d}t=6t+6\int\frac{\mathrm{d}t}{(t-1)(t+1)}=6t+3\int\left(\frac{1}{t-1}-\frac{1}{t+1}\right)\mathrm{d}t$$

$$=6t+3\ln\left|\frac{t-1}{t+1}\right|+C=6\sqrt{1+\sqrt[3]{x}}+3\ln\left|\frac{\sqrt{1+\sqrt[3]{x}}-1}{\sqrt{1+\sqrt[3]{x}}+1}\right|+C$$

(4) 令 $t=\sqrt{\frac{x+1}{x-1}}$，则 $x=\frac{t^2+1}{t^2-1}$，$dx=-\frac{4t}{(t^2-1)^2}dt$

$$\text{原式}=\int\frac{t^2-1}{t^2+1}\cdot t\cdot\frac{-4t}{(t^2-1)^2}\cdot dt=\int\frac{-4t^2}{(t^2+1)(t^2-1)}dt$$

$$=-\int\frac{1}{t-1}dt+\int\frac{1}{t+1}dt-2\int\frac{dt}{t^2+1}$$

$$=\ln\left|\frac{t+1}{t-1}\right|-2\arctan t+C=\ln\left|\frac{\sqrt{\frac{x+1}{x-1}}+1}{\sqrt{\frac{x+1}{x-1}}-1}\right|-2\arctan\sqrt{\frac{x+1}{x-1}}+C$$

$$=\ln\left|\frac{\sqrt{x+1}+\sqrt{x-1}}{\sqrt{x+1}-\sqrt{x-1}}\right|-2\arctan\sqrt{\frac{x+1}{x-1}}+C$$

2. 用换元法求下列不定积分：

(1) $\int\sqrt{x-x^2}dx$；　(2) $\int\frac{dx}{x+\sqrt{x^2+1}}$；　(3) $\int\sqrt{x^2-4}dx$；　(4) $\int\frac{dx}{1+\sqrt{1-x^2}}$.

解　(1) 原式 $=\int\sqrt{\frac{1}{4}-\left(x-\frac{1}{2}\right)^2}dx$　$\left(\text{令 } x-\frac{1}{2}=\frac{1}{2}\sin t,\ dx=\frac{1}{2}\cos t dt\right)$

$$=\int\frac{1}{2}\cos t\cdot\frac{1}{2}\cos t dt=\frac{1}{4}\int\frac{1+\cos 2t}{2}dt$$

$$=\frac{1}{8}t+\frac{1}{16}\sin 2t+C=\frac{1}{8}t+\frac{1}{8}\sin t\cos t+C$$

$$=\frac{1}{8}\arcsin(2x-1)+\frac{1}{4}(2x-1)\sqrt{x-x^2}+C$$

(2) 原式 $=\int(\sqrt{x^2+1}-x)dx=\int\sqrt{x^2+1}dx-\int x dx=\int\sqrt{x^2+1}dx-\frac{1}{2}x^2$

令 $x=\tan t$，则 $dx=\sec^2 t dt$

$$I=\int\sqrt{x^2+1}dx=\int\sec t\cdot\sec^2 t dt=\int\sec t d\tan t$$

$$=\tan t\sec t-\int\tan^2 t\sec t dt=\tan t\sec t-\int(\sec^2 t-1)\sec t dt$$

$$=\tan t\sec t-\int\sec^3 t dt+\int\sec t dt$$

$$=\tan t\sec t-I+\ln|\sec t+\tan t|$$

所以 $I=\frac{1}{2}\tan t\sec t+\frac{1}{2}\ln|\sec t+\tan t|+C=\frac{1}{2}x\sqrt{1+x^2}+\frac{1}{2}\ln\left|\sqrt{1+x^2}+x\right|+C$

从而　原式 $=-\frac{1}{2}x^2+\frac{1}{2}x\sqrt{1+x^2}+\frac{1}{2}\ln\left|\sqrt{1+x^2}+x\right|+C$

(3) 令 $x=2\sec t$，则 $dx=2\sec t\tan t dt$

$$\text{原式}=\int 2\tan t\cdot 2\sec t\cdot\tan t dt=4\int\sec t(\sec^2 t-1)dt$$

$$=4\int\sec^3 t dt-4\int\sec t dt\quad\text{（由上题可得）}$$

$$=2\tan t\sec t+2\ln|\sec t+\tan t|-4\ln|\sec t+\tan t|+C_1$$

$$=\frac{1}{2}x\sqrt{x^2-4}-2\ln\left|x+\sqrt{x^2-4}\right|+C$$

(4) 令 $x=\sin t$, $\mathrm{d}x=\cos t\mathrm{d}t$

$$原式=\int\frac{1-\sqrt{1-x^2}}{x^2}\mathrm{d}x=\int\frac{1-\cos t}{\sin^2 t}\cos t\mathrm{d}t=\int\frac{\cos t}{\sin^2 t}\mathrm{d}t-\int\cot^2 t\mathrm{d}t$$

$$=\int\frac{1}{\sin^2 t}\mathrm{d}\sin t-\int(\csc^2 t-1)\mathrm{d}t$$

$$=-\frac{1}{\sin t}+\cot t+t+C=-\frac{1}{x}+\frac{\sqrt{1-x^2}}{x}+\arcsin x+C$$

3. 用万能代换求下列不定积分:

(1) $\int\frac{\mathrm{d}x}{1+\tan x}$; (2) $\int\frac{\mathrm{d}x}{1+\cos x}$; (3) $\int\frac{\mathrm{d}x}{\sin x+\cos x}$; (4) $\int\frac{2\sin x+\cos x}{\sin x-\cos x}\mathrm{d}x$.

解 (1) 令 $t=\tan\frac{x}{2}$,则

$$x=2\arctan t,\quad \mathrm{d}x=\frac{2}{1+t^2}\mathrm{d}t,\quad \tan x=\frac{2t}{1-t^2}$$

$$原式=\int\frac{1}{1+\frac{2t}{1-t^2}}\cdot\frac{2}{1+t^2}\mathrm{d}t=\int\frac{2(1-t^2)}{(1-t^2+2t)(1+t^2)}\mathrm{d}t$$

$$=\int\left(\frac{1-t}{1-t^2+2t}+\frac{-t+1}{1+t^2}\right)\mathrm{d}t$$

$$=\frac{1}{2}\ln|1-t^2+2t|-\frac{1}{2}\ln(1+t^2)+\arctan t+C$$

$$=\frac{1}{2}\ln\left|\frac{1-t^2}{1+t^2}+\frac{2t}{1+t^2}\right|+\arctan t+C$$

$$=\frac{1}{2}\ln|\cos x+\sin x|+\frac{x}{2}+C$$

(2) 令 $t=\tan\frac{x}{2}$,则

$$x=2\arctan t,\quad \mathrm{d}x=\frac{2}{1+t^2}\mathrm{d}t,\quad \cos x=\frac{1-t^2}{1+t^2}$$

$$原式=\int\frac{1}{1+\frac{1-t^2}{1+t^2}}\cdot\frac{2}{1+t^2}\mathrm{d}t=\int\mathrm{d}t=t+C=\tan\frac{x}{2}+C$$

(3) 令 $t=\tan\frac{x}{2}$,则

$$x=2\arctan t,\quad \mathrm{d}x=\frac{2}{1+t^2}\mathrm{d}t,\quad \sin x=\frac{2t}{1+t^2},\quad \cos x=\frac{1-t^2}{1+t^2}$$

$$原式=\int\frac{1}{\frac{2t}{1+t^2}+\frac{1-t^2}{1+t^2}}\cdot\frac{2}{1+t^2}\mathrm{d}t=\int\frac{2}{2t+1-t^2}\mathrm{d}t$$

$$=\int\frac{2\mathrm{d}t}{2-(t-1)^2}=\frac{1}{\sqrt{2}}\int\left(\frac{1}{\sqrt{2}+t-1}+\frac{1}{\sqrt{2}-t+1}\right)\mathrm{d}t$$

$$=\frac{1}{\sqrt{2}}\ln\left|\frac{\sqrt{2}+t-1}{\sqrt{2}-t+1}\right|+C=\frac{\sqrt{2}}{2}\ln\left|\frac{\sqrt{2}+\tan\frac{x}{2}-1}{\sqrt{2}-\tan\frac{x}{2}+1}\right|+C$$

(4) 令 $t=\tan\dfrac{x}{2}$,则

$$x=2\arctan t,\quad \mathrm{d}x=\frac{2}{1+t^2}\mathrm{d}t,\quad \sin x=\frac{2t}{1+t^2},\quad \cos x=\frac{1-t^2}{1+t^2}$$

$$\text{原式}=\int\frac{4t+1-t^2}{2t-1+t^2}\cdot\frac{2}{1+t^2}\mathrm{d}t=\int\left(\frac{3t+3}{2t-1+t^2}+\frac{-3t}{1+t^2}+\frac{1}{1+t^2}\right)\mathrm{d}t$$

$$=\frac{3}{2}\ln|2t-1+t^2|-\frac{3}{2}\ln(1+t^2)+\arctan t+C$$

$$=\frac{3}{2}\ln\left|\frac{2t}{1+t^2}-\frac{1-t^2}{1+t^2}\right|+\arctan t+C$$

$$=\frac{3}{2}\ln|\sin x-\cos x|+\frac{1}{2}x+C$$

4. 求下列不定积分:

(1) $\int \mathrm{e}^{-\sqrt[3]{x}}\mathrm{d}x$;　(2) $\int\ln(1+\sqrt[3]{x})\mathrm{d}x$;　(3) $\int\sin\sqrt{x}\mathrm{d}x$;　(4) $\int\arcsin\sqrt{x}\mathrm{d}x$.

解　(1) 令 $t=-\sqrt[3]{x}$，则 $x=-t^3$，$\mathrm{d}x=-3t^2\mathrm{d}t$

$$\text{原式}=-\int 3t^2\mathrm{e}^t\mathrm{d}t=-\int 3t^2\mathrm{d}\mathrm{e}^t=-3t^2\mathrm{e}^t+\int 6t\mathrm{e}^t\mathrm{d}t=-3t^2\mathrm{e}^t+\int 6t\mathrm{d}\mathrm{e}^t$$

$$=-3t^2\mathrm{e}^t+6t\mathrm{e}^t-6\int\mathrm{e}^t\mathrm{d}t=-3t^2\mathrm{e}^t+6t\mathrm{e}^t-6\mathrm{e}^t+C$$

$$=-3\sqrt[3]{x^2}\mathrm{e}^{-\sqrt[3]{x}}-6\sqrt[3]{x}\mathrm{e}^{-\sqrt[3]{x}}-6\mathrm{e}^{-\sqrt[3]{x}}+C$$

(2) 令 $t=\sqrt[3]{x}$，则 $x=t^3$

$$\text{原式}=\int\ln(1+t)\mathrm{d}t^3=t^3\ln(1+t)-\int\frac{t^3}{1+t}\mathrm{d}t$$

$$=t^3\ln(1+t)-\int\left[(t^2-t+1)-\frac{1}{1+t}\right]\mathrm{d}t$$

$$=t^3\ln(1+t)-\frac{1}{3}t^3+\frac{1}{2}t^2-t+\ln(1+t)+C$$

$$=(x+1)\ln(1+\sqrt[3]{x})-\frac{1}{3}x+\frac{1}{2}(\sqrt[3]{x})^2-\sqrt[3]{x}+C$$

(3) 令 $t=\sqrt{x}$，则 $x=t^2$，$\mathrm{d}x=2t\mathrm{d}t$

$$\text{原式}=\int\sin t\cdot 2t\mathrm{d}t=-\int 2t\mathrm{d}\cos t=-2t\cos t+2\int\cos t\mathrm{d}t$$

$$=-2t\cos t+2\sin t+C=-2\sqrt{x}\cos\sqrt{x}+2\sin\sqrt{x}+C$$

(4) 令 $t=\sqrt{x}$，则 $x=t^2$，$\mathrm{d}x=2t\mathrm{d}t$

$$\text{原式}=\int\arcsin t\mathrm{d}t^2=t^2\arcsin t-\int\frac{t^2}{\sqrt{1-t^2}}\mathrm{d}t$$

$$=t^2\arcsin t+\int\sqrt{1-t^2}\mathrm{d}t-\int\frac{1}{\sqrt{1-t^2}}\mathrm{d}t\quad(\text{令 } t=\sin\theta)$$

$$=t^2\arcsin t+\int\sqrt{1-\sin^2\theta}\cdot\mathrm{d}\sin\theta-\arcsin t$$

$$=(t^2-1)\arcsin t+\int\cos^2\theta\mathrm{d}\theta$$

$$=(t^2-1)\arcsin t+\int\frac{1+\cos 2\theta}{2}\mathrm{d}\theta$$

$$=(t^2-1)\arcsin t+\frac{\theta}{2}+\frac{1}{4}\sin 2\theta+C$$

$$=(t^2-1)\arcsin t+\frac{1}{2}\arcsin t+\frac{1}{2}t\cdot\sqrt{1-t^2}+C$$

$$=\left(x-\frac{1}{2}\right)\arcsin\sqrt{x}+\frac{1}{2}\sqrt{x-x^2}+C$$

5. 求不定积分 $\int\frac{\ln x-1}{(\ln x)^2}\mathrm{d}x$.

提示 先令 $t=\ln x$,再对变换后的不定积分中的一项应用分部积分公式.

解 令 $t=\ln x$，则 $x=\mathrm{e}^t$，$\mathrm{d}x=\mathrm{e}^t\mathrm{d}t$

$$原式=\int\frac{t-1}{t^2}\mathrm{e}^t\mathrm{d}t=\int\frac{\mathrm{e}^t}{t}\mathrm{d}t-\int\frac{\mathrm{e}^t}{t^2}\mathrm{d}t=\int\frac{\mathrm{e}^t}{t}\mathrm{d}t+\int\mathrm{e}^t\mathrm{d}\,\frac{1}{t}$$

$$=\int\frac{\mathrm{e}^t}{t}\mathrm{d}t+\frac{\mathrm{e}^t}{t}-\int\frac{\mathrm{e}^t}{t}\mathrm{d}t=\frac{\mathrm{e}^t}{t}+C=\frac{x}{\ln x}+C$$

七、习题全解

1. 用凑微分法求下列不定积分:

(1) $\int f(x)f'(x)\mathrm{d}x$；

(2) $\int\frac{f'(x)}{f(x)}\mathrm{d}x$；

(3) $\int\sqrt{\frac{\ln(x+\sqrt{1+x^2})}{1+x^2}}\mathrm{d}x$；

(4) $\int\frac{x^3}{\sqrt{1+x^2}}\mathrm{d}x$.

解 (1) 原式 $=\int f(x)\mathrm{d}f(x)=\frac{1}{2}f^2(x)+C$

(2) 原式 $=\int\frac{1}{f(x)}\mathrm{d}f(x)=\ln|f(x)|+C$

(3) 原式 $=\int\sqrt{\ln(x+\sqrt{1+x^2})}\mathrm{d}\ln(x+\sqrt{1+x^2})=\frac{2}{3}\ln^{\frac{3}{2}}(x+\sqrt{1+x^2})+C$

(4) 原式 $=\frac{1}{2}\int\frac{x^2}{\sqrt{1+x^2}}\mathrm{d}x^2=\frac{1}{2}\int\left(\sqrt{1+x^2}-\frac{1}{\sqrt{1+x^2}}\right)\mathrm{d}(x^2+1)$

$$=\frac{1}{3}(1+x^2)^{\frac{3}{2}}-\sqrt{1+x^2}+C$$

2. 用待定系数法，将下列积分中被积函数的分子设为 $Af(x)+Bf'(x)$，利用 $\int\frac{Af(x)+Bf'(x)}{f(x)}\mathrm{d}x$ 的求法求下列不定积分:

(1) $\int\frac{\sin x-\cos x}{2\sin x+\cos x}\mathrm{d}x$；

(2) $\int\frac{\sin x}{\sin x+\cos x}\mathrm{d}x$.

解 (1) 原式 $=\int\frac{\frac{1}{5}(2\sin x+\cos x)-\frac{3}{5}(2\cos x-\sin x)}{2\sin x+\cos x}\mathrm{d}x$

$$=\int\frac{1}{5}\mathrm{d}x-\frac{3}{5}\int\frac{1}{2\sin x+\cos x}\mathrm{d}(2\sin x+\cos x)$$

$$=\frac{x}{5}-\frac{3}{5}\ln|2\sin x+\cos x|+C$$

(2) 原式$=\int \dfrac{\frac{1}{2}(\sin x+\cos x)-\frac{1}{2}(\cos x-\sin x)}{\sin x+\cos x}dx=\int \dfrac{1}{2}dx-\dfrac{1}{2}\int \dfrac{d(\sin x+\cos x)}{\sin x+\cos x}$

$=\dfrac{x}{2}-\dfrac{1}{2}\ln|\sin x+\cos x|+C$

3. 被积函数的分子与分母同乘以一个适当的因式，往往可以使不定积分容易求，用这种方法求下列不定积分：

(1) $\int \dfrac{dx}{x(1+x^{\mu})}\quad(\mu\neq 0)$；　(2) $\int \dfrac{dx}{x\sqrt{x^2-1}}$；　(3) $\int \dfrac{dx}{e^x(1+e^{2x})}$；

(4) $\int \dfrac{x+1}{x(1+xe^x)}dx$；　(5) $\int \dfrac{dx}{(1+e^x)^2}$；　(6) $\int \dfrac{\sqrt{x+1}-\sqrt{x-1}}{\sqrt{x+1}+\sqrt{x-1}}dx$.

解　(1) 原式 $=\int \dfrac{x^{\mu-1}dx}{x^{\mu}(1+x^{\mu})}=\dfrac{1}{\mu}\int\left(\dfrac{1}{x^{\mu}}-\dfrac{1}{1+x^{\mu}}\right)dx^{\mu}=\dfrac{1}{\mu}\ln\left|\dfrac{x^{\mu}}{1+x^{\mu}}\right|+C$

(2) 原式$=\int \dfrac{xdx}{x^2\sqrt{x^2-1}}=\dfrac{1}{2}\int \dfrac{1}{x^2}\cdot\dfrac{d(x^2-1)}{\sqrt{x^2-1}}=\int \dfrac{1}{1+(x^2-1)}d\sqrt{x^2-1}$

$=\arctan\sqrt{x^2-1}+C$

(3) 原式 $=\int \dfrac{e^x dx}{e^{2x}(1+e^{2x})}=\int\left(\dfrac{1}{e^{2x}}-\dfrac{1}{1+e^{2x}}\right)de^x=-e^{-x}-\arctan e^x+C$

(4) 原式 $=\int \dfrac{(x+1)e^x}{xe^x(1+xe^x)}dx=\int\left(\dfrac{1}{xe^x}-\dfrac{1}{1+xe^x}\right)d(xe^x)=\ln\left|\dfrac{xe^x}{1+xe^x}\right|+C$

(5) 原式$=\int \dfrac{e^x dx}{e^x(1+e^x)^2}=\int\left(\dfrac{1}{e^x}-\dfrac{1}{1+e^x}-\dfrac{1}{(1+e^x)^2}\right)de^x$

$=\ln e^x-\ln(1+e^x)+\dfrac{1}{1+e^x}+C$

(6) 原式$=\int \dfrac{(\sqrt{x+1}-\sqrt{x-1})^2}{2}dx=\int(x-\sqrt{x^2-1})dx=\int xdx-\int\sqrt{x^2-1}dx$

$=\dfrac{x^2}{2}-\dfrac{x}{2}\sqrt{x^2-1}+\dfrac{1}{2}\ln\left|x+\sqrt{x^2-1}\right|+C$

4. 将被积函数拆成两项，对其中一项的积分进行分部积分往往可以消去另一项，用这种方法求下列不定积分：

(1) $\int \dfrac{x\cos x-\sin x}{x^2}dx$；　(2) $\int \dfrac{x-1}{x^2}e^x dx$.

解　(1) 原式$=\int \dfrac{\cos x}{x}dx-\int \dfrac{\sin x}{x^2}dx=\int \dfrac{d\sin x}{x}-\int \dfrac{\sin x}{x^2}dx$

$=\dfrac{\sin x}{x}-\int \sin x\left(-\dfrac{1}{x^2}\right)dx-\int \dfrac{\sin x}{x^2}dx$

$=\dfrac{\sin x}{x}+\int \dfrac{\sin x}{x^2}dx-\int \dfrac{\sin x}{x^2}dx=\dfrac{\sin x}{x}+C$

(2) 原式$=\int \dfrac{e^x}{x}dx-\int \dfrac{e^x}{x^2}dx=\int \dfrac{de^x}{x}-\int \dfrac{e^x}{x^2}dx$

$=\dfrac{e^x}{x}+\int \dfrac{e^x}{x^2}dx-\int \dfrac{e^x}{x^2}dx=\dfrac{e^x}{x}+C$

5. 求下列不定积分:

(1) $\int\frac{x}{x^4-1}\mathrm{d}x$;　(2) $\int\frac{\mathrm{d}x}{1+\cos^2 x}$;　(3) $\int\frac{1}{(2-x)\sqrt{1-x}}\mathrm{d}x$;

(4) $\int\frac{x}{x+\sqrt{x^2-1}}\mathrm{d}x$;　(5) $\int\frac{6x}{1+\sqrt[3]{1+x^2}}\mathrm{d}x$;　(6) $\int\sqrt{1+\mathrm{e}^x}\mathrm{d}x$;

(7) $\int\sqrt{\frac{x}{1-x^3}}\mathrm{d}x$ (提示:令 $t=\sqrt{1-x^3}$);　(8) $\int\frac{\sin x}{\sqrt{1+\sin^2 x}}\mathrm{d}x$;

(9) $\int\frac{\mathrm{d}x}{x(2x+3)^2}$;　(10) $\int\frac{\sqrt{x^2-1}}{x^3}\mathrm{d}x$ $\left(提示:令 t=\frac{1}{x}\right)$;

(11) $\int\sin\ln x\mathrm{d}x$;　(12) $\int\ln(x+\sqrt{1+x^2})\mathrm{d}x$;

(13) $\int(\arcsin x)^2\mathrm{d}x$;　(14) $\int\frac{x}{\sqrt{1+x^2}(1-x^2)}\mathrm{d}x$;

(15) $\int\frac{x}{1+\cos x}\mathrm{d}x$;　(16) $\int\frac{x-\cos x}{1+\sin x}\mathrm{d}x$;　(17) $\int\frac{x\ln x}{(x^2+2)^2}\mathrm{d}x$;

(18) $\int\frac{\ln x}{\sqrt{x^3(1-x)}}\mathrm{d}x$ $\left(提示:先求\int\frac{\mathrm{d}x}{\sqrt{x^3(1-x)}}=\int\frac{\mathrm{d}x}{x^2\sqrt{\frac{1-x}{x}}}\right)$;

(19) $\int\frac{\cos 2x}{\sin^4 x+\cos^4 x}\mathrm{d}x$ $\left(提示:\sin^4 x+\cos^4 x=1-\frac{1}{2}\sin^2 2x\right)$;

(20) $\int\frac{\sin 2x}{\sin^4 x+\cos^4 x}\mathrm{d}x$ $\left(提示:\sin^4 x+\cos^4 x=\frac{1}{2}+\frac{1}{2}\cos^2 2x\right)$.

解　(1) 原式 $=\frac{1}{2}\int\frac{1}{(x^2-1)(x^2+1)}\mathrm{d}x^2=\frac{1}{4}\int\left(\frac{1}{x^2-1}-\frac{1}{x^2+1}\right)\mathrm{d}x^2$

$=\frac{1}{4}\ln\left|\frac{x^2-1}{x^2+1}\right|+C$

(2) 原式 $=\int\frac{1}{\sec^2 x+1}\cdot\frac{\mathrm{d}x}{\cos^2 x}=\int\frac{1}{2+\tan^2 x}\mathrm{d}\tan x=\frac{1}{\sqrt{2}}\int\frac{1}{1+\frac{\tan^2 x}{2}}\mathrm{d}\frac{\tan x}{\sqrt{2}}$

$=\frac{\sqrt{2}}{2}\arctan\left(\frac{\tan x}{\sqrt{2}}\right)+C$

(3) 原式 $=-2\int\frac{1}{2-x}\cdot\mathrm{d}\sqrt{1-x}=-2\int\frac{\mathrm{d}\sqrt{1-x}}{1+(1-x)}=-2\arctan\sqrt{1-x}+C$

(4) 原式 $=\int x(x-\sqrt{x^2-1})\mathrm{d}x=\int x^2\mathrm{d}x-\int x\sqrt{x^2-1}\mathrm{d}x=\frac{1}{3}x^3-\frac{1}{2}\int\sqrt{x^2-1}\mathrm{d}(x^2-1)$

$=\frac{1}{3}x^3-\frac{1}{3}(x^2-1)^{\frac{3}{2}}+C$

(5) 原式 $=3\int\frac{1}{1+\sqrt[3]{1+x^2}}\mathrm{d}(1+x^2)\xlongequal{令\sqrt[3]{1+x^2}=t}3\int\frac{3t^2}{1+t}\mathrm{d}t=9\int\left(t-1+\frac{1}{1+t}\right)\mathrm{d}t$

$=\frac{9}{2}t^2-9t+9\ln|1+t|+C$

$=\frac{9}{2}\sqrt[3]{(1+x^2)^2}-9\sqrt[3]{1+x^2}+9\ln(1+\sqrt[3]{1+x^2})+C$

(6) 令 $t=\sqrt{1+e^x}$，则 $x=\ln(t^2-1)$，$dx=\frac{2t}{t^2-1}dt$

$$原式=\int t\cdot\frac{2t}{t^2-1}dt=2\int\frac{t^2-1+1}{t^2-1}dx=2\int dt+\int\left(\frac{1}{t-1}-\frac{1}{t+1}\right)dt$$

$$=2t+\ln\left|\frac{t-1}{t+1}\right|+C=2\sqrt{1+e^x}+\ln\left|\frac{\sqrt{1+e^x}-1}{\sqrt{1+e^x}+1}\right|+C$$

(7) 令 $t=\sqrt{1-x^3}$，则 $x=(1-t^2)^{\frac{1}{3}}$，$dx=\frac{1}{3}(1-t^2)^{-\frac{2}{3}}\cdot(-2t)dt$

$$原式=\int\frac{(1-t^2)^{\frac{1}{6}}}{t}\cdot\frac{1}{3}(1-t^2)^{-\frac{2}{3}}(-2t)dt=-\frac{2}{3}\int\frac{1}{\sqrt{1-t^2}}dt$$

$$=-\frac{2}{3}\arcsin t+C=-\frac{2}{3}\arcsin\sqrt{1-x^3}+C$$

(8) $原式=\int\frac{-d\cos x}{\sqrt{2-\cos^2 x}}=-\int\frac{d\frac{\cos x}{\sqrt{2}}}{\sqrt{1-\frac{\cos^2 x}{2}}}=-\arcsin\left(\frac{\cos x}{\sqrt{2}}\right)+C$

(9) $原式=\int\left[\frac{1}{9}\cdot\frac{1}{x}-\frac{2}{9}\cdot\frac{1}{2x+3}-\frac{2}{3}\cdot\frac{1}{(2x+3)^2}\right]dx$

$$=\frac{1}{9}\ln|x|-\frac{1}{9}\ln|2x+3|+\frac{1}{3(2x+3)}+C$$

(10) 令 $t=\frac{1}{x}$，则 $x=\frac{1}{t}$，$dx=-\frac{1}{t^2}dt$

$$原式=-\int\sqrt{1-t^2}dt=-\frac{t}{2}\sqrt{1-t^2}-\frac{1}{2}\arcsin t+C$$

$$=-\frac{1}{2}\frac{\sqrt{x^2-1}}{x^2}-\frac{1}{2}\arcsin\frac{1}{x}+C$$

(11) $原式=I=x\cdot\sin\ln x-\int\cos\ln x dx=x\sin\ln x-x\cos\ln x-\int\sin\ln x dx$

$$=x\sin\ln x-x\cos\ln x-I$$

所以 $原式=\frac{x}{2}(\sin\ln x-\cos\ln x)+C$

(12) $原式=x\ln(x+\sqrt{1+x^2})-\int x\cdot\frac{1}{\sqrt{1+x^2}}dx$

$$=x\ln(x+\sqrt{1+x^2})-\frac{1}{2}\int\frac{1}{\sqrt{1+x^2}}d(1+x^2)$$

$$=x\ln(x+\sqrt{1+x^2})-\sqrt{1+x^2}+C$$

(13) $原式=x(\arcsin x)^2-\int 2x\arcsin x\cdot\frac{1}{\sqrt{1-x^2}}dx$

$$=x(\arcsin x)^2+2\int\arcsin x\,d\sqrt{1-x^2}$$

$$=x(\arcsin x)^2+2\sqrt{1-x^2}\arcsin x-2\int dx$$

$$=x(\arcsin x)^2+2\sqrt{1-x^2}\arcsin x-2x+C$$

(14) 原式$=\frac{1}{2}\int\frac{\mathrm{d}(1+x^2)}{\sqrt{1+x^2}(1-x^2)}=\int\frac{\mathrm{d}\sqrt{1+x^2}}{1-x^2}=\int\frac{\mathrm{d}\sqrt{1+x^2}}{2-(1+x^2)}$

$$=\frac{1}{2\sqrt{2}}\int\left(\frac{1}{\sqrt{2}-\sqrt{1+x^2}}+\frac{1}{\sqrt{2}+\sqrt{1+x^2}}\right)\mathrm{d}\sqrt{1+x^2}$$

$$=\frac{1}{2\sqrt{2}}\ln\left|\frac{\sqrt{2}+\sqrt{1+x^2}}{\sqrt{2}-\sqrt{1+x^2}}\right|+C$$

(15) 原式$=\int\frac{x(1-\cos x)}{\sin^2 x}\mathrm{d}x=-\int x\mathrm{d}\cot x+\int x\cdot\mathrm{d}\frac{1}{\sin x}$

$$=-x\cot x+\int\cot x\mathrm{d}x+x\cdot\frac{1}{\sin x}-\int\frac{1}{\sin x}\mathrm{d}x$$

$$=-x\cot x+\ln|\sin x|+\frac{x}{\sin x}-\int\csc x\mathrm{d}x$$

$$=-x\cot x+\ln|\sin x|+\frac{x}{\sin x}-\ln|\csc x-\cot x|+C$$

另解:原式$=\int\frac{x}{2\cos^2\frac{x}{2}}\mathrm{d}x=\int x\cdot\mathrm{d}\tan\frac{x}{2}=x\tan\frac{x}{2}-\int\tan\frac{x}{2}\mathrm{d}x$

$$=x\tan\frac{x}{2}+\frac{1}{2}\ln\left|\cos\frac{x}{2}\right|+C$$

(16) 原式$=\int\frac{(x-\cos x)(1-\sin x)}{\cos^2 x}\mathrm{d}x=\int(x-\cos x)(\sec^2 x-\sec x\tan x)\mathrm{d}x$

$$=\int x(\sec^2 x-\sec x\tan x)\mathrm{d}x-\int(\sec x-\tan x)\mathrm{d}x$$

$$=\int x\mathrm{d}(\tan x-\sec x)-\int(\sec x-\tan x)\mathrm{d}x$$

$$=x(\tan x-\sec x)-\int(\tan x-\sec x)\mathrm{d}x+\int(\tan x-\sec x)\mathrm{d}x$$

$$=x(\tan x-\sec x)+C$$

(17) 原式$=\frac{1}{2}\int\ln x\frac{\mathrm{d}(x^2+2)}{(x^2+2)^2}=-\frac{1}{2}\int\ln x\mathrm{d}\frac{1}{x^2+2}$

$$=-\frac{\ln x}{2(x^2+2)}+\frac{1}{2}\int\frac{1}{x(x^2+2)}\mathrm{d}x=-\frac{\ln x}{2(x^2+2)}+\frac{1}{4}\int\left(\frac{1}{x}-\frac{x}{x^2+2}\right)\mathrm{d}x$$

$$=-\frac{\ln x}{2(x^2+2)}+\frac{1}{4}\ln x-\frac{1}{8}\ln(x^2+2)+C$$

(18) 原式 $=-2\int\ln x\mathrm{d}\sqrt{\frac{1-x}{x}}=-2\sqrt{\frac{1-x}{x}}\ln x+2\int\sqrt{\frac{1-x}{x}}\cdot\frac{1}{x}\mathrm{d}x$

因为 $2\int\sqrt{\frac{1-x}{x}}\cdot\frac{1}{x}\mathrm{d}x=2\int\frac{1-x}{x\sqrt{x(1-x)}}\mathrm{d}x=2\int\frac{\mathrm{d}x}{x\sqrt{x(1-x)}}-2\int\frac{\mathrm{d}x}{\sqrt{x(1-x)}}$

$$=-4\int\frac{\mathrm{d}\left(\frac{1-x}{x}\right)}{2\sqrt{\frac{1-x}{x}}}-4\int\frac{\frac{1}{2\sqrt{x}}}{\sqrt{1-(\sqrt{x})^2}}\mathrm{d}x=-4\sqrt{\frac{1-x}{x}}-4\arcsin\sqrt{x}+C$$

所以原式 $=-2\sqrt{\frac{1-x}{x}}\ln x-4\sqrt{\frac{1-x}{x}}-4\arcsin\sqrt{x}+C$

(19) 原式$=\int \dfrac{\cos 2x}{1-\frac{1}{2}\sin^2 2x}\mathrm{d}x=\int \dfrac{\mathrm{d}\sin 2x}{2-\sin^2 2x}=\dfrac{1}{2\sqrt{2}}\int\left(\dfrac{1}{\sqrt{2}-\sin 2x}+\dfrac{1}{\sqrt{2}+\sin 2x}\right)\mathrm{d}\sin 2x$

$$=\frac{1}{2\sqrt{2}}\ln\frac{\sqrt{2}+\sin 2x}{\sqrt{2}-\sin 2x}+C$$

(20) 原式 $=\int \dfrac{\sin 2x}{\frac{1}{2}+\frac{1}{2}\cos^2 2x}\mathrm{d}x=-\int \dfrac{\mathrm{d}\cos 2x}{1+\cos^2 2x}=-\arctan(\cos 2x)+C$

6. 用指定的变量替换求 $\int \dfrac{\mathrm{d}x}{x\sqrt{x^2-1}}$:

(1) $t=\dfrac{1}{x}$;　　(2) $t=\sqrt{x^2-1}$;　　(3) $t=\sqrt{\dfrac{x+1}{x-1}}$.

解　(1) $t=\dfrac{1}{x}$. $\mathrm{d}x=-\dfrac{1}{t^2}\mathrm{d}t$

$$原式=\int \frac{-\frac{1}{t^2}}{\frac{1}{t}\sqrt{\frac{1}{t^2}-1}}\mathrm{d}t=-\int\frac{\mathrm{d}t}{\sqrt{1-t^2}}=-\arcsin t+C=-\arcsin\frac{1}{|x|}+C$$

(2) $t=\sqrt{x^2-1}$, $2x\mathrm{d}x=2t\mathrm{d}t$;

$$原式=\int\frac{2x\mathrm{d}x}{2x^2\sqrt{x^2-1}}=\int\frac{2t\mathrm{d}t}{2(t^2+1)t}=\arctan t+C=\arctan\sqrt{x^2-1}+C$$

(3) $t=\sqrt{\dfrac{x+1}{x-1}}$, $x=1+2(t^2-1)^{-1}$, $\mathrm{d}x=-2(t^2-1)^{-2}2t\mathrm{d}t$.

$$原式=\int\frac{\mathrm{d}x}{x\sqrt{(x+1)(x-1)}}=\int\frac{\mathrm{d}x}{x(x-1)\sqrt{\frac{x+1}{x-1}}}$$

$$=\int\frac{-2(t^2-1)^{-2}\cdot 2t\mathrm{d}t}{[1+2(t^2-1)^{-1}]\cdot 2(t^2-1)^{-1}\cdot t}=-2\int\frac{1}{t^2+1}\mathrm{d}t$$

$$=-2\arctan t+C=-2\arctan\sqrt{\frac{x+1}{x-1}}+C$$

用指定的变量替换法求 7 ～ 9 题.

7. $\int \dfrac{\mathrm{d}x}{\sqrt{a^2-x^2}}$　$\left(t=\sqrt{\dfrac{a+x}{a-x}}\right)$.

解　原式 $\xlongequal{t=\sqrt{\frac{a+x}{a-x}}.\ x=\frac{a(t^2-1)}{t^2+1},\ \mathrm{d}x=\frac{4at}{(t^2+1)^2}\mathrm{d}t}\int\dfrac{t^2+1}{2at}\cdot\dfrac{4at}{(t^2+1)^2}\mathrm{d}t=2\int\dfrac{\mathrm{d}t}{t^2+1}$

$$=2\arctan t+C=2\arctan\sqrt{\frac{a+x}{a-x}}+C$$

8. $\int \dfrac{1}{\sqrt{x^2+a^2}}\mathrm{d}x$, $t=\sqrt{x^2+a^2}+x$ 即 $x=\dfrac{t^2-a^2}{2t}$.

解　原式 $\xlongequal{t=\sqrt{x^2+a^2}+x.\ \mathrm{d}x=\frac{t^2+a^2}{2t^2}\mathrm{d}t}\int\dfrac{1}{t}\mathrm{d}t=\ln t+C=\ln(x+\sqrt{x^2+a^2})+C$

9. $\int \frac{1}{x^4\sqrt{1+x^2}}\mathrm{d}x \quad \left(t=\frac{1}{x}\right)$.

解 原式$\xlongequal{t=\frac{1}{x},\mathrm{d}x=-\frac{1}{t^2}\mathrm{d}t}\int \frac{t^4}{\sqrt{1+\frac{1}{t^2}}}\left(-\frac{1}{t^2}\right)\mathrm{d}t=-\int \frac{t^3}{\sqrt{t^2+1}}\mathrm{d}t$

$$=-\frac{1}{2}\int \frac{(t^2+1)-1}{\sqrt{t^2+1}}\mathrm{d}(t^2+1)$$

$$=-\frac{1}{2}\int (t^2+1)^{\frac{1}{2}}\mathrm{d}(t^2+1)+\frac{1}{2}\int (t^2+1)^{-\frac{1}{2}}\mathrm{d}(t^2+1)$$

$$=-\frac{1}{3}(t^2+1)^{\frac{3}{2}}+\sqrt{t^2+1}+C$$

$$=-\frac{1}{3}\left(\frac{1}{x^2}+1\right)^{\frac{3}{2}}+\sqrt{\frac{1}{x^2}+1}+C$$

$$=\frac{1}{x}\sqrt{1+x^2}-\frac{1}{3x^3}(1+x^2)^{\frac{3}{2}}+C$$

10. 求下列递推公式(n为正整数)：

(1) $I_n=\int x^n \mathrm{e}^x \mathrm{d}x$；　　(2) $I_n=\int (\arcsin x)^n\,\mathrm{d}x$.

解 (1) $I_n=\int x^n \mathrm{d}\mathrm{e}^x = x^n\mathrm{e}^x - n\int \mathrm{e}^x x^{n-1}\mathrm{d}x = x^n\mathrm{e}^x - nI_{n-1}$

令 $n=1$，$I_1=\int x\mathrm{e}^x\mathrm{d}x=\int x\mathrm{d}\mathrm{e}^x = x\mathrm{e}^x-\int \mathrm{e}^x\mathrm{d}x = x\mathrm{e}^x-\mathrm{e}^x+C$

(2) $I_n=x(\arcsin x)^n-\int x\cdot n(\arcsin x)^{n-1}\cdot\frac{\mathrm{d}x}{\sqrt{1-x^2}}$

$$=x(\arcsin x)^n+n\cdot\int (\arcsin x)^{n-1}\mathrm{d}(\sqrt{1-x^2})$$

$$=x(\arcsin x)^n+n\sqrt{1-x^2}(\arcsin x)^{n-1}-n\int \sqrt{1-x^2}\cdot(n-1)\cdot(\arcsin x)^{n-2}\frac{\mathrm{d}x}{\sqrt{1-x^2}}$$

$$=x(\arcsin x)^n+n\sqrt{1-x^2}(\arcsin x)^{n-1}-n(n-1)I_{n-2}$$

令 $n=0, I_0=x+C$

$n=1$，$\int \arcsin x\mathrm{d}x = x\arcsin x+\sqrt{1-x^2}+C$

第6章　定积分

一、大纲要求

1. 理解定积分的定义，函数 $f(x)$ 在 $[a,b]$ 上可积的条件及几何意义
2. 熟练掌握定积分的性质，理解定积分中值定理
3. 理解积分上限函数的定义与求导法则
4. 理解定积分与不定积分的区别和联系
5. 会用牛顿-莱布尼茨公式、换元法和分部积分法计算及证明定积分问题
6. 了解反常积分的概念、性质

二、本章知识结构图

定积分
- 定义（及几何意义）
- 可积函数类
  - 闭区间上连续函数
  - 闭区间上至多有有限个第一类间断点的有界函数
  - 单调有界函数
- 基本性质（含中值定理）
- 变上限积分
  - $\Phi(x)=\int_a^x f(t)\mathrm{d}t \Rightarrow \Phi'(x)=f(x)$
  - $\Phi(x)=\int_{\varphi(x)}^{\psi(x)} f(t)\mathrm{d}t \Rightarrow \Phi'(x)=f(\psi(x))\psi'(x)-f(\varphi(x))\varphi'(x)$
- 定积分计算
  - 牛顿-莱布尼茨公式 $\int_a^b f(x)\mathrm{d}x = F(x)\Big|_a^b$
  - 换元法
  - 分部积分法
  - 利用函数性质（奇偶性、周期性）
- 反常积分
  - 无穷限的反常积分
  - 无界函数的反常积分

三、本章基本内容

1. 定积分的概念和性质

表 6-1 定积分的概念

定积分的概念	设函数 $f(x)$ 在区间$[a,b]$上有界,在$[a,b]$上任取 $n-1$ 个分点,$a=x_0<x_1<x_2<\cdots<x_{n-1}<x_n=b$,把$[a,b]$分为 n 个小区间$[x_0,x_1]$,$[x_1,x_2]$,$\cdots$,$[x_{n-1},x_n]$,记 $\Delta x_i=x_i-x_{i-1}$,在$[x_{i-1},x_i]$上任取一点 ξ_i,作乘积 $f(\xi_i)\Delta x_i(i=1,2,\cdots,n)$,并作和式 $\sum\limits_{i=1}^{n}f(\xi_i)\Delta x_i$. 令 $\lambda=\max\{\Delta x_i\}$,若不论$[a,b]$怎样划分,不论在$[x_{i-1},x_i]$上怎样选取 ξ_i,当 $\lambda\to 0$ 时,$\sum\limits_{i=1}^{n}f(\xi_i)\Delta x_i$ 总趋于确定的极限,称此极限为函数 $f(x)$ 在区间$[a,b]$上的定积分,记作$\int_a^b f(x)\mathrm{d}x$,即$\int_a^b f(x)\mathrm{d}x=\lim\limits_{\lambda\to 0}\sum\limits_{i=1}^{n}f(\xi_i)\Delta x_i$,其中 $f(x)$ 称作被积函数,x 称为积分变量,a 和 b 分别称为积分下限和积分上限,$[a,b]$称为积分区间

表 6-2 定积分的几何意义

几何意义	当连续函数 $f(x)\geqslant 0$ 时,定积分$\int_a^b f(x)\mathrm{d}x$ 表示由曲线 $y=f(x)$,直线 $x=a$,$x=b$ 及 x 轴所围成的曲边梯形的面积;当 $f(x)\leqslant 0$ 时,定积分$\int_a^b f(x)\mathrm{d}x$ 在几何上表示 x 轴下方曲边梯形面积的相反数;当 $f(x)$ 在$[a,b]$上既有正值也有负值时,定积分$\int_a^b f(x)\mathrm{d}x$ 在几何上表示 x 轴上方图形面积减去 x 轴下方图形面积所得之差

表 6-3 定积分的性质

$\int_a^a f(x)\mathrm{d}x=0$ $\quad\int_a^b f(x)\mathrm{d}x=-\int_b^a f(x)\mathrm{d}x$
$\int_a^b f(x)\mathrm{d}x=\int_a^b f(t)\mathrm{d}t$(积分值与积分变量记号无关)
$\int_a^b[f(x)\pm g(x)]\mathrm{d}x=\int_a^b f(x)\mathrm{d}x\pm\int_a^b g(x)\mathrm{d}x$ $\quad\int_a^b kf(x)\mathrm{d}x=k\int_a^b f(x)\mathrm{d}x$($k$ 是常数)
$\int_a^b f(x)\mathrm{d}x=\int_a^c f(x)\mathrm{d}x+\int_c^b f(x)\mathrm{d}x\quad(a<c<b)$ $\quad\int_a^b \mathrm{d}x=b-a$
若在$[a,b]$上 $f(x)\geqslant g(x)$,则 $\int_a^b f(x)\mathrm{d}x\geqslant\int_a^b g(x)\mathrm{d}x$
当 $a<b$ 时,$\left\|\int_a^b f(x)\mathrm{d}x\right\|\leqslant\int_a^b\|f(x)\|\mathrm{d}x$
设 M 及 m 分别是 $f(x)$ 在$[a,b]$上的最大值和最小值,则 $$m(b-a)\leqslant\int_a^b f(x)\mathrm{d}x\leqslant M(b-a)$$

表 6-4　定积分中值定理

若函数 $f(x)$在$[a,b]$上连续，则在$[a,b]$上至少存在一点 ξ，使得 $$\int_a^b f(x)\mathrm{d}x=f(\xi)(b-a)\quad(a\leqslant\xi\leqslant b)$$

2. 微积分基本公式

表 6-5　积分上限的函数

积分上限的函数	定义	设函数 $f(x)$在$[a,b]$上可积，则对于每一个取定的 $x\in[a,b]$，必有唯一确定的定积分 $\int_a^x f(t)\mathrm{d}t$ 与之对应，因此$\int_a^x f(t)\mathrm{d}t$ 在$[a,b]$ 上定义了一个函数，记作 $\Phi(x)$，即 $$\Phi(x)=\int_a^x f(t)\mathrm{d}t(a\leqslant x\leqslant b),$$ 称 $\Phi(x)$ 为积分上限的函数
	导数	若函数 $f(x)$ 在区间$[a,b]$ 上连续，则积分上限的函数 $\Phi(x)=\int_a^x f(t)\mathrm{d}t$ 在$[a,b]$ 上可导，且其导数为 $$\Phi'(x)=\frac{\mathrm{d}}{\mathrm{d}x}\int_a^x f(t)\mathrm{d}t=f(x)\quad(a\leqslant x\leqslant b)$$ 即积分上限的函数 $\Phi(x)=\int_a^x f(t)\mathrm{d}t$ 是 $f(x)$ 在$[a,b]$ 上的一个原函数

表 6-6　微积分基本公式(牛顿-莱布尼茨公式)

若函数 $F(x)$是连续函数 $f(x)$在$[a,b]$上的一个原函数，则 $$\int_a^b f(x)\mathrm{d}x=F(x)\Big\|_a^b=F(b)-F(a)$$

3. 定积分的换元法和分部积分法

表 6-7　换元法和分部积分法

换元法	设函数 $f(x)$在$[a,b]$上连续，$x=\varphi(t)$在$[\alpha,\beta]$上有连续导数，当 $\alpha\leqslant t\leqslant\beta$ 时，有 $a\leqslant\varphi(t)\leqslant b$，且 $\varphi(\alpha)=a$，$\varphi(\beta)=b$，则 $$\int_a^b f(x)\mathrm{d}x=\int_\alpha^\beta f[\varphi(t)]\varphi'(t)\mathrm{d}t$$
分部积分法	设函数 $u(x)$，$v(x)$在$[a,b]$上有连续导数 $u'(x)$，$v'(x)$，则 $$\int_a^b uv'\mathrm{d}x=[uv]\Big\|_a^b-\int_a^b vu'\mathrm{d}x\quad 或\quad \int_a^b u\mathrm{d}v=[uv]\Big\|_a^b-\int_a^b v\mathrm{d}u$$

表 6-8 常用定积分公式

$\int_{-a}^{a} f(x)\mathrm{d}x=\begin{cases}2\int_0^a f(x)\mathrm{d}x, & f(x)\text{ 是连续的偶函数;}\\ 0, & f(x)\text{ 是连续的奇函数;}\end{cases}$ $\int_a^{a+T} f(x)\mathrm{d}x=\int_0^T f(x)\mathrm{d}x$ ($a\in\mathbf{R}$,T 是 $f(x)$ 的周期);
$\int_0^{\frac{\pi}{2}} f(\sin x)\mathrm{d}x=\int_0^{\frac{\pi}{2}} f(\cos x)\mathrm{d}x$ $\int_0^{\pi} xf(\sin x)\mathrm{d}x=\pi\int_0^{\frac{\pi}{2}} f(\sin x)\mathrm{d}x$;
$\int_0^{\frac{\pi}{2}}\sin^n x\mathrm{d}x=\int_0^{\frac{\pi}{2}}\cos^n x\mathrm{d}x=\begin{cases}\frac{n-1}{n}\cdot\frac{n-3}{n-2}\cdot\cdots\cdot\frac{3}{4}\cdot\frac{1}{2}\cdot\frac{\pi}{2}, & n\text{ 为正偶数;}\\ \frac{n-1}{n}\cdot\frac{n-3}{n-2}\cdot\cdots\cdot\frac{4}{5}\cdot\frac{2}{3}, & n\text{ 为正奇数}(n>1)\end{cases}$

4. 反常积分

表 6-9 无穷限反常积分

设函数 $f(x)$ 在区间$[a,+\infty)$ 上连续,取 $t>a$,$f(x)$ 在$[a,t]$上可积,如果极限 $\lim\limits_{t\to+\infty}\int_a^t f(x)\mathrm{d}x$ 存在,则称此极限为 $f(x)$ 在无穷区间$[a,+\infty)$ 上的反常积分,记作$\int_a^{+\infty} f(x)\mathrm{d}x$,即 $$\int_a^{+\infty} f(x)\mathrm{d}x=\lim_{t\to+\infty}\int_a^t f(x)\mathrm{d}x$$ 这也称为反常积分$\int_a^{+\infty} f(x)\mathrm{d}x$ 收敛;如果上述极限不存在,函数 $f(x)$ 在$[a,+\infty)$ 上的反常积分$\int_a^{+\infty} f(x)\mathrm{d}x$ 就没有意义,称$\int_a^{+\infty} f(x)\mathrm{d}x$ 发散 类似地,函数 $f(x)$ 在区间$(-\infty,b)$ 上连续,可定义反常积分$\int_{-\infty}^{b} f(x)\mathrm{d}x$ 的收敛与发散
设函数 $f(x)$ 在$(-\infty,+\infty)$ 上连续,若反常积分$\int_{-\infty}^{0} f(x)\mathrm{d}x$和$\int_0^{+\infty} f(x)\mathrm{d}x$都收敛,称它们之和为函数 $f(x)$ 在无穷区间$(-\infty,+\infty)$ 上的反常积分,记作$\int_{-\infty}^{+\infty} f(x)\mathrm{d}x$,即 $\int_{-\infty}^{+\infty} f(x)\mathrm{d}x=\int_{-\infty}^{0} f(x)\mathrm{d}x+\int_0^{+\infty} f(x)\mathrm{d}x$ 这时称反常积分$\int_{-\infty}^{+\infty} f(x)\mathrm{d}x$ 收敛,只要有一个积分发散则称之发散

表 6-10 无界函数的反常积分(瑕积分)

瑕点	函数 $f(x)$在点 a 的任一邻域内都无界,那么点 a 称为函数 $f(x)$的瑕点,无界函数的反常积分又称为瑕积分
瑕积分	设函数 $f(x)$ 在$(a,b]$上连续,点 a 为 $f(x)$ 的瑕点,取 $t>a$,如果极限 $\lim\limits_{t\to a^+}\int_t^b f(x)\mathrm{d}x$ 存在,则称此极限为函数 $f(x)$ 在$(a,b]$ 上的反常积分,仍记作$\int_a^b f(x)\mathrm{d}x$,即 $\int_a^b f(x)\mathrm{d}x=\lim\limits_{t\to a^+}\int_t^b f(x)\mathrm{d}x$ 此时称反常积分$\int_a^b f(x)\mathrm{d}x$ 收敛,否则称之发散 类似地,若 $f(x)$ 在$[a,b)$ 上连续,b 为 $f(x)$ 的瑕点,可定义反常积分$\int_a^b f(x)\mathrm{d}x$ 的收敛与发散
	设函数 $f(x)$ 在$[a,b]$上除 c 点$(a<c<b)$外连续,点 c 为 $f(x)$ 的瑕点,如果两个反常积分$\int_a^c f(x)\mathrm{d}x$与$\int_c^b f(x)\mathrm{d}x$ 都收敛,则定义 $\int_a^b f(x)\mathrm{d}x=\int_a^c f(x)\mathrm{d}x+\int_c^b f(x)\mathrm{d}x$ 此时称反常积分$\int_a^b f(x)\mathrm{d}x$ 收敛,否则称之发散

5. 定积分在几何学上的应用

表 6-11　平面图形的面积

直角坐标情形	由曲线 $y=f(x)(f(x)\geqslant 0)$ 及直线 $x=a,x=b(a<b)$ 与 x 轴所围成的曲边梯形的面积为 $A=\int_a^b f(x)\mathrm{d}x$，当 $f(x)$ 可正可负时，$A=\int_a^b \lvert f(x)\rvert \mathrm{d}x$
	由曲线 $y=f_1(x),y=f_2(x)$ 及直线 $x=a,x=b(a<b)$ 围成的图形的面积为 $A=\int_a^b \lvert f_1(x)-f_2(x)\rvert \mathrm{d}x$
	由曲线 $x=g_1(y),x=g_2(y)$ 由及直线 $y=c,y=d(c<d)$ 所围成的图形的面积为 $A=\int_c^d \lvert g_1(y)-g_2(y)\rvert \mathrm{d}y$

表 6-12　旋转体

体积公式	由曲线 $y=f(x),f(x)\geqslant 0$，直线 $x=a,x=b$ 及 x 轴所围成的曲边梯形绕 x 和 y 轴旋转一周而成的立体体积分别为 $V_x=\pi\int_a^b [f(x)]^2\mathrm{d}x\quad (a<b)$，$V_y=2\pi\int_a^b xf(x)\mathrm{d}x\quad (0\leqslant a<b)$
	由曲线 $x=g(y),g(y)\geqslant 0$，直线 $y=c,y=d$ 及 y 轴所围成的曲边梯形绕 x 和 y 轴旋转一周而成的立体体积分别为 $V_x=2\pi\int_c^d yg(y)\mathrm{d}y(0\leqslant c<d)$，$V_y=\pi\int_c^d [g(y)]^2\mathrm{d}y(c<d)$

表 6-13　平行截面面积已知的立体的体积公式

由曲面及平面 $x=a,x=b(a<b)$ 所围成，且过点 x 而垂直于 x 轴的截面积为 $A(x)$ 的立体体积为 $V=\int_a^b A(x)\mathrm{d}x$

6. 定积分在经济学中的应用

表 6-14　由边际函数求总函数

利润是产量的函数	已知边际成本函数 $MC=\frac{\mathrm{d}C}{\mathrm{d}q}$；边际收益函数 $MR=\frac{\mathrm{d}R}{\mathrm{d}q}$，则 总成本函数 $C(q)=\int_0^q (MC)\mathrm{d}q+C_0$，总收益函数 $R(q)=\int_0^q (MR)\mathrm{d}q$，总利润函数 $L(q)=R(q)-C(q)=\int_0^q (MR-MC)\mathrm{d}q-C_0$
利润是时间的函数	已知 $MC=\frac{\mathrm{d}C}{\mathrm{d}t}$，$MR=\frac{\mathrm{d}R}{\mathrm{d}t}$，则 $C(t)=\int_0^t (MC)\mathrm{d}t+C_0\quad R(t)=\int_0^t (MR)\mathrm{d}t$，$L(t)=\int_0^t (MR-MC)\mathrm{d}t-C_0$

表 6-15　消费者剩余和生产者剩余

消费者剩余	$$CS=\int_0^{q^*}D(q)\mathrm{d}q-P^*\cdot q^*$$ 其中 $D(q)$ 为需求函数,P^*,q^* 分别表示均衡价格与均衡消费量
生产者剩余	$$PS=P^*\cdot q^*-\int_0^{q^*}S(q)\mathrm{d}q$$ 其中 $S(q)$ 为供给函数

表 6-16　投资收入的现值

投资收入现值的微元	如果在时刻 t,投资收益率为 $f(t)$(单位货币/单位时间),则在时间段$[t,t+\mathrm{d}t]$内,投资收益微元为 $f(t)\mathrm{d}t$. 若银行利率为 r(以连续复利计息),则该时间段内投资收入现值的微元为 $f(t)\mathrm{e}^{-rt}\mathrm{d}t$
投资收入的现值	(1) 在$[0,T]$时段内投资收入的现值为$\int_0^T f(t)\mathrm{e}^{-rt}\mathrm{d}t$. (2) 若最初投入成本为 A,使 $A=\int_0^T f(t)\mathrm{e}^{-rt}\mathrm{d}t$ 成立的 T 称为投资回收期. (3) $\int_0^{+\infty}f(t)\mathrm{e}^{-rt}\mathrm{d}t-A$ 称为投资的资本价值

四、重点难点剖析

(一) 基本概念

1. 正确理解定积分的概念是本节的一个难点,在定积分的定义中,积分区间的分法和各小区间上点 ξ_i 的取法都是任意的,$\int_a^b f(x)\mathrm{d}x$ 只与被积函数 $f(x)$ 及积分区间$[a,b]$有关,而与区间的分法及点的取法都没有关系.

2. 用定义求定积分,通常是对积分区间进行特殊划分,最常用的做法是 n 等分,在这种划分下,$\lambda\to0$ 和 $n\to\infty$是等价的.

3. 在定积分的几何意义中,若规定 x 轴上方曲线面积为正,下方面积为负,则定积分表示曲线与 x 轴围成的带符号的面积的代数和.

4. 定积分中值定理是本节的重要内容.用积分中值定理可以求某些定积分的极限,不等式及点的存在性问题,其方法较灵活,且往往与微分学有关内容(如最值问题、微分中值定理)结合起来.

(二) 微积分基本公式

1. 积分上限函数$\int_a^x f(t)\mathrm{d}t(a\leqslant x\leqslant b)$中 x 与 t 所表示的含义为:x 表示积分上限变量,在$[a,b]$上变化,t 表示积分变量,在$[a,x]$上变化.积分上限的函数的导数公式应用较广泛,但熟练掌握导数公式是解决问题的前提.

2. 搞清$\int f(x)\mathrm{d}x$,$\int_a^x f(t)\mathrm{d}t$,$\int_a^b f(x)\mathrm{d}x$ 三者之间的联系与区别,设 $f(x)$ 的一个原函数为

$F(x)$，则$\int f(x)\mathrm{d}x=F(x)+C$，$\int_a^x f(t)\mathrm{d}t=F(x)-F(a)$，$\int_a^b f(x)\mathrm{d}x=F(b)-F(a)$，即$\int f(x)\mathrm{d}x$是函数族 $F(x)+C$，$\int_a^x f(t)\mathrm{d}t$ 是 $F(x)+C$ 中 $C=-F(a)$ 时的一个确定的函数，$\int_a^b f(x)\mathrm{d}x$ 是函数族 $F(x)+C$ 中任一函数在$[a,b]$上的增量 $F(b)-F(a)$，也是函数$\int_a^x f(t)\mathrm{d}t$ 在 $x=b$ 处的函数值.

3. 牛顿-莱布尼茨公式是联系定积分与不定积分的纽带，它为定积分的计算提供了有力的手段，使许多求不定积分的方法都能应用到定积分的计算中来.

（三）定积分换元法

1. 换元法和分部积分法是计算定积分的两个重要方法，在运用这两种方法时可参考不定积分相应部分.

2. 充分利用被积函数的性质（如奇偶数、周期性）可大大简化定积分的计算.

3. 复习上一章不定积分中的换元法和分部积分法，比较两章内容的异同可加深对积分知识的理解.

（四）反常积分

1. 无界函数的反常积分要用求极限的方法来计算，不能用常义积分来计算.

2. 反常积分的计算方法与正常积分类似，都需要求出被积函数的原函数，因此正常积分中的凑微分法、换元法、分部积分法及一些常用的计算公式都可应用到反常积分中来，需注意的是在代入$\pm\infty$及瑕点时，是一个求极限的问题.

3. 反常积分$\int_a^{+\infty}\dfrac{\mathrm{d}x}{x^p}(a>0)$ 当 $p>1$ 时收敛，当 $p\leqslant 1$ 时发散，而反常积分$\int_a^b \dfrac{\mathrm{d}x}{(x-a)^q}$ 当$q<1$ 时收敛，$q\geqslant 1$ 时发散.

（五）定积分的应用

求平面图形的面积是本节的主要内容，可利用元素法或直角坐标情形下的面积公式 $A=\int_a^b |f_1(x)-f_2(x)|\mathrm{d}x$ 来计算面积，其一般步骤为：

1. 画图：在平面坐标系中画出各方程所对应的曲线，确定它们所围成的平面图形；
2. 求曲线的交点坐标：可通过解每两条曲线所组成的方程组来求出交点坐标；
3. 根据图形特点选取积分变量，确定积分区间；
4. 计算定积分，求出面积值.

五、典型例题解析

例 1　利用定积分求和式$\lim\limits_{n\to\infty}\dfrac{1+\sqrt{2}+\sqrt{3}+\cdots+\sqrt{n}}{n\sqrt{n}}$的极限.

分析　本题练习定积分的概念.

解

$$\lim_{n\to\infty}\frac{1+\sqrt{2}+\sqrt{3}+\cdots+\sqrt{n}}{n\sqrt{n}}=\lim_{n\to\infty}\left(\frac{1}{\sqrt{n}}+\frac{\sqrt{2}}{\sqrt{n}}+\frac{\sqrt{3}}{\sqrt{n}}+\cdots+\frac{\sqrt{n}}{\sqrt{n}}\right)\cdot\frac{1}{n}$$

$$=\lim_{n\to\infty}\sum_{i=1}^{n}\sqrt{\frac{i}{n}}\cdot\frac{1}{n}=\int_0^1\sqrt{x}\mathrm{d}x=\frac{2}{3}\times x^{\frac{3}{2}}\Big|_0^1=\frac{2}{3}.$$

例 2 求 $\lim\limits_{x\to 0^+}\dfrac{\int_0^{\arcsin x}\sin t\mathrm{d}t}{\int_0^x \dfrac{\sin t}{\sqrt{1-t^2}}\mathrm{d}t}$.

分析 本题练习对变上限积分求导.

解 原式 $=\lim\limits_{x\to 0^+}\dfrac{\sin(\arcsin x)\sqrt{\dfrac{1}{1-x^2}}}{\dfrac{\sin x}{\sqrt{1-x^2}}}$(洛必达法则) $=\lim\limits_{x\to 0^+}\dfrac{x}{\sin x}=1$.

例 3 设 $f'(x)$ 连续,$f(0)=0,f'(0)\neq 0$,求 $\lim\limits_{x\to 0}\dfrac{\int_0^{x^2}f(t)\mathrm{d}t}{x^2\int_x^0 f(t)\mathrm{d}t}$.

分析 本题复习并提高对变上限函数的求导的方法.

解 原式 $=\lim\limits_{x\to 0}\dfrac{f(x^2)\cdot 2x}{2x\int_x^0 f(t)\mathrm{d}t-x^2f(x)}=\lim\limits_{x\to 0}\dfrac{2f(x^2)}{2\int_x^0 f(t)\mathrm{d}t-xf(x)}$

$$=\lim_{x\to 0}\frac{2f'(x^2)2x}{-2f(x)-[f(x)+xf'(x)]}=\lim_{x\to 0}\frac{4f'(x^2)}{-3\dfrac{f(x)}{x}-f'(x)}$$

$$=\frac{4f'(0)}{-3f'(0)-f'(0)}=-1.$$

[注] 其中 $\lim\limits_{x\to 0}\dfrac{f(x)}{x}=\lim\limits_{x\to 0}\dfrac{f(x)-f(0)}{x-0}=f'(0)$.

例 4 求 $\int_{e^{\frac{\sqrt{3}}{3}}}^{e^{\sqrt{3}}}\dfrac{\mathrm{d}x}{x\ln x\sqrt{1+\ln^2 x}}$.

分析 本题复习定积分的换元法.

解 令 $u=\ln x$,则 $\mathrm{d}u=\dfrac{1}{x}\mathrm{d}x$. 当 $x=e^{\frac{\sqrt{3}}{3}}$ 时,$u=\dfrac{\sqrt{3}}{3}$,$x=e^{\sqrt{3}}$ 时,$u=\sqrt{3}$.

所以原式 $=\int_{\frac{\sqrt{3}}{3}}^{\sqrt{3}}\dfrac{\mathrm{d}u}{u\sqrt{1+u^2}}$, 再令 $u=\dfrac{1}{t}$,则 $\mathrm{d}u=-\dfrac{1}{t^2}\mathrm{d}t$,

所以原式 $=\int_{\sqrt{3}}^{\frac{\sqrt{3}}{3}}-\dfrac{\mathrm{d}t}{\sqrt{t^2+1}}=\int_{\frac{\sqrt{3}}{3}}^{\sqrt{3}}\dfrac{\mathrm{d}t}{\sqrt{t^2+1}}=\ln(t+\sqrt{t^2+1})\Big|_{\frac{\sqrt{3}}{3}}^{\sqrt{3}}=\ln\left(1+\dfrac{2}{\sqrt{3}}\right)$.

例 5 求 $\int_0^3\arcsin\sqrt{\dfrac{x}{1+x}}\mathrm{d}x$.

分析 本题复习定积分的分部积分法.

解法 1 原式 $=x\arcsin\sqrt{\dfrac{x}{1+x}}\Big|_0^3-\int_0^3 x\dfrac{\sqrt{x}}{2(1+x)x}\mathrm{d}x$

$$\xlongequal{\text{令}\sqrt{x}=t}\pi-\int_0^{\sqrt{3}}\frac{t^2}{1+t^2}\mathrm{d}t=\pi-(t-\arctan t)\Big|_0^{\sqrt{3}}$$

$$=\pi-\sqrt{3}+\frac{\pi}{3}=\frac{4\pi}{3}-\sqrt{3}.$$

解法 2 令 $t=\arcsin\sqrt{\dfrac{x}{1+x}}$,则 $x=\tan^2 t$

$$原式=\int_0^{\frac{\pi}{3}} t\mathrm{d}\tan^2 t = t\cdot\tan^2 t\Big|_0^{\frac{\pi}{3}} - \int_0^{\frac{\pi}{3}}\tan^2 t\mathrm{d}t$$

$$= \pi - \int_0^{\frac{\pi}{3}}(\sec^2 t - 1)\mathrm{d}t = \pi - (\tan t - t)\Big|_0^{\frac{\pi}{3}} = \frac{4\pi}{3} - \sqrt{3}.$$

解法3 令 $t=\sqrt{\dfrac{x}{1+x}}, x=\dfrac{t^2}{1-t^2}$

$$所以原式=\int_0^{\frac{\sqrt{3}}{2}}\arcsin t\mathrm{d}\frac{t^2}{1-t^2} = \frac{t^2}{1-t^2}\arcsin t\Big|_0^{\frac{\sqrt{3}}{2}} - \int_0^{\frac{\sqrt{3}}{2}}\frac{t^2}{1-t^2}\cdot\frac{\mathrm{d}t}{\sqrt{1-t^2}}$$

$$= \pi - \int_0^{\frac{\sqrt{3}}{2}}\frac{t^2}{(1-t^2)^{3/2}}\mathrm{d}t \xlongequal{令 t=\sin u} \pi - \int_0^{\frac{\pi}{3}}\frac{\sin^2 u}{\cos^3 u}\cos u\mathrm{d}u$$

$$= \pi - \int_0^{\frac{\pi}{3}}\tan^2 u\mathrm{d}u = \frac{4}{3}\pi - \sqrt{3}.$$

例6 求 $\displaystyle\int_0^1\frac{f(x)}{\sqrt{x}}\mathrm{d}x$,其中 $f(x)=\displaystyle\int_1^{\sqrt{x}}\mathrm{e}^{-t^2}\mathrm{d}t$.

分析 本题是用分部积分法处理被积函数中含有变上限积分的定积分之类的题.

解 $$原式=\int_0^1 f(x)\mathrm{d}(2\sqrt{x}) = 2\sqrt{x}\int_1^{\sqrt{x}}\mathrm{e}^{-t^2}\mathrm{d}t\Big|_0^1 - 2\int_0^1\sqrt{x}\mathrm{e}^{-x}\cdot\frac{1}{2\sqrt{x}}\mathrm{d}x$$

$$= 0 - \int_0^1\mathrm{e}^{-x}\mathrm{d}x = \mathrm{e}^{-x}\Big|_0^1 = \mathrm{e}^{-1}-1.$$

例7 求 $\displaystyle\int_{-1}^2 x\sqrt{x^2}\mathrm{d}x$.

分析 本题考查分段函数的积分方法.

解 方法1

因为 $\sqrt{x^2}=|x|=\begin{cases}-x, & -1\leqslant x<0\\ x, & 0\leqslant x\leqslant 2\end{cases}$,

$$所以原式=\int_{-1}^0 x(-x)\mathrm{d}x + \int_0^2 x\cdot x\mathrm{d}x = \int_{-1}^0 -x^2\mathrm{d}x + \int_0^2 x^2\mathrm{d}x$$

$$= -\frac{1}{3}x^3\Big|_{-1}^0 + \frac{1}{3}x^3\Big|_0^2 = -\frac{1}{3} + \frac{1}{3}\times 8 = \frac{7}{3}.$$

方法2

$$原式=\int_{-1}^1 x\sqrt{x^2}\mathrm{d}x + \int_1^2 x\sqrt{x^2}\mathrm{d}x = 0 + \int_1^2 x^2\mathrm{d}x = \frac{1}{3}x^3\Big|_1^2 = \frac{7}{3}.$$

例8 求 $\displaystyle\int_0^{+\infty}\frac{\mathrm{d}x}{x^2-1}$.

分析 本题复习反常积分. 此题是一个混合型反常积分问题,它不仅是积分上限为无穷限的反常积分,而且被积函数在$[0,+\infty)$内有一个无穷间断点,若仅把它当作积分上限为无穷的反常积分,就会得到下面错误结论:

$$\int_0^{+\infty}\frac{\mathrm{d}x}{x^2-1} = \lim_{b\to+\infty}\int_0^b\frac{\mathrm{d}x}{x^2-1} = \lim_{b\to\infty}\frac{1}{2}\ln\left|\frac{x-1}{x+1}\right|\Big|_0^b = 0.$$

解 因为 $\displaystyle\lim_{x\to1}\frac{1}{x^2-1}=\infty$,

$$所以原式=\int_0^1\frac{1}{x^2-1}\mathrm{d}x + \int_1^{+\infty}\frac{1}{x^2-1}\mathrm{d}x,$$

而$\int_0^1 \frac{1}{x^2-1}\mathrm{d}x = \lim\limits_{\varepsilon\to 0^+}\int_0^{1-\varepsilon}\frac{1}{x^2-1}\mathrm{d}x = \lim\limits_{\varepsilon\to 0^+}\frac{1}{2}\ln\left|\frac{x-1}{x+1}\right|\Big|_0^{1-\varepsilon} = \infty$,

所以广义积分(反常积分)$\int_0^{+\infty}\frac{\mathrm{d}x}{x^2-1}$发散.

例 9 设 $f(x)$是$(-\infty,+\infty)$上连续的奇函数,证明

$$\int_{-a}^{a}\sin x\left[\int_0^x f(t)\mathrm{d}t\right]\mathrm{d}x = 0.$$

分析 本题复习连续的奇、偶函数的定积分.

证明 设 $F(x) = \int_0^x f(t)\mathrm{d}t$.

因为 $F(-x) = \int_0^{-x} f(t)\mathrm{d}t \xlongequal{\text{令}t=-u} \int_0^x f(-u)\mathrm{d}(-u) = \int_0^x f(u)\mathrm{d}u = F(x)$.

所以 $F(x)$ 是偶函数,从而 $\sin xF(x)$ 是奇函数,

因此$\int_{-a}^{a}\sin xF(x)\mathrm{d}x = 0$,即得所证.

例 10 设 $f(x)$ 在$[a,b]$上连续,在(a,b)内可导,且存在 $x_0\in(a,b)$,使

$$\frac{1}{x_0-a}\int_a^{x_0} f(x)\mathrm{d}x = f(b),$$

求证:在(a,b)内至少存在一点 ξ,使 $f'(\xi)=0$.

分析 由要证的结论可以看出,只要 $f(x)$ 在$[a,b]$上满足罗尔定理的条件即可得到结论.

证明 由积分中值定理,在$[a,x_0]$上存在一点 c,使

$$f(c) = \frac{1}{x_0-a}\int_a^{x_0} f(x)\mathrm{d}x.$$

又由已知条件,$f(b) = \frac{1}{x_0-a}\int_a^{x_0} f(x)\mathrm{d}x$;从而 $f(c)=f(b)$. 由罗尔定理可知,存在$\xi\in(c,b)$,使 $f'(\xi)=0$.

例 11 求由 $y=\mathrm{e}^x, y=\mathrm{e}^{-x}, y=0, x=-1, x=1$ 所围成的平面图形的面积.

解 如图 6-1 所示画草图,由于函数 $y=\mathrm{e}^x$ 与 $y=\mathrm{e}^{-x}$ 的图形关于 y 轴对称,故

$S = 2\int_0^1 \mathrm{e}^{-x}\mathrm{d}x = 2-2\mathrm{e}^{-1}$.

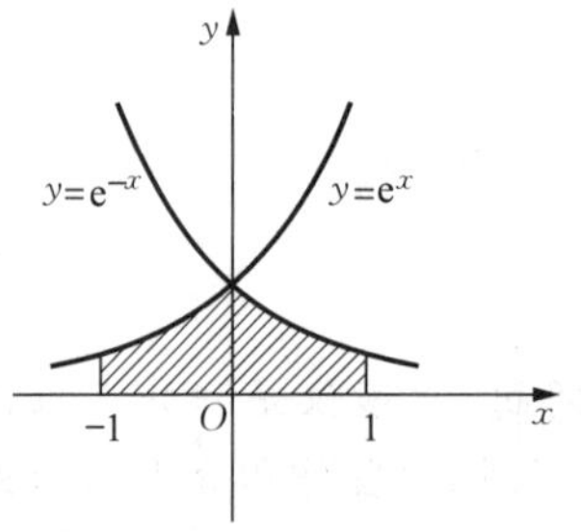

图 6-1

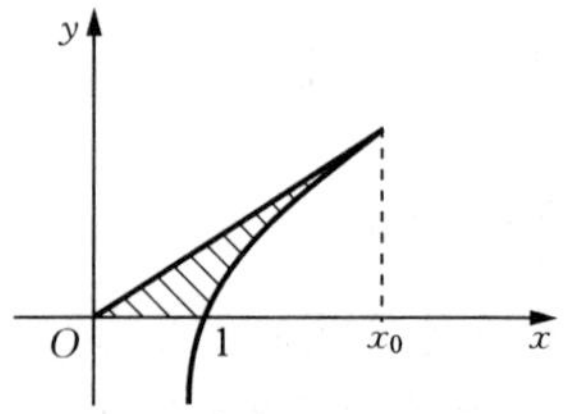

图 6-2

例 12 设 $A>0$,D 是由曲线段 $y=A\sin x\left(0\leqslant x\leqslant\frac{\pi}{2}\right)$及直线 $y=0, x=\frac{\pi}{2}$ 所围成的平面区域,V_1, V_2 分别表示 D 绕 x 轴与绕 y 轴旋转所成旋转体的体积,若 $V_1=V_2$,求 A 的值.

分析 由于平面区域 D 以 x 轴为边界曲线,所以区域 D 绕 x 轴旋转所成旋转体的体积利用扁

柱体法计算，而区域 D 绕 y 轴旋转所成旋转体的体积利用圆柱薄壳法计算.

解　由旋转体的体积公式，得

$$V_1=\pi\int_0^{\frac{\pi}{2}}[y(x)]^2\mathrm{d}x=\pi\int_0^{\frac{\pi}{2}}(A\sin x)^2\mathrm{d}x=\pi A^2\int_0^{\frac{\pi}{2}}\frac{1-\cos 2x}{2}\mathrm{d}x=\frac{\pi^2A^2}{4},$$

$$V_2=2\pi\int_0^{\frac{\pi}{2}}xy(x)\mathrm{d}x=2\pi A\int_0^{\frac{\pi}{2}}x\sin x\mathrm{d}x=-2\pi A\int_0^{\frac{\pi}{2}}x\mathrm{d}\cos x=2\pi A,$$

由题意知 $V_1=V_2$，求得 $A=\dfrac{8}{\pi}$.

例 13　某公司投资 2 000 万元建成一条生产线，投入生产后，在 t 时刻的追加成本和追加收益分别为 $g(t)=5+2t^{\frac{2}{3}}$（百万元 / 年），$\varphi(t)=17-t^{\frac{2}{3}}$（百万元 / 年），试确定该生产线在何时停产可获得最大利润？最大利润是多少？

分析　追加成本是总成本对时间的变化率，追加收益是总收益对时间的变化率，$\varphi(t)-g(t)$ 是追加利润，即利润对时间的变化率.

利润最大时，$L'(t)=\varphi(t)-g(t)=0$，从而求出 t 的值 t_0，最大利润是积分

$$L=\int_0^{t_0}[\varphi(t)-g(t)]\mathrm{d}t.$$

解　由极值存在的必要条件

$L'(t)=\varphi(t)-g(t)=0$，即 $17-t^{\frac{2}{3}}=5+2t^{\frac{2}{3}}$，得 $t=8$（年），

又 $L''(t)=-\dfrac{2}{3}t^{-\frac{1}{3}}-\dfrac{4}{3}t^{-\frac{1}{3}}<0$，故 $t_0=8$ 为极大值点也是最大值点.

$$L=\int_0^8[(17-t^{\frac{2}{3}})-(5+2t^{\frac{2}{3}})]\mathrm{d}t-20=\int_0^8(12-3t^{\frac{2}{3}})\mathrm{d}t-20$$

$$=\left(12t-\frac{9}{5}t^{\frac{5}{3}}\right)\Big|_0^8-20=18.4\text{（百万元）}.$$

所以最大利润为 1 840 万元.

六、练习题全解

练习 6.1

1. 根据定积分的几何意义，说明下列各式的正确性：

(1) $\displaystyle\int_0^{2\pi}\sin x\mathrm{d}x=0$；　　(2) $\displaystyle\int_{-2}^{2}(x^2+1)\mathrm{d}x=2\int_0^2(x^2+1)\mathrm{d}x$；

(3) $\displaystyle\int_{-1}^{1}x^3\mathrm{d}x=0$；　　(4) $\displaystyle\int_{-1}^{1}|2x|\mathrm{d}x=4\int_0^1x\mathrm{d}x$.

解　(1) $\displaystyle\int_0^{2\pi}\sin x\mathrm{d}x=\int_0^{\pi}\sin x\mathrm{d}x+\int_{\pi}^{2\pi}\sin x\mathrm{d}x$

上式右端第一个定积分等于图 6 - 3 中 S_1 的面积，第二个定积分等于 S_2 面积的负值，但 S_1 与 S_2 的面积相等，所以 $\displaystyle\int_0^{2\pi}\sin x\mathrm{d}x=0$

(2) $\displaystyle\int_{-2}^{2}(x^2+1)\mathrm{d}x=\int_{-2}^{0}(x^2+1)\mathrm{d}x+\int_0^2(x^2+1)\mathrm{d}x$

由于被积函数 $f(x)=x^2+1>0$,定积分 $\int_{-2}^{2}(x^2+1)\mathrm{d}x$

在几何上表示曲边梯形的面积,$\int_{-2}^{2}(x^2+1)\mathrm{d}x=S_1$ 的面积 $+S_2$ 的面积,

而 S_1 的面积等于 S_2 的面积,见图 6-4,所以

$$\int_{-2}^{2}(x^2+1)\mathrm{d}x=2\int_{0}^{2}(x^2+1)\mathrm{d}x$$

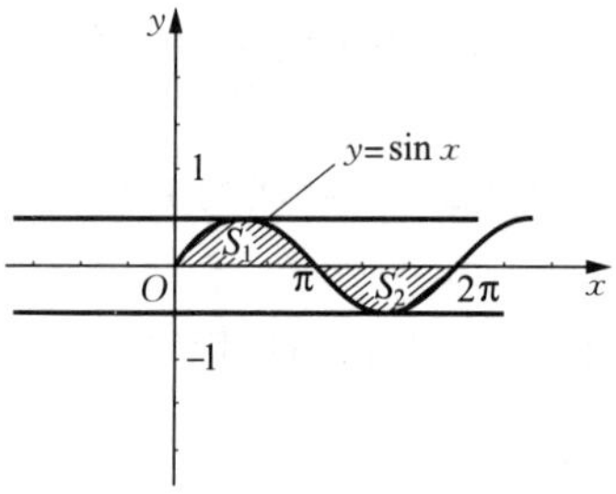

图 6-3

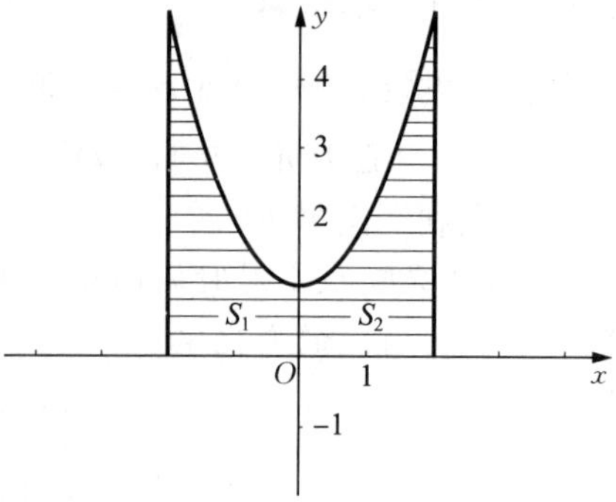

图 6-4

(3) $\int_{-1}^{1}x^3\,\mathrm{d}x=\int_{-1}^{0}x^3\,\mathrm{d}x+\int_{0}^{1}x^3\,\mathrm{d}x$

上式右端的第一个积分等于图 6-5 中 S_1 的面积的负值,第二个积分等于 S_2 的面积,而 S_1 的面积等于 S_2 的面积,所以 $\int_{-1}^{1}x^3\,\mathrm{d}x=0$

(4) $\int_{-1}^{1}|2x|\mathrm{d}x=2\int_{-1}^{0}|x|\mathrm{d}x+2\int_{0}^{1}|x|\,\mathrm{d}x=2(\int_{-1}^{0}|x|\mathrm{d}x+\int_{0}^{1}|x|\mathrm{d}x)$

上式右端括号内第一个定积分等于图 6-6 中 S_1 的面积,第二个定积分等于 S_2 的面积,而 S_1 的面积等于 S_2 的面积,$\int_{0}^{1}x\mathrm{d}x$ 在几何上表示 S_2 的面积,所以 $\int_{-1}^{1}|2x|\mathrm{d}x=4\int_{0}^{1}x\mathrm{d}x$

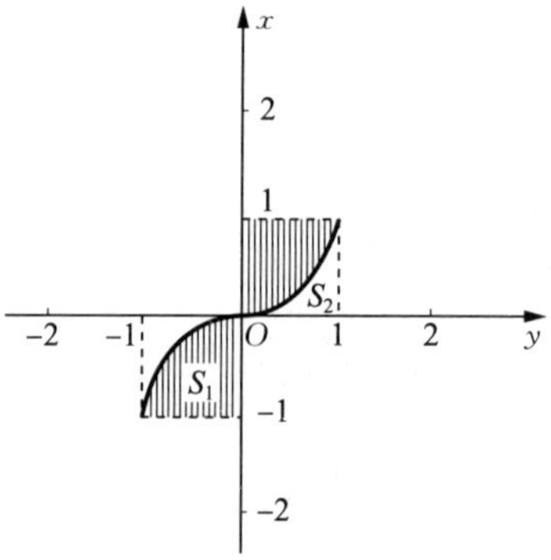

图 6-5

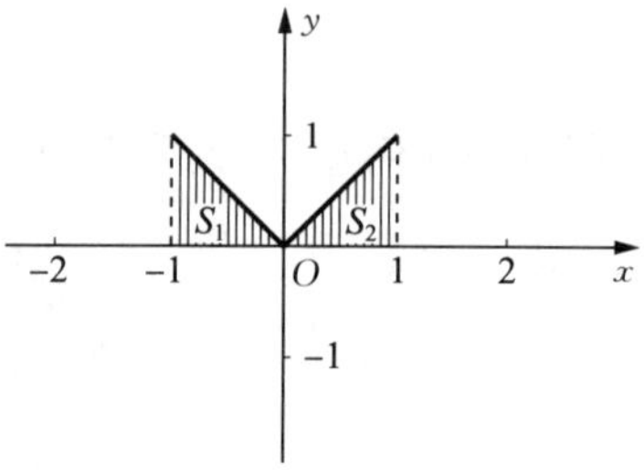

图 6-6

2. 利用定积分的几何意义,求下列积分:

(1) $\int_{-1}^{2}x\mathrm{d}x$; (2) $\int_{-2}^{1}|x+1|\mathrm{d}x$; (3) $\int_{-2}^{2}\sqrt{4-x^2}\mathrm{d}x$; (4) $\int_{-1}^{1}\arctan x\mathrm{d}x$.

解 (1) $\int_{-1}^{2}x\mathrm{d}x=\int_{-1}^{0}x\mathrm{d}x+\int_{0}^{2}x\mathrm{d}x$

上式右端第一个定积分等于图 6-7 中 S_1 面积的负值，第二个定积分等于图 6-7 中 S_2 的面积，而 $S_1=\frac{1}{2}$，$S_2=\frac{1}{2}\times 2\times 2=2$，所以 $\int_{-1}^{2}x\mathrm{d}x=-\frac{1}{2}+2=\frac{3}{2}$

(2) $\int_{-2}^{1}|x+1|\mathrm{d}x=\int_{-2}^{-1}-(x+1)\mathrm{d}x+\int_{-1}^{1}(x+1)\mathrm{d}x$

上式右端第一个定积分等于图 6-8 中 S_1 的面积，第二个定积分等于图 6-8 中 S_2 的面积，而 $S_1=\frac{1}{2}$，$S_2=\frac{1}{2}\times 2\times 2=2$，所以 $\int_{-2}^{1}|x+1|\mathrm{d}x=\frac{1}{2}+2=\frac{5}{2}$

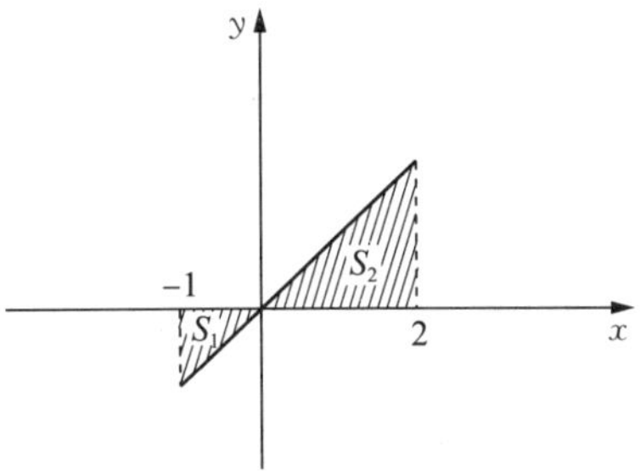

图 6-7

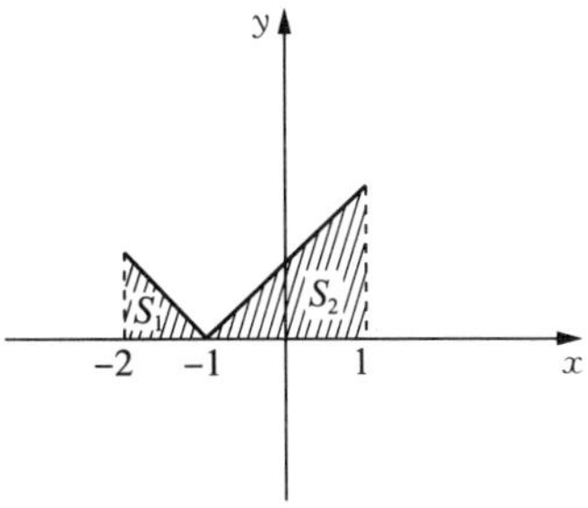

图 6-8

(3) $\int_{-2}^{2}\sqrt{4-x^2}\mathrm{d}x$ 表示图 6-9 中半圆的面积，该半圆半径为 2，所以有

$$\int_{-2}^{2}\sqrt{4-x^2}\mathrm{d}x=\frac{1}{2}\pi\times 2^2=2\pi$$

(4) $\int_{-1}^{1}\arctan x\mathrm{d}x=\int_{-1}^{0}\arctan x\mathrm{d}x+\int_{0}^{1}\arctan x\mathrm{d}x$

上式右端第一个定积分表示图 6-10 中 S_1 面积的负值，第二个定积分表示图 6-10 中 S_2 的面积，而 S_1 与 S_2 的面积相等，所以 $\int_{-1}^{1}\arctan x\mathrm{d}x=0$

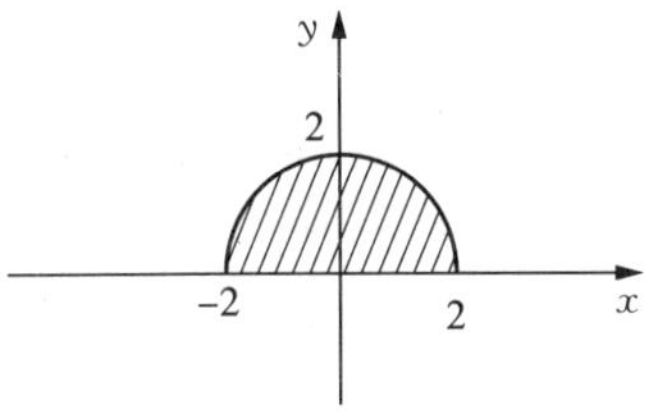

图 6-9

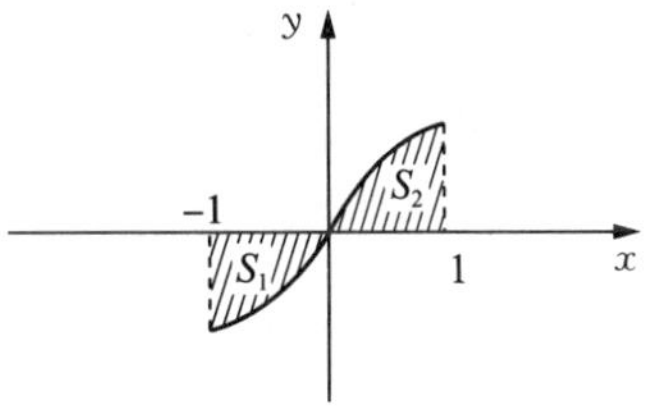

图 6-10

3. 不计算下列积分，比较下列各积分值的大小：

(1) $\int_{0}^{1}x^2\mathrm{d}x$ 与 $\int_{0}^{1}x^3\mathrm{d}x$；　(2) $\int_{1}^{2}x^2\mathrm{d}x$ 与 $\int_{1}^{2}x^3\mathrm{d}x$；　(3) $\int_{3}^{4}\ln x\mathrm{d}x$ 与 $\int_{3}^{4}(\ln x)^2\mathrm{d}x$；

(4) $\int_{0}^{1}\mathrm{e}^x\mathrm{d}x$ 与 $\int_{0}^{1}\mathrm{e}^{x^2}\mathrm{d}x$；　(5) $\int_{0}^{\frac{\pi}{2}}\sin x\mathrm{d}x$ 与 $\int_{0}^{\frac{\pi}{2}}x\,\mathrm{d}x$；　(6) $\int_{-\frac{\pi}{2}}^{0}\cos x\mathrm{d}x$ 与 $\int_{0}^{\frac{\pi}{2}}\cos x\mathrm{d}x$.

解　(1) 因为 $x\in[0,1]$，$x^2\geqslant x^3$　所以 $\int_{0}^{1}x^2\mathrm{d}x\geqslant\int_{0}^{1}x^3\mathrm{d}x$

(2) 因为 $x\in[1,2]$，$x^2\leqslant x^3$　所以 $\int_{1}^{2}x^2\mathrm{d}x\leqslant\int_{1}^{2}x^3\,\mathrm{d}x$

(3) 因为 $x\in[3,4]$，$\ln x<(\ln x)^2$　所以 $\int_{3}^{4}\ln x\mathrm{d}x<\int_{3}^{4}(\ln x)^2\mathrm{d}x$

(4) 因为 $x\in[0,1]$, $x\geqslant x^2$, $e^x\geqslant e^{x^2}$　所以 $\int_0^1 e^x dx\geqslant\int_0^1 e^{x^2}dx$

(5) 因为 $x\in\left[0,\frac{\pi}{2}\right]$, $\sin x\leqslant x$　所以 $\int_0^{\frac{\pi}{2}}\sin x\,dx\leqslant\int_0^{\frac{\pi}{2}}x\,dx$

(6) 因为 $x\in\left[-\frac{\pi}{2},0\right]$ 或 $x\in\left[0,\frac{\pi}{2}\right]$, $\cos x$ 值对应相等　所以 $\int_{-\frac{\pi}{2}}^{0}\cos x dx=\int_0^{\frac{\pi}{2}}\cos x dx$

4. 利用定积分性质,估计下列积分值:

(1) $I=\int_0^2 e^{x^2-x}\,dx$;　(2) $I=\int_{\frac{\pi}{4}}^{\frac{5\pi}{4}}(1+\sin^2 x)dx$;　(3) $I=\int_{\frac{\sqrt{3}}{3}}^{\sqrt{3}}x\arctan x dx$;

(4) $I=\int_0^1\frac{x^5}{\sqrt{1+x}}dx$;　(5) $I=\int_0^2\frac{5-x}{9-x^2}dx$;　(6) $I=\int_0^{\frac{\pi}{2}}\frac{\sin x}{x}dx$.

解　(1) 设 $f(x)=e^{x^2-x}$　　$f'(x)=(2x-1)e^{x^2-x}$

令 $f'(x)=0$　得 $x=\frac{1}{2}$ 为唯一驻点　$f(0)=1$, $f\left(\frac{1}{2}\right)=e^{\frac{1}{4}-\frac{1}{2}}=e^{-\frac{1}{4}}$, $f(2)=e^2$

所以 $f_{\min}\left(\frac{1}{2}\right)=e^{-\frac{1}{4}}$, $f_{\max}(2)=e^2$　故 $2e^{-\frac{1}{4}}\leqslant\int_0^2 e^{x^2-x}\,dx\leqslant 2e^2$

(2) 设 $f(x)=1+\sin^2 x$　　$f'(x)=2\sin x\cos x=\sin 2x$

令 $f'(x)=0$, $\sin 2x=0$, 得 $2x=0$, $x=0$, $2x=\pi$, $x=\frac{\pi}{2}$, $2x=2\pi$, $x=\pi$

由于 $x\in\left[\frac{\pi}{4},\frac{5\pi}{4}\right]$,　所以 $x=0$ 舍去　$f\left(\frac{\pi}{4}\right)=\frac{3}{2}$, $f\left(\frac{\pi}{2}\right)=2$, $f(\pi)=1$, $f\left(\frac{5\pi}{4}\right)=\frac{3}{2}$

所以 $f_{\min}(\pi)=1$, $f_{\max}\left(\frac{\pi}{2}\right)=2$　　故　$\pi\leqslant\int_{\frac{\pi}{4}}^{\frac{5\pi}{4}}(1+\sin^2 x)dx\leqslant 2\pi$

(3) 设 $f(x)=x\arctan x$, $f'(x)=\arctan x+\frac{x}{1+x^2}>0$

$x\in\left[\frac{\sqrt{3}}{3},\sqrt{3}\right]$, 所以函数在 $\left[\frac{\sqrt{3}}{3},\sqrt{3}\right]$ 上严格单调增加,

所以 $f_{\min}\left(\frac{\sqrt{3}}{3}\right)=\frac{\sqrt{3}}{3}\arctan\frac{\sqrt{3}}{3}=\frac{\sqrt{3}}{3}\cdot\frac{\pi}{6}=\frac{\sqrt{3}\pi}{18}$　$f_{\max}(\sqrt{3})=\sqrt{3}\arctan\sqrt{3}=\frac{\sqrt{3}\pi}{3}$

$\frac{\sqrt{3}\pi}{18}\cdot\frac{2\sqrt{3}}{3}\leqslant\int_{\frac{\sqrt{3}}{3}}^{\sqrt{3}}x\arctan x dx\leqslant\frac{\sqrt{3}\pi}{3}\cdot\frac{2\sqrt{3}}{3}$　即 $\frac{\pi}{9}\leqslant\int_{\frac{\sqrt{3}}{3}}^{\sqrt{3}}x\arctan x dx\leqslant\frac{2\pi}{3}$

(4) 设 $f(x)=\frac{x^5}{\sqrt{1+x}}$

$$f'(x)=\frac{5x^4\sqrt{1+x}-\frac{x^5}{2\sqrt{1+x}}}{1+x}=\frac{10x^4(1+x)-x^5}{2(1+x)^{\frac{3}{2}}}=\frac{10x^4+9x^5}{2(1+x)^{\frac{3}{2}}}>0, x\in(0,1)$$

所以 $f(x)$ 在 $(0,1)$ 内严格单调增加,又 $f(x)$ 在 $[0,1]$ 上连续,

所以 $f_{\min}(0)=0$, $f_{\max}(1)=\frac{1}{\sqrt{2}}$,　　故　$0\leqslant\int_0^1\frac{x^5}{\sqrt{1+x}}dx\leqslant\frac{1}{\sqrt{2}}$.

(5) $f(x)=\frac{5-x}{9-x^2}$

$$f'(x)=\frac{-9+x^2+2x(5-x)}{(9-x^2)^2}=\frac{-9+x^2+10x-2x^2}{(9-x^2)^2}=\frac{-x^2+10x-9}{(9-x^2)^2}$$

令　$f'(x)=0, x^2-10x+9=0, (x-1)(x-9)=0$，　$x_1=1, x_2=9$(舍去)

$f(0)=\dfrac{5}{9}$，$f(1)=\dfrac{4}{8}=\dfrac{1}{2}$，$f(2)=\dfrac{3}{5}$，

所以 $f_{\min}(1)=\dfrac{1}{2}, f_{\max}(2)=\dfrac{3}{5}$，　故 $1\leqslant\int_0^2\dfrac{5-x}{9-x^2}\mathrm{d}x\leqslant\dfrac{6}{5}$

(6) 设 $f(x)=\dfrac{\sin x}{x}$. 由教材 P. 113 第 21 题知当 $x\in\left(0,\dfrac{\pi}{2}\right)$时，$\dfrac{2}{\pi}<\dfrac{\sin x}{x}<1$，

所以取 $m=\dfrac{2}{\pi}, M=1$　　故　$1\leqslant\int_0^{\frac{\pi}{2}}\dfrac{\sin x}{x}\mathrm{d}x\leqslant\dfrac{\pi}{2}$

5. 设 $a<b$，用定积分的几何意义确定 a,b 取何值时，积分 $\int_a^b(x+1)(x-2)\mathrm{d}x$ 取得最小值?

解　如图 6-11 所示，当 $a=-1$，$b=2$ 时定积分 $\int_{-1}^2(x+1)(x-2)\mathrm{d}x$ 表示图 6-11 中 S 面积的负值，此时取得最小值

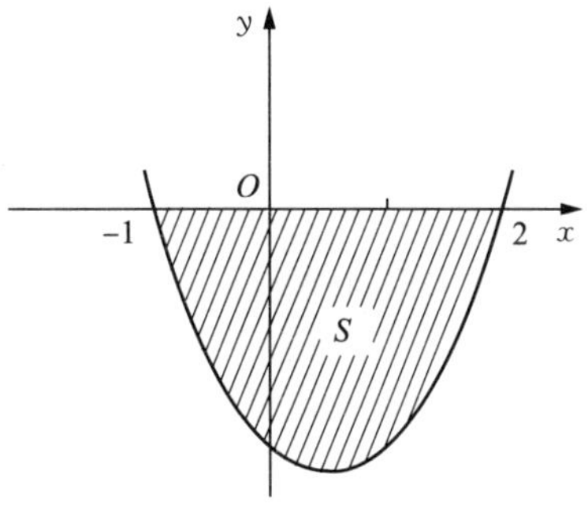

图 6-11

练习 6.2

1. 求下列极限:

(1) $\lim\limits_{x\to0}\dfrac{1}{x^2}\int_0^x\arctan t\mathrm{d}t$；(2) $\lim\limits_{x\to1}\dfrac{\int_1^x\dfrac{\ln t}{1+t}\mathrm{d}t}{(x-1)^2}$；　(3) $\lim\limits_{x\to0}\dfrac{1}{x}\int_0^x(1+\sin 2t)^{\frac{1}{t}}\mathrm{d}t$；

(4) $\lim\limits_{x\to+\infty}\left(\int_0^x\mathrm{e}^{t^2}\mathrm{d}t\right)^{\frac{1}{x^2}}$；　(5) $\lim\limits_{x\to+\infty}\dfrac{1}{x}\int_0^x(t+t^2)\mathrm{e}^{t^2-x^2}\mathrm{d}t$；(6) $\lim\limits_{x\to0}\dfrac{x-\int_0^x\mathrm{e}^{-t^2}\mathrm{d}t}{x\arctan x\sin x}$.

解　(1) 原式 $=\lim\limits_{x\to0}\dfrac{\int_0^x\arctan t\,\mathrm{d}t}{x^2}\overset{\frac{0}{0}}{=}\lim\limits_{x\to0}\dfrac{\arctan x}{2x}=\lim\limits_{x\to0}\dfrac{\frac{1}{1+x^2}}{2}=\dfrac{1}{2}$

(2) $\lim\limits_{x\to1}\dfrac{\int_1^x\dfrac{\ln t}{1+t}\mathrm{d}t}{(x-1)^2}\overset{\frac{0}{0}}{=}\lim\limits_{x\to1}\dfrac{\frac{\ln x}{1+x}}{2(x-1)}\overset{\frac{0}{0}}{=}\lim\limits_{x\to1}\dfrac{\frac{1}{x}}{2(x+1)+2(x-1)}=\dfrac{1}{4}$

(3) 原式 $=\lim\limits_{x\to0}\dfrac{\int_0^x(1+\sin 2t)^{\frac{1}{t}}\mathrm{d}t}{x}\overset{\frac{0}{0}}{=}\lim\limits_{x\to0}(1+\sin 2x)^{\frac{1}{x}}$

$=\lim\limits_{x\to0}\mathrm{e}^{\frac{1}{x}\ln(1+\sin 2x)}=\mathrm{e}^{\lim\limits_{x\to0}\frac{1}{x}\ln(1+\sin 2x)(\frac{0}{0})}=\mathrm{e}^{\lim\limits_{x\to0}\frac{2\cos 2x}{1+\sin 2x}}=\mathrm{e}^2$

(4) 当 $x\to+\infty$ 时，$\mathrm{e}^{x^2}\to+\infty$，$\int_0^x\mathrm{e}^{t^2}\mathrm{d}t\to+\infty$，$(x\to+\infty)$

所以 $\lim\limits_{x\to+\infty}\left(\int_0^x\mathrm{e}^{t^2}\mathrm{d}t\right)^{\frac{1}{x^2}}\overset{\infty^0}{=\!=}\lim\limits_{x\to+\infty}\mathrm{e}^{\frac{1}{x^2}\ln\left(\int_0^x\mathrm{e}^{t^2}\mathrm{d}t\right)}=\lim\limits_{x\to+\infty}\mathrm{e}^{\frac{\ln\left(\int_0^x\mathrm{e}^{t^2}\mathrm{d}t\right)}{x^2}}=\mathrm{e}^{\lim\limits_{x\to+\infty}\frac{\ln\left(\int_0^x\mathrm{e}^{t^2}\mathrm{d}t\right)}{x^2}}(\frac{\infty}{\infty})$

$=\mathrm{e}^{\lim\limits_{x\to+\infty}\frac{\mathrm{e}^{x^2}}{2x\int_0^x\mathrm{e}^{t^2}\mathrm{d}t}}(\frac{\infty}{\infty})=\mathrm{e}^{\lim\limits_{x\to+\infty}\frac{2x\mathrm{e}^{x^2}}{2\int_0^x\mathrm{e}^{t^2}\mathrm{d}t+2x\mathrm{e}^{x^2}}}(\frac{\infty}{\infty})$

$=\mathrm{e}^{\lim\limits_{x\to+\infty}\frac{\mathrm{e}^{x^2}+2x^2\mathrm{e}^{x^2}}{\mathrm{e}^{x^2}+\mathrm{e}^{x^2}+2x^2\mathrm{e}^{x^2}}}=\mathrm{e}^{\lim\limits_{x\to+\infty}\frac{1+2x^2}{2+2x^2}}(\frac{\infty}{\infty})=\mathrm{e}$

(5) 当 $x\to+\infty$ 时，$(x+x^2)\mathrm{e}^{x^2}\to+\infty$，所以$\int_0^x(t+t^2)\mathrm{e}^{t^2}\mathrm{d}t\to+\infty(x\to+\infty)$

原式 $= \lim\limits_{x\to+\infty}\dfrac{\int_0^x (t+t^2)e^{t^2}\,dt}{xe^{x^2}} \overset{\frac{\infty}{\infty}}{=} \lim\limits_{x\to+\infty}\dfrac{(x+x^2)e^{x^2}}{e^{x^2}+2x^2e^{x^2}} = \lim\limits_{x\to+\infty}\dfrac{x+x^2}{1+2x^2} = \dfrac{1}{2}$

(6) 原式 $= \lim\limits_{x\to 0}\dfrac{x-\int_0^x e^{-t^2}\,dt}{x^3} \overset{\frac{0}{0}}{=} \lim\limits_{x\to 0}\dfrac{1-e^{-x^2}}{3x^2} \overset{\frac{0}{0}}{=} \lim\limits_{x\to 0}\dfrac{2xe^{-x^2}}{6x} = \dfrac{1}{3}$

2. 求下列导数：

(1) $\dfrac{d}{dx}\int_{\sqrt{x}}^{x^3} e^{-t^2}\,dt$；　　(2) $\dfrac{d}{dx}\int_0^x (t^3-x^3)\sin t dt$.

解　(1) $\left(\int_{\sqrt{x}}^{x^3} e^{-t^2}\,dt\right)' = 3x^2e^{-x^6} - \dfrac{1}{2\sqrt{x}}e^{-x}$

(2) $\left[\int_0^x (t^3-x^3)\sin t dt\right]' = \left(\int_0^x t^3\sin t dt\right)' - \left(x^3\int_0^x \sin t dt\right)'$

$= x^3\sin x - 3x^2\int_0^x \sin t dt - x^3\sin x = -3x^2[-\cos t]_0^x$

$= -3x^2(-\cos x+1) = 3x^2(\cos x-1)$

3. 设 $f(x)$ 在区间 $[a,b]$ 上连续，在 (a,b) 内可导，且 $\dfrac{2}{b-a}\int_a^{\frac{a+b}{2}} f(x)dx = f(b)$，求证在 (a,b) 内至少存在一点 ξ，使 $f'(\xi)=0$.

证明　由 $\dfrac{2}{b-a}\int_a^{\frac{a+b}{2}} f(x)dx = f(b)$，得 $\int_a^{\frac{a+b}{2}} f(x)dx = \dfrac{b-a}{2}f(b)$，

根据定积分中值定理 $\int_a^{\frac{a+b}{2}} f(x)dx = f(\xi_1)\left(\dfrac{a+b}{2}-a\right) = \dfrac{b-a}{2}f(\xi_1)\left(a\leqslant\xi_1\leqslant\dfrac{a+b}{2}\right)$

所以 $f(\xi_1)=f(b)$

在 $[\xi_1,b]$ 上运用罗尔中值定理 $\exists\,\xi\in(\xi_1,b)$，使得 $f'(\xi)=0$　$\left(a\leqslant\xi_1\leqslant\dfrac{a+b}{2}<\xi<b\right)$

4. 求证方程 $\ln x = \dfrac{x}{e} - \int_0^{\pi}\sqrt{1-\cos 2x}dx$ 在 $(0,+\infty)$ 内有且仅有两个不同的实根.(1989 年考研题一)

证明　因 $\int_0^{\pi}\sqrt{1-\cos 2x}dx = \sqrt{2}\int_0^{\pi}\sin x dx = -\sqrt{2}[\cos x]_0^{\pi} = 2\sqrt{2}$，

于是 $\ln x = \dfrac{x}{e} - 2\sqrt{2}$，令 $f(x) = \ln x - \dfrac{x}{e} + 2\sqrt{2}$，$f'(x) = \dfrac{1}{x} - \dfrac{1}{e} = \dfrac{e-x}{ex}$，

令 $f'(x)=0$，得 $x=e$

当 $x\in(0,e)$ 时，$f'(x)>0$；当 $x\in(e,+\infty)$ 时，$f'(x)<0$

因此，方程 $f(x) = \ln x - \dfrac{x}{e} + 2\sqrt{2}$ 在 $(0,+\infty)$ 内至多有两个实根

又 $x=e^{-4}\in(0,e)$，$f(e^{-4}) = -4-\dfrac{1}{e^5}+2\sqrt{2}<0$，$f(e) = 1-1+2\sqrt{2}>0$

(注：这里取 $x=e^{-5}$，$x=e^{-6}$ 也满足 $f<0$)

由于 $f(x)$ 在 $(0,e)$ 内单调增加，根据零值点定理，$f(x)$ 在 (e^{-4},e) 内只有一个实根

$x=e^4\in(e,+\infty)$，$f(e^4) = 4-e^3+2\sqrt{2}<0$，$f(e)>0$

由于 $f(x)$ 在 $(e,+\infty)$ 内单调减少，所以 $f(x)$ 在 (e,e^4) 内只有一个实根

(注：这里取 $x=e^5$，$x=e^6$ 也满足 $f<0$)

综上所述，方程 $\ln x = \frac{x}{e} - \int_0^{\pi} \sqrt{1-\cos 2x}\,dx$ 在 $(0,+\infty)$ 只有两个实根

5. 设 $f(x)$ 在 $[a,b]$ 上连续，且 $f(x)>0$，令

$F(x) = \int_a^x f(t)dt + \int_b^x \frac{1}{f(t)}dt$，

求证：(1) $F'(x) \geqslant 2$；　(2) $F(x)$ 在 (a,b) 内有且仅有一个零值点.

证明 (1) $F'(x) = f(x) + \frac{1}{f(x)} = \frac{f^2(x)+1}{f(x)} = \frac{[f(x)-1]^2+2f(x)}{f(x)}$

$= 2 + \frac{[f(x)-1]^2}{f(x)}$，由于 $f(x)>0$，$[f(x)-1]^2 \geqslant 0$，

所以 $F'(x) \geqslant 2$

(2) 由(1)证明知 $F(x)$ 在 $[a,b]$ 上严格单调增加，

而 $F(a) = \int_a^a f(t)dt + \int_b^a \frac{1}{f(t)}dt = -\int_a^b \frac{1}{f(t)}dt = -\int_a^b \frac{1}{f(x)}dx < 0 \quad (f(x)>0)$

$F(b) = \int_a^b f(x)dx > 0 \quad (f(x)>0)$

所以 $F(x)$ 与 x 轴只有一个交点， 故 $F(x)$ 在 $[a,b]$ 上只有一个实根

6. 设 $f(x)$ 为连续函数，且存在常数 a，满足

$$e^{x-1} - x = \int_x^a f(t)dt,$$

求 $f(x)$ 及常数 a.

解 方程两边对 x 求导， $e^{x-1} - 1 = -f(x)$. 所以 $f(x) = 1 - e^{x-1}$

$\int_x^a (1-e^{x-1})dx = \int_a^x (e^{x-1}-1)dx = [e^{x-1}-x]_a^x = e^{x-1} - x - e^{a-1} + a$

由于 $e^{x-1} - x = e^{x-1} - x - e^{a-1} + a$ 所以 $-e^{a-1} + a = 0$

$e^{a-1} = a$. 即 $a - 1 = \ln a$，$a - \ln a = 1$，

所以 $a = 1$（因为 $f(x) = x - \ln x$ 在 $x=1$ 处取得最小值 1）

7. 设 $f(x) = \int_0^x t(1-t)e^{-2t}dt$，问 x 取何值时，$f(x)$ 取极大值或极小值？

解 $f'(x) = x(1-x)e^{-2x}$，令 $f'(x)=0$ 得：$x_1 = 0$，$x_2 = 1$，

当 x 在 $x=0$ 的左侧邻域内取值时 $f'(x) < 0$ ，

当 x 在 $x=0$ 的右侧邻域内取值时 $f'(x) > 0$ ，所以 $f(x)$ 在 $x=0$ 处取得极小值

当 x 在 $x=1$ 的左侧邻域内取值时 $f'(x) > 0$

当 x 在 $x=1$ 的右侧邻域内取值时 $f'(x) < 0$ ，所以 $f(x)$ 在 $x=1$ 处取得极大值

[注] 也可用第二充分条件（$f(x)$的二阶导数符号）来判定.

8. 用牛顿-莱布尼茨公式计算下列定积分：

(1) $\int_{-1}^{1} \frac{dx}{\sqrt{4-x^2}}$；　(2) $\int_{\frac{\pi}{6}}^{\frac{\pi}{3}} \tan x\,dx$；　(3) $\int_0^2 \frac{1}{4+x^2}dx$；　(4) $\int_{\frac{\pi}{4}}^{\frac{\pi}{3}} \frac{1}{\sin x\cos x}dx$；

(5) $\int_{\frac{\pi}{6}}^{\frac{\pi}{3}} \tan^2 x\,dx$；　(6) $\int_0^{\pi} \sqrt{1-\sin 2x}\,dx$；　(7) $\int_2^3 \frac{dx}{x^4-x^2}$；　(8) $\int_1^e \frac{x^2+\ln x^2}{x}dx$；

(9) $\int_{\frac{\pi}{4}}^{\frac{\pi}{2}} \frac{x\cos x+\sin x}{(x\sin x)^2}dx$；　(10) $\int_{-2}^{3} \max\{1,x^4\}\,dx$；　(11) $\int_a^b |x|\,dx \quad (a<b)$；

(12) $\int_0^1 |x-t|x\mathrm{d}x$.

解 (1) 原式 $=2\int_0^1 \frac{\mathrm{d}x}{\sqrt{4-x^2}}=2\int_0^1 \frac{\mathrm{d}\left(\frac{x}{2}\right)}{\sqrt{1-\left(\frac{x}{2}\right)^2}}=2\arcsin\frac{x}{2}\Big|_0^1=\frac{\pi}{3}$

(2) $\int_{\frac{\pi}{6}}^{\frac{\pi}{3}} \tan x\mathrm{d}x=-[\ln|\cos x|]_{\frac{\pi}{6}}^{\frac{\pi}{3}}=-\left(\ln\frac{1}{2}-\ln\frac{\sqrt{3}}{2}\right)=-\ln\frac{1}{\sqrt{3}}=\frac{1}{2}\ln 3$

(3) $\int_0^2 \frac{1}{4+x^2}\mathrm{d}x=\int_0^2 \frac{2\mathrm{d}\left(\frac{x}{2}\right)}{4\left[1+\left(\frac{x}{2}\right)^2\right]}=\frac{1}{2}\arctan\frac{x}{2}\Big|_0^2=\frac{\pi}{8}$

(4) $\int_{\frac{\pi}{4}}^{\frac{\pi}{3}}\frac{1}{\sin x\cos x}\mathrm{d}x=2\int_{\frac{\pi}{4}}^{\frac{\pi}{3}}\csc 2x\mathrm{d}x=\int_{\frac{\pi}{4}}^{\frac{\pi}{3}}\csc 2x\mathrm{d}(2x)=[\ln|\csc 2x-\cot 2x|]_{\frac{\pi}{4}}^{\frac{\pi}{3}}=\frac{1}{2}\ln 3$

或 $\int_{\frac{\pi}{4}}^{\frac{\pi}{3}}\frac{1}{\sin x\cos x}\mathrm{d}x=\int_{\frac{\pi}{4}}^{\frac{\pi}{3}}\frac{\mathrm{d}x}{\sin^2 x\frac{\cos x}{\sin x}}=\int_{\frac{\pi}{4}}^{\frac{\pi}{3}}\frac{\csc^2 x\mathrm{d}x}{\cot x}$

$$=-\int_{\frac{\pi}{4}}^{\frac{\pi}{3}}\frac{\mathrm{d}\cot x}{\cot x}=-[\ln\cot x]_{\frac{\pi}{4}}^{\frac{\pi}{3}}=\frac{1}{2}\ln 3$$

(5) $\int_{\frac{\pi}{6}}^{\frac{\pi}{3}}\tan^2 x\mathrm{d}x=\int_{\frac{\pi}{6}}^{\frac{\pi}{3}}(\sec^2 x-1)\mathrm{d}x=[\tan x-x]_{\frac{\pi}{6}}^{\frac{\pi}{3}}=\sqrt{3}-\frac{\sqrt{3}}{3}-\frac{\pi}{6}=\frac{2\sqrt{3}}{3}-\frac{\pi}{6}$

(6) $\int_0^{\pi}\sqrt{1-\sin 2x}\mathrm{d}x=\int_0^{\pi}\sqrt{\sin^2 x-2\sin x\cos x+\cos^2 x}\mathrm{d}x$

$$=\int_0^{\pi}|\sin x-\cos x|\mathrm{d}x$$

$$=\int_0^{\frac{\pi}{4}}(\cos x-\sin x)\mathrm{d}x+\int_{\frac{\pi}{4}}^{\pi}(\sin x-\cos x)\mathrm{d}x$$

$$=[\sin x+\cos x]_0^{\frac{\pi}{4}}-[\sin x+\cos x]_{\frac{\pi}{4}}^{\pi}=2\sqrt{2}$$

(7) $\int_2^3\frac{\mathrm{d}x}{x^4-x^2}=-\int_2^3\frac{x^2-1-x^2}{x^2(x^2-1)}\mathrm{d}x=-\int_2^3 x^{-2}\mathrm{d}x+\int_2^3\frac{1}{x^2-1}\mathrm{d}x$

$$=\left[\frac{1}{x}\right]_2^3+\frac{1}{2}\left[\ln\left|\frac{x-1}{x+1}\right|\right]_2^3=\frac{1}{2}\ln\frac{3}{2}-\frac{1}{6}$$

(8) $\int_1^{\mathrm{e}}\frac{x^2+\ln x^2}{x}\mathrm{d}x=\int_1^{\mathrm{e}}x\mathrm{d}x+2\int_1^{\mathrm{e}}\ln x\mathrm{d}(\ln x)=\frac{1}{2}[x^2]_1^{\mathrm{e}}+[\ln^2 x]_1^{\mathrm{e}}=\frac{1}{2}(\mathrm{e}^2+1)$

(9) 因为 $-\left(\frac{1}{x\sin x}\right)'=-\frac{0-\sin x-x\cos x}{(x\sin x)^2}=\frac{x\cos x+\sin x}{(x\sin x)^2}$

说明 $-\frac{1}{x\sin x}$ 为 $\frac{x\cos x+\sin x}{(x\sin x)^2}$ 的原函数

所以 $\int_{\frac{\pi}{4}}^{\frac{\pi}{2}}\frac{x\cos x+\sin x}{(x\sin x)^2}\mathrm{d}x=-\left[\frac{1}{x\sin x}\right]_{\frac{\pi}{4}}^{\frac{\pi}{2}}=-\left(\frac{2}{\pi}-\frac{4\sqrt{2}}{\pi}\right)=\frac{4\sqrt{2}-2}{\pi}$

(10) $\max\{1,x^4\}=\begin{cases}x^4, & -2\leqslant x\leqslant -1\\ 1, & -1\leqslant x\leqslant 1\\ x^4, & 1\leqslant x\leqslant 3\end{cases}$

所以 $\int_{-2}^3\max\{1,x^4\}\mathrm{d}x=\int_{-2}^{-1}x^4\mathrm{d}x+\int_{-1}^1\mathrm{d}x+\int_1^3 x^4\mathrm{d}x$

$$=\frac{1}{5}[x^5]_{-2}^{-1}+[x]_{-1}^{1}+\left[\frac{1}{5}x^5\right]_1^3=\frac{283}{5}$$

(11) ① 当 $0<a<b$ 时，$\int_a^b |x|\mathrm{d}x=\int_a^b x\mathrm{d}x=\frac{1}{2}[x^2]_a^b=\frac{1}{2}(b^2-a^2)$；

② 当 $a<0<b$ 时，$\int_a^b |x|\mathrm{d}x=-\int_a^0 x\mathrm{d}x+\int_0^b x\mathrm{d}x=-\frac{1}{2}x^2\big|_a^0+\frac{1}{2}x^2\big|_0^b=\frac{1}{2}(a^2+b^2)$；

③ 当 $a<b<0$ 时，$\int_a^b |x|\mathrm{d}x=-\int_a^b x\mathrm{d}x=-\frac{1}{2}x^2\big|_a^b=\frac{1}{2}(a^2-b^2)$

(12) 因为 $0\leqslant x\leqslant 1$，

① 当 $t\leqslant 0$ 时，$\int_0^1 x|x-t|\mathrm{d}x=\int_0^1 x(x-t)\mathrm{d}x=\int_0^1(x^2-xt)\mathrm{d}x$

$$=\left[\frac{1}{3}x^3-\frac{1}{2}x^2t\right]_0^1=\frac{1}{3}-\frac{t}{2};$$

② 当 $t\geqslant 1$ 时，$\int_0^1 x|x-t|\mathrm{d}x=\int_0^1 x(t-x)\mathrm{d}x=\frac{t}{2}-\frac{1}{3}$；

③ 当 $0<t<1$ 时，令 $|x-t|=0$，得被积函数分段的分界点 $x=t$，

$$\int_0^1 x|x-t|\mathrm{d}x=\int_0^t x(t-x)\mathrm{d}x+\int_t^1 x(x-t)\mathrm{d}x$$

$$=\frac{1}{2}t^3-\frac{1}{3}t^3+\frac{1}{3}-\frac{t}{2}-\frac{1}{3}t^3+\frac{1}{2}t^3$$

$$=\frac{1}{3}t^3-\frac{t}{2}+\frac{1}{3}.$$

［注］　当 x 在 $[0,x]$ 上取值，t 在 $[x,1]$ 上取值时，$x-t<0$，$|x-t|=t-x$，
当 x 在 $[x,1]$ 上取值，t 在 $[0,x]$ 上取值时，$x-t>0$，$|x-t|=x-t$，
当 x 与 t 同时在 $[0,x]$ 或 $[x,1]$ 上取值，令 $|x-t|=0$，必有 $x=t$.

练习 6.3

1. 用换元积分法计算下列各题：

(1) $\int_1^2\frac{1}{(3x-1)^2}\mathrm{d}x$；　(2) $\int_0^{\frac{\sqrt{2}}{3}}\sqrt{2-9x^2}\mathrm{d}x$；　(3) $\int_4^9\frac{\sqrt{x}}{\sqrt{x}-1}\mathrm{d}x$；

(4) $\int_1^{\sqrt{3}}\frac{\mathrm{d}x}{x\sqrt{1+x^2}}$；　(5) $\int_1^2\frac{\sqrt{x^2-1}}{x}\mathrm{d}x$；　(6) $\int_1^{e^2}\frac{1}{x\sqrt{1+\ln x}}\mathrm{d}x$；

(7) $\int_{-1}^0\frac{(1+x)e^x}{\sqrt{1+xe^x}}\mathrm{d}x$；　(8) $\int_{-\frac{1+\sqrt{5}}{2}}^{-1}(2x+1)\sqrt{1-x-x^2}\mathrm{d}x$；　(9) $\int_0^{\pi}\sqrt{\sin x-\sin^3 x}\mathrm{d}x$；

(10) $\int_{-1}^1\frac{\mathrm{d}x}{1+\sqrt{1-x^2}}$.

解　(1) $\int_1^2\frac{1}{(3x-1)^2}\mathrm{d}x=\frac{1}{3}\int_1^2(3x-1)^{-2}\mathrm{d}(3x-1)=-\frac{1}{3}\left[\frac{1}{3x-1}\right]_1^2=\frac{1}{10}$

(2) $\int\sqrt{a^2-x^2}\mathrm{d}x=\frac{a^2}{2}\arcsin\frac{x}{a}+\frac{x}{2}\sqrt{a^2-x^2}+c(a>0)$

这里 $a=\sqrt{2}$

所以 $\int_0^{\frac{\sqrt{2}}{3}}\sqrt{2-9x^2}\mathrm{d}x=\int_0^{\frac{\sqrt{2}}{3}}\frac{1}{3}\sqrt{2-(3x)^2}\mathrm{d}(3x)=\frac{1}{3}\left[\arcsin\frac{3x}{\sqrt{2}}+\frac{3x}{2}\sqrt{2-9x^2}\right]_0^{\frac{\sqrt{2}}{3}}=\frac{\pi}{6}$

(3) 令 $t=\sqrt{x}, x=t^2, \mathrm{d}x=2t\mathrm{d}t$　当 $x=4$ 时，$t=2$；当 $x=9$ 时，$t=3$，

所以原式 $=2\int_2^3 \frac{t^2-1+1}{t-1}\mathrm{d}t=2\int_2^3\left(t+1+\frac{1}{t-1}\right)\mathrm{d}t$

$$=2\left[\frac{1}{2}t^2+t+\ln|t-1|\right]_2^3=2\left(\frac{9}{2}+3+\ln 2-2-2\right)=7+2\ln 2$$

(4) 令 $x=\tan t, \mathrm{d}x=\sec^2 t\mathrm{d}t$，当 $x=1$ 时，$t=\frac{\pi}{4}$；当 $x=\sqrt{3}$ 时，$t=\frac{\pi}{3}$.

所以原式 $=\int_{\frac{\pi}{4}}^{\frac{\pi}{3}}\frac{\sec^2 t}{\tan t\sec t}\mathrm{d}t=\int_{\frac{\pi}{4}}^{\frac{\pi}{3}}\sec t\cot t\mathrm{d}t=\int_{\frac{\pi}{4}}^{\frac{\pi}{3}}\csc t\mathrm{d}t$

$$=[\ln|\csc t-\cot t|]_{\frac{\pi}{4}}^{\frac{\pi}{3}}=\ln\frac{1}{\sqrt{3}}-\ln(\sqrt{2}-1)=-\ln\sqrt{3}-\ln\frac{1}{\sqrt{2}+1}=\ln\frac{\sqrt{2}+1}{\sqrt{3}}$$

(5) 令 $x=\sec t, \mathrm{d}x=\sec t\tan t\mathrm{d}t$，当 $x=1$ 时，$t=0$；当 $x=2$ 时，$t=\frac{\pi}{3}$.

所以原式 $=\int_0^{\frac{\pi}{3}}\frac{\sec t\tan^2 t}{\sec t}\mathrm{d}t=\int_0^{\frac{\pi}{3}}(\sec^2 t-1)\mathrm{d}t=[\tan t-t]_0^{\frac{\pi}{3}}=\sqrt{3}-\frac{\pi}{3}$

(6) 原式 $=\int_1^{e^2}(1+\ln x)^{-\frac{1}{2}}\mathrm{d}(1+\ln x)=2\sqrt{1+\ln x}\Big|_1^{e^2}=2(\sqrt{3}-1)$

(7) 原式 $=\int_{-1}^0\frac{\mathrm{d}(xe^x+1)}{\sqrt{1+xe^x}}=2\sqrt{1+xe^x}\Big|_{-1}^0=2(1-\sqrt{1-e^{-1}})$

(8) 原式 $=\int_{-\frac{1+\sqrt{5}}{2}}^{-1}(2x+1)\sqrt{\frac{5}{4}-\left(x+\frac{1}{2}\right)^2}\mathrm{d}x$

令 $x+\frac{1}{2}=\frac{\sqrt{5}}{2}\sin t$，$\mathrm{d}x=\frac{\sqrt{5}}{2}\cos t\mathrm{d}t$，当 $x=-\frac{1+\sqrt{5}}{2}$ 时，$t=-\frac{\pi}{2}$；

当 $x=-1$ 时，$t=-\arcsin\frac{\sqrt{5}}{5}$

所以原式 $=\int_{-\frac{\pi}{2}}^{-\arcsin\frac{\sqrt{5}}{5}}\sqrt{5}\sin t\cdot\frac{\sqrt{5}}{2}\cos t\cdot\frac{\sqrt{5}}{2}\cos t\mathrm{d}t=-\frac{5\sqrt{5}}{4}\int_{-\frac{\pi}{2}}^{-\arcsin\frac{\sqrt{5}}{5}}\cos^2 t\mathrm{d}\cos t$

$$=-\frac{5\sqrt{5}}{12}\cos^3 t\Big|_{-\frac{\pi}{2}}^{-\arcsin\frac{\sqrt{5}}{5}}=-\frac{2}{3}$$

(9) 原式 $=\int_0^{\pi}\sin^{\frac{1}{2}}x|\cos x|\mathrm{d}x=\int_0^{\frac{\pi}{2}}\sin^{\frac{1}{2}}x\cos x\mathrm{d}x-\int_{\frac{\pi}{2}}^{\pi}\sin^{\frac{1}{2}}x\cos x\mathrm{d}x$

$$=\int_0^{\frac{\pi}{2}}\sin^{\frac{1}{2}}x\,\mathrm{d}\sin x-\int_{\frac{\pi}{2}}^{\pi}\sin^{\frac{1}{2}}x\,\mathrm{d}\sin x=\frac{2}{3}[\sin^{\frac{3}{2}}x]_0^{\frac{\pi}{2}}-\frac{2}{3}[\sin^{\frac{3}{2}}x]_{\frac{\pi}{2}}^{\pi}=\frac{4}{3}$$

(10) 令 $x=\sin t$，则 $\mathrm{d}x=\cos t\mathrm{d}t$，

当 $x=-1$ 时，$t=-\frac{\pi}{2}$；$x=1$ 时，$t=\frac{\pi}{2}$.

所以原式 $=\int_{-\frac{\pi}{2}}^{\frac{\pi}{2}}\frac{\cos t\mathrm{d}t}{1+\cos t}=\int_{-\frac{\pi}{2}}^{\frac{\pi}{2}}\left(1-\frac{1}{1+\cos t}\right)\mathrm{d}t=\pi-\int_{-\frac{\pi}{2}}^{\frac{\pi}{2}}\frac{1}{2\cos^2\frac{t}{2}}\mathrm{d}t$

$$=\pi-\int_{-\frac{\pi}{2}}^{\frac{\pi}{2}}\sec^2\frac{t}{2}\mathrm{d}\frac{t}{2}=\pi-\tan\frac{t}{2}\Big|_{-\frac{\pi}{2}}^{\frac{\pi}{2}}=\pi-2$$

2. 用分部积分法计算下列各题：

(1) $\int_0^{\frac{\pi}{4}} x\cos 2x\mathrm{d}x$；　(2) $\int_0^{e-1}(1+x)\ln^2(1+x)\mathrm{d}x$；　(3) $\int_0^{\frac{\pi}{2}} e^{-x}\sin 2x\mathrm{d}x$；

(4) $\int_0^{\sqrt{\ln 2}} x^3 e^{-x^2}\mathrm{d}x$；　(5) $\int_{-1}^1 x\arccos x\mathrm{d}x$；　(6) $\int_{-1}^0 x^2(x+1)^5\mathrm{d}x$.

解 (1) $\int_0^{\frac{\pi}{4}} x\cos 2x\mathrm{d}x = \frac{1}{2}\int_0^{\frac{\pi}{4}} x\mathrm{d}(\sin 2x) = \frac{1}{2}[x\sin 2x]_0^{\frac{\pi}{4}} - \frac{1}{2}\int_0^{\frac{\pi}{4}}\sin 2x\mathrm{d}x$

$$= \frac{\pi}{8} + \frac{1}{4}[\cos 2x]_0^{\frac{\pi}{4}} = \frac{\pi}{8} - \frac{1}{4}$$

(2) 原式$= \frac{1}{2}\int_0^{e-1}\ln^2(1+x)\mathrm{d}(1+x)^2$

$$= \frac{1}{2}[(1+x)^2\ln^2(1+x)]_0^{e-1} - \frac{1}{2}\int_0^{e-1} 2(1+x)^2\ln(1+x)\cdot\frac{1}{1+x}\mathrm{d}x$$

$$= \frac{e^2}{2} - \int_0^{e-1}(1+x)\ln(1+x)\mathrm{d}x = \frac{e^2}{2} - \frac{1}{2}\int_0^{e-1}\ln(1+x)\mathrm{d}(1+x)^2$$

$$= \frac{e^2}{2} - \frac{1}{2}[(1+x)^2\ln(1+x)]_0^{e-1} + \frac{1}{2}\int_0^{e-1}(1+x)\mathrm{d}x$$

$$= \frac{e^2}{2} - \frac{e^2}{2} + \frac{1}{4}(1+x)^2\Big|_0^{e-1} = \frac{1}{4}(e^2-1)$$

(3) $\int_0^{\frac{\pi}{2}} e^{-x}\sin 2x\mathrm{d}x = -\int_0^{\frac{\pi}{2}}\sin 2x\mathrm{d}e^{-x} = -[e^{-x}\sin 2x]_0^{\frac{\pi}{2}} + 2\int_0^{\frac{\pi}{2}} e^{-x}\cos 2x\mathrm{d}x$

$$= -2\int_0^{\frac{\pi}{2}}\cos 2x\mathrm{d}e^{-x} = -2\left[e^{-x}\cos 2x\right]_0^{\frac{\pi}{2}} - 4\int_0^{\frac{\pi}{2}} e^{-x}\sin 2x\mathrm{d}x$$

$$= -2(-e^{-\frac{\pi}{2}} - 1) - 4\int_0^{\frac{\pi}{2}} e^{-x}\sin 2x\mathrm{d}x$$

所以$\int_0^{\frac{\pi}{2}} e^{-x}\sin 2x\mathrm{d}x = \frac{2}{5}(1+e^{-\frac{\pi}{2}})$

(4) $\int_0^{\sqrt{\ln 2}} x^3 e^{-x^2}\mathrm{d}x = -\frac{1}{2}\int_0^{\sqrt{\ln 2}} x^2\mathrm{d}e^{-x^2} = -\frac{1}{2}[x^2 e^{-x^2}]_0^{\sqrt{\ln 2}} + \frac{1}{2}\int_0^{\sqrt{\ln 2}} 2xe^{-x^2}\mathrm{d}x$

$$= -\frac{1}{2}(\ln 2\cdot e^{-\ln 2} - 0) - \frac{1}{2}\int_0^{\sqrt{\ln 2}}\mathrm{d}e^{-x^2}$$

$$= -\frac{1}{4}\ln 2 - \frac{1}{2}e^{-x^2}\Big|_0^{\sqrt{\ln 2}} = \frac{1}{4}(1-\ln 2)$$

(5) 原式$= \int_{-1}^1\arccos x\mathrm{d}\frac{x^2}{2} = \frac{x^2}{2}\arccos x\Big|_{-1}^1 + \int_{-1}^1\frac{x^2}{2}\cdot\frac{1}{\sqrt{1-x^2}}\mathrm{d}x$

$$= -\frac{\pi}{2} + \int_0^1\left(\frac{1}{\sqrt{1-x^2}} - \sqrt{1-x^2}\right)\mathrm{d}x = -\frac{\pi}{2} + \arcsin x\Big|_0^1 - \int_0^{\frac{\pi}{2}}\cos^2 t\mathrm{d}t$$

$$= -\frac{\pi}{2} + \frac{\pi}{2} - \int_0^{\frac{\pi}{2}}\frac{1+\cos 2t}{2}\mathrm{d}t = -\left(\frac{t}{2} + \frac{1}{4}\sin 2t\right)\Big|_0^{\frac{\pi}{2}} = -\frac{\pi}{4}$$

(6) 原式$= \int_{-1}^0 x^2\mathrm{d}\frac{(x+1)^6}{6} = \frac{1}{6}x^2(x+1)^6\Big|_{-1}^0 - \frac{1}{3}\int_{-1}^0(x+1)^6\cdot x\mathrm{d}x$

$$= -\frac{1}{21}\int_{-1}^0 x\mathrm{d}(x+1)^7 = -\frac{1}{21}x(x+1)^7\Big|_{-1}^0 + \frac{1}{21}\int_{-1}^0(x+1)^7\mathrm{d}x$$

$$= \frac{1}{21\times 8}(x+1)^8\Big|_{-1}^0 = \frac{1}{168}$$

3. 证明$\int_0^{2\pi}\sin^n x\mathrm{d}x=\begin{cases}4\int_0^{\frac{\pi}{2}}\sin^n x\mathrm{d}x, & n\text{ 为偶数}\\ 0, & n\text{ 为奇数}\end{cases}$.

证明 令 $x=\pi-t,\mathrm{d}x=-\mathrm{d}t$,当 $x=0$ 时,$t=\pi$;当 $x=2\pi$ 时,$t=-\pi$,

$$\int_0^{2\pi}\sin^n x\mathrm{d}x=-\int_{-\pi}^{\pi}\sin^n(\pi-t)\mathrm{d}t=\int_{\pi}^{-\pi}\sin^n t\mathrm{d}t=\begin{cases}2\int_0^{\pi}\sin^n t\mathrm{d}t, & n\text{ 为偶数;}\\ 0, & n\text{ 为奇数}\end{cases}$$

令 $t=\frac{\pi}{2}-u,\mathrm{d}t=-\mathrm{d}u$,当 $t=0$ 时,$u=\frac{\pi}{2}$;当 $t=\pi$ 时,$u=-\frac{\pi}{2}$

$$2\int_0^{\pi}\sin^n t\mathrm{d}t=-2\int_{\frac{\pi}{2}}^{-\frac{\pi}{2}}\sin^n\left(\frac{\pi}{2}-u\right)\mathrm{d}u=4\int_0^{\frac{\pi}{2}}\cos^n u\mathrm{d}u$$

$$=4\int_0^{\frac{\pi}{2}}\cos^n x\mathrm{d}x=4\int_0^{\frac{\pi}{2}}\sin^n x\mathrm{d}x,(n\text{ 为偶数})$$

所以$\int_0^{2\pi}\sin^n x\mathrm{d}x=\begin{cases}4\int_0^{\frac{\pi}{2}}\sin^n x\mathrm{d}x, & n\text{ 为偶数;}\\ 0, & n\text{ 为奇数}\end{cases}$

4. 当 $x>0$ 时,$f(x)$ 可导,且满足方程:

$f(x)=1+\int_1^x\frac{1}{x}f(t)\mathrm{d}t$,求 $f(x)$.

解 $$f'(x)=\frac{1}{-x^2}\int_1^x f(t)\mathrm{d}t+\frac{1}{x}f(x)=-\frac{1}{x}\int_1^x\frac{1}{x}f(t)\mathrm{d}t+\frac{1}{x}f(x)$$

$$=-\frac{1}{x}[f(x)-1]+\frac{1}{x}f(x)=\frac{1}{x}$$

所以 $f(x)=\int\frac{1}{x}\mathrm{d}x=\ln|x|+C$,而 $f(1)=1$ 所以 $C=1$

所以 $f(x)=\ln|x|+1$

5. 设 $f(x)=\frac{1}{1+x^2}+\sqrt{1-x^2}\int_0^1 f(x)\mathrm{d}x$,求$\int_0^1 f(x)\mathrm{d}x$.

解 $$\int_0^1 f(x)\mathrm{d}x=\int_0^1\frac{1}{1+x^2}\mathrm{d}x+\int_0^1\sqrt{1-x^2}\mathrm{d}x\int_0^1 f(x)\mathrm{d}x$$

$$=\arctan x\Big|_0^1+\left[\frac{1}{2}\arcsin x+\frac{x}{2}\sqrt{1-x^2}\right]_0^1\int_0^1 f(x)\mathrm{d}x$$

$$=\frac{\pi}{4}+\frac{\pi}{4}\int_0^1 f(x)\mathrm{d}x,$$

$\left(1-\frac{\pi}{4}\right)\int_0^1 f(x)\mathrm{d}x=\frac{\pi}{4}$ 所以$\int_0^1 f(x)\mathrm{d}x=\frac{\pi}{4-\pi}$

6. 设连续函数 $f(x)$ 满足

$$\int_0^x f(x-t)\mathrm{d}t=\mathrm{e}^{-2x}-1,$$

求定积分$\int_0^1 f(x)\mathrm{d}x$.

解 令 $u=x-t,\mathrm{d}u=-\mathrm{d}t$. 当 $t=0$ 时,$u=x$;当 $t=x$ 时,$u=0$.

$$\int_0^x f(x-t)\mathrm{d}t=-\int_x^0 f(u)\mathrm{d}u=\int_0^x f(u)\mathrm{d}u,$$

所以$\int_0^x f(u)\mathrm{d}u = \mathrm{e}^{-2x} - 1, f(x) = -2\mathrm{e}^{-2x}$(求导得)

所以$\int_0^1 f(x)\mathrm{d}x = -2\int_0^1 \mathrm{e}^{-2x}\mathrm{d}x = \int_0^1 \mathrm{d}\mathrm{e}^{-2x} = \mathrm{e}^{-2} - 1$

7. 设 $f(x)$ 是连续函数

证明 $\int_0^\pi xf(\sin x)\mathrm{d}x = \frac{\pi}{2}\int_0^\pi f(\sin x)\mathrm{d}x$.

证明　令 $x = \pi - t, \mathrm{d}x = -\mathrm{d}t$

当 $x = 0$ 时,$t = \pi$;当 $x = \pi$ 时,$t = 0$

$$\int_0^\pi xf(\sin x)\mathrm{d}x = -\int_\pi^0 (\pi - t)f(\sin(\pi - t))\mathrm{d}t$$

$$= \int_0^\pi (\pi - t)f(\sin t)\mathrm{d}t = \pi\int_0^\pi f(\sin x)\mathrm{d}x - \int_0^\pi xf(\sin x)\mathrm{d}x$$

所以$\int_0^\pi xf(\sin x)\mathrm{d}x = \frac{\pi}{2}\int_0^\pi f(\sin x)\mathrm{d}x$

8. 设函数 $f(x)$ 在$(-\infty, +\infty)$ 上连续,并满足条件

$\int_0^x f(x-u)\mathrm{e}^u\,\mathrm{d}u = \sin x$,求 $f(x)$.

解　令 $t = x - u, u = x - t, \mathrm{d}u = -\mathrm{d}t$

当 $u = 0$ 时,$t = x$;当 $u = x$ 时,$t = 0$

$$\int_0^x f(x-u)\mathrm{e}^u\,\mathrm{d}u = -\int_x^0 f(t)\mathrm{e}^{x-t}\,\mathrm{d}t = \mathrm{e}^x\int_0^x f(t)\mathrm{e}^{-t}\,\mathrm{d}t$$

而 $\mathrm{e}^x\int_0^x f(t)\mathrm{e}^{-t}\,\mathrm{d}t = \sin x$,两边对 x 求导

$$\mathrm{e}^x\int_0^x f(t)\mathrm{e}^{-t}\,\mathrm{d}t + \mathrm{e}^x f(x)\mathrm{e}^{-x} = \cos x$$

所以 $f(x) = \cos x - \mathrm{e}^x\int_0^x f(t)\mathrm{e}^{-t}\,\mathrm{d}t = \cos x - \sin x$

9. 利用函数奇偶性计算下列积分:

(1) $\int_{-\frac{\pi}{2}}^{\frac{\pi}{2}} \sin^2 x\ln(x + \sqrt{1+x^2})\mathrm{d}x$;　　(2) $\int_{-\frac{\pi}{2}}^{\frac{\pi}{2}} \frac{x}{1+\cos x}\mathrm{d}x$;

(3) $\int_{-1}^{1} \frac{1}{\sqrt{4-x^2}}\left(\frac{1}{1+\mathrm{e}^x} - \frac{1}{2}\right)\mathrm{d}x$;　　(4) $\int_{-1}^{1} \cos x\arccos x\mathrm{d}x$.

解　(1) 令 $f(x) = \sin^2 x\ln(x + \sqrt{1+x^2})$

$$f(-x) = \sin^2(-x)\ln(-x + \sqrt{1+x^2}) = \sin^2 x\ln\frac{(\sqrt{1+x^2}+x)(\sqrt{1+x^2}-x)}{x+\sqrt{1+x^2}}$$

$$= -\sin^2 x\ln(x + \sqrt{1+x^2}) = -f(x),$$

说明被积函数为奇函数

所以$\int_{-\frac{\pi}{2}}^{\frac{\pi}{2}} \sin^2 x\ln(x + \sqrt{1+x^2})\mathrm{d}x = 0$

(2) 令 $f(x) = \frac{x}{1+\cos x}$,　$f(-x) = \frac{-x}{1+\cos(-x)} = \frac{-x}{1+\cos x} = -f(x)$

说明被积函数是连续的奇函数,所以 $\int_{-\frac{\pi}{2}}^{\frac{\pi}{2}} \frac{x}{1+\cos x}\mathrm{d}x = 0$

(3) 令 $f(x)=\dfrac{1}{\sqrt{4-x^2}}\left(\dfrac{1}{1+e^x}-\dfrac{1}{2}\right)=\dfrac{1}{\sqrt{4-x^2}}\cdot\dfrac{1-e^x}{2(1+e^x)}$

$f(-x)=\dfrac{1}{\sqrt{4-x^2}}\cdot\dfrac{1-e^{-x}}{2(1+e^{-x})}=\dfrac{1}{\sqrt{4-x^2}}\cdot\dfrac{e^x-1}{2(e^x+1)}=-f(x)$

说明被积函数为连续的奇函数

所以$\displaystyle\int_{-1}^{1}\frac{1}{\sqrt{4-x^2}}\left(\frac{1}{1+e^x}-\frac{1}{2}\right)dx=0$

(4) $\displaystyle\int_{-1}^{1}\cos x\arccos x dx=\int_{-1}^{1}\cos x\left(\frac{\pi}{2}-\arcsin x\right)dx=\frac{\pi}{2}\int_{-1}^{1}\cos x dx-\int_{-1}^{1}\cos x\arcsin x dx$

$$=\frac{\pi}{2}\sin x\Big|_{-1}^{1}=\pi\sin 1.$$

练习 6.4

1. 计算下列曲线围成的平面图形的面积:

(1) $y=e^x,y=e^{-x},x=1$;　　(2) $y=x^3-4x,y=0$;

(3) $y=x^2,y=x,y=2x$;　　(4) $y^2=12(x+3),y^2=-12(x-3)$.

解 (1) 令所求平面图形面积为 A,如图 6-12 所示,则

$$A=\int_0^1(e^x-e^{-x})dx=[e^x+e^{-x}]_0^1=e+\frac{1}{e}-2$$

(2) $y'=3x^2-4$　令 $y'=0$,得 $x=\pm\dfrac{2}{\sqrt{3}}$

$y''=6x$　$y''|_{x=\frac{2}{\sqrt{3}}}>0$,所以 $x=\dfrac{2}{\sqrt{3}}$ 为极小值点.

$y''|_{x=-\frac{2}{\sqrt{3}}}<0$,所以 $x=-\dfrac{2}{\sqrt{3}}$ 为极大值点.

由 $x^3-4x=0$　　$x(x^2-4)=0$,得 $x=0,x=\pm 2$　且 $y=x^3-4x$ 为奇函数

从而绘出曲线所围图形见图 6-13.

所以 $A=2\displaystyle\int_0^2(0-x^3+4x)dx=2\left[2x^2-\frac{1}{4}x^4\right]_0^2=2(8-4)=8.$

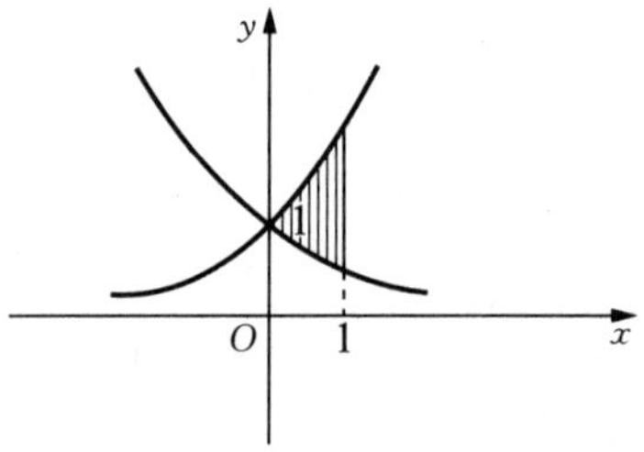

图 6-12

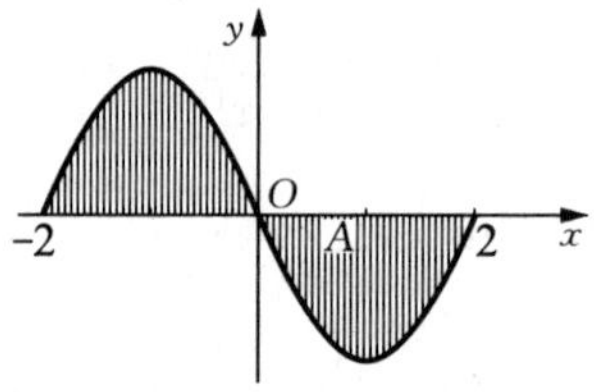

图 6-13

(3) 解方程组$\begin{cases}y=x^2\\y=x\end{cases}$　$\begin{cases}y=x\\y=2x\end{cases}$　$\begin{cases}y=x^2\\y=2x\end{cases}$得三交点(0,0),(1,1),(2,4),如图 6-14 所示.

所以 $A=\displaystyle\int_0^1(2x-x)dx+\int_1^2(2x-x^2)dx=\frac{1}{2}x^2\Big|_0^1+\left[x^2-\frac{1}{3}x^3\right]_1^2$

$\quad=\dfrac{1}{2}+4-\dfrac{8}{3}-1+\dfrac{1}{3}=\dfrac{7}{6}$

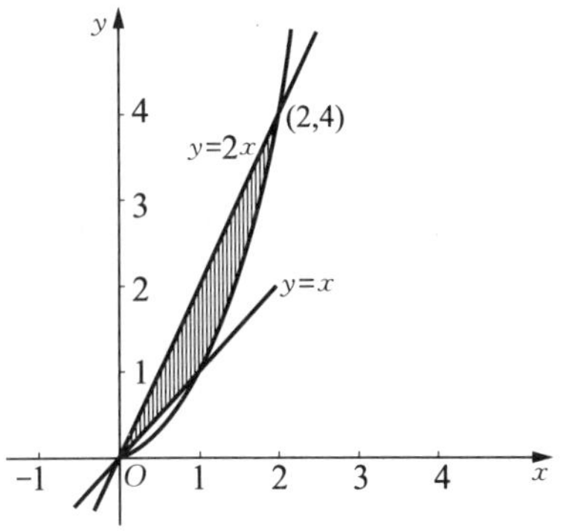

图 6 - 14

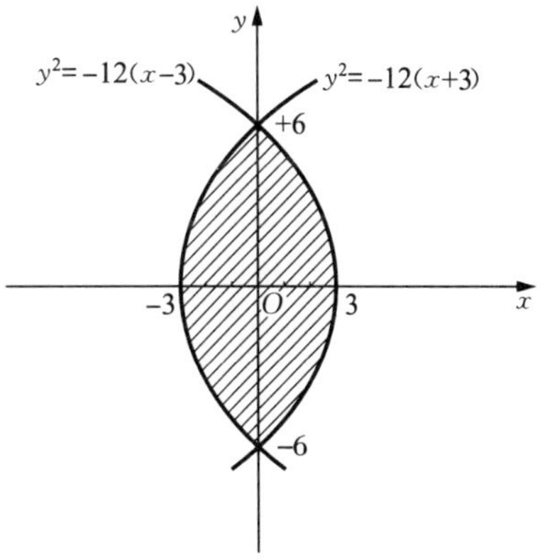

图 6 - 15

(4) 解方程组 $\begin{cases} y^2 = 12(x+3) \\ y^2 = -12(x-3) \end{cases}$ 得交点 $(0,-6)$，$(0,6)$ 如图 6 - 15 所示.

$$\text{所以 } A = \int_{-6}^{6}\left(3-\frac{y^2}{12}-\frac{y^2}{12}+3\right)\mathrm{d}y$$

$$= \int_{-6}^{6}\left(6-\frac{y^2}{6}\right)\mathrm{d}y = 2\int_{0}^{6}\left(6-\frac{y^2}{6}\right)\mathrm{d}y$$

$$= 2\left[6y-\frac{1}{18}y^3\right]_0^6 = 48$$

2. 求由抛物线 $y=-x^2+4x-3$ 及在其点 $(0,-3)$ 和点 $(3,0)$ 处两条切线所围成图形的面积.

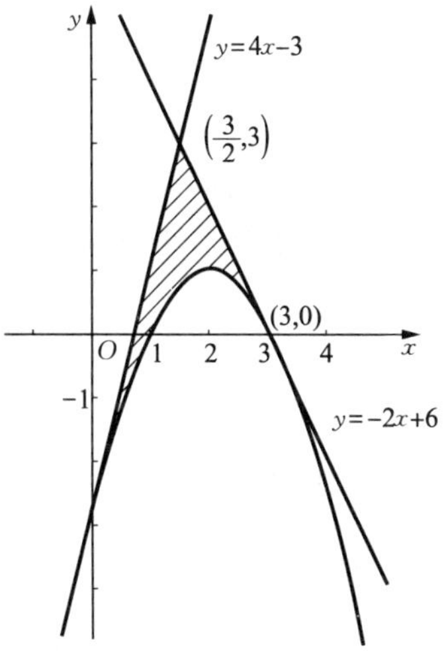

图 6 - 16

解　$y' = -2x+4$，$y'|_{x=0} = 4$

过 $(0,-3)$ 的切线方程：$y = 4x-3$，　$y'|_{x=3} = -2$

过 $(3,0)$ 的切线方程：$y = -2x+6$

解方程组 $\begin{cases} y = 4x-3 \\ y = -2x+6 \end{cases}$ 得交点 $\left(\frac{3}{2},3\right)$，如图 6 - 16 所示.

$$y = -x^2+4x-3 = -(x^2-4x+4)+1 = -(x-2)^2+1$$

$$\text{所以 } A = \int_0^{\frac{3}{2}}(4x-3+x^2-4x+3)\mathrm{d}x + \int_{\frac{3}{2}}^{3}(-2x+6+x^2-4x+3)\mathrm{d}x$$

$$= \int_0^{\frac{3}{2}}x^2\,\mathrm{d}x + \int_{\frac{3}{2}}^{3}(x^2-6x+9)\mathrm{d}x$$

$$= \frac{1}{3}x^3\Big|_0^{\frac{3}{2}} + \left[\frac{1}{3}x^3-3x^2+9x\right]_{\frac{3}{2}}^{3}$$

$$= 9+\frac{27}{4}-\frac{27}{2} = \frac{9}{4}$$

3. 考虑函数 $y = \sin x, 0 \leqslant x \leqslant \frac{\pi}{2}$，问：

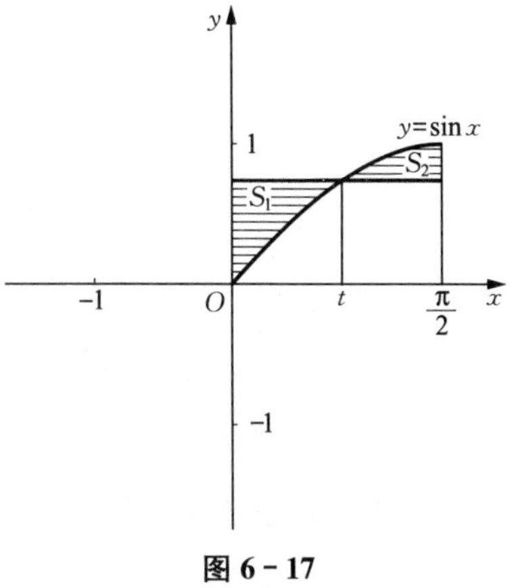

图 6 - 17

(1) t 取何值时，图 6 - 17 中阴影部分的面积 S_1 和 S_2 之和 $S = S_1 + S_2$ 最小?

(2) t 取何值时，面积 $S = S_1 + S_2$ 最大?(1987 年考研题)

解　(1) $S_1 = \int_0^t(\sin t - \sin x)\mathrm{d}x = [x\sin t + \cos x]_0^t$

$= t\sin t + \cos t - 1$，

$$S_2=\int_t^{\frac{\pi}{2}}(\sin x-\sin t)\mathrm{d}x=[-\cos x-x\sin t]_t^{\frac{\pi}{2}}=-\frac{\pi}{2}\sin t+\cos t+t\sin t,$$

$$S=S_1+S_2=2t\sin t+2\cos t-\frac{\pi}{2}\sin t-1$$

$$S'(t)=2\sin t+2t\cos t-2\sin t-\frac{\pi}{2}\cos t=2t\cos t-\frac{\pi}{2}\cos t=\left(2t-\frac{\pi}{2}\right)\cos t$$

令 $S'(t)=0$,得 $2t-\frac{\pi}{2}=0,t=\frac{\pi}{4}$ 或 $\cos t=0,t=\frac{\pi}{2}$(舍去)

$S''(t)=2\cos t-\left(2t-\frac{\pi}{2}\right)\sin t,S''\left(\frac{\pi}{4}\right)=\sqrt{2}>0$,有极小值

因此当 $t=\frac{\pi}{4}$ 时 $S=S_1+S_2$ 面积最小

(2) $t=0$ 时,$S=S_1+S_2$ 面积最大,实际上,$S(0)=1,S\left(\frac{\pi}{4}\right)=\sqrt{2}-1,S\left(\frac{\pi}{2}\right)=\frac{\pi}{2}-1$(舍去)

$S(0)=1>S\left(\frac{\pi}{4}\right)=\sqrt{2}-1$

4. 设直线 $y=ax$ 与抛物线 $y=x^2$ 所围成图形的面积为 S_1,它们与直线 $x=1$ 所围成的面积为 S_2,并且 $a<1$.

(1) 试确定 a 的值,使 S_1+S_2 达到最小,并求出最小值;

(2) 求该最小值所对应的平面图形绕 x 轴旋转一周所得旋转体的体积.(1998 年考研题数学四)

解 (1) 解方程组 $\begin{cases}y=ax\\y=x^2\end{cases}$ 得 $x=0,x=a$,如图 6-18 所示.

所以 $S=S_1+S_2=\int_0^a(ax-x^2)\mathrm{d}x+\int_a^1(x^2-ax)\mathrm{d}x=\frac{a^3}{3}-\frac{a}{2}+\frac{1}{3}$

$S'(a)=a^2-\frac{1}{2}$ 　令 $S'(a)=0$,得 $a=\frac{1}{\sqrt{2}}<1$

$S''(a)=2a,S''\left(\frac{1}{\sqrt{2}}\right)>0$,有极小值也是最小值

所以当 $a=\frac{1}{\sqrt{2}}$ 时,$S=S_1+S_2$ 面积最小,$S=\frac{2-\sqrt{2}}{6}$

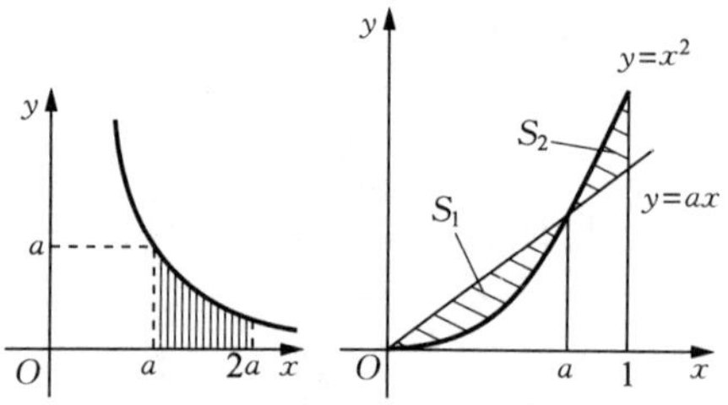

图 6-18

(2) $V_1=\pi\int_0^{\frac{1}{\sqrt{2}}}\left(\frac{1}{\sqrt{2}}x\right)^2\mathrm{d}x-\pi\int_0^{\frac{1}{\sqrt{2}}}x^4\mathrm{d}x$

$$=\frac{\pi}{2}\cdot\frac{1}{3}[x^3]_0^{\frac{1}{\sqrt{2}}}-\frac{\pi}{5}[x^5]_0^{\frac{1}{\sqrt{2}}}=\frac{\sqrt{2}\pi}{24}-\frac{\sqrt{2}\pi}{40}$$

$$V_2=\pi\int_{\frac{1}{\sqrt{2}}}^1x^4\,\mathrm{d}x-\pi\int_{\frac{1}{\sqrt{2}}}^1\frac{1}{2}x^2\,\mathrm{d}x=\frac{\pi}{5}x^5\Big|_{\frac{1}{\sqrt{2}}}^1-\frac{\pi}{6}x^3\Big|_{\frac{1}{\sqrt{2}}}^1$$

$$=\frac{\pi}{5}\left(1-\frac{\sqrt{2}}{8}\right)-\frac{\pi}{6}+\frac{\sqrt{2}\pi}{24}=\frac{\pi}{5}-\frac{\sqrt{2}\pi}{40}-\frac{\pi}{6}+\frac{\sqrt{2}\pi}{24}$$

所以 $V=V_1+V_2=\frac{\pi}{30}+\frac{\sqrt{2}\pi}{30}=\frac{\pi}{30}(1+\sqrt{2})$

5. 求由下列已知曲线围成的平面图形绕指定的轴旋转而形成的旋转体的体积:

(1) $xy=a^2,y=0,x=a,\ x=2a$ 　$(a>0)$ 绕 x 轴和 y 轴;

(2) $x^2+(y-2)^2=1$,绕 x 轴;

(3) $y=\ln x, y=0, x=\mathrm{e}$,绕 x 轴 和 y 轴;

(4) $x^2+y^2=4, x^2=-4(y-1), y>0$,绕 x 轴.

解 (1) $V_x=\pi\int_a^{2a}\frac{a^4}{x^2}\mathrm{d}x=-\pi a^4\left[\frac{1}{x}\right]_a^{2a}=\pi a^4\left(\frac{1}{a}-\frac{1}{2a}\right)=\frac{1}{2}a^3\pi$

$$V_y=2\pi\int_a^{2a}x\cdot\frac{a^2}{x}\mathrm{d}x=2\pi a^3$$

(2) 如图 6-19 所示,由方程 $x^2+(y-2)^2=1$ 得 $y=2\pm\sqrt{1-x^2}$

所以 $V_x=\pi\int_{-1}^{1}(2+\sqrt{1-x^2})^2\mathrm{d}x-\pi\int_{-1}^{1}(2-\sqrt{1-x^2})^2\mathrm{d}x$

$$=16\pi\int_0^1\sqrt{1-x^2}\mathrm{d}x=16\pi\left[\frac{1}{2}\arcsin x+\frac{x}{2}\sqrt{1-x^2}\right]_0^1=4\pi^2$$

(3) $V_x=\pi\int_1^{\mathrm{e}}(\ln x)^2\,\mathrm{d}x=\pi[x(\ln x)^2]_1^{\mathrm{e}}-\pi\int_1^{\mathrm{e}}2x\ln x\cdot\frac{1}{x}\mathrm{d}x$

$$=\pi\mathrm{e}-2\pi\int_1^{\mathrm{e}}\ln x\mathrm{d}x=\pi\mathrm{e}-2\pi[x\ln x]_1^{\mathrm{e}}+2\pi[x]_1^{\mathrm{e}}$$

$$=\pi\mathrm{e}-2\pi\mathrm{e}+2\pi\mathrm{e}-2\pi=\pi(\mathrm{e}-2)$$

$$V_y=\pi\mathrm{e}^2-\pi\int_0^1\mathrm{e}^{2y}\,\mathrm{d}y=\pi\mathrm{e}^2-\frac{\pi[\mathrm{e}^{2y}]_0^1}{2}=\frac{\pi}{2}(\mathrm{e}^2+1)$$

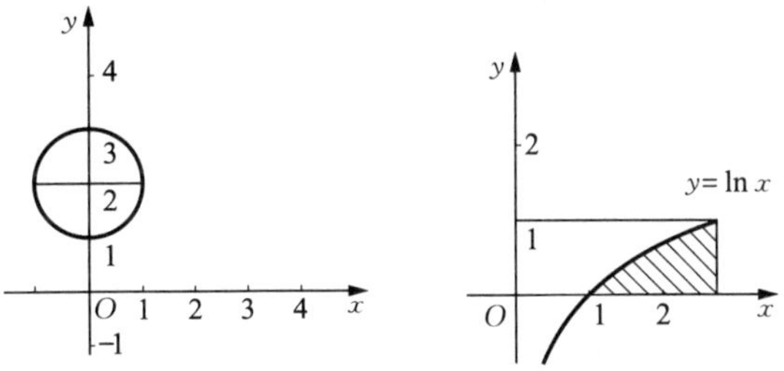

(2) (3)

图 6-19

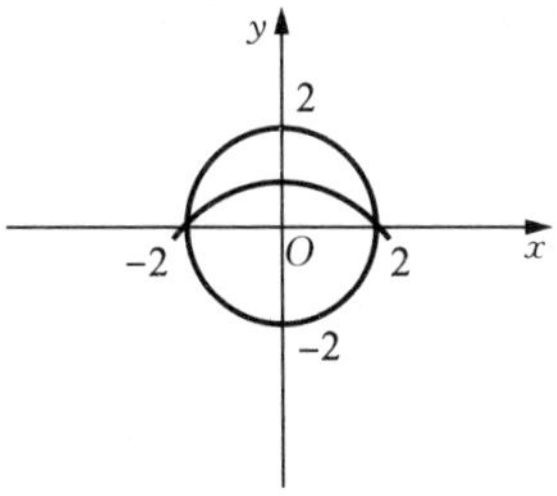

图 6-20

(4) 解方程组 $\begin{cases}x^2+y^2=4\\x^2=-4(y-1)\end{cases}$ 得交点(0,-2),(0,2),如图 6-20 所示.

由 $x^2=-4(y-1)$ 得 $y=1-\frac{x^2}{4}$

$V_{球}=\frac{4}{3}\pi a^3$,这里 $a=2$ 所以 $V_{球}=\frac{32}{3}\pi$

所以 $V_x=\frac{32}{3}\pi-2\pi\int_0^2\left(1-\frac{1}{4}x^2\right)^2\,\mathrm{d}x=\frac{32}{3}\pi-2\pi\int_0^2\left(1-\frac{1}{2}x^2+\frac{1}{16}x^4\right)\mathrm{d}x$

$$=\frac{32}{3}\pi-2\pi\left[x-\frac{1}{6}x^3+\frac{1}{16\times5}x^5\right]_0^2=\frac{128}{15}\pi$$

6. 过点 $P(1,0)$ 作抛物线 $y=\sqrt{x-2}$ 的切线,该切线与上述抛物线及 x 轴围成一平面图形.求此图形绕 x 轴旋转一周所成旋转体的体积.

解 如图 6-21 所示,$y'=\frac{1}{2\sqrt{x-2}}$ 过 $P(1,0)$ 的切线方程为 $y=\frac{1}{2\sqrt{x-2}}(x-1)$,

解方程组$\begin{cases} y=\dfrac{1}{2\sqrt{x-2}}(x-1) \\ y=\sqrt{x-2} \end{cases}$ 得切点 (3,1)

所以 $V=\dfrac{2}{3}\pi-\pi\int_2^3(x-2)\mathrm{d}x=\dfrac{2}{3}\pi-\pi\left[\dfrac{1}{2}x^2-2x\right]_2^3$

$=\dfrac{2}{3}\pi-\dfrac{1}{2}\pi=\dfrac{\pi}{6}$

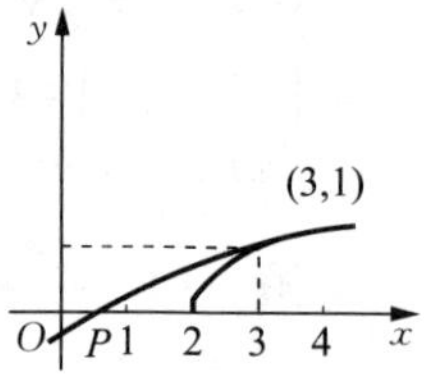

图 6－21

7. 已知某产品的边际收益函数 $R'(q)=10(10-q)\mathrm{e}^{-\frac{q}{10}}$,其中 q 为销售量,$R=R(q)$ 为总收益,求该产品的总收益函数 $R(q)$.

解 $R(q)=\int_0^q 10(10-t)\mathrm{e}^{-\frac{t}{10}}\mathrm{d}t=-100\int_0^q(10-t)\mathrm{d}\mathrm{e}^{-\frac{t}{10}}$

$=-100[(10-t)\mathrm{e}^{-\frac{t}{10}}]_0^q-100\int_0^q \mathrm{e}^{-\frac{t}{10}}\,\mathrm{d}t$

$=-100[(10-q)\mathrm{e}^{-\frac{q}{10}}-10]+1\,000\mathrm{e}^{-\frac{t}{10}}\Big|_0^q$

$=-1\,000\mathrm{e}^{-\frac{q}{10}}+100q\mathrm{e}^{-\frac{q}{10}}+1\,000+1\,000\mathrm{e}^{-\frac{q}{10}}-1\,000=100q\mathrm{e}^{-\frac{q}{10}}$

所以 $R(q)=100q\mathrm{e}^{-\frac{q}{10}}$

8. 已知某产品的边际成本和边际收益函数分别为 $C'(q)=q^2-4q+6$,$R'(q)=105-2q$,固定成本为 100,其中 q 为销售量,$C(q)$ 为总成本,$R(q)$ 为总收益,求最大利润.

解法 1 由题设 $C(q)=\int_0^q(t^2-4t+6)\mathrm{d}t+100$

$=\left[\dfrac{1}{3}t^3-2t^2+6t\right]_0^q+100=\dfrac{1}{3}q^3-2q^2+6q+100$

$R(q)=\int_0^q(105-2t)\mathrm{d}t=[105t-t^2]_0^q=105q-q^2$,

所以 $L(q)=R(q)-C(q)=105q-q^2-\dfrac{1}{3}q^3+2q^2-6q-100$

$=99q+q^2-\dfrac{1}{3}q^3-100$

$L'(q)=99+2q-q^2$　令 $L'(q)=0$

$q^2-2q-99=0$

所以 $q=11$

$L''(q)=2-2q$,$L''(11)=2-22=-20<0$ 有极大值也是最大值

$L_{\max}(11)=1\,089+121-\dfrac{1}{3}\cdot 1\,331-100=\dfrac{1\,999}{3}=666\,\dfrac{1}{3}$

解法 2 总利润函数为 $L(q)=\int_0^q(MR-MC)\mathrm{d}q-C_0$

根据题设 $L(q)=\int_0^q(99+2q-q^2)\mathrm{d}q-100$

由 $L(q)$ 取得极值的必要条件:

$\dfrac{\mathrm{d}L}{\mathrm{d}q}=MR-MC=0$ 即 $99+2q-q^2=0$　　$q^2-2q-99=0$

即得 $q_1=11$,$q_2=-9$(舍去)

再由 $L(q)$ 取得极值的充分条件$\frac{d^2 L}{d q^2}\big|_{q=11}=(2-2q)_{q=11}=-20<0$

所以 $L(q)$ 在 $q=11$ 处取得极大值，又因 $q=11$ 为唯一驻点

所以极大值也是最大值

从而 $L_{\max}(11)=\int_0^{11}(99+2q-q^2)dq-100=\left[99q+q^2-\frac{1}{3}q^3\right]_0^{11}-100$

$$=1\,089+121-\frac{1}{3}\times 1\,331-100=\frac{1\,999}{3}=666\frac{1}{3}$$

练习 6.5

1. 计算下列反常积分：

(1) $\int_{-\infty}^{+\infty}\frac{1}{4x^2+4x+5}dx$；　(2) $\int_0^{+\infty}e^{-\sqrt{x}}dx$；　(3) $\int_1^{+\infty}\frac{dx}{x(1+x^2)}$；

(4) $\int_0^{+\infty}e^{-2x}\sin x dx$；　(5) $\int_0^1\ln x dx$；　(6) $\int_1^2\frac{dx}{\sqrt{(2-x)(x-1)}}$.

解 (1) $\int_{-\infty}^{+\infty}\frac{1}{4x^2+4x+5}dx=\int_{-\infty}^{+\infty}\frac{dx}{4\left(x^2+x+\frac{1}{4}\right)+4}=\frac{1}{4}\int_{-\infty}^{+\infty}\frac{d\left(x+\frac{1}{2}\right)}{\left(x+\frac{1}{2}\right)^2+1}$

$$=\frac{1}{4}\arctan\left(x+\frac{1}{2}\right)\bigg|_{-\infty}^{+\infty}=\frac{1}{4}\left(\frac{\pi}{2}+\frac{\pi}{2}\right)=\frac{\pi}{4}$$

(2) 令 $t=\sqrt{x}, x=t^2, dx=2tdt$

当 $x=0$ 时，$t=0$；当 $x\to+\infty$ 时，$t\to+\infty$

$$\int_0^{+\infty}e^{-\sqrt{x}}dx=2\int_0^{+\infty}te^{-t}dt=-2\int_0^{+\infty}tde^{-t}$$

$$=-2[te^{-t}]_0^{+\infty}+2\int_0^{+\infty}e^{-t}\,dt=-2e^{-t}\big|_0^{+\infty}=2$$

(3) $\frac{1}{x(1+x^2)}=\frac{1}{x}-\frac{x}{1+x^2}$

$$\int_1^{+\infty}\frac{dx}{x(1+x^2)}=\lim_{b\to+\infty}\int_1^b\left(\frac{1}{x}-\frac{x}{1+x^2}\right)dx=\lim_{b\to+\infty}\left[\ln x-\frac{1}{2}\ln(1+x^2)\right]_1^b$$

$$=\lim_{b\to+\infty}\ln\frac{x}{\sqrt{1+x^2}}\bigg|_1^b=\lim_{b\to+\infty}\ln\frac{b}{\sqrt{1+b^2}}-\ln\frac{1}{\sqrt{2}}=\frac{1}{2}\ln 2$$

(4) 原式 $=\lim_{b\to+\infty}\int_0^b e^{-2x}\sin x dx$

$$\int e^{-2x}\sin x dx=-\int e^{-2x}\,d\cos x=-e^{-2x}\cos x-2\int e^{-2x}\cos x dx$$

$$=-e^{-2x}\cos x-2\int e^{-2x}\,d\sin x=-e^{-2x}\cos x-2e^{-2x}\sin x-4\int e^{-2x}\sin x dx$$

所以 $\int e^{-2x}\sin x dx=-\frac{1}{5}e^{-2x}(\cos x+2\sin x)+C$

所以 $\int_0^{+\infty}e^{-2x}\sin x dx=-\frac{1}{5}\lim_{b\to+\infty}[e^{-2x}(\cos x+2\sin x)]_0^b=\frac{1}{5}$

[注]　$\lim_{x\to+\infty}\frac{1}{e^{2x}}\cos x=0$，$\lim_{x\to+\infty}\frac{1}{e^{2x}}\sin x=0$

(5) 因为 $\lim\limits_{x\to0^+}\ln x=-\infty$，所以 $x=0$ 是瑕点.

$$\text{原式}=\lim_{\varepsilon\to0^+}\int_\varepsilon^1\ln x\mathrm{d}x=\lim_{\varepsilon\to0^+}\left(x\ln x\Big|_\varepsilon^1-\int_\varepsilon^1\mathrm{d}x\right)=\lim_{\varepsilon\to0^+}(-\varepsilon\ln\varepsilon-1+\varepsilon)$$

$$=\lim_{\varepsilon\to0^+}\frac{1-\ln\varepsilon}{\frac{1}{\varepsilon}}-1=\lim_{\varepsilon\to0^+}\frac{-\frac{1}{\varepsilon}}{-\frac{1}{\varepsilon^2}}-1=\lim_{\varepsilon\to0^+}\varepsilon-1=-1$$

(6) 因为 $\lim\limits_{x\to1^+}\dfrac{1}{\sqrt{(2-x)(x-1)}}=+\infty$，$\lim\limits_{x\to2^-}\dfrac{1}{\sqrt{(2-x)(x-1)}}=+\infty$，

所以 $x=1,x=2$ 都是瑕点.

$$\text{原式}=\int_1^{1.5}\frac{\mathrm{d}x}{\sqrt{(2-x)(x-1)}}+\int_{1.5}^2\frac{\mathrm{d}x}{\sqrt{(2-x)(x-1)}}$$

$$=\lim_{\varepsilon\to0^+}\int_{1+\varepsilon}^{1.5}\frac{1}{x-1}\sqrt{\frac{x-1}{2-x}}\mathrm{d}x+\lim_{\varepsilon\to0^+}\int_{1.5}^{2-\varepsilon}\frac{1}{x-1}\sqrt{\frac{x-1}{2-x}}\mathrm{d}x$$

$$\left(\text{令 } t=\sqrt{\frac{x-1}{2-x}}\text{，则 } x=\frac{2t^2+1}{t^2+1}\text{，}\mathrm{d}x=\frac{2t}{(t^2+1)^2}\mathrm{d}t\right)$$

$$\text{原式}=\lim_{\varepsilon\to0^+}\int_{\sqrt{\frac{\varepsilon}{1-\varepsilon}}}^1\frac{2}{t^2+1}\mathrm{d}t+\lim_{\varepsilon\to0^+}\int_1^{\sqrt{\frac{1-\varepsilon}{\varepsilon}}}\frac{2}{t^2+1}\mathrm{d}t$$

$$=\lim_{\varepsilon\to0^+}2\arctan t\Big|_{\sqrt{\frac{\varepsilon}{1-\varepsilon}}}^1+\lim_{\varepsilon\to0^+}2\arctan t\Big|_1^{\sqrt{\frac{1-\varepsilon}{\varepsilon}}}$$

$$=\frac{\pi}{2}-2\lim_{\varepsilon\to0^+}\arctan\sqrt{\frac{\varepsilon}{1-\varepsilon}}+2\lim_{\varepsilon\to0^+}\arctan\sqrt{\frac{1-\varepsilon}{\varepsilon}}-\frac{\pi}{2}$$

$$=\pi$$

2. 判断下列反常积分的敛散性(本题中带有“**”号者,都属超纲)：

**(1) $\displaystyle\int_2^{+\infty}\frac{1+\sin x}{x\sqrt{x^2-1}}\mathrm{d}x$；　**(2) $\displaystyle\int_1^{+\infty}\frac{1}{x}\ln(1+x^2)\mathrm{d}x$；　**(3) $\displaystyle\int_0^{+\infty}x^n\mathrm{e}^{-x^2}\mathrm{d}x(n>0)$；

**(4) $\displaystyle\int_1^{+\infty}\frac{2x}{\sqrt{1+x}}\arctan x\mathrm{d}x$；　**(5) $\displaystyle\int_{\frac{1}{\mathrm{e}}}^{\mathrm{e}}\frac{\ln x}{(1-x)^2}\mathrm{d}x$；　**(6) $\displaystyle\int_{-1}^2\frac{2x}{x^2-4}\mathrm{d}x$.

解 (1) $\left|\dfrac{\sin x}{x\sqrt{x^2-1}}\right|\leqslant\dfrac{1}{x\sqrt{x^2-1}},x\in(2,+\infty)$

$$0\leqslant\frac{1+\sin x}{x\sqrt{x^2-1}}\leqslant\frac{1}{x\sqrt{x^2-1}}+\frac{1}{x\sqrt{x^2-1}}=\frac{2}{x\sqrt{x^2-1}}$$

而 $\displaystyle\int_2^{+\infty}\frac{2}{x\sqrt{x^2-1}}\mathrm{d}x=2\lim_{b\to+\infty}\int_2^b\frac{1}{x\sqrt{x^2-1}}\mathrm{d}x$

令 $x=\sec t,\mathrm{d}x=\sec t\tan t\mathrm{d}t$

$$\int\frac{\mathrm{d}x}{x\sqrt{x^2-1}}=\int\frac{\sec t\tan t}{\sec t\tan t}\mathrm{d}t=t+C=\arccos\frac{1}{x}+C$$

所以 $\displaystyle\int_2^{+\infty}\frac{2}{x\sqrt{x^2-1}}\mathrm{d}x=2\lim_{b\to+\infty}\left[\arccos\frac{1}{x}\right]_2^b=2\left(\frac{\pi}{2}-\frac{\pi}{3}\right)=\frac{\pi}{3}$，收敛

根据比较判别法知 $\displaystyle\int_2^{+\infty}\frac{1+\sin x}{x\sqrt{x^2-1}}\mathrm{d}x$ 收敛

(2) 因为 $\lim\limits_{x\to+\infty}\dfrac{\frac{1}{x}\ln(1+x^2)}{\frac{1}{x}}=\lim\limits_{x\to+\infty}\ln(1+x^2)=+\infty$

而$\int_1^{+\infty}\dfrac{1}{x}dx=[\ln x]_1^{+\infty}=+\infty$,发散

根据比较判别法的极限形式,$\int_1^{+\infty}\dfrac{1}{x}\ln(1+x^2)dx$ 发散

(3) 因为 $\lim\limits_{x\to+\infty}x^2\cdot\dfrac{x^n}{e^{x^2}}=\lim\limits_{x\to+\infty}\dfrac{x^{n+2}}{e^{x^2}}=0$

由于 $p=2>1$,根据柯西判别法$\int_0^{+\infty}x^n e^{-x^2}\,dx$ 收敛

(4) 因为 $\lim\limits_{x\to+\infty}x^{-\frac{1}{2}}\cdot\dfrac{2x}{\sqrt{1+x}}\arctan x=\lim\limits_{x\to+\infty}\dfrac{2\sqrt{x}}{\sqrt{1+x}}\arctan x=\pi>0$

由于 $p=-\dfrac{1}{2}<1$,根据柯西判别法$\int_1^{+\infty}\dfrac{2x}{\sqrt{1+x}}\arctan x\,dx$ 发散

(5) 因为 $\lim\limits_{x\to1^+}(x-1)\cdot\dfrac{\ln x}{(1-x)^2}=\lim\limits_{x\to1^+}\dfrac{\ln x}{x-1}=\lim\limits_{x\to1^+}\dfrac{1}{x}=1>0$

由于 $p=1$,根据柯西判别法$\int_{\frac{1}{e}}^{e}\dfrac{\ln x}{(1-x)^2}dx$ 发散

(6) 因为$\lim\limits_{x\to2}(x-2)\cdot\dfrac{2x}{x^2-4}=\lim\limits_{x\to2}\dfrac{2x}{x+2}=1>0$

由于 $p=1$,根据柯西判别法$\int_{-1}^{2}\dfrac{2x}{x^2-4}dx$ 发散

3. 已知$\int_0^{+\infty}\dfrac{\sin x}{x}dx=\dfrac{\pi}{2}$,求

(1) $\int_0^{+\infty}\dfrac{\sin x\cos x}{x}dx$;　　(2) $\int_0^{+\infty}\dfrac{\sin^2 x}{x^2}dx$.

解 (1) $\int_0^{+\infty}\dfrac{\sin x\cos x}{x}dx=\dfrac{1}{2}\int_0^{+\infty}\dfrac{\sin 2x}{2x}d(2x)=\dfrac{\pi}{4}$

(2) $\int_0^{+\infty}\dfrac{\sin^2 x}{x^2}dx=-\int_0^{+\infty}\sin^2 x\,d\left(\dfrac{1}{x}\right)=-\left[\dfrac{\sin^2 x}{x}\right]_0^{+\infty}+\int_0^{+\infty}\dfrac{\sin 2x}{2x}d(2x)=0+\dfrac{\pi}{2}=\dfrac{\pi}{2}$

4. 求 c 的值,使 $\lim\limits_{x\to+\infty}\left(\dfrac{x+c}{x-c}\right)^x=\int_{-\infty}^{c}te^{2t}\,dt$.

解 $\lim\limits_{x\to+\infty}\left(\dfrac{x+c}{x-c}\right)^x=\lim\limits_{x\to+\infty}\dfrac{\left(1+\dfrac{c}{x}\right)^x}{\left(1-\dfrac{c}{x}\right)^x}=\lim\limits_{x\to+\infty}\dfrac{\left[\left(1+\dfrac{c}{x}\right)^{\frac{x}{c}}\right]^c}{\left[\left(1-\dfrac{c}{x}\right)^{-\frac{x}{c}}\right]^{-c}}=e^{2c}$

$\int_{-\infty}^{c}te^{2t}\,dt=\lim\limits_{a\to-\infty}\int_a^c te^{2t}\,dt$

$\int te^{2t}\,dt=\dfrac{1}{2}\int t\,de^{2t}=\dfrac{1}{2}te^{2t}-\dfrac{1}{4}\int e^{2t}\,d(2t)=\dfrac{te^{2t}}{2}-\dfrac{1}{4}e^{2t}+C$

所以$\int_{-\infty}^{c}te^{2t}\,dt=\lim\limits_{a\to-\infty}\left[\dfrac{te^{2t}}{2}-\dfrac{e^{2t}}{4}\right]_a^c=e^{2c}\left(\dfrac{c}{2}-\dfrac{1}{4}\right)$

令 $e^{2c}=e^{2c}\left(\dfrac{c}{2}-\dfrac{1}{4}\right)$,$1=\dfrac{c}{2}-\dfrac{1}{4}$,得 $c=\dfrac{5}{2}$

5. 利用 Γ 函数和 B 函数的关系,证明$\int_{-\infty}^{+\infty} x^2 e^{-x^2}\, dx = \frac{\sqrt{\pi}}{2}$.

解 $\int_{-\infty}^{+\infty} x^2 e^{-x^2}\, dx = \int_{-\infty}^{0} x^2 e^{-x^2}\, dx + \int_{0}^{+\infty} x^2 e^{-x^2}\, dx$

令 $t = x^2, x = \pm\sqrt{t}$,当 $x \in (-\infty, 0)$ 时,$x = -\sqrt{t}$,当 $x \in (0, +\infty)$ 时 $x = \sqrt{t}$

当 $x \to -\infty$ 时,$t \to +\infty$,当 $x = 0$ 时,$t = 0$

$$\int_{-\infty}^{0} x^2 e^{-x^2}\, dx = -\int_{+\infty}^{0} te^{-t} \cdot \frac{1}{2\sqrt{t}} dt = \frac{1}{2}\int_{0}^{+\infty} t^{\frac{1}{2}} e^{-t}\, dt = \frac{1}{2}\int_{0}^{+\infty} t^{\frac{3}{2}-1} e^{-t}\, dt \left(\alpha = \frac{3}{2}\right)$$

$$\int_{0}^{+\infty} x^2 e^{-x^2}\, dx = \int_{0}^{+\infty} te^{-t} \cdot \frac{1}{2\sqrt{t}} dt = \frac{1}{2}\int_{0}^{+\infty} t^{\frac{3}{2}-1} e^{-t}\, dt$$

所以$\int_{-\infty}^{+\infty} x^2 e^{-x^2}\, dx = \int_{0}^{+\infty} x^{\frac{3}{2}-1} e^{-x}\, dx = \Gamma\left(\frac{3}{2}\right) = \Gamma\left(\frac{1}{2}+1\right) = \frac{1}{2}\Gamma\left(\frac{1}{2}\right)$

又 $\Gamma\left(\frac{1}{2}\right) = \sqrt{B\left(\frac{1}{2}, \frac{1}{2}\right)} = \sqrt{\pi}$　所以$\int_{-\infty}^{+\infty} x^2 e^{-x^2}\, dx = \frac{\sqrt{\pi}}{2}$

6. 计算 $\Gamma\left(\frac{1}{2}+n\right), \dfrac{\Gamma(2)\Gamma\left(\frac{3}{2}\right)}{\Gamma\left(\frac{7}{2}\right)}$.

解 $$\Gamma\left(\frac{1}{2}+n\right) = \Gamma\left[\left(n-\frac{1}{2}\right)+1\right] = \left(n-\frac{1}{2}\right)\Gamma\left(n-\frac{1}{2}\right)$$
$$= \frac{2n-1}{2}\Gamma\left[\left(n-\frac{3}{2}\right)+1\right] = \left(\frac{2n-1}{2}\cdot\frac{2n-3}{2}\right)\Gamma\left(n-\frac{3}{2}\right)$$
$$= \frac{2n-1}{2}\cdot\frac{2n-3}{2}\cdot\cdots\cdot\frac{1}{2}\Gamma\left(\frac{1}{2}\right)$$
$$= \frac{2n-1}{2}\cdot\frac{2n-3}{2}\cdot\cdots\cdot\frac{\sqrt{\pi}}{2}$$

因为 $\Gamma(2) = \Gamma(1+1) = 1\cdot\Gamma(1) = 1$

$$\Gamma\left(\frac{3}{2}\right) = \Gamma\left(\frac{1}{2}+1\right) = \frac{1}{2}\cdot\Gamma\left(\frac{1}{2}\right) = \frac{\sqrt{\pi}}{2}$$

$$\Gamma\left(\frac{7}{2}\right) = \Gamma\left(\frac{5}{2}+1\right) = \frac{5}{2}\cdot\Gamma\left(\frac{5}{2}\right) = \frac{5}{2}\Gamma\left(\frac{3}{2}+1\right) = \frac{5}{2}\cdot\frac{3}{2}\Gamma\left(\frac{3}{2}\right)$$
$$= \frac{15}{4}\Gamma\left(\frac{1}{2}+1\right) = \frac{15}{8}\Gamma\left(\frac{1}{2}\right) = \frac{15\sqrt{\pi}}{8}$$

所以 $$\frac{\Gamma(2)\Gamma\left(\frac{3}{2}\right)}{\Gamma\left(\frac{7}{2}\right)} = \frac{\frac{\sqrt{\pi}}{2}}{\frac{15\sqrt{\pi}}{8}} = \frac{4}{15}$$

7. 利用 Γ 函数,B 函数计算下列积分:

(1) $\int_{0}^{+\infty} e^{-4x} x^{\frac{3}{2}}\, dx$;　　(2) $\int_{0}^{+\infty} x^{2n} e^{-x^2}\, dx \quad \left(n > -\frac{1}{2}\right)$;

(3) $\int_{0}^{+\infty} t^{\frac{1}{2}} e^{-\alpha t}\, dt \quad (\alpha > 0)$;　　(4) $\int_{0}^{1} \frac{dx}{\sqrt{1-\sqrt[3]{x}}}$　(提示:令$\sqrt[3]{x} = t$).

解 (1) 令 $t = 4x, dx = \frac{1}{4}dt$;　当 $x = 0$ 时,$t = 0, x \to +\infty, t \to +\infty$

所以$\int_0^{+\infty} e^{-4x} x^{\frac{3}{2}}\, dx = \int_0^{+\infty} \left(\frac{t}{4}\right)^{\frac{3}{2}} e^{-t} \frac{1}{4} dt = \frac{1}{32}\int_0^{+\infty} t^{\frac{5}{2}-1} e^{-t}\, dt$

$$= \frac{1}{32}\Gamma\left(\frac{5}{2}\right) = \frac{1}{32}\Gamma\left(\frac{3}{2}+1\right) = \frac{1}{32}\cdot\frac{3}{2}\Gamma\left(\frac{3}{2}\right)$$

$$= \frac{3}{64}\Gamma\left(\frac{1}{2}+1\right) = \frac{3}{64}\cdot\frac{1}{2}\Gamma\left(\frac{1}{2}\right) = \frac{3}{128}\sqrt{\pi}$$

(2) 令 $x=\sqrt{t}, dx = \frac{1}{2\sqrt{t}}dt$

当 $x=0$ 时，$t=0$；当 $x\to+\infty$ 时，$t\to+\infty$

$$\int_0^{+\infty} x^{2n} e^{-x^2}\, dx = \int_0^{+\infty} t^n e^{-t}\cdot\frac{1}{2\sqrt{t}}dt = \frac{1}{2}\int_0^{+\infty} t^{n-\frac{1}{2}} e^{-t}\, dt$$

$$= \frac{1}{2}\int_0^{+\infty} t^{\left(n+\frac{1}{2}\right)-1} e^{-t}\, dt = \frac{1}{2}\Gamma\left(n+\frac{1}{2}\right)$$

$$= \frac{1}{2}\Gamma\left[\left(n-\frac{1}{2}\right)+1\right] = \frac{1}{2}\cdot\frac{2n-1}{2}\Gamma\left(n-\frac{1}{2}\right)$$

$$= \frac{1}{2}\cdot\frac{2n-1}{2}\Gamma\left[\left(n-\frac{3}{2}\right)+1\right] = \frac{1}{2}\cdot\frac{2n-1}{2}\cdot\frac{2n-3}{2}\cdot\cdots\cdot\frac{1}{2}\Gamma\left(\frac{1}{2}\right)$$

$$= \frac{1}{2}\cdot\frac{2n-1}{2}\cdot\frac{2n-3}{2}\cdot\cdots\cdot\frac{\sqrt{\pi}}{2}$$

(3) 令 $x=\alpha t, t=\frac{x}{\alpha}, dt=\frac{1}{\alpha}dx$

当 $t=0$ 时，$x=0$；当 $t\to+\infty$ 时，$x\to+\infty$

$$\int_0^{+\infty} t^{\frac{1}{2}} e^{-\alpha t}\, dt = \int_0^{+\infty}\left(\frac{x}{\alpha}\right)^{\frac{1}{2}} e^{-x}\cdot\frac{1}{\alpha}dx = \frac{1}{\alpha^{\frac{3}{2}}}\int_0^{+\infty} x^{\frac{1}{2}} e^{-x}\, dx$$

$$= \frac{1}{\alpha^{\frac{3}{2}}}\int_0^{+\infty} x^{\frac{3}{2}-1} e^{-x}\, dx = \frac{1}{\alpha^{\frac{3}{2}}}\Gamma\left(\frac{3}{2}\right) = \frac{1}{\alpha^{\frac{3}{2}}}\Gamma\left(\frac{1}{2}+1\right) = \frac{1}{\alpha^{\frac{3}{2}}}\cdot\frac{1}{2}\Gamma\left(\frac{1}{2}\right) = \frac{\sqrt{\alpha\pi}}{2\alpha^2}$$

(4) 令$\sqrt[3]{x}=t, x=t^3, dx=3t^2\, dt$　当 $x=0$ 时，$t=0$；当 $x=1$ 时，$t=1$

$$\int_0^1 \frac{dx}{\sqrt{1-\sqrt[3]{x}}} = \int_0^1 \frac{3t^2}{\sqrt{1-t}}dt = 3\int_0^1 t^{3-1}(1-t)^{\frac{1}{2}-1}\, dt$$

$$= 3B\left(3,\frac{1}{2}\right) = 3\frac{\Gamma(3)\Gamma\left(\frac{1}{2}\right)}{\Gamma\left(3+\frac{1}{2}\right)} = 3\cdot\frac{\Gamma(2+1)\Gamma\left(\frac{1}{2}\right)}{\Gamma\left[\left(2+\frac{1}{2}\right)+1\right]}$$

$$= 3\frac{2\Gamma(2)\sqrt{\pi}}{\frac{5}{2}\Gamma\left(\frac{5}{2}\right)} = \frac{12}{5}\cdot\frac{\Gamma(1+1)\sqrt{\pi}}{\Gamma\left(\frac{3}{2}+1\right)} = \frac{12}{5}\sqrt{\pi}\cdot\frac{1}{\frac{3}{2}\Gamma\left(\frac{3}{2}\right)}$$

$$= \frac{12}{5}\sqrt{\pi}\cdot\frac{2}{3}\frac{1}{\Gamma\left(\frac{1}{2}+1\right)} = \frac{8\sqrt{\pi}}{5}\cdot\frac{1}{\frac{1}{2}\sqrt{\pi}} = \frac{16}{5}$$

8. 利用 Γ 函数或 B 函数表示下列积分：

(1) $\int_0^{+\infty} e^{-x^n}\, dx$；　(2) $\int_0^1\left(\ln\frac{1}{x}\right)^p dx\ (p>-1)$；　(3) $\int_0^{+\infty} x^n e^{-x^m}\, dx$；

(4) $\int_0^{+\infty}\frac{dx}{1+x^3}$（提示：令$\frac{1}{1+x^3}=t$）；　(5) $\int_0^1\frac{dx}{\sqrt[n]{1-x^n}}$.

解 (1) 令 $t=x^n, x=\sqrt[n]{t}, \mathrm{d}x=\frac{1}{n}t^{\frac{1}{n}-1}\,\mathrm{d}t$ 当 $x=0$ 时, $t=0$; 当 $x\to\infty$ 时, $t\to+\infty$

所以 $\int_0^{+\infty}\mathrm{e}^{-x^n}\,\mathrm{d}x=\int_0^{+\infty}\mathrm{e}^{-t}\cdot\frac{1}{n}t^{\frac{1}{n}-1}\,\mathrm{d}t=\frac{1}{n}\int_0^{+\infty}t^{\frac{1}{n}-1}\mathrm{e}^{-t}\,\mathrm{d}t=\frac{1}{n}\Gamma\left(\frac{1}{n}\right)$

(2) 令 $t=\ln\frac{1}{x}, \frac{1}{x}=\mathrm{e}^t, x=\mathrm{e}^{-t}, \mathrm{d}x=-\mathrm{e}^{-t}\,\mathrm{d}t$

当 $x=0$ 时, $t=+\infty$; $x=1$ 时, $t=0$

所以 $\int_0^1\left(\ln\frac{1}{x}\right)^p\mathrm{d}x=-\int_{+\infty}^0 t^p\mathrm{e}^{-t}\,\mathrm{d}t=\int_0^{+\infty}\mathrm{e}^{(p+1)-1}\mathrm{e}^{-t}\,\mathrm{d}t=\Gamma(p+1)$

(3) 令 $t=x^m, x=t^{\frac{1}{m}}, \mathrm{d}x=\frac{1}{m}t^{\frac{1}{m}-1}\,\mathrm{d}t$.

当 $x=0$ 时, $t=0$; 当 $x\to+\infty$ 时, $t\to+\infty$

所以 $\int_0^{+\infty}x^n\mathrm{e}^{-x^m}\,\mathrm{d}x=\int_0^{+\infty}t^{\frac{n}{m}}\mathrm{e}^{-t}\cdot\frac{1}{m}t^{\frac{1}{m}-1}\,\mathrm{d}t=\frac{1}{m}\int_0^{+\infty}t^{\frac{n+1}{m}-1}\mathrm{e}^{-t}\,\mathrm{d}t=\frac{1}{m}\Gamma\left(\frac{n+1}{m}\right)$

(4) 令 $\frac{1}{1+x^3}=t, 1+x^3=\frac{1}{t}, x^3=\frac{1}{t}-1=\frac{1-t}{t}, x=\left(\frac{1-t}{t}\right)^{\frac{1}{3}}$

$\mathrm{d}x=-\frac{1}{3}t^{-\frac{4}{3}}(1-t)^{-\frac{2}{3}}\,\mathrm{d}t$ 当 $x=0$ 时, $t=1$; 当 $x\to+\infty$ 时, $t\to0$

所以 $\int_0^{+\infty}\frac{1}{1+x^3}\mathrm{d}x=-\frac{1}{3}\int_1^0 t^{-\frac{4}{3}}(1-t)^{-\frac{2}{3}}\,t\mathrm{d}t=\frac{1}{3}\int_0^1 t^{-\frac{1}{3}}(1-t)^{-\frac{2}{3}}\,\mathrm{d}t$

$$=\frac{1}{3}\int_0^1 t^{\frac{2}{3}-1}(1-t)^{\frac{1}{3}-1}\,\mathrm{d}t=\frac{1}{3}\mathrm{B}\left(\frac{2}{3},\frac{1}{3}\right)=\frac{1}{3}\Gamma\left(\frac{2}{3}\right)\Gamma\left(\frac{1}{3}\right)$$

(5) 令 $t=x^n, x=t^{\frac{1}{n}}, \mathrm{d}x=\frac{1}{n}t^{\frac{1}{n}-1}\,\mathrm{d}t$, 当 $x=0$ 时, $t=0$; 当 $x=1$ 时, $t=1$

所以 $\int_0^1\frac{\mathrm{d}x}{\sqrt[n]{1-x^n}}=\frac{1}{n}\int_0^1 t^{\frac{1}{n}-1}(1-t)^{1-\frac{1}{n}-1}\,\mathrm{d}t=\frac{1}{n}\mathrm{B}\left(\frac{1}{n},1-\frac{1}{n}\right)=\frac{1}{n}\Gamma\left(\frac{1}{n}\right)\Gamma\left(1-\frac{1}{n}\right)$

七、习题全解

1. 设 $f(x)$ 在区间 $[0,1]$ 上连续, 在 $(0,1)$ 内可导, 且满足 $f(1)=2\int_0^{\frac{1}{2}}xf(x)\mathrm{d}x$, 试证存在一点 $\xi\in(0,1)$, 使 $f(\xi)+\xi f'(\xi)=0$.

证明 由于 $f(x)$ 在 $[0,1]$ 上连续, $F(x)=xf(x)$ 在 $[0,1]$ 上连续. 根据定积分中值定理

$$2\int_0^{\frac{1}{2}}xf(x)\mathrm{d}x=2F(\eta)\left(\frac{1}{2}-0\right)=F(\eta),\quad \eta\in\left[0,\frac{1}{2}\right]$$

由教材 P. 149 例 4, 在 $(0,1)$ 存在一点 ξ, 使得 $F'(\xi)=0$

$F'(x)=f(x)+xf'(x)$ 所以 $f(\xi)+\xi f'(\xi)=0$

2. 设 $a<b$, 证明不等式

$\left[\int_a^b f(x)g(x)\mathrm{d}x\right]^2\leqslant\int_a^b f^2(x)\mathrm{d}x\int_a^b g^2(x)\mathrm{d}x.$

证明 对任意实数 λ

$\int_a^b[f(x)+\lambda g(x)]^2\,\mathrm{d}x=\lambda^2\int_a^b g^2(x)\mathrm{d}x+2\lambda\int_a^b g(x)f(x)\mathrm{d}x+\int_a^b f^2(x)\mathrm{d}x\geqslant0$

上式右端是 λ 的非负的二次三项式. 则其判别式非正，即

$$4\left[\int_a^b f(x)g(x)\mathrm{d}x\right]^2-4\int_a^b f^2(x)\mathrm{d}x\int_a^b g^2(x)\mathrm{d}x\leqslant 0$$

所以 $\left[\int_a^b f(x)g(x)\mathrm{d}x\right]^2\leqslant\int_a^b f^2(x)\mathrm{d}x\int_a^b g^2(x)\mathrm{d}x$

3. 设 $f(x)>0$ 且有连续导数，令 $\varphi(x)=\begin{cases}\dfrac{\int_0^x tf(t)\mathrm{d}t}{\int_0^x f(t)\mathrm{d}t}, & x\neq 0\\ a, & x=0\end{cases}$.

(1) 确定常数 a，使 $\varphi(x)$ 在 $x=0$ 处连续；

(2) 求 $\varphi'(x)$；

(3) 讨论 $\varphi'(x)$ 在 $x=0$ 处的连续性；

(4) 证明当 $x\geqslant 0$ 时，$\varphi(x)$ 单调增加.

解　(1) $\lim\limits_{x\to 0}\varphi(x)=\lim\limits_{x\to 0}\dfrac{\int_0^x tf(t)\mathrm{d}t}{\int_0^x f(t)\mathrm{d}t}=\lim\limits_{x\to 0}\dfrac{xf(x)}{f(x)}=\lim\limits_{x\to 0}x=0$

令 $\lim\limits_{x\to 0}\varphi(x)=\varphi(0)=a$，当 $a=0$ 时，$\varphi(x)$ 在 $x=0$ 处连续

(2) 当 $x\neq 0$ 时，$\varphi'(x)=\dfrac{xf(x)\int_0^x f(t)\mathrm{d}t-f(x)\int_0^x tf(t)\mathrm{d}t}{\left[\int_0^x f(t)\mathrm{d}t\right]^2}$

$$\varphi'(0)=\lim_{\Delta x\to 0}\frac{\varphi(0+\Delta x)-\varphi(0)}{\Delta x}=\lim_{x\to 0}\frac{\varphi(x)-\varphi(0)}{x-0}=\lim_{x\to 0}\frac{\int_0^x tf(t)\mathrm{d}t}{x\int_0^x f(t)\mathrm{d}t}$$

$$\overset{\frac{0}{0}}{=}\lim_{x\to 0}\frac{xf(x)}{\int_0^x f(t)\mathrm{d}t+xf(x)}\overset{\frac{0}{0}}{=}\lim_{x\to 0}\frac{f(x)+xf'(x)}{f(x)+f(x)+xf'(x)}=\frac{f(0)}{2f(0)}=\frac{1}{2}$$

(3) $\lim\limits_{x\to 0}\varphi'(x)=\lim\limits_{x\to 0}\dfrac{xf(x)\int_0^x f(t)\mathrm{d}t-f(x)\int_0^x tf(t)\mathrm{d}t}{\left[\int_0^x f(t)\mathrm{d}t\right]^2}$

$$\overset{\frac{0}{0}}{=}\lim_{x\to 0}\frac{f(x)\int_0^x f(t)\mathrm{d}t+xf'(x)\int_0^x f(t)\mathrm{d}t+xf^2(x)-f'(x)\int_0^x tf(t)\mathrm{d}t-xf^2(x)}{2f(x)\int_0^x f(t)\mathrm{d}t}$$

$$=\lim_{x\to 0}\frac{f(x)-xf'(x)}{2f(x)}-\lim_{x\to 0}\frac{f'(x)}{2f(x)}\cdot\frac{\int_0^x tf(t)\mathrm{d}t}{\int_0^x f(t)\mathrm{d}t}$$

$$=\frac{1}{2}-\lim_{x\to 0}\frac{f'(x)}{2f(x)}\cdot\varphi(x)=\frac{1}{2}=\varphi'(0)$$

所以 $\varphi'(x)$ 在 $x=0$ 处连续

(4) 因为 $\varphi'(x)=\dfrac{xf(x)\int_0^x f(t)\mathrm{d}t-f(x)\int_0^x tf(t)\mathrm{d}t}{\left[\int_0^x f(t)\mathrm{d}t\right]^2}=\dfrac{f(x)\cdot\left[x\int_0^x f(t)\mathrm{d}t-\int_0^x tf(t)\mathrm{d}t\right]}{\left[\int_0^x f(t)\mathrm{d}t\right]^2}$

令 $F(x)=x\int_0^x f(t)\mathrm{d}t-\int_0^x tf(t)\mathrm{d}t$

$F'(x)=\int_0^x f(t)\mathrm{d}t+xf(x)-xf(x)=\int_0^x f(t)\mathrm{d}t>0$ (因为 $x>0, f(x)>0$)

所以 $F(x)$ 严格单调增加，而 $F(0)=0$，所以 $F(x)\geqslant 0$，故 $\varphi'(x)\geqslant 0$，因此当 $x\geqslant 0$ 时，$\varphi(x)$ 单调增加

4. 设函数 $f(x)$ 在 $[0,+\infty)$ 上连续单调增加且 $f(0)\geqslant 0$，试证明函数

$$F(x)=\begin{cases}\dfrac{1}{x}\int_0^x t^n f(t)\mathrm{d}t, & x>0;\\ 0, & x=0\end{cases}$$
在 $[0,+\infty)$ 上连续且单调增加 $(n>0)$.

证明 $\lim\limits_{x\to 0^+}F(x)=\lim\limits_{x\to 0^+}\dfrac{\int_0^x t^n f(t)\mathrm{d}t}{x}\overset{\frac{0}{0}}{=}\lim\limits_{x\to 0^+}x^n f(x)=0$ (因为 $n>0$)

$=F(0)$

所以 $F(x)$ 在 $[0,+\infty)$ 上连续

$$F'(x)=-\frac{1}{x^2}\int_0^x t^n f(t)\mathrm{d}t+\frac{1}{x}x^n f(x)=x^{n-1}f(x)-\frac{1}{x^2}\int_0^x t^n f(t)\mathrm{d}t$$

$$=\frac{x^{n+1}f(x)-\int_0^x t^n f(t)\mathrm{d}t}{x^2}\quad(x^2>0)$$

令 $\varphi(x)=x^{n+1}f(x)-\int_0^x t^n f(t)\mathrm{d}t$

$\varphi'(x)=(n+1)f(x)x^n+x^{n+1}f'(x)-x^n f(x)=nx^n f(x)+x^{n+1}f'(x)$

由题设 $f(x)$ 在 $[0,+\infty)$ 上单调增加，$f(0)\geqslant 0$，所以 $f(x)\geqslant 0$，$f'(x)\geqslant 0$，

所以 $\varphi'(x)\geqslant 0$，所以 $\varphi(x)$ 单调增加，又 $\varphi(0)=0$，所以 $\varphi(x)\geqslant 0$，所以 $F'(x)\geqslant 0$，所以 $F(x)$ 在 $[0,+\infty)$ 上单调增加

5. 设 $f(x)=\int_0^x \dfrac{\sin t}{\pi-t}\mathrm{d}t$，求 $\int_0^\pi f(x)\mathrm{d}x$.

解 $\int_0^\pi f(x)\mathrm{d}x=\int_0^\pi\left[\int_0^x\dfrac{\sin t}{\pi-t}\mathrm{d}t\right]\mathrm{d}x=-\int_0^\pi\left[\int_0^x\dfrac{\sin t}{\pi-t}\mathrm{d}t\right]\mathrm{d}(\pi-x)$

$$=-\left[(\pi-x)\int_0^x\frac{\sin t}{\pi-t}\mathrm{d}t\right]_0^\pi+\int_0^\pi\sin x\mathrm{d}x=-[\cos x]_0^\pi=-(-1-1)=2$$

6. 设 $f(x)=\int_0^x \mathrm{e}^{-t^2+2t}\mathrm{d}t$，求 $\int_0^1(x-1)^2 f(x)\mathrm{d}x$.

解 $\int_0^1(x-1)^2 f(x)\mathrm{d}x=\int_0^1(x-1)^2\left[\int_0^x\mathrm{e}^{-t^2+2t}\mathrm{d}t\right]\mathrm{d}x=\dfrac{1}{3}\int_0^1\left[\int_0^x\mathrm{e}^{-t^2+2t}\mathrm{d}t\right]\mathrm{d}(x-1)^3$

$$=\frac{1}{3}\left[(x-1)^3\int_0^x\mathrm{e}^{-t^2+2t}\mathrm{d}t\right]_0^1-\frac{1}{3}\int_0^1(x-1)^3\mathrm{e}^{-x^2+2x}\mathrm{d}x$$

$$=-\frac{1}{3}\int_0^1(x-1)^3\mathrm{e}^{-(x-1)^2+1}\mathrm{d}x=-\frac{1}{6}\int_0^1(x-1)^2\mathrm{e}^{-(x-1)^2+1}\mathrm{d}(x-1)^2$$

$$\xlongequal{令 u=(x-1)^2}-\frac{1}{6}\int_1^0 u\mathrm{e}^{-u+1}\mathrm{d}u=-\frac{\mathrm{e}}{6}\int_1^0 u\mathrm{e}^{-u}\mathrm{d}u=-\frac{\mathrm{e}}{6}\int_0^1 u\mathrm{d}\mathrm{e}^{-u}$$

$$=-\frac{\mathrm{e}}{6}[u\mathrm{e}^{-u}]_0^1+\frac{\mathrm{e}}{6}\int_0^1\mathrm{e}^{-u}\mathrm{d}u=-\frac{\mathrm{e}}{6}(\mathrm{e}^{-1}-0)-\frac{\mathrm{e}}{6}(\mathrm{e}^{-u})_0^1$$

$$=-\frac{1}{6}-\frac{1}{6}+\frac{\mathrm{e}}{6}=\frac{1}{6}(\mathrm{e}-2)$$

7. 设连续函数 $f(x)$ 满足 $f(1)=2$,且$\int_0^x f(2x-t)t\mathrm{d}t = x^2$,求定积分$\int_1^2 f(x)\mathrm{d}x$.

解 $\left[\int_0^x f(2x-t)t\mathrm{d}t\right]' = 2x, f(x)x = 2x, f(x) = 2$

所以$\int_1^2 f(x)\mathrm{d}x = \int_1^2 2\mathrm{d}x = [2x]_1^2 = 4-2 = 2$

8. 证明: $\int_0^{\frac{\pi}{2}} \cos^m x\sin^m x\mathrm{d}x = \frac{1}{2^m}\int_0^{\frac{\pi}{2}} \cos^m x\mathrm{d}x$.

证明 $\int_0^{\frac{\pi}{2}} \cos^m x\sin^m x\mathrm{d}x = \frac{1}{2^m}\int_0^{\frac{\pi}{2}} (2\sin x\cos x)^m \mathrm{d}x = \frac{1}{2^{m+1}}\int_0^{\frac{\pi}{2}} \sin^m 2x\mathrm{d}2x$

令 $t=2x$,当 $x=0$ 时,$t=0$;当 $x=\frac{\pi}{2}$ 时, $t=\pi$

$\int_0^{\frac{\pi}{2}} \cos^m x\sin^m x\mathrm{d}x = \frac{1}{2^{m+1}}\int_0^{\pi} \sin^m t\mathrm{d}t$

再令 $t=\frac{\pi}{2}-u, \mathrm{d}t=-\mathrm{d}u, t=0$ 时,$u=\frac{\pi}{2}$;当 $t=\pi$ 时,$u=-\frac{\pi}{2}$

所以$\int_0^{\frac{\pi}{2}} \cos^m x\sin^m x\mathrm{d}x = -\frac{1}{2^{m+1}}\int_{\frac{\pi}{2}}^{-\frac{\pi}{2}} \sin^m\left(\frac{\pi}{2}-u\right)\mathrm{d}u$

$$= \frac{1}{2^{m+1}}\int_{-\frac{\pi}{2}}^{\frac{\pi}{2}} \cos^m u\mathrm{d}u = \frac{1}{2^m}\int_0^{\frac{\pi}{2}} \cos^m x\mathrm{d}x$$

9. 设 $f(x) = \int_1^x \frac{\ln t}{1+t}\mathrm{d}t$,其中 $x>0$,求 $f(x)+f\left(\frac{1}{x}\right)$.

解 $f\left(\frac{1}{x}\right) = \int_1^{\frac{1}{x}} \frac{\ln t}{1+t}\mathrm{d}t$ 令 $u=\frac{1}{t}, t=\frac{1}{u}, \mathrm{d}t=-\frac{1}{u^2}\mathrm{d}u$

当 $t=1$ 时,$u=1$,当 $t=\frac{1}{x}$ 时,$u=x$

$$f\left(\frac{1}{x}\right) = \int_1^x \frac{\ln\frac{1}{u}}{1+\frac{1}{u}}\left(-\frac{1}{u^2}\right)\mathrm{d}u = \int_1^x \frac{\ln u}{u(u+1)}\mathrm{d}u = \int_1^x \frac{\ln t}{t(t+1)}\mathrm{d}t$$

所以 $f(x)+f\left(\frac{1}{x}\right) = \int_1^x \ln t\left[\frac{1}{t+1}+\frac{1}{t(t+1)}\right]\mathrm{d}t = \int_1^x \frac{\ln t}{t}\mathrm{d}t = \int_1^x \ln t\mathrm{d}\ln t = \frac{1}{2}(\ln x)^2$

10. 设函数 $f(x) = \begin{cases} 1+x^2, x<0; \\ \mathrm{e}^{-x}, \quad x \geqslant 0, \end{cases}$ 求$\int_1^3 f(x-2)\mathrm{d}x$.

解 令 $u=x-2, \mathrm{d}u=\mathrm{d}x$,当 $x=1$ 时,$u=-1$;当 $x=3$ 时,$u=1$

所以$\int_1^3 f(x-2)\mathrm{d}x = \int_{-1}^1 f(u)\mathrm{d}u = \int_{-1}^1 f(x)\mathrm{d}x = \int_{-1}^0 (1+x^2)\mathrm{d}x + \int_0^1 \mathrm{e}^{-x}\mathrm{d}x$

$$= \left[x+\frac{1}{3}x^3\right]_{-1}^0 - [\mathrm{e}^{-x}]_0^1 = \frac{7}{3}-\frac{1}{\mathrm{e}}$$

11. 设 $f(x)$ 是连续的奇函数,证明:$f(x)$ 的原函数是偶函数;若 $f(x)$ 是连续的偶函数,问 $f(x)$ 的原函数是否都是奇函数?

解 设 $F(x)$ 是 $f(x)$ 的原函数,积分上限的函数也是它的一个原函数

故 $F(x) = \int_0^x f(t)\mathrm{d}t + C$ 由题设得 $f(-x) = -f(x)$,$F(-x) = \int_0^{-x} f(t)\mathrm{d}t + C$,令 $u=-t$, $\mathrm{d}u=-\mathrm{d}t$,当 $t=0$ 时,$u=0$;当 $t=-x$ 时 ,$u=x$

$F(-x)=-\int_0^x f(-u)\mathrm{d}u+C=-\int_0^x f(-x)\mathrm{d}x+C=\int_0^x f(x)\mathrm{d}x+C=F(x)$,

所以连续的奇函数 $f(x)$ 的原函数是偶函数

又由于 $F(x)=\int_0^x f(t)\mathrm{d}t+C \quad F(-x)=\int_0^{-x} f(t)\mathrm{d}t+C$,根据上面证明

$F(-x)=-\int_0^x f(-t)\mathrm{d}t+C$,由于 $f(x)$ 是连续的偶函数,$f(-x)=f(x)$

所以 $F(-x)=-\int_0^x f(x)\mathrm{d}x+C=-F(x)+C$,因此,当且仅当 $C=0$ 时,$F(x)$ 为奇函数

所以,当 $f(x)$ 是连续的偶函数时,$f(x)$ 的原函数不都是奇函数

12. 设 $f(x)$ 是以 $T(T>0)$ 为周期的连续函数,且满足 $\int_0^T f(x)\mathrm{d}x=0$. 证明 $f(x)$ 的原函数也是以 T 为周期的函数.

证明 题设 $f(x+T)=f(x)$,设 $f(x)$ 的原函数为积分上限的函数 $F(x)=\int_0^x f(t)\mathrm{d}t$

$F(x+T)=\int_0^{x+T} f(t)\mathrm{d}t$ 令 $t=u+T,\mathrm{d}t=\mathrm{d}u$,当 $t=0$ 时,$u=-T$;

当 $t=x+T$ 时,$u=x$

$$F(x+T)=\int_{-T}^x f(u+T)\mathrm{d}u=\int_{-T}^0 f(u+T)\mathrm{d}u+\int_0^x f(u+T)\mathrm{d}u$$

$$=\int_{-T}^0 f(x+T)\mathrm{d}x+\int_0^x f(x+T)\mathrm{d}x=\int_{-T}^0 f(x+T)\mathrm{d}x+\int_0^x f(x)\mathrm{d}x$$

再令 $v=x+T,\mathrm{d}v=\mathrm{d}x$ 当 $x=-T$ 时,$v=0$;当 $x=0$ 时,$v=T$

所以 $\int_{-T}^0 f(x+T)\mathrm{d}x=\int_0^T f(v)\mathrm{d}v=\int_0^T f(x)\mathrm{d}x=0$

所以 $F(x+T)=\int_0^x f(x+T)\mathrm{d}x=\int_0^x f(x)\mathrm{d}x=F(x)$

所以 $f(x)$ 的原函数也是周期函数

13. 设函数 $f(x)$ 在 $(-\infty,+\infty)$ 内满足 $f(x)=f(x-\pi)+\sin x$,且 $f(x)=x,x\in[0,\pi)$,计算 $\int_\pi^{3\pi} f(x)\mathrm{d}x$.

解 $\int_\pi^{3\pi} f(x)\mathrm{d}x=\int_\pi^{3\pi}[f(x-\pi)+\sin x]\mathrm{d}x=\int_\pi^{3\pi} f(x-\pi)\mathrm{d}x+\int_\pi^{2\pi}\sin x\mathrm{d}x+\int_{2\pi}^{3\pi}\sin x\mathrm{d}x$

$$=\int_\pi^{3\pi} f(x-\pi)\mathrm{d}x-[\cos x]_\pi^{2\pi}-[\cos x]_{2\pi}^{3\pi}=\int_\pi^{3\pi} f(x-\pi)\mathrm{d}x$$

令 $u=x-\pi,\mathrm{d}u=\mathrm{d}x$,当 $x=3\pi$ 时,$u=2\pi$;当 $x=\pi$ 时,$u=0$

原式 $=\int_\pi^{3\pi} f(x-\pi)\mathrm{d}x=\int_0^{2\pi} f(x)\mathrm{d}x=\int_0^\pi f(x)\mathrm{d}x+\int_\pi^{2\pi} f(x)\mathrm{d}x$

$$=\int_0^\pi x\mathrm{d}x+\int_\pi^{2\pi}[f(x-\pi)+\sin x]\mathrm{d}x=\int_0^\pi x\mathrm{d}x+\int_\pi^{2\pi} f(x-\pi)\mathrm{d}x+\int_\pi^{2\pi}\sin x\mathrm{d}x$$

$$=2\int_0^\pi x\mathrm{d}x-[\cos x]_\pi^{2\pi}=\pi^2-2$$

14. 设函数 $f(x)$ 在 $[a,b]$ 上连续,且在 (a,b) 内有 $f'(x)>0$. 证明:在 (a,b) 内存在唯一的 ξ,使曲线 $y=f(x)$ 与两直线 $y=f(\xi),x=a$ 所围平面图形面积 S_1 是曲线 $y=f(x)$ 与两直线 $y=f(\xi),x=b$ 所围平面图形面积 S_2 的 3 倍.

证明　由 $f(x)$ 在 $[a,b]$ 上连续，在 (a,b) 内有 $f'(x)>0$. 可知 $f(x)$ 在 $[a,b]$ 上单调增加，对于 (a,b) 内任意一点 t，作平行于 x 轴的直线 $y=f(t)$ 与曲线只交一点，并与曲线 $y=f(x)$，直线 $x=a$，$x=b$ 分别围成平面图 S_1 和 S_2，如图 6-22 所示，于是

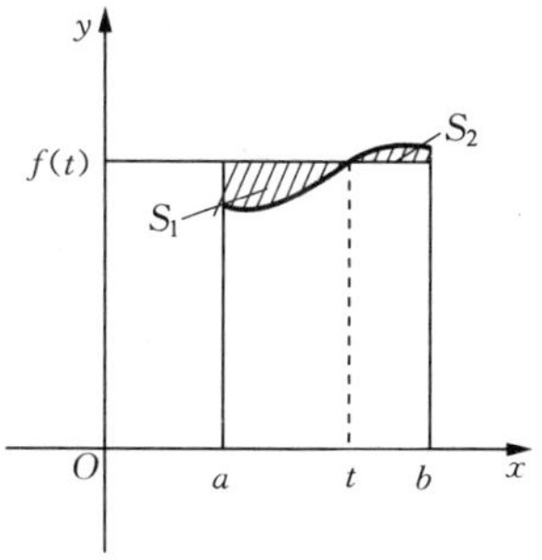

图 6-22

$$S_1=\int_a^t[f(t)-f(x)]\mathrm{d}x$$

$$S_2=\int_t^b[f(x)-f(t)]\mathrm{d}x$$

设 $F(t)=S_1-3S_2=\int_a^t[f(t)-f(x)]\mathrm{d}x-3\int_t^b[f(x)-f(t)]\mathrm{d}x$

由于 $F(a)=-3\int_a^b[f(x)-f(a)]\mathrm{d}x<0$，$F(b)=\int_a^b[f(b)-f(x)]\mathrm{d}x>0$

根据零值点定理，在 (a,b) 内至少存在一点 ξ，使 $F(\xi)=0$，另外

$$F'(t)=\left[f(t)\int_a^t\mathrm{d}x\right]'-\left[\int_a^t f(x)\mathrm{d}x\right]'-3\left[\int_t^b f(x)\mathrm{d}x\right]'+3\left[f(t)\int_t^b\mathrm{d}x\right]'$$
$$=f'(t)(t-a)+f(t)-f(t)+3f(t)-3f'(t)(t-b)-3f(t)$$
$$=f'(t)(t-a)+3f'(t)(b-t)>0$$

因此，$F(t)$ 是 $[a,b]$ 上严格单调增加函数，结合条件 $F(a)<0$，$F(b)>0$，可知在 (a,b) 内只有一点 ξ，使 $F(\xi)=0$，即在 (a,b) 内存在唯一点 ξ，使 $S_1=3S_2$

15. 设曲线方程为 $y=\mathrm{e}^{-x}(x\geqslant 0)$，

(1) 把曲线 $y=\mathrm{e}^{-x}$，x 轴，y 轴和直线 $x=\xi(\xi>0)$ 所围平面图形绕 x 轴旋转一周得一旋转体，求此旋转体的体积 $V(\xi)$，求满足 $V(a)=\dfrac{1}{2}\lim\limits_{\xi\to+\infty}V(\xi)$ 的 a；

(2) 在此曲线上找一点，使过该点的切线与两坐标轴所夹平面图形的面积最大，并求出该面积.

解　(1) $V(\xi)=\pi\int_0^\xi \mathrm{e}^{-2x}\,\mathrm{d}x=-\dfrac{\pi}{2}\int_0^\xi \mathrm{e}^{-2x}\,\mathrm{d}(-2x)=-\dfrac{\pi}{2}[\mathrm{e}^{-2x}]_0^\xi=\dfrac{\pi}{2}(1-\mathrm{e}^{-2\xi})$

$V(a)=\dfrac{\pi}{2}(1-\mathrm{e}^{-2a})$，$\dfrac{1}{2}\lim\limits_{\xi\to+\infty}V(\xi)=\dfrac{\pi}{4}$

令　$V(a)=\dfrac{1}{2}\lim\limits_{\xi\to+\infty}V(\xi)$，即 $\dfrac{\pi}{2}(1-\mathrm{e}^{-2a})=\dfrac{\pi}{4}$ 得 $a=\dfrac{1}{2}\ln 2$

(2) 在曲线 $y=\mathrm{e}^{-x}$ 上找一点，其坐标为 (a,e^{-a})

$y'=-\mathrm{e}^{-x}$，$y'|_{x=a}=-\mathrm{e}^{-a}$

所以切线方程 $y-\mathrm{e}^{-a}=-\mathrm{e}^{-a}(x-a)$，即

$y=\mathrm{e}^{-a}[-x+(a+1)]$　当 $y=0$ 时，$x=a+1$

所以 $S(a)=\mathrm{e}^{-a}\int_0^{a+1}[-x+(a+1)]\mathrm{d}x=\mathrm{e}^{-a}\left[-\dfrac{1}{2}x^2+(a+1)x\right]_0^{a+1}$

$$=\mathrm{e}^{-a}\left[-\frac{1}{2}(a+1)^2+(a+1)^2\right]=\frac{1}{2}\mathrm{e}^{-a}(a+1)^2$$

$S'(a)=-\dfrac{1}{2}\mathrm{e}^{-a}(a+1)^2+\mathrm{e}^{-a}(a+1)=\mathrm{e}^{-a}(a+1)\left(-\dfrac{1}{2}a+\dfrac{1}{2}\right)$

令 $S'(a)=0$，得 $a=1$，$a=-1$

$S''(a)=-\mathrm{e}^{-a}(a+1)\left(-\dfrac{1}{2}a+\dfrac{1}{2}\right)+\mathrm{e}^{-a}\left(-\dfrac{1}{2}a+\dfrac{1}{2}\right)-\dfrac{1}{2}\mathrm{e}^{-a}(a+1)$

$S''(1)=-\frac{1}{e}<0$ 所以 $S''(-1)=e>0$ 因要求 S 最大值故舍去. 当 $a=1$ 时,$S(a)$ 有极大值也是最大值

切点为 $(1,e^{-1})$ $S(1)=2e^{-1}$ 为所求的最大面积

16. 设 $f(x)$ 在 $[a,b]$ 上连续,在 (a,b) 内可导,$f'(x)<0$, 且 $F(x)=\frac{1}{x-a}\int_a^x f(t)\mathrm{d}t$.

试证: (1) $F'(x)\leqslant 0$;(2) $0\leqslant F(x)-f(x)\leqslant f(a)-f(b)$.

证明 (1) $F'(x)=\dfrac{f(x)(x-a)-\int_a^x f(t)\mathrm{d}t}{(x-a)^2}$

当 $f(x)$ 在 $[a,x]$ 上的平均值 $\frac{1}{x-a}\int_a^x f(t)\mathrm{d}t$ 等于 $f(x)$ 时

即 $f(x)=\frac{1}{x-a}\int_a^x f(t)\mathrm{d}t$ 有 $F'(x)=0$

我们又知道定积分中值定理中的 $f(\xi)$ 就是 $f(x)$ 在 $[a,x]$ 上的平均值 $\frac{1}{x-a}\int_a^x f(t)\mathrm{d}t=f(\xi)$

所以 $F'(x)=\frac{f(x)}{x-a}-\frac{1}{x-a}\left[\frac{1}{x-a}\int_a^x f(t)\mathrm{d}t\right]=\frac{f(x)}{x-a}-\frac{f(\xi)}{x-a}=\frac{f(x)-f(\xi)}{x-a}(a\leqslant\xi\leqslant x)$

由题设 $f'(x)<0$,函数 $f(x)$ 在 $[a,b]$ 上严格单调减少

所以 $f(x)\leqslant f(\xi)$,即 $f(x)-f(\xi)\leqslant 0$,又 $x-a>0$,所以 $F'(x)\leqslant 0$

(2) $F(x)-f(x)=\frac{1}{x-a}\int_a^x f(t)\mathrm{d}t-f(x)=f(\xi)-f(x)\geqslant 0$

又 $F(x)-f(x)=f(\xi)-f(x)$ 而 $f(\xi)\leqslant f(a)$,$f(x)\geqslant f(b)$

所以 $F(x)-f(x)\leqslant f(a)-f(b)$ 故 $0\leqslant F(x)-f(x)\leqslant f(a)-f(b)$

17. (2005 数学三) 设 $f(x)$,$g(x)$ 在 $[0,1]$ 上的导数连续,且 $f(0)=0$,$f'(x)\geqslant 0$,$g'(x)\geqslant 0$. 证明:对任意 $a\in[0,1]$ 有

$$\int_0^a g(x)f'(x)\mathrm{d}x+\int_0^1 f(x)g'(x)\mathrm{d}x\geqslant f(a)g(1).$$

证明 因为

$$\int_0^a g(x)f'(x)\mathrm{d}x=\int_0^a g(x)\mathrm{d}f(x)=[f(x)g(x)]\Big|_0^a-\int_0^a f(x)g'(x)\mathrm{d}x$$

$$=f(a)g(a)-\int_0^a f(x)g'(x)\mathrm{d}x$$

则 $\int_0^a g(x)f'(x)\mathrm{d}x+\int_0^1 f(x)g'(x)\mathrm{d}x=f(a)g(a)-\int_0^a f(x)g'(x)\mathrm{d}x+\int_0^1 f(x)g'(x)\mathrm{d}x$

$$=f(a)g(a)+\int_a^1 f(x)g'(x)\mathrm{d}x.$$

由于 $x\in[0,1]$ 时,$f'(x)\geqslant 0$ 因此 $f(x)$ 在 $[0,1]$ 上单调增加,

$$f(x)\geqslant f(a),x\in[a,1].$$

又由于 $x\in[a,1]$ 时,$g'(x)\geqslant 0$ 因此

$f(x)g'(x)\geqslant f(a)g'(x),x\in[a,1]$,

$\int_a^1 f(x)g'(x)\mathrm{d}x\geqslant\int_a^1 f(a)g'(x)\mathrm{d}x=f(a)[g(1)-g(a)]$

从而 $\int_0^a g(x)f'(x)\mathrm{d}x+\int_0^1 f(x)g'(x)\mathrm{d}x\geqslant f(a)g(a)+f(a)[g(1)-g(a)]=f(a)g(1)$.

18. 设 $f(x)$ 在 $(-\infty,+\infty)$ 上有连续导数,且 $m\leqslant f(x)\leqslant M$.

(1) 求 $\lim\limits_{a\to0^+}\dfrac{1}{4a^2}\int_{-a}^{a}[f(t+a)-f(t-a)]\mathrm{d}t$；

(2) 证明：$\left|\dfrac{1}{2a}\int_{-a}^{a}f(t)\mathrm{d}t-f(x)\right|\leqslant M-m$.

解 (1) $\int_{-a}^{a}f(t+a)\mathrm{d}t\xlongequal{令 u=t+a,\mathrm{d}u=\mathrm{d}t}\int_{0}^{2a}f(u)\mathrm{d}u$

$\int_{-a}^{a}f(t-a)\mathrm{d}t\xlongequal{令 u=t-a,\mathrm{d}u=\mathrm{d}t}\int_{-2a}^{0}f(u)\mathrm{d}u$ 于是

$$\lim_{a\to0^+}\frac{\int_{-a}^{a}f(t+a)\mathrm{d}t-\int_{-a}^{a}f(t-a)\mathrm{d}t}{4a^2}=\lim_{a\to0^+}\frac{\int_{0}^{2a}f(u)\mathrm{d}u+\int_{0}^{-2a}f(u)\mathrm{d}u}{4a^2}$$

$$\overset{\frac{0}{0}}{=}\lim_{a\to0^+}\frac{2f(2a)-2f(-2a)}{8a}=\frac{1}{2}\lim_{2a\to0^+}\frac{f(2a+0)-f(0)-f(0-2a)+f(0)}{2a}$$

$$=\frac{1}{2}\lim_{2a\to0^+}\frac{f(0+2a)-f(0)}{2a}+\frac{1}{2}\lim_{-2a\to0^-}\frac{f(0-2a)-f(0)}{-2a}$$

$$=\frac{1}{2}f'(0)+\frac{1}{2}f'(0)=f'(0)$$

(1) 的另一解法，由积分中值定理

$\int_{-a}^{a}[f(t+a)-f(t-a)]\mathrm{d}t=2a[f(\xi+a)-f(\xi-a)],\xi\in[-a,a]$

由微分中值定理 $f(\xi+a)-f(\xi-a)=f'(\eta)\cdot2a,\eta\in(\xi-a,\xi+a)$

于是 $\lim\limits_{a\to0^+}\dfrac{1}{4a^2}\int_{-a}^{a}[f(t+a)-f(t-a)]\mathrm{d}t=\lim\limits_{a\to0^+}f'(\eta)=f'(0)$

证明 (2) 由于 $m\leqslant f(x)\leqslant M$，得 $m\leqslant\dfrac{1}{2a}\int_{-a}^{a}f(t)\mathrm{d}t\leqslant M$ 及 $-M\leqslant-f(x)\leqslant-m$

而 $m-M\leqslant\dfrac{1}{2a}\int_{-a}^{a}f(t)\mathrm{d}t-f(x)\leqslant M-m$

即 $\left|\dfrac{1}{2a}\int_{-a}^{a}f(t)\mathrm{d}t-f(x)\right|\leqslant M-m$

19. (2002 数学三、四) 设函数 $f(x),g(x)$ 在 $[a,b]$ 上连续，且 $g(x)>0$. 利用闭区间上连续函数性质，证明存在一点 $\xi\in[a,b]$，使 $\int_{a}^{b}f(x)g(x)\mathrm{d}x=f(\xi)\int_{a}^{b}g(x)\mathrm{d}x$.

证明 因为 $f(x)$ 在 $[a,b]$ 上连续，所以由最值定理知，$f(x)$ 在 $[a,b]$ 上有最大值 M 和最小值 m，且 $m\leqslant f(x)\leqslant M$，又因 $g(x)>0$，故 $\int_{a}^{b}g(x)\mathrm{d}x>0$，从而有

$mg(x)\leqslant f(x)g(x)\leqslant Mg(x)$

$$\int_{a}^{b}mg(x)\mathrm{d}x\leqslant\int_{a}^{b}f(x)g(x)\mathrm{d}x\leqslant\int_{a}^{b}Mg(x)\mathrm{d}x\Rightarrow m\leqslant\frac{\int_{a}^{b}f(x)g(x)\mathrm{d}x}{\int_{a}^{b}g(x)\mathrm{d}x}\leqslant M$$

由介值定理知，存在 $\xi\in[a,b]$，使 $f(\xi)=\dfrac{\int_{a}^{b}f(x)g(x)\mathrm{d}x}{\int_{a}^{b}g(x)\mathrm{d}x}$，即 $\int_{a}^{b}f(x)g(x)\mathrm{d}x=f(\xi)\int_{a}^{b}g(x)\mathrm{d}x$.

第 7 章 多元函数微积分学

一、大纲要求

1. 知道多元函数、多元函数的极限和多元函数连续的概念

2. 理解二元函数的概念及几何意义，掌握二元函数极限与连续的概念及二元函数极限与路径的无关性

3. 掌握有界闭区域上二元连续函数的性质、全微分存在的充分条件与必要条件，了解二元函数连续、存在、偏导与可微之间的关系

4. 熟练掌握方向导数以及偏导数的定义与求法，理解二元函数全微分的定义，二元函数在一点可微的充分条件和必要条件

5. 掌握二元函数极值的理论及其求法，会用拉格朗日乘数法解决多元函数条件极值及相关应用问题

6. 理解二重积分的概念，领会二重积分的性质及二重积分与定积分之间的关系，会利用二重积分性质比较二重积分大小，估计二重积分的取值范围

7. 熟练掌握二重积分化为二次积分的方法，会根据被积函数和积分区域的特征选取合适的坐标系

二、本章知识结构图

- 1. 多元函数微分学
  - 多元函数的基本概念
    - 多元函数的定义
    - 多元函数的极限
    - 多元函数的连续性
  - 偏导数、全微分
    - 方向导数**
    - 偏导数
      - 偏导数的定义及几何意义
      - 计算方法
        - 基本方法
        - 复合函数求导法则
        - 隐函数的求导公式
    - 高阶偏导数
      - 定义
      - 二阶混合偏导数相等的充分条件
      - 高阶偏导数的计算
    - 全微分
      - 定义
      - 可微的充分与必要条件
      - 微分的叠加原理
      - 全微分形式不变性
      - 全微分在近似计算中的应用
  - 微分法的应用
    - 多元函数的极值及其求法
      - 无条件极值
        - 必要条件
        - 充分条件
      - 条件极值 拉格朗日乘数法
      - 最值
- 2. 二重积分
  - 概念
  - 性质
  - 计算方法
    - 利用直角坐标计算
    - 利用极坐标计算
    - 二重积分的换元法*

三、本章基本内容

1. 多元函数的基本概念

表 7-1　平面点集的基本概念

名称		定义	说明
邻域		平面上与定点 $P_0(x_0,y_0)$ 的距离小于 $\delta(\delta>0)$ 的点 $P(x,y)$ 的全体称为 P_0 的邻域,记作 $O_\delta(P_0)=\{P \mid \lvert P_0P\rvert<\delta\}$ 或 $O_\delta(P_0)=\{(x,y)\mid \sqrt{(x-x_0)^2+(y-y_0)^2}<\delta\}$	几何上点 P_0 的 δ 邻域表示以 P_0 为中心,以 δ 为半径的圆的内部的点的全体
点的分类	内点	E 是平面上一点集,若存在点 P 的某一邻域 $O_\delta(P)\subset E$,称 P 为 E 的内点	对任一点 P,只要存在 $\delta>0$,使 $O_\delta(P)\subset E$ 即可,不论 δ 的大小
点的分类	外点	若存在点 P 的某邻域 $O_\delta(P)\cap E=\varnothing$,则称 P 为 E 的外点	显然 $P\notin E$,外点不属于集合 E
点的分类	边界点	若点 P 的任一邻域内既有属于 E 的点,也有不属于 E 的点,称 P 为 E 的边界点	E 的边界点的全体称为 E 的边界
平面点集分类	开集	若点集 E 的所有点都是内点,则称 E 为开集	由内点构成,不含边界点
平面点集分类	闭集	若点集 E 的余集 E^c 为开集,则称 E 为闭集	
平面点集分类	连通集	若点集 E 中任何两点均可用完全位于 E 中的折线连接起来,则称 E 为连通集	
平面点集分类	区域	连通的开集称为开域或开区域	连通开集
平面点集分类	闭区域	(开)区域 D 加上它的边界所成的点集称为闭区域或闭域,记作 $\overline{D}$	闭区域是闭集的特殊情形
平面点集分类	有界点集	若存在正数 R,对 E 内任意一点 P,总有 $OP\leqslant R$,则称 E 为有界点集	
平面点集分类	无界点集	对任意正数 R,总存在 $x\in E$,使 $OP>R$. 则称 E 为无界点集	

表 7-2　二元函数的概念及性质

概念	设 D 是平面上一个非空点集,若对每个点 $P(x,y)\in D$,变量 z 按照一定法则 f 都有唯一确定的值与它对应,称 z 是变量 x,y 的二元函数,记为 $z=f(x,y),(x,y)\in D$ 或 $z=f(P),P\in D$ D 称为定义域,x,y 称为自变量,z 称为因变量,点集 $\{(x,y,z)\mid z=f(x,y),(x,y)\in D\}$ 称为二元函数 $z=f(x,y)$ 的图形,它是空间中的曲面
极限	设函数 $f(x,y)$ 在开区域 D 内有定义,$P_0(x_0,y_0)$ 是 D 的内点,如果对于任意给定的正数 ε,总存在正数 δ,使对适合不等式 $0<\lvert PP_0\rvert=\sqrt{(x-x_0)^2+(y-y_0)^2}<\delta$ 的一切点 $P(x,y)$,都有 $\lvert f(x,y)-A\rvert<\varepsilon$ 成立,则称常数 A 为函数 $f(x,y)$ 当 $x\to x_0,y\to y_0$ 时的极限,记作 $\lim\limits_{(x,y)\to(x_0,y_0)} f(x,y)=A$ 或 $f(x,y)\to A(\rho\to 0),\rho=\lvert PP_0\rvert$

续　表

连续性定义	设函数 $f(x,y)$ 的定义域为 D，$P_0(x_0,y_0)$ 是 D 的内点，且 $P_0\in D$，若 $\lim\limits_{(x,y)\to(x_0,y_0)} f(x,y)=f(x_0,y_0)$，则称 $f(x,y)$ 在点 $P(x_0,y_0)$ 处连续
有界闭区域上连续函数性质	1. 最值定理：有界闭区域 D 上的连续函数在 D 上必取得最大值和最小值
	2. 介值定理：设 $z=f(x,y)$ 在有界闭区域 D 上连续，M 和 m 分别是 $f(x,y)$ 在 D 上的最大值和最小值，则对任意 $C\in[m,M]$，必存在一点 $(x_0,y_0)\in D$，使得 $f(x_0,y_0)=C$

2. 偏导数与方向导数

表 7-3　偏导数和方向导数的定义与性质

定　义	设函数 $z=f(x,y)$ 在点 $P_0(x_0,y_0)$ 的某一邻域内有定义，将 y 固定为 y_0，给 x_0 以改变量 Δx，于是 $z(x,y)$ 有改变量 $\Delta z=f(x_0+\Delta x,y_0)-f(x_0,y_0)$，若 $$\lim_{\Delta x\to 0}\frac{\Delta z}{\Delta x}=\lim_{\Delta x\to 0}\frac{f(x_0+\Delta x,y_0)-f(x_0,y_0)}{\Delta x}$$ 存在，则此极限值为 $z=f(x,y)$ 在 P_0 点对 x 的偏导数，记作 $f_x(x_0,y_0)$，$\left.\frac{\partial f}{\partial x}\right\|_{\substack{x=x_0\\y=y_0}}$ 或 $\left.\frac{\partial z}{\partial x}\right\|_{\substack{x=x_0\\y=y_0}}$，对 y 的偏导定义类似 函数 $f(x,y)$ 在点 (x_0,y_0) 沿任意方向 $Q=(Q_1,Q_2)$ 的方向导数为：$$\left.\frac{\partial f}{\partial Q}\right\|_{(x_0,y_0)}=f'_x(x_0,y_0)Q_1+f'_y(x_0,y_0)Q_2\quad 若\ Q_1^2+Q_2^2=1$$
性　质	1. $z=f(x,y)$ 的偏导数 $f_x(x_0,y_0)$ 表示空间曲线 l_1：$\begin{cases}z=f(x,y)\\y=y_0\end{cases}$ 在点 $M_0[x_0,y_0,f(x_0,y_0)]$ 处的切线 T_x 对 x 的斜率； 2. 若 $z=f(x,y)$ 的两个混合偏导数 $f_{xy}(x,y)$ 和 $f_{yx}(x,y)$ 在点 $P_0(x_0,y_0)$ 处连续，则必相等，即 $f_{xy}(x_0,y_0)=f_{yx}(x_0,y_0)$

表 7-4　高阶偏导数

定　义	函数 $z=f(x,y)$ 在区域 D 内的偏导数为 $\frac{\partial z}{\partial x}=f'_x(x,y)$，$\frac{\partial z}{\partial y}=f'_y(x,y)$，那么在 D 内若 $f'_x(x,y)$，$f'_y(x,y)$ 的偏导数也存在，称 f'_x 与 f'_y 的偏导数为 $z=f(x,y)$ 的二阶偏导数，二阶和二阶以上的偏导数称为高阶偏导数
性　质	如果函数 $z=f(x,y)$ 的两个二阶偏导数 $\frac{\partial^2 z}{\partial x\partial y}$ 和 $\frac{\partial^2 z}{\partial y\partial x}$ 在区域 D 内连续，则在该区域内这两个二阶混合偏导数相等

3. 全微分

表 7-5 全微分的定义及可微条件

定　义		若函数 $z=f(x,y)$ 在点 (x,y) 的全增量 $\Delta z=f(x+\Delta x,y+\Delta y)-f(x,y)$ 可表示为 $\Delta z=A\Delta x+B\Delta y+o(\rho)$,其中 A,B 不依赖于 $\Delta x,\Delta y$ 而仅与 x,y 有关,$\rho=\sqrt{(\Delta x)^2+(\Delta y)^2}$,则称 $f(x,y)$ 在点 (x,y) 可微,$A\Delta x+B\Delta y$ 称为 $z=f(x,y)$ 在点 (x,y) 的全微分,记作 dz,即 $dz=A\Delta x+B\Delta y$
可微条件	必要条件	1. 若函数 $z=f(x,y)$ 在点 (x,y) 可微,则 $z=f(x,y)$ 在该点处连续; 2. 若函数 $z=f(x,y)$ 在点 (x,y) 处可微,则在该点处 $\frac{\partial z}{\partial x},\frac{\partial z}{\partial y}$ 必存在,且 $z=f(x,y)$ 在点 (x,y) 的全微分为 $dz=\frac{\partial z}{\partial x}\Delta x+\frac{\partial z}{\partial y}\Delta y$
	充分条件	若函数 $z=f(x,y)$ 的偏导数 $\frac{\partial z}{\partial x},\frac{\partial z}{\partial y}$ 在点 (x,y) 连续,则 $z=f(x,y)$ 在该点可微
微分叠加原理		$dz=\frac{\partial z}{\partial x}dx+\frac{\partial z}{\partial y}dy$

表 7-6 全微分在近似计算中的应用

当二元函数 $z=f(x,y)$ 的偏导数 $f'_x(x,y)$ 与 $f'_y(x,y)$ 在点 (x,y) 连续,且 $\lvert\Delta x\rvert,\lvert\Delta y\rvert$ 都较小时,有近似公式 $\Delta z\approx dz=f_x(x,y)\Delta x+f_y(x,y)\Delta y$ 和　$f(x+\Delta x,y+\Delta y)\approx f(x,y)+f_x(x,y)\Delta x+f_y(x,y)\Delta y$

4. 多元复合函数求导法则

表 7-7 多元复合函数求导法则

类　别	求 导 法 则
中间变量均为一元函数	若函数 $u=\varphi(t)$ 及 $v=\psi(t)$ 都在点 t 可导,函数 $z=f(u,v)$ 在对应点 (u,v) 具有连续偏导数,则复合函数 $z=f[\varphi(t),\psi(t)]$ 在点 t 可导,其导数为 $\frac{dz}{dt}=\frac{\partial z}{\partial u}\frac{du}{dt}+\frac{\partial z}{\partial v}\frac{dv}{dt}$(叫全导数)
中间变量均为二元函数	若函数 $u=u(x,y)$,$v=v(x,y)$ 在点 (x,y) 处偏导数存在,函数 $z=f(u,v)$ 在对应点 (u,v) 具有连续偏导数,则复合函数 $z=f[u(x,y),v(x,y)]$ 在点 (x,y) 处偏导数存在,且其偏导数为: $\frac{\partial z}{\partial x}=\frac{\partial z}{\partial u}\frac{\partial u}{\partial x}+\frac{\partial z}{\partial v}\frac{\partial v}{\partial x},\frac{\partial z}{\partial y}=\frac{\partial z}{\partial u}\frac{\partial u}{\partial y}+\frac{\partial z}{\partial v}\frac{\partial v}{\partial y}$
中间变量既有一元函数又有二元函数	若函数 $u=u(x,y)$,在点 (x,y) 处偏导数存在,函数 $z=f(u,x,y)$ 在对应点 (u,x,y) 具有连续偏导数,则复合函数 $z=f[u(x,y),x,y]$ 在点 (x,y) 处偏导数存在,且其偏导数为: $\frac{\partial z}{\partial x}=\frac{\partial f}{\partial u}\frac{\partial u}{\partial x}+\frac{\partial f}{\partial x},\frac{\partial z}{\partial y}=\frac{\partial f}{\partial u}\frac{\partial u}{\partial y}+\frac{\partial f}{\partial y}$

表7-8 全微分形式不变性

设函数 $z=f(u,v)$ 具有连续偏导数，则无论 u,v 是自变量还是中间变量，总成立全微分 $\mathrm{d}z=\frac{\partial z}{\partial u}\mathrm{d}u+\frac{\partial z}{\partial v}\mathrm{d}v$（当 u,v 为中间变量时，$\mathrm{d}u$ 和 $\mathrm{d}v$ 存在）

5. 隐函数的求导公式

表7-9 隐函数存在定理

定理1	设函数 $F(x,y)$ 在点 $P(x_0,y_0)$ 的某一邻域内具有连续偏导数，且 $F(x_0,y_0)=0$，$F_y(x_0,y_0)\neq 0$，则方程 $F(x,y)=0$ 在点 (x_0,y_0) 的某一邻域内能唯一确定一个连续且具有连续导数的函数 $y=f(x)$，它满足条件 $y_0=f(x_0)$，并有 $$\frac{\mathrm{d}y}{\mathrm{d}x}=-\frac{F_x}{F_y}$$
定理2	设函数 $F(x,y,z)$ 在点 $P(x_0,y_0,z_0)$ 的某一邻域内具有连续偏导数，且 $F(x_0,y_0,z_0)=0$，$F_z(x_0,y_0,z_0)\neq 0$，则方程 $F(x,y,z)=0$ 在点 (x_0,y_0,z_0) 的某一邻域内能唯一确定一个连续且具有连续偏导数的函数 $z=f(x,y)$，它满足条件 $z_0=f(x_0,y_0)$，并有 $$\frac{\partial z}{\partial x}=-\frac{F_x}{F_z},\frac{\partial z}{\partial y}=-\frac{F_y}{F_z}$$

6. 多元函数的极值及其求法

表7-10 多元函数的极值

定义	在点 $P_0(x_0,y_0)$ 的某邻域 $O_\delta(P_0)$ 内，如果总有 $f(x,y)>f(x_0,y_0)$，$(x,y)\in O_\delta(P_0)$，则称 $f(x_0,y_0)$ 是 $f(x,y)$ 的极小值，或者总有 $f(x,y)<f(x_0,y_0)$，$(x,y)\in O_\delta(P_0)$，则称 $f(x_0,y_0)$ 是 $f(x,y)$ 的极大值，此时，称点 (x_0,y_0) 为 $f(x,y)$ 的极值点
必要条件	点 (x_0,y_0) 是 $f(x,y)$ 的极值点，$f(x,y)$ 在该点有偏导数，则 $$f_x(x_0,y_0)=0,\quad f_y(x_0,y_0)=0$$
充分条件	$f(x,y)$ 在点 (x_0,y_0) 的某邻域内连续且有一阶及二阶连续偏导数，又 $f_x(x_0,y_0)=0$，$f_y(x_0,y_0)=0$，令 $$f_{xx}(x_0,y_0)=A,\quad f_{xy}(x_0,y_0)=B,\quad f_{yy}(x_0,y_0)=C,$$ 则：(1) $AC-B^2>0$ 时，函数 $f(x,y)$ 具有极值，$A<0$ 时有极大值，$A>0$ 时有极小值； (2) $AC-B^2<0$ 时，函数 $f(x,y)$ 无极值； (3) $AC-B^2=0$ 时，函数 $f(x,y)$ 可能有极值，也可能没有极值，需另行讨论

表 7-11　条件极值(拉格朗日乘数法)

求函数 $f(x,y)$ 在附加条件 $\varphi(x,y)=0$ 下的可能极值点,先作辅助函数 $$F(x,y,\lambda)=f(x,y)+\lambda\varphi(x,y).$$ 其中 λ 为某一常数,令 $F_x=0,F_y=0,F_\lambda=0$,得 $$\begin{cases}f_x(x,y)+\lambda\varphi_x(x,y)=0\\f_y(x,y)+\lambda\varphi_y(x,y)=0\\\varphi(x,y)=0\end{cases}$$ 解之得 x,y 及 λ,则点 (x,y) 就是 $f(x,y)$ 在条件 $\varphi(x,y)=0$ 下的可能极值点;对于 $u=f(x,y,z)$ 在附加条件 $\varphi(x,y,z)=0$ 下可类似讨论

7. 二重积分的概念与性质

表 7-12　二重积分的概念

二重积分	设 $f(x,y)$ 是有界闭区域 D 上的有界函数,将 D 任意分成 n 个闭区域 $\Delta\sigma_1,\Delta\sigma_2,\cdots,\Delta\sigma_n$,其中 $\Delta\sigma_i$ 表示第 i 个小闭区域,也表示它的面积. 在每个 $\Delta\sigma_i$ 上任取一点 (ξ_i,η_i),作乘积 $f(\xi_i,\eta_i)\Delta\sigma_i(i=1,2,\cdots,n)$,作和 $\sum\limits_{i=1}^{n}f(\xi_i,\eta_i)\Delta\sigma_i$,令 $\lambda=\max\limits_{1\leqslant i\leqslant n}\lambda_i$($\lambda_i$ 为 $\Delta\sigma_i$ 的直径),若极限 $\lim\limits_{\lambda\to0}\sum\limits_{i=1}^{n}f(\xi_i,\eta_i)\Delta\sigma_i$ 存在,则称此极限为函数 $f(x,y)$ 在 D 上的二重积分,记作 $\iint\limits_D f(x,y)\mathrm{d}\sigma$,即 $$\iint\limits_D f(x,y)\mathrm{d}\sigma=\lim_{\lambda\to0}\sum_{i=1}^{n}f(\xi_i,\eta_i)\Delta\sigma_i,$$ 其中 $f(x,y)$ 称为被积函数,$f(x,y)\mathrm{d}\sigma$ 称为被积表达式,$\mathrm{d}\sigma$ 称为面积元素,x 与 y 称为积分变量,D 称为积分区域	
意　义	几何意义	曲顶柱体的体积(被积函数非负时)
	物理意义	平面薄片的质量(被积函数非负时)

表 7-13　二重积分的性质

性质 1:$\iint\limits_{D_{xy}}f(x,y)\mathrm{d}x\mathrm{d}y=\iint\limits_{D_{uv}}f(u,v)\mathrm{d}u\mathrm{d}v$　积分值与积分变量无关
性质 2:$\iint\limits_D[k_1f(x,y)+k_2g(x,y)]\mathrm{d}\sigma=k_1\iint\limits_D f(x,y)\mathrm{d}\sigma+k_2\iint\limits_D g(x,y)\mathrm{d}\sigma$(线性性质)
性质 3:若 D 可分为两个闭区域 D_1 与 D_2,则 $\iint\limits_D f(x,y)\mathrm{d}\sigma=\iint\limits_{D_1}f(x,y)\mathrm{d}\sigma+\iint\limits_{D_2}f(x,y)\mathrm{d}\sigma$(分域可加性)
性质 4:若在 D 上 $f(x,y)=1$,σ 为 D 的面积,则 $\sigma=\iint\limits_D 1\cdot\mathrm{d}\sigma=\iint\limits_D\mathrm{d}\sigma$
性质 5:若在 D 上 $f(x,y)\leqslant g(x,y)$,则有 $\iint\limits_D f(x,y)\mathrm{d}\sigma\leqslant\iint\limits_D g(x,y)\mathrm{d}\sigma$,特殊地,有 $$\left\|\iint\limits_D f(x,y)\mathrm{d}\sigma\right\|\leqslant\iint\limits_D\left\|f(x,y)\right\|\mathrm{d}\sigma$$

续　表

性质 6：设 M,m 分别是 $f(x,y)$ 在闭区域 D 上的最大值和最小值，σ 是 D 的面积，则有 $m\sigma \leqslant \iint\limits_D f(x,y)\mathrm{d}\sigma \leqslant M\sigma$
性质 7：(中值定理) 设函数 $f(x,y)$ 在闭区域 D 上连续，σ 是 D 的面积，则在 D 上至少存在一点 (ξ,η)，使得 $\iint\limits_D f(x,y)\mathrm{d}\sigma = f(\xi,\eta)\cdot\sigma$

8. 二重积分的计算法

表 7－14　二重积分的计算方法

直角坐标	先 y 后 x	设积分区域 D 可以用不等式 $\varphi_1(x) \leqslant y \leqslant \varphi_2(x)$，$a \leqslant x \leqslant b$ 表示，其中函数 $\varphi_1(x)$、$\varphi_2(x)$ 在 $[a,b]$ 上连续，则 $\iint\limits_D f(x,y)\mathrm{d}\sigma = \int_a^b \mathrm{d}x \int_{\varphi_1(x)}^{\varphi_2(x)} f(x,y)\mathrm{d}y$
	先 x 后 y	设积分区域 D 可以用不等式 $\psi_1(y) \leqslant x \leqslant \psi_2(y)$，$c \leqslant y \leqslant d$ 表示，其中函数 $\psi_1(y)$、$\psi_2(y)$ 在 $[c,d]$ 上连续，则 $\iint\limits_D f(x,y)\mathrm{d}\sigma = \int_c^d \mathrm{d}y \int_{\psi_1(y)}^{\psi_2(y)} f(x,y)\mathrm{d}x$
极坐标	极点在区域外	设积分区域 D 可以用不等式 $\varphi_1(\theta) \leqslant r \leqslant \varphi_2(\theta)$，$\alpha \leqslant \theta \leqslant \beta$ 表示，其中函数 $\varphi_1(\theta)$，$\varphi_2(\theta)$ 在 $[\alpha,\beta]$ 上连续，则 $\iint\limits_D f(x,y)\mathrm{d}\sigma = \iint\limits_D f(r\cos\theta, r\sin\theta) r\mathrm{d}r\mathrm{d}\theta = \int_\alpha^\beta \mathrm{d}\theta \int_{\varphi_1(\theta)}^{\varphi_2(\theta)} f(r\cos\theta, r\sin\theta) r\mathrm{d}r$
	极点在区域内	设积分区域 D 可以用不等式 $0 \leqslant r \leqslant \varphi(\theta)$，$0 \leqslant \theta \leqslant 2\pi$ 表示，其中函数 $\varphi(\theta)$ 在 $[0,2\pi]$ 上连续，则 $\iint\limits_D f(x,y)\mathrm{d}\sigma = \iint\limits_D f(r\cos\theta, r\sin\theta) r\mathrm{d}r\mathrm{d}\theta = \int_0^{2\pi} \mathrm{d}\theta \int_0^{\varphi(\theta)} f(r\cos\theta, r\sin\theta) r\mathrm{d}r$
	极点在区域边界上	设积分区域 D 可以用不等式 $0 \leqslant r \leqslant \varphi(\theta)$，$\alpha \leqslant \theta \leqslant \beta$ 表示，其中 $\varphi(\theta)$ 在 $[\alpha,\beta]$ 上连续，则 $\iint\limits_D f(x,y)\mathrm{d}\sigma = \iint\limits_D f(r\cos\theta, r\sin\theta) r\mathrm{d}r\mathrm{d}\theta = \int_\alpha^\beta \mathrm{d}\theta \int_0^{\varphi(\theta)} f(r\cos\theta, r\sin\theta) r\mathrm{d}r$

四、重点难点剖析

(一) 多元函数的概念

1. 理解点的各种分类:内点、外点、边界点间的区别与联系.

2. 我们说的多元函数一般指二元函数,二元函数的极限是本节的重点和难点,注意理解定义.

3. 注意多元函数极限与一元函数极限在概念等方面的许多不同.一元函数中,常用洛必达法则计算极限,而多元函数缺乏该法则的理论依据——柯西中值定理,因此除非多元函数能化为一元函数,否则不能用洛必达法则.在计算极限时,不能选择特殊路径来计算,而在证明极限不存在时,常选择两条不同路径然后按这两条路径计算的极限值不同的方法.

4. 在学习中应注意联系一元函数的性质,比较多元函数与一元函数各种性质的异同,这对从本质上掌握微积分有重要意义.

(二) 偏导数

1. 偏导数 $f_x(x_0,y_0)$ 实际上是 $z=f(x,y)$ 在 $y=y_0$ 时相应的一元函数 $\varphi(x)=f(x,y_0)$ 在 x_0 处的导数,即 $f_x(x_0,y_0)=\frac{\mathrm{d}}{\mathrm{d}x}[f(x,y_0)]\Big|_{x=x_0}=\lim\limits_{\Delta x\to 0}\frac{f(x_0+\Delta x,y_0)-f(x_0,y_0)}{\Delta x}$.

2. 函数 $z=f(x,y)$ 在 (x_0,y_0) 处对 x 可偏导,则一元函数 $\varphi(x)=f(x,y_0)$ 在 x_0 处连续;而若 $\varphi(x)=f(x,y_0)$ 在 x_0 处连续,$z=f(x,y)$ 在 (x_0,y_0) 处对 x 未必可偏导.对多元函数,可偏导未必连续,不连续未必不可偏导.

3. 求高阶偏导时,应紧扣定义,从低到高逐阶计算并分步写出所要用的各阶偏导数.

(三) 全微分

1. 计算二元函数的全微分时,只需求出各变量的偏导数,代入全微分公式 $\mathrm{d}z=\frac{\partial z}{\partial x}\mathrm{d}x+\frac{\partial z}{\partial y}\mathrm{d}y$ 即可.

2. 判断二元函数可微性时,首先应看函数偏导数是否存在,若偏导数存在,再验证 $\lim\limits_{(\Delta x,\Delta y)\to(0,0)}\frac{\Delta z-[f_x(x_0,y_0)\Delta x+f_y(x_0,y_0)\Delta y]}{\sqrt{(\Delta x)^2+(\Delta y)^2}}$ 是否存在且为零,等于零时可微;否则(不存在或存在但不等于零)不可微.

3. 函数 $z=f(x,y)$ 在某一点处的可微性、连续性和偏导数存在性,其关系为:

(1) 可微必连续,连续未必可微;

(2) 可微则偏导存在,偏导存在未必可微.

(四) 多元复合函数的微分法

1. 复合函数的求导法则是本章的重要内容之一,根据中间变量为一元函数还是二元函数,应用链式法则,可推出三种情形的全微分公式,要熟记并理解这三个公式.

2. 全微分形式不变性表明不论 u,v 是作为 $f(u,v)$ 的自变量还是中间变量,都有 $\mathrm{d}z=\frac{\partial z}{\partial u}\mathrm{d}u+\frac{\partial z}{\partial v}\mathrm{d}v$ 这一形式.利用这一原理可以求一些偏导数.

(五) 隐函数的微分法

求隐函数的导数或偏导数,通常有三种方法:一是公式法,即直接套用隐函数求导公式;二是复合函数求导法,即教材中隐函数求导公式的推导方法;三是全微分法.

（六）二重积分的计算

（1）在计算二重积分时，需要根据被积函数和积分区域的特征考虑，尝试选择适当的坐标系：

① 当区域 D 为中心在原点的圆形、扇形或圆环形等，被积函数为 x^2+y^2、$\dfrac{y}{x}$ 的函数时，可尝试选用极坐标系.

② 当区域 D 为矩形、三角形等直线围成的区域时，可尝试选用直角坐标系.

（2）确定坐标系后要确定积分次序，总的原则是兼顾积分区域和被积函数特征全面考虑，应用课本上的各种化二重积分为二次积分的方法.

（3）注意充分利用积分区域关于坐标轴的对称性及被积函数的奇偶性，有利于简化积分的计算.

（4）充分利用积分区域的轮换对称性（关于直线 $y=x$ 对称），尝试用积分值与积分变量名称无关来化简积分计算.

五、典型例题解析

1. 二元函数的定义域的求法

二元函数的定义域：使得二元函数 $z=f(x,y)$ 有意义的自变量 x,y 的变化范围.

例 1　求函数 $z=\ln(y-x)+\dfrac{\sqrt{x}}{\sqrt{1-x^2-y^2}}$ 的定义域 D，并在直角坐标系内画出 D 表示的区域.

解　要使函数有定义，必须

$$\begin{cases}y-x>0\\x\geqslant 0\\1-x^2-y^2>0\end{cases}\Rightarrow\begin{cases}y>x\\x\geqslant 0\\x^2+y^2<1\end{cases}$$

所以 $D=\{(x,y)\,|\,y>x,x\geqslant 0,x^2+y^2<1\}$.

D 所表示的区域如图 7－1 中的阴影部分.

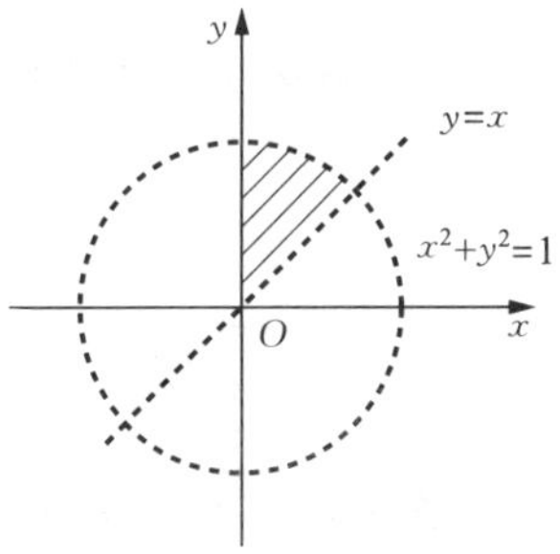

图 7－1

例 2　设 $f\left(x-y,\dfrac{y}{x}\right)=x^2-y^2$，求 $f(x,y)$.

因为 $f\left(x-y,\dfrac{y}{x}\right)=(x-y)(x+y)=(x-y)^2\cdot\dfrac{x+y}{x-y}=(x-y)^2\cdot\dfrac{1+\dfrac{y}{x}}{1-\dfrac{y}{x}}$，

所以 $f(x,y)=x^2\cdot\dfrac{1+y}{1-y}$.

解此类问题时，一般可设 $\begin{cases}u=x-y\\v=\dfrac{y}{x}\end{cases}\Rightarrow\begin{cases}x=\dfrac{u}{1-v}\\y=\dfrac{uv}{1-v}\end{cases}$ 则有

$$f(u,v)=\left(\frac{u}{1-v}\right)^2-\left(\frac{uv}{1-v}\right)^2=\frac{u^2(1+v)}{1-v},$$

所以 $f(x,y)=x^2\cdot\dfrac{1+y}{1-y}$.

2. 二元函数的极限

二元函数在一点(x_0,y_0)处的极限概念形式上与一元函数在一点的极限是相同的,不同的是二元函数的自变量(x,y)在平面内必须以任意方式趋于(x_0,y_0). 而二元函数的极限与一元函数的极限有相同的性质和运算法则. 在求极限时可将二元函数的极限转化为一元函数的极限的问题来解决. 如用变量替换、等价无穷小替换、重要极限、夹逼定理、有理化等手段来求极限.

例 3 求下列极限:

(1) $\lim\limits_{\substack{x\to 0\\ y\to 0}}\dfrac{2-\sqrt{|x|+|y|+4}}{|x|+|y|}$;　　(2) $\lim\limits_{\substack{x\to\infty\\ y\to a}}\left(1+\dfrac{1}{x}\right)^{\frac{x^2}{x+y}}$;　　(3) $\lim\limits_{\substack{x\to 0\\ y\to 0}}\dfrac{xy}{\sqrt{x^2+y^2}}$.

解 (1) $(x,y)\to(0,0)$时,属$\dfrac{0}{0}$型,可采取分子有理化的方法.

原式$=\lim\limits_{\substack{x\to 0\\ y\to 0}}\dfrac{4-(|x|+|y|)-4}{(|x|+|y|)(2+\sqrt{|x|+|y|+4})}=\lim\limits_{\substack{x\to 0\\ y\to 0}}\dfrac{-1}{2+\sqrt{|x|+|y|+4}}=-\dfrac{1}{4}$.

(2) 当$(x,y)\to(\infty,a)$时,属 1^∞型,可采用第二个重要极限方法.

原式$=\lim\limits_{\substack{x\to\infty\\ y\to a}}\left(1+\dfrac{1}{x}\right)^{x\cdot\lim\limits_{\substack{x\to\infty\\ y\to a}}\frac{x}{x+y}}=e^1=e$.

(3) **解法 1** 因为 $x^2+y^2\geqslant 2|xy|$, $|xy|\leqslant\dfrac{x^2+y^2}{2}$

$$0\leqslant\left|\frac{xy}{\sqrt{x^2+y^2}}\right|\leqslant\frac{1}{\sqrt{x^2+y^2}}\cdot\frac{x^2+y^2}{2}=\frac{\sqrt{x^2+y^2}}{2}.$$

而$\lim\limits_{\substack{x\to 0\\ y\to 0}}\dfrac{\sqrt{x^2+y^2}}{2}=0$. 根据夹逼定理,$\lim\limits_{\substack{x\to 0\\ y\to 0}}\dfrac{xy}{\sqrt{x^2+y^2}}=0$.

解法 2 令 $x=r\cos\theta$, $y=r\sin\theta$, 当$(x,y)\to(0,0)$时 $r\to 0$

$\lim\limits_{\substack{x\to 0\\ y\to 0}}\dfrac{xy}{\sqrt{x^2+y^2}}=\lim\limits_{r\to 0}\dfrac{r\cos\theta r\sin\theta}{r}=\lim\limits_{r\to 0}r\left(\dfrac{1}{2}\sin 2\theta\right)$,

因为$\dfrac{1}{2}\sin 2\theta$为有界变量,r为无穷小量,所以$\lim\limits_{\substack{x\to 0\\ y\to 0}}\dfrac{xy}{\sqrt{x^2+y^2}}=0$.

3. 偏导数、全微分、高阶偏导数

求二元函数的偏导数$\dfrac{\partial z}{\partial x}$,只要把 y 看作常量而对 x 求导;求$\dfrac{\partial z}{\partial y}$,只要把 x 看作常量而对 y 求导. 求二元函数 $z=f(x,y)$在给定点(x_0,y_0)的偏导数,可先求偏导数$\dfrac{\partial z}{\partial x}$,$\dfrac{\partial z}{\partial y}$,再把 $x=x_0$, $y=y_0$ 代入即可.

例 4 求下列函数的偏导数及全微分:

(1) $z=\sqrt{\ln(xy)}$;　　(2) $z=\sin(xy)+\cos^2(xy)$;　　(3) $u=x^{\frac{y}{z}}$.

解 (1) $\dfrac{\partial z}{\partial x}=\dfrac{1}{2\sqrt{\ln(xy)}}\cdot\dfrac{y}{xy}=\dfrac{1}{2x\sqrt{\ln(xy)}}$

$$\frac{\partial z}{\partial y}=\frac{1}{2\sqrt{\ln(xy)}}\cdot\frac{x}{xy}=\frac{1}{2y\sqrt{\ln(xy)}}$$

所以 $dz=\frac{1}{2\sqrt{\ln(xy)}}\left(\frac{1}{x}dx+\frac{1}{y}dy\right)$.

(2) $\frac{\partial z}{\partial x}=\cos(xy)y+2\cos(xy)[-\sin(xy)]y=y[\cos(xy)-\sin 2(xy)]$

$$\frac{\partial z}{\partial y}=\cos(xy)x-2\cos(xy)\sin(xy)x=x[\cos(xy)-\sin2(xy)]$$

所以 $dz=[\cos(xy)-\sin 2(xy)](ydx+xdy)$.

(3) $\frac{\partial u}{\partial x}=\frac{y}{z}x^{\frac{y}{z}-1},\frac{\partial u}{\partial y}=\frac{1}{z}x^{\frac{y}{z}}\ln x,\frac{\partial u}{\partial z}=-\frac{y}{z^2}x^{\frac{y}{z}}\ln x$

所以 $du=\frac{y}{z}x^{\frac{y}{z}-1}dx+\frac{1}{z}x^{\frac{y}{z}}\ln x dy-\frac{y}{z^2}x^{\frac{y}{z}}\ln x dz$.

也可用一阶全微分形式的不变性求偏导数.

例 5　设 $z=x\ln(xy)$，求$\frac{\partial z}{\partial x},\frac{\partial z}{\partial y}$.

解　$dz=\ln(xy)dx+xd\ln(xy)=\ln(xy)dx+\frac{x}{xy}d(xy)$

$$=\ln(xy)dx+\frac{1}{y}(ydx+xdy)=[\ln(xy)+1]dx+\frac{x}{y}dy$$

所以$\frac{\partial z}{\partial x}=1+\ln(xy),\frac{\partial z}{\partial y}=\frac{x}{y}$.

例 6　求下列函数的二阶偏导数：$\frac{\partial^2 z}{\partial x^2},\frac{\partial^2 z}{\partial x\partial y},\frac{\partial^2 z}{\partial y^2}$.

(1) $z=x^4-3y^3+2xy$；　　(2) $z=y^x$.

解　(1) $\frac{\partial z}{\partial x}=4x^3+2y,\frac{\partial z}{\partial y}=-9y^2+2x$

$$\frac{\partial^2 z}{\partial x^2}=12x^2,\frac{\partial^2 z}{\partial x\partial y}=2,\frac{\partial^2 z}{\partial y^2}=-18y.$$

(2) $\frac{\partial z}{\partial x}=y^x\ln y,\frac{\partial z}{\partial y}=xy^{x-1}$

$$\frac{\partial^2 z}{\partial x^2}=y^x(\ln y)^2,\frac{\partial^2 z}{\partial x\partial y}=xy^{x-1}\ln y+\frac{1}{y}\cdot y^x=xy^{x-1}\ln y+y^{x-1}=y^{x-1}(x\ln y+1),$$

$$\frac{\partial^2 z}{\partial y^2}=x(x-1)y^{x-2}.$$

4. 隐函数的微分法

(1) 由二元方程 $F(xy)=0$ 所确定的隐函数 $y=f(x)$的导数.

例 7　求下列隐函数的导数：

(1) $\sin y+e^{2x}+x^2y^2=0$；　　(2) $\ln(x+y)+\cos(xy)=0$.

解　(1) 令 $F(x,y)=\sin y+e^{2x}+x^2y^2$

$F'_x=2e^{2x}+2xy^2,F'_y=\cos y+2x^2y$

所以$\frac{dy}{dx}=-\frac{F'_x}{F'_y}=-\frac{2e^{2x}+2xy^2}{\cos y+2x^2y}$.

(2) 令 $F(x,y)=\ln(x+y)+\cos(xy)$

$F'_x=\frac{1}{x+y}-y\sin(xy)$，$F'_y=\frac{1}{x+y}-x\sin(xy)$

所以$\frac{dy}{dx}=-\frac{F'_x}{F'_y}=-\frac{1-y(x+y)\sin(xy)}{1-x(x+y)\sin(xy)}$.

(2) 由三元方程 $F(x,y,z)=0$ 所确定的二元隐函数 $z=f(x,y)$ 的偏导数.

例 8 求由方程$\frac{x}{z}=\ln\frac{z}{y}$所确定隐函数的偏导数$\frac{\partial z}{\partial x}$，$\frac{\partial z}{\partial y}$.

解 令 $F(x,y,z)=\frac{x}{z}-\ln\frac{z}{y}$

$$F'_x=\frac{1}{z},F'_y=-\frac{y}{z}\left(-\frac{z}{y^2}\right)=\frac{1}{y},F'_z=-\frac{x}{z^2}-\frac{y}{z}\cdot\frac{1}{y}=-\frac{x}{z^2}-\frac{1}{z}=-\frac{x+z}{z^2}$$

所以

$$\frac{\partial z}{\partial x}=-\frac{F'_x}{F'_z}=\frac{\frac{1}{z}}{\frac{x+z}{z^2}}=\frac{z}{x+z}$$

$$\frac{\partial z}{\partial y}=-\frac{F'_y}{F'_z}=\frac{\frac{1}{y}}{\frac{x+z}{z^2}}=\frac{z^2}{(x+z)y}.$$

例 9 若函数 $z=z(x,y)$ 由方程 $e^{x+2y+3z}+xyz=1$ 确定，求 $dz\Big|_{(0,0)}$.

分析 本题考查隐函数的全微分计算.一种方法先求偏导数，再求全微分；另一种方法直接利用全微分的运算法则计算全微分.

解法 1 当 $x=0,y=0$ 时，$z=0$. 对方程两边求偏导可得

$$e^{x+2y+3z}\left(1+3\frac{\partial z}{\partial x}\right)+yz+xy\frac{\partial z}{\partial x}=0，即\ (3e^{x+2y+3z}+xy)\frac{\partial z}{\partial x}=-yz-e^{x+2y+3z},$$

$$e^{x+2y+3z}\left(2+3\frac{\partial z}{\partial y}\right)+xz+xy\frac{\partial z}{\partial y}=0，即\ (3e^{x+2y+3z}+xy)\frac{\partial z}{\partial y}=-xz-2e^{x+2y+3z},$$

将点(0,0,0)代入可得

$$\frac{\partial z}{\partial x}\Big|_{(0,0)}=-\frac{1}{3},\ \frac{\partial z}{\partial y}\Big|_{(0,0)}=-\frac{2}{3}.$$

所以 $dz\Big|_{(0,0)}=-\frac{1}{3}dx-\frac{2}{3}dy=-\frac{1}{3}(dx+2dy)$.

解法 2 当 $x=0,y=0$ 时，$z=0$. 对方程两边求微分，可得

$$d(e^{x+2y+3z}+xyz)=0,$$

即 $$e^{x+2y+3z}(dx+2dy+3dz)+yzdx+xzdy+xydz=0,$$

将点(0,0,0)代入可得

$$dz\Big|_{(0,0)}=-\frac{1}{3}dx-\frac{2}{3}dy=-\frac{1}{3}(dx+2dy).$$

5. 多元复合函数的求导法则

(1) 含有两个中间变量的情形.

设 $z=f(u,v)$ 在 (u,v) 处具有连续偏导数，而 $u=\phi(x,y)$，$v=\psi(x,y)$ 在 (x,y) 处偏导数存在，

则复合函数 $z=f[\varphi(x,y),\psi(x,y)]$在$(x,y)$处偏导数存在,并有链式法则:

$$\frac{\partial z}{\partial x}=\frac{\partial z}{\partial u}\cdot\frac{\partial u}{\partial x}+\frac{\partial z}{\partial v}\cdot\frac{\partial v}{\partial x} \quad ①$$

$$\frac{\partial z}{\partial y}=\frac{\partial z}{\partial u}\cdot\frac{\partial u}{\partial y}+\frac{\partial z}{\partial v}\cdot\frac{\partial v}{\partial y} \quad ②$$

(2) 类似地可以推广到二元以上的复合函数上.

(3) 含有一个自变量的情形.

设 $z=f(u,v)$在(u,v)处具有连续偏导数,而 $u=\varphi(t)$,$v=\psi(t)$在点 t 处有偏导数,则复合函数 $z=f[\varphi(t),\psi(t)]$对 t 的导数存在,并有

$$\frac{\mathrm{d}z}{\mathrm{d}t}=\frac{\partial f}{\partial u}\cdot\frac{\mathrm{d}u}{\mathrm{d}t}+\frac{\partial f}{\partial v}\cdot\frac{\mathrm{d}v}{\mathrm{d}t} \quad ③$$

称式③为 z 的全导数.

例 10 求下列函数的一阶偏导数:

(1) $z=u^2+v^2,u=x+y,v=x-y$; (2) $z=u^2\ln v,u=x+y,v=xy$.

解 (1) $\frac{\partial z}{\partial x}=\frac{\partial z}{\partial u}\cdot\frac{\partial u}{\partial x}+\frac{\partial z}{\partial v}\cdot\frac{\partial v}{\partial x}=2u+2v=2(x+y)+2(x-y)=4x$

$\frac{\partial z}{\partial y}=\frac{\partial z}{\partial u}\cdot\frac{\partial u}{\partial y}+\frac{\partial z}{\partial v}\cdot\frac{\partial v}{\partial y}=2u-2v=2(x+y)-2(x-y)=4y$.

(2) $\frac{\partial z}{\partial x}=\frac{\partial z}{\partial u}\cdot\frac{\partial u}{\partial x}+\frac{\partial z}{\partial v}\cdot\frac{\partial v}{\partial x}=2u\ln v+\frac{u^2}{v}\cdot y$

$=2(x+y)\ln(xy)+\frac{(x+y)^2}{xy}\cdot y=2(x+y)\ln(xy)+\frac{(x+y)^2}{x}$

$\frac{\partial z}{\partial y}=\frac{\partial z}{\partial u}\cdot\frac{\partial u}{\partial y}+\frac{\partial z}{\partial v}\cdot\frac{\partial v}{\partial y}=2u\ln v+\frac{u^2}{v}\cdot x$

$=2(x+y)\ln(xy)+\frac{(x+y)^2}{xy}\cdot x=2(x+y)\ln(xy)+\frac{(x+y)^2}{y}$.

例 11 求下列函数的全导数$\frac{\mathrm{d}z}{\mathrm{d}t}$:

(1) $z=\mathrm{e}^{x-2y},x=\sin t,y=t^3$; (2) $z=y\ln x,x=\mathrm{e}^t,y=\cos t$.

解 (1) $\frac{\mathrm{d}z}{\mathrm{d}t}=\frac{\partial z}{\partial x}\cdot\frac{\mathrm{d}x}{\mathrm{d}t}+\frac{\partial z}{\partial y}\cdot\frac{\mathrm{d}y}{\mathrm{d}t}=\mathrm{e}^{x-2y}\cos t-2\mathrm{e}^{x-2y}\cdot 3t^2$

$=\mathrm{e}^{x-2y}(\cos t-6t^2)=\mathrm{e}^{\sin t-2t^3}(\cos t-6t^2)$.

(2) $\frac{\mathrm{d}z}{\mathrm{d}t}=\frac{\partial z}{\partial x}\cdot\frac{\mathrm{d}x}{\mathrm{d}t}+\frac{\partial z}{\partial y}\cdot\frac{\mathrm{d}y}{\mathrm{d}t}=\frac{y}{x}\mathrm{e}^t+\ln x(-\sin t)=\cos t-t\sin t$.

6. 多元函数的微分法在经济学中的应用

例 12 某厂生产某种产品的生产函数 $z=20-x^2+10x-2y^2+5y$,其中 x 和 y 为两种投入量,z 为产出量.若两种投入量的价格分别为 2 和 1,产品的售价为 5,试求最大利润.

解 收入函数 $R(x,y)=5z=100-5x^2+50x-10y^2+25y$,

总成本函数 $C(x,y)=2x+y$,从而利润函数为

$$L(x,y)=R(x,y)-C(x,y)=100-5x^2+48x-10y^2+24y,$$

解方程组$\begin{cases}L'_x=-10x+48=0\\L'_y=-20y+24=0\end{cases}\Rightarrow\begin{cases}x=4.8\\y=1.2\end{cases}$

$$L''_{xx}=-10, L''_{xy}=0, L''_{yy}=-20$$

所以 $A=-10, B=0, C=-20, B^2-AC=-200<0$，有极值.

而 $A<0$，故有极大值，而点(4.8,1.2)为唯一驻点，从而点(4.8,1.2)为最大值点.

所以 $L_{\max}(4.8,1.2)=100-5\times4.8^2+48\times4.8-10\times1.2^2+24\times1.2$
$=100-115.2+230.4-14.4+28.8=359.2-129.6=229.6.$

7. 二重积分计算法

利用直角坐标计算二重积分.

(1) 设 D 是 X-型区域，如图 7-2 所示，

$$D=\{(x,y)\mid a\leqslant x\leqslant b, \varphi_1(x)\leqslant y\leqslant\varphi_2(x)\},$$

则 $\iint\limits_D f(x,y)\mathrm{d}x\mathrm{d}y=\int_a^b\mathrm{d}x\int_{\varphi_1(x)}^{\varphi_2(x)}f(x,y)\mathrm{d}y.$

(2) 设 D 是 Y-型区域，如图 7-3 所示，

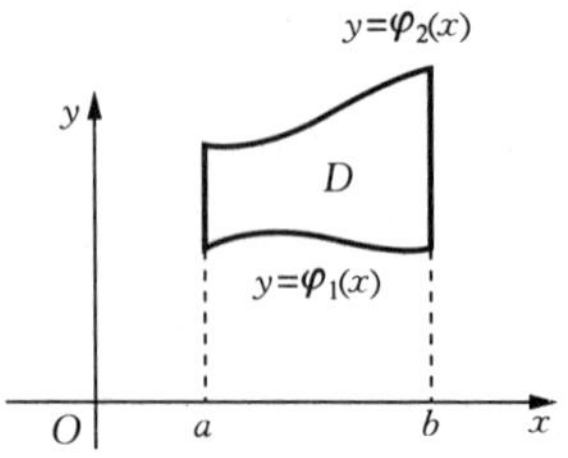

图 7-2

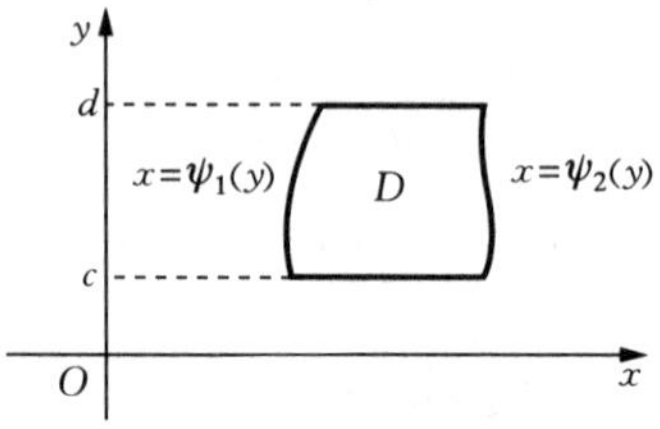

图 7-3

$$D=\{(x,y)\mid c\leqslant y\leqslant d, \psi_1(y)\leqslant x\leqslant\psi_2(y)\},$$

则 $\iint\limits_D f(x,y)\mathrm{d}x\mathrm{d}y=\int_c^d\mathrm{d}y\int_{\psi_1(y)}^{\psi_2(y)}f(x,y)\mathrm{d}x.$

例 13 计算二重积分 $\iint\limits_D x(x+y)\mathrm{d}x\mathrm{d}y$，其中 $D=\{(x,y)\mid x^2+y^2\leqslant2, y\geqslant x^2\}$.

分析 先画出 D 的图形，如图 7-4 所示. 容易知道，积分区域 D 关于 y 轴对称，因此可将被积函数拆为两项：

x^2 和 xy，其中 x^2 关于 x 是偶函数，xy 关于 x 是奇函数，因此积分

$$\iint\limits_D xy\,\mathrm{d}x\mathrm{d}y=0.$$

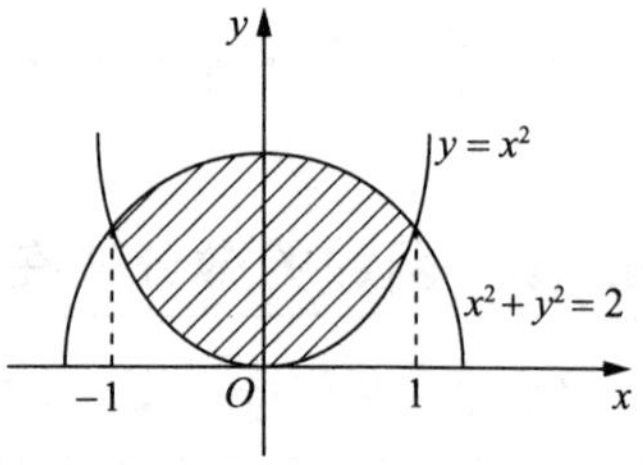

图 7-4

解 积分区域 D 如图 7-4 所示，

$$D:-1\leqslant x\leqslant1,\ x^2\leqslant y\leqslant\sqrt{2-x^2}.$$

$$\iint\limits_D x(x+y)\mathrm{d}x\mathrm{d}y=\iint\limits_D x^2\mathrm{d}x\mathrm{d}y$$

$$=2\int_0^1\mathrm{d}x\int_{x^2}^{\sqrt{2-x^2}}x^2\mathrm{d}y=2\int_0^1x^2(\sqrt{2-x^2}-x^2)\mathrm{d}x$$

$$=2\int_0^1x^2\sqrt{2-x^2}\,\mathrm{d}x-\frac{2}{5}\overset{x=\sqrt{2}\sin t}{=\!=}2\int_0^{\frac{\pi}{4}}2\sin^2t\,2\cos^2t\,\mathrm{d}t-\frac{2}{5}$$

$$=2\int_0^{\frac{\pi}{4}}\sin^22t\,\mathrm{d}t-\frac{2}{5}\overset{u=2t}{=\!=}\int_0^{\frac{\pi}{2}}\sin^2u\,\mathrm{d}u-\frac{2}{5}=\frac{\pi}{4}-\frac{2}{5}.$$

例 14　计算 $I=\iint\limits_D (x^2+y^2-x)\mathrm{d}x\mathrm{d}y$,其 D 是直线 $y=2x,y=x,y=2$ 所围成的闭区域.

解　先画出 D 的图形,如图所示 7-5 所示,

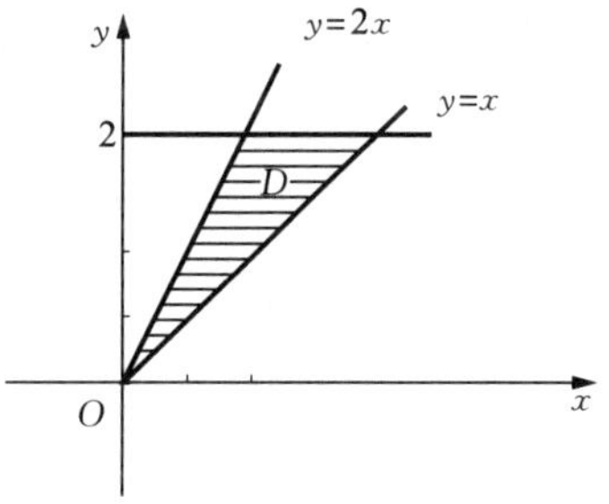

图 7-5

$D:0\leqslant y\leqslant 2,\dfrac{y}{2}\leqslant x\leqslant y$

所以 $I=\int_0^2\mathrm{d}y\int_{\frac{y}{2}}^{y}(x^2+y^2-x)\mathrm{d}x$

$=\int_0^2\left[\dfrac{1}{3}x^3+y^2x-\dfrac{1}{2}x^2\right]_{\frac{y}{2}}^{y}\mathrm{d}y$

$=\int_0^2\left(\dfrac{19}{24}y^3-\dfrac{3}{8}y^2\right)\mathrm{d}y=\left[\dfrac{19}{24}\times\dfrac{1}{4}y^4-\dfrac{3}{8}\times\dfrac{1}{3}y^3\right]_0^2$

$=\dfrac{13}{6}$.

例 15　交换下列二次积分的积分次序:

(1) $I=\int_1^{\mathrm{e}}\mathrm{d}x\int_0^{\ln x}f(x,y)\mathrm{d}y$;

(2) $I=\int_0^1\mathrm{d}y\int_0^{2y}f(x,y)\mathrm{d}x+\int_1^3\mathrm{d}y\int_0^{3-y}f(x,y)\mathrm{d}x$.

解　(1) 已知 $D(x):1\leqslant x\leqslant \mathrm{e},0\leqslant y\leqslant \ln x$

根据已知画出 D 的图形,如图 7-6 所示,

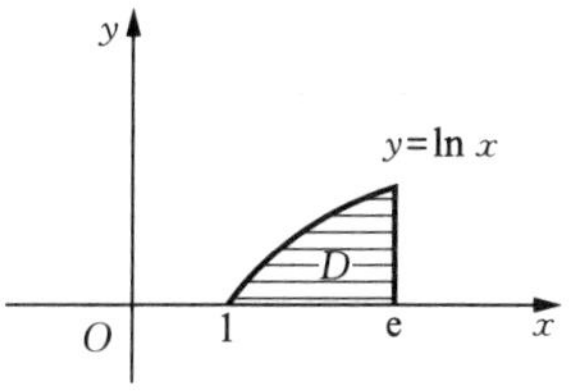

图 7-6

$D:0\leqslant y\leqslant 1,\mathrm{e}^y\leqslant x\leqslant \mathrm{e}$

所以 $I=\int_0^1\mathrm{d}y\int_{\mathrm{e}^y}^{\mathrm{e}}f(x,y)\mathrm{d}x$.

(2) 已知 $D=D_1+D_2$,其中

$D_1:0\leqslant y\leqslant 1,0\leqslant x\leqslant 2y$,

$D_2:1\leqslant y\leqslant 3,0\leqslant x\leqslant 3-y$

根据已知画出 $D(y)$ 的图形,如图 7-7 所示,

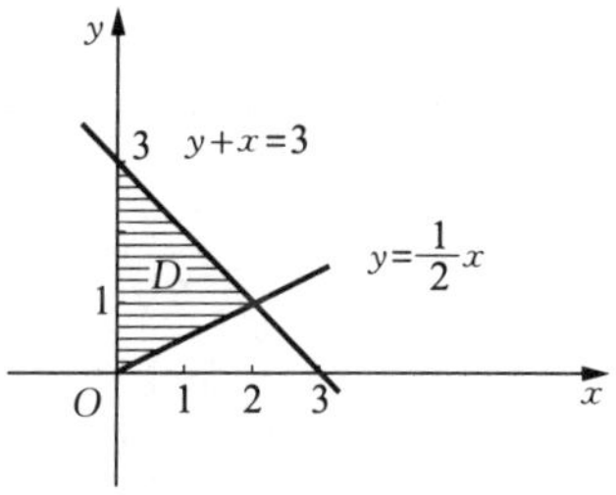

图 7-7

$D:0\leqslant x\leqslant 2,\dfrac{x}{2}\leqslant y\leqslant 3-x$,

所以 $I=\int_0^2\mathrm{d}x\int_{\frac{x}{2}}^{3-x}f(x,y)\mathrm{d}y$.

利用极坐标计算二重积分.

① 在什么情形下运用极坐标计算二重积分:如果积分区域是圆形区域或圆形区域的一部分,而被积函数是函数 $f(x^2+y^2)$ 或 $f\left(\dfrac{y}{x}\right)$ 的形式时,考虑运用极坐标计算二重积分比较方便.

② 利用极坐标计算二重积分的方法:先化二重积分 $\iint\limits_D f(x,y)\mathrm{d}x\mathrm{d}y$ 为极坐标系下的二重积分 $\iint\limits_D f(x,y)\mathrm{d}x\mathrm{d}y=\iint\limits_{D'}f(r\cos\theta,r\sin\theta)r\mathrm{d}r\mathrm{d}\theta$. 再把极坐标系的二重积分化为二次积分.

例 16　计算下列二重积分:

(1) $\iint\limits_D \mathrm{e}^{x^2+y^2}\mathrm{d}x\mathrm{d}y$,　　$D:x^2+y^2\leqslant 4$;

(2) $\iint\limits_D \arctan\frac{y}{x}\mathrm{d}x\mathrm{d}y$,　　$D: 1\leqslant x^2+y^2\leqslant 4, y=0, y=x$,所围第一象限内的区域.

解　(1) 利用极坐标计算. $D': 0\leqslant\theta\leqslant 2\pi, 0\leqslant r\leqslant 2$

所以$\iint\limits_D e^{x^2+y^2}\mathrm{d}x\mathrm{d}y=\iint\limits_D e^{r^2}r\mathrm{d}r\mathrm{d}\theta=\int_0^{2\pi}\mathrm{d}\theta\int_0^2 e^{r^2}r\mathrm{d}r$

$$=\frac{1}{2}\times 2\pi[e^{r^2}]_0^2=\pi(e^4-1).$$

(2) 利用极坐标计算,如图 7-8 所示,

$D': 0\leqslant\theta\leqslant\frac{\pi}{4}, 1\leqslant r\leqslant 2$.

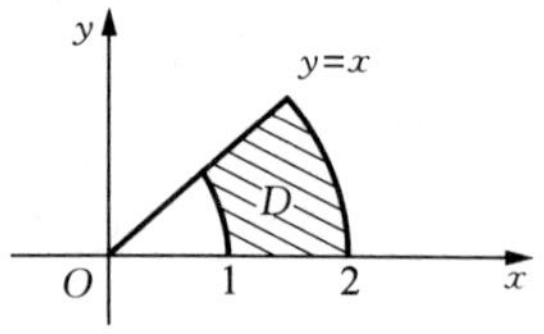

图 7-8

所以$\iint\limits_D \arctan\frac{y}{x}\mathrm{d}x\mathrm{d}y=\iint\limits_{D'}\arctan\frac{r\sin\theta}{r\cos\theta}r\mathrm{d}r\mathrm{d}\theta$

$$=\iint\limits_{D'}\theta r\mathrm{d}r\mathrm{d}\theta=\int_0^{\frac{\pi}{4}}\theta\mathrm{d}\theta\int_1^2 r\mathrm{d}r$$

$$=\int_0^{\frac{\pi}{4}}\theta\cdot\frac{1}{2}[r^2]_1^2\mathrm{d}\theta=\frac{3}{2}\left[\frac{1}{2}\theta^2\right]_0^{\frac{\pi}{4}}=\frac{3}{64}\pi^2.$$

六、练习题全解

练习 7.1

1. 已知向量 $\boldsymbol{a}=\{1,0,1\}, \boldsymbol{b}=\{0,2,0\}$. 求 $\boldsymbol{a}+\boldsymbol{b}, \boldsymbol{a}\cdot\boldsymbol{b}, |\boldsymbol{a}|$ 以及$(\boldsymbol{a},\boldsymbol{b})$.

解　$\boldsymbol{a}+\boldsymbol{b}=\{1,0,1\}+\{0,2,0\}=\{1,2,1\}$

$\boldsymbol{a}\cdot\boldsymbol{b}=\{1,0,1\}\cdot\{0,2,0\}=0$

$|\boldsymbol{a}|=\sqrt{1^1+1^2}=\sqrt{2}$

$\cos(\boldsymbol{a},\boldsymbol{b})=\dfrac{\boldsymbol{a}\cdot\boldsymbol{b}}{|\boldsymbol{a}||\boldsymbol{b}|}=0$　所以$(\boldsymbol{a},\boldsymbol{b})=\dfrac{\pi}{2}$

2. 已知平面 π 经过点 $P(3,-2,1)$,且垂直于 P 与 $Q(6,2,7)$的连线,求平面 π 的方程.

解　$\overrightarrow{PQ}=\{3,4,6\}$即为所求平面 π 的法向量,

又平面过点 $P(3,-2,1)$,由点法式方程可得平面 π:

$$3(x-3)+4(y+2)+6(z-1)=0$$

即　$3x+4y+6z-7=0$

3. 已知点 $P(3,2,17)$,平面 $\pi: 3x+4y+12z-52=0$,过 P 向平面 π 引垂线,求此垂线的方程.

解　平面 π 的法向量 $\boldsymbol{n}=\{3,4,12\}$即为垂线的方向向量,

又垂线过点 $P(3,2,17)$,由点向式方程得

$$\frac{x-3}{3}=\frac{y-2}{4}=\frac{z-17}{12}$$

4. 将直线 l 的方程化为对称式,并指出直线 l 的方向向量 $\boldsymbol{v}$. 其中 l 的方程为$\begin{cases}x-y+1=0\\ z+1=0\end{cases}$.

解　直线 l 的方向向量

$$\boldsymbol{v}=\begin{vmatrix}\boldsymbol{i} & \boldsymbol{j} & \boldsymbol{k}\\ 1 & -1 & 0\\ 0 & 0 & 1\end{vmatrix}=\{-1,-1,0\}$$

又直线过点$(0,1,-1)$，由对称式方程得

$$\frac{x}{-1}=\frac{y-1}{-1}=\frac{z+1}{0}$$

5. 求直线$\begin{cases}y=x\\ z=0\end{cases}$绕 x 轴旋转一周所得的旋转曲面的方程.

解　旋转曲面方程为

$$\sqrt{y^2+z^2}=x$$

即　$y^2+z^2=x^2$

6. 求抛物线 $y=x^2$ 绕 y 轴旋转一周所得的旋转曲面的方程.

解　旋转曲面方程为

$$y=x^2+z^2$$

7. 试用含 x,y 的不等式(组)表示下面各图中的阴影部分的平面点集.

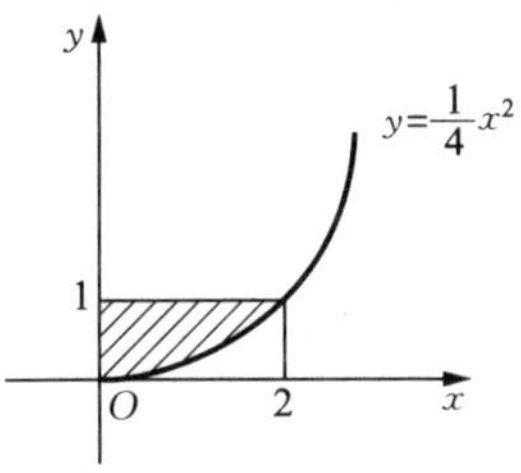

(1)

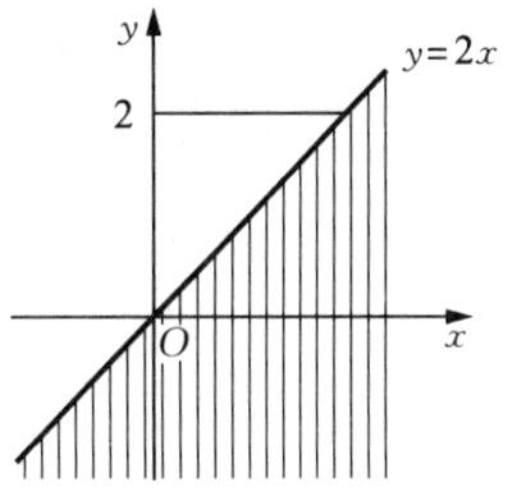

(2)

解　(1) $D(X$-型$)$　$0\leqslant x\leqslant 2$　$\frac{x^2}{4}\leqslant y\leqslant 1$ 或 $D=\left\{(x,y)\,\middle|\,0\leqslant x\leqslant 2,\frac{x^2}{4}\leqslant y\leqslant 1\right\}$

$D(Y$-型$)$　$0\leqslant y\leqslant 1$　$0\leqslant x\leqslant\sqrt{4y}$ 或 $D=\{(x,y)\mid 0\leqslant y\leqslant 1,0\leqslant x\leqslant\sqrt{4y}\}$

(2) $D(X$-型$)$　$-\infty<x<+\infty$　$-\infty<y\leqslant 2x$ 或 $D=\{(x,y)\mid x\in\mathbf{R},y\leqslant 2x\}$

$D(Y$-型$)$　$-\infty<y<+\infty$　$\frac{y}{2}\leqslant x<+\infty$

或 $D=\left\{(x,y)\,\middle|\,y\in\mathbf{R},x\geqslant\frac{y}{2}\right\}$.

(3) $D(X$-型$)$　$D=D_1+D_2+D_3+D_4$

$D_1(X$-型$)$　$-2\leqslant x\leqslant -1,-\sqrt{4-x^2}\leqslant y\leqslant\sqrt{4-x^2}$,

$D_2(X$-型$)$　$-1\leqslant x\leqslant 1,-\sqrt{4-x^2}\leqslant y\leqslant -\sqrt{1-x^2}$,

$D_3(X$-型$)$　$-1\leqslant x\leqslant 1,\sqrt{1-x^2}\leqslant y\leqslant\sqrt{4-x^2}$,

$D_4(X$-型$)$　$1\leqslant x\leqslant 2,-\sqrt{4-x^2}\leqslant y\leqslant\sqrt{4-x^2}$,

所以 $D=\{(x,y)\mid -2\leqslant x\leqslant -1,-\sqrt{4-x^2}\leqslant y\leqslant\sqrt{4-x^2}\}\cup$

$\{(x,y)\mid -1\leqslant x\leqslant 1,-\sqrt{4-x^2}\leqslant y\leqslant -\sqrt{1-x^2}\}\cup$

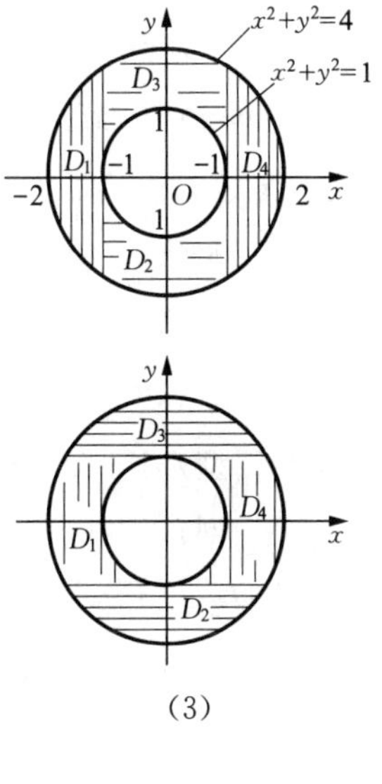

(3)

$\{(x,y)\mid -1\leqslant x\leqslant 1,\sqrt{1-x^2}\leqslant y\leqslant \sqrt{4-x^2}\}\cup$

$\{(x,y)\mid 1\leqslant x\leqslant 2,-\sqrt{4-x^2}\leqslant y\leqslant \sqrt{4-x^2}\}$.

D(Y-型) $D=D_1+D_2+D_3+D_4$,

D_1(Y-型) $-1\leqslant y\leqslant 1,-\sqrt{4-y^2}\leqslant x\leqslant -\sqrt{1-y^2}$,

D_2(Y-型) $-2\leqslant y\leqslant -1,-\sqrt{4-y^2}\leqslant x\leqslant \sqrt{4-y^2}$,

D_3(Y-型) $1\leqslant y\leqslant 2,-\sqrt{4-y^2}\leqslant x\leqslant \sqrt{4-y^2}$,

D_4(Y-型) $-1\leqslant y\leqslant 1,\sqrt{1-y^2}\leqslant x\leqslant \sqrt{4-y^2}$,

所以 $D=\{(x,y)\mid -1\leqslant y\leqslant 1,-\sqrt{4-y^2}\leqslant x\leqslant -\sqrt{1-y^2}\}\cup$

$\{(x,y)\mid -2\leqslant y\leqslant -1,-\sqrt{4-y^2}\leqslant x\leqslant \sqrt{4-y^2}\}\cup$

$\{(x,y)\mid 1\leqslant y\leqslant 2,-\sqrt{4-y^2}\leqslant x\leqslant \sqrt{4-y^2}\}\cup$

$\{(x,y)\mid -1\leqslant y\leqslant 1,\sqrt{1-y^2}\leqslant x\leqslant \sqrt{4-y^2}\}$ 或 $D=\{(x,y)\mid 1\leqslant x^2+y^2\leqslant 4\}$.

(4) $D=D_1+D_2$

D_1(X-型) $-1\leqslant x\leqslant 0,x^3\leqslant y\leqslant 0$

D_2(X-型) $0\leqslant x\leqslant 1,0\leqslant y\leqslant x^3$

所以 $D=\{(x,y)\mid -1\leqslant x\leqslant 0,x^3\leqslant y\leqslant 0\}\cup\{(x,y)\mid 0\leqslant x\leqslant 1,0\leqslant y\leqslant x^3\}$

D_1(Y-型) $-1\leqslant y\leqslant 0,-1\leqslant x\leqslant \sqrt[3]{y}$.

D_2(Y-型) $0\leqslant y\leqslant 1,\sqrt[3]{y}\leqslant x\leqslant 1$

所以 $D=\{(x,y)\mid -1\leqslant y\leqslant 0,-1\leqslant x\leqslant \sqrt[3]{y}\}\cup\{(x,y)\mid 0\leqslant y\leqslant 1,\sqrt[3]{y}\leqslant x\leqslant 1\}$.

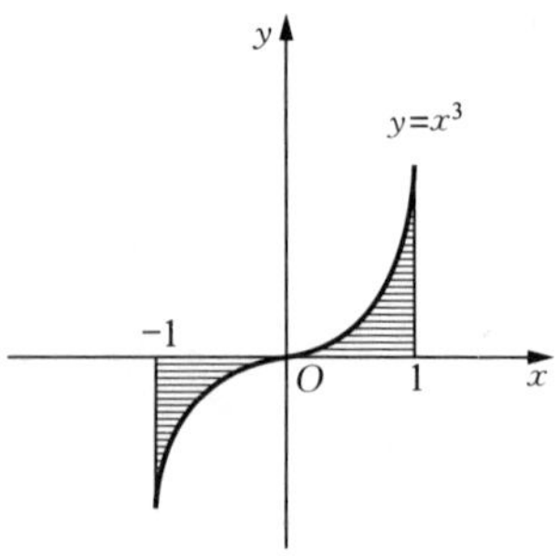

(4)

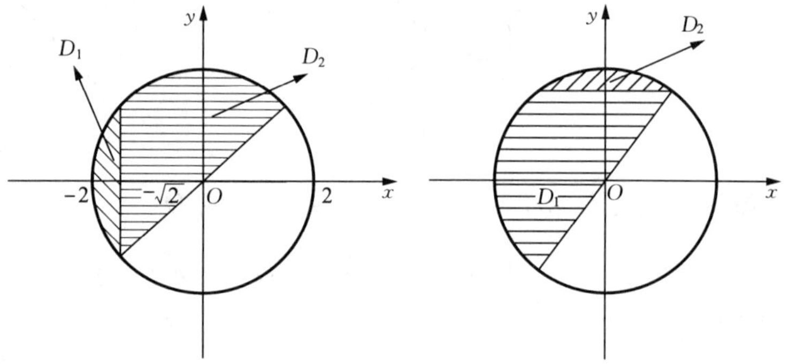

(5)

(5) $D=D_1+D_2$

D_1(X-型) $-2\leqslant x\leqslant -\sqrt{2},-\sqrt{4-x^2}\leqslant y\leqslant \sqrt{4-x^2}$

D_2(X-型) $-\sqrt{2}\leqslant y\leqslant \sqrt{2},x\leqslant y\leqslant \sqrt{4-x^2}$

所以 $D=\{(x,y)\mid -2\leqslant x\leqslant -\sqrt{2},-\sqrt{4-x^2}\leqslant y\leqslant \sqrt{4-x^2}\}\cup$

$\{(x,y)\mid -\sqrt{2}\leqslant x\leqslant \sqrt{2},x\leqslant y\leqslant \sqrt{4-x^2}\}$.

D_1(Y-型) $-\sqrt{2}\leqslant y\leqslant \sqrt{2},-\sqrt{4-y^2}\leqslant x\leqslant y$

D_2(Y-型) $\sqrt{2}\leqslant y\leqslant 2,-\sqrt{4-y^2}\leqslant x\leqslant \sqrt{4-y^2}$

所以 $D=\{(x,y)\mid -\sqrt{2}\leqslant y\leqslant \sqrt{2},-\sqrt{4-y^2}\leqslant x\leqslant y\}\cup$

$\{(x,y)\mid \sqrt{2}\leqslant y\leqslant 2,-\sqrt{4-y^2}\leqslant x\leqslant \sqrt{4-y^2}\}$

(6) D(X-型)　$0\leqslant x\leqslant 2, -\sqrt{1-(x-1)^2}\leqslant y\leqslant\sqrt{1-(x-1)^2}$

或 $D=\{(x,y)\,|\,0\leqslant x\leqslant 2, -\sqrt{1-(x-1)^2}\leqslant y\leqslant\sqrt{1-(x-1)^2}\}$

D(Y-型)　$-1\leqslant y\leqslant 1, 1-\sqrt{1-y^2}\leqslant x\leqslant 1+\sqrt{1-y^2}$

或 $D=\{(x,y)\,|\,-1\leqslant y\leqslant 1, 1-\sqrt{1-y^2}\leqslant x\leqslant 1+\sqrt{1-y^2}\}$

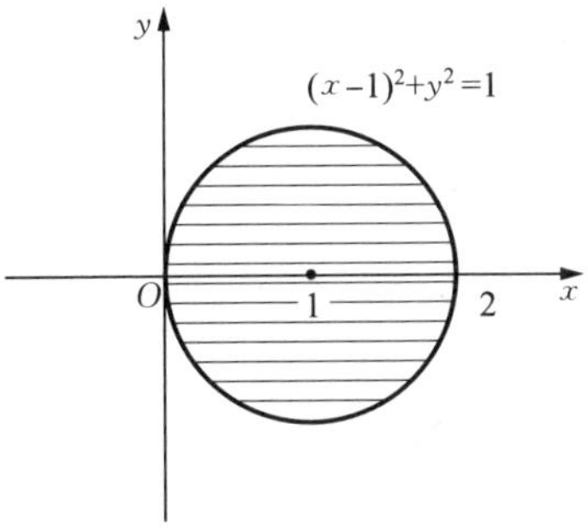

(6)

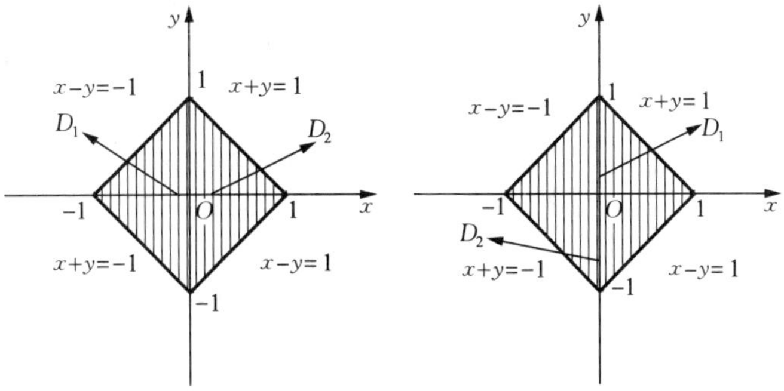

(7)

(7) D(X-型)　$D=D_1+D_2$

D_1(X-型)　$-1\leqslant x\leqslant 0, -(1+x)\leqslant y\leqslant 1+x$

D_2(X-型)　$0\leqslant x\leqslant 1, x-1\leqslant y\leqslant 1-x$

所以 $D=\{(x,y)\,|\,-1\leqslant x\leqslant 0, -(1+x)\leqslant y\leqslant 1+x\}\cup\{(x,y)\,|\,0\leqslant x\leqslant 1, x-1\leqslant y\leqslant 1-x\}$

D(Y-型)　$D=D_1+D_2$

D_1(Y-型)　$0\leqslant y\leqslant 1, y-1\leqslant x\leqslant 1-y$

D_2(Y-型)　$-1\leqslant y\leqslant 0, -(1+y)\leqslant x\leqslant 1+y$

所以 $D=\{(x,y)\,|\,0\leqslant y\leqslant 1, y-1\leqslant x\leqslant 1-y\}\cup\{(x,y)\,|\,-1\leqslant y\leqslant 0, -(1+y)\leqslant x\leqslant 1+y\}$

或 $D=\{(x,y)\,|\,|x+y|\leqslant 1$ 且 $|x-y|\leqslant 1\}$.

(8) D(X-型)　$0\leqslant x<+\infty$　$-x\leqslant y\leqslant x$

或 $D=\{(x,y)\,|\,0\leqslant x<+\infty, -x\leqslant y\leqslant x\}$

D(Y-型)　$D=D_1+D_2$

D_1(Y-型)　$-\infty<y\leqslant 0$　$-y\leqslant x$

或 $D_1=\{(x,y)\,|\,-\infty<y\leqslant 0, -y\leqslant x\}$

D_2(Y-型)　$0\leqslant y<+\infty$　$y\leqslant x$

或 $D_2=\{(x,y)\,|\,0\leqslant y<+\infty, y\leqslant x\}$

所以 $D=\{(x,y)\,|\,x\geqslant -y, y\leqslant 0\}\cup\{(x,y)\,|\,x\geqslant y, y\geqslant 0\}$

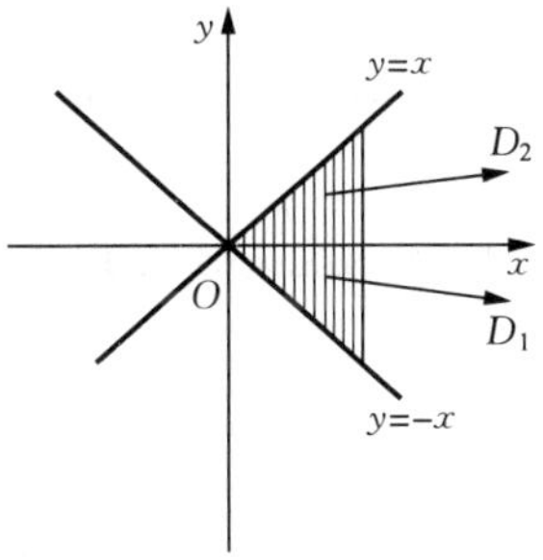

(8)

练习 7.2

1. 求下列函数的定义域并画出定义域的示意图：

(1) $z=\dfrac{x^2+2y}{2x-y^2}$；　　(2) $z=\sqrt{\sin(x^2+y^2)}$；

(3) $z=\sqrt{x-\sqrt{y}}$；　　(4) $z=\ln(y-x^2)+\sqrt{1-x^2-y^2}$；

(5) $z=\arcsin(y-x^2)+\ln\ln(10-4x^2-y^2)$；　　(6) $z=\sqrt{\ln(xy)}$；

(7) $z=\dfrac{1}{\sqrt{x+y}}+\dfrac{1}{\sqrt{x-y}}$；　　(8) $z=\dfrac{1}{\sqrt{x^2+y^2}-4}$.

解 (1) 要使函数有意义,只要 $2x-y^2\neq 0$, $x\neq\frac{1}{2}y^2$

所以函数定义域为

$$D=\{(x,y)\mid 2x\neq y^2\}$$

函数的定义域的示意如图 7-9 所示

(2) 要使函数有意义,只要 $\sin(x^2+y^2)\geqslant 0$

$$2k\pi\leqslant x^2+y^2\leqslant(2k+1)\pi,k=0,\pm 1,\pm 2,\cdots$$

所以函数定义域为

$$D=\{(x,y)\mid 2k\pi\leqslant x^2+y^2\leqslant(2k+1)\pi,k=0,1,2,\cdots\}$$

函数的定义域的示意如图 7-10 所示

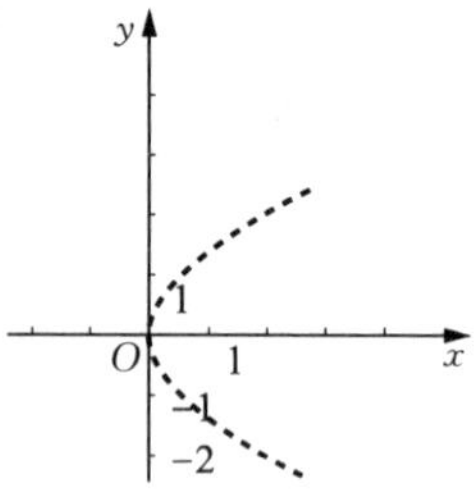

图 7-9

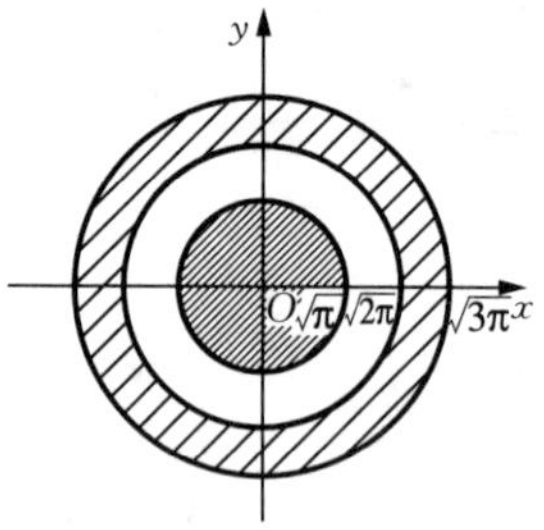

图 7-10

(3) 要使函数有意义,只要 $x-\sqrt{y}\geqslant 0$ 且 $y\geqslant 0$

所以函数定义域为

$$D=\{(x,y)\mid x\geqslant\sqrt{y}\geqslant 0 \text{ 且 } y\geqslant 0\}$$

函数的定义域的示意如图 7-11 所示

(4) 要使函数有意义,只要

$$y-x^2>0 \text{ 且 } 1-x^2-y^2\geqslant 0$$

所以函数定义域为

$$D=\{(x,y)\mid y>x^2 \text{ 且 } x^2+y^2\leqslant 1\}$$

函数的定义域的示意如图 7-12 所示

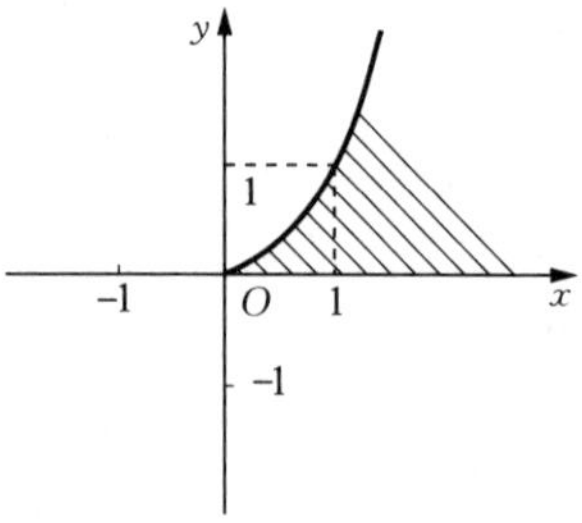

图 7-11

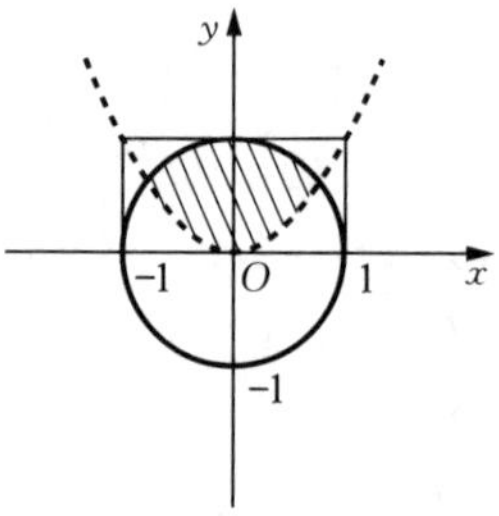

图 7-12

(5) 要使函数有意义,只要

$$|y-x^2|\leqslant 1 \text{ 且 } 4x^2+y^2<9$$

(因为 $\ln(10-4x^2-y^2)>0,10-4x^2-y^2>1$)所以函数定义域为

$$D=\{(x,y)\mid |y-x^2|\leqslant 1 \text{ 且 } 4x^2+y^2<9\}$$

由 $|y-x^2|\leqslant 1\Rightarrow x^2-1\leqslant y\leqslant 1+x^2$

$$4x^2+y^2<9\Rightarrow\frac{x^2}{\left(\frac{3}{2}\right)^2}+\frac{y^2}{3^2}<1$$

函数的定义域的示意如图 7－13 所示

(6) 要使函数有意义，只要 $\ln(xy)\geqslant 0$ 即 $xy\geqslant 1$

所以函数定义域为

$$D=\{(x,y)\mid xy\geqslant 1\}$$

函数的定义域的示意如图 7－14 所示

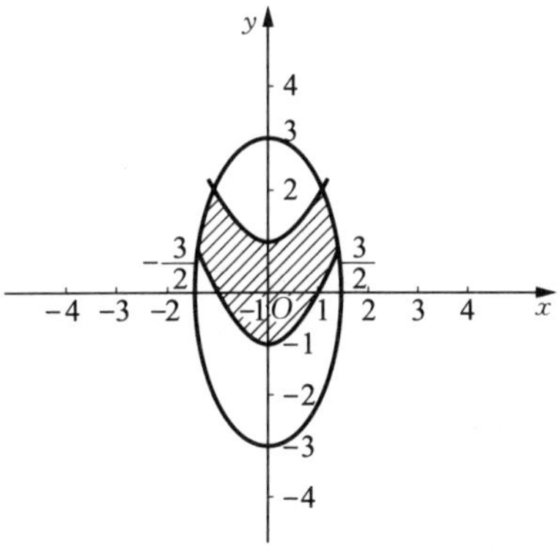

图 7－13

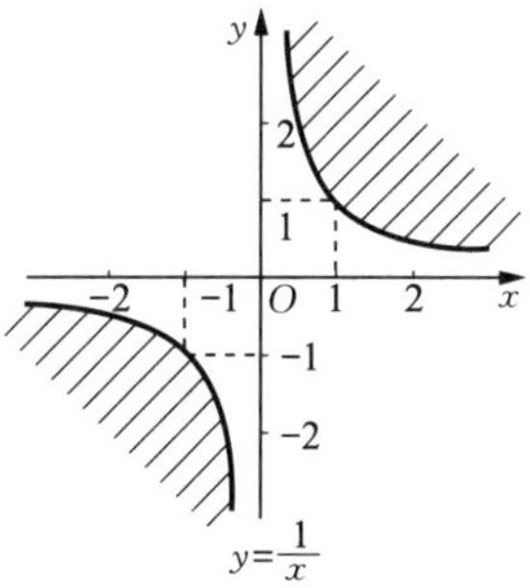

图 7－14

(7) 要使函数有意义，只要 $x+y>0$ 且 $x-y>0$

所以函数定义域为

$$D=\{(x,y)\mid x+y>0 \text{ 且 } x-y>0\}$$

函数的定义域的示意如图 7－15 所示

(8) 要使函数有意义，只要 $\sqrt{x^2+y^2}-4\neq 0$

所以函数定义域为

$$D=\{(x,y)\mid x^2+y^2\neq 2^2\}$$

函数的定义域的示意如图 7－16 所示

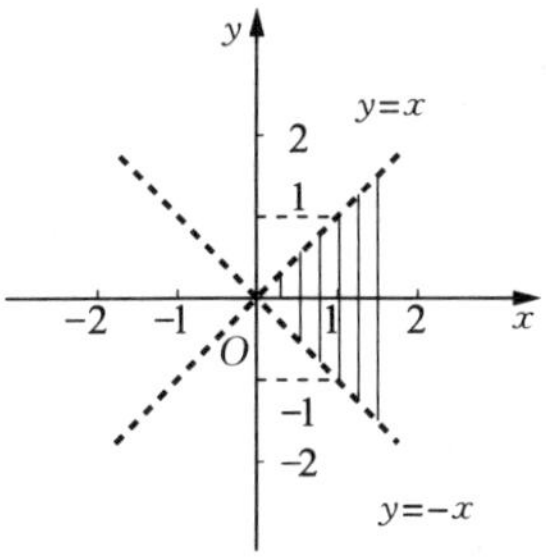

图 7－15

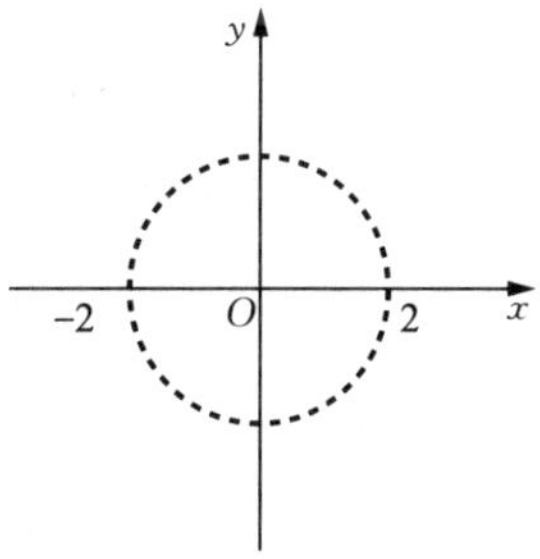

图 7－16

2. 设 $f\left(x+y,\frac{y}{x}\right)=x^2-y^2$，求 $f(x,y)$.

解　令 $u=x+y,v=\frac{y}{x}\Rightarrow x=\frac{u}{1+v},y=u-\frac{u}{1+v}$

$$f(u,v)=\left(\frac{u}{1+v}\right)^2-\left(u-\frac{u}{1+v}\right)^2=\frac{u^2(1-v)}{1+v}$$

所以 $f(x,y)=\dfrac{x^2(1-y)}{1+y}$

3. 设 $f\left(\dfrac{1}{x},\dfrac{1}{y}\right)=\dfrac{y^2-x^2}{2x+y}$,求 $f(x,y)$.

解 令 $u=\dfrac{1}{x},v=\dfrac{1}{y}\Rightarrow x=\dfrac{1}{u},y=\dfrac{1}{v}$

$$f(u,v)=\frac{\dfrac{1}{v^2}-\dfrac{1}{u^2}}{\dfrac{2}{u}+\dfrac{1}{v}}=\frac{u^2-v^2}{uv(2v+u)}$$

所以 $f(x,y)=\dfrac{x^2-y^2}{xy(x+2y)}$

4. 求二元函数的极限:

(1) $\lim\limits_{(x,y)\to\left(2,-\frac{1}{2}\right)}(2+xy)^{\frac{1}{y+xy^2}}$; (2) $\lim\limits_{(x,y)\to(\infty,\infty)}(x^2+y^2)\sin\dfrac{3}{x^2+y^2}$;

(3) $\lim\limits_{(x,y)\to(0,1)}\dfrac{\sin xy}{x}$; (4) $\lim\limits_{(x,y)\to(0,0)}\dfrac{xy}{\sqrt{xy+1}-1}$.

解 (1) 原式 $=\lim\limits_{(x,y)\to\left(2,-\frac{1}{2}\right)}[1+(1+xy)]^{\frac{1}{1+xy}\cdot\frac{1}{y}}=\mathrm{e}^{\lim\limits_{(x,y)\to\left(2,-\frac{1}{2}\right)}\frac{1}{y}}=\mathrm{e}^{-2}$

(2) 原式 $=\lim\limits_{(x,y)\to(\infty,\infty)}\dfrac{\sin\dfrac{3}{x^2+y^2}}{\dfrac{3}{x^2+y^2}}\cdot 3=3$ 或当 $x\to\infty,y\to\infty$ 时,$\sin\dfrac{3}{x^2+y^2}\sim\dfrac{3}{x^2+y^2}$

所以 原式 $=\lim\limits_{(x,y)\to(\infty,\infty)}(x^2+y^2)\cdot\dfrac{3}{x^2+y^2}=3$

(3) 当 $(x,y)\to(0,1)$ 时,$\sin xy\sim xy$,因此

原式 $=\lim\limits_{(x,y)\to(0,1)}\dfrac{xy}{x}=\lim\limits_{(x,y)\to(0,1)}y=1$

(4) 原式 $=\lim\limits_{(x,y)\to(0,0)}\dfrac{xy(\sqrt{xy+1}+1)}{xy}=\lim\limits_{(x,y)\to(0,0)}(\sqrt{xy+1}+1)=2$

5. 证明:当 $(x,y)\to(0,0)$ 时,$f(x,y)=\dfrac{x^4y^4}{(x^2+y^4)^3}$ 的极限不存在.

证明 让点 (x,y) 沿着 x 轴 $(y=0)$ 趋于 $(0,0)$,有

$$\lim_{(x,y)\to(0,0)}f(x,y)=\lim_{\substack{x\to0\\y=0}}\frac{0\cdot x^4}{x^6}=0$$

让点 (x,y) 沿着 y 轴 $(x=0)$ 趋于 $(0,0)$,有

$$\lim_{(x,y)\to(0,0)}f(x,y)=\lim_{\substack{x=0\\y\to0}}\frac{0\cdot y^4}{y'^2}=0$$

让 (x,y) 沿着抛物线 $y=x^{\frac{1}{2}}$ 趋于 $(0,0)$

$$\lim_{(x,y)\to(0,0)}f(x,y)=\lim_{\substack{x\to0\\y=x^{\frac{1}{2}}}}\frac{x^4\cdot x^2}{(x^2+x^2)^3}=\lim_{x\to0}\frac{x^6}{8x^6}=\frac{1}{8}$$

所以 $\lim\limits_{(x,y)\to(0,0)}\dfrac{x^4y^4}{(x^2+y^4)^3}$ 不存在

6. 证明下列函数为齐次函数,并说明各是几次齐次函数:(齐次函数定义:设函数 $z=f(x,y)$

的定义域为 D，且当 $(x,y)\in D$ 时，对 $t\in\mathbf{R}$ 仍有 $(tx,ty)\in D$. 如果存在常数 k，使对任意的 $(x,y)\in D$，恒有 $f(tx,ty)=t^kf(x,y)$，则称函数 $z=f(x,y)$ 为 k 次齐次函数.）

(1) $f(x,y)=x^2+xy+y^2$；　　(2) $f(x,y)=\dfrac{2xy}{x^2+y^2}$；

(3) $f(x,y)=x^5\mathrm{e}^{-\frac{y}{x}}$；　　(4) $f(x,y)=\ln\dfrac{\sqrt{x^2+y^2}-x}{\sqrt{x^2+y^2}+y}$.

证明　(1) 因为 $f(tx,ty)=(tx)^2+t^2xy+t^2y^2=t^2(x^2+xy+y^2)=t^2f(x,y)$

所以 $f(x,y)$ 为齐次函数，且是 2 次齐次函数

(2) 因为 $f(tx,ty)=\dfrac{2t^2xy}{t^2(x^2+y^2)}=t^0\dfrac{2xy}{x^2+y^2}=t^0f(x,y)$

所以 $f(x,y)$ 是齐次函数，且是 0 次齐次函数

(3) 因为 $f(tx,ty)=t^5x^5\mathrm{e}^{-\frac{y}{x}}=t^5f(x,y)$

所以 $f(x,y)$ 为齐次函数，且是 5 次齐次函数

(4) 因为 $f(tx,ty)=\ln\dfrac{\sqrt{t^2x^2+t^2y^2}-tx}{\sqrt{t^2x^2+t^2y^2}+ty}=t^0\ln\dfrac{\sqrt{x^2+y^2}-x}{\sqrt{x^2+y^2}+y}=t^0f(x,y)$

所以 $f(x,y)$ 为齐次函数，且是 0 次齐次函数

练习 7.3

1. 计算下列函数在给定点处的偏导数：

(1) $z=\dfrac{x+y}{x-y}$，求 $z'_x(1,2)$，$z'_y(1,2)$；　　(2) $z=\mathrm{e}^{x^2+y^2}$，求 $z'_x(0,1)$，$z'_y(1,0)$；

(3) $z=\arctan\dfrac{y}{x}$，求 $z'_x(1,1)$，$z'_y(-1,-1)$；　　(4) $z=\ln(\sqrt{x}+\sqrt{y})$，求 $z'_x(1,1)$，$z'_y(1,1)$.

解　(1) $\dfrac{\partial z}{\partial x}=\dfrac{x-y-x-y}{(x-y)^2}=\dfrac{-2y}{(x-y)^2}$，$\left.\dfrac{\partial z}{\partial x}\right|_{\substack{x=1\\y=2}}=-4$

$\dfrac{\partial z}{\partial y}=\dfrac{x-y+x+y}{(x-y)^2}=\dfrac{2x}{(x-y)^2}$，$\left.\dfrac{\partial z}{\partial y}\right|_{\substack{x=1\\y=2}}=2$

(2) $\dfrac{\partial z}{\partial x}=2x\mathrm{e}^{x^2+y^2}$，$\left.\dfrac{\partial z}{\partial x}\right|_{\substack{x=0\\y=1}}=0$

$\dfrac{\partial z}{\partial y}=2y\mathrm{e}^{x^2+y^2}$，$\left.\dfrac{\partial z}{\partial y}\right|_{\substack{x=1\\y=0}}=0$

(3) $\dfrac{\partial z}{\partial x}=\dfrac{-\dfrac{y}{x^2}}{1+\dfrac{y^2}{x^2}}=-\dfrac{y}{x^2+y^2}$，$\left.\dfrac{\partial z}{\partial x}\right|_{\substack{x=1\\y=1}}=-\dfrac{1}{2}$

$\dfrac{\partial z}{\partial y}=\dfrac{\dfrac{1}{x}}{1+\dfrac{y^2}{x^2}}=\dfrac{x}{x^2+y^2}$，$\left.\dfrac{\partial z}{\partial y}\right|_{\substack{x=-1\\y=-1}}=-\dfrac{1}{2}$

(4) $\dfrac{\partial z}{\partial x}=\dfrac{\dfrac{1}{2\sqrt{x}}}{\sqrt{x}+\sqrt{y}}$，$\left.\dfrac{\partial z}{\partial x}\right|_{\substack{x=1\\y=1}}=\dfrac{1}{4}$

$$\frac{\partial z}{\partial y}=\frac{\frac{1}{2\sqrt{y}}}{\sqrt{x}+\sqrt{y}},\frac{\partial z}{\partial y}\bigg|_{\substack{x=1\\y=1}}=\frac{1}{4}$$

2. 求下列函数的一阶偏导数：

(1) $z=\cos\frac{y}{x}\sin\frac{x}{y}$； (2) $z=\arctan\frac{x+y}{x-y}$； (3) $z=\ln(x+\ln y)$；

(4) $z=\frac{\ln y}{\ln x}$； (5) $z=\sqrt{xy}$； (6) $z=\frac{1}{x^2+y^2}e^{xy}$.

解 (1) $\frac{\partial z}{\partial x}=-\sin\frac{y}{x}\left(-\frac{y}{x^2}\right)\sin\frac{x}{y}+\cos\frac{y}{x}\cos\frac{x}{y}\cdot\frac{1}{y}=\frac{y}{x^2}\sin\frac{y}{x}\sin\frac{x}{y}+\frac{1}{y}\cos\frac{y}{x}\cos\frac{x}{y}$

$$\frac{\partial z}{\partial y}=-\frac{1}{x}\sin\frac{y}{x}\sin\frac{x}{y}-\frac{x}{y^2}\cos\frac{y}{x}\cos\frac{x}{y}$$

(2) $\frac{\partial z}{\partial x}=\frac{1}{1+\left(\frac{x+y}{x-y}\right)^2}\cdot\frac{x-y-x-y}{(x-y)^2}=\frac{-y}{x^2+y^2}$

$$\frac{\partial z}{\partial y}=\frac{1}{1+\left(\frac{x+y}{x-y}\right)^2}\cdot\frac{x-y+x+y}{(x-y)^2}=\frac{x}{x^2+y^2}$$

(3) $\frac{\partial z}{\partial x}=\frac{1}{x+\ln y},\frac{\partial z}{\partial y}=\frac{\frac{1}{y}}{x+\ln y}=\frac{1}{y(x+\ln y)}$

(4) $\frac{\partial z}{\partial x}=\frac{-\ln y\cdot\frac{1}{x}}{(\ln x)^2}=-\frac{\ln y}{x(\ln x)^2},\frac{\partial z}{\partial y}=\frac{\frac{1}{y}\ln x}{(\ln x)^2}=\frac{1}{y\ln x}$

(5) $\frac{\partial z}{\partial x}=\frac{y}{2\sqrt{xy}},\frac{\partial z}{\partial y}=\frac{x}{2\sqrt{xy}}$

(6) $\frac{\partial z}{\partial x}=-\frac{2x}{(x^2+y^2)^2}e^{xy}+\frac{y}{x^2+y^2}e^{xy}=\frac{y(x^2+y^2)-2x}{(x^2+y^2)^2}e^{xy}$

$$\frac{\partial z}{\partial y}=-\frac{2y}{(x^2+y^2)^2}e^{xy}+\frac{x}{x^2+y^2}e^{xy}=\frac{x(x^2+y^2)-2y}{(x^2+y^2)^2}e^{xy}$$

3. ** 已知 $f(x,y)=x^2+y^2-xy$，问当 $\boldsymbol{v}$ 为多少时，$\frac{\partial f}{\partial \boldsymbol{v}}\Big|_{(1,1)}$ 取得最大值，最小值及零值？并求 $\min\frac{\partial f}{\partial \boldsymbol{v}}\Big|_{(1,1)}$，$\max\frac{\partial f}{\partial \boldsymbol{v}}\Big|_{(1,1)}$.

解

$$f'_x(x,y)=2x-y,f'_y(x,y)=-x+2y$$

$$f'_x(1,1)=1,f'_y(1,1)=1 \qquad \nabla f=\{f'_x(x,y),f'_y(x,y)\}$$

所以 $\nabla f(1,1)=\{1,1\}$，由于沿梯度方向的方向导数最大，

并且等于梯度的长 $|\nabla f(1,1)|$， 所以 $|\nabla f(1,1)|=\sqrt{2}$

$$\boldsymbol{v}=\frac{\nabla f(1,1)}{|\nabla f(1,1)|}=\frac{1}{\sqrt{2}}\{1,1\}=\left\{\frac{1}{\sqrt{2}},\frac{1}{\sqrt{2}}\right\}$$

所以当 $\boldsymbol{v}=\left\{\frac{1}{\sqrt{2}},\frac{1}{\sqrt{2}}\right\}$ 时，$\max\frac{\partial f}{\partial \boldsymbol{v}}\Big|_{(1,1)}=\sqrt{2}$

当 $\boldsymbol{v}=\left\{\frac{-1}{\sqrt{2}},\frac{-1}{\sqrt{2}}\right\}$ 时，$\min\frac{\partial f}{\partial \boldsymbol{v}}\Big|_{(1,1)}=-\sqrt{2}$

当 $\boldsymbol{v}=\left\{-\frac{\sqrt{2}}{2},\frac{\sqrt{2}}{2}\right\}$或 $\boldsymbol{v}=\left\{\frac{\sqrt{2}}{2},-\frac{\sqrt{2}}{2}\right\}$时，$\frac{\partial f}{\partial \boldsymbol{v}}\Big|(1,1)=0$

4. 求下列函数的全微分：

(1) $z=\arctan\frac{x+y}{x-y}$；　(2) $z=\ln\sqrt{x^2+y^2+1}$；　(3) $z=x^{\ln y}$；

(4) $u=\left(\frac{x}{y}\right)^z$；　(5) $z=x^2+xy^2+\sin(xy)$；　(6) $u=xy+yz+xz$；

(7) $z=\sqrt{x}\cos y$；　(8) $u=\sqrt{x^2+y^2+z^2}$.

解　(1) $\frac{\partial z}{\partial x}=\frac{1}{1+\left(\frac{x+y}{x-y}\right)^2}\cdot\frac{x-y-x-y}{(x-y)^2}=\frac{-y}{x^2+y^2}$

$$\frac{\partial z}{\partial y}=\frac{1}{1+\left(\frac{x+y}{x-y}\right)^2}\cdot\frac{x-y+x+y}{(x-y)^2}=\frac{x}{x^2+y^2}$$

所以 $dz=-\frac{y}{x^2+y^2}dx+\frac{x}{x^2+y^2}dy$

(2) $\frac{\partial z}{\partial x}=\frac{x}{1+x^2+y^2}$，$\frac{\partial z}{\partial y}=\frac{y}{1+x^2+y^2}$

所以 $dz=\frac{1}{1+x^2+y^2}(xdx+ydy)$

(3) $\frac{\partial z}{\partial x}=\ln y x^{\ln y-1}$，$\frac{\partial z}{\partial y}=x^{\ln y}\ln x\cdot\frac{1}{y}$

所以 $dz=\ln y x^{\ln y-1}dx+x^{\ln y}\ln x\cdot\frac{1}{y}dy=x^{\ln y}\left(\frac{\ln y}{x}dx+\frac{\ln x}{y}dy\right)$

(4) $\frac{\partial u}{\partial x}=z\left(\frac{x}{y}\right)^{z-1}\cdot\frac{1}{y}=\frac{z}{y}\left(\frac{x}{y}\right)^{z-1}$

$$\frac{\partial u}{\partial y}=z\left(\frac{x}{y}\right)^{z-1}\left(-\frac{x}{y^2}\right)=-\frac{xz}{y^2}\left(\frac{x}{y}\right)^{z-1}$$

$$\frac{\partial u}{\partial z}=\left(\frac{x}{y}\right)^z\ln\frac{x}{y}$$

所以 $du=\frac{z}{y}\left(\frac{x}{y}\right)^{z-1}dx-\frac{xz}{y^2}\left(\frac{x}{y}\right)^{z-1}dy+\left(\frac{x}{y}\right)^z\ln\frac{x}{y}dz$

(5) $\frac{\partial z}{\partial x}=2x+y^2+y\cos(xy)$　$\frac{\partial z}{\partial y}=2xy+x\cos(xy)$

所以 $dz=(2x+y^2+y\cos(xy))dx+(2xy+x\cos(xy))dy$

(6) $\frac{\partial u}{\partial x}=y+z$，$\frac{\partial u}{\partial y}=x+z$，$\frac{\partial u}{\partial z}=x+y$

所以 $du=(y+z)dx+(x+z)dy+(x+y)dz$

(7) $\frac{\partial z}{\partial x}=\frac{1}{2\sqrt{x}}\cos y$，$\frac{\partial z}{\partial y}=-\sqrt{x}\sin y$

所以 $dz=\frac{1}{2\sqrt{x}}\cos y dx-\sqrt{x}\sin y dy$

(8) $\frac{\partial u}{\partial x}=\frac{x}{\sqrt{x^2+y^2+z^2}}$，$\frac{\partial u}{\partial y}=\frac{y}{\sqrt{x^2+y^2+z^2}}$，$\frac{\partial u}{\partial z}=\frac{z}{\sqrt{x^2+y^2+z^2}}$

所以 $dz=\dfrac{1}{\sqrt{x^2+y^2+z^2}}(xdx+ydy+zdz)$

5. 求下列函数在给定条件下的全微分之值：

(1) $z=\ln(x^2+y^2),x=2,\Delta x=0.1,y=1,\Delta y=-0.1$；

(2) $z=e^{xy},x=1,\Delta x=0.15,y=1,\Delta y=0.1.$

解 (1) $\dfrac{\partial z}{\partial x}=\dfrac{2x}{x^2+y^2},\dfrac{\partial z}{\partial x}\Big|_{\substack{x=2\\y=1}}=\dfrac{4}{5}$

$\dfrac{\partial z}{\partial y}=\dfrac{2y}{x^2+y^2},\dfrac{\partial z}{\partial y}\Big|_{\substack{x=2\\y=1}}=\dfrac{2}{5}$

$dz\Big|_{\substack{x=2,\Delta x=0.1\\y=1,\Delta y=-0.1}}=\dfrac{4}{5}\cdot 0.1-\dfrac{2}{5}\cdot 0.1=\dfrac{1}{25}=0.04$

(2) $\dfrac{\partial z}{\partial x}=ye^{xy},\dfrac{\partial z}{\partial x}\Big|_{\substack{x=1\\y=1}}=e,\dfrac{\partial z}{\partial y}=xe^{xy},\dfrac{\partial z}{\partial y}\Big|_{\substack{x=1\\y=1}}=e$

$dz\Big|_{\substack{x=1,\Delta x=0.15\\y=1,\Delta y=0.1}}=0.15e+0.1e=0.25e$

6. 计算下列近似值：

(1) $1.02^{4.05}$；　　(2) $\sqrt{1.02^3+1.97^3}$；

(3) $\ln\dfrac{1+\tan(-0.01)}{1-\sin 0.02}$；　　(4) $\sqrt{1.04^{1.99}+\ln 1.02}$.

解 (1) 令 $z=x^y\quad x=1,\Delta x=0.02,y=4,\Delta y=0.05$

$$\frac{\partial z}{\partial x}=yx^{y-1},\frac{\partial z}{\partial x}\Big|_{\substack{x=1\\y=4}}=4,\frac{\partial z}{\partial y}=x^y\ln x,\frac{\partial z}{\partial y}\Big|_{\substack{x=1\\y=4}}=0\quad f(1,1)=1$$

所以 $1.02^{4.05}\approx 1+4\times 0.02=1.08$

(2) 令 $z=\sqrt{x^3+y^3},x=1,\Delta x=0.02,y=2,\Delta y=-0.03$

$$f(1,2)=3\quad \frac{\partial z}{\partial x}=\frac{3x^2}{2\sqrt{x^3+y^3}},\frac{\partial z}{\partial x}\Big|_{\substack{x=1\\y=2}}=\frac{1}{2},\frac{\partial z}{\partial y}=\frac{3y^2}{2\sqrt{x^3+y^3}}\quad \frac{\partial z}{\partial y}\Big|_{\substack{x=1\\y=2}}=\frac{4}{2}=2$$

所以 $\sqrt{(1.02)^3+(1.9)^3}\approx 3+\dfrac{1}{2}\times 0.02-2\times 0.03=2.95$

(3) 令 $z=\ln\dfrac{1+\tan x}{1-\sin y},x=0,\Delta x=-0.01,y=0,\Delta y=0.02$

$f(0,0)=0$

$\dfrac{\partial z}{\partial x}=\dfrac{1}{\dfrac{1+\tan x}{1-\sin y}}\cdot\dfrac{\sec^2 x}{1-\sin y},\dfrac{\partial z}{\partial x}\Big|_{\substack{x=0\\y=0}}=1$

$\dfrac{\partial z}{\partial y}=\dfrac{1}{\dfrac{1+\tan x}{1-\sin y}}\cdot\dfrac{(1+\tan x)\cos y}{(1-\sin y)^2},\dfrac{\partial z}{\partial y}\Big|_{\substack{x=0\\y=0}}=1$

所以 $\ln\dfrac{1+\tan(-0.01)}{1-\sin(0.02)}\approx 0+1\times(-0.01)+1\times 0.02=0.01$

(4) 令 $u=\sqrt{x^y+\ln z}\quad x=1,\Delta x=0.04,y=2,\Delta y=-0.01\quad z=1,\Delta z=0.02$

$f(1,2,1)=1$

$$\frac{\partial u}{\partial x}=\frac{yx^{y-1}}{2\sqrt{x^y+\ln z}},\left.\frac{\partial u}{\partial x}\right|_{\substack{x=1\\y=2\\z=1}}=1$$

$$\frac{\partial u}{\partial y}=\frac{x^y\ln x}{2\sqrt{x^y+\ln z}},\left.\frac{\partial u}{\partial y}\right|_{\substack{x=1\\y=2\\z=1}}=0$$

$$\frac{\partial u}{\partial z}=\frac{\frac{1}{z}}{2\sqrt{x^y+\ln z}},\left.\frac{\partial u}{\partial z}\right|_{\substack{x=1\\y=2\\z=1}}=\frac{1}{2}=0.5$$

所以$\sqrt{(1.02)^{1.99}+\ln 1.02}\approx 1+1\times 0.04+0\times(-0.01)+0.5\times 0.02=1+0.04+0.01=1.05$

练习 7.4

1. 求下列复合函数的偏导数或导数：

(1) $z=u^2\ln v,u=\frac{y}{x},v=x^2+y^2$，求$\frac{\partial z}{\partial x},\frac{\partial z}{\partial y}$；

(2) $z=e^{uv},u=\ln\sqrt{x^2+y^2},v=\arctan\frac{y}{x}$，求$\frac{\partial z}{\partial x},\frac{\partial z}{\partial y}$；

(3) $u=\frac{y-z}{1+a^2}e^{ax},y=a\sin x,z=\cos x$，求$\frac{du}{dx}$；

(4) $z=e^{x+y},x=\tan t,y=\cot t$，求$\frac{dz}{dt}$.

解 (1) $\frac{\partial z}{\partial x}=\frac{\partial z}{\partial u}\cdot\frac{\partial u}{\partial x}+\frac{\partial z}{\partial v}\cdot\frac{\partial v}{\partial x}=2u\ln v\left(-\frac{y}{x^2}\right)+\frac{u^2}{v}\cdot 2x$

$$=\frac{2y}{x}\ln(x^2+y^2)\cdot\left(-\frac{y}{x^2}\right)+\frac{\frac{y^2}{x^2}}{x^2+y^2}\cdot 2x$$

$$=\frac{2y^2}{x(x^2+y^2)}-\frac{2y^2}{x^3}\ln(x^2+y^2)$$

$$\frac{\partial z}{\partial y}=\frac{\partial z}{\partial u}\cdot\frac{\partial u}{\partial y}+\frac{\partial z}{\partial v}\cdot\frac{\partial v}{\partial y}=2u\ln v\cdot\frac{1}{x}+\frac{u^2}{v}\cdot 2y=\frac{2y}{x^2}\ln(x^2+y^2)+\frac{2y^3}{x^2(x^2+y^2)}$$

(2) $\frac{\partial z}{\partial x}=\frac{\partial z}{\partial u}\cdot\frac{\partial u}{\partial x}+\frac{\partial z}{\partial v}\cdot\frac{\partial v}{\partial x}=ve^{uv}\cdot\frac{x}{x^2+y^2}+ue^{uv}\frac{-\frac{y}{x^2}}{1+\frac{y^2}{x^2}}=e^{uv}\frac{xv-yu}{x^2+y^2}$

$$\frac{\partial z}{\partial y}=\frac{\partial z}{\partial u}\cdot\frac{\partial u}{\partial y}+\frac{\partial z}{\partial v}\cdot\frac{\partial v}{\partial y}=ve^{uv}\cdot\frac{y}{x^2+y^2}+ue^{uv}\frac{\frac{1}{x}}{1+\frac{y^2}{x^2}}=e^{uv}\frac{yv+xu}{x^2+y^2}$$

(3) $\frac{du}{dx}=\frac{\partial u}{\partial y}\cdot\frac{dy}{dx}+\frac{\partial u}{\partial z}\cdot\frac{dz}{dx}+\frac{\partial u}{\partial x}=\frac{1}{1+a^2}e^{ax}a\cos x+\frac{1}{1+a^2}e^{ax}\sin x+\frac{y-z}{1+a^2}ae^{ax}$

$$=\frac{e^{ax}}{1+a^2}[a\cos x+\sin x+a(y-z)]=\frac{e^{ax}}{1+a^2}(a\cos x+\sin x+a^2\sin x-a\cos x)$$

$$=e^{ax}\sin x$$

(4) $\frac{dz}{dt}=\frac{\partial z}{\partial x}\cdot\frac{dx}{dt}+\frac{\partial z}{\partial y}\cdot\frac{dy}{dt}=e^{x+y}\sec^2 t+e^{x+y}(-\csc^2 t)=e^{\tan t+\cot t}(\sec^2 t-\csc^2 t)$

2. 证明下列各题：

(1) 若 $z=f(ax+by)$，则 $b\dfrac{\partial z}{\partial x}=a\dfrac{\partial z}{\partial y}$；

(2) 若 $z=\ln(\sqrt[n]{x}+\sqrt[n]{y})$且 $n\geqslant 2$ 则 $x\dfrac{\partial z}{\partial x}+y\dfrac{\partial z}{\partial y}=\dfrac{1}{n}$；

(3) $u=\ln(\tan x+\tan y+\tan z)$,则$\dfrac{\partial u}{\partial x}\sin 2x+\dfrac{\partial u}{\partial y}\sin 2y+\dfrac{\partial u}{\partial z}\sin 2z=2$；

(4) 若 $u=(y-z)(z-x)(x-y)$,则$\dfrac{\partial u}{\partial x}+\dfrac{\partial u}{\partial y}+\dfrac{\partial u}{\partial z}=0$.

证明 (1) $\dfrac{\partial z}{\partial x}=af'(ax+by),\dfrac{\partial z}{\partial y}=bf'(ax+by)$

所以 $b\dfrac{\partial z}{\partial x}=abf'(ax+by)=a\dfrac{\partial z}{\partial y}$

(2) $\dfrac{\partial z}{\partial x}=\dfrac{\frac{1}{n}x^{\frac{1}{n}-1}}{\sqrt[n]{x}+\sqrt[n]{y}},\dfrac{\partial z}{\partial y}=\dfrac{\frac{1}{n}y^{\frac{1}{n}-1}}{\sqrt[n]{x}+\sqrt[n]{y}}$

所以 $x\dfrac{\partial z}{\partial x}+y\dfrac{\partial z}{\partial y}=x\cdot\dfrac{\frac{1}{n}x^{\frac{1}{n}-1}}{\sqrt[n]{x}+\sqrt[n]{y}}+y\cdot\dfrac{\frac{1}{n}y^{\frac{1}{n}-1}}{\sqrt[n]{x}+\sqrt[n]{y}}=\dfrac{1}{n}$得证

(3) 设 $u=\ln(v),v=\tan x+\tan y+\tan z$

$$\frac{\partial u}{\partial x}=\frac{1}{v}\frac{\partial v}{\partial x}=\frac{1}{v}\sec^2 x\quad \frac{\partial u}{\partial y}=\frac{1}{v}\frac{\partial v}{\partial y}=\frac{1}{v}\sec^2 y\quad \frac{\partial u}{\partial z}=\frac{1}{v}\frac{\partial v}{\partial z}=\frac{1}{v}\sec^2 z$$

所以$\dfrac{\partial u}{\partial x}\sin 2x+\dfrac{\partial u}{\partial y}\sin 2y+\dfrac{\partial u}{\partial z}\sin 2z=\dfrac{1}{v}\left(\dfrac{2\sin x\cos x}{\cos^2 x}+\dfrac{2\sin y\cos y}{\cos^2 y}+\dfrac{2\sin z\cos z}{\cos^2 z}\right)$

$$=\frac{2}{v}(\tan x+\tan y+\tan z)=\frac{2}{v}\cdot v=2$$

(4) $\dfrac{\partial u}{\partial x}=-(y-z)(x-y)+(y-z)(z-x)$

$\dfrac{\partial u}{\partial y}=(z-x)(x-y)-(y-z)(z-x)$

$\dfrac{\partial u}{\partial z}=-(z-x)(x-y)+(y-z)(x-y)$

所以$\dfrac{\partial u}{\partial x}+\dfrac{\partial u}{\partial y}+\dfrac{\partial u}{\partial z}=0$

3. 求下列方程所确定的隐函数的导数$\dfrac{\mathrm{d}y}{\mathrm{d}x}$：

(1) $xy+\sin(xy)=0$；

(2) $x^2+2y^2=1$；

(3) $y^x=x^y$；

(4) $\sin(xy)=x^2y^2+x+y$.

解 (1) 设 $F(x,y)=xy+\sin(xy)$

$F'_x(x,y)=y+y\cos(xy),F'_y=x+x\cos(xy)$

所以$\dfrac{\mathrm{d}y}{\mathrm{d}x}=-\dfrac{F'_x}{F'_y}=-\dfrac{y[1+\cos(xy)]}{x[1+\cos(xy)]}=-\dfrac{y}{x}$

(2) 设 $F(x,y)=x^2+2y^2-1$

$F'_x=2x,\quad F'_y=4y$

所以$\frac{dy}{dx}=-\frac{F'_x}{F'_y}=-\frac{2x}{4y}=-\frac{x}{2y}$.

(3)设 $F(x,y)=y^x-x^y$

$F'_x=y^x\ln y-yx^{y-1}$，　$F'_y=xy^{x-1}-x^y\ln x$

所以$\frac{dy}{dx}=-\frac{F'_x}{F'_y}=-\frac{y^x\ln y-yx^{y-1}}{xy^{x-1}-x^y\ln x}=-\frac{x^y\ln y-yx^{y-1}}{xx^yy^{-1}-x^y\ln x}=\frac{\frac{y}{x}-\ln y}{\frac{x}{y}-\ln x}$

(4) 设 $F(x,y)=x^2y^2+x+y-\sin(xy)$

$$F'_x=2xy^2+1-y\cos(xy),F'_y=2x^2y+1-x\cos(xy)$$

所以$\frac{dy}{dx}=-\frac{2xy^2+1-y\cos(xy)}{2x^2y+1-x\cos(xy)}$

4. 求下列方程所确定的隐函数 $z=z(x,y)$的全微分：

(1) $yz=\arctan(xz)$；　　(2) $xyz=e^z$；

(3) $\cos^2x+\cos^2y+\cos^2z=1$；　　(4) $x+y+z=e^{-(x+y+z)}$.

解　(1) 设 $F(x,y,z)=yz-\arctan(xz)$

$F'_x=-\frac{z}{1+(xz)^2},F'_y=z,F'_z=y-\frac{x}{1+(xz)^2}$

$\frac{\partial z}{\partial x}=-\frac{F'_x}{F'_z}=\frac{z}{1+(xz)^2}\cdot\frac{1+(xz)^2}{y[1+(xz)^2]-x}=\frac{z}{y[1+(xz)^2]-x}$

$\frac{\partial z}{\partial y}=-\frac{F'_y}{F'_z}=-\frac{z}{y-\frac{x}{1+(xz)^2}}=-\frac{z[1+(xz)^2]}{y[1+(xz)^2]-x}$

所以 $dz=\frac{z}{y[1+(xz)^2]-x}dx-\frac{z[1+(xz)^2]}{y[1+(xz)^2]-x}dy$

(2) 设 $F(x,y,z)=xyz-e^z$

$F'_x=yz,F'_y=xz,F'_z=xy-e^z$

所以$\frac{\partial z}{\partial x}=-\frac{F'_x}{F'_z}=\frac{-yz}{xy-e^z},\frac{\partial z}{\partial y}=-\frac{F'_y}{F'_z}=-\frac{xz}{xy-e^z}$

所以 $dz=\frac{yz}{e^z-xy}dx+\frac{xz}{e^z-xy}dy$

(3) 设 $F(x,y,z)=\cos^2x+\cos^2y+\cos^2z-1$

$F'_x=-\sin 2x,F'_y=-\sin 2y,F'_z=-\sin 2z$

$\frac{\partial z}{\partial x}=-\frac{F'_x}{F'_z}=-\frac{\sin 2x}{\sin 2z},\frac{\partial z}{\partial y}=-\frac{F'_y}{F'_z}=-\frac{\sin 2y}{\sin 2z}$

所以 $dz=-\frac{\sin 2x}{\sin 2z}dx-\frac{\sin 2y}{\sin 2z}dy$

(4) 设 $F(x,y,z)=x+y+z-e^{-(x+y+z)}$

$F'_x=1+e^{-(x+y+z)},F'_y=1+e^{-(x+y+z)},F'_z=1+e^{-(x+y+z)}$

$\frac{\partial z}{\partial x}=-1,\frac{\partial z}{\partial y}=-1$

所以 $dz=-dx-dy$

练习 7.5

1. 求下列函数的二阶偏导数$\frac{\partial^2 z}{\partial x^2},\frac{\partial^2 z}{\partial y^2},\frac{\partial^2 z}{\partial x\partial y}$:

(1) $z=\frac{x}{x^2+y^2}$；　　(2) $z=(\cos x+y\sin x)e^{xy}$；

(3) $z=x^2\operatorname{arccot}\frac{y}{x}-y^2\operatorname{arccot}\frac{x}{y}$；　　(4) $z=\frac{y^2-x^2}{x^2+y^2}$.

解 (1) $\frac{\partial z}{\partial x}=\frac{x^2+y^2-2x^2}{(x^2+y^2)^2}=\frac{y^2-x^2}{(x^2+y^2)^2}$

$$\frac{\partial^2 z}{\partial x^2}=\frac{-2x(x^2+y^2)^2-2(y^2-x^2)(x^2+y^2)\cdot 2x}{(x^2+y^2)^4}$$

$$=\frac{-2x^3-2xy^2-4xy^2+4x^3}{(x^2+y^2)^3}=\frac{2x^3-6xy^2}{(x^2+y^2)^3}$$

$$\frac{\partial z}{\partial y}=\frac{-x\cdot 2y}{(x^2+y^2)^2}=\frac{-2xy}{(x^2+y^2)^2}$$

$$\frac{\partial^2 z}{\partial y^2}=\frac{-2x^3+6xy^2}{(x^2+y^2)^3},\frac{\partial^2 z}{\partial x\partial y}=\frac{6yx^2-2y^3}{(x^2+y^2)^3}$$

(2) $\frac{\partial z}{\partial x}=(-\sin x+y\cos x)e^{xy}+y(\cos x+y\sin x)e^{xy}=(-\sin x+2y\cos x+y^2\sin x)e^{xy}$

$$\frac{\partial^2 z}{\partial x^2}=(-\cos x-2y\sin x+y^2\cos x)e^{xy}+y(-\sin x+2y\cos x+y^2\sin x)e^{xy}$$

$$=(-\cos x-3y\sin x+3y^2\cos x+y^3\sin x)e^{xy}$$

$$\frac{\partial z}{\partial y}=(\sin x)e^{xy}+x(\cos x+y\sin x)e^{xy}=(\sin x+x\cos x+xy\sin x)e^{xy}$$

$$\frac{\partial^2 z}{\partial y^2}=x(\sin x)e^{xy}+x(\sin x+x\cos x+xy\sin x)e^{xy}=(2x\sin x+x^2\cos x+x^2y\sin x)e^{xy}$$

$$=[(2x+x^2y)\sin x+x^2\cos x]e^{xy}$$

$$\frac{\partial^2 z}{\partial x\partial y}=(2\cos x+2y\sin x)e^{xy}+x(-\sin x+2y\cos x+y^2\sin x)e^{xy}$$

$$=[2(1+xy)\cos x+(xy^2+2y-x)\sin x]e^{xy}$$

(3) $\frac{\partial z}{\partial x}=2x\operatorname{arccot}\frac{y}{x}-x^2\frac{-\frac{y}{x^2}}{1+\frac{y^2}{x^2}}+y^2\frac{\frac{1}{y}}{1+\frac{x^2}{y^2}}=2x\operatorname{arccot}\frac{y}{x}+\frac{x^2y}{x^2+y^2}+\frac{y^3}{x^2+y^2}$

$$\frac{\partial^2 z}{\partial x^2}=2\operatorname{arccot}\frac{y}{x}-2x\frac{-\frac{y}{x^2}}{1+\frac{y^2}{x^2}}+\frac{2xy(x^2+y^2)-2x^3y}{(x^2+y^2)^2}+\frac{-2xy^3}{(x^2+y^2)^2}$$

$$=2\operatorname{arccot}\frac{y}{x}+\frac{2xy}{x^2+y^2}+\frac{2xy^3}{(x^2+y^2)^2}-\frac{2xy^3}{(x^2+y^2)^2}=2\operatorname{arccot}\frac{y}{x}+\frac{2xy}{x^2+y^2}$$

$$\frac{\partial^2 z}{\partial x\partial y}=-2x\frac{\frac{1}{x}}{1+\frac{y^2}{x^2}}+\frac{x^2(x^2+y^2)-2x^2y^2}{(x^2+y^2)^2}+\frac{3x^2y^2+3y^4-2y^4}{(x^2+y^2)^2}$$

$$=-\frac{2x^2}{x^2+y^2}+\frac{-x^2y^2+x^4}{(x^2+y^2)^2}+\frac{3x^2y^2+y^4}{(x^2+y^2)^2}=\frac{y^4-x^4}{(x^2+y^2)^2}=\frac{y^2-x^2}{x^2+y^2}$$

$$\frac{\partial z}{\partial y}=-x^2\frac{\frac{1}{x}}{1+\frac{y^2}{x^2}}-2y\operatorname{arccot}\frac{x}{y}+y^2\frac{-\frac{x}{y^2}}{1+\frac{x^2}{y^2}}=-\frac{x^3}{x^2+y^2}-2y\operatorname{arccot}\frac{x}{y}-\frac{xy^2}{x^2+y^2}$$

$$\frac{\partial^2 z}{\partial y^2}=\frac{2yx^3}{(x^2+y^2)^2}-2\operatorname{arccot}\frac{x}{y}+2y\frac{-\frac{x}{y^2}}{1+\frac{x^2}{y^2}}-\frac{2xy(x^2+y^2)-2xy^3}{(x^2+y^2)^2}$$

$$=\frac{2yx^3}{(x^2+y^2)^2}-2\operatorname{arccot}\frac{x}{y}-\frac{2xy}{x^2+y^2}-\frac{2yx^3}{(x^2+y^2)^2}=-2\operatorname{arccot}\frac{x}{y}-\frac{2xy}{x^2+y^2}$$

(4) $\frac{\partial z}{\partial x}=\frac{-2xy^2-2x^3-2xy^2+2x^3}{(x^2+y^2)^2}=\frac{-4xy^2}{(x^2+y^2)^2}$

$$\frac{\partial^2 z}{\partial x^2}=\frac{-4y^2(x^2+y^2)^2+4xy^2\cdot 2(y^2+x^2)\cdot 2x}{(y^2+x^2)^4}=\frac{12x^2y^2-4y^4}{(y^2+x^2)^3}=\frac{4y^2(3x^2-y^2)}{(y^2+x^2)^3}$$

$$\frac{\partial^2 z}{\partial x\partial y}=\frac{-8xy(y^2+x^2)^2+4xy^2\cdot 2(y^2+x^2)\cdot 2y}{(y^2+x^2)^4}=\frac{8xy^3-8x^3y}{(y^2+x^2)^3}=\frac{8xy(y^2-x^2)}{(y^2+x^2)^3}$$

$$\frac{\partial z}{\partial y}=\frac{2y(y^2+x^2)-(y^2-x^2)\cdot 2y}{(y^2+x^2)^2}=\frac{2y^3+2yx^2-2y^3+2yx^2}{(y^2+x^2)^2}=\frac{4yx^2}{(y^2+x^2)^2}$$

$$\frac{\partial^2 z}{\partial y^2}=\frac{4x^2(y^2+x^2)^2-4yx^2\cdot 2(y^2+x^2)\cdot 2y}{(y^2+x^2)^4}=\frac{4x^4-12x^2y^2}{(y^2+x^2)^3}=\frac{4x^2(x^2-3y^2)}{(y^2+x^2)^3}$$

2. 求下列函数在点 $O(0,0)$ 处的带佩亚诺型余项的二阶泰勒公式：

(1) $f(x,y)=\sqrt{1-x^2-y^2}$；　(2) $f(x,y)=\ln(1+x+y)$；　(3) $f(x,y)=\sin(x^2+y^2)$.

解　(1) $f(0,0)=1$,

$$f'_x=\frac{-x}{\sqrt{1-x^2-y^2}},\quad f'_x(0,0)=0;\quad f'_y=\frac{-y}{\sqrt{1-x^2-y^2}},\quad f'_y(0,0)=0;$$

$$f''_{xx}=\frac{y^2-1}{(1-x^2-y^2)^{\frac{3}{2}}},\quad f''_{xx}(0,0)=-1;$$

$$f''_{xy}=\frac{-xy}{(1-x^2-y^2)^{\frac{3}{2}}},\quad f''_{xy}(0,0)=0;$$

$$f''_{yy}=\frac{x^2-1}{(1-x^2-y^2)^{\frac{3}{2}}},\quad f''_{yy}(0,0)=-1$$

所以二阶泰勒公式为

$$f(x,y)=1-\frac{1}{2}(x^2+y^2)+o(x^2+y^2)$$

(2) $f(0,0)=0$,

$$f_x=\frac{1}{1+x+y},\quad f'_x(0,0)=1;\quad f_y=\frac{1}{1+x+y},\quad f'_y(0,0)=1;$$

$$f''_{xx}=\frac{-1}{(1+x+y)^2},\quad f''_{xx}(0,0)=-1;$$

$$f''_{xy}=\frac{-1}{(1+x+y)^2},\quad f''_{xy}(0,0)=-1;$$

$$f''_{yy}=\frac{-1}{(1+x+y)^2},\quad f''_{yy}(0,0)=-1$$

所以二阶泰勒公式为

$$f(x,y)=x+y-\frac{1}{2}(x^2+2xy+y^2)+o(x^2+y^2)$$

(3) $f(0,0)=0$,

$$f'_x=2x\cos(x^2+y^2),\quad f'_x(0,0)=0,\quad f'_y=2y\cos(x^2+y^2),\quad f'_y(0,0)=0;$$

$f''_{xx}=2\cos(x^2+y^2)-4x^2\sin(x^2+y^2)$，　$f''_{xx}(0,0)=2$；

$f''_{xy}=-4xy\sin(x^2+y^2)$，　$f''_{xy}(0,0)=0$；

$f''_{yy}=2\cos(x^2+y^2)-4y^2\sin(x^2+y^2)$，　$f''_{yy}(0,0)=2$

所以二阶泰勒公式为

$$f(x,y)=\frac{1}{2}(2x^2+2y^2)+o(x^2+y^2)=x^2+y^2+o(x^2+y^2)$$

练习 7.6

1. 求下列函数的极值，并判断是极大值还是极小值：

(1) $z=x^3+y^3-3xy$；　　(2) $z=x^4+y^4$；

(3) $z=xy+\frac{1}{x}+\frac{1}{y}$；　　(4) $z=2xy-3x^3-2y^2+1$；

(5) $z=x^2+y^2-2\ln x-2\ln y, x>0, y>0$；

(6) $z=\sin x+\sin y+\sin(x+y), 0\leqslant x\leqslant\frac{\pi}{2}, 0\leqslant y\leqslant\frac{\pi}{2}$；

(7) $z=(x+y^2)e^{\frac{1}{2}x}$；　　(8) $z=(a-x-y)xy(a\neq 0)$.

解　(1) $z'_x=3x^2-3y, z'_y=3y^2-3x$ 解方程组 $\begin{cases}3x^2-3y=0\\3y^2-3x=0\end{cases}$

得驻点(0,0),(1,1)

$z''_{xx}=6x, z''_{xy}=-3, z''_{yy}=6y$

① (0,0)：$A=0, B=-3, C=0$

$B^2-AC=9>0$，无极值

② (1,1)：　$A=6, B=-3, C=6$

$B^2-AC=9-36<0$，有极值，又 $A>0$，所以有极小值

$z_{极小}(1,1)=1+1-3=-1$

(2) $z'_x=4x^3, z'_y=4y^3$ 解方程组 $\begin{cases}4x^3=0\\4y^3=0\end{cases}$

得驻点(0,0)

$z''_{xx}=12x^2, z''_{xy}=0, z''_{yy}=12y^2$

(0,0)：　$A=0, B=0, C=0$

$B^2-AC=0$，无法用该法判定极值

但由函数 $z=x^4+y^4$ 知，对任何(x,y)，$z\geqslant 0$，而 $z(0,0)=0$

所以函数在(0,0)处有极小值 $z_{极小}(0,0)=0$

(3) 解方程组 $\begin{cases}z'_x=y-\frac{1}{x^2}=0\\z'_y=x-\frac{1}{y^2}=0\end{cases}$ 得驻点(0,0),(1,1)

$z''_{xx}=2x^{-3}, z''_{xy}=1, z''_{yy}=2y^{-3}$

(0,0)：　$A=0, B=1, C=0$

$B^2-AC=1>0$ 无极值

(1,1)：　$A=2, B=1, C=2$

$B^2-AC=1-4<0$ 有极值；而 $A>0$，有极小值

$z_{极小}(1,1)=3$

(4) 解方程组 $\begin{cases} z_x'=2y-9x^2=0 \\ z_y'=2x-4y=0 \end{cases}$ 得驻点 $(0,0)$，$\left(\dfrac{1}{9},\dfrac{1}{18}\right)$

$z_{xx}''=-18x, z_{xy}''=2, z_{yy}''=-4$

$(0,0)$：　$A=0, B=2, C=-4$

$B^2-AC=4>0$　无极值

$\left(\dfrac{1}{9},\dfrac{1}{18}\right)$：　$A=-18\cdot\dfrac{1}{9}=-2, B=2, C=-4$

$B^2-AC=4-(-2)(-4)=-4<0$ 有极值；而 $A<0$，有极大值

$z_{极大}\left(\dfrac{1}{9},\dfrac{1}{18}\right)=1\dfrac{1}{486}$

(5) 解方程组 $\begin{cases} z_x'=2x-\dfrac{2}{x}=0 \\ z_y'=2y-\dfrac{2}{y}=0 \end{cases}$ 得驻点 $(1,1)$，$(1,-1)$，$(-1,-1)$，$(-1,1)$

由于 $x>0, y>0$，舍去后

$z_{xx}''=2+\dfrac{2}{x^2}, z_{xy}''=0, z_{yy}''=2+\dfrac{2}{y^2}$

$(1,1)$：　$A=4, B=0, C=4$

$B^2-AC=-16<0$，有极值；而 $A=4>0$，所以有极小值

$z_{极小}(1,1)=2$

(6) 解方程组

$$\begin{cases} z_x'=\cos x+\cos(x+y)=0 \\ z_y'=\cos y+\cos(x+y)=0 \end{cases} \Rightarrow \begin{cases} 2\cos\left(x+\dfrac{y}{2}\right)\cos\left(-\dfrac{y}{2}\right)=0 \\ 2\cos\left(y+\dfrac{x}{2}\right)\cos\left(-\dfrac{x}{2}\right)=0 \end{cases}$$

由 $\begin{cases} x+\dfrac{y}{2}=\dfrac{\pi}{2} \\ y+\dfrac{x}{2}=\dfrac{\pi}{2} \end{cases}$ 得唯一驻点 $\left(\dfrac{\pi}{3},\dfrac{\pi}{3}\right)$

$z_{xx}''=-\sin x-\sin(x+y), z_{xy}''=-\sin(x+y), z_{yy}''=-\sin y-\sin(x+y)$

$\left(\dfrac{\pi}{3},\dfrac{\pi}{3}\right)$：$A=-\dfrac{\sqrt{3}}{2}-\dfrac{\sqrt{3}}{2}=-\sqrt{3}, B=-\dfrac{\sqrt{3}}{2}, C=-\sqrt{3}$

$B^2-AC=\dfrac{3}{4}-3<0$，有极值；$A<0$，有极大值

$z_{极大}\left(\dfrac{\pi}{3},\dfrac{\pi}{3}\right)=\dfrac{3\sqrt{3}}{2}$

(7) 解方程组 $\begin{cases} z_x'=e^{\frac{1}{2}x}+\dfrac{1}{2}(x+y^2)e^{\frac{1}{2}x}=0 \\ z_y'=2ye^{\frac{1}{2}x}=0 \end{cases} \Rightarrow \begin{cases} 1+\dfrac{1}{2}x+\dfrac{1}{2}y^2=0 \\ y=0 \end{cases}$

得驻点 $(-2,0)$

$z_{xx}''=\dfrac{1}{2}e^{\frac{1}{2}x}+\dfrac{1}{2}e^{\frac{1}{2}x}+\dfrac{1}{4}(x+y^2)e^{\frac{1}{2}x}, z_{xy}''=ye^{\frac{1}{2}x}, z_{yy}''=2e^{\frac{1}{2}x}$

$(-2,0)$：$A=e^{-1}-\frac{1}{2}e^{-1}=\frac{1}{2}e^{-1},B=0,C=2e^{-1}$

$B^2-AC=0-e^{-2}<0$，有极值；$A=\frac{1}{2}e^{-1}>0$，有极小值

$z_{极小}(-2,0)=-2e^{-1}$

(8) 解方程组 $\begin{cases}z'_x=-xy+y(a-x-y)=0\\z'_y=-xy+x(a-x-y)=0\end{cases}\Rightarrow\begin{cases}y(-x+a-x-y)=0\\x(-y+a-x-y)=0\end{cases}$

得驻点 $(0,0),\left(\frac{a}{3},\frac{a}{3}\right),(0,a),(a,0)$

$z''_{xx}=-y-y=-2y,\quad z''_{xy}=-x+(a-x-y)-y=-2x-2y+a,z''_{yy}=-x-x=-2x$

$(0,0)$： $A=0,B=a,C=0$

$B^2-AC=a^2>0$ 无极值，

$(0,a)$： $A=-2a,B=-a,C=0$

$B^2-AC=a^2>0$ 无极值；

$(a,0)$： $A=0,B=-a,c=-2a$

$B^2-AC=a^2>0$ 无极值；

$\left(\frac{a}{3},\frac{a}{3}\right)$：$A=-\frac{2}{3}a,B=-\frac{1}{3}a,C=-\frac{2}{3}a$

$B^2-AC=\frac{1}{9}a^2-\frac{4}{9}a^2=-\frac{3}{9}a^2<0$ 有极值

当 $a>0$ 时，$A<0$ 有极大值，$z_{极大}\left(\frac{a}{3},\frac{a}{3}\right)=\frac{1}{27}a^3$

当 $a<0$ 时，$A>0$ 有极小值，$z_{极小}\left(\frac{a}{3},\frac{a}{3}\right)=\frac{1}{27}a^3$

2. 求下列函数在给定条件下的条件极值：

(1) $z=xy,x+y=2$；

(2) $z=xy-1,(x-1)(y-1)=1\qquad x>0,y>0$；

(3) $z=x+y,\frac{1}{x}+\frac{1}{y}=1,x>0,y>0$.

解 (1) 构造函数 $F(x,y,\lambda)=xy+\lambda(x+y-2)$

解方程组 $\begin{cases}F'_x=y+\lambda=0\\F'_y=x+\lambda=0\\x+y=2\end{cases}$ 得 $\lambda=-1,x=1,y=1$

$\varphi(x,y)=x+y-2,\varphi'_x=1,\varphi'_y=1$

$F''_{xx}=0,F''_{xy}=1,F''_{yy}=0\qquad dy=-\frac{\varphi'_x}{\varphi_y}dx=-dx$

$d^2F=0\cdot(dx)^2+2dxdy+0\cdot(dy)^2=-2(dx)^2$

$d^2F\Big|_{\substack{x=1\\y=1}}=-2(dx)^2<0$ 有极大值

$z_{极大}(1,1)=1$

(2) 构造函数 $F(x,y,\lambda)=xy-1+\lambda[(x-1)(y-1)-1]$

解方程组$\begin{cases}F'_x=y+\lambda(y-1)=0\\F'_y=x+\lambda(x-1)=0\\(x-1)(y-1)=1\end{cases}$　得两个驻点(0,0)(舍去),(2,2)

$\lambda=-2$

$F''_{xx}=0,F''_{xy}=1+\lambda,F''_{yy}=0$

$\varphi(x,y)=(x-1)(y-1)-1,\varphi'_x(x,y)=y-1,\varphi'_y(x,y)=x-1$

$\varphi'_x(2,2)=1\quad\varphi'_y(2,2)=1$

$\mathrm{d}y=-\dfrac{\varphi'_x(2,2)}{\varphi'_y(2,2)}\mathrm{d}x=-\mathrm{d}x$

$$\begin{aligned}\mathrm{d}^2F&=F''_{xx}(2,2)(\mathrm{d}x)^2+2F''_{xy}(2,2)\mathrm{d}x\mathrm{d}y+F''_{yy}(2,2)(\mathrm{d}y)^2\\&=-2(1+\lambda)(\mathrm{d}x)^2=-2(1-2)(\mathrm{d}x)^2=2(\mathrm{d}x)^2>0\end{aligned}$$

所以$z=xy-1$在(2,2)处取得极小值

$z_{极小}(2,2)=4-1=3$

(3) 构造函数$F(x,y,\lambda)=x+y+\lambda\left(\dfrac{1}{x}+\dfrac{1}{y}-1\right),\varphi(x,y)=\dfrac{1}{x}+\dfrac{1}{y}-1$

解方程组$\begin{cases}F'_x=1-\dfrac{\lambda}{x^2}=0\\F'_y=1-\dfrac{\lambda}{y^2}=0\\\dfrac{1}{x}+\dfrac{1}{y}=1\end{cases}$　得$\lambda=4$,驻点(2,2)

$F''_{xx}=\dfrac{2\lambda}{x^3},F''_{xy}=0,F''_{yy}=\dfrac{2\lambda}{y^3}$

$F''_{xx}(2,2,4)=1,F''_{xy}(2,2,4)=0,F''_{yy}(2,2,4)=1$

$\varphi'_x(x,y)=-\dfrac{1}{x^2},\varphi'_y(x,y)=-\dfrac{1}{y^2}$

$\varphi'_x(2,2)=-\dfrac{1}{4},\varphi'_y(2,2)=-\dfrac{1}{4}$

$\mathrm{d}y=-\dfrac{-\frac{1}{4}}{-\frac{1}{4}}\mathrm{d}x=-\mathrm{d}x$

$\mathrm{d}^2F\Big|_{\substack{x=2\\y=2\\\lambda=4}}=(\mathrm{d}x)^2+0+(-\mathrm{d}x)^2=2(\mathrm{d}x)^2>0$

所以$z=x+y$在(2,2)处取得极小值

$z_{极小}(2,2)=4$

3. 求下列函数的最值:

(1) $z=x^2+y^2-x-y$;　$x^2+y^2\leqslant1$;

(2) $z=x^2+y^2-x-y-xy$;　$x\geqslant0,y\geqslant0,x+y\leqslant3$.

解　(1) ① 先求函数在D内的驻点,解方程组$\begin{cases}z'_x=2x-1=0\\z'_y=2y-1=0\end{cases}$

得驻点$\left(\dfrac{1}{2},\dfrac{1}{2}\right),z\left(\dfrac{1}{2},\dfrac{1}{2}\right)=-\dfrac{1}{2}$

② 再求 $f(x,y)$在 D 边界上的最值

在边界 $x^2+y^2=1$ 将 $y=\pm\sqrt{1-x^2}$代入到 $z=x^2+y^2-x-y$

得:$z=1-x+\sqrt{1-x^2}$或 $z=1-x-\sqrt{1-x^2}$

$z_x'=-1-\dfrac{x}{\sqrt{1-x^2}}=\dfrac{-\sqrt{1-x^2}-x}{\sqrt{1-x^2}}=0$,得$\left(-\dfrac{\sqrt{2}}{2},-\dfrac{\sqrt{2}}{2}\right)$

$z_x'=-1+\dfrac{x}{\sqrt{1-x^2}}=\dfrac{-\sqrt{1-x^2}+x}{\sqrt{1-x^2}}=0$,得$\left(\dfrac{\sqrt{2}}{2},\dfrac{\sqrt{2}}{2}\right)$

$z\left(-\dfrac{\sqrt{2}}{2},-\dfrac{\sqrt{2}}{2}\right)=1+\sqrt{2}$,$z\left(\dfrac{\sqrt{2}}{2},\dfrac{\sqrt{2}}{2}\right)=1-\sqrt{2}$

综上所述,$z_{\max}\left(-\dfrac{\sqrt{2}}{2},-\dfrac{\sqrt{2}}{2}\right)=1+\sqrt{2}$,$z_{\min}\left(\dfrac{1}{2},\dfrac{1}{2}\right)=-\dfrac{1}{2}$

(2) ①先求函数在 D 内的驻点

解方程组$\begin{cases}z_x'=2x-1-y=0\\ z_y'=2y-1-x=0\end{cases}$ 得驻点$(1,1)$,$z(1,1)=-1$

② 再求 $f(x,y)$在 D 边界上的最值,如图 7-17 所示

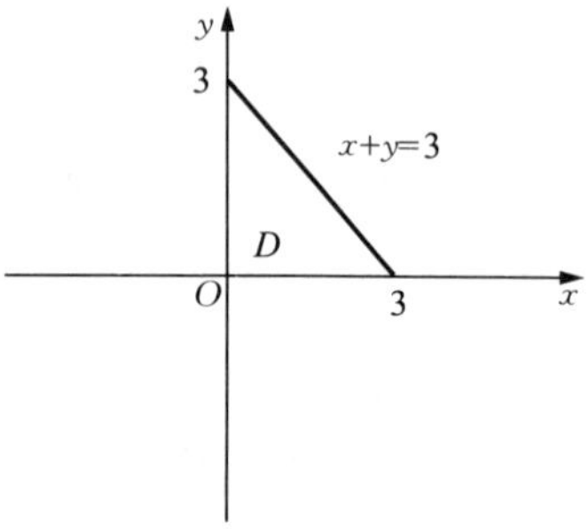

图 7-17

先算出,在$(0,0)$点,$z(0,0)=0$

在$(3,0)$点,$z(3,0)=9-3=6$

在$(0,3)$点,$z(0,3)=6$

在 $x=0$ 上 $z=y^2-y$,$z_y'=2y-1=0$,$y=\dfrac{1}{2}$

所以在$\left(0,\dfrac{1}{2}\right)$点,$z\left(0,\dfrac{1}{2}\right)=\dfrac{1}{4}-\dfrac{1}{2}=-\dfrac{1}{4}$

在 $y=0$ 上 $z=x^2-x$,$z_x'=2x-1=0$,$x=\dfrac{1}{2}$

所以在$\left(\dfrac{1}{2},0\right)$点,$z\left(\dfrac{1}{2},0\right)=-\dfrac{1}{4}$

在 $x+y=3$ 上 $y=3-x$ 代入函数中得 $z=3x^2-9x+6$

$z_x'=6x-9=0$,$x=\dfrac{3}{2}$,$y=\dfrac{3}{2}$

所以在$\left(\dfrac{3}{2},\dfrac{3}{2}\right)$点,$z\left(\dfrac{3}{2},\dfrac{3}{2}\right)=-\dfrac{3}{4}$

综上所述,$z_{\max}(3,0)=z_{\max}(0,3)=6$,$z_{\min}(1,1)=-1$

4. 求椭圆$\dfrac{x^2}{a^2}+\dfrac{y^2}{b^2}=1$ 内接矩形的最大面积.

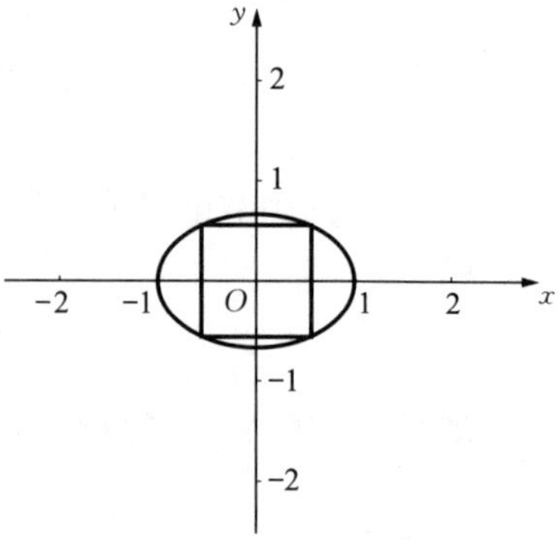

图 7-18

解 如图 7-18 所示,由方程$\dfrac{x^2}{a^2}+\dfrac{y^2}{b^2}=1$ 得

$$y=\pm\frac{b}{a}\sqrt{a^2-x^2}$$

设内接矩形的面积为 S

$$S=2x\cdot\frac{2b}{a}\sqrt{a^2-x^2}=\frac{4b}{a}x\cdot\sqrt{a^2-x^2}\ (x>0)$$

$$S_x'=\frac{4b}{a}\sqrt{a^2-x^2}-\frac{4b}{a}\cdot\frac{x^2}{\sqrt{a^2-x^2}}=\frac{4b}{a}\cdot\frac{a^2-2x^2}{\sqrt{a^2-x^2}}$$

令 $S_x'=0$　得 $x=\pm\frac{\sqrt{2}}{2}a$(负值舍去)，$x=\frac{\sqrt{2}}{2}a$ 是$(0,+\infty)$内的唯一驻点，

由于内接矩形最大面积一定存在，所以当 $x=\frac{\sqrt{2}}{2}a$ 时，面积最大，$S_{\max}=2ab$

5. 求曲线 $y=\sqrt{x}$上的动点到定点$(a,0)$的最小距离.

解　在曲线上取一点(x,y)，该点到$(a,0)$的距离为 $d=\sqrt{(x-a)^2+y^2}$

又 $y=\sqrt{x}$

所以 $d=\sqrt{(x-a)^2+y^2}$

又 $y=\sqrt{x}$ 所以 $d=\sqrt{(x-a)^2+x}=\sqrt{\left(x-a+\frac{1}{2}\right)^2+\left(a-\frac{1}{4}\right)}$

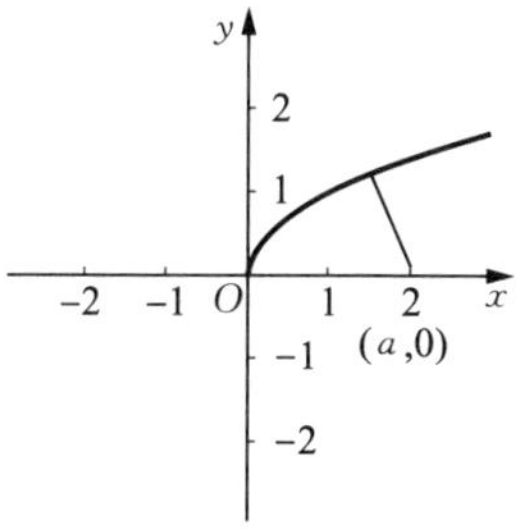

图 7-19

考虑 $d^2=\left(x-a+\frac{1}{2}\right)^2+\left(a-\frac{1}{4}\right)$

记 $d^2=f(x)$

$$f'(x)=2\left(x-a+\frac{1}{2}\right)\qquad(x\geqslant 0)$$

当 $a\leqslant\frac{1}{2}$时，$f'(x)\geqslant 0$

所以 d^2 在 $x=0$ 时取最小值$|a|^2$，即在 $x=0$ 时有最短距离 $d=|a|$

当 $a\geqslant\frac{1}{2}$时，令 $f'(x)=0$ 得 $x=a-\frac{1}{2}$　$f''(x)=2>0$

所以 d^2 也即 d 在 $x=a-\frac{1}{2}$时有最小值 $d=\sqrt{a-\frac{1}{4}}$

6. 设有一圆柱形容器，其容积 V 已定. 设其深度为 x，内径为 y，外壳厚度为 d. 求该容器外壳体积最小时的深度 x 与内径 y 之比.

解　根据题设条件

容积 $V=\pi\left(\frac{y}{2}\right)^2\cdot x$

设外壳体积为 V_1

$$V_1=\pi\left(\frac{y}{2}+d\right)^2(x+d)-\pi\left(\frac{y}{2}\right)^2x$$

构成函数：

$$F(x,y,\lambda)=\pi\left(\frac{y}{2}+d\right)^2(x+d)-\pi\left(\frac{y}{2}\right)^2x+\lambda\left[\pi\left(\frac{y}{2}\right)^2x-V\right]$$

解方程组：

$$\begin{cases}F_x'=\pi\left(\frac{y}{2}+d\right)^2-\frac{\pi}{4}y^2+\frac{\pi}{4}\lambda y^2=0 & ①\\ F_y'=\pi\left(\frac{y}{2}+d\right)(x+d)-\frac{\pi}{2}xy+\frac{\pi}{2}\lambda xy=0 & ②\\ V=\pi\left(\frac{y}{2}\right)^2x & ③\end{cases}$$

$\frac{①}{②}: \frac{\frac{y}{2}+d}{x+d}=\frac{\frac{\pi}{4}(\lambda-1)y^2}{\frac{\pi}{2}(\lambda-1)xy}, \frac{\frac{y}{2}+d}{x+d}=\frac{y}{2x}$

$xy+2dx=xy+dy, 2x=y, \frac{x}{y}=\frac{1}{2}$　代入③得 $x=\sqrt[3]{\frac{V}{\pi}}, y=2\sqrt[3]{\frac{V}{\pi}}$

由于容器外壳体积最小的事实存在，且可能的极值点的坐标 $x=\sqrt[3]{\frac{V}{\pi}}, y=2\sqrt[3]{\frac{V}{\pi}}$ 是唯一的，所以容器外壳体积最小时的深度 x 与内径 y 之比为 $1:2$

7. 一帐幕下部为圆柱形(图 7 - 20)，上部覆以圆锥形的篷顶，设帐幕容积 V 为一定数 k，今要使幕布最少；试证幕布尺寸间应有关系式：$R=\sqrt{5}H, h=2H$(R, H 分别为圆柱形底半径及高，h 为圆锥形的高).

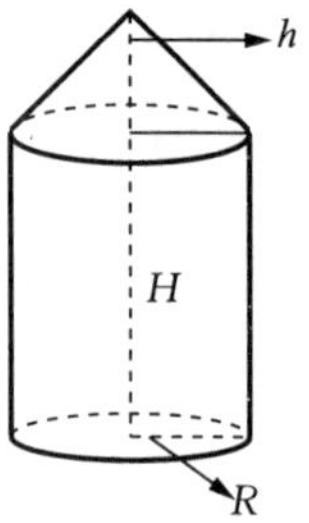

图 7 - 20

证明　设圆锥侧面积 $S_1=\pi Rl=\pi R\sqrt{R^2+h^2}$

圆柱形侧面积 $S_2=2\pi RH$

设整个帐幕面积 $S=S_1+S_2=\pi R\sqrt{R^2+h^2}+2\pi RH$

帐幕容积 $k=\frac{1}{3}\pi R^2h+\pi R^2H$，构成函数

$F(R,H,h,\lambda)=\pi R\sqrt{R^2+h^2}+2\pi RH+\lambda\left(\frac{1}{3}\pi R^2h+\pi R^2H-k\right)$

解方程组
$$\begin{cases} F'_R=\pi\sqrt{R^2+h^2}+\frac{\pi R^2}{\sqrt{R^2+h^2}}+2\pi H+\lambda\left(\frac{2}{3}\pi Rh+2\pi RH\right)=0 & ① \\ F'_H=2\pi R+\lambda\pi R^2=0 & ② \\ F'_h=\frac{\pi Rh}{\sqrt{R^2+h^2}}+\lambda\left(\frac{1}{3}\pi R^2\right)=0 & ③ \\ \frac{1}{3}\pi R^2h+\pi R^2H-k=0 & ④ \end{cases}$$

由式②得 $\lambda=-\frac{2}{R}$，代入式③得 $R^2=\frac{5}{4}h^2$　代入式①得 $h=2H, R=\sqrt{5}H$

由于幕布最小的事实一定存在，从而 $h=2H, R=\sqrt{5}H$ 是我们所证明的 R、H、h 间的关系式

8. 在平面 $3x-2z=0$ 上求一点，使它与点 $A(1,1,1)$ 和点 $B(2,3,4)$ 的距离平方和最小.

解　平面 $3x-2z=0$ 上取一点 (x,y,z)，设其平方和为 $f(x,y,z)$，则

$f(x,y,z)=(x-1)^2+(y-1)^2+(z-1)^2+(x-2)^2+(y-3)^2+(z-4)^2$

构造函数：

$F(x,y,z)=(x-1)^2+(y-1)^2+(z-1)^2+(x-2)^2+(y-3)^2+(z-4)^2+\lambda(3x-2z)$

解方程组：
$$\begin{cases} F'_x=2(x-1)+2(x-2)+3\lambda=0 & ① \\ F'_y=2(y-1)+2(y-3)=0 & ② \\ F'_z=2(z-1)+2(z-4)-2\lambda=0 & ③ \\ 3x-2z=0 & ④ \end{cases}$$

由式①得 $x=\frac{1}{4}(6-3\lambda)$，由式③得 $z=\frac{1}{2}(5+\lambda)$

将 x, z 代入式④，得 $\lambda=-\frac{2}{13}$，从而 $x=\frac{21}{13}, y=2, z=\frac{63}{26}$

由于 x,y,z 是唯一的点，因此$\left(\frac{21}{13},2,\frac{63}{26}\right)$为所求的点

9. 把正数 a 分成 3 个正数之和，使它们的乘积为最大.

解　把正数 a 分成 3 个正数为 x,y,z，则 $x+y+z=a$

设其积为 $f(x,y,z)=xyz$

构成函数：$F(x,y,z)=xyz+\lambda(x+y+z-a)$

解方程组：$\begin{cases} F'_x=yz+\lambda=0 & ① \\ F'_y=xz+\lambda=0 & ② \\ F'_z=xy+\lambda=0 & ③ \\ x+y+z=a & ④ \end{cases}$

$\frac{①}{②}$：$x=y$，$\frac{②}{③}$：$y=z$，所以 $x=y=z$ 代入式④得

$x=y=z=\frac{a}{3}$，即将 a 等分时，乘积为$\frac{a^3}{27}$最大

10. 在曲线 $y^2=4x$ 上求一点，使其到点(2,8)的距离最小.

解　在 $y^2=4x$ 上取一点(x,y)，设点(x,y)与点(2,8)的距离为 $f(x,y)=\sqrt{(x-2)^2+(y-8)^2}$

构成函数：$f(x,y,\lambda)=\sqrt{(x-2)^2+(y-8)^2}+\lambda(y^2-4x)$

解方程组：$\begin{cases} F'_x=\dfrac{x-2}{\sqrt{(x-2)^2+(y-8)^2}}-4\lambda=0 & ① \\ F'_y=\dfrac{y-8}{\sqrt{(x-2)^2+(y-8)^2}}+2\lambda y=0 & ② \\ y^2=4x & ③ \end{cases}$

$\frac{①}{②}$：$xy=16$，$x=\frac{16}{y}$代入式③得 $y=4,x=4$

所以(4,4)为所求的点

练习 7.7

1. 将二重积分$\iint\limits_D f(x,y)\mathrm{d}x\mathrm{d}y$ 按两种次序化为累次积分，积分区域 D 分别给定如下：

(1) D 由曲线 $y=x^3$ 与直线 $y=1$，$x=-1$ 所围成，如图 7-21 所示；

(2) D 由圆 $x^2+y^2\leqslant 4$ 所围成，如图 7-22 所示；

(3) D 由直线 $y=2x$，$y=0$ 及 $x=3$ 所围成，如图 7-23 所示.

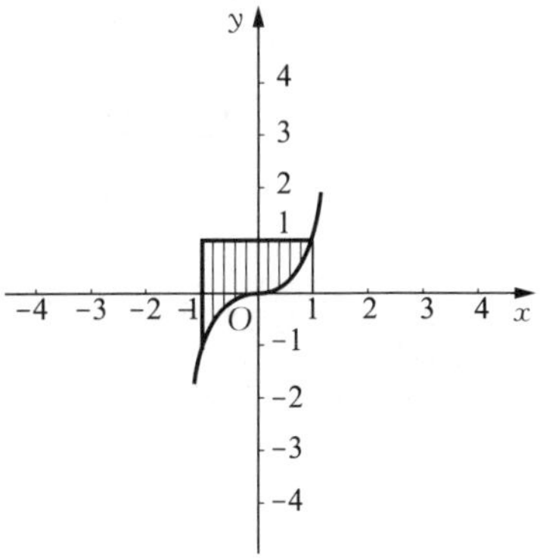

图 7-21

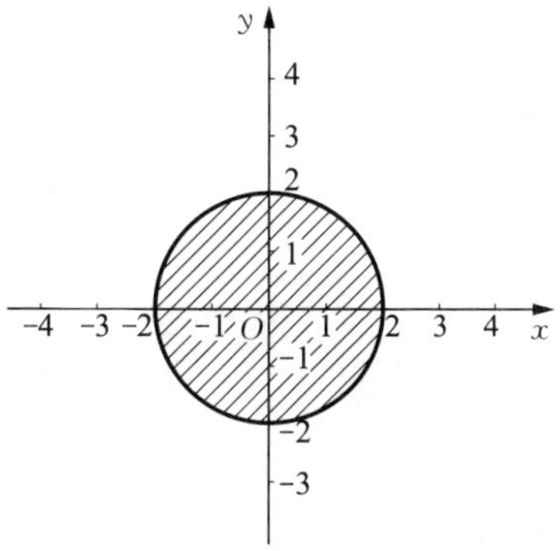

图 7-22

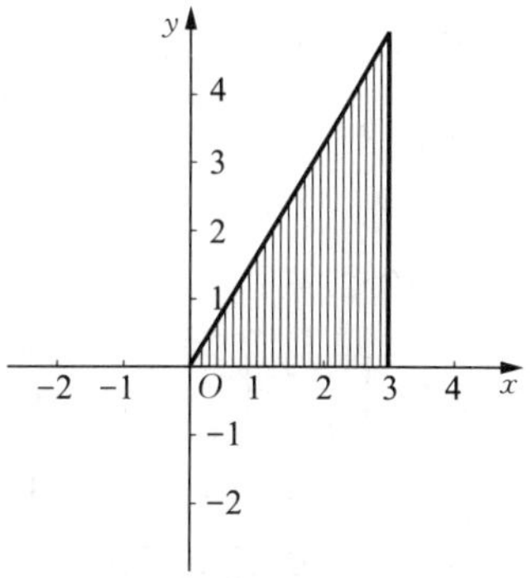

图 7-23

解 (1) x-型 $D:-1\leqslant x\leqslant 1, x^3\leqslant y\leqslant 1$

所以$\iint\limits_D f(x,y)\mathrm{d}x\mathrm{d}y=\int_{-1}^{1}\mathrm{d}x\int_{x^3}^{1}f(x,y)\mathrm{d}y$

y-型 $D:-1\leqslant y\leqslant 1, -1\leqslant x\leqslant \sqrt[3]{y}$

所以$\iint\limits_D f(x,y)\mathrm{d}x\mathrm{d}y=\int_{-1}^{1}\mathrm{d}y\int_{-1}^{\sqrt[3]{y}}f(x,y)\mathrm{d}x$

(2) 由 $x^2+y^2=4, y=\pm\sqrt{4-x^2}$

x-型 $D:-2\leqslant x\leqslant 2, -\sqrt{4-x^2}\leqslant y\leqslant\sqrt{4-x^2}$

y-型 $D:-2\leqslant y\leqslant 2, -\sqrt{4-y^2}\leqslant x\leqslant\sqrt{4-y^2}$

所以$\iint\limits_D f(x,y)\mathrm{d}x\mathrm{d}y=\int_{-2}^{2}\mathrm{d}x\int_{-\sqrt{4-x^2}}^{\sqrt{4-x^2}}f(x,y)\mathrm{d}y=\int_{-2}^{2}\mathrm{d}y\int_{-\sqrt{4-y^2}}^{\sqrt{4-y^2}}f(x,y)\mathrm{d}x$

(3) x-型 $D:0\leqslant x\leqslant 3, 0\leqslant y\leqslant 2x$

所以$\iint\limits_D f(x,y)\mathrm{d}x\mathrm{d}y=\int_{0}^{3}\mathrm{d}x\int_{0}^{2x}f(x,y)\mathrm{d}y$

y-型 $D:0\leqslant y\leqslant 6, \frac{y}{2}\leqslant x\leqslant 3$

所以$\iint\limits_D f(x,y)\mathrm{d}x\mathrm{d}y=\int_{0}^{6}\mathrm{d}y\int_{\frac{y}{2}}^{3}f(x,y)\mathrm{d}x$

2. 交换下列积分的次序:

(1) $\int_0^1\mathrm{d}y\int_0^y f(x,y)\mathrm{d}x$; (2) $\int_{-1}^{1}\mathrm{d}x\int_{-\sqrt{1-x^2}}^{1-x^2}f(x,y)\mathrm{d}y$;

(3) $\int_0^1\mathrm{d}y\int_y^{\sqrt{y}}f(x,y)\mathrm{d}x$; (4) $\int_0^2\mathrm{d}x\int_x^{2x}f(x,y)\mathrm{d}y$;

(5) $\int_0^1\mathrm{d}x\int_{1-x^2}^{1}f(x,y)\mathrm{d}y+\int_1^{\mathrm{e}}\mathrm{d}x\int_{\ln x}^{1}f(x,y)\mathrm{d}y$;

(6) $\int_0^1\mathrm{d}y\int_0^{\sqrt[3]{y}}f(x,y)\mathrm{d}x+\int_1^2\mathrm{d}y\int_0^{2-y}f(x,y)\mathrm{d}x$.

解 (1) y-型 $D:0\leqslant y\leqslant 1, 0\leqslant x\leqslant y$

x-型 $D:0\leqslant x\leqslant 1, x\leqslant y\leqslant 1$(图 7-24)

所以$\int_0^1\mathrm{d}y\int_0^y f(x,y)\mathrm{d}x=\int_0^1\mathrm{d}x\int_x^1 f(x,y)\mathrm{d}y$

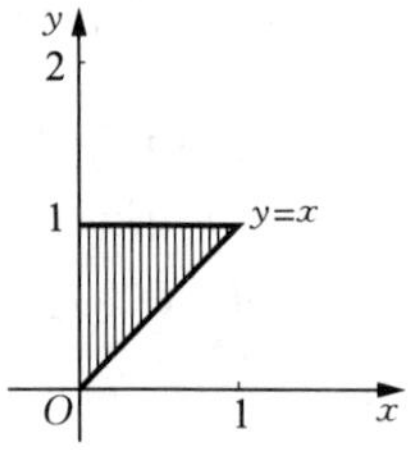

图 7-24

(2) x-型 $D:-1\leqslant x\leqslant 1, -\sqrt{1-x^2}\leqslant y\leqslant 1-x^2$

由 $x^2+y^2=1, x=\pm\sqrt{1-y^2}$

$y=1-x^2, x=\pm\sqrt{1-y}$(图 7-25)

y-型 $D_1:-1\leqslant y\leqslant 0, -\sqrt{1-y^2}\leqslant x\leqslant\sqrt{1-y^2}$

$D_2: 0\leqslant y\leqslant 1, -\sqrt{1-y}\leqslant x\leqslant\sqrt{1-y}$

所以$\int_{-1}^{1}\mathrm{d}x\int_{-\sqrt{1-x^2}}^{1-x^2}f(x,y)\mathrm{d}y=\int_{-1}^{0}\mathrm{d}y\int_{-\sqrt{1-y^2}}^{\sqrt{1-y^2}}f(x,y)\mathrm{d}x+\int_0^1\mathrm{d}y\int_{-\sqrt{1-y}}^{\sqrt{1-y}}f(x,y)\mathrm{d}x$

(3) y-型 $0\leqslant y\leqslant 1, y\leqslant x\leqslant\sqrt{y}$

x-型 $0\leqslant x\leqslant 1, x^2\leqslant y\leqslant x$(图 7-26)

所以$\int_0^1 dy\int_y^{\sqrt{y}} f(x,y)dx=\int_0^1 dx\int_{x^2}^{x} f(x,y)dy$

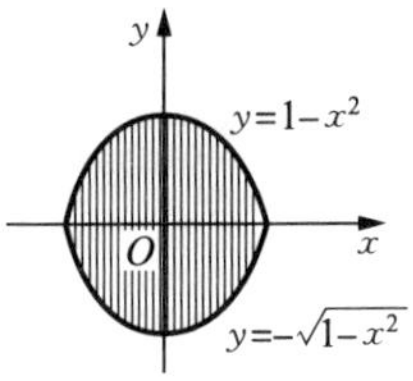

图 7－25

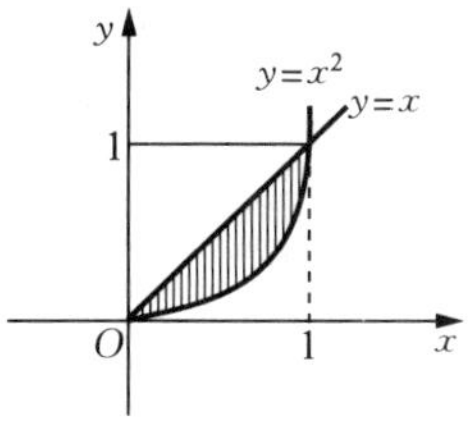

图 7－26

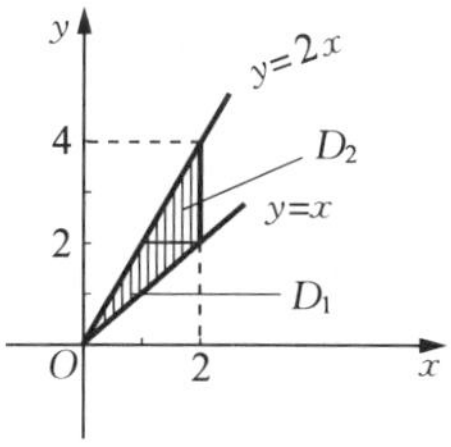

图 7－27

(4) x-型，D：$0\leqslant x\leqslant 2, x\leqslant y\leqslant 2x$(图 7－27)

y-型　$D=D_1+D_2$

D_1：$0\leqslant y\leqslant 2,\frac{y}{2}\leqslant x\leqslant y$

D_2：$2\leqslant y\leqslant 4,\frac{y}{2}\leqslant x\leqslant 2$

所以$\int_0^2 dx\int_x^{2x} f(x,y)dy=\int_2^2 dy\int_{\frac{y}{2}}^{y} f(x,y)dx+\int_2^4 dy\int_{\frac{y}{2}}^{2} f(x,y)dx$

(5) x-型，　$D=D_1+D_2$

D_1：$0\leqslant x\leqslant 1,1-x^2\leqslant y\leqslant 1$

D_2：$1\leqslant x\leqslant e,\ln x\leqslant y\leqslant 1$

y-型　D：$0\leqslant y\leqslant 1,\sqrt{1-y}\leqslant x\leqslant e^y$(图 7－28)

所以$\int_0^1 dx\int_{1-x^2}^{1} f(x,y)dy+\int_1^e dx\int_{\ln x}^{1} f(x,y)dy=\int_0^1 dy\int_{\sqrt{1-y}}^{e^y} f(x,y)dx$

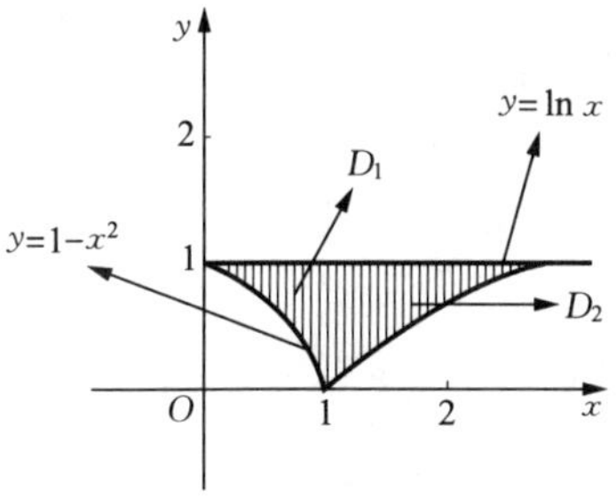

图 7－28

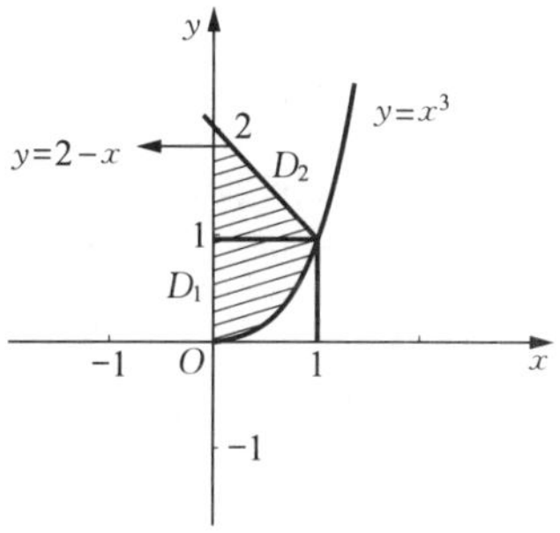

图 7－29

(6) y-型，$D=D_1+D_2$

D_1：$0\leqslant y\leqslant 1,0\leqslant x\leqslant \sqrt[3]{y}$

D_2：$1\leqslant y\leqslant 2,0\leqslant x\leqslant 2-y$

x-型　D：$0\leqslant x\leqslant 1,x^3\leqslant y\leqslant 2-x$(图 7－29)

所以$\int_0^1 dy\int_0^{\sqrt[3]{y}} f(x,y)dx+\int_1^2 dy\int_0^{2-y} f(x,y)dx=\int_0^1 dx\int_{x^3}^{2-x} f(x,y)dy$

3. 计算下列二重积分：

(1) $\int_0^1 dx\int_1^2 (x^2+y^2)dy$；　　(2) $\int_1^2 dx\int_x^{\sqrt{3}x} xydy$；

(3) $I=\iint\limits_D (3x^2+4x^3y^3)\mathrm{d}x\mathrm{d}y$,其中 D 是由 $x=1, y=x^3, y=-\sqrt{x}$ 所围成的区域;

(4) $I=\iint\limits_D y\mathrm{e}^{xy}\mathrm{d}x\mathrm{d}y$, D 是由 $y=\ln 2, y=\ln 3, x=2, x=4$ 所围成的区域;

(5) $I=\iint\limits_D 4y^2\sin(xy)\mathrm{d}x\mathrm{d}y$, D 是由 $x=0, y=\sqrt{\dfrac{\pi}{2}}, y=x$ 所围成的区域;

(6) $\int_0^1 \mathrm{d}x\int_x^{\sqrt[3]{x}} \mathrm{e}^{\frac{y^2}{2}}\mathrm{d}y$;　　(7) $\int_0^1 \mathrm{d}x\int_x^{\sqrt{x}} \dfrac{\sin y}{y}\mathrm{d}y$;

(8) $\int_1^5 \mathrm{d}y\int_y^5 \dfrac{\mathrm{d}x}{y\ln x}$;　　(9) $\int_1^3 \mathrm{d}x\int_{x-1}^2 \sin y^2\mathrm{d}y$;

(10) $\int_0^1 x^5\mathrm{d}x\int_{x^2}^1 \mathrm{e}^{-y^2}\mathrm{d}y$;　　(11) $\int_0^{\frac{\pi}{6}} \mathrm{d}y\int_y^{\frac{\pi}{6}} \dfrac{\cos x}{x}\mathrm{d}x$;

(12) $I=\iint\limits_D \mathrm{e}^{x^2}\mathrm{d}x\mathrm{d}y$, D 为第 Ⅰ 象限中由 $y=x$ 和 $y=x^3$ 所围成的区域;

(13) $\iint\limits_D \sqrt{|y-x|}\mathrm{d}x\mathrm{d}y$, D 由 $x=\pm 1$ 和 $y=\pm 1$ 四条直线所围成.

解　(1) 原式$=\int_0^1 \left[x^2y+\dfrac{1}{3}y^3\right]_1^2\mathrm{d}x=\int_0^1\left(x^2+\dfrac{7}{3}\right)\mathrm{d}x=\left[\dfrac{1}{3}x^3+\dfrac{7}{3}x\right]_0^1=2\dfrac{2}{3}$

(2) 原式$=\int_1^2 x\left[\dfrac{1}{2}y^2\right]_x^{\sqrt{3}x}\mathrm{d}x=\int_1^2\dfrac{1}{2}x(3x^2-x^2)\mathrm{d}x=\int_1^2 x^3\mathrm{d}x=\dfrac{1}{4}[x^4]_1^2=\dfrac{15}{4}=3\dfrac{3}{4}$

(3) 如图 7-30 所示,D:$0\leqslant x\leqslant 1, -\sqrt{x}\leqslant y\leqslant x^3$

所以 $I=\int_0^1 \mathrm{d}x\int_{-\sqrt{x}}^{x^3}(3x^2+4x^3y^3)\mathrm{d}y=\int_0^1 [3x^2y+x^3y^4]_{-\sqrt{x}}^{x^3}\mathrm{d}x$

$=\int_0^1 (3x^5+x^{15}+3x^{\frac{5}{2}}-x^5)\mathrm{d}x$

$=\int_0^1 (2x^5+x^{15}+3x^{\frac{5}{2}})\mathrm{d}x=\dfrac{1}{3}+\dfrac{1}{16}+\dfrac{6}{7}=\dfrac{421}{336}$

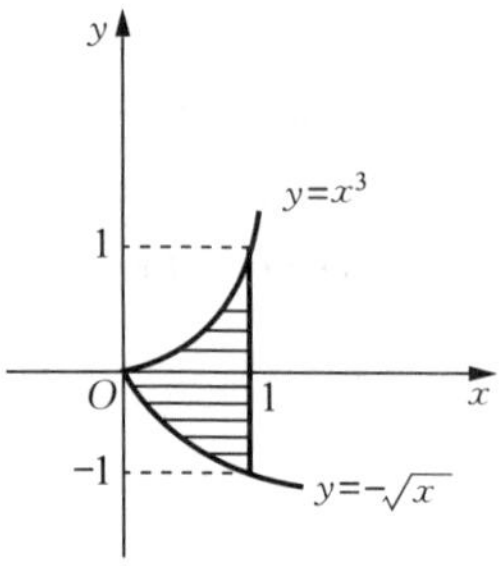

图 7-30

(4) D:$2\leqslant x\leqslant 4, \ln 2\leqslant y\leqslant \ln 3$

所以 $I=\int_2^4 \mathrm{d}x\int_{\ln 2}^{\ln 3} y\mathrm{e}^{xy}\mathrm{d}y=\int_{\ln 2}^{\ln 3}\mathrm{d}y\int_2^4 y\mathrm{e}^{xy}\mathrm{d}x=\int_{\ln 2}^{\ln 3}[\mathrm{e}^{xy}]_2^4\mathrm{d}y$

$=\int_{\ln 2}^{\ln 3}[\mathrm{e}^{4y}-\mathrm{e}^{2y}]\mathrm{d}y=\left[\dfrac{1}{4}\mathrm{e}^{4y}-\dfrac{1}{2}\mathrm{e}^{2y}\right]_{\ln 2}^{\ln 3}=\dfrac{1}{4}\mathrm{e}^{4\ln 3}-\dfrac{1}{2}\mathrm{e}^{2\ln 3}-\dfrac{1}{4}\mathrm{e}^{4\ln 2}+\dfrac{1}{2}\mathrm{e}^{2\ln 2}=13\dfrac{3}{4}$

(5) D:$0\leqslant y\leqslant\sqrt{\dfrac{\pi}{2}}, 0\leqslant x\leqslant y$

所以 $I=\int_0^{\sqrt{\frac{\pi}{2}}}\mathrm{d}y\int_0^y 4y^2\sin(xy)\mathrm{d}x=\int_0^{\sqrt{\frac{\pi}{2}}}4y\mathrm{d}y\int_0^y\sin(xy)\mathrm{d}(xy)$

$=-4\int_0^{\sqrt{\frac{\pi}{2}}} y[\cos(xy)]_0^y\mathrm{d}y=-4\int_0^{\sqrt{\frac{\pi}{2}}} y[\cos y^2-1]\mathrm{d}y$

$=-2\int_0^{\sqrt{\frac{\pi}{2}}}\cos y^2\mathrm{d}y^2+2[y^2]_0^{\sqrt{\frac{\pi}{2}}}=-2[\sin y^2]_0^{\sqrt{\frac{\pi}{2}}}+\pi$

$=-2+\pi=\pi-2$

(6) x-型　D:$0\leqslant x\leqslant 1$,　$x\leqslant y\leqslant x^{\frac{1}{3}}$(图 7-31)

y-型　D:$0\leqslant y\leqslant 1$,　$y^3\leqslant x\leqslant y$

所以$\int_0^1 dx\int_x^{\sqrt[3]{x}} e^{\frac{y^2}{2}}dy=\int_0^1 e^{\frac{y^2}{2}}dy\int_{y^3}^{y} dx=\int_0^1 e^{\frac{y^2}{2}}(y-y^3)dy$

$=\int_0^1 e^{\frac{y^2}{2}}d\left(\frac{y^2}{2}\right)-\int_0^1 y^2e^{\frac{y^2}{2}}d\left(\frac{y^2}{2}\right)=e^{\frac{1}{2}}-1-\int_0^1 y^2de^{\frac{y^2}{2}}$

$=e^{\frac{1}{2}}-1-[y^2e^{\frac{y^2}{2}}]_0^1+2\int_0^1 ye^{\frac{y^2}{2}}dy=e^{\frac{1}{2}}-1-e^{\frac{1}{2}}+2\int_0^1 e^{\frac{y^2}{2}}d\left(\frac{y^2}{2}\right)$

$=-1+2[e^{\frac{y^2}{2}}]_0^1=2e^{\frac{1}{2}}-3$

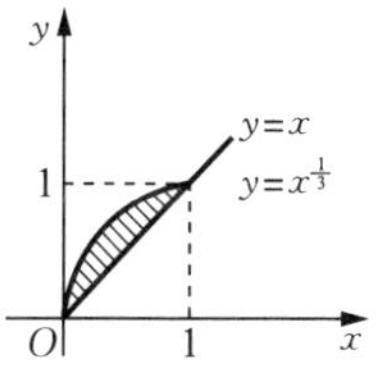

图 7-31

(7) x-型　D:$0\leqslant x\leqslant 1$，　$x\leqslant y\leqslant\sqrt{x}$(图 7-32)

y-型　D:$0\leqslant y\leqslant 1$，　$y^2\leqslant x\leqslant y$

$\int_0^1 dx\int_x^{\sqrt{x}}\frac{\sin y}{y}dy=\int_0^1\frac{\sin y}{y}dy\int_{y^2}^{y} dx$

$=\int_0^1 \sin ydy-\int_0^1 y\sin ydy=-[\cos y]_0^1+\int_0^1 yd\cos y$

$=-\cos 1+1+[y\cos y]_0^1-\int_0^1 \cos ydy$

$=-\cos 1+1+\cos 1-[\sin y]_0^1=1-\sin 1$

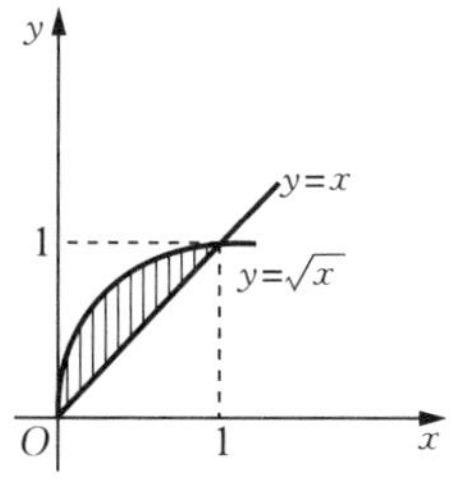

图 7-32

(8) y-型　D:$1\leqslant y\leqslant 5$，　$y\leqslant x\leqslant 5$

x-型　D:$1\leqslant x\leqslant 5$，　$1\leqslant y\leqslant x$(图 7-33)

所以$\int_1^5 dy\int_y^5\frac{dx}{y\ln x}=\int_1^5\frac{dx}{\ln x}\int_1^x\frac{1}{y}dy=\int_1^5\frac{1}{\ln x}[\ln y]_1^x dx=\int_1^5 dx=4$

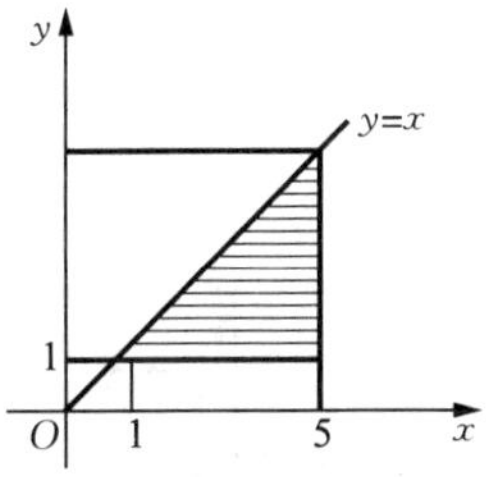

图 7-33

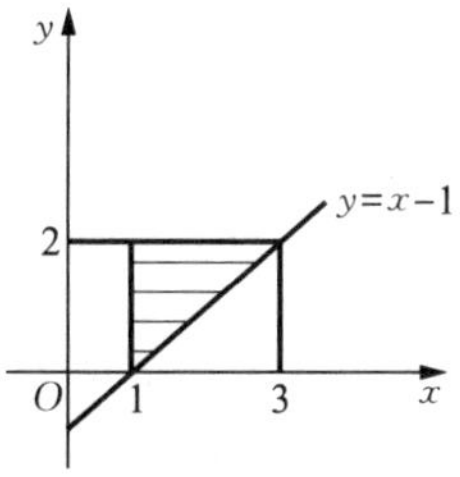

图 7-34

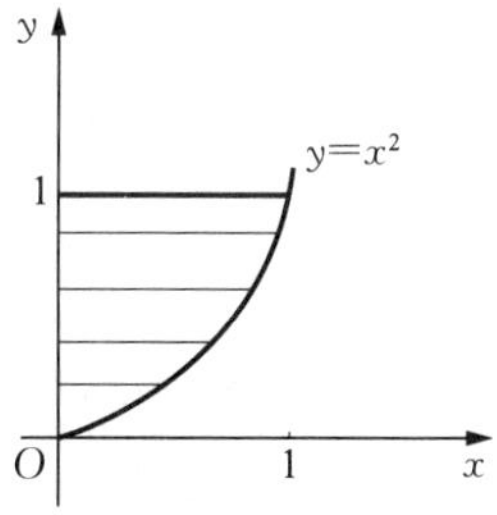

图 7-35

(9) x-型　D:$1\leqslant x\leqslant 3$，　$x-1\leqslant y\leqslant 2$(图 7-34)

y-型　D:$0\leqslant y\leqslant 2$，　$1\leqslant x\leqslant 1+y$

$\int_1^3 dx\int_{x-1}^2 \sin y^2dy=\int_0^2 \sin y^2dy\int_1^{1+y} dx=\int_0^2 y\sin y^2dy=\frac{1}{2}\int_0^2 \sin y^2dy^2$

$=-\frac{1}{2}[\cos y^2]_0^2=\frac{1}{2}(1-\cos 4)$

(10) x-型　D:$0\leqslant x\leqslant 1$，　$x^2\leqslant y\leqslant y$(图 7-35)

y-型　D:$0\leqslant y\leqslant 1$，　$0\leqslant x\leqslant\sqrt{y}$

所以$\int_0^1 x^5dx\int_{x^2}^1 e^{-y^2}dy=\int_0^1 e^{-y^2}dy\int_0^{\sqrt{y}} x^5dx=\frac{1}{6}\int_0^1 e^{-y^2}[x^6]_0^{\sqrt{y}}dy=\frac{1}{6}\int_0^1 e^{-y^2}y^3dy$

$=-\frac{1}{12}\int_0^1 y^2e^{-y^2}d(-y^2)=-\frac{1}{12}\int_0^1 y^2de^{-y^2}$

$=-\frac{1}{12}[y^2e^{-y^2}]_0^1+\frac{1}{6}\int_0^1 ye^{-y^2}dy=-\frac{1}{12}e^{-1}-\frac{1}{12}\int_0^1 e^{-y^2}d(-y^2)$

$=-\frac{1}{12}e^{-1}-\frac{1}{12}[e^{-y^2}]_0^1=\frac{1}{12}\left(1-\frac{2}{e}\right)$

(11) y-型　$D:0\leqslant y\leqslant \frac{\pi}{6}$，　$y\leqslant x\leqslant \frac{\pi}{6}$(图 7-36)

x-型　$D:0\leqslant x\leqslant \frac{\pi}{6}$，　$0\leqslant y\leqslant x$

所以$\int_0^{\frac{\pi}{6}}\mathrm{d}y\int_y^{\frac{\pi}{6}}\frac{\cos x}{x}\mathrm{d}x=\int_0^{\frac{\pi}{6}}\frac{\cos x}{x}\mathrm{d}x\int_0^x\mathrm{d}y=\int_0^{\frac{\pi}{6}}\cos x\mathrm{d}x=\left[\sin x\right]_0^{\frac{\pi}{6}}=\frac{1}{2}$

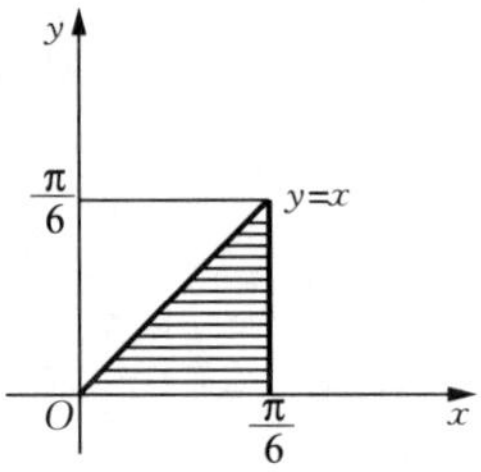

图 7-36

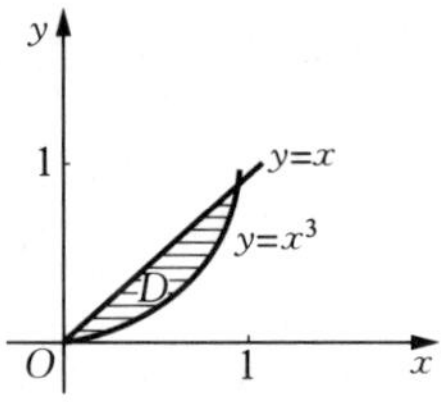

图 7-37

(12) $D(x$-型$):0\leqslant x\leqslant 1, x^3\leqslant y\leqslant x$(图 7-37)

所以$\iint\limits_D \mathrm{e}^{x^2}\mathrm{d}x\mathrm{d}y=\int_0^1\mathrm{e}^{x^2}\mathrm{d}x\int_{x^3}^x\mathrm{d}y=\int_0^1\mathrm{e}^{x^2}(x-x^3)\mathrm{d}x=\int_0^1 x\mathrm{e}^{x^2}\mathrm{d}x-\int_0^1 x^3\mathrm{e}^{x^2}\mathrm{d}x$

$$=\frac{1}{2}\int_0^1\mathrm{e}^{x^2}\mathrm{d}x^2-\frac{1}{2}\int_0^1 x^2\mathrm{e}^{x^2}\mathrm{d}x^2=\frac{1}{2}[\mathrm{e}^{x^2}]_0^1-\frac{1}{2}\int_0^1 x^2\mathrm{d}\mathrm{e}^{x^2}$$

$$=\frac{1}{2}(\mathrm{e}-1)-\frac{1}{2}[x^2\mathrm{e}^{x^2}]_0^1+\int_0^1 x\mathrm{e}^{x^2}\mathrm{d}x$$

$$=\frac{1}{2}(\mathrm{e}-1)-\frac{1}{2}\mathrm{e}+\frac{1}{2}[\mathrm{e}^{x^2}]_0^1$$

$$=-\frac{1}{2}+\frac{1}{2}\mathrm{e}-\frac{1}{2}=\frac{1}{2}\mathrm{e}-1$$

(13) 如图 7-38 所示，在积分区域 D 上被积函数应表示为

$$\sqrt{|y-x|}=\begin{cases}\sqrt{y-x}, y\geqslant x;\\ \sqrt{x-y}, y<x\end{cases}$$

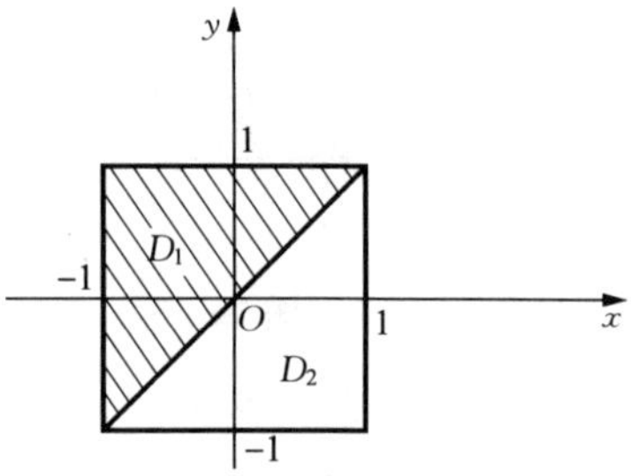

图 7-38

因 D 也要分块表示为 $D=D_1\cup D_2$

$(x$-型$):D_1:-1\leqslant x\leqslant 1, x\leqslant y\leqslant 1$

$D_2:-1\leqslant x\leqslant 1,-1\leqslant y\leqslant x$

所以$\iint\limits_D\sqrt{|y-x|}\mathrm{d}x\mathrm{d}y=\iint\limits_{D_1}\sqrt{y-x}\mathrm{d}x\mathrm{d}y+\iint\limits_{D_2}\sqrt{x-y}\mathrm{d}x\mathrm{d}y$

$$=\mathrm{d}x\int_x^1(y-x)^{\frac{1}{2}}\mathrm{d}y+\int_{-1}^1\mathrm{d}x\int_{-1}^x(x-y)^{\frac{1}{2}}\mathrm{d}y$$

$$=\frac{2}{3}\int_{-1}^1[(y-x)^{\frac{3}{2}}]_x^1\mathrm{d}x-\frac{2}{3}\int_{-1}^1[(x-y)^{\frac{3}{2}}]_{-1}^x\mathrm{d}x$$

$$=\frac{2}{3}\int_{-1}^1(1-x)^{\frac{3}{2}}\mathrm{d}x+\frac{2}{3}\int_{-1}^1(x+1)^{\frac{3}{2}}\mathrm{d}x$$

$$=-\frac{4}{15}[(1-x)^{\frac{5}{2}}]_{-1}^1+\frac{4}{15}[(x+1)^{\frac{5}{2}}]_{-1}^1=\frac{32}{15}\sqrt{2}$$

4. 利用极坐标计算下列二重积分：

(1) $\iint\limits_D \left(\frac{y}{x}\right)^2 \mathrm{d}x\mathrm{d}y$，$D$ 由 $y=\sqrt{1-x^2}$ 和 $y=x$ 及 $y=0$ 所围成，且 $x>0$；

(2) $\iint\limits_D \cos\sqrt{x^2+y^2}\,\mathrm{d}x\mathrm{d}y$，$D$ 为 $\{(x,y)\mid \pi^2\leqslant x^2+y^2\leqslant 4\pi^2\}$；

(3) $\iint\limits_D \arctan\frac{y}{x}\mathrm{d}\sigma$，$D$：$1\leqslant x^2+y^2\leqslant 4, x\geqslant 0, y\geqslant 0$（图 7－40）.

解　(1) 区域 D 在极坐标下

D'：$0\leqslant r\leqslant 1$，　$0\leqslant\theta\leqslant\frac{\pi}{4}$

所以 $\iint\limits_D \left(\frac{y}{x}\right)^2 \mathrm{d}x\mathrm{d}y=\iint\limits_{D'}\left(\frac{r\sin\theta}{r\cos\theta}\right)^2 r\mathrm{d}r\mathrm{d}\theta=\iint\limits_{D'}\tan^2\theta r\,\mathrm{d}r\mathrm{d}\theta=\int_0^{\frac{\pi}{4}}\tan^2\theta\mathrm{d}\theta\int_0^1 r\mathrm{d}r$

$$=\frac{1}{2}\int_0^{\frac{\pi}{4}}(\sec^2\theta-1)\mathrm{d}\theta=\frac{1}{2}\Big[\tan\theta-\theta\Big]_0^{\frac{\pi}{4}}=\frac{1}{2}-\frac{\pi}{8}$$

(2) 如图 7－39 所示，区域 D 在极坐标下

D'：$\pi\leqslant r\leqslant 2\pi$，　$0\leqslant\theta\leqslant 2\pi$

所以 $\iint\limits_D \cos\sqrt{x^2+y^2}\,\mathrm{d}x\mathrm{d}y=\iint\limits_{D'}\cos r\cdot r\mathrm{d}r\mathrm{d}\theta=\int_0^{2\pi}\mathrm{d}\theta\int_\pi^{2\pi}r\cos r\mathrm{d}r=2\pi\int_\pi^{2\pi}r\mathrm{d}\sin r$

$$=2\pi[r\sin r]_\pi^{2\pi}-2\pi\int_\pi^{2\pi}\sin r\mathrm{d}r=2\pi[\cos r]_\pi^{2\pi}=4\pi$$

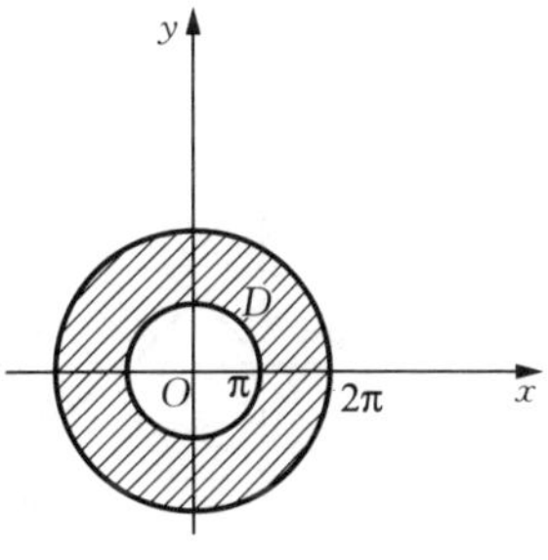

图 7－39

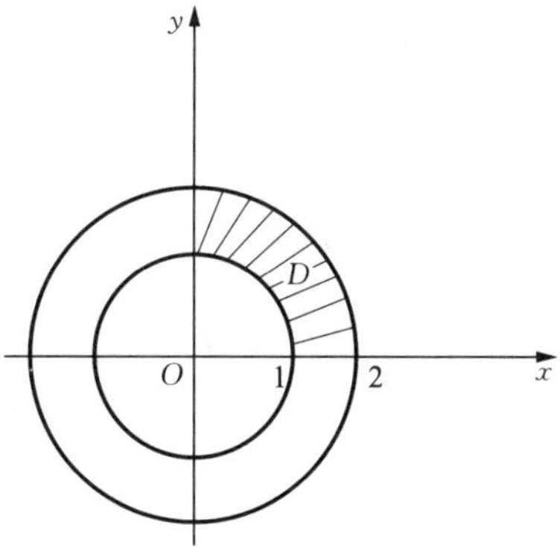

图 7－40

(3) 区域 D 在极坐标下

D'：$1\leqslant r\leqslant 2$，　$0\leqslant\theta\leqslant\frac{\pi}{2}$

所以 $\iint\limits_D \arctan\frac{y}{x}\mathrm{d}\sigma=\iint\limits_{D'}\arctan\frac{r\sin\theta}{r\cos\theta}r\mathrm{d}r\mathrm{d}\theta=\iint\limits_{D'}\theta r\,\mathrm{d}r\mathrm{d}\theta=\int_0^{\frac{\pi}{2}}\theta\mathrm{d}\theta\int_1^2 r\mathrm{d}r$

$$=\frac{1}{2}\Big[\theta^2\Big]_0^{\frac{\pi}{2}}\cdot\frac{1}{2}[r^2]_1^2=\frac{3}{16}\pi^2$$

5. 利用二重积分计算下列曲线所围成的区域的面积：

(1) $y=x^2$ 与 $y=\sqrt{x}$；　　(2) $x^2+y^2=1$ 与 $y=\sqrt{2}x^2$；

(3) $\sqrt{x}+\sqrt{y}=\sqrt{3}$，$x+y=3$；　　(4) $y=\sin x$，$y=\cos x$，$\frac{\pi}{4}\leqslant x\leqslant\frac{5\pi}{4}$.

解　(1) D：$0\leqslant x\leqslant 1$，$x^2\leqslant y\leqslant\sqrt{x}$

所以 $\sigma=\iint\limits_D \mathrm{d}x\mathrm{d}y=\int_0^1\mathrm{d}x\int_{x^2}^{\sqrt{x}}\mathrm{d}y=\int_0^1(\sqrt{x}-x^2)\mathrm{d}x$

$=\frac{2}{3}-\frac{1}{3}=\frac{1}{3}$

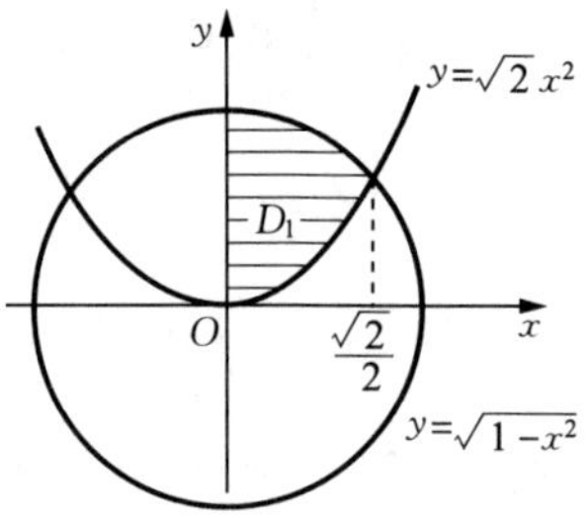

图 7-41

(2) 如图 7-41 所示,解方程组 $\begin{cases}x^2+y^2=1\\ y=\sqrt{2}x^2\end{cases}\Rightarrow x=\pm\frac{\sqrt{2}}{2}$

$D_1:0\leqslant x\leqslant\frac{\sqrt{2}}{2},\sqrt{2}x^2\leqslant y\leqslant\sqrt{1-x^2}$

所以 $\sigma=2\iint\limits_{D_1}\mathrm{d}x\mathrm{d}y=2\int_0^{\frac{\sqrt{2}}{2}}\mathrm{d}x\int_{\sqrt{2}x^2}^{\sqrt{1-x^2}}\mathrm{d}y=2\int_0^{\frac{\sqrt{2}}{2}}(\sqrt{1-x^2}-\sqrt{2}x^2)\mathrm{d}x$

$=2\left[\frac{1}{2}\arcsin x+\frac{x}{2}\sqrt{1-x^2}\right]_0^{\frac{\sqrt{2}}{2}}-2\cdot\frac{\sqrt{2}}{3}x^3\Big|_0^{\frac{\sqrt{2}}{2}}$

$=2\left(\frac{\pi}{8}+\frac{1}{4}\right)-\frac{1}{3}=\frac{\pi}{4}+\frac{1}{6}$

(3) 如图 7-42 所示,$D:0\leqslant x\leqslant 3,\quad (\sqrt{3}-\sqrt{x})^2\leqslant y\leqslant 3-x$

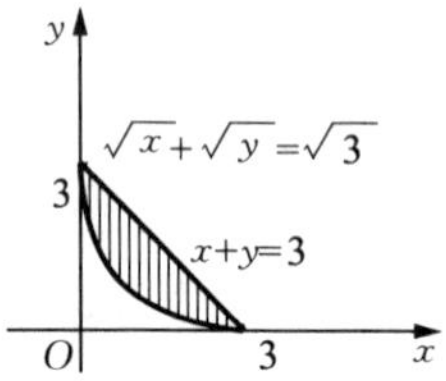

图 7-42

所以 $\sigma=\iint\limits_D\mathrm{d}\sigma=\int_0^3\mathrm{d}x\int_{(\sqrt{3}-\sqrt{x})^2}^{3-x}\mathrm{d}y$

$=\int_0^3(3-x-3+2\sqrt{3x}-x)\mathrm{d}x=\int_0^3(2\sqrt{3x}-2x)\mathrm{d}x$

$=2\sqrt{3}\cdot\frac{2}{3}[x^{\frac{3}{2}}]_0^3-[x^2]_0^3=12-9=3$

(4) 如图 7-43 所示,$D:\frac{\pi}{4}\leqslant x\leqslant\frac{5\pi}{4},\quad \cos x\leqslant y\leqslant\sin x$

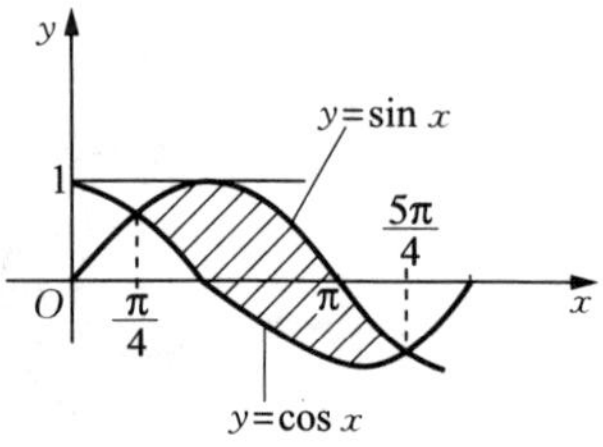

图 7-43

所以 $\sigma=\iint\limits_D\mathrm{d}x\mathrm{d}y=\int_{\frac{\pi}{4}}^{\frac{5\pi}{4}}\mathrm{d}x\int_{\cos x}^{\sin x}\mathrm{d}y$

$=\int_{\frac{\pi}{4}}^{\frac{5\pi}{4}}(\sin x-\cos x)\mathrm{d}x=-[\cos x]_{\frac{\pi}{4}}^{\frac{5\pi}{4}}-[\sin x]_{\frac{\pi}{4}}^{\frac{5\pi}{4}}$

$=-\left(\cos\frac{5}{4}\pi-\cos\frac{\pi}{4}\right)-\left(\sin\frac{5}{4}\pi-\sin\frac{\pi}{4}\right)$

$=2\cos\frac{\pi}{4}+2\sin\frac{\pi}{4}=4\times\frac{\sqrt{2}}{2}=2\sqrt{2}$

6. 利用二重积分计算下列曲面所围成的立体体积:

(1) $x+2y+3z=1,x=0,y=0,z=0$;

(2) $x^2+y^2=1,x+y+z=3,z=0$;

(3) $y=x^2,x=y^2,z=0,z=12+y-x^2$;

(4) $z=0,y=0,x=0,z=6,z=x+y$;

(5) $\frac{x^2}{a^2}+\frac{y^2}{b^2}+\frac{z^2}{c^2}=1$.

解 (1) $z=\frac{1}{3}(1-x-2y)\qquad D:0\leqslant x\leqslant 1,0\leqslant y\leqslant\frac{1}{2}(1-x)$,如图 7-44 所示

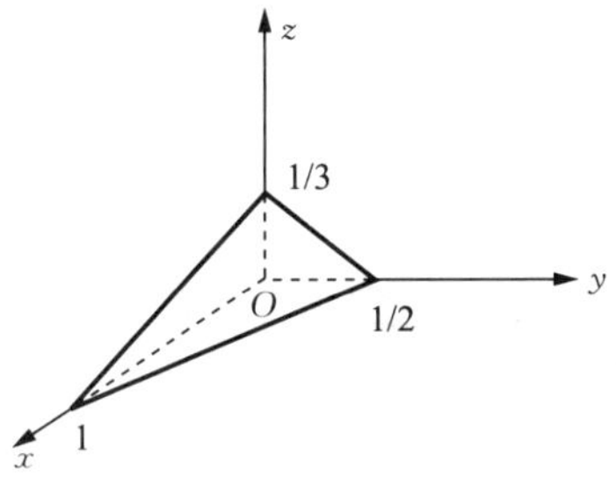

图 7-44

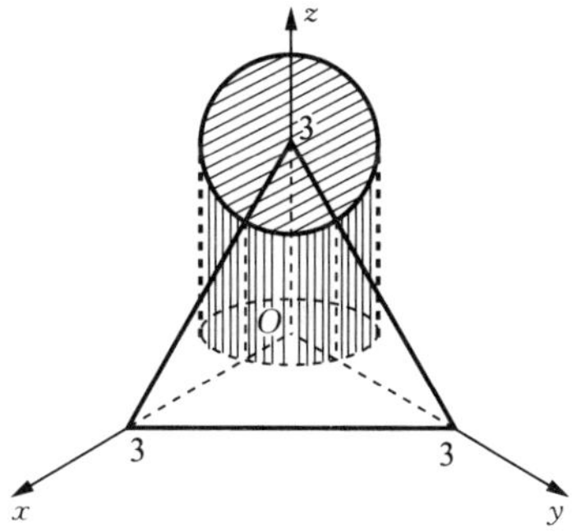

图 7-45

所以 $V=\iint\limits_D \frac{1}{3}(1-x-2y)\mathrm{d}x\mathrm{d}y=\frac{1}{3}\int_0^1 \mathrm{d}x\int_0^{\frac{1}{2}(1-x)}(1-x-2y)\mathrm{d}y$

$=\frac{1}{3}\int_0^1 (y-xy-y^2)\Big|_0^{\frac{1}{2}(1-x)}\mathrm{d}x=-\frac{1}{3}\cdot\frac{1}{4}\int_0^1 (1-x)^2\mathrm{d}(1-x)$

$=-\frac{1}{36}[(1-x)^3]_0^1=\frac{1}{36}$

(2) D：$-1\leqslant x\leqslant 1$，　$-\sqrt{1-x^2}\leqslant y\leqslant\sqrt{1-x^2}$，如图 7-45 所示

$V=\iint\limits_D (3-x-y)\mathrm{d}x\mathrm{d}y=\int_{-1}^1\left[(3-x)y-\frac{1}{2}y^2\right]\Big|_{-\sqrt{1-x^2}}^{\sqrt{1-x^2}}\mathrm{d}x$

$=\int_{-1}^1\left[(3-x)\sqrt{1-x^2}-\frac{1}{2}(1-x^2)+(3-x)\sqrt{1-x^2}+\frac{1}{2}(1-x^2)\right]\mathrm{d}x$

$=6\int_{-1}^1\sqrt{1-x^2}\mathrm{d}x-2\int_{-1}^1 x\sqrt{1-x^2}\mathrm{d}x$

因为 $\sqrt{1-x^2}$ 为 $[-1,1]$ 上的偶函数，$x\sqrt{1-x^2}$ 为 $[-1,1]$ 上的奇函数

所以上式 $=+12\int_0^1\sqrt{1-x^2}\mathrm{d}x=[6\arcsin x+6x\sqrt{1-x^2}]_0^1=3\pi$

(3) D：$0\leqslant x\leqslant 1$，　$x^2\leqslant y\leqslant\sqrt{x}$

$V=\iint\limits_D (12+y-x^2)\mathrm{d}x\mathrm{d}y=\int_0^1\mathrm{d}x\int_{x^2}^{\sqrt{x}}(12+y-x^2)\mathrm{d}y=\int_0^1\left[(12-x^2)y+\frac{1}{2}y^2\right]_{x^2}^{\sqrt{x}}\mathrm{d}x$

$=\int_0^1\left(12x^{\frac{1}{2}}-x^{\frac{5}{2}}+\frac{1}{2}x-12x^2+x^4-\frac{1}{2}x^4\right)\mathrm{d}x$

$=\int_0^1\left(12x^{\frac{1}{2}}-x^{\frac{5}{2}}+\frac{1}{2}x-12x^2+\frac{1}{2}x^4\right)\mathrm{d}x$

$=8-\frac{2}{7}+\frac{1}{4}-4+\frac{1}{10}=4\frac{9}{140}$

(4) D：$0\leqslant x\leqslant 6$，　$0\leqslant y\leqslant 6-x$，如图 7-46(a) 所示

设三棱柱体积为 V，则如图 7-46(b) 所示

$V_1=6\iint\limits_D \mathrm{d}x\mathrm{d}y=6\int_0^6\mathrm{d}x\int_0^{6-x}\mathrm{d}y=6\int_0^6(6-x)\mathrm{d}x=6\left[6x-\frac{1}{2}x^2\right]_0^6=108$

$V_2=\iint\limits_D (x+y)\mathrm{d}x\mathrm{d}y=\int_0^6\mathrm{d}x\int_0^{6-x}(x+y)\mathrm{d}y=\int_0^6\left[xy+\frac{1}{2}y^2\right]_0^{6-x}\mathrm{d}x$

$=\int_0^6\left(6x-x^2+18-6x+\frac{1}{2}x^2\right)\mathrm{d}x=\int_0^6\left(18-\frac{1}{2}x^2\right)\mathrm{d}x$

$$=\left[18x-\frac{1}{6}x^3\right]_0^6=108-36$$

所以所求立体的体积 $V=V_1-V_2=36$

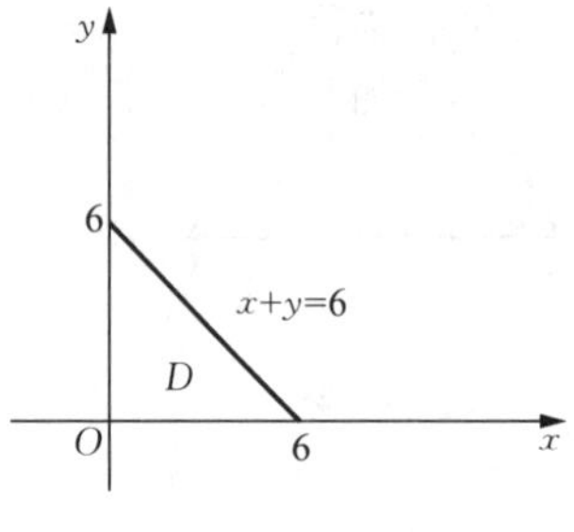

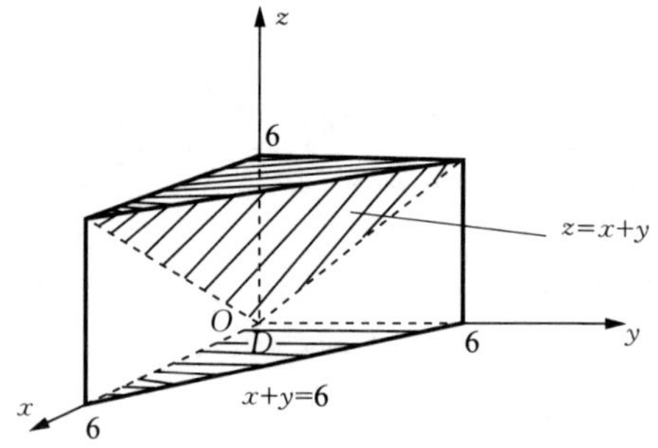

图 7-46

(5) 由方程得　$z=\pm c\sqrt{1-\frac{x^2}{a^2}-\frac{y^2}{b^2}}$

所以 $V=2c\iint\limits_D\sqrt{1-\frac{x^2}{a^2}-\frac{y^2}{b^2}}\mathrm{d}x\mathrm{d}y$

其中 D 是由椭圆 $\frac{x^2}{a^2}+\frac{y^2}{b^2}=1$ 围成的闭区域,作广义极坐标变换$\begin{cases}x=ar\cos\theta\\y=br\sin\theta\end{cases}$

其中 $a>0,b>0,r\geqslant 0,0\leqslant\theta\leqslant 2\pi$,

在这变换下,与 D 对应的闭区域为

$$D'=\{(r,\theta)\mid 0\leqslant r\leqslant 1,0\leqslant\theta\leqslant 2\pi\}$$

则雅可比行列式 $J(r,\theta)=\begin{vmatrix}a\cos\theta & -ar\sin\theta\\ b\sin\theta & br\cos\theta\end{vmatrix}=abr$,

所以 $V=2c\iint\limits_D\sqrt{1-\frac{x^2}{a^2}-\frac{y^2}{b^2}}\mathrm{d}x\mathrm{d}y=2c\iint\limits_{D'}\sqrt{1-r^2}abr\,\mathrm{d}r\mathrm{d}\theta$

$$=2c\int_0^{2\pi}ab\,\mathrm{d}\theta\int_0^1(1-r^2)^{\frac{1}{2}}r\mathrm{d}r=4\pi abc\left(-\frac{1}{2}\right)\int_0^1(1-r^2)^{\frac{1}{2}}\mathrm{d}(1-r^2)$$

$$=-2\pi cab\,\frac{2}{3}\left[(1-r^2)^{\frac{3}{2}}\right]_0^1=\frac{4}{3}abc\pi$$

7. 利用二重积分的变量替换公式计算下列二重积分:

(1) $\iint\limits_D\mathrm{d}x\mathrm{d}y$,其中 D 是由 4 条直线 $x+y=1,x+y=2,y=2x,y=3x$ 围成的区域;

(2) $\iint\limits_D\sqrt{4-\frac{x^2}{9}-\frac{y^2}{4}}\mathrm{d}x\mathrm{d}y$,其中 D 是由椭圆 $\frac{x^2}{36}+\frac{y^2}{16}=1$ 围成的区域;

(3) $\iint\limits_D(x+y)\mathrm{d}x\mathrm{d}y$, 其中 D 是由 $xy=1,xy=2,y-x=1,y-x=2$ 在第 Ⅰ 象限所围成的区域(图 7-48).

解　(1) 令 $u=x+y,v=\frac{y}{x}$,则 $x=\frac{u}{1+v},y=\frac{uv}{1+v}$

在这变换下,D 的边界 $x+y=1,x+y=2,y=2x,y=3x$

依次与 $u=1,u=2,v=2,v=3$ 对应,

后者构成与 D 对应的闭区域 D' 的边界，图形如图 7－47 所示.

又雅可比行列式 $J=\dfrac{\partial(x,y)}{\partial(u,v)}=\begin{vmatrix}\dfrac{1}{1+v} & \dfrac{-u}{(1+v)^2}\\ \dfrac{v}{1+v} & \dfrac{u}{(1+v)^2}\end{vmatrix}=\dfrac{u}{(1+v)^3}+\dfrac{uv}{(1+v)^3}=\dfrac{u}{(1+v)^2}\neq 0$

从而 $\iint\limits_D \mathrm{d}x\mathrm{d}y=\iint\limits_{D'}\dfrac{u\mathrm{d}u\mathrm{d}v}{(1+v)^2}=\int_2^3\dfrac{1}{(1+v)^2}\mathrm{d}v\int_1^2 u\mathrm{d}u$

$$=\frac{3}{2}\int_2^3(1+v)^{-2}\mathrm{d}(1+v)=-\frac{3}{2}\left[\frac{1}{1+v}\right]_2^3$$

$$=-\frac{3}{2}\left(\frac{1}{4}-\frac{1}{3}\right)=-\frac{3}{2}\left(-\frac{1}{12}\right)=\frac{1}{8}$$

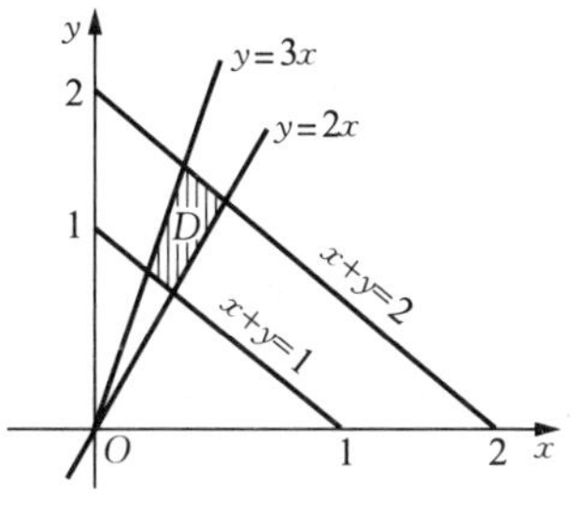

图 7－47

(2) 做变换 $\begin{cases}x=6r\cos\theta\\ y=4r\sin\theta\end{cases}$，在这变换下，与 D 对应的闭区域为 $D'=\{(r,\theta)\mid 0\leqslant r\leqslant 1,0\leqslant\theta\leqslant 2\pi\}$ 又雅可比行列式

$$J=\frac{\partial(x,y)}{\partial(r,\theta)}=\begin{vmatrix}6\cos\theta & -6r\sin\theta\\ 4\sin\theta & 4r\cos\theta\end{vmatrix}=24r$$

所以 $\iint\limits_D\sqrt{4-\dfrac{x^2}{9}-\dfrac{y^2}{4}}\mathrm{d}x\mathrm{d}y=\iint\limits_{D'}\sqrt{4-\dfrac{36r^2\cos^2\theta}{9}-\dfrac{16r^2\sin^2\theta}{4}}\cdot 24r\mathrm{d}r\mathrm{d}\theta$

$$=\iint\limits_{D'}\sqrt{4-4r^2}\cdot 24r\mathrm{d}r\mathrm{d}\theta=48\int_0^{2\pi}\mathrm{d}\theta\int_0^1 r\sqrt{1-r^2}\mathrm{d}r$$

$$=-24\cdot 2\pi\int_0^1(1-r^2)^{\frac{1}{2}}\mathrm{d}(1-r^2)$$

$$=-48\pi\cdot\frac{2}{3}\left[(1-r^2)^{\frac{3}{2}}\right]_0^1=32\pi$$

(3) 令 $u=xy,v=y-x$

从而得 $x^2+vx-u=0\qquad b^2-4ac=v^2+4u$

$x=\dfrac{-v\pm\sqrt{v^2+4u}}{2}$，由于 $x\geqslant 0$，将负值舍去，

得 $x=\dfrac{-v+\sqrt{v^2+4u}}{2}$，$y=\dfrac{v+\sqrt{v^2+4u}}{2}$

在这变换下，D 的边界 $xy=1,xy=2,y-x=1,y-x=2$ 依次与 $u=1,u=2,v=1,v=2$ 对应，后者构成与 D 对应的区域 D' 的边界，于是 $D'=\{(u,v)\mid 1\leqslant u\leqslant 2,1\leqslant v\leqslant 2\}$

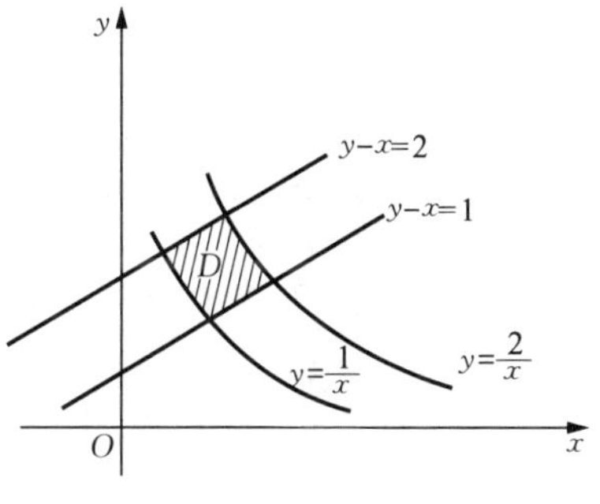

图 7－48

又 $\dfrac{\partial x}{\partial u}=\dfrac{1}{\sqrt{v^2+4u}}$，$\dfrac{\partial x}{\partial v}=\dfrac{-\sqrt{v^2+4u}+v}{2\sqrt{v^2+4u}}$，

$\dfrac{\partial y}{\partial u}=\dfrac{1}{\sqrt{v^2+4u}}$，$\dfrac{\partial y}{\partial v}=\dfrac{\sqrt{v^2+4u}+v}{2\sqrt{v^2+4u}}$，

从而雅可比行列式

$$J=\frac{\partial(x,y)}{\partial(u,v)}=\begin{vmatrix}\dfrac{1}{\sqrt{v^2+4u}} & \dfrac{-\sqrt{v^2+4u}+v}{2\sqrt{v^2+4u}}\\ \dfrac{1}{\sqrt{v^2+4u}} & \dfrac{\sqrt{v^2+4u}+v}{2\sqrt{v^2+4u}}\end{vmatrix}=\frac{1}{\sqrt{v^2+4u}},$$

所以 $\iint\limits_D (x+y)\mathrm{d}x\mathrm{d}y=\iint\limits_{D'}\left(\frac{-v+\sqrt{v^2+4u}}{2}+\frac{v+\sqrt{v^2+4u}}{2}\right)\cdot\frac{1}{\sqrt{v^2+4u}}\mathrm{d}u\mathrm{d}v$

$$=\iint\limits_{D'}\mathrm{d}u\mathrm{d}v=\int_1^2\mathrm{d}u\int_1^2\mathrm{d}v=1$$

8. 求下列反常二重积分：

(1) $\iint\limits_D \mathrm{e}^{-(x+y)}\mathrm{d}x\mathrm{d}y$，$D:x\geqslant 0,x\leqslant y$；　　(2) $\iint\limits_D \frac{\mathrm{d}x\mathrm{d}y}{(x^2+y^2)^2}$，$D:x^2+y^2\geqslant 1$.

解　(1) $D:0\leqslant x<+\infty,x\leqslant y<+\infty$

$$\iint\limits_D \mathrm{e}^{-(x+y)}\mathrm{d}x\mathrm{d}y=\lim_{M\to+\infty}\int_0^M \mathrm{e}^{-x}\mathrm{d}x\int_x^M \mathrm{e}^{-y}\mathrm{d}y=\int_0^{+\infty}\mathrm{e}^{-x}\mathrm{d}x\int_x^{+\infty}\mathrm{e}^{-y}\mathrm{d}y=-\int_0^{+\infty}\mathrm{e}^{-x}[\mathrm{e}^{-y}]_x^{+\infty}\mathrm{d}x$$

$$=\int_0^{+\infty}\mathrm{e}^{-2x}\mathrm{d}x=-\frac{1}{2}[\mathrm{e}^{-2x}]_0^{+\infty}=\frac{1}{2}$$

(2) $D:1\leqslant r<+\infty,0\leqslant\theta\leqslant 2\pi$

$$\iint\limits_D\frac{\mathrm{d}x\mathrm{d}y}{(x^2+y^2)^2}=\int_0^{2\pi}\mathrm{d}\theta\int_1^{+\infty}\frac{1}{r^4}r\mathrm{d}r=2\pi\int_1^{+\infty}r^{-3}\mathrm{d}r=2\pi\left(-\frac{1}{2}\right)[r^{-2}]_1^{+\infty}=\pi$$

七、习题全解

1. 若 $f(u)$ 是关于 u 的可微函数，而二元函数 $z=z(x,y)$ 由方程 $x^2+y^2+z^2=yf\left(\frac{z}{y}\right)$ 所给定，且 $f'\left(\frac{z}{y}\right)\neq 2z$. 证明：$(x^2-y^2-z^2)\frac{\partial z}{\partial x}+2xy\frac{\partial z}{\partial y}=2xz$.

证明　$z=z(x,y)$ 由方程 $x^2+y^2+z^2=yf\left(\frac{z}{y}\right)$ 确定

令 $w=\frac{z}{y}$，方程两边对 x 求导，

$$2x+2z\cdot\frac{\partial z}{\partial x}=yf'\left(\frac{z}{y}\right)\cdot\frac{1}{y}\cdot\frac{\partial z}{\partial x}=f'\left(\frac{z}{y}\right)\frac{\partial z}{\partial x}$$

$\frac{\partial z}{\partial x}\left[f'\left(\frac{z}{y}\right)-2z\right]=2x$，当 $f'\left(\frac{z}{y}\right)\neq 2z$ 时，

所以 $\frac{\partial z}{\partial x}=\frac{2x}{f'\left(\frac{z}{y}\right)-2z}$

方程两边对 y 求导

$$2y+2z\frac{\partial z}{\partial y}=f\left(\frac{z}{y}\right)+y\cdot\left[f'\left(\frac{z}{y}\right)\cdot\left(-\frac{z}{y^2}\right)+\frac{1}{y}f'\left(\frac{z}{y}\right)\frac{\partial z}{\partial y}\right]$$

$$2y+2z\frac{\partial z}{\partial y}=f\left(\frac{z}{y}\right)+f'\left(\frac{z}{y}\right)\left(-\frac{z}{y}\right)+f'\left(\frac{z}{y}\right)\frac{\partial z}{\partial y}$$

当 $f'\left(\frac{z}{y}\right)\neq-2z$，$\frac{\partial z}{\partial y}\left[f'\left(\frac{z}{y}\right)-2z\right]=2y-f\left(\frac{z}{y}\right)+\frac{z}{y}f'\left(\frac{z}{y}\right)$

所以$\dfrac{\partial z}{\partial y}=\dfrac{2y-f\left(\dfrac{z}{y}\right)+\dfrac{z}{y}f'\left(\dfrac{z}{y}\right)}{f'\left(\dfrac{z}{y}\right)-2z}$

$$\begin{aligned}&(x^2-y^2-z^2)\frac{\partial z}{\partial x}+2xy\frac{\partial z}{\partial y}\\&=(x^2-y^2-z^2)\frac{2x}{f'\left(\frac{z}{y}\right)-2z}+\frac{1}{f'\left(\frac{z}{y}\right)-2z}2xy\left[2y-f\left(\frac{z}{y}\right)+\frac{z}{y}f'\left(\frac{z}{y}\right)\right]\\&=\frac{1}{f'\left(\frac{z}{y}\right)-2z}\left[2x^3-2xy^2-2xz^2+4xy^2-2x^3-2xy^2-2xz^2+2xzf'\left(\frac{z}{y}\right)\right]\\&=\frac{1}{f'\left(\frac{z}{y}\right)-2z}2xz\left[f'\left(\frac{z}{y}\right)-2z\right]=2xz\end{aligned}$$

2. 设$A(x,y,z)$，$B(x,y,z)$，$C(x,y,z)$有连续的偏导数，若$A(x,y,z)\mathrm{d}x+B(x,y,z)\mathrm{d}y+C(x,y,z)\mathrm{d}z$是一个三元函数$u(x,y,z)$的全微分，证明：下面关系式一定成立：

$\dfrac{\partial A}{\partial y}=\dfrac{\partial B}{\partial x}$，$\dfrac{\partial A}{\partial z}=\dfrac{\partial C}{\partial x}$，$\dfrac{\partial B}{\partial z}=\dfrac{\partial C}{\partial y}$.

证明　令$\dfrac{\partial u(x,y,z)}{\partial x}=A(x,y,z)$，$\dfrac{\partial u(x,y,z)}{\partial y}=B(x,y,z)$，$\dfrac{\partial u(x,y,z)}{\partial z}=C(x,y,z)$

$\dfrac{\partial^2 u}{\partial x\partial y}=\dfrac{\partial A}{\partial y}$，$\dfrac{\partial^2 u}{\partial y\partial x}=\dfrac{\partial B}{\partial x}$，因为$\dfrac{\partial^2 u}{\partial x\partial y}=\dfrac{\partial^2 u}{\partial y\partial x}$

故$\dfrac{\partial A}{\partial y}=\dfrac{\partial B}{\partial x}$

又$\dfrac{\partial^2 u}{\partial x\partial z}=\dfrac{\partial A}{\partial z}$，$\dfrac{\partial^2 u}{\partial z\partial x}=\dfrac{\partial C}{\partial x}$，因为$\dfrac{\partial^2 u}{\partial x\partial z}=\dfrac{\partial^2 u}{\partial z\partial x}$

故$\dfrac{\partial A}{\partial z}=\dfrac{\partial C}{\partial x}$

又$\dfrac{\partial^2 u}{\partial y\partial z}=\dfrac{\partial B}{\partial z}$，$\dfrac{\partial^2 u}{\partial z\partial y}=\dfrac{\partial C}{\partial y}$，因为$\dfrac{\partial^2 u}{\partial y\partial z}=\dfrac{\partial^2 u}{\partial z\partial y}$

故$\dfrac{\partial B}{\partial z}=\dfrac{\partial C}{\partial y}$.

3. 设$k>1$，$l>1$，满足$\dfrac{1}{k}+\dfrac{1}{l}=1$，求函数$f(x,y)=\dfrac{1}{k}x^k+\dfrac{1}{l}y^l$在条件$xy=1(x>0,y>0)$下的极值，并证明不等式：$xy\leqslant\dfrac{1}{k}x^k+\dfrac{1}{l}y^l$.

解　(1) 构造 lagrange 函数

$F(x,y,\lambda)=f(x,y)+\lambda\varphi(x,y)=\dfrac{1}{k}x^k+\dfrac{1}{l}y^l+\lambda(xy-1)$

其中λ为待定函数

(2) 求驻点

$$\begin{cases}F'_x=f'_x+\lambda\varphi'_x=x^{k-1}+\lambda y=0\\F'_y=f'_y+\lambda\varphi'_y=y^{l-1}+\lambda x=0\\F'_\lambda=xy-1=0\end{cases}$$

解得唯一驻点$(1,1)$，$\lambda=-1$

(3) 判定

$$F''_{x^2}=(k-1)x^{k-2},F''_{xy}=\lambda,F''_{y^2}=(l-1)y^{l-2}$$
$$F''_{x^2}(1,1,-1)=k-1=A$$
$$F''_{xy}(1,1,-1)=-1=B$$
$$F''_{y^2}(1,1,-1)=l-1=C$$

因 $B^2-AC=1-4(k-1)(l-1)<0$

$$A=k-1>0$$

所以驻点(1,1)为极小值点

即$\frac{1}{k}x^k+\frac{1}{l}y^l\geqslant\frac{1}{k}+\frac{1}{l}=1=xy\quad \frac{1}{k}x^k+\frac{1}{l}y^l\geqslant xy\qquad (x>0,y>0)$

4. 求半径为 r 的圆的外切三角形中,面积最小的三角形面积(图 7-49).

解 $AD=\dfrac{\cos\frac{A}{2}}{\sin\frac{A}{2}}\cdot r\qquad DB=\dfrac{\cos\frac{B}{2}}{\sin\frac{B}{2}}\cdot r$

$AF=\dfrac{\cos\frac{A}{2}}{\sin\frac{A}{2}}\cdot r\qquad FC=\dfrac{\cos\frac{C}{2}}{\sin\frac{C}{2}}\cdot r$

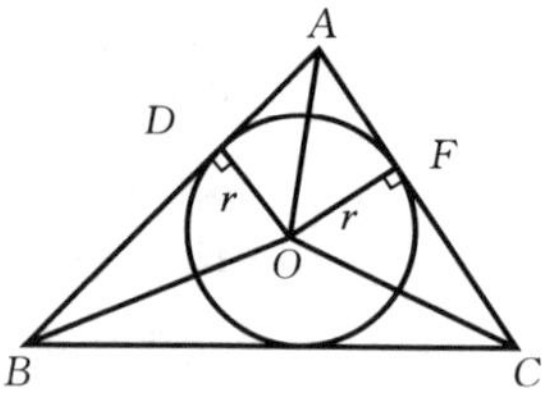

图 7-49

设△ABC 的面积为 S,且 $A+B+C=\pi$

$$S=\frac{1}{2}AB\cdot AC\cdot\sin A=\frac{1}{2}r^2\left(\frac{\cos\frac{A}{2}}{\sin\frac{A}{2}}+\frac{\cos\frac{B}{2}}{\sin\frac{B}{2}}\right)\left(\frac{\cos\frac{A}{2}}{\sin\frac{A}{2}}+\frac{\cos\frac{C}{2}}{\sin\frac{C}{2}}\right)2\sin\frac{A}{2}\cos\frac{A}{2}$$

$=r^2\cot\frac{A}{2}\cot\frac{B}{2}\cot\frac{C}{2}$(通分即得)

令 $L(A,B,C,\lambda)=r^2\cot\frac{A}{2}\cot\frac{B}{2}\cot\frac{C}{2}+\lambda(A+B+C-\pi)$

$$\begin{cases}L'_A=-r^2\ \frac{1}{2}\csc^2\frac{A}{2}\cot\frac{B}{2}\cot\frac{C}{2}+\lambda=0\\ L'_B=-r^2\ \frac{1}{2}\csc^2\frac{B}{2}\cot\frac{A}{2}\cot\frac{C}{2}+\lambda=0\\ L'_C=-r^2\ \frac{1}{2}\csc^2\frac{C}{2}\cot\frac{A}{2}\cot\frac{B}{2}+\lambda=0\\ A+B+C-\pi=0\end{cases}$$

解得唯一驻点 $A=B=C=\frac{\pi}{3}$

由于最小值的事实一定存在,又点$\left(\frac{\pi}{3},\frac{\pi}{3},\frac{\pi}{3}\right)$为唯一驻点,从而点$\left(\frac{\pi}{3},\frac{\pi}{3},\frac{\pi}{3}\right)$为最小值点,其最小值为

$$S\left(\frac{\pi}{3},\frac{\pi}{3},\frac{\pi}{3}\right)=r^2\cot\frac{\pi}{6}\cot\frac{\pi}{6}\cot\frac{\pi}{6}=3\sqrt{3}r^2$$

5. 若 $n\geqslant1,x\geqslant0,y\geqslant0$,证明不等式$\frac{x^n+y^n}{2}\geqslant\left(\frac{x+y}{2}\right)^n$.

证明 考虑函数 $f(x,y)=\frac{x^n+y^n}{2}$在条件 $x+y=c$ 下的极小值.

令 $L(x,y,\lambda)=\dfrac{x^n+y^n}{2}+\lambda(x+y-c)$

$$\begin{cases}L'_x=\dfrac{n}{2}x^{n-1}+\lambda=0\\ L'_y=\dfrac{n}{2}y^{n-1}+\lambda=0 \quad \text{解得唯一驻点}\left(\dfrac{c}{2},\dfrac{c}{2}\right)\\ L'_\lambda=x+y-c=0\end{cases}$$

$$L''_{xx}=\frac{n}{2}(n-1)x^{n-2},L''_{xy}=0,L''_{yy}=\frac{n}{2}(n-1)y^{n-2}$$

$$A=L''_{xx}\left(\frac{c}{2},\frac{c}{2}\right)=\frac{n}{2}(n-1)\left(\frac{c}{2}\right)^{n-2}$$

$$B=L''_{xy}\left(\frac{c}{2},\frac{c}{2}\right)=0$$

$$C=L''_{yy}\left(\frac{c}{2},\frac{c}{2}\right)=\frac{n}{2}(n-1)\left(\frac{c}{2}\right)^{n-2}$$

$B^2-AC=0-\dfrac{n^2}{4}(n-1)^2\left(\dfrac{c}{2}\right)^{2n-4}<0$,有极值

而 $A=\dfrac{n}{2}(n-1)\left(\dfrac{c}{2}\right)^{n-2}>0$ 有极小值(当 $n>1$ 时)

所以$\left(\dfrac{c}{2},\dfrac{c}{2}\right)$为极小值点

$$L_{极小}=\frac{\left(\frac{c}{2}\right)^n+\left(\frac{c}{2}\right)^n}{2}+0=\left(\frac{c}{2}\right)^n=\left[\frac{\frac{c}{2}+\frac{c}{2}}{2}\right]^n=\left(\frac{x+y}{2}\right)^n$$

所以 $f(x,y)=\dfrac{x^n+y^n}{2}\geqslant\left(\dfrac{x+y}{2}\right)^n=f\left(\dfrac{c}{2},\dfrac{c}{2}\right)$

即$\dfrac{x^n+y^n}{2}\geqslant\left(\dfrac{x+y}{2}\right)^n$(对 $n=1$ 时,等号显然成立)

6. 计算二重积分:

(1) $\int_0^1\int_0^1 f''(a+x+y)\mathrm{d}x\mathrm{d}y$,其中 $f(u)$ 为二阶连续可微;

(2) $\int_0^1\int_0^1 f''_{xy}(x,y)\mathrm{d}x\mathrm{d}y$,其中 $f(x,y)$ 具有二阶连续偏导数.

解　(1) $\int_0^1\mathrm{d}y\int_0^1 f''(a+x+y)\mathrm{d}x=\int_0^1\mathrm{d}y\int_0^1\mathrm{d}f'(a+x+y)$

$=\int_0^1(f'(a+x+y))\big|_0^1\mathrm{d}y=\int_0^1[f'(a+1+y)-f'(a+y)]\mathrm{d}y$

$=\int_0^1 f'(a+1+y)\mathrm{d}(a+1+y)-\int_0^1 f'(a+y)\mathrm{d}(a+y)$

$=f(a+1+y)\big|_0^1-f(a+y)\big|_0^1=f(a+2)-f(a+1)-f(a+1)+f(a)$

$=f(a+2)+f(a)-2f(a+1)$

(2) $\int_0^1\mathrm{d}x\int_0^1 f''_{xy}(x,y)\mathrm{d}y=\int_0^1\mathrm{d}x\int_0^1\mathrm{d}f_x{}'(x,y)=\int_0^1[f_x{}'(x,y)]\big|_0^1\mathrm{d}x$

$=\int_0^1[f'(x,1)-f'(x,0)]\mathrm{d}x=\int_0^1 f'(x,1)\mathrm{d}x-\int_0^1 f'(x,0)\mathrm{d}x$

$$=\int_0^1 \mathrm{d}f(x,1)-\int_0^1 \mathrm{d}f(x,0)=f(1,1)-f(0,1)-f(1,0)+f(0,0)$$

7. 求证：$\iint\limits_D f(xy)\mathrm{d}x\mathrm{d}y=\frac{2}{3}\ln 3\int_1^2 f(u)\mathrm{d}u$，其中 D 为由曲线 $xy=1$，$xy=2$ 及 $y=x^2$，$y=9x^2$ 所围成的区域.

提示 利用二重积分的一般变量替换公式.

证明 令 $u=xy$，$v=\frac{x^2}{y}$，则 $x=u^{\frac{1}{3}}v^{\frac{1}{3}}$，$y=u^{\frac{2}{3}}v^{-\frac{1}{3}}$

它的雅可比行列式为

$$J(u,v)=\begin{vmatrix}\frac{1}{3}u^{-\frac{2}{3}}v^{\frac{1}{3}} & \frac{1}{3}u^{\frac{1}{3}}v^{-\frac{2}{3}}\\ \frac{2}{3}u^{-\frac{1}{3}}v^{-\frac{1}{3}} & -\frac{1}{3}u^{\frac{2}{3}}v^{-\frac{4}{3}}\end{vmatrix}=-\frac{1}{3v}$$

且 $u=xy$，$v=\frac{x^2}{y}$ 将 xy 面上的区域 D 变为 uv 面上的区域 D'：

$$D'\text{：}1\leqslant u\leqslant 2,\quad \frac{1}{9}\leqslant v\leqslant 1$$

因此

$$\iint\limits_D f(xy)\mathrm{d}x\mathrm{d}y=\iint\limits_{D} f(u)\cdot\frac{1}{3v}\mathrm{d}u\mathrm{d}v=\int_{\frac{1}{9}}^1\frac{1}{3v}\mathrm{d}v\int_1^2 f(u)\mathrm{d}u=\frac{2}{3}\ln 3\int_1^2 f(u)\mathrm{d}u$$

8. 求证：$\iint\limits_D f(x+y)\mathrm{d}x\mathrm{d}y=\int_{-2a}^{2a}(2a-|t|)f(t)\mathrm{d}t$，其中

D 是区域 $\{(x,y)\mid |x|\leqslant a,|y|\leqslant a\}$.

证明 $\iint\limits_D f(x+y)\mathrm{d}x\mathrm{d}y=\int_{-a}^{a}\mathrm{d}y\int_{-a}^{a}f(x+y)\mathrm{d}x$

令 $x+y=t$，$x=t-y$，$\mathrm{d}x=\mathrm{d}t$，

当 $x=-a$ 时，$t=y-a$；当 $x=a$ 时，$t=y+a$

$$\iint\limits_D f(x+y)\mathrm{d}x\mathrm{d}y=\int_{-a}^{a}\mathrm{d}y\int_{y-a}^{y+a}f(t)\mathrm{d}t$$

$D=\{(y,t)\mid -a\leqslant y\leqslant a,-a+y\leqslant t\leqslant y+a\}$ $\qquad D=D_1+D_2$

$D_1=\{(y,t)\mid -2a\leqslant t\leqslant 0,-a\leqslant y\leqslant t+a\}$

$D_2=\{(y,t)\mid 0\leqslant t\leqslant 2a,t-a\leqslant y\leqslant a\}$，如图 7-50 所示

所以 $\iint\limits_D f(x+y)\mathrm{d}x\mathrm{d}y=\int_{-a}^{a}\mathrm{d}y\int_{y-a}^{y+a}f(t)\mathrm{d}t$

$$=\int_{-2a}^{0}\mathrm{d}t\int_{-a}^{t+a}f(t)\mathrm{d}y+\int_0^{2a}f(t)\mathrm{d}t\int_{t-a}^{a}\mathrm{d}y$$

$$=\int_{-2a}^{0}(2a-|t|)f(t)\mathrm{d}t+\int_0^{2a}(2a-|t|)f(t)\mathrm{d}t$$

$$=\int_{-2a}^{2a}(2a-|t|)f(t)\mathrm{d}t$$

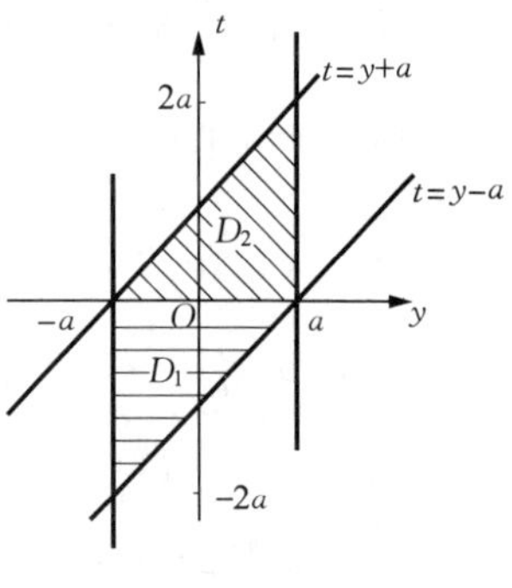

图 7-50

9. 求反常二重积分 $\int_{-\infty}^{+\infty}\int_{-\infty}^{+\infty}|x-y|\mathrm{e}^{-(x^2+y^2)}\mathrm{d}x\mathrm{d}y$.

解 $\int_{-\infty}^{+\infty}|x-y|\mathrm{e}^{-(x^2+y^2)}\mathrm{d}y=\int_{-\infty}^{x}(x-y)\mathrm{e}^{-(x^2+y^2)}\mathrm{d}y+\int_x^{+\infty}(y-x)\mathrm{e}^{-(x^2+y^2)}\mathrm{d}y$

$$= \int_{-\infty}^{x} x\mathrm{e}^{-(x^2+y^2)}\mathrm{d}y - \int_{-\infty}^{x} y\mathrm{e}^{-(x^2+y^2)}\mathrm{d}y + \int_{x}^{+\infty} y\mathrm{e}^{-(x^2+y^2)}\mathrm{d}y - \int_{x}^{+\infty} x\mathrm{e}^{-(x^2+y^2)}\mathrm{d}y$$

$$= x\mathrm{e}^{-x^2}\int_{-\infty}^{x} \mathrm{e}^{-y^2}\mathrm{d}y - \int_{-\infty}^{x} y\mathrm{e}^{-(x^2+y^2)}\mathrm{d}y + \int_{x}^{+\infty} y\mathrm{e}^{-(x^2+y^2)}\mathrm{d}y - x\mathrm{e}^{-x^2}\int_{x}^{+\infty} \mathrm{e}^{-y^2}\mathrm{d}y$$

$$I = \int_{-\infty}^{+\infty} x\mathrm{e}^{-x^2}\left(\int_{-\infty}^{x} \mathrm{e}^{-y^2}\mathrm{d}y\right)\mathrm{d}x + \frac{1}{2}\int_{-\infty}^{+\infty} \mathrm{e}^{-2x^2}\mathrm{d}x + \frac{1}{2}\int_{-\infty}^{+\infty} \mathrm{e}^{-2x^2}\mathrm{d}x - \int_{-\infty}^{+\infty} x\mathrm{e}^{-x^2}\left(\int_{x}^{+\infty} \mathrm{e}^{-y^2}\mathrm{d}y\right)\mathrm{d}x$$

$$= -\frac{1}{2}\int_{-\infty}^{+\infty}\left(\int_{-\infty}^{x} \mathrm{e}^{-y^2}\mathrm{d}y\right)\mathrm{d}\mathrm{e}^{-x^2} + \frac{1}{4}\sqrt{2\pi} + \frac{1}{4}\sqrt{2\pi} + \frac{1}{2}\int_{-\infty}^{+\infty}\left(\int_{x}^{+\infty} \mathrm{e}^{-y^2}\mathrm{d}y\right)\mathrm{d}\mathrm{e}^{-x^2}$$

$$= -\frac{1}{2}\left[\mathrm{e}^{-x^2}\left(\int_{-\infty}^{x} \mathrm{e}^{-y^2}\mathrm{d}y\right)\Bigg|_{-\infty}^{+\infty} - \int_{-\infty}^{+\infty} \mathrm{e}^{-2x^2}\mathrm{d}x\right] + \frac{1}{2}\sqrt{2\pi} + \frac{1}{2}\left[\mathrm{e}^{-x^2}\left(\int_{x}^{+\infty} \mathrm{e}^{-y^2}\mathrm{d}y\right)\Bigg|_{-\infty}^{+\infty} + \int_{-\infty}^{+\infty} \mathrm{e}^{-2x^2}\mathrm{d}x\right]$$

$$= \frac{1}{4}\sqrt{2\pi} + \frac{1}{2}\sqrt{2\pi} + \frac{1}{4}\sqrt{2\pi}$$

$$= \sqrt{2\pi}$$

第8章　无穷级数

一、大纲要求

1. 理解无穷级数的概念、性质、级数与数列之间的区别和联系

2. 理解级数的收敛性与级数的部分和、数列极限的存在性之间的关系

3. 掌握正项级数的比较审敛法，熟练掌握正项级数的比值审敛法

4. 掌握交错级数的莱布尼茨定理

5. 领会级数收敛、绝对收敛和条件收敛三者之间的区别与联系

6. 知道函数项级数及其收敛域、和函数的定义，领会函数的泰勒级数与泰勒展开式和麦克劳林级数与麦克劳林展开式的区别与联系，知道函数能展开成泰勒级数的充分必要条件

7. 熟练掌握 e^x、$\sin x$、$\cos x$、$\ln(1+x)$和$(1+x)^\mu$ 的麦克劳林展开式，并能利用这些展开式将一些简单的函数展开成幂级数

二、本章知识结构图

- 级数
  - 常数项级数
    - 概念
      - 级数、部分和、交错级数、正项级数、一般项级数
      - 收敛、发散、条件收敛、绝对收敛
    - 性质
      - 若 $\sum_{n=1}^{\infty}u_n$、$\sum_{n=1}^{\infty}v_n$ 收敛，则 $\sum_{n=1}^{\infty}(u_n+v_n)$ 也收敛
      - $\sum_{n=1}^{\infty}u_n$ 与 $\sum_{n=1}^{\infty}ku_n(k\neq 0)$ 敛散性相同
      - 增加或去掉有限项不改变级数的敛散性
      - 收敛级数任意加括号仍收敛，反之不然
      - 若 $\sum_{n=1}^{\infty}u_n$ 收敛，则 $\lim\limits_{n\to\infty}u_n=0$；若 $\lim\limits_{n\to\infty}u_n\neq 0$，则 $\sum_{n=1}^{\infty}u_n$ 发散
    - 收敛判别法
      - 正项级数
        - 级数收敛 $\Leftrightarrow\{S_n\}$ 有界
        - 比较判别法，比较判别法的极限形式
        - 比值判别法 $\lim\limits_{n\to\infty}\frac{a_{n+1}}{a_n}=l$
        - 根值判别法 $\lim\limits_{n\to\infty}\sqrt[n]{a_n}=l$
        - 积分判别法
      - 交错级数（莱布尼茨判别法）
      - 一般项级数　利用正项积数⇒绝对收敛
  - 函数项级数与幂级数
    - 概念：函数项级数通项、收敛域、和函数
    - 泰勒级数
      - 定义
      - 唯一性
      - 展开
        - 展开条件
        - 展开方法
          - 直接展开法
          - 间接展开法
      - 收敛半径、收敛域、和函数

三、本章基本内容

1. 常数项级数的概念与性质

表 8-1　常数项级数的概念

名　称	定　　义
常数项级数	如果给定一个数列 $u_1,u_2,\cdots,u_n,\cdots$,则由这数列构成的表达式 $u_1+u_2+u_3+\cdots+u_n+\cdots$ 叫作(常数项)无穷级数,简称(常数项)级数,记为 $\sum\limits_{n=1}^{\infty}u_n$,即 $$\sum_{n=1}^{\infty}u_n=u_1+u_2+\cdots+u_n+\cdots$$ 其中第 n 项 u_n 叫作级数的一般项,$S_n=u_1+u_2+\cdots+u_n$ 称为级数的部分和. 称 $\sum\limits_{k=N+1}^{\infty}u_k=u_{N+1}+u_{N+2}+\cdots$,为对应的余项或余级数
收　敛	如果级数 $\sum\limits_{n=1}^{\infty}u_n$ 的部分和数列 $\{S_n\}$ 有极限 S,即 $\lim\limits_{n\to\infty}S_n=S$,则称无穷级数 $\sum\limits_{n=1}^{\infty}u_n$ 收敛,S 叫作这个级数的和
发　散	如果 $\{S_n\}$ 没有极限,则称无穷级数发散

表 8-2　常数项级数的基本性质

基 本 性 质	说　　明
(1) 级数 $\sum\limits_{n=1}^{\infty}u_n$ 与 $\sum\limits_{n=1}^{\infty}ku_n(k\neq 0)$ 敛散性相同	若 $S=\sum\limits_{n=1}^{\infty}u_n$,则 $\sum\limits_{n=1}^{\infty}ku_n=kS$
(2) 若 $\sum\limits_{n=1}^{\infty}u_n$、$\sum\limits_{n=1}^{\infty}v_n$ 均收敛,则 $\sum\limits_{n=1}^{\infty}(u_n+v_n)$ 也收敛	若 $\sum\limits_{n=1}^{\infty}u_n$ 与 $\sum\limits_{n=1}^{\infty}v_n$ 均发散,则 $\sum\limits_{n=1}^{\infty}(u_n\pm v_n)$ 敛散性不定
(3) 在级数 $\sum\limits_{n=1}^{\infty}u_n$ 前面添加有限项或去掉有限项,不改变级数的敛散性	
(4) 若级数 $\sum\limits_{n=1}^{\infty}u_n$ 收敛,则任意加括号后组成的新级数仍然收敛	反之不成立,如 $\sum\limits_{n=1}^{\infty}(-1)^{n-1}$ 发散,而 $(1-1)+(1-1)+\cdots+(1-1)+\cdots$ 收敛
(5) 级数收敛的必要条件: $\sum\limits_{n=1}^{\infty}u_n$ 收敛 $\Rightarrow\lim\limits_{n\to\infty}u_n=0$	若 $\lim\limits_{n\to\infty}u_n\neq 0$,则 $\sum\limits_{n=1}^{\infty}u_n$ 发散; $\lim\limits_{n\to\infty}u_n=0\not\Rightarrow\sum\limits_{n=1}^{\infty}u_n$ 收敛

2. 常数项级数的审敛法

表 8-3　正项级数及其审敛法

定义	若常数项级数的各项都是正数或零，则称这种级数为正项级数
审敛法	收敛准则：正项级数 $\sum\limits_{n=1}^{\infty}u_n$ 收敛的充分必要条件是它的部分和数列 $\{S_n\}$ 有界
	比较审敛法：设 $\sum\limits_{n=1}^{\infty}u_n$ 和 $\sum\limits_{n=1}^{\infty}v_n$ 都是正项级数，如果级数 $\sum\limits_{n=1}^{\infty}v_n$ 收敛，且存在自然数 N，使得 $n\geqslant N$ 时，有 $u_n\leqslant kv_n(k>0)$ 成立，则级数 $\sum\limits_{n=1}^{\infty}u_n$ 收敛；如果级数 $\sum\limits_{n=1}^{\infty}v_n$ 发散，且当 $n\geqslant N$ 时有 $u_n\geqslant kv_n(k>0)$ 成立，则级数 $\sum\limits_{n=1}^{\infty}u_n$ 发散
	比较审敛法的极限形式：设 $\sum\limits_{n=1}^{\infty}u_n$ 和 $\sum\limits_{n=1}^{\infty}v_n$ 都是正项级数，如果 $\lim\limits_{n\to\infty}\dfrac{u_n}{v_n}=l(0<l<+\infty)$，则级数 $\sum\limits_{n=1}^{\infty}u_n$ 和级数 $\sum\limits_{n=1}^{\infty}v_n$ 同时收敛或同时发散
	比值审敛法：若正项级数 $\sum\limits_{n=1}^{\infty}u_n$ 的后项与前项之比值的极限等于 p，即 $\lim\limits_{n\to\infty}\dfrac{u_{n+1}}{u_n}=p$，则当 $p<1$ 时，级数收敛；$p>1$ 时，$\left(\text{或}\lim\limits_{n\to\infty}\dfrac{u_{n+1}}{u_n}=+\infty\right)$级数发散；$p=1$ 时，级数可能收敛也可能发散
	根值审敛法：设 $\sum\limits_{n=1}^{\infty}u_n$ 为正项级数，如果它的一般项 u_n 的 n 次根的极限等于 p：$\lim\limits_{n\to\infty}\sqrt[n]{u_n}=p$，则当 $p<1$ 时，级数收敛；$p>1$ 时，(或 $\lim\limits_{n\to\infty}\sqrt[n]{u_n}=+\infty$)，级数发散；$p=1$ 时，级数可能收敛也可能发散
	积分审敛法**：设 $f(x)$ 是 $(1,+\infty)$ 上非负单调连续函数，则 $\sum\limits_{n=1}^{\infty}f(n)$ 与 $\int_1^{+\infty}f(x)\mathrm{d}x$ 同时敛散

表 8-4　交错级数及其审敛法

定义	各项是正负交错的常数项级数，即可写成 $u_1-u_2+u_3-u_4+\cdots$ 或 $-u_1+u_2-u_3+u_4-\cdots$，其中 $u_1,u_2,\cdots$ 都是正数，这种级数称为交错级数
审敛法	莱布尼茨判别法：如果交错级数 $\sum\limits_{n=1}^{\infty}(-1)^{n-1}u_n$ 满足条件： (1) $u_n\geqslant u_{n+1}(n=1,2,3,\cdots)$；(2) $\lim\limits_{n\to\infty}u_n=0$， 则级数收敛，且其和 $S\leqslant u_1$，其余项的绝对值 $\lvert r_n\rvert\leqslant u_{n+1}$

表 8-5　绝对收敛与条件收敛

绝对收敛	若 $\sum\limits_{n=1}^{\infty}\lvert u_n\rvert$ 收敛，则 $\sum\limits_{n=1}^{\infty}u_n$ 收敛，称 $\sum\limits_{n=1}^{\infty}u_n$ 绝对收敛
条件收敛	若 $\sum\limits_{n=1}^{\infty}\lvert u_n\rvert$ 发散，而 $\sum\limits_{n=1}^{\infty}u_n$ 收敛，则称 $\sum\limits_{n=1}^{\infty}u_n$ 条件收敛
绝对收敛基本性质	(1) 如果级数 $\sum\limits_{n=1}^{\infty}u_n$ 绝对收敛，则级数 $\sum\limits_{n=1}^{\infty}u_n$ 必定收敛； (2) 绝对收敛级数改变项的位置后构成的级数也收敛，且与原级数有相同的和

3. 幂级数

表 8-6 函数项级数

函数项级数的定义	给定一个定义在区间 I 上的函数列 $u_1(x),u_2(x),\cdots,u_n(x),\cdots$,则 $u_1(x)+u_2(x)+\cdots u_n(x)+\cdots$ 或 $S(x)=\sum\limits_{i=1}^{\infty}u_i(x)$ 称为定义在区间 I 上的(函数项)无穷级数,简称函数项级数
函数项级数的收敛域与和函数	(1) 若级数 $\sum\limits_{n=1}^{\infty}u_n(x_0)$ 收敛,则称 x_0 为级数 $\sum\limits_{n=1}^{\infty}u_n(x)$ 的收敛点; (2) 级数 $\sum\limits_{n=1}^{\infty}u_n(x)$ 收敛点构成的集合称为其收敛域; (3) 在收敛域上,$S(x)=\sum\limits_{i=1}^{\infty}u_i(x)$ 是函数项级数的和函数,若记 $S_n(x)$ 是函数项级数的前 n 项的部分和,则有 $\lim\limits_{n\to\infty}S_n(x)=S(x)$

表 8-7 幂级数的概念、性质及运算

定义	各项都是(非负整数指数)幂函数的函数项级数称为幂级数
收敛性	阿贝尔定理:如果幂级数 $\sum\limits_{n=0}^{\infty}a_nx^n$ 当 $x=x_0(x_0\neq 0)$ 时收敛,则这幂级数在适合不等式 $\lvert x\rvert<\lvert x_0\rvert$ 的一切 x 处绝对收敛;反之,如果幂级数 $\sum\limits_{n=0}^{\infty}a_nx^n$ 当 $x=x_0(x_0\neq 0)$ 时发散,则这幂级数在适合不等式 $\lvert x\rvert>\lvert x_0\rvert$ 的一切 x 处发散
	收敛半径求法: 如果 $\lim\limits_{n\to\infty}\frac{\lvert a_{n+1}\rvert}{\lvert a_n\rvert}=\rho\left(或\lim\limits_{n\to\infty}\sqrt[n]{\lvert a_n\rvert}=\rho\right)$,其中 a_n,a_{n+1} 是幂级数 $\sum\limits_{n=0}^{\infty}a_nx^n$ 的相邻两项系数,则该幂级数的收敛半径 $R=\begin{cases}\frac{1}{\rho}, & 0<\rho<+\infty;\\ +\infty, & \rho=0;\\ 0, & \rho=+\infty\end{cases}$
性质	性质 1:幂级数 $\sum\limits_{n=0}^{\infty}a_nx^n$ 的和函数 $S(x)$ 在其收敛域 I 上连续; 性质 2:幂级数 $\sum\limits_{n=0}^{\infty}a_nx^n$ 的和函数 $S(x)$ 在收敛区间 I 上可导,且有逐项求导公式 $$S'(x)=\left(\sum_{n=0}^{\infty}a_nx^n\right)'=\sum_{n=0}^{\infty}(a_nx^n)'=\sum_{n=1}^{\infty}a_nnx^{n-1}$$ 逐项求导后的幂级数与原来幂级数有相同的收敛半径; 性质 3:幂级数 $\sum\limits_{n=0}^{\infty}a_nx^n$ 的和函数 $S(x)$ 在其收敛域 I 上可积,且有逐项积分公式 $$\int_0^x S(t)\mathrm{d}t=\int_0^x\left[\sum_{n=0}^{\infty}a_nt^n\right]\mathrm{d}t=\sum_{n=0}^{\infty}\int_0^x a_nt^n\mathrm{d}t=\sum_{n=0}^{\infty}\frac{a_n}{n+1}x^{n+1}$$ 逐项积分后得到的幂级数和原级数有相同的收敛半径

4. 函数展开成幂级数

表 8-8　泰勒级数

泰勒级数	如果函数 $f(x)$ 在点 x_0 具有任意阶导数，则称 $$f(x_0)+f'(x_0)(x-x_0)+\frac{f''(x_0)}{2!}(x-x_0)^2+\cdots+\frac{f^{(n)}(x_0)}{n!}(x-x_0)^n+\cdots$$ 为 $f(x)$ 在 x_0 处的泰勒级数
麦克劳林级数	在泰勒级数中取 $x_0=0$，则称 $$f(0)+f'(0)x+\frac{f''(0)}{2!}x^2+\cdots+\frac{f^{(n)}(0)}{n!}x^n+\cdots$$ 为 $f(x)$ 的麦克劳林级数
展开条件	设函数 $f(x)$ 在点 x_0 的某一邻域内具有各阶导数，则 $f(x)$ 在该邻域内能展开成泰勒级数的充分必要条件是 $f(x)$ 的泰勒公式的余项 $R_n(x)$ 当 $n\to\infty$ 时极限为零，即 $$\lim_{n\to\infty}R_n(x)=0\quad(x\in o(x_0))$$ 从而 $f(x)$ 的泰勒展开式为 $$f(x)=f(x_0)+f'(x_0)(x-x_0)+\frac{f''(x_0)}{2!}(x-x_0)^2+\cdots+\frac{f^{(n)}(x_0)}{n!}(x-x_0)^n+\cdots$$ $f(x)$ 的麦克劳林展开式为 $$f(x)=f(0)+f'(0)x+\frac{f''(0)}{2!}x^2+\cdots+\frac{f^{(n)}(0)}{n!}x^n+\cdots$$

表 8-9　常用函数的幂级数(麦克劳林)展开式

$$e^x=\sum_{n=0}^{\infty}\frac{x^n}{n!}=1+x+\frac{x^2}{2!}+\cdots+\frac{x^n}{n!}+\cdots\quad(-\infty<x<+\infty);$$

$$\sin x=\sum_{n=0}^{\infty}\frac{(-1)^nx^{2n+1}}{(2n+1)!}=x-\frac{x^3}{3!}+\frac{x^5}{5!}-\cdots+\frac{(-1)^nx^{2n+1}}{(2n+1)!}+\cdots\quad(-\infty<x<+\infty);$$

$$\cos x=\sum_{n=0}^{\infty}\frac{(-1)^nx^{2n}}{(2n)!}=1-\frac{x^2}{2!}+\frac{x^4}{4!}-\cdots+\frac{(-1)^nx^{2n}}{(2n)!}+\cdots\quad(-\infty<x<+\infty);$$

$$\frac{1}{1-x}=\sum_{n=0}^{\infty}x^n=1+x+x^2+\cdots+x^n+\cdots\quad(-1<x<+1);$$

$$\frac{1}{1+x}=\sum_{n=0}^{\infty}(-1)^nx^n=1-x+x^2-\cdots+(-1)^nx^n+\cdots\quad(-1<x<+1);$$

$$\ln(1+x)=\sum_{n=0}^{\infty}\frac{(-1)^nx^{n+1}}{n+1}=x-\frac{x^2}{2}+\frac{x^3}{3}-\cdots+\frac{(-1)^nx^{n+1}}{n+1}+\cdots\quad(-1<x\leqslant1);$$

$$(1+x)^\alpha=1+\alpha x+\frac{\alpha(\alpha-1)}{2!}x^2+\cdots+\frac{\alpha(\alpha-1)\cdots(\alpha-n+1)}{n!}x^n+\cdots\quad(-1<x<1)(\alpha\in\mathbf{R})$$

四、重点难点剖析

(一)用定义或性质判定级数的敛散性

1. 用定义证明或判断级数的敛散性,先计算级数的前 n 项和,再判断 n 项和当 $n\to\infty$时,极限是否存在,若存在,则级数收敛;若不存在,则级数发散.

2. 通项 $a_n\to 0$是级数收敛的必要条件,判别一个级数收敛与否往往第一步考虑通项极限是否为零,若 $a_n\not\to 0(n\to\infty)$,则级数一定发散;若 $a_n\to 0(n\to\infty)$,需继续用其他方法判断级数是否收敛.

(二)判断级数敛散性一般有如下程序

1. 首先判断级数是正项级数,还是交错级数或一般级数;

2. (1) 若是正项级数,判断一般项的极限($\lim\limits_{n\to\infty} u_n$)是否为零,若不为零,则级数发散;否则利用比值或根值判别法. 若不能判别,再利用比较判别法、比值判别法或根值判别法,最后,用级数定义判别级数的敛散性.

(2) 若是交错级数,先判断是否绝对收敛,若不绝对收敛则利用莱布尼茨判别法,判断级数是否条件收敛.

(3) 若是任意项级数,先判断是否绝对收敛,若不绝对收敛则利用级数收敛定义判断级数是否条件收敛.

(三)幂级数的收敛半径、收敛域及函数问题

1. 幂级数的定义和基本性质是本节的主要内容. 幂级数的收敛半径和收敛区间的求法和幂级数的基本运算是本节的重要内容,运用上述内容解决问题,主要有以下几种类型:

(1) 比值判别法是求幂级数收敛半径的常用方法,而求幂级数的收敛区间,还要注意收敛区间的端点,这时候幂级数变成常数项级数,可利用上节判断常数项级数的敛散性的方法进行判断.

(2) 求幂级数的和函数,其一般方法是先求出幂级数的收敛半径和收敛区间,然后利用幂级数和函数性质(如可导性、可积性等)求出幂级数的和函数.

2. 对于一般函数项级数 $\sum\limits_{n=1}^{\infty}u_n(x)$ 的敛散性判别,往往采用把x看成常数,先讨论$\sum\limits_{n=1}^{\infty}|u_n(x)|$的敛散性,再讨论端点处的敛散性.

(四)函数展开成幂级数

1. 将函数 $f(x)$展开成幂级数直接展开法的步骤:

(1) 求 $f(x)$的各阶导数 $f'(x),f''(x),\cdots,f^{(n)}(x),\cdots$,并计算它们在 $x=0$ 的值 $f(0)$, $f'(0),\cdots,f^{(n)}(0),\cdots$

(2) 写出 $f(x)$的幂级数展开式 $f(0)+f'(0)x+\dfrac{f''(0)}{2!}x^2+\cdots+\dfrac{f^{(n)}(0)}{n!}x^n+\cdots$,并求出收敛半径 R;

(3) 考查当 x 在区间$(-\mathbf{R},\mathbf{R})$内时余项 $R_n(x)$的极限

$\lim\limits_{n\to\infty}R_n(x)=\lim\limits_{n\to\infty}\dfrac{f^{(n+1)}(\xi)}{(n+1)!}x^{n+1}(0<\xi<x)$是否为零,如果为零,则函数 $f(x)$在区间$(-\mathbf{R},\mathbf{R})$内的幂级数展开式必收敛于 $f(x)$,即有

$$f(x)=f(0)+f'(0)x+\frac{f''(0)}{2!}x^2+\cdots+\frac{f^{(n)}(0)}{n!}x^n+\cdots\quad(-\mathbf{R}<x<\mathbf{R})$$

2. 间接展开法：

(1) 方法. 恒等变形、变量代换、逐项求导、逐项积分……

(2) 原理. 泰勒级数展开式的唯一性；

(3) 公式. 熟记几个常用函数的麦克劳林级数展开式.

五、典型例题解析

例 1 根据级数收敛性的定义判断级数 $1-\frac{1}{2}+\frac{1}{4}-\frac{1}{8}+\cdots$ 的敛散性.

解 本题要求熟记级数收敛的定义. 因为 $u_n=(-1)^{n-1}\frac{1}{2^{n-1}}$

故 $S_n=1-\frac{1}{2}+\frac{1}{4}-\frac{1}{8}+\cdots+(-1)^{n-1}\frac{1}{2^{n-1}}=\dfrac{1-\left(-\frac{1}{2}\right)^n}{1+\frac{1}{2}}$

所以 $S=\lim\limits_{n\to\infty}S_n=\lim\limits_{n\to\infty}\dfrac{1-\left(-\frac{1}{2}\right)^n}{1+\frac{1}{2}}=\frac{2}{3}$，故该级数收敛.

例 2 判断级数 $\sum\limits_{n=1}^{\infty}\left(\frac{n}{1+n}\right)^n$ 的敛散性.

解 本题可利用级数收敛的必要条件. $u_n=\left(\frac{n}{1+n}\right)^n$

因为 $\lim\limits_{n\to\infty}u_n=\lim\limits_{n\to\infty}\left(\frac{n}{1+n}\right)^n=\lim\limits_{n\to\infty}\left(1+\frac{1}{n}\right)^{-n}=e^{-1}\neq 0$

故 $\sum\limits_{n=1}^{\infty}\left(\frac{n}{1+n}\right)^n$ 发散.

例 3 判断级数 $\sum\limits_{n=1}^{\infty}\frac{6^n}{7^n-5^n}$ 的敛散性.

解 本题可利用级数比值判别法.

因为 $\lim\limits_{n\to\infty}\frac{u_{n+1}}{u_n}=\lim\limits_{n\to\infty}\frac{6}{7}\cdot\dfrac{1-\left(\frac{5}{7}\right)^n}{1-\left(\frac{5}{7}\right)^{n+1}}=\frac{6}{7}<1$，所以原级数收敛.

例 4 判断 $\sum\limits_{n=1}^{\infty}\dfrac{n^2}{\left(2+\frac{1}{n}\right)^n}$ 的敛散性.

解 本题可利用根值判别法. 因为 $\lim\limits_{n\to\infty}\sqrt[n]{u_n}=\lim\limits_{n\to\infty}\dfrac{\sqrt[n]{n^2}}{2+\frac{1}{n}}=\frac{1}{2}<1$，所以原级数收敛.

例 5 判断 $\sum\limits_{n=1}^{\infty}\frac{1!+2!+\cdots+n!}{(2n)!}$ 的敛散性.

解 本题可利用比较判别法.

因为 $0 \leqslant u_n = \dfrac{1!+2!+\cdots+n!}{(2n)!} \leqslant \dfrac{n \cdot n!}{(2n)!} = \dfrac{n}{(n+1)(n+2)\cdots(2n)} \leqslant \dfrac{1}{2n^2}$

而 $\sum\limits_{n=1}^{\infty} \dfrac{1}{2n^2}$ 收敛,所以原级数收敛.

例 6 证明 $\lim\limits_{n\to\infty} \dfrac{n!2^n}{n^n} = 0$.

分析 本题考查利用级数收敛性证明极限的方法的掌握.

证明 由比值判别法可知 $\sum\limits_{n=1}^{\infty} \dfrac{n!2^n}{n^n}$ 是收敛的,据此,由级数收敛的必要条件即得 $\lim\limits_{n\to\infty} \dfrac{n!2^n}{n^n} = 0$.

$\left(\text{因为} \dfrac{(n+1)!2^{n+1}}{(n+1)^{n+1}} : \dfrac{n!2^n}{n^n} = 2\left(1+\dfrac{1}{n}\right)^{-n} \to \dfrac{2}{e} < 1\right)$

例 7 判断下面级数的敛散性,若收敛是绝对收敛还是条件收敛?

(1) $\sum\limits_{n=1}^{\infty} (-1)^n \dfrac{(n!)^2}{2^{n^2}}$;　　　　(2) $\sum\limits_{n=1}^{\infty} (-1)^n \dfrac{\sqrt{n}}{100+n}$;

解 (1) 本题考查对任意项级数的敛散性,宜先判定是否绝对收敛.

先考虑 $\sum\limits_{n=1}^{\infty} \left| (-1)^n \dfrac{(n!)^2}{2^{n^2}} \right|$ 的敛散性.

因为 $\lim\limits_{n\to\infty} \left| \dfrac{u_{n+1}}{u_n} \right| = \lim\limits_{n\to\infty} \dfrac{(n+1)^2}{2^{2n+1}} = 0 < 1$,

所以 $\sum\limits_{n=1}^{\infty} \dfrac{(n!)^2}{2^{n^2}}$ 收敛,从而 $\sum\limits_{n=1}^{\infty} (-1)^n \dfrac{(n!)^2}{2^{n^2}}$ 绝对收敛.

(2) 本题可利用莱布尼茨判别法. 先判定 $\sum\limits_{n=1}^{\infty} \left| (-1)^n \dfrac{\sqrt{n}}{100+n} \right|$ 的敛散性;

$$\frac{\sqrt{n}}{100+n} \geqslant \frac{1}{100+n} \quad (n = 1,2,\cdots)$$

由 $\sum\limits_{n=1}^{\infty} \dfrac{1}{100+n}$ 发散可推得 $\sum\limits_{n=1}^{\infty} \dfrac{\sqrt{n}}{100+n}$ 发散.

再判定级数 $\sum\limits_{n=1}^{\infty} (-1)^n \dfrac{\sqrt{n}}{100+n}$ 的敛散性.

① $\lim\limits_{n\to\infty} \dfrac{\sqrt{n}}{100+n} = \lim\limits_{n\to\infty} \dfrac{\frac{1}{\sqrt{n}}}{\frac{100}{n}+1} = 0$,

② 设 $f(x) = \dfrac{\sqrt{x}}{100+x}(x > 0)$,则 $f'(x) = \dfrac{100-x}{2\sqrt{x}(100+x)^2}$,

当 $x > 100$ 时,$f'(x) < 0$,这时 $f(x)$ 单调减少,故有

$$u_n = \frac{\sqrt{n}}{100+n} > \frac{\sqrt{n+1}}{100+(n+1)} = u_{n+1} \quad (n = 100,101,\cdots)$$

故由莱布尼茨判别法知 $\sum\limits_{n=1}^{\infty} (-1)^n \dfrac{\sqrt{n}}{100+n}$ 收敛.

综合 ①,② 的讨论,$\sum\limits_{n=1}^{\infty} (-1)^n \dfrac{\sqrt{n}}{100+n}$ 是条件收敛的.

例 8　求级数 $\sum_{n=1}^{\infty}\frac{a^n+b^n}{n}x^n(a,b>0)$ 的收敛半径.

分析　本题要求熟悉求幂级数收敛半径的方法和幂级数的四则运算.

解　因为 $\sum_{n=1}^{\infty}\frac{a^n+b^n}{n}x^n=\sum_{n=1}^{\infty}\frac{a^n}{n}x^n+\sum_{n=1}^{\infty}\frac{b^n}{n}x^n$,

其中右边的第一个级数的收敛半径为 $\frac{1}{a}$,第二个级数的收敛半径为 $\frac{1}{b}$,故所求级数的收敛半径为

$$R=\min\left\{\frac{1}{a},\frac{1}{b}\right\}.$$

例 9　求幂级数 $\sum_{n=0}^{\infty}\frac{(-1)^n}{2n-1}(2x-3)^n$ 的收敛半径、收敛区间及收敛域.

解　令 $t=2x-3$,原级数变为 $\sum_{n=0}^{\infty}\frac{(-1)^n}{2n-1}t^n$,

由于 $\lim\limits_{n\to\infty}\left|\frac{a_{n+1}}{a_n}\right|=1$,

因此,当 $|t|<1$,即 $\left|x-\frac{3}{2}\right|<\frac{1}{2}$ 时,原级数收敛;且当 $|t|>1$,即 $\left|x-\frac{3}{2}\right|>\frac{1}{2}$ 时,原级数发散,所以,收敛半径为 $\frac{1}{2}$,收敛区间为(1,2).

又当 $x=2$ 时,原级数化为收敛的交错级数 $\sum_{n=0}^{\infty}\frac{(-1)^n}{2n-1}$,

当 $x=1$ 时,原级数化为 $\sum_{n=0}^{\infty}\frac{1}{2n-1}$(发散),故原级数收敛域为(1,2].

例 10　求级数 $1-\frac{x^2}{2}+\frac{x^4}{2\times4}-\frac{x^6}{2\times4\times6}+\cdots$ 的收敛域与和函数,并求

$1-\frac{1}{2}+\frac{1}{2\times4}-\frac{1}{2\times4\times6}+\cdots$

分析　本题要求熟悉 e^u 的展开式,并了解利用和函数求常数级数的和的方法.

解　比较 e^u 的展开式知

$$1-\frac{x^2}{2}+\frac{x^4}{2\times4}-\frac{x^6}{2\times4\times6}+\cdots=\sum_{n=0}^{\infty}\frac{1}{n!}\left(-\frac{x^2}{2}\right)^n=e^{-\frac{x^2}{2}}\quad(-\infty<x<+\infty)$$

所以 $1-\frac{1}{2}+\frac{1}{2\times4}-\frac{1}{2\times4\times6}+\cdots=e^{-\frac{1}{2}}$.

例 11　求幂级数 $\sum_{n=0}^{\infty}(n+1)(n+3)x^n$ 的收敛域及和函数.

分析　本题要求掌握利用幂级数逐项求导、逐项积分的性质来求和函数的方法.

解　由 $\lim\limits_{n\to\infty}\frac{(n+2)(n+4)}{(n+1)(n+3)}=1$,得 $R=1$,

当 $x=1$ 时,$\sum_{n=0}^{\infty}(n+1)(n+3)$ 发散,当 $x=-1$ 时,$\sum_{n=0}^{\infty}(-1)^n(n+1)(n+3)$ 发散,

故收敛域为 $(-1,1)$,设和函数为 $S(x)$,

当 $x\neq0$ 时,

$$S(x)=\sum_{n=0}^{\infty}(n+1)(n+3)x^n=\left[\sum_{n=0}^{\infty}(n+3)\int_0^x(n+1)x^n\mathrm{d}x\right]'$$
$$=\left[\sum_{n=0}^{\infty}(n+3)x^{n+1}\right]'=\left[\frac{1}{x}\sum_{n=0}^{\infty}(n+3)x^{n+2}\right]'$$
$$=\left[\frac{1}{x}\left(\sum_{n=0}^{\infty}\int_0^x(n+3)x^{n+2}\mathrm{d}x\right)'\right]'=\left[\frac{1}{x}\left(\sum_{n=0}^{\infty}x^{n+3}\right)'\right]'$$
$$=\left[\frac{1}{x}\left(\frac{x^3}{1-x}\right)'\right]'=\left[\frac{3x-2x^2}{(1-x)^2}\right]'=\frac{3-x}{(1-x)^3},$$

当 $x=0$ 时,$S(0)=3$,故和函数为 $S(x)=\dfrac{3-x}{(1-x)^3}$,$x\in(-1,1)$.

例 12 展开 $f(x)=\ln(1+x+x^2)$ 为 x 的幂级数,并指出其收敛区间.

分析 本题要求熟悉展开法的技巧. 因为 $1+x+x^2=\dfrac{1-x^3}{1-x}$,利用 $\ln(1-x)$ 的展开式可求得 $f(x)$ 的展开式.

解 $f(x)=\ln(1-x^3)-\ln(1-x)$

$$=\left(-x^3-\frac{x^6}{2}-\frac{x^9}{3}-\cdots\right)+\left(x+\frac{x^2}{2}+\frac{x^3}{3}+\frac{x^4}{4}+\cdots\right)$$
$$=x+\frac{x^2}{2}-\frac{2}{3}x^3+\frac{x^4}{4}+\frac{x^5}{5}-\frac{2}{6}x^6+\cdots\quad(-1\leqslant x<1)$$

六、练习题全解

练习 8.1

1. 写出下列级数的一般项:

(1) $\dfrac{1}{1}+\dfrac{3}{3}+\dfrac{1}{5}+\dfrac{3}{7}+\cdots$; (2) $\dfrac{1}{2}-\dfrac{1\times3}{2\times4}+\dfrac{1\times3\times5}{2\times4\times6}-\dfrac{1\times3\times5\times7}{2\times4\times6\times8}+\cdots$;

(3) $\sin\dfrac{1}{2}+2\sin\dfrac{1}{4}+3\sin\dfrac{1}{8}+4\sin\dfrac{1}{16}+\cdots$; (4) $\dfrac{1}{2}+\dfrac{2x}{5}+\dfrac{3x^2}{10}+\dfrac{4x^3}{17}+\cdots$.

解 (1) $u_n=\dfrac{2+(-1)^n}{2n-1}\quad(n=1,2,\cdots)$

(2) $u_n=\dfrac{(-1)^{n-1}1\times3\cdot\cdots\cdot(2n-1)}{2\times4\cdot\cdots\cdot2n}=\dfrac{(-1)^{n-1}(2n-1)!!}{(2n)!!}\quad(n=1,2,\cdots)$

(3) $u_n=n\sin\dfrac{1}{2^n}\quad(n=1,2,\cdots)$

(4) $u_n=\dfrac{nx^{n-1}}{n^2+1}\quad(n=1,2,\cdots)$

2. 利用下列级数 $\sum\limits_{n=1}^{\infty}u_n$ 的部分和 S_n 求 u_1,u_2 和 u_n:

(1) $S_n=\dfrac{2n}{n+1}$; (2) $S_n=\dfrac{1}{2}-\dfrac{1}{2(2n+1)}$.

解 (1) $S_1=1,S_2=\dfrac{4}{3},S_3=\dfrac{6}{4},S_4=\dfrac{8}{5},\cdots,S_n=\dfrac{2n}{n+1}$

因为 $S_1=u_1, S_2=u_1+u_2, S_3=u_1+u_2+u_3$

所以 $u_1=1, u_2=\frac{4}{3}-1=\frac{1}{3}, u_3=\frac{6}{4}-1-\frac{1}{3}=\frac{1}{6}$

$u_4=\frac{8}{5}-1-\frac{1}{3}-\frac{1}{6}=\frac{1}{10}, u_5=\frac{1}{15}, \cdots$

所以 $\sum\limits_{n=1}^{\infty} u_n =1+\frac{1}{3}+\frac{1}{6}+\frac{1}{10}+\frac{1}{15}+\frac{1}{21}+\cdots$

$$=\frac{1}{1\times 1}+\frac{1}{1\times 3}+\frac{1}{2\times 3}+\frac{1}{2\times 5}+\frac{1}{3\times 5}+\frac{1}{3\times 7}+\cdots$$

$u_n=S_n-S_{n-1}=\frac{2n}{n+1}-\frac{2(n-1)}{n-1+1}=\frac{2}{n(n+1)}$

(2) $S_1=\frac{1}{2}-\frac{1}{2\times 3}, S_2=\frac{1}{2}-\frac{1}{2\times 5}, S_3=\frac{1}{2}-\frac{1}{2\times 7}, S_4=\frac{1}{2}-\frac{1}{2\times 9},$

$S_n=\frac{1}{2}-\frac{1}{2(2n+1)}\cdots$

因为 $S_1=u_1, S_2=u_1+u_2, S_3=u_1+u_2+u_3, S_4=u_1+u_2+u_3+u_4$

所以 $S_n=u_1+u_2+u_3+u_4+\cdots+u_n$

所以 $u_1=\frac{1}{2}-\frac{1}{6}=\frac{1}{3}, u_2=S_2-u_1=\frac{2}{5}-\frac{1}{3}=\frac{1}{15}, u_3=S_3-u_1-u_2=\frac{3}{7}-\frac{1}{3}-\frac{1}{15}=\frac{1}{35}$

$u_4=S_4-u_1-u_2-u_3=\frac{4}{9}-\frac{1}{3}-\frac{1}{15}-\frac{1}{35}=\frac{1}{63}, \cdots$

所以 $\sum\limits_{n=1}^{\infty} u_n=\frac{1}{3}+\frac{1}{15}+\frac{1}{35}+\frac{1}{63}+\cdots$　所以 $u_n=\frac{1}{4n^2-1}$

3. 判断下列级数是否收敛,若收敛,求其和:

(1) $\sum\limits_{n=1}^{\infty}(\sqrt{n+1}-\sqrt{n})$;　(2) $\sum\limits_{n=1}^{\infty}\frac{1}{(5n-1)(5n+4)}$;

(3) $\sum\limits_{n=1}^{\infty}\ln\left(\frac{n+3}{n+4}\right)$;　(4) $\sum\limits_{n=1}^{\infty}\frac{n}{(n+1)!}$.

解　(1) $S_n=(\sqrt{2}-\sqrt{1})+(\sqrt{3}-\sqrt{2})+(\sqrt{4}-\sqrt{3})+\cdots+(\sqrt{n+1}-\sqrt{n})=-1+\sqrt{n+1}$

因为 $\lim\limits_{n\to\infty}S_n=\lim\limits_{n\to\infty}(-1+\sqrt{n+1})=+\infty$

所以级数 $\sum\limits_{n=1}^{\infty}(\sqrt{n+1}-\sqrt{n})$ 发散

(2) $S_n=\frac{1}{5}\left[\left(\frac{1}{4}-\frac{1}{9}\right)+\left(\frac{1}{9}-\frac{1}{14}\right)+\cdots+\left(\frac{1}{5n-1}-\frac{1}{5n+4}\right)\right]=\frac{1}{5}\left(\frac{1}{4}-\frac{1}{5n+4}\right)$

因为 $\lim\limits_{n\to\infty}S_n=\lim\limits_{n\to\infty}\frac{1}{5}\left(\frac{1}{4}-\frac{1}{5n+4}\right)=\frac{1}{20}$　所以级数 $\sum\limits_{n=1}^{\infty}\frac{1}{(5n-1)(5n+4)}$ 收敛

(3) $u_n=\ln\left(\frac{n+3}{n+4}\right)=\ln(n+3)-\ln(n+4)$

$S_n=(\ln 4-\ln 5)+(\ln 5-\ln 6)+(\ln 6-\ln 7)+\cdots+[\ln(n+3)-\ln(n+4)]=\ln 4-\ln(n+4)$

因为 $\lim\limits_{n\to\infty}S_n=-\infty$

所以级数 $\sum\limits_{n=1}^{\infty}\ln\left(\frac{n+3}{n+4}\right)$ 发散

(4) $S_n=\frac{1}{2!}+\frac{2}{3!}+\frac{3}{4!}+\cdots+\frac{n}{(n+1)!}=\frac{2-1}{2!}+\frac{3-1}{3!}+\frac{4-1}{4!}+\cdots+\frac{(n+1)-1}{(n+1)!}$

$$=\left(1-\frac{1}{2!}\right)+\left(\frac{1}{2!}-\frac{1}{3!}\right)+\cdots+\left[\frac{1}{n!}-\frac{1}{(n+1)!}\right]=1-\frac{1}{(n+1)!},\lim_{n\to\infty}S_n=1$$

所以 $\sum_{n=1}^{\infty}\frac{n}{(n+1)!}$ 收敛

4. 设级数 $\sum_{n=1}^{\infty}u_n$ 满足条件:(1) $\lim_{n\to\infty}u_n=0$;(2) $\sum_{n=1}^{\infty}(u_{2n-1}+u_{2n})$ 收敛,判断 $\sum_{n=1}^{\infty}u_n$ 是否收敛,并证明你的结论.

证明 设 $S_n=\sum_{k=1}^{n}u_k$,$S'_n=\sum_{k=1}^{n}(u_{2k-1}+u_{2k})$,由于 $\sum_{n=1}^{\infty}(u_{2n-1}+u_{2n})$ 收敛,可设 $\lim_{n\to\infty}S'_n=S'$,所以 $\lim_{n\to\infty}S_{2n}=\lim_{n\to\infty}S'_n=S'$. 又因为 $S_{2n+1}=S_{2n}+u_{2n+1}$ 且 $\lim_{n\to\infty}u_n=0$,所以 $\lim_{n\to\infty}u_{2n+1}=0$,所以 $\lim_{n\to\infty}S_{2n+1}=S'$

从而 $\lim_{n\to\infty}S_n=S'$,即级数 $\sum_{n=1}^{\infty}u_n$ 收敛,其和为 S'

5. 已知级数 $\sum_{n=1}^{\infty}(u_n+v_n)$ 收敛,判别下列结论是否正确:

(1) $\sum_{n=1}^{\infty}u_n$ 与 $\sum_{n=1}^{\infty}v_n$ 均收敛; (×)

(2) $\sum_{n=1}^{\infty}u_n$ 与 $\sum_{n=1}^{\infty}v_n$ 中至少有一个收敛; (×)

(3) $\sum_{n=1}^{\infty}u_n$ 与 $\sum_{n=1}^{\infty}v_n$ 或者同时收敛,或者同时发散; (√)

(4) $\sum_{n=1}^{\infty}(u_n+v_n)=\sum_{n=1}^{\infty}u_n+\sum_{n=1}^{\infty}v_n$; (×)

(5) 数列 $\left\{\sum_{k=1}^{n}(u_k+v_k)\right\}$ 有界; (√)

(6) $n\to\infty$ 时,$u_n\to 0$ 且 $v_n\to 0$. (×)

6. 已知级数 $\sum_{n=1}^{\infty}u_n$ 收敛,且和数为 S,证明:

(1) 级数 $\sum_{n=1}^{\infty}(u_n+u_{n+2})$ 收敛,且和数为 $2S-u_1-u_2$;

(2) 级数 $\sum_{n=1}^{\infty}\left(u_n+\frac{1}{n}\right)$ 发散.

证明 (1) 设
$$\begin{aligned}\sigma_n&=(u_1+u_3)+(u_2+u_4)+(u_3+u_5)+\cdots+(u_n+u_{n+2})\\&=(u_1+u_2+\cdots+u_n)+(u_3+u_4+\cdots+u_{n+2})\\&=S_n+(S_{n+2}-u_1-u_2)\end{aligned}$$

因为 $\sum_{n=1}^{\infty}u_n$ 收敛,且 $S_n\to S$,$S_{n+2}\to S$,$(n\to\infty)$

所以 $\lim_{n\to\infty}\sigma_n=\lim_{n\to\infty}[S_n+(S_{n+2}-u_1-u_2)]=2S-u_1-u_2$

所以级数 $\sum_{n=1}^{\infty}(u_n+u_{n+2})$ 收敛. 且和为 $2S-u_1-u_2$

(2) $\sigma_n=(u_1+1)+\left(u_2+\frac{1}{2}\right)+\left(u_3+\frac{1}{3}\right)+\cdots+\left(u_n+\frac{1}{n}\right)$

$$=(u_1+u_2+u_3+\cdots+u_n)+\left(1+\frac{1}{2}+\frac{1}{3}+\cdots+\frac{1}{n}\right)$$

因为 $\sum_{n=1}^{\infty}u_n$ 收敛，$\sum_{n=1}^{\infty}\frac{1}{n}$ 发散　所以级数 $\sum_{n=1}^{\infty}\left(u_n+\frac{1}{n}\right)$ 发散

7. 利用无穷级数的性质以及几何级数与调和级数的敛散性，判断下列级数的敛散性：

(1) $\sin 1+\sin^2 1+\sin^3 1+\cdots$；　(2) $\cos\frac{\pi}{3}+\cos\frac{\pi}{9}+\cos\frac{\pi}{27}+\cdots$；

(3) $\frac{1}{1}+\frac{1}{\sqrt[2]{2^2}}+\frac{1}{\sqrt[3]{3^2}}+\frac{1}{\sqrt[4]{4^2}}+\cdots$；　(4) $1+6+\sum_{n=1}^{\infty}\left(\frac{\ln 2}{2}\right)^n$；

(5) $\sum_{n=1}^{\infty}\frac{2^n+(-3)^n}{6^n}$；　(6) $\sum_{n=1}^{\infty}\left[\frac{\sin a}{n(n+1)}+\frac{1}{n}\right]$.

解　(1) 因为该级数是几何级数，公比 $|q|=|\sin 1|<1$，所以级数 $\sum_{n=1}^{\infty}(\sin 1)^n$ 收敛

(2) $u_n=\cos\frac{\pi}{3^n}$，因为 $\lim\limits_{n\to\infty}u_n=\lim\limits_{n\to\infty}\cos\frac{\pi}{3^n}=1\neq 0$，所以级数 $\sum_{n=1}^{\infty}\cos\frac{\pi}{3^n}$ 发散

(3) $u_n=\frac{1}{n^{\frac{2}{n}}}=\frac{1}{(n^{\frac{1}{n}})^2}$，

因为 $\lim\limits_{x\to+\infty}x^{\frac{1}{x}}=\lim\limits_{x\to+\infty}e^{\frac{1}{x}\ln x}=e^{\lim\limits_{x\to+\infty}\frac{1}{x}\ln x}=e^{\lim\limits_{x\to\infty}\frac{\frac{1}{x}}{1}}=e^0=1$

所以 $u_n\to 1\neq 0(n\to\infty)$，所以级数 $\sum_{n=1}^{\infty}\frac{1}{\sqrt[n]{n^2}}$ 发散

(4) 因为级数前面去掉有限项，级数的敛散性不变

而 $\sum_{n=1}^{\infty}\left(\frac{\ln 2}{2}\right)^n$ 是几何级数，$|q|=\frac{\ln 2}{2}<1$，所以 $\sum_{n=1}^{\infty}\left(\frac{\ln 2}{2}\right)^n$ 收敛，从而原级数收敛

(5) $\sum_{n=1}^{\infty}\frac{2^n+(-3)^n}{6^n}=\sum_{n=1}^{\infty}\left(\frac{1}{3}\right)^n+\sum_{n=1}^{\infty}\left(-\frac{1}{2}\right)^n$

因为级数 $\sum_{n=1}^{\infty}\left(\frac{1}{3}\right)^n$ 与 $\sum_{n=1}^{\infty}\left(-\frac{1}{2}\right)^n$ 是收敛的几何级数，所以原级数收敛

(6) $\sum_{n=1}^{\infty}\left[\frac{\sin a}{n(n+1)}+\frac{1}{n}\right]=\sum_{n=1}^{\infty}\left[\frac{\sin a}{n(n+1)}\right]+\sum_{n=1}^{\infty}\frac{1}{n}$

因为级数 $\sum_{n=1}^{\infty}\frac{1}{n}$ 是调和级数，发散，而 $\sum_{n=1}^{\infty}\frac{\sin a}{n(n+1)}$ 收敛，所以原级数发散

练习 8.2

1. 利用无穷级数的性质以及几何级数与调和级数的敛散性，判别下列级数的敛散性：

(1) $\sum_{n=1}^{\infty}\frac{(n+1)^2}{n^3}$；　(2) $\sum_{n=1}^{\infty}\frac{n^2+2^{n-1}}{n^2 2^n}$；

(3) $\sum_{n=0}^{\infty}\frac{n}{(n+1)^{\frac{3}{2}}}$；　(4) $\sum_{n=1}^{\infty}\left[\frac{1}{n+1}-\frac{n-3}{(n+1)^2}\right]$.

解　(1) 由于 $\sum_{n=1}^{\infty}\frac{(n+1)^2}{n^3}=\sum_{n=1}^{\infty}\left(\frac{1}{n}+\frac{2}{n^2}+\frac{1}{n^3}\right)=\sum_{n=1}^{\infty}\frac{1}{n}+\sum_{n=1}^{\infty}\frac{2}{n^2}+\sum_{n=1}^{\infty}\frac{1}{n^3}$

由于级数 $\sum_{n=1}^{\infty}\frac{1}{n}$ 发散，所以级数 $\sum_{n=1}^{\infty}\frac{(n+1)^2}{n^3}$ 发散

(2) $u_n = \frac{1}{2^n} + \frac{1}{2}\frac{1}{n^2}$

由于$\sum_{n=1}^{\infty}\frac{1}{2^n}$与$\frac{1}{2}\sum_{n=1}^{\infty}\frac{1}{n^2}$均收敛,所以$\sum_{n=1}^{\infty}\frac{n^2+2^{n-1}}{n^2 2^n}$收敛

(3) $u_n = \frac{n}{(n+1)^{\frac{3}{2}}} = \frac{n+1-1}{(n+1)^{\frac{3}{2}}} = \frac{1}{(n+1)^{\frac{1}{2}}} - \frac{1}{(n+1)^{\frac{3}{2}}}$

由于$\sum_{n=0}^{\infty}\frac{1}{(n+1)^{\frac{1}{2}}}$发散,$\sum_{n=0}^{\infty}\frac{1}{(n+1)^{\frac{3}{2}}}$收敛,所以$\sum_{n=0}^{\infty}\frac{n}{(n+1)^{\frac{3}{2}}}$发散

(4) $u_n = \frac{1}{n+1} - \frac{n+1-4}{(n+1)^2} = \frac{4}{(n+1)^2}$

由于$\sum_{n=1}^{\infty}\frac{4}{(n+1)^2}$收敛,所以$\sum_{n=1}^{\infty}\left[\frac{1}{n+1} - \frac{n-3}{(n+1)^2}\right]$收敛

2. 利用比较判别法或其极限形式,判别下列级数的敛散性:

(1) $\sum_{n=2}^{\infty}\frac{1}{\sqrt{n^2-n}}$; (2) $\sum_{n=1}^{\infty}\frac{n-4}{n^2+3n+5}$; (3) $\sum_{n=1}^{\infty}\frac{1}{n^{1+\frac{1}{n}}}$; (4) $\sum_{n=1}^{\infty}\frac{1}{\sqrt{n+1}}\sin\frac{1}{n}$;

(5) $\sum_{n=1}^{\infty}\left(\tan\frac{\pi}{n}\right)^2$; (6) $\sum_{n=1}^{\infty}\arctan(q^n)\ (q>0)$; (7) $\sum_{n=1}^{\infty}\frac{1}{\sqrt{n}}\ln\frac{n+1}{n-1}$;

(8) $\sum_{n=1}^{\infty}\left(\sqrt[3]{1+\frac{1}{n^2}}-1\right)$; (9) $\sum_{n=1}^{\infty}\frac{\ln n}{n^2}$; (10) $\sum_{n=1}^{\infty}\left(\sqrt{n^3+\sqrt{n}}-\sqrt{n^3-\sqrt{n}}\right)$;

(11) $\sum_{n=1}^{\infty}\frac{1}{1+a^n}(a>0)$; (12) $\sum_{n=1}^{\infty}\frac{n^2}{(n+a)^b(n+b)^a}$ (a,b为正常数).

解 (1) $u_n = \frac{1}{\sqrt{n^2-n}} > \frac{1}{n}$,由于$\sum_{n=2}^{\infty}\frac{1}{n}$发散,所以级数$\sum_{n=2}^{\infty}\frac{1}{\sqrt{n^2-n}}$发散

(2) $u_n = \frac{n-4}{n^2+3n+5}$,取$v_n = \frac{1}{n}$,由于$\lim\limits_{n\to\infty}\frac{u_n}{v_n} = \lim\limits_{n\to\infty}\frac{n^2-4n}{n^2+3n+5} = 1 > 0$

根据比较判别法的极限形式知级数$\sum_{n=1}^{\infty}\frac{n-4}{n^2+3n+5}$发散

(3) $u_n = \frac{1}{n\cdot\sqrt[n]{n}}$,取$v_n = \frac{1}{n}$,由于$\lim\limits_{n\to\infty}\frac{u_n}{v_n} = \lim\limits_{n\to\infty}\frac{1}{\sqrt[n]{n}} = 1 > 0$

根据比较判别法的极限形式知$\sum_{n=1}^{\infty}\frac{1}{n\cdot\sqrt[n]{n}}$发散

(4) $u_n = \frac{1}{\sqrt{n+1}}\sin\frac{1}{n}$,取$v_n = \frac{1}{n^{3/2}}$

由于$\lim\limits_{n\to\infty}\frac{u_n}{v_n} = \lim\limits_{n\to\infty}\frac{\sqrt{n}}{\sqrt{n+1}}\cdot\frac{\sin\frac{1}{n}}{\frac{1}{n}} = 1 > 0$

而$\sum_{n=1}^{\infty}\frac{1}{n^{3/2}}$收敛,根据比较判别法的极限形式,级数$\sum_{n=1}^{\infty}\frac{1}{\sqrt{n+1}}\sin\frac{1}{n}$收敛

(5) $u_n = \left(\tan\frac{\pi}{n}\right)^2$,取$v_n = \left(\frac{\pi}{n}\right)^2$,

由于$\lim\limits_{n\to\infty}\frac{u_n}{v_n}=\lim\limits_{\frac{\pi}{n}\to 0}\left(\frac{\tan\frac{\pi}{n}}{\frac{\pi}{n}}\right)^2=1>0$,

而级数$\sum\limits_{n=1}^{\infty}\frac{\pi^2}{n^2}=\pi^2\sum\limits_{n=1}^{\infty}\frac{1}{n^2}$收敛,根据比较判别法的极限形式知,级数$\sum\limits_{n=1}^{\infty}\left(\tan\frac{\pi}{n}\right)^2$收敛

(6) $u_n=\arctan(q^n)\to\begin{cases}\frac{\pi}{4}\nrightarrow 0,\ q=1 & (n\to\infty);\\ \frac{\pi}{2}\nrightarrow 0,\ q>1 & (n\to\infty)\end{cases}$

所以级数发散;

当$0<q<1$时,$\lim\limits_{n\to\infty}\frac{\arctan(q^n)}{q^n}=1>0$

由于$\sum\limits_{n=1}^{\infty}q^n$是收敛的几何函数,根据比较判别法的极限形式知,级数$\sum\limits_{n=1}^{\infty}\arctan(q^n)$收敛

(7) $u_n=\frac{1}{\sqrt{n}}\ln\frac{n+1}{n-1}$,取$v_n=\frac{1}{n^{3/2}}$,由于

$$\lim_{n\to\infty}\frac{u_n}{v_n}=\lim_{n\to\infty}\frac{\sqrt{n}}{\sqrt{n}}\ln\left(\frac{n+1}{n-1}\right)^n=\lim_{n\to\infty}\ln\frac{\left(1+\frac{1}{n}\right)^n}{\left(1-\frac{1}{n}\right)^n}=2>0$$

由于$\sum\limits_{n=1}^{\infty}\frac{1}{n^{3/2}}$收敛,根据比较判别法的极限形式,原级数收敛

(8) $u_n=\sqrt[3]{1+\frac{1}{n^2}}-1$,取$v_n=\frac{1}{n^2}$,

$$\lim_{n\to\infty}\frac{u_n}{v_n}=\lim_{n\to\infty}\frac{\sqrt[3]{1+\frac{1}{n^2}}-1}{\frac{1}{n^2}}=\lim_{n\to\infty}\frac{\left[\left(1+\frac{1}{n^2}\right)^{1/3}\right]^3-1}{\frac{1}{n^2}\left[\left(1+\frac{1}{n^2}\right)^{2/3}+\left(1+\frac{1}{n^2}\right)^{\frac{1}{3}}+1\right]}=\frac{1}{3}>0,$$

而$\sum\limits_{n=1}^{\infty}\frac{1}{n^2}$收敛,所以根据比较判别法的极限形式,原级数收敛

(9) $u_n=\frac{\ln n}{n^2}$,取$v_n=\frac{1}{n^p}$,由于$\lim\limits_{n\to\infty}\frac{u_n}{v_n}=\lim\limits_{n\to\infty}n^p\cdot\frac{\ln n}{n^2}=\lim\limits_{n\to\infty}\frac{\ln n}{n^{2-p}}$,

而$\lim\limits_{x\to+\infty}\frac{\ln x}{x^{2-p}}\xlongequal{1<p<2}\lim\limits_{x\to+\infty}\frac{1}{(2-p)x^{2-p}}=0$

所以$\lim\limits_{n\to\infty}\frac{u_n}{v_n}=0$

由于当$1<p<2$时,级数$\sum\limits_{n=1}^{\infty}\frac{1}{n^p}$收敛,根据比较判别法的极限形式知,级数$\sum\limits_{n=1}^{\infty}\frac{\ln n}{n^2}$收敛

(10) $u_n=\sqrt{n^3+\sqrt{n}}-\sqrt{n^3-\sqrt{n}}=\frac{2\sqrt{n}}{\sqrt{n^3+\sqrt{n}}+\sqrt{n^3-\sqrt{n}}}$取$v_n=\frac{1}{n}$,

由于$\lim\limits_{n\to\infty}\frac{u_n}{v_n}=\lim\limits_{n\to\infty}\frac{2n^{\frac{3}{2}}}{\sqrt{n^3+\sqrt{n}}+\sqrt{n^3-\sqrt{n}}}=1>0$,

由于$\sum_{n=1}^{\infty}\frac{1}{n}$发散,根据比较判别法的极限形式知,级数$\sum_{n=1}^{\infty}(\sqrt{n^3+\sqrt{n}}-\sqrt{n^3-\sqrt{n}})$发散

(11) $u_n=\frac{1}{1+a^n}<\frac{1}{a^n}=\left(\frac{1}{a}\right)^n$,当$a>1$时$|q|=\frac{1}{a}<1$收敛,

所以级数$\sum_{n=1}^{\infty}\left(\frac{1}{a}\right)^n$收敛,从而级数$\sum_{n=1}^{\infty}\frac{1}{1+a^n}$收敛

当$0<a\leqslant 1$时,$u_n=\frac{1}{1+a^n}\geqslant\frac{1}{2}$,

而级数$\sum_{n=1}^{\infty}\frac{1}{2}$当$0<a\leqslant 1$时发散,根据比较判别法的极限形式知,级数$\sum_{n=1}^{\infty}\frac{1}{1+a^n}$发散

(12) $u_n=\frac{n^{2-(a+b)}}{\left(1+\frac{a}{n}\right)^b\left(1+\frac{b}{n}\right)^a}$

① 令$v_n=\frac{1}{n}$,则$\lim\limits_{n\to\infty}\frac{u_n}{v_n}=\lim\limits_{n\to\infty}\frac{n^{3-(a+b)}}{\left(1+\frac{a}{n}\right)^b\left(1+\frac{b}{n}\right)^a}$

当$3-(a+b)>0$时,即$0<a+b<3$时,有$\lim\limits_{n\to\infty}\frac{u_n}{v_n}=\infty$,故级数$\sum_{n=1}^{\infty}\frac{n^2}{(n+a)^b(n+b)^a}$发散

当$a+b=3$时,有$\lim\limits_{n\to\infty}\frac{u_n}{v_n}=\lim\limits_{n\to\infty}\frac{1}{\left(1+\frac{a}{n}\right)^b\left(1+\frac{b}{n}\right)^a}=1$,故级数$\sum_{n=1}^{\infty}\frac{n^2}{(n+a)^b(n+b)^a}$发散

② 令$v_n=\frac{1}{n^p}(p>1)$,则$\lim\limits_{n\to\infty}\frac{u_n}{v_n}=\lim\limits_{n\to\infty}\frac{n^{2+p-(a+b)}}{\left(1+\frac{a}{n}\right)^b\left(1+\frac{b}{n}\right)^a}$

当$a+b>3$时,存在$p>1$满足$3<p+2<a+b$,即$p+2-(a+b)<0$,从而$\lim\limits_{n\to\infty}\frac{u_n}{v_n}=0$,

故级数$\sum_{n=1}^{\infty}\frac{n^2}{(n+a)^b(n+b)^a}$收敛

3. 设数列$\{a_n\}$,其中$a_n\neq 0(n=1,2,\cdots)$,且$\lim\limits_{n\to\infty}a_n=a(a\neq 0)$. 试证明:级数$\sum_{n=1}^{\infty}|a_{n+1}-a_n|$与$\sum_{n=1}^{\infty}\left|\frac{1}{a_{n+1}}-\frac{1}{a_n}\right|$有相同的敛散性.

证明 取$u_n=\left|\frac{1}{a_{n+1}}-\frac{1}{a_n}\right|$,$v_n=|a_{n+1}-a_n|$,

$\lim\limits_{n\to\infty}\frac{u_n}{v_n}=\lim\limits_{n\to\infty}\left|\frac{1}{a_{n+1}}-\frac{1}{a_n}\right|\Big/|a_{n+1}-a_n|=\lim\limits_{n\to\infty}\frac{1}{|a_na_{n+1}|}=\frac{1}{a^2}>0$,

根据比较判别法的极限形式知两级数有相同的敛散性

4. 利用比值判别法或根值判别法判别下列级数的敛散性:

(1) $\sum_{n=1}^{\infty}\frac{n+1}{2^n}$;　(2) $\sum_{n=1}^{\infty}n\tan\frac{1}{2^n}$;　(3) $\sum_{n=1}^{\infty}0.5^n\cdot n^2\ln n$;

(4) $\sum_{n=1}^{\infty}\frac{3^n}{n!}$;　(5) $\sum_{n=1}^{\infty}\frac{n^2 2^n}{(n+1)!}$;　(6) $\sum_{n=1}^{\infty}\frac{(n!)^2}{(2n)!}$;

(7) $\sum_{n=1}^{\infty}\frac{n!2^n}{n^n}$;　(8) $\sum_{n=1}^{\infty}\frac{1}{3^n}\left(\frac{n+1}{n}\right)^{n^2}$;　(9) $\sum_{n=1}^{\infty}\frac{1\times 3\times 5\cdots(2n-1)}{3^n n!}$;

(10) $\sum\limits_{n=1}^{\infty}\left(\frac{n}{2n+1}\right)^{n}$；　(11) $\sum\limits_{n=1}^{\infty}\frac{1}{n^{2}}x^{n}$；　(12) $\sum\limits_{n=1}^{\infty}\frac{2^{n}}{n+3}x^{2n}$.

解　(1) $u_n=\frac{n+1}{2^n}$ 因为 $\lim\limits_{n\to\infty}\sqrt[n]{u_n}=\lim\limits_{n\to\infty}\frac{\sqrt[n]{n+1}}{2}=\frac{1}{2}<1$

所以根据根值判别法知，级数 $\sum\limits_{n=1}^{\infty}\frac{n+1}{2^n}$ 收敛

(2) $$\lim_{n\to\infty}\frac{u_{n+1}}{u_n}=\lim_{n\to\infty}\frac{(n+1)\tan\frac{1}{2^{n+1}}}{n\tan\frac{1}{2^n}}=\lim_{n\to\infty}\frac{\frac{\tan\frac{1}{2^{n+1}}}{\frac{1}{2^{n+1}}}\cdot\frac{1}{2^{n+1}}}{\frac{\tan\frac{1}{2^n}}{\frac{1}{2^n}}\cdot\frac{1}{2^n}}=\lim_{n\to\infty}\frac{2^n}{2^{n+1}}=\frac{1}{2}<1$$

所以根据比值判别法知，级数 $\sum\limits_{n=1}^{\infty}n\tan\frac{1}{2^n}$ 收敛

(3) $$\lim_{n\to\infty}\frac{u_{n+1}}{u_n}=\lim_{n\to\infty}\frac{0.5^{n+1}(n+1)^2\ln(n+1)}{0.5^n\cdot n^2\ln n}=0.5\lim_{n\to\infty}\left(1+\frac{1}{n}\right)^2\lim_{n\to\infty}\frac{\ln(n+1)}{\ln n}=0.5<1$$

$$\left(\text{因为}\lim_{x\to+\infty}\frac{\ln(x+1)}{\ln x}\overset{\frac{\infty}{\infty}}{=\!=}\lim_{x\to+\infty}\frac{\frac{1}{x+1}}{\frac{1}{x}}=1,\text{所以}\lim_{n\to\infty}\frac{\ln(n+1)}{\ln n}=1\right)$$

所以根据比值判别法知，级数 $\sum\limits_{n=1}^{\infty}0.5^n\cdot n^2\ln n$ 收敛

(4) $$\lim_{n\to+\infty}\frac{u_{n+1}}{u_n}=\lim_{n\to\infty}\frac{3^{n+1}}{(n+1)!}\cdot\frac{n!}{3^n}=\lim_{n\to+\infty}\frac{3}{n+1}=0<1$$

所以根据比值判别法知，级数 $\sum\limits_{n=1}^{\infty}\frac{3^n}{n!}$ 收敛

(5) $$\lim_{n\to\infty}\frac{u_{n+1}}{u_n}=\lim_{n\to\infty}\frac{(n+1)^2 2^{n+1}}{(n+2)!}\cdot\frac{(n+1)!}{n^2\cdot 2^n}=\lim_{n\to\infty}\frac{2}{n+2}\left(\frac{n+1}{n}\right)^2=0<1$$

所以根据比值判别法知，级数 $\sum\limits_{n=1}^{\infty}\frac{n^2 2^n}{(n+1)!}$ 收敛

(6) $$\lim_{n\to\infty}\frac{u_{n+1}}{u_n}=\lim_{n\to\infty}\frac{[(n+1)!]^2}{(2n+2)!}\cdot\frac{(2n)!}{(n!)^2}=\lim_{n\to\infty}\frac{(n+1)^2}{(2n+2)(2n+1)}=\frac{1}{4}<1$$

所以根据比值判别法知，级数 $\sum\limits_{n=1}^{\infty}\frac{(n!)^2}{(2n)!}$ 收敛

(7) $$\lim_{n\to\infty}\frac{u_{n+1}}{u_n}=\lim_{n\to\infty}\frac{(n+1)!2^{n+1}}{(n+1)^{n+1}}\cdot\frac{n^n}{n!2^n}=\lim_{n\to\infty}\frac{2n^n}{(n+1)^n}=2\lim_{n\to\infty}\frac{1}{\left(1+\frac{1}{n}\right)^n}=\frac{2}{\mathrm{e}}<1$$

所以根据比值判别法知，级数 $\sum\limits_{n=1}^{\infty}\frac{n!2^n}{n^n}$ 收敛

(8) $$\lim_{n\to\infty}\sqrt[n]{u_n}=\lim_{n\to\infty}\frac{1}{3}\left(\frac{n+1}{n}\right)^n=\frac{\mathrm{e}}{3}<1$$

所以根据根值判别法知,级数$\sum\limits_{n=1}^{\infty}\frac{1}{3^n}\left(\frac{n+1}{n}\right)^{n^2}$收敛

(9) $\lim\limits_{n\to\infty}\frac{u_{n+1}}{u_n}=\lim\limits_{n\to\infty}\frac{1\times3\times5\cdot\cdots\cdot(2n+1)}{3^{n+1}(n+1)!}\cdot\frac{3^n\cdot n!}{1\times3\times5\cdot\cdots\cdot(2n-1)}=\lim\limits_{n\to\infty}\frac{2n+1}{3(n+1)}=\frac{2}{3}<1$

所以根据比值判别法知,级数$\sum\limits_{n=1}^{\infty}\frac{1\times3\times5\cdot\cdots\cdot(2n-1)}{3^n n!}$收敛

(10) $\lim\limits_{n\to\infty}\sqrt[n]{u_n}=\lim\limits_{n\to\infty}\frac{n}{2n+1}=\frac{1}{2}<1$

所以根据根值判别法知,级数$\sum\limits_{n=1}^{\infty}\left(\frac{n}{2n+1}\right)^n$收敛

(11) $\lim\limits_{n\to\infty}\frac{u_{n+1}}{u_n}=\lim\limits_{n\to\infty}\frac{x^{n+1}}{(n+1)^2}\cdot\frac{n^2}{x^n}=\lim\limits_{n\to\infty}\left(\frac{n}{n+1}\right)^2x=x$

所以当$|x|\leqslant1$时级数收敛,当$|x|>1$时级数发散

(12) $\lim\limits_{n\to\infty}\frac{u_{n+1}}{u_n}=\lim\limits_{n\to\infty}\frac{2^{n+1}x^{2n+2}}{n+4}\cdot\frac{n+3}{2^nx^{2n}}=\lim\limits_{n\to\infty}\frac{n+3}{n+4}2x^2=2x^2$

所以当$2x^2<1$,即$|x|<\frac{1}{\sqrt{2}}$时原级数收敛,当$|x|\geqslant\frac{1}{\sqrt{2}}$时原级数发散

5. 利用积分判断法,判别下列级数的敛散性:

(1) $\sum\limits_{n=2}^{\infty}\frac{1}{n(\ln n)^k}$;　　(2) $\sum\limits_{n=3}^{\infty}\frac{1}{n(\ln n)[\ln(\ln n)]^{\frac{1}{2}}}$.

解　(1) 因为$\int_2^{+\infty}\frac{\mathrm{d}x}{x(\ln x)^k}=\int_2^{+\infty}(\ln x)^{-k}\mathrm{d}(\ln x)=\begin{cases}\ln\ln x\,\big|_2^{+\infty},\ k=1\\ \frac{1}{1-k}(\ln x)^{1-k}\,\big|_2^{+\infty},\ k\neq1\end{cases}$

所以当$k>1$时,$\int_2^{+\infty}\frac{\mathrm{d}x}{x(\ln x)^2}=\frac{1}{k-1}(\ln 2)^{-(k-1)}$收敛,从而级数$\sum\limits_{n=2}^{\infty}\frac{1}{n(\ln n)^k}$收敛;

当$k\leqslant1$时,$\int_2^{+\infty}\frac{\mathrm{d}x}{x(\ln x)^2}=+\infty$发散,从而级数$\sum\limits_{n=2}^{\infty}\frac{1}{n(\ln n)^k}$发散

(2) 因为$\int_3^{+\infty}\frac{\mathrm{d}x}{x\ln x[\ln(\ln x)]^{\frac{1}{2}}}=\int_3^{+\infty}[\ln(\ln x)]^{-\frac{1}{2}}\mathrm{d}(\ln\ln x)=2[\ln(\ln x)]^{\frac{1}{2}}\Big|_3^{+\infty}=+\infty$

所以广义积分发散,根据积分判别法,级数$\sum\limits_{n=3}^{\infty}\frac{1}{n(\ln n)[\ln(\ln n)]^{\frac{1}{2}}}$发散

练习 8.3

1. 判别下列结论是否正确:

(1) 正项级数$\sum\limits_{n=1}^{\infty}u_n$收敛是$\sum\limits_{n=1}^{\infty}u_n^2$收敛的充分必要条件;

(2) 若$\sum\limits_{n=1}^{\infty}u_n$和$\sum\limits_{n=1}^{\infty}v_n$都收敛,不等式$u_n\leqslant v_n(n=1,2,\cdots)$成立是不等式$\sum\limits_{n=1}^{\infty}u_n\leqslant\sum\limits_{n=1}^{\infty}v_n$成立的既非充分也非必要条件;

(3) 若$n=1,2,\cdots$,不等式$u_n\leqslant v_n(n=1,2,\cdots)$成立,则由$\sum\limits_{n=1}^{\infty}u_n$发散可推得$\sum\limits_{n=1}^{\infty}v_n$发散;

(4) 若$\lim\limits_{n\to\infty}\frac{u_n}{v_n}=1$,则$\sum\limits_{n=1}^{\infty}u_n$与$\sum\limits_{n=1}^{\infty}v_n$同时收敛或同时发散;

(5) 若$\frac{u_{n+1}}{u_n}<1$,则正项级数$\sum\limits_{n=1}^{\infty}u_n$收敛;

(6) 若$\frac{u_{n+1}}{u_n}>1$,则正项级数$\sum\limits_{n=1}^{\infty}u_n$必发散.

解　(1) 否. 必要但不充分,由于$\sum\limits_{n=1}^{\infty}u_n$收敛,必有$\lim\limits_{n\to\infty}u_n=0$,即

$\forall\varepsilon>0$(可取$0<\varepsilon<1$). $\exists N>0$,当$n>N$时,有$|u_n-0|<\varepsilon<1$

又$u_n>0$,所以$u_n<1$,从而$u_n{}^2<u_n$

根据比较判别法知,$\sum\limits_{n=1}^{\infty}u_n^2$收敛

不充分用p-级数$\sum\limits_{n=1}^{\infty}\frac{1}{n^2}$说明,$\sum\limits_{n=1}^{\infty}\frac{1}{n^2}$收敛,但$\sum\limits_{n=1}^{\infty}\frac{1}{n}$发散

(2) 正确,例如$\sum\limits_{n=1}^{\infty}\frac{1}{2^n}$与$\sum\limits_{n=1}^{\infty}\frac{1}{n}$,满足$u_n=\frac{1}{2^n}<\frac{1}{n}=v_n(n=1,2,\cdots)$,

而级数$\sum\limits_{n=1}^{\infty}\frac{1}{2^n}$收敛,级数$\sum\limits_{n=1}^{\infty}\frac{1}{n}$发散,因此无法比较这两个级数的大小

(3) 否. 题设没有强调$u_n\geqslant 0,v_n\geqslant 0$因此本题结论不一定成立,

例如级数$-\sum\limits_{n=1}^{\infty}1^n$与$\sum\limits_{n=1}^{\infty}\left(\frac{1}{2}\right)^n$满足$u_n\leqslant v_n$,而$-\sum\limits_{n=1}^{\infty}1^n$发散,$\sum\limits_{n=1}^{\infty}\left(\frac{1}{2}\right)^n$收敛

(4) 否. 因为还是没有强调$u_n\geqslant 0,v_n\geqslant 0$

例如$\lim\limits_{n\to\infty}\dfrac{(-1)^{n-1}\frac{1}{\sqrt{n}}-\frac{1}{n}}{(-1)^{n-1}\frac{1}{\sqrt{n}}}=1$,但级数$\lim\limits_{n\to\infty}(-1)^{n-1}\frac{1}{\sqrt{n}}$收敛,

级数$\sum\limits_{n=1}^{\infty}\left[(-1)^{n-1}\frac{1}{\sqrt{n}}-\frac{1}{n}\right]$发散

(5) 否. 例如$\frac{u_{n+1}}{u_n}=\dfrac{\frac{1}{n+1}}{\frac{1}{n}}=\frac{n}{n+1}<1$,但级数$\sum\limits_{n=1}^{\infty}\frac{1}{n}$发散

(6) 正确. 因为$\frac{u_{n+1}}{u_n}>1$,$u_{n+1}>u_n$,所以$\lim\limits_{n\to\infty}u_n\neq 0$,所以正项级数$\sum\limits_{n=1}^{\infty}u_n$必发散

2. 判别下列级数是绝对收敛、条件收敛,还是发散:

(1) $\sum\limits_{n=1}^{\infty}\frac{(-1)^{n-1}}{\ln(2+n)}$;　(2) $\sum\limits_{n=1}^{\infty}(-1)^n\frac{n}{n+1}$;　(3) $\sum\limits_{n=1}^{\infty}(-1)^{n-1}\ln\left(1+\frac{1}{n}\right)$;

(4) $\sum\limits_{n=1}^{\infty}(-1)^n(1-\sqrt[n]{e})$;　(5) $\sum\limits_{n=1}^{\infty}\frac{(-1)^{n-1}}{n^n}2^{n^2}$;　(6) $\sum\limits_{n=1}^{\infty}(-1)^{\frac{n(n-1)}{2}}\frac{n^2}{2^n}$;

(7) $\sum\limits_{n=2}^{\infty}\dfrac{\cos\frac{n\pi}{4}}{n(\ln n)^3}$;　(8) $\sum\limits_{n=1}^{\infty}(-2)^n\sin\frac{\pi}{3^n}$;　(9) $\sum\limits_{n=1}^{\infty}\frac{\sin a+(-1)^n n}{n^2}$;

(10) $\sum\limits_{n=1}^{\infty}\left(\frac{na}{n+1}\right)^n$.

解　(1) ① $u_n=\frac{1}{\ln(2+n)}>\frac{1}{\ln(3+n)}=u_{n+1}$,

② $\lim\limits_{n\to\infty}u_n=\lim\limits_{n\to\infty}\dfrac{1}{\ln(2+n)}=0$,

根据莱布尼茨定理,级数$\sum\limits_{n=1}^{\infty}\dfrac{(-1)^{n-1}}{\ln(2+n)}$收敛,但级数$\sum\limits_{n=1}^{\infty}\left|\dfrac{(-1)^{n-1}}{\ln(2+n)}\right|=\sum\limits_{n=1}^{\infty}\dfrac{1}{\ln(2+n)}$发散

事实上,

$$\lim_{n\to\infty}\frac{\frac{1}{\ln(2+n)}}{\frac{1}{n}}=\lim_{n\to\infty}\frac{n}{\ln(2+n)}=\lim_{n\to\infty}\frac{1}{\ln(2+n)^{\frac{1}{n}}}=\lim_{n\to\infty}\frac{1}{\ln\left[2\left(1+\frac{n}{2}\right)\right]^{\frac{1}{n}}}$$

$$=\lim_{n\to\infty}\frac{1}{\ln 2^{\frac{1}{n}}+\ln\left(1+\frac{n}{2}\right)^{\frac{1}{n}}}=\lim_{n\to\infty}\frac{1}{\frac{1}{n}\ln 2+\ln\left[\left(1+\frac{n}{2}\right)^{\frac{2}{n}}\right]^{\frac{1}{2}}}$$

$$=\frac{1}{\lim\limits_{n\to\infty}\frac{1}{n}\ln 2+\frac{1}{2}\lim\limits_{n\to\infty}\ln\left(1+\frac{n}{2}\right)^{\frac{2}{n}}}=2>0$$,而$\sum\limits_{n=1}^{\infty}\dfrac{1}{n}$发散,根据比较判别法的极限形式,$\sum\limits_{n=1}^{\infty}\dfrac{1}{\ln(n+1)}$发散

所以级数$\sum\limits_{n=1}^{\infty}\dfrac{(-1)^{n-1}}{\ln(2+n)}$条件收敛

(2) 因为$\lim\limits_{n\to\infty}u_n=\lim\limits_{n\to\infty}(-1)^n\dfrac{n}{n+1}=\begin{cases}1, & n\text{为偶数};\\ -1, & n\text{为奇数},\end{cases}$

说明 $u_n\not\to 0\quad(n\to\infty)$,

所以级数$\sum\limits_{n=1}^{\infty}(-1)^n\dfrac{n}{n+1}$发散

(3) ① $u_n=\ln\left(1+\dfrac{1}{n}\right)>\ln\left(1+\dfrac{1}{n+1}\right)=u_{n+1}$, ② $\lim\limits_{n\to\infty}u_n=0$,

根据莱布尼茨定理,级数$\sum\limits_{n=1}^{\infty}(-1)^n\ln\left(1+\dfrac{1}{n}\right)$收敛,但

$\sum\limits_{n=1}^{\infty}|u_n|=\sum\limits_{n=1}^{\infty}\ln\left(1+\dfrac{1}{n}\right)$发散,事实上,$\lim\limits_{n\to\infty}\dfrac{\ln\left(1+\frac{1}{n}\right)}{\frac{1}{n}}=1>0$,级数$\sum\limits_{n=1}^{\infty}\dfrac{1}{n}$发散,

所以$\sum\limits_{n=1}^{\infty}\ln\left(1+\dfrac{1}{n}\right)$发散,从而$\sum\limits_{n=1}^{\infty}(-1)^n\ln\left(1+\dfrac{1}{n}\right)$条件收敛

(4) $\sum\limits_{n=1}^{\infty}(-1)^n(1-\sqrt[n]{e})=\sum\limits_{n=1}^{\infty}(-1)^{n+1}(\sqrt[n]{e}-1)$

①$u_n=e^{\frac{1}{n}}-1>e^{\frac{1}{n+1}}-1=u_{n+1}$,

② $\lim\limits_{n\to\infty}u_n=\lim\limits_{n\to\infty}(e^{\frac{1}{n}}-1)=0$,

根据莱布尼茨定理,$\sum\limits_{n=1}^{\infty}(-1)^n(1-\sqrt[n]{e})$收敛. 又$\lim\limits_{n\to\infty}\dfrac{\sqrt[n]{e}-1}{\frac{1}{n}}=1>0$,而$\sum\limits_{n=1}^{\infty}\dfrac{1}{n}$发散,所以$\sum\limits_{n=1}^{\infty}(\sqrt[n]{e}-1)$发散,所以原级数条件收敛

(5) 考查级数 $\sum_{n=1}^{\infty}|u_n|=\sum_{n=1}^{\infty}\frac{2^{n^2}}{n^n}$,

因为 $\lim_{n\to\infty}\sqrt[n]{\frac{2^{n^2}}{n^n}}=\lim_{n\to\infty}\frac{2^n}{n}=+\infty$,

所以根据根值判别法知,$\sum_{n=1}^{\infty}\frac{2^{n^2}}{n^n}$ 发散,从而 $\sum_{n=1}^{\infty}\frac{(-1)^{n-1}}{n^n}2^{n^2}$ 发散

(6) $|u_n|=\frac{n^2}{2^n}$,

而 $\lim_{n\to\infty}\left|\frac{u_{n+1}}{u_n}\right|=\lim_{n\to\infty}\frac{(n+1)^2}{2^{n+1}}\cdot\frac{2^n}{n^2}=\frac{1}{2}\lim_{n\to\infty}\left(1+\frac{1}{n}\right)^2=\frac{1}{2}<1$,根据比值审敛法知 $\sum_{n=1}^{\infty}\frac{n^2}{2^n}$ 收敛,

所以 $\sum_{n=1}^{\infty}(-1)^{\frac{n(n-1)}{2}}\frac{n^2}{2^n}$ 绝对收敛

(7) $|u_n|=\left|\frac{\cos\frac{n\pi}{4}}{n(\ln n)^3}\right|\leqslant\frac{1}{n(\ln n)^3}$,

因为 $\int_2^{+\infty}\frac{dx}{x(\ln x)^3}=\int_2^{+\infty}(\ln x)^{-3}d(\ln x)=-\frac{1}{2}[(\ln x)^{-2}]_2^{+\infty}=\frac{1}{2(\ln 2)^2}$,

从而级数 $\sum_{n=1}^{\infty}\frac{1}{n(\ln n)^3}$ 收敛,故级数 $\sum_{n=1}^{\infty}\frac{\cos\frac{n\pi}{4}}{n(\ln n)^3}$ 绝对收敛

(8) $|u_n|=2^n\left|\sin\frac{\pi}{3^n}\right|$,当 $n\to\infty$ 时,$\frac{1}{3^n}\to 0,\sin\frac{\pi}{3^n}\sim\frac{\pi}{3^n}$,

$2^n\left|\sin\frac{\pi}{3^n}\right|\sim\left(\frac{2}{3}\right)^n\pi$,由于 $\sum_{n=1}^{\infty}\pi\left(\frac{2}{3}\right)^n$ 收敛,

所以 $\sum_{n=1}^{\infty}|u_n|$ 收敛. 所以 $\sum_{n=1}^{\infty}(-2)^n\sin\frac{\pi}{3^n}$ 绝对收敛

(9) $\sum_{n=1}^{\infty}\frac{\sin a+(-1)^n n}{n^2}=\sum_{n=1}^{\infty}\left[\frac{\sin a}{n^2}+\frac{(-1)^n}{n}\right]$,由于级数 $\sum_{n=1}^{\infty}\frac{\sin a}{n^2}$ 与 $\sum_{n=1}^{\infty}\frac{(-1)^n}{n}$ 收敛,所以原级数收敛,又因为 $|u_n|=\left|\frac{\sin a}{n^2}+\frac{(-1)^n}{n}\right|$,

当 n 为奇数时,$|u_n|=\left|\frac{\sin a}{n^2}-\frac{1}{n}\right|=\frac{1}{n}-\left|\frac{\sin a}{n^2}\right|$,由于 $\sum_{n=1}^{\infty}\left|\frac{\sin a}{n^2}\right|$ 收敛,$\sum_{n=1}^{\infty}\frac{1}{n}$ 发散,从而 $\sum_{n=1}^{\infty}\left|\frac{\sin a}{n^2}-\frac{1}{n}\right|$ 发散,即 $\sum_{n=1}^{\infty}|u_n|$ 发散;

当 n 为偶数时,$|u_n|=\left|\frac{\sin a}{n^2}+\frac{1}{n}\right|=\left|\frac{\sin a+n}{n^2}\right|$,取 $v_n=\frac{1}{n}$,$\lim_{n\to\infty}\frac{|u_n|}{v_n}=\lim_{n\to\infty}\frac{|\sin a+n|}{n}=1>0$,由于 $\sum_{n=1}^{\infty}\frac{1}{n}$ 发散,从而 $\sum_{n=1}^{\infty}\left|\frac{\sin a+n}{n^2}\right|$ 发散,即 $\sum_{n=1}^{\infty}|u_n|$ 发散

故对任何 n,$\sum_{n=1}^{\infty}|u_n|$ 发散,从而原级数条件收敛

(10) $\lim_{n\to\infty}\sqrt[n]{|u_n|}=\lim_{n\to\infty}\frac{|a|n}{n+1}=|a|$

① 当 $|a|<1$ 时,级数绝对收敛;

② 当 $|a|>1$ 时,级数发散;

③ 当 $|a|=1$ 时,$\lim_{n\to\infty}u_n\neq 0$,所以级数发散.

综上所述:当 $|a|<1$ 时,原级数绝对收敛;当 $|a|\geqslant 1$ 时,级数发散

3. 判定下列结论是否正确:

(1) 若 $\sum\limits_{n=1}^{\infty} u_n$ 收敛,则 $\sum\limits_{n=1}^{\infty}(-1)^n u_n$ 条件收敛;

(2) 若交错级数 $\sum\limits_{n=1}^{\infty}(-1)^n u_n$ 收敛,则必为条件收敛;

(3) 若 $\sum\limits_{n=1}^{\infty} u_n^2$ 发散,则 $\sum\limits_{n=1}^{\infty} u_n$ 必发散;

(4) 若 $\lim\limits_{n\to\infty}\left|\dfrac{u_{n+1}}{u_n}\right|>1$,则 $\sum\limits_{n=1}^{\infty} u_n$ 必然发散;

(5) 若 $\sum\limits_{n=1}^{\infty} u_n$ 收敛,$\sum\limits_{n=1}^{\infty} v_n$ 绝对收敛,则 $\sum\limits_{n=1}^{\infty} u_n v_n$ 绝对收敛.

解 (1) 否. 条件收敛的定义是当 $\sum\limits_{n=1}^{\infty}(-1)^n u_n$ 收敛时,

而级数 $\sum\limits_{n=1}^{\infty}|(-1)^n u_n|=\sum\limits_{n=1}^{\infty} u_n$ 发散,叫 $\sum\limits_{n=1}^{\infty}(-1)^n u_n$ 条件收敛,题中结论应叫绝对收敛才对

(2) 否. 因为 $\sum\limits_{n=1}^{\infty}|(-1)^n u_n|=\sum\limits_{n=1}^{\infty} u_n$ 不一定发散

(3) 否. 如 $\sum\limits_{n=1}^{\infty}\left\{\dfrac{(-1)^n}{\sqrt{n}}\right\}^2$ 发散,但 $\sum\limits_{n=1}^{\infty}\dfrac{(-1)^n}{\sqrt{n}}$ 收敛

(4) 正确. 因为由 $\lim\limits_{n\to\infty}\left|\dfrac{u_{n+1}}{u_n}\right|>1$ 可知,存在 $N_0>1$,使得 $\left|\dfrac{u_{n+1}}{u_n}\right|>1, n\geqslant N_0$

所以当 $n>N_0$ 时,$|u_n|=\left|\dfrac{u_n}{u_{n-1}}\right|\cdot\left|\dfrac{u_{n-1}}{u_{n-2}}\right|\cdot\cdots\cdot\left|\dfrac{u_{N_0+1}}{u_{N_0}}\right|\cdot|u_{N_0}|>|u_{N_0}|$

所以 $|u_n|\not\to 0 \qquad u_n\not\to 0(n\to\infty)$

故 $\sum\limits_{n=1}^{\infty} u_n$ 发散.

(5) 正确. 由于 $\sum\limits_{n=1}^{\infty} u_n$ 收敛,由 $\lim\limits_{n\to\infty} u_n=0$. $\forall \varepsilon>0, \exists N>0$,当 $n>N$ 时,有 $|u_n|<\varepsilon$,$|u_n v_n|=|u_n||v_n|<\varepsilon|v_n|$

由于 $\sum\limits_{n=1}^{\infty} v_n$ 绝对收敛,所以 $\sum\limits_{n=1}^{\infty}|v_n|$ 收敛,$\sum\limits_{n=1}^{\infty}\varepsilon|v_n|$ 收敛,根据比较判别法,级数 $\sum\limits_{n=1}^{\infty}|u_n v_n|$ 收敛,故级数 $\sum\limits_{n=1}^{\infty} u_n v_n$ 绝对收敛

练习 8.4

1. 求下列级数的收敛半径、收敛区间和收敛域:

(1) $\sum\limits_{n=0}^{\infty}(-1)^n\dfrac{5^n}{\sqrt{n+1}}x^n$; (2) $\sum\limits_{n=0}^{\infty}\dfrac{(-1)^n}{n!}x^n$; (3) $\sum\limits_{n=0}^{\infty}\dfrac{(-1)^n}{2n+1}x^n$;

(4) $\sum\limits_{n=0}^{\infty}(2n)!x^n$; (5) $\sum\limits_{n=0}^{\infty}\dfrac{1}{3^n}x^{2n+1}$; (6) $\sum\limits_{n=0}^{\infty} q^{n^2}x^n(0<q<1)$;

(7) $\sum_{n=1}^{\infty}\frac{1}{n(n+1)}(2x-1)^n$；　　(8) $\sum_{n=1}^{\infty}\frac{(-1)^{n-1}}{\sqrt{n}}\frac{1}{x^n}$.

解　(1) 因为 $\rho=\lim_{n\to\infty}\left|\frac{a_{n+1}}{a_n}\right|=\lim_{n\to\infty}\frac{5^{n+1}}{\sqrt{n+2}}\frac{\sqrt{n+1}}{5^n}=5$

所以 $R=\frac{1}{\rho}=\frac{1}{5}$　所以收敛区间为$\left(-\frac{1}{5},\frac{1}{5}\right)$

当 $x=-\frac{1}{5}$ 时，得级数$\sum_{n=0}^{\infty}\frac{1}{\sqrt{n+1}}$发散；

$x=\frac{1}{5}$ 时，得级数$\sum_{n=0}^{\infty}\frac{(-1)^n}{\sqrt{n+1}}$收敛，

所以$\sum_{n=0}^{\infty}\frac{(-1)^n}{\sqrt{n+1}}x^n$ 收敛域为$\left(-\frac{1}{5},\frac{1}{5}\right]$

(2) 因为 $\rho=\lim_{n\to\infty}\left|\frac{a_{n+1}}{a_n}\right|=\lim_{n\to\infty}\frac{n!}{(n+1)!}=\lim_{n\to\infty}\frac{1}{n+1}=0$

所以收敛半径 $R=+\infty$

故级数的收敛区间、收敛域均为$(-\infty,+\infty)$

(3) $\rho=\lim_{n\to\infty}\left|\frac{a_{n+1}}{a_n}\right|=\lim_{n\to\infty}\frac{2n+1}{2n+3}=1$,

所以 $R=\frac{1}{\rho}=1$. 收敛区间为$(-1,1)$

当 $x=-1$ 时，得级数$\sum_{n=0}^{\infty}\frac{1}{2n+1}$ 发散，

当 $x=1$ 时，得级数$\sum_{n=0}^{\infty}\frac{(-1)^n}{2n+1}$为收敛的交错级数，所以级数$\sum_{n=0}^{\infty}\frac{(-1)^n}{2n+1}x^n$ 的收敛域为$(-1,1]$

(4) 因为 $\rho=\lim_{n\to\infty}\left|\frac{a_{n+1}}{a_n}\right|=\lim_{n\to\infty}\frac{(2n+2)!}{(2n)!}=\lim_{n\to\infty}(2n+2)(2n+1)=+\infty$

所以 $R=0$，因此级数$\sum_{n=0}^{\infty}(2n)!x^n$ 只在 $x=0$ 处收敛

(5) 由于级数缺少偶次幂的项，不能直接利用求收敛半径的方法求收敛半径，

而$\lim_{n\to\infty}\left|\frac{u_{n+1}}{u_n}\right|=\lim_{n\to\infty}\frac{\frac{1}{3^{n+1}}|x|^{2n+3}}{\frac{1}{3^n}|x|^{2n+1}}=\frac{1}{3}|x|^2$

当$\left|\frac{1}{3}x^2\right|<1$时，级数收敛，即$-\sqrt{3}<x<\sqrt{3}$，所以收敛半径 $R=\sqrt{3}$，收敛区间为$(-\sqrt{3},\sqrt{3})$；

当 $x=-\sqrt{3}$ 时，得级数$\sum_{n=0}^{\infty}\sqrt{3}(-1)^{2n+1}$ 发散；

当 $x=\sqrt{3}$ 时，得级数$\sum_{n=0}^{\infty}\sqrt{3}$ 发散.

所以级数$\sum_{n=0}^{\infty}\frac{1}{3^n}\cdot x^{2n+1}$ 的收敛域为$(-\sqrt{3},\sqrt{3})$

(6) 因为 $\rho=\lim_{n\to\infty}\left|\frac{a_{n+1}}{a_n}\right|=\lim_{n\to\infty}\frac{q^{(n+1)^2}}{q^{n^2}}=\lim_{n\to\infty}q^{2n+1}=0$

所以级数的收敛半径 $R=+\infty$

所以级数的收敛区间、收敛域均为$(-\infty,+\infty)$

(7) 令 $t=2x-1$ 得级数$\sum\limits_{n=1}^{\infty}\frac{1}{n(n+1)}t^n$,

$\rho=\lim\limits_{n\to\infty}\left|\frac{a_{n+1}}{a_n}\right|=\lim\limits_{n\to\infty}\frac{n(n+1)}{(n+1)(n+2)}=1$, 所以 $R=\frac{1}{\rho}=1$ 为级数$\sum\limits_{n=1}^{\infty}\frac{1}{n(n+1)}t^n$ 的收敛半径,收敛区间为$(-1,1)$

当 $t=-1$ 时,得级数$\sum\limits_{n=1}^{\infty}\frac{(-1)^n}{n(n+1)}$ 收敛,

当 $t=1$ 时,得级数$\sum\limits_{n=1}^{\infty}\frac{1}{n(n+1)}$ 收敛,

所以级数$\sum\limits_{n=1}^{\infty}\frac{1}{n(n+1)}t^n$ 的收敛域为$[-1,1]$.

由 $-1\leqslant 2x-1\leqslant 1$ 得 $0\leqslant x\leqslant 1$,

所以级数$\sum\limits_{n=1}^{\infty}\frac{1}{n(n+1)}(2x-1)^n$ 的收敛半径为 1,收敛区间为$(0,1)$,收敛域为$[0,1]$

(8) 令 $t=\frac{1}{x}$,原级数变为$\sum\limits_{n=1}^{\infty}\frac{(-1)^{n-1}}{\sqrt{n}}t^n$, $a_n=\frac{(-1)^{n-1}}{\sqrt{n}}$,由于

$$\lim_{n\to\infty}\left|\frac{a_{n+1}}{a_n}\right|=\lim_{n\to\infty}\frac{\sqrt{n}}{\sqrt{n+1}}=1$$

因此,当$|t|<1$,即$\left|\frac{1}{x}\right|<1$时,原级数收敛;且当$|t|>1$,即$\left|\frac{1}{x}\right|>1$时,原级数发散,所以收敛区间为$(-\infty,-1)\cup(1,+\infty)$. 又当 $x=1$ 时,原级数化为收敛的交错级数$\sum\limits_{n=1}^{\infty}\frac{(-1)^{n-1}}{\sqrt{n}}$;当 $x=-1$ 时,原级数化为$\sum\limits_{n=1}^{\infty}\frac{-1}{\sqrt{n}}$ 发散. 故原幂级数收敛域为$(-\infty,-1)\cup[1,+\infty)$

2. 利用命题"若$\sum\limits_{n=0}^{\infty}a_nx^n$ 的收敛半径为 R_1, $\sum\limits_{n=0}^{\infty}b_nx^n$ 的收敛半径为 R_2,并且 $R_1\neq R_2$,则$\sum\limits_{n=0}^{\infty}(a_n\pm b_n)x^n$ 的收敛半径为 $R=\min\{R_1,R_2\}$,并且当$|x|<R$时,

$$\sum_{n=0}^{\infty}a_nx^n\pm\sum_{n=0}^{\infty}b_nx^n=\sum_{n=0}^{\infty}(a_n\pm b_n)x^n.$$

求下列级数的收敛半径、收敛区间和收敛域:

(1) $\sum\limits_{n=0}^{\infty}\left[\frac{(-1)^n}{2^n}+3^n\right]x^n$;　　(2) $\sum\limits_{n=1}^{\infty}\frac{3^n+(-2)^n}{n}(x+1)^n$.

解　(1) 对于级数$\sum\limits_{n=0}^{\infty}\frac{(-1)^n}{2^n}x^n$, $a_n=\frac{(-1)^n}{2^n}$,由于

$$\lim_{n\to\infty}\left|\frac{a_{n+1}}{a_n}\right|=\lim_{n\to\infty}\frac{2^n}{2^{n+1}}=\frac{1}{2}$$

收敛半径 $R_1=2$.

对于级数$\sum\limits_{n=0}^{\infty}3^nx^n$, $b_n=3^n$,由于

$$\lim_{n\to\infty}\left|\frac{b_{n+1}}{b_n}\right|=\lim_{n\to\infty}\frac{3^{n+1}}{3^n}=3$$

收敛半径为 $R_2=\frac{1}{3}$. 所以原级数的收敛半径 $R=\min\{R_1,R_2\}=\frac{1}{3}$，收敛区间为 $\left(-\frac{1}{3},\frac{1}{3}\right)$.

当 $x=\frac{1}{3}$ 时，原级数化为 $\sum\limits_{n=0}^{\infty}\left[\frac{(-1)^n}{2^n}+3^n\right]\frac{1}{3^n}=\sum\limits_{n=0}^{\infty}\left[\frac{(-1)^n}{6^n}+1\right]$，由于 $\sum\limits_{n=0}^{\infty}\left(\frac{-1}{6}\right)^n$ 收敛，$\sum\limits_{n=0}^{\infty}1$ 发散，所以原级数发散.

当 $x=-\frac{1}{3}$ 时，原级数化为 $\sum\limits_{n=0}^{\infty}\left[\frac{(-1)^n}{2^n}+3^n\right]\left(-\frac{1}{3}\right)^n=\sum\limits_{n=0}^{\infty}\left[\left(\frac{1}{6}\right)^n+(-1)^n\right]$，由于 $\sum\limits_{n=0}^{\infty}\left(\frac{1}{6}\right)^n$ 收敛，$\sum\limits_{n=0}^{\infty}(-1)^n$ 发散，所以原级数发散.

因此收敛域为 $\left(-\frac{1}{3},\frac{1}{3}\right)$

(2) 令 $t=x+1$，原级数化为 $\sum\limits_{n=1}^{\infty}\left[\frac{3^n}{n}+\frac{(-2)^n}{n}\right]t^n$，

$a_n=\frac{3^n}{n}$，由于 $\lim\limits_{n\to\infty}\left|\frac{a_{n+1}}{a_n}\right|=\lim\limits_{n\to\infty}\frac{3^{n+1}\cdot n}{(n+1)3^n}=3$，则 $\sum\limits_{n=1}^{\infty}\frac{3^n}{n}t^n$ 的收敛半径为 $R_1=\frac{1}{3}$

$b_n=\frac{(-2)^n}{n}$，由于 $\lim\limits_{n\to\infty}\left|\frac{b_{n+1}}{b_n}\right|=\lim\limits_{n\to\infty}\left|\frac{(-2)^{n+1}n}{(n+1)(-2)^n}\right|=2$，则 $\sum\limits_{n=1}^{\infty}\frac{(-2)^n}{n}t^n$ 的收敛半径为 $R_2=\frac{1}{2}$

所以原级数的收敛半径为 $R=\min\{R_1,R_2\}=\frac{1}{3}$，即当 $|t|<R=\frac{1}{3}$，即 $|x+1|<\frac{1}{3}$ 时，原级数收敛；当 $|t|>R=\frac{1}{3}$，即 $|x+1|>\frac{1}{3}$ 时，原级数发散. 所以收敛区间为 $\left(-\frac{4}{3},-\frac{2}{3}\right)$

当 $x=-\frac{2}{3}$ 时，原级数化为 $\sum\limits_{n=1}^{\infty}\left[\frac{1}{n}+\frac{1}{n}\left(-\frac{2}{3}\right)^n\right]$，由于 $\sum\limits_{n=1}^{\infty}\frac{1}{n}$ 发散，$\sum\limits_{n=1}^{\infty}\frac{1}{n}\left(-\frac{2}{3}\right)^n$ 收敛，所以原级数发散；

当 $x=-\frac{4}{3}$ 时，原级数化为 $\sum\limits_{n=1}^{\infty}\left[\frac{(-1)^n}{n}+\frac{1}{n}\left(\frac{2}{3}\right)^n\right]$，由于 $\sum\limits_{n=1}^{\infty}\frac{(-1)^n}{n}$ 和 $\sum\limits_{n=1}^{\infty}\frac{1}{n}\left(\frac{2}{3}\right)^n$ 收敛，所以原级数收敛，因此原幂级数收敛域为 $\left[-\frac{4}{3},-\frac{2}{3}\right)$

3. 已知级数 $\sum\limits_{n=0}^{\infty}a_nx^n$ 的收敛半径为 R，见教材求下列级数的收敛半径：

(1) $\sum\limits_{n=1}^{\infty}a_nx^{2n}$；　(2) $\sum\limits_{n=1}^{\infty}(-1)^na_nx^{2n+1}$；　(3) $\sum\limits_{n=1}^{\infty}\frac{a_n}{n}x^{2n+1}$；　(4) $\sum\limits_{n=1}^{\infty}(a_n)^2x^n$.

分析　由于从“幂级数 $\sum\limits_{n=0}^{\infty}a_nx^n$ 的收敛半径为 R”无法推知 $\lim\limits_{n\to\infty}\left|\frac{a_n}{a_{n+1}}\right|=R$，所以本题一定要从阿贝尔定理或幂级数的其他性质出发才能解.

解　(1) 当 $|x_0|<\sqrt{R}$ 时，可取 $t_0=x_0^2$，则 $0\leqslant t_0<R$，根据题意可知级数 $\sum\limits_{n=1}^{\infty}a_nt_0^n$ 绝对收敛，即 $\sum\limits_{n=1}^{\infty}a_nx_0^{2n}$ 绝对收敛

当 $|x_1|>\sqrt{R}$ 时，取 $t_1=x_1^2$，则 $t_1>R$，根据收敛半径定义可知 $\sum\limits_{n=1}^{\infty}a_nt_1^n$ 发散，所以 $\sum\limits_{n=1}^{\infty}a_nx^{2n}$ 发散.

由此可知$\sum_{n=1}^{\infty} a_n x^{2n}$的收敛半径为$\sqrt{R}$

(2) 当$|x_0|<\sqrt{R}$时,可取$t_0=x_0^2$,则$0\leqslant t_0<R$,根据题意可知级数$\sum_{n=1}^{\infty} a_n t_0^n$绝对收敛,而由

$$|u_n|=|a_n||x_0|^{2n+1}=|x_0||a_n t_0^n|$$

可知$\sum_{n=1}^{\infty} u_n=\sum_{n=1}^{\infty}(-1)^n a_n x_0^{2n+1}$绝对收敛

当$|x_1|>\sqrt{R}$时,可取$t_1=\frac{1}{2}(x_1^2+R^2)$,则$R<t_1<x_1^2$,根据题意可知$\sum_{n=1}^{\infty} a_n t_1^n$发散,由阿贝尔定理可知级数$\sum_{n=1}^{\infty}(-1)^n a_n x_1^{2n}$发散,所以级数$\sum_{n=1}^{\infty}(-1)^n a_n x_1^{2n+1}$发散,由此可知所给定的级数的收敛半径为$\sqrt{R}$

(3) 记$u_n(x)=\frac{a_n}{n}x^{2n}$,$u'_n(x)=2a_n x^{2n-1}$,

当$n\geqslant 1$时$v_n(x)=a_n x^{2n}=x(a_n x^{2n-1})$,根据幂级数性质可知$\sum_{n=1}^{\infty} u_n(x)$与$\sum_{n=1}^{\infty} u'_n(x)$有相同的收敛半径,从而与$\sum_{n=1}^{\infty} v_n(x)$有相同的收敛半径,由上题可知其收敛半径为$\sqrt{R}$

(4) 本题在补充条件"$\lim_{n\to\infty}\left|\frac{a_{n+1}}{a_n}\right|=\frac{1}{R}$"下(实际上这个条件无法由题意推得,但是它与题意是相容的). 于是有

$$\lim_{n\to\infty}\left|\frac{a_{n+1}^2}{a_n^2}\right|=\frac{1}{R^2},$$

便得到其收敛半径为R^2

4. 求下列级数的收敛域,以及它们在收敛域内的和函数:

(1) $\sum_{n=1}^{\infty}\frac{1}{n}x^n$;　(2) $\sum_{n=1}^{\infty} n^2 x^{n-1}$;　(3) $\sum_{n=0}^{\infty}(n+1)x^{n+1}$;

(4) $\sum_{n=0}^{\infty}\frac{1}{2^{n-1}}x^n$;　(5) $\sum_{n=1}^{\infty}\frac{1}{n(n+1)}x^{n+1}$;　(6) $\sum_{n=1}^{\infty}\frac{5^n+(-3)^n}{n}x^n$.

解 (1) 因为$\rho=\lim_{n\to\infty}\left|\frac{a_{n+1}}{a_n}\right|=\lim_{n\to\infty}\frac{n}{n+1}=1$,

所以$R=\frac{1}{\rho}=1$为级数的收敛半径,收敛区间为$(-1,1)$

当$x=-1$时,得级数$\sum_{n=1}^{\infty}\frac{(-1)^n}{n}$收敛;

当$x=1$时,得级数$\sum_{n=1}^{\infty}\frac{1}{n}$发散,

所以级数$\sum_{n=1}^{\infty}\frac{1}{n}x^n$的收敛域为$[-1,1)$

设级数的和函数为$S(x)$,则

$S(x)=x+\frac{1}{2}x^2+\frac{1}{3}x^3+\cdots+\frac{1}{n}x^n+\cdots$

$S'(x)=1+x+x^2+\cdots+x^{n-1}+\cdots=\dfrac{1}{1-x}$

所以 $S(x)=\int_0^x \dfrac{1}{1-t}dt=-\int_0^x \dfrac{d(1-t)}{1-t}=-\ln(1-t)\Big|_0^x=-\ln(1-x)$.

(2) 因为 $\rho=\lim\limits_{n\to\infty}\left|\dfrac{a_{n+1}}{a_n}\right|=\lim\limits_{n\to\infty}\dfrac{(n+1)^2}{n^2}=1$,

所以 $R=\dfrac{1}{\rho}=1$ 为级数 $\sum\limits_{n=1}^{\infty}n^2x^{n-1}$ 的收敛半径,收敛区间为$(-1,1)$

当 $x=-1$ 时,得级数 $\sum\limits_{n=1}^{\infty}(-1)^{n-1}n^2$ 发散;

当 $x=1$ 时,得级数 $\sum\limits_{n=1}^{\infty}n^2$ 发散,

所以级数 $\sum\limits_{n=1}^{\infty}n^2x^{n-1}$ 的收敛域为$(-1,1)$

设级数 $\sum\limits_{n=1}^{\infty}n^2x^{n-1}$ 的和函数为 $S(x)$,则

$S(x)=1+2^2x+3^2x^2+\cdots+n^2x^{n-1}+\cdots$

$\int_0^x S(x)dx=x+2x^2+3x^2+\cdots+nx^n+\cdots=x(1+2x+3x^2+\cdots+nx^{n-1}+\cdots)$

再令 $S_1(x)=1+2x+3x^2+\cdots+nx^{n-1}+\cdots$, $\int_0^x S_1(x)dx=x+x^2+x^3+\cdots+x^n+\cdots=\dfrac{x}{1-x}$

所以 $S_1(x)=\left(\dfrac{x}{1-x}\right)'=\dfrac{1-x+x}{(1-x)^2}=\dfrac{1}{(1-x)^2}$

所以 $\int_0^x S(x)dx=\dfrac{x}{(1-x)^2}$

所以 $S(x)=\left[\dfrac{x}{(1-x)^2}\right]'=\dfrac{(1-x)^2+2x(1-x)}{(1-x)^4}=\dfrac{1+x}{(1-x)^3}$

(3) 因为 $\rho=\lim\limits_{n\to\infty}\left|\dfrac{a_{n+1}}{a_n}\right|=\lim\limits_{n\to\infty}\left|\dfrac{n+2}{n+1}\right|=1$,

所以 $R=\dfrac{1}{\rho}=1$ 为级数 $\sum\limits_{n=0}^{\infty}(n+1)x^{n+1}$ 的收敛半径,收敛区间为$(-1,1)$

当 $x=-1$ 时,得级数 $\sum\limits_{n=0}^{\infty}(-1)^{n+1}(n+1)$ 发散;

当 $x=1$ 时,得级数 $\sum\limits_{n=0}^{\infty}(n+1)$ 发散,

所以级数 $\sum\limits_{n=0}^{\infty}(n+1)x^{n+1}$ 的收敛域为$(-1,1)$

设级数 $\sum\limits_{n=0}^{\infty}(n+1)x^{n+1}$ 的和函数为 $S(x)$,则

$S(x)=x+2x^2+3x^3+\cdots+(n+1)x^{n+1}+\cdots=x[1+2x+3x^2+\cdots+(n+1)x^n+\cdots]$

令 $S_1(x)=1+2x+3x^2+\cdots+(n+1)x^n+\cdots$

$\int_0^x S_1(x)dx=x+x^2+x^3+\cdots+x^{n+1}+\cdots=\dfrac{x}{1-x}$

$S_1(x)=\left(\dfrac{x}{1-x}\right)'=\dfrac{1-x+x}{(1-x)^2}=\dfrac{1}{(1-x)^2}$

所以 $S(x)=\dfrac{x}{(1-x)^2}$

(4) 因为 $\rho=\lim\limits_{n\to\infty}\left|\dfrac{a_{n+1}}{a_n}\right|=\lim\limits_{n\to\infty}\dfrac{2^{n-1}}{2^n}=\dfrac{1}{2}$,

所以 $R=\dfrac{1}{\rho}=2$ 为级数的收敛半径,收敛区间为$(-2,2)$

当 $x=-2$ 时,得级数 $2\sum\limits_{n=0}^{\infty}(-1)^n$ 发散;

当 $x=2$ 时,得级数$\sum\limits_{n=0}^{\infty}\dfrac{1}{2^{n-1}}2^n=2\sum\limits_{n=0}^{\infty}1^n$ 发散,

所以级数的收敛域为$(-2,2)$

设级数$\sum\limits_{n=0}^{\infty}\dfrac{1}{2^{n-1}}x^n$ 的和函数为 $S(x)$,则

$$\begin{aligned}S(x)&=2+x+\frac{1}{2}x^2+\frac{1}{2^2}x^3+\frac{1}{2^{n-1}}x^n+\cdots\\&=2\left(1+\frac{1}{2}x+\frac{1}{2^2}x^2+\cdots+\frac{1}{2^n}x^n+\cdots\right)\\&=2\cdot\frac{1}{1-\frac{1}{2}x}=\frac{4}{2-x}\end{aligned}$$

(5) 因为$\lim\limits_{n\to\infty}\left|\dfrac{u_{n+1}}{u_n}\right|=\lim\limits_{n\to\infty}\left|\dfrac{x^{n+2}}{(n+1)(n+2)}\cdot\dfrac{n(n+1)}{x^{n+1}}\right|=|x|$,

令$|x|<1$,得级数的收敛半径为 1,其收敛区间为$(-1,1)$

当 $x=-1$ 时,得级数$\sum\limits_{n=1}^{\infty}\dfrac{(-1)^{n+1}}{n(n+1)}$ 收敛;

当 $x=1$ 时,得级数$\sum\limits_{n=1}^{\infty}\dfrac{1}{n(n+1)}$ 收敛,

所以级数$\sum\limits_{n=1}^{\infty}\dfrac{1}{n(n+1)}x^{n+1}$ 的收敛域为$[-1,1]$

设级数$\sum\limits_{n=1}^{\infty}\dfrac{1}{n(n+1)}x^{n+1}$ 的和函数为 $S(x)$,则

$S(x)=\dfrac{1}{1\cdot 2}x^2+\dfrac{1}{2\cdot 3}x^3+\cdots+\dfrac{1}{n\cdot(n+1)}x^{n+1}+\cdots$

$S'(x)=x+\dfrac{1}{2}x^2+\dfrac{1}{3}x^3+\cdots+\dfrac{1}{n}x^n+\cdots$

$S''(x)=1+x+x^2+\cdots+x^{n-1}+\cdots=\dfrac{1}{1-x}$

所以 $S'(x)=S'(0)+\int_0^x S''(x)\mathrm{d}x=\int_0^x\dfrac{1}{1-x}\mathrm{d}x=-\ln(1-x)$

$$\begin{aligned}S(x)&=S(0)+\int_0^x S'(x)\mathrm{d}x=-\int_0^x\ln(1-x)\mathrm{d}x=-x\ln(1-x)+\int_0^x\frac{x-1+1}{x-1}\mathrm{d}x\\&=-x\ln(1-x)+x+\ln(1-x)=(1-x)\ln(1-x)+x\end{aligned}$$

(6) 因为 $\rho=\lim\limits_{n\to\infty}\left|\dfrac{a_{n+1}}{a_n}\right|=\lim\limits_{n\to\infty}\left|\dfrac{5^{n+1}+(-3)^{n+1}}{n+1}\cdot\dfrac{n}{5^n+(-3)^n}\right|$

$$=\lim_{n\to\infty}\left|\frac{5^{n+1}\left[1+(-1)^{n+1}\left(\frac{3}{5}\right)^{n+1}\right]}{n+1}\cdot\frac{n}{5^n\left[1+(-1)^n\left(\frac{3}{5}\right)^n\right]}\right|=5$$

所以 $R=\dfrac{1}{\rho}=\dfrac{1}{5}$ 为级数 $\sum\limits_{n=1}^{\infty}\dfrac{5^n+(-3)^n}{n}x^n$ 的收敛半径，收敛区间为 $\left(-\dfrac{1}{5},\dfrac{1}{5}\right)$

当 $x=-\dfrac{1}{5}$ 时，得级数 $\sum\limits_{n=1}^{\infty}\dfrac{(-1)^n\left[1+\left(-\frac{3}{5}\right)^n\right]}{n}$ 收敛；

当 $x=\dfrac{1}{5}$ 时，得级数 $\sum\limits_{n=1}^{\infty}\dfrac{1+\left(-\frac{3}{5}\right)^n}{n}$ 发散，

所以级数 $\sum\limits_{n=1}^{\infty}\dfrac{5^n+(-3)^n}{n}x^n$ 的收敛域为 $\left[-\dfrac{1}{5},\dfrac{1}{5}\right)$

设级数的和函数为 $S(x)$，则

$$S(x)=\sum_{n=1}^{\infty}\frac{5^n}{n}x^n+\sum_{n=1}^{\infty}\frac{(-3)^n}{n}x^n=S_1(x)+S_2(x)$$

$$S_1(x)=\sum_{n=1}^{\infty}\frac{5^n}{n}x^n=5x+\frac{5^2}{2}x^2+\frac{5^3}{3}x^3+\cdots+\frac{5^n}{n}x^n+\cdots$$

$$S_1{}'(x)=5+5^2x+5^3x^2+\cdots+5^nx^{n-1}+\cdots$$

$$=5(1+5x+5^2x^2+\cdots+5^{n-1}x^{n-1}+\cdots)=\frac{5}{1-5x}$$

所以 $S_1(x)=S_1(0)+\int_0^x S'_1(x)\mathrm{d}x=-\int_0^x\dfrac{5}{5x-1}\mathrm{d}x=-\ln(1-5x)$

$$S_2(x)=\sum_{n=1}^{\infty}\frac{(-3)^n}{n}x^n=-3x+\frac{3^2}{2}x^2-\frac{3^3}{3}x^3+\cdots+\frac{(-3)^n}{n}x^n+\cdots$$

$$S'_2(x)=-3+3^2x-3^3x^2+3^4x^3-\cdots+(-3)^nx^{n-1}+\cdots$$

$$=-3[1-3x+3^2x^2-3^3x^3+\cdots+(-3)^{n-1}x^{n-1}+\cdots]=\frac{-3}{1+3x}$$

所以 $S_2(x)=S_2(0)+\int_0^x S'_2(x)\mathrm{d}x=-\int_0^x\dfrac{\mathrm{d}(1+3x)}{1+3x}=-\ln(1+3x)$

所以 $S(x)=-\ln(1-5x)-\ln(1+3x)=-\ln[(1-5x)(3x+1)]$

5. 已知级数 $\sum\limits_{n=0}^{\infty}a_n(2x-1)^n$ 在 $x=2$ 时收敛，讨论 $\sum\limits_{n=0}^{\infty}a_n(2x-1)^n$ 在以下各点处的敛散性：

(1) $x=-1$；　(2) $x=1$；　(3) $x=-\dfrac{1}{2}$，　(4) $x=3$.

解　由题设 $\sum\limits_{n=0}^{\infty}a_n(2x-1)^n$ 在 $x=2$ 时收敛，即级数 $\sum\limits_{n=0}^{\infty}a_n\cdot3^n$ 收敛

(1) 当 $x=-1$ 时，得级数 $\sum\limits_{n=0}^{\infty}(-1)^na_n3^n$，无法确定其敛散性

(2) 当 $x=1$ 时，得级数 $\sum\limits_{n=0}^{\infty}a_n$

由于$\sum\limits_{n=0}^{\infty}3^n a_n$收敛,根据 Abel 定理,幂级数$\sum\limits_{n=0}^{\infty}a_n x^n$在$(-3,3)$内任一点绝对收敛,

所以当$x=1$时,级数$\sum\limits_{n=1}^{\infty}a_n$绝对收敛

(3) $x=-\dfrac{1}{2}$时,得级数$\sum\limits_{n=0}^{\infty}(-1)^n\cdot 2^n a_n$,而级数$\sum\limits_{n=0}^{\infty}|(-1)^n\cdot 2^n a_n|=\sum\limits_{n=0}^{\infty}2^n|a_n|$,

同(2)的证明方法知级数$\sum\limits_{n=0}^{\infty}2^n|a_n|$收敛,所以$\sum\limits_{n=0}^{\infty}(-1)^n\cdot 2^n a_n$绝对收敛,即当

$x=-\dfrac{1}{2}$时,级数$\sum\limits_{n=0}^{\infty}a_n(2x-1)^n$绝对收敛

(4) 当$x=3$时,得级数$\sum\limits_{n=0}^{\infty}5^n a_n$,无法确定其敛散性

6. 求幂级数$\sum\limits_{n=1}^{\infty}n(n+1)x^n$在收敛区间$(-1,1)$内的和函数,并求常数项级数

$\sum\limits_{n=1}^{\infty}\dfrac{n(n+1)}{2^n}$的和.

解 令$S(x)=\sum\limits_{n=1}^{\infty}n(n+1)x^n=1\cdot 2x+2\cdot 3x^2+3\cdot 4x^3+\cdots+n(n+1)x^n+\cdots$

所以$\int_0^x S(x)\mathrm{d}x=x^2+2x^3+3x^4+\cdots+nx^{n+1}+\cdots$

$=x^2(1+2x+3x^2+\cdots+nx^{n-1}+\cdots)$

再令 $S_1(x)=1+2x+3x^2+\cdots+nx^{n-1}+\cdots$

$\int_0^x S_1(x)\mathrm{d}x=x+x^2+x^3+\cdots+x^n+\cdots=\dfrac{x}{1-x}$

$S_1(x)=\left(\dfrac{x}{1-x}\right)'=\dfrac{1-x+x}{(1-x)^2}=\dfrac{1}{(1-x)^2}$

所以$\int_0^x S(x)\mathrm{d}x=\dfrac{x^2}{(1-x)^2}$

所以$S(x)=\left[\dfrac{x^2}{(1-x)^2}\right]'=\dfrac{2x(1-x)^2+2x^2(1-x)}{(1-x)^4}=\dfrac{2x}{(1-x)^3}$

当$x=\dfrac{1}{2}$时,得常数项级数$\sum\limits_{n=1}^{\infty}\dfrac{n(n+1)}{2^n}$的和

$$S\left(\frac{1}{2}\right)=\frac{2\times\frac{1}{2}}{\left(1-\frac{1}{2}\right)^3}=8$$

7. 求幂级数$\sum\limits_{n=0}^{\infty}\dfrac{x^n}{2^n(n+1)!}$的收敛域、和函数,并求常数项级数$\sum\limits_{n=0}^{\infty}\dfrac{2^n}{(n+1)!}$的和.

解 令$t=\dfrac{x}{2}$,则$f(t)=\sum\limits_{n=0}^{\infty}\dfrac{1}{(n+1)!}t^n=1+\dfrac{t}{2!}+\dfrac{t^2}{3!}+\cdots+\dfrac{t^n}{(n+1)!}+\cdots \quad t\in(-\infty,+\infty)$

$tf(t)=t+\dfrac{t^2}{2!}+\dfrac{t^3}{3!}+\cdots+\dfrac{t^{n+1}}{(n+1)!}+\cdots$

$tf(t)+1=1+t+\dfrac{t^2}{2!}+\dfrac{t^3}{3!}+\cdots+\dfrac{t^{n+1}}{(n+1)!}+\cdots=\mathrm{e}^t$

所以 $tf(t)=e^t-1$　所以 $f(t)=\frac{1}{t}(e^t-1)$

所以 $\sum\limits_{n=0}^{\infty}\frac{x^n}{2^n(n+1)!}=\frac{2}{x}(e^{\frac{x}{2}}-1)\quad x\in(-\infty,+\infty)$

令 $x=2^2$ 得 $\sum\limits_{n=0}^{\infty}\frac{2^n}{(n+1)!}=\frac{1}{2}(e^2-1)$

8. 利用幂级数求常数项级数 $\sum\limits_{n=1}^{\infty}(0.1)^n n$ 的和.

解　设有幂级数 $\sum\limits_{n=1}^{\infty}nx^n=x+2x^2+3x^3+\cdots+nx^n+\cdots$

$$=x(1+2x+3x^2+\cdots+nx^{n-1}+\cdots)=S(x)$$

令 $S_1(x)=1+2x+3x^2+\cdots+nx^{n-1}+\cdots$

积分 $\int_0^x S_1(x)dx=x+x^2+x^3+\cdots+x^n+\cdots=\frac{x}{1-x}$

所以 $S_1(x)=\left(\frac{x}{1-x}\right)'=\frac{1-x+x}{(1-x)^2}=\frac{1}{(1-x)^2}$

所以 $S(x)=\frac{x}{(1-x)^2}, S(0.1)=\frac{\frac{1}{10}}{\left(1-\frac{1}{10}\right)^2}=\frac{10}{81}$

所以 $\sum\limits_{n=1}^{\infty}(0.1)^n n=\frac{10}{81}$

9. 下列函数展开成 x 的幂级数，并求收敛域：

(1) $f(x)=\cos^2 x$；　(2) $f(x)=x^3e^{-x}$；　(3) $f(x)=\frac{1}{2}(e^x-e^{-x})$；

(4) $f(x)=\frac{1}{(x-1)(x-2)}$；　(5) $f(x)=\frac{1}{x}\ln(1+x)$；　(6) $f(x)=\ln(1+x-2x^2)$；

(7) $f(x)=\frac{x^2}{\sqrt{1-x^2}}$；　(8) $f(x)=\arcsin x$.

解　(1) $f(x)=\cos^2 x=\frac{1+\cos 2x}{2}$

由 $\cos x=1-\frac{x^2}{2!}+\frac{x^4}{4!}-\cdots+\frac{(-1)^n}{(2n)!}x^{2n}+\cdots\quad x\in(-\infty,+\infty)$

得 $\cos^2 x=\frac{1}{2}\left[2-\frac{(2x)^2}{2!}+\frac{(2x)^4}{4!}-\cdots+\frac{(-1)^n}{(2n)!}(2x)^{2n}+\cdots\right]\quad x\in(-\infty,+\infty)$

(2) 由 $e^x=1+x+\frac{1}{2!}x^2+\frac{1}{3!}x^3+\cdots+\frac{1}{n!}x^n+\cdots\quad x\in(-\infty,+\infty)$

$e^{-x}=1-x+\frac{1}{2!}x^2-\frac{1}{3!}x^3+\cdots+\frac{(-1)^n}{n!}x^n+\cdots\quad x\in(-\infty,+\infty)$

$f(x)=x^3e^{-x}=x^3-x^4+\frac{1}{2!}x^5-\frac{1}{3!}x^6+\cdots+\frac{(-1)^n}{n!}x^{n+3}+\cdots$

$$=\sum_{n=0}^{\infty}\frac{(-1)^n}{n!}x^{n+3}\quad x\in(-\infty,+\infty)$$

(3) $f(x)=\frac{1}{2}(e^x-e^{-x})$

$$= \frac{1}{2}\left[\left(1+x+\frac{x^2}{2!}+\cdots+\frac{x^n}{n!}+\cdots\right)-\left(1-x+\frac{x^2}{2!}-\frac{x^3}{3!}+\cdots+\frac{(-1)^n x^n}{n!}+\cdots\right)\right]$$

$$= \frac{1}{2}\left(2x+\frac{2x^3}{3!}+\cdots\right)=x+\frac{x^3}{3!}+\frac{x^5}{5!}+\cdots=\sum_{n=0}^{\infty}\frac{1}{(2n+1)!}x^{2n+1} \quad x\in(-\infty,+\infty)$$

(4) $f(x)=\dfrac{1}{(x-1)(x-2)}=\dfrac{1}{x-2}-\dfrac{1}{x-1}=\dfrac{1}{1-x}-\dfrac{1}{2\left(1-\dfrac{x}{2}\right)}$

$$= \sum_{n=0}^{\infty}x^n-\frac{1}{2}\sum_{n=0}^{\infty}\left(\frac{x}{2}\right)^n=\sum_{n=0}^{\infty}\left(1-\frac{1}{2^{n+1}}\right)x^n \quad x\in(-1,1)$$

(5) 由 $\ln(1+x)=\sum\limits_{n=1}^{\infty}\dfrac{(-1)^{n-1}}{n}x^n$,得

$$f(x)=\frac{1}{x}\ln(1+x)=\sum_{n=1}^{\infty}\frac{(-1)^{n-1}}{n}x^{n-1} \quad x\in(-1,0)\cup(0,1]$$

(6) $f(x)=\ln(1+x-2x^2)=\ln[(1-x)(1+2x)]=\ln(1-x)+\ln(1+2x)$

由 $\ln(1+x)=\sum\limits_{n=0}^{\infty}\dfrac{(-1)^n x^{n+1}}{n+1}=x-\dfrac{x^2}{2}+\dfrac{x^3}{3}-\cdots+\dfrac{(-1)^n x^{n+1}}{n+1}+\cdots$

$$\ln(1-x)=-\sum_{n=0}^{\infty}\frac{x^{n+1}}{n+1} \quad x\in[-1,1)$$

$$\ln(1+2x)=2x-\frac{(2x)^2}{2}+\frac{(2x)^3}{3}-\cdots+\frac{(-1)^n}{n+1}(2x)^{n+1}+\cdots$$

$$=\sum_{n=0}^{\infty}\frac{(-1)^n 2^{n+1}}{n+1}x^{n+1} \quad x\in\left(-\frac{1}{2},\frac{1}{2}\right]$$

所以 $f(x)=\ln(1+x-2x^2)=\ln(1-x)+\ln(1+2x)$

$$=\sum_{n=0}^{\infty}\frac{(-1)^n 2^{n+1}}{n+1}x^{n+1}-\sum_{n=0}^{\infty}\frac{1}{n+1}x^{n+1}$$

$$=\sum_{n=0}^{\infty}\frac{[(-1)^n 2^{n+1}-1]x^{n+1}}{n+1}=\sum_{n=1}^{\infty}\frac{(-1)^{n-1}2^n-1}{n}x^n \quad x\in\left(-\frac{1}{2},\frac{1}{2}\right]$$

(7) $\dfrac{1}{\sqrt{1+x}}=1-\dfrac{1}{2}x+\dfrac{1\times 3}{2\times 4}x^2-\dfrac{1\times 3\times 5}{2\times 4\times 6}x^3+\dfrac{1\times 3\times 5\times 7}{2\times 4\times 6\times 8}x^4-\cdots \quad x\in(-1,1]$

将上式中的 x 用 $-x^2$ 代,得

$$\frac{1}{\sqrt{1-x^2}}=1+\frac{1}{2}x^2+\frac{1\times 3}{2\times 4}x^4+\frac{1\times 3\times 5}{2\times 4\times 6}x^6+\frac{1\times 3\times 5\times 7}{2\times 4\times 6\times 8}x^8+\cdots$$

所以 $f(x)=\dfrac{x^2}{\sqrt{1-x^2}}=x^2+\dfrac{1}{2}x^4+\dfrac{1\times 3}{2\times 4}x^6+\dfrac{1\times 3\times 5}{2\times 4\times 6}x^8+\dfrac{1\times 3\times 5\times 7}{2\times 4\times 6\times 8}x^{10}+\cdots$

$$=\sum_{n=0}^{\infty}\frac{(2n)!}{(2^n n!)^2}x^{2n+2} \quad x\in(-1,1)$$

(8) $f(x)=\arcsin x=\displaystyle\int_0^x\frac{1}{\sqrt{1-x^2}}\mathrm{d}x$

$$=\int_0^x\left(1+\frac{1}{2}x^2+\frac{1\times 3}{2\times 4}x^4+\frac{1\times 3\times 5}{2\times 4\times 6}x^6+\frac{1\times 3\times 5\times 7}{2\times 4\times 6\times 8}x^8+\cdots\right)\mathrm{d}x$$

$$=x+\frac{1}{2\times 3}x^3+\frac{1\times 3}{2\times 4\times 5}x^5+\frac{1\times 3\times 5}{2\times 4\times 6\times 7}x^7+\frac{1\times 3\times 5\times 7}{2\times 4\times 6\times 8\times 9}x^9+\cdots$$

$$=x+\sum_{n=1}^{\infty}\frac{2(2n)!}{(n!)^2(2n+1)}\left(\frac{x}{2}\right)^{2n+1} \quad x\in[-1,1]$$

10. 将函数$\int_0^x \frac{\sin t}{t}\mathrm{d}t$展开成$x$的幂级数,给出收敛域,并求级数$\sum_{n=0}^{\infty}\frac{(-1)^n}{(2n+1)!}$的和.

解　$\sin t = t - \frac{t^3}{3!} + \frac{t^5}{5!} - \cdots + \frac{(-1)^n t^{2n+1}}{(2n+1)!} + \cdots \quad t \in (-\infty, +\infty)$

$$\frac{\sin t}{t} = 1 - \frac{t^2}{3!} + \frac{t^4}{5!} - \cdots + \frac{(-1)^n t^{2n}}{(2n+1)!} + \cdots$$

所以$\int_0^x \frac{\sin t}{t}\mathrm{d}t = x - \frac{x^3}{3\times 3!} + \frac{x^5}{5\times 5!} - \cdots + \frac{(-1)^n x^{2n+1}}{(2n+1)(2n+1)!} + \cdots$

$$= \sum_{n=0}^{\infty}\frac{(-1)^n x^{2n+1}}{(2n+1)(2n+1)!} \quad x \in (-\infty, +\infty)$$

由$\frac{\sin x}{x} = \sum_{n=0}^{\infty}\frac{(-1)^n}{(2n+1)!}x^{2n}$,

当$x=1$时,得$\sum_{n=0}^{\infty}\frac{(-1)^n}{(2n+1)!} = \sin 1$

11. 将函数$\frac{\mathrm{d}}{\mathrm{d}x}\left(\frac{\mathrm{e}^x-1}{x}\right)$展开成$x$的幂级数,给出收敛域,并求级数$\sum_{n=1}^{\infty}\frac{n}{(n+1)!}$的和.

解　由 $\mathrm{e}^x = 1 + x + \frac{x^2}{2!} + \cdots + \frac{x^n}{n!} + \cdots$

$$\mathrm{e}^x - 1 = x + \frac{x^2}{2!} + \cdots + \frac{x^n}{n!} + \cdots$$

$$\frac{\mathrm{e}^x-1}{x} = 1 + \frac{x}{2!} + \cdots + \frac{x^{n-1}}{n!} + \cdots \quad (x \neq 0)$$

当$x \neq 0$时,得$\frac{\mathrm{d}}{\mathrm{d}x}\left(\frac{\mathrm{e}^x-1}{x}\right) = \frac{1}{2} + \frac{2x}{3!} + \cdots + \frac{(n-1)x^{n-2}}{n!} + \cdots$

$$= \sum_{n=2}^{\infty}\frac{(n-1)x^{n-2}}{n!}, x \in (-\infty, 0) \cup (0, +\infty)$$

$$= \sum_{n=1}^{\infty}\frac{nx^{n-1}}{(n+1)!}$$

设$S(x) = \frac{\mathrm{d}}{\mathrm{d}x}\left(\frac{\mathrm{e}^x-1}{x}\right)$,

$$\int_0^x S(x)\mathrm{d}x = \sum_{n=1}^{\infty}\frac{x^n}{(n+1)!} = \frac{1}{x}\sum_{n=1}^{\infty}\frac{x^{n+1}}{(n+1)!} = \frac{1}{x}\left[\sum_{n=0}^{\infty}\frac{x^n}{n!} - (1+x)\right]$$

$$= \frac{1}{x}[\mathrm{e}^x - (1+x)] = \frac{\mathrm{e}^x-1}{x} - 1 \quad (x \neq 0)$$

所以$S(x) = \left(\frac{\mathrm{e}^x-1}{x} - 1\right)' = \frac{x\mathrm{e}^x - (\mathrm{e}^x-1)}{x^2}$,

所以$\sum_{n=1}^{\infty}\frac{n}{(n+1)!} = S(1) = \mathrm{e} - \mathrm{e} + 1 = 1$

12. 设$f(x) = x\ln(1-x^2)$,(1) 将$f(x)$展开成x的幂级数,并求收敛域;(2) 利用展开式计算$f^{(101)}(0)$;(3) 利用逐项积分求$\int_0^1 f(x)\mathrm{d}x$.

解　(1) 由 $\ln(1+x) = x - \frac{x^2}{2} + \frac{x^3}{3} - \cdots + \frac{(-1)^n}{n+1}x^{n+1} + \cdots$

得 $f(x) = x\ln(1-x^2) = x\left(-x^2 - \frac{x^4}{2} - \frac{x^6}{3} - \cdots - \frac{x^{2n+2}}{n+1} - \cdots\right)$

$$=-\left(x^3+\frac{x^5}{2}+\frac{x^7}{3}+\cdots+\frac{x^{2n+3}}{n+1}+\cdots\right)=-\sum_{n=1}^{\infty}\frac{1}{n}x^{2n+1}$$

由于级数缺少偶次幂的项,因此不能直接利用公式求收敛半径.

由$\lim\limits_{n\to\infty}\left|\dfrac{u_{n+1}}{u_n}\right|=\lim\limits_{n\to\infty}\left|\dfrac{x^{2n+3}}{n+1}\cdot\dfrac{n}{x^{2n+1}}\right|=|x^2|$

当$|x|^2<1$时,即$|x|<1$,级数收敛　所以$R=1$为收敛半径,其收敛区间为$(-1,1)$

当$x=-1$时,得级数$\sum\limits_{n=1}^{\infty}\dfrac{1}{n}$发散;

当$x=1$时,得级数$-\sum\limits_{n=1}^{\infty}\dfrac{1}{n}$发散,

所以幂级数$f(x)=-\sum\limits_{n=1}^{\infty}\dfrac{1}{n}x^{2n+1}$的收敛域为$(-1,1)$

(2) $f(x)=f(0)+f'(0)x+\cdots+\dfrac{f^{(n)}(0)}{n!}x^n+\cdots=-x^3-\dfrac{1}{2}x^5-\cdots-\dfrac{1}{50}x^{101}-\cdots$

所以$\dfrac{f^{(101)}(0)}{(101)!}=-\dfrac{1}{50}$

$f^{(101)}(0)=-\dfrac{101!}{50}$

(3) $f(x)=-\sum\limits_{n=1}^{\infty}\dfrac{1}{n}x^{2n+1}$

$$\int_0^1 f(x)\mathrm{d}x=-\sum_{n=1}^{\infty}\int_0^1\frac{1}{n}x^{2n+1}\mathrm{d}x=-\frac{1}{2}\sum_{n=1}^{\infty}\frac{1}{n(n+1)}=-\frac{1}{2}\sum_{n=1}^{\infty}(\frac{1}{n}-\frac{1}{n+1})=-\frac{1}{2}$$

13. 求下列函数在指定点的幂级数展开式,并求其收敛域:

(1) $f(x)=\dfrac{1}{x},x_0=2$;　　(2) $f(x)=\mathrm{e}^x,x_0=1$;

(3) $f(x)=\ln x,x_0=3$;　　(4) $f(x)=\cos x,x_0=-\dfrac{\pi}{3}$.

解　(1) $f(x)=\dfrac{1}{x}=\dfrac{1}{2+(x-2)}=\dfrac{1}{2}\cdot\dfrac{1}{1+\dfrac{x-2}{2}}$

由$\dfrac{1}{1-x}=\sum\limits_{n=0}^{\infty}x^n,|x|<1$,

得$f(x)=\dfrac{1}{2}\sum\limits_{n=0}^{\infty}\left(-\dfrac{x-2}{2}\right)^n=\sum\limits_{n=0}^{\infty}\dfrac{(-1)^n}{2^{n+1}}(x-2)^n$

由$-1<-\dfrac{x-2}{2}<1$　$-2<x-2<2$　$0<x<4$

所以$f(x)=\sum\limits_{n=0}^{\infty}\dfrac{(-1)^n}{2^{n+1}}(x-2)^n$的收敛域为$(0,4)$

(2) $f(x)=\mathrm{e}^x=\mathrm{e}\cdot\mathrm{e}^{x-1}=\mathrm{e}\sum\limits_{n=0}^{\infty}\dfrac{1}{n!}(x-1)^n=\sum\limits_{n=0}^{\infty}\dfrac{\mathrm{e}}{n!}(x-1)^n,(x\in\mathbf{R})$

(3) $f(x)=\ln x=\ln(3+x-3)=\ln\left[3\left(1+\dfrac{x-3}{3}\right)\right]=\ln 3+\ln\left(1+\dfrac{x-3}{3}\right)$

由$\ln(1+x)=\sum\limits_{n=1}^{\infty}\dfrac{(-1)^{n-1}}{n}x^n$得

$$\ln\left(1+\frac{x-3}{3}\right)=\sum_{n=1}^{\infty}\frac{(-1)^{n-1}}{n}\left(\frac{x-3}{3}\right)^n=\sum_{n=1}^{\infty}\frac{(-1)^{n-1}}{3^n n}(x-3)^n$$

所以 $f(x)=\ln x=\ln 3+\sum_{n=1}^{\infty}\frac{(-1)^{n-1}}{3^n n}(x-3)^n$

由 $-1<\frac{x-3}{3}\leqslant 1, -3<x-3\leqslant 3, 0<x\leqslant 6$

所以 $f(x)=\ln x=\ln 3+\sum_{n=1}^{\infty}\frac{(-1)^{n-1}}{3^n n}(x-3)^n$ 的收敛域为$(0,6]$

(4) $f(x)=\cos x=\cos\left[-\frac{\pi}{3}+\left(x+\frac{\pi}{3}\right)\right]$

$$=\cos\left(-\frac{\pi}{3}\right)\cos\left(x+\frac{\pi}{3}\right)-\sin\left(-\frac{\pi}{3}\right)\sin\left(x+\frac{\pi}{3}\right)$$

$$=\frac{1}{2}\cos\left(x+\frac{\pi}{3}\right)+\frac{\sqrt{3}}{2}\sin\left(x+\frac{\pi}{3}\right)$$

$$=\frac{1}{2}\sum_{n=0}^{\infty}\frac{(-1)^n}{(2n)!}\left(x+\frac{\pi}{3}\right)^{2n}+\frac{\sqrt{3}}{2}\sum_{n=0}^{\infty}\frac{(-1)^n}{(2n+1)!}\left(x+\frac{\pi}{3}\right)^{2n+1}$$

$$=\frac{1}{2}\sum_{n=0}^{\infty}(-1)^n\left[\frac{\left(x+\frac{\pi}{3}\right)^{2n}}{(2n)!}+\sqrt{3}\frac{\left(x+\frac{\pi}{3}\right)^{2n+1}}{(2n+1)!}\right]\quad x\in(-\infty,+\infty)$$

七、习题全解

1. 求下列常数项级数的和：

(1) $\sum_{n=1}^{\infty}\arctan\frac{1}{n^2+n+1}$;　　　　(2) $\sum_{n=1}^{\infty}\frac{1}{\sqrt{n(n+1)}(\sqrt{n+1}+\sqrt{n})}$.

解　(1) $\arctan\frac{1}{n^2+n+1}=\arctan\frac{\frac{1}{n}-\frac{1}{n+1}}{1+\frac{1}{n(n+1)}}$

利用三角公式：$\arctan\alpha-\arctan\beta=\arctan\left(\frac{\alpha-\beta}{1+\alpha\beta}\right)$

$\arctan\frac{1}{n^2+n+1}=\arctan\frac{1}{n}-\arctan\frac{1}{n+1}$,

$$S_n=\left(\arctan 1-\arctan\frac{1}{2}\right)+\left(\arctan\frac{1}{2}-\arctan\frac{1}{3}\right)+\cdots+\left(\arctan\frac{1}{n}-\arctan\frac{1}{n+1}\right)$$

$$=\arctan 1-\arctan\frac{1}{n+1}$$

$S_n\to\frac{\pi}{4}$,　$n\to\infty$,

所以 $\sum_{n=1}^{\infty}\arctan\frac{1}{n^2+n+1}=\frac{\pi}{4}$

(2) 令 $u_n=\frac{1}{\sqrt{n(n+1)}(\sqrt{n+1}+\sqrt{n})}=\frac{(\sqrt{n+1}-\sqrt{n})}{\sqrt{n(n+1)}}$

$$S_n=\frac{(\sqrt{2}-\sqrt{1})}{\sqrt{2}}+\frac{(\sqrt{3}-\sqrt{2})}{\sqrt{2}\times\sqrt{3}}+\frac{(\sqrt{4}-\sqrt{3})}{\sqrt{3}\times\sqrt{4}}+\cdots+\frac{(\sqrt{n+1}-\sqrt{n})}{\sqrt{n(n+1)}}$$
$$=1-\frac{1}{\sqrt{2}}+\frac{1}{\sqrt{2}}-\frac{1}{\sqrt{3}}+\frac{1}{\sqrt{3}}+\cdots+\frac{1}{\sqrt{n}}-\frac{1}{\sqrt{n+1}}=1-\frac{1}{\sqrt{n+1}}$$

因为$\lim\limits_{x\to\infty}S_n=1$　　所以$\sum\limits_{n=1}^{\infty}\dfrac{1}{\sqrt{n(n+1)}(\sqrt{n+1}+\sqrt{n})}=1$

2. (1) 若$\sum\limits_{n=1}^{\infty}a_{2n-1}$,$\sum\limits_{n=1}^{\infty}a_{2n}$收敛,证明$\sum\limits_{n=1}^{\infty}a_n$收敛,并且有

$$\sum_{n=1}^{\infty}a_n=\sum_{n=1}^{\infty}a_{2n-1}+\sum_{n=1}^{\infty}a_{2n};$$

(2) 若$\sum\limits_{n=1}^{\infty}a_n$收敛,问$\sum\limits_{n=1}^{\infty}a_{2n-1}$与$\sum\limits_{n=1}^{\infty}a_{2n}$是否收敛?

(3) 已知级数$\sum\limits_{n=1}^{\infty}(-1)^{n-1}a_n=2$,$\sum\limits_{n=1}^{\infty}a_{2n-1}=5$,证明级数$\sum\limits_{n=1}^{\infty}a_n$也收敛,并给出级数的和.

解　(1) 已知$\sum\limits_{n=1}^{\infty}a_{2n-1}$,$\sum\limits_{n=1}^{\infty}a_{2n}$收敛,它们的部分和分别为$U_n$和$V_n$,则$\lim\limits_{n\to\infty}U_n$和$\lim\limits_{n\to\infty}V_n$存在,且$\lim\limits_{n\to\infty}a_{2n}=0$.若$\sum\limits_{n=1}^{\infty}a_n$的部分和为$S_n$,则

$$S_{2n}=U_n+V_n,\quad S_{2n-1}=S_{2n}-a_{2n}$$

所以　$\lim\limits_{n\to\infty}S_{2n}=\lim\limits_{n\to\infty}U_n+\lim\limits_{n\to\infty}V_n$存在,

$\lim\limits_{n\to\infty}S_{2n-1}=\lim\limits_{n\to\infty}(S_{2n}-a_{2n})=\lim\limits_{n\to\infty}S_{2n}-\lim\limits_{n\to\infty}a_{2n}=\lim\limits_{n\to\infty}S_{2n}$存在,

从而有$\lim\limits_{n\to\infty}S_n$存在,因此$\sum\limits_{n=1}^{\infty}a_n$收敛

(2) 不一定.例如级数$\sum\limits_{n=1}^{\infty}\dfrac{(-1)^{n-1}}{n}$.这是一个收敛的交错级数,但是$\sum\limits_{n=1}^{\infty}a_{2n-1}=\sum\limits_{n=1}^{\infty}\dfrac{1}{2n-1}$发散,$\sum\limits_{n=1}^{\infty}a_{2n}=\sum\limits_{n=1}^{\infty}\dfrac{-1}{2n}$发散

(3) **证明**　由$\sum\limits_{n=1}^{\infty}(-1)^{n-1}a_n=2$,$\sum\limits_{n=1}^{\infty}a_{2n-1}=5$及$\sum\limits_{n=1}^{\infty}(-1)^{n-1}a_n=\sum\limits_{n=1}^{\infty}a_{2n-1}-\sum\limits_{n=1}^{\infty}a_{2n}$,知$\sum\limits_{n=1}^{\infty}a_{2n}=3$,又由$\sum\limits_{n=1}^{\infty}a_n=\sum\limits_{n=1}^{\infty}a_{2n-1}+\sum\limits_{n=1}^{\infty}a_{2n}=3+5=8$,所以,级数$\sum\limits_{n=1}^{\infty}a_n$也收敛,且其和为8

3. 若数列$\{a_n\}$有$\lim\limits_{n\to\infty}a_n=\infty$,证明:

(1) $\sum\limits_{n=1}^{\infty}(a_{n+1}-a_n)$发散;

(2) $\sum\limits_{n=1}^{\infty}\left(\dfrac{1}{a_n}-\dfrac{1}{a_{n+1}}\right)$收敛,且和为$\dfrac{1}{a_1}$.

证明　(1) 因为$\lim\limits_{n\to\infty}a_n=\infty$　所以$\lim\limits_{n\to\infty}a_{n+1}=\infty$,

设S_n为级数$\sum\limits_{n=1}^{\infty}(a_{n+1}-a_n)$的部分和,则

$S_n=(a_2-a_1)+(a_3-a_2)+(a_4-a_3)+\cdots+(a_{n+1}-a_n)=-a_1+a_{n+1}$

从而$\lim\limits_{n\to\infty}S_n=\lim\limits_{n\to\infty}(-a_1+a_{n+1})=\infty$

所以级数$\sum_{n=1}^{\infty}(a_{n+1}-a_n)$发散

(2) 设级数$\sum_{n=1}^{\infty}\left(\frac{1}{a_n}-\frac{1}{a_{n+1}}\right)$的部分和为$S_n$,则

$$S_n=\left(\frac{1}{a_1}-\frac{1}{a_2}\right)+\left(\frac{1}{a_2}-\frac{1}{a_3}\right)+\left(\frac{1}{a_3}-\frac{1}{a_4}\right)+\cdots+\left(\frac{1}{a_n}-\frac{1}{a_{n+1}}\right)=\frac{1}{a_1}-\frac{1}{a_{n+1}}$$

所以$\lim\limits_{n\to\infty}S_n=\lim\limits_{n\to\infty}\left(\frac{1}{a_1}-\frac{1}{a_{n+1}}\right)=\frac{1}{a_1}\left(\lim\limits_{n\to\infty}\frac{1}{a_{n+1}}=0\right)$

从而级数$\sum_{n=1}^{\infty}\left(\frac{1}{a_n}-\frac{1}{a_{n+1}}\right)$收敛,且和为$\frac{1}{a_1}$

4. 证明正项级数$\sum_{n=1}^{\infty}a_n$收敛的充要条件是$\sum_{n=1}^{\infty}a_{2n}$与$\sum_{n=1}^{\infty}a_{2n-1}$都收敛.

证明 充分性. 若$\sum_{n=1}^{\infty}a_{2n}$和$\sum_{n=1}^{\infty}a_{2n-1}$收敛,则它们的部分和数列$\{U_n\}$和$\{V_n\}$都收敛,且$\lim\limits_{n\to\infty}a_{2n}=0$.

而级数$\sum_{n=1}^{\infty}a_n$的部分和数列$\{S_n\}$显然满足

$$S_{2n}=U_n+V_n,\quad S_{2n-1}=S_{2n}-a_{2n}$$

即 $\lim\limits_{n\to\infty}S_{2n}=\lim\limits_{n\to\infty}U_n+\lim\limits_{n\to\infty}V_n$存在,

$\lim\limits_{n\to\infty}S_{2n-1}=\lim\limits_{n\to\infty}S_{2n}-\lim\limits_{n\to\infty}a_{2n}=\lim\limits_{n\to\infty}S_{2n}$存在,

所以$\{S_n\}$收敛. 从而级数$\sum_{n=1}^{\infty}a_n$收敛.

必要性. 若正项级数$\sum_{n=1}^{\infty}a_n$收敛,则它的部分和数列$\{S_n\}$有上界S. $\sum_{n=1}^{\infty}a_{2n}$的部分和记为$U_n$,$\sum_{n=1}^{\infty}a_{2n-1}$的部分和记为$V_n$.

显然有 $U_n\leqslant S_{2n}\leqslant S$, $V_n\leqslant S_{2n}\leqslant S$

由正项级数收敛的充要条件知$\sum_{n=1}^{\infty}a_{2n}$和$\sum_{n=1}^{\infty}a_{2n-1}$收敛

5. 设$\frac{a_{n+1}}{a_n}\leqslant\frac{b_{n+1}}{b_n}$,$a_n$、$b_n>0(n=1,2,\cdots)$,

证明:(1) 如果$\sum_{n=1}^{\infty}b_n$收敛,则$\sum_{n=1}^{\infty}a_n$收敛;

(2) 如果$\sum_{n=1}^{\infty}a_n$发散,则$\sum_{n=1}^{\infty}b_n$发散.

证明 将题设$\frac{a_{n+1}}{a_n}\leqslant\frac{b_{n+1}}{b_n}$改写成$\frac{a_{n+1}}{b_{n+1}}\leqslant\frac{a_n}{b_n}$,

由此得$\frac{a_n}{b_n}\leqslant\frac{a_{n-1}}{b_{n-1}}\leqslant\cdots\leqslant\frac{a_2}{b_2}\leqslant\frac{a_1}{b_1}$,有$\frac{a_n}{b_n}\leqslant\frac{a_1}{b_1}$,因此$a_n\leqslant\frac{a_1}{b_1}b_n$

(1) 如果$\sum_{n=1}^{\infty}b_n$收敛,那么$\sum_{n=1}^{\infty}\frac{a_1}{b_1}b_n$也收敛,根据比较判别法知,级数$\sum_{n=1}^{\infty}a_n$收敛;

(2) 由$\frac{a_n}{b_n}\leqslant\frac{a_1}{b_1}\Rightarrow\frac{b_1}{a_1}a_n\leqslant b_n$,

如果级数$\sum\limits_{n=1}^{\infty} a_n$发散,那么$\sum\limits_{n=1}^{\infty}\dfrac{b_1}{a_1}a_n$发散,根据比较判别法知,级数$\sum\limits_{n=1}^{\infty} b_n$发散

6. 设$a_n\leqslant b_n\leqslant c_n(n=1,2,\cdots)$,证明若$\sum\limits_{n=1}^{\infty}a_n$,$\sum\limits_{n=1}^{\infty}c_n$收敛,则$\sum\limits_{n=1}^{\infty}b_n$收敛.

证明 由$a_n\leqslant b_n\leqslant c_n\Rightarrow 0\leqslant b_n-a_n\leqslant c_n-a_n$,

若$\sum\limits_{n=1}^{\infty}a_n$,$\sum\limits_{n=1}^{\infty}c_n$收敛,则$\sum\limits_{n=1}^{\infty}(c_n-a_n)$收敛,

因$c_n-a_n\geqslant 0, b_n-a_n\geqslant 0$,根据比较判别法$\sum\limits_{n=1}^{\infty}(b_n-a_n)$收敛,

所以$\sum\limits_{n=1}^{\infty}b_n=\sum\limits_{n=1}^{\infty}[a_n+(b_n-a_n)]$收敛

7. 已知正数列$\{a_n\}$单调递减,且级数$\sum\limits_{n=0}^{\infty}(-1)^n a_n$收敛,试判断级数$\sum\limits_{n=1}^{\infty}\dfrac{1}{(a_n+1)^n}$是否收敛,并说明理由.

解 不一定收敛,设$u_n=\dfrac{1}{(a_n+1)^n}$,$\sqrt[n]{u_n}=\dfrac{1}{a_n+1}$,

由题设$\sum\limits_{n=1}^{\infty}(-1)^n a_n$收敛,$\{a_n\}$单调递减,所以$\lim\limits_{n\to\infty}a_n=0$,

所以$\lim\limits_{n\to\infty}\sqrt[n]{u_n}=\lim\limits_{n\to\infty}\dfrac{1}{a_n+1}=1$,根据根值判别法知,级数$\sum\limits_{n=1}^{\infty}\dfrac{1}{(a_n+1)^n}$可能收敛,也可能发散

如$a_n=\dfrac{1}{n}$,$\lim\limits_{n\to\infty}u_n=\lim\limits_{n\to\infty}\dfrac{1}{(a_n+1)^n}=\dfrac{1}{\mathrm{e}}\neq 0$,所以级数$\sum\limits_{n=1}^{\infty}\dfrac{1}{(a_n+1)^n}$发散

又如$a_n=\dfrac{1}{\sqrt{n}}$,有$\dfrac{1}{(a_n+1)^n}\sim \mathrm{e}^{-\sqrt{n}}$,所以$\sum\limits_{n=1}^{\infty}\dfrac{1}{(a_n+1)^n}$收敛

8. 已知级数$\sum\limits_{n=1}^{\infty}(-1)^{n-1}\dfrac{(x-a)^n}{n}$在$x>0$时发散,在$x=0$时收敛,试确定$a$的取值范围.

解 由$\lim\limits_{n\to\infty}\left|\dfrac{u_{n+1}}{u_n}\right|=\lim\limits_{n\to\infty}\left|\dfrac{(x-a)^{n+1}}{n+1}\cdot\dfrac{n}{(x-a)^n}\right|=|x-a|$,

当$|x-a|>1$时,即$x>a+1$或$x<a-1$,由题设在$x>0$时级数发散,因此只有取$a\leqslant -1$时,$x>0$,级数发散;

当$|x-a|<1$时,即$a-1<x<a+1$级数收敛,只有取$a\geqslant -1$,有$x=0$,级数收敛,综上知$a=-1$

9. 已知级数$\sum\limits_{n=1}^{\infty}u_n^2$收敛,证明$\sum\limits_{n=1}^{\infty}\dfrac{u_n}{n}$绝对收敛.

证明 因为$\sqrt{|u_n|\cdot\dfrac{1}{n}}\leqslant\dfrac{1}{2}\left(u_n+\dfrac{1}{n}\right)$, $\left|\dfrac{u_n}{n}\right|=\sqrt{u_n^2\cdot\dfrac{1}{n^2}}\leqslant\dfrac{1}{2}\left(u_n^2+\dfrac{1}{n^2}\right)$,

而$\sum\limits_{n=1}^{\infty}u_n^2$收敛,$\sum\limits_{n=1}^{\infty}\dfrac{1}{n^2}$收敛,所以$\sum\limits_{n=1}^{\infty}\dfrac{1}{2}\left(u_n^2+\dfrac{1}{n^2}\right)$收敛,从而$\sum\limits_{n=1}^{\infty}\left|\dfrac{u_n}{n}\right|$收敛,

所以$\sum\limits_{n=1}^{\infty}\dfrac{u_n}{n}$绝对收敛

10. 讨论下列级数的敛散性：

(1) $\sum_{n=1}^{\infty}\frac{1}{(n^2+2n+3)^q}$；　　(2) $\sum_{n=2}^{\infty}\frac{\sqrt{n+2}-\sqrt{n-2}}{n^p}$；

(3) $\sum_{n=1}^{\infty}\frac{a^n n}{n^p+n+5}$；　　(4) $\sum_{n=1}^{\infty}\left[\int_0^n(1+x^4)^{\frac{1}{4}}\mathrm{d}x\right]^{-1}$.

解 (1) $u_n=\frac{1}{(n^2+2n+3)^q}=\frac{1}{n^{2q}\left(1+\frac{2}{n}+\frac{3}{n^2}\right)^q}\sim\frac{1}{n^{2q}}(n\to\infty)$

当 $2q\leqslant 1$，即 $q\leqslant\frac{1}{2}$ 时，$\sum_{n=1}^{\infty}\frac{1}{n^{2q}}$ 发散，所以 $\sum_{n=1}^{\infty}\frac{1}{(n^2+2n+3)^q}$ 发散；

当 $2q>1$，即 $q>\frac{1}{2}$ 时，$\sum_{n=1}^{\infty}\frac{1}{n^{2q}}$ 收敛，所以 $\sum_{n=1}^{\infty}\frac{1}{(n^2+2n+3)^q}$ 收敛

(2) $u_n=\frac{\sqrt{n+2}-\sqrt{n-2}}{n^p}=\frac{4}{n^p(\sqrt{n+2}+\sqrt{n-2})}=\frac{4}{n^{p+\frac{1}{2}}\left(\sqrt{1+\frac{2}{n}}+\sqrt{1-\frac{2}{n}}\right)}\leqslant\frac{4}{n^{p+\frac{1}{2}}}$

当 $p+\frac{1}{2}>1$，即 $p>\frac{1}{2}$ 时，$\sum_{n=1}^{\infty}\frac{4}{n^{p+\frac{1}{2}}}$ 收敛，所以 $\sum_{n=1}^{\infty}\frac{\sqrt{n+2}-\sqrt{n-2}}{n^p}$ 收敛；

$$u_n=\frac{4}{n^{p+\frac{1}{2}}\left(\sqrt{1+\frac{2}{n}}+\sqrt{1-\frac{2}{n}}\right)}\geqslant\frac{4}{n^{p+\frac{1}{2}}\cdot 2\sqrt{1+\frac{2}{n}}}\geqslant\frac{2}{n^{p+\frac{1}{2}}\sqrt{1+\frac{n}{n}}}=\sqrt{2}\cdot\frac{1}{n^{p+\frac{1}{2}}},$$

当 $p+\frac{1}{2}\leqslant 1$，即 $p\leqslant\frac{1}{2}$ 时，$\sum_{n=1}^{\infty}\sqrt{2}\frac{1}{n^{p+\frac{1}{2}}}$ 发散，所以级数 $\sum_{n=1}^{\infty}\frac{\sqrt{n+2}-\sqrt{n-2}}{n^p}$ 发散

(3) $\lim\limits_{n\to\infty}\left|\frac{u_{n+1}}{u_n}\right|=\lim\limits_{n\to\infty}\left|\frac{a^{n+1}(n+1)}{(n+1)^p+(n+1)+5}\cdot\frac{n^p+n+5}{a^n n}\right|=|a|$

① 当 $|a|<1$ 时，级数绝对收敛，　当 $|a|>1$ 时，级数发散

② 当 $a=1$ 时，$|u_n|=\left|\frac{n}{n^p+n+5}\right|=\left|\frac{1}{n^{p-1}+1+\frac{5}{n}}\right|\leqslant\frac{1}{n^{p-1}}$,

当 $p-1>1$，即 $p>2$ 时，$\sum_{n=1}^{\infty}\frac{1}{n^{p-1}}$ 收敛，从而级数 $\sum_{n=1}^{\infty}\frac{a^n n}{n^p+n+5}$ 绝对收敛

当 $a=1$ 时，$|u_n|=\left|\frac{n}{n^p+n+5}\right|=\left|\frac{1}{n^{p-1}+1+\frac{5}{n}}\right|>\frac{1}{2n^{p-1}}$,

当 $p-1\leqslant 1$，即 $p\leqslant 2$ 时，$\sum_{n=1}^{\infty}\frac{1}{2n^{p-1}}$ 发散，从而级数 $\sum_{n=1}^{\infty}\frac{a^n n}{n^p+n+5}$ 发散

③ 当 $a=-1$ 时，得级数 $\sum_{n=1}^{\infty}\frac{(-1)^n n}{n^p+n+5}$,

$$|u_n|=\left|\frac{(-1)^n n}{n^p+n+5}\right|=\frac{1}{n^{p-1}+1+\frac{5}{n}}\leqslant\frac{1}{n^{p-1}},$$

当 $p-1>1$，即 $p>2$ 时，$\sum_{n=1}^{\infty}\frac{1}{n^{p-1}}$ 收敛，所以原级数绝对收敛

当 $p\leqslant 1$，$u_n\not\to 0$，所以原级数发散，

当 $1<p\leqslant 2$ 时,交错级数收敛,而 $\sum\limits_{n=1}^{\infty}|u_n|=\sum\limits_{n=1}^{\infty}\frac{n}{n^p+n+5}$,

当 $p=2$ 时,$\lim\limits_{x\to\infty}\frac{\frac{n}{n^2+n+5}}{\frac{1}{n}}=1>0$,由于 $\sum\limits_{n=1}^{\infty}\frac{1}{n}$ 发散,所以原级数发散

当 $1<p<2$ 时,$\lim\limits_{x\to\infty}\frac{\frac{1}{n^{p-1}+1+\frac{5}{n}}}{\frac{1}{n^{p-1}}}=1>0$,由于 $\sum\limits_{n=1}^{\infty}\frac{1}{n^{p-1}}$ 发散,

所以当 $1<p\leqslant 2$ 时,$\sum\limits_{n=1}^{\infty}|u_n|$ 发散,故原级数条件收敛

(4) $0<u_n=\frac{1}{\int_0^n\sqrt[4]{1+x^4}\,\mathrm{d}x}\leqslant\frac{1}{\int_0^n x\,\mathrm{d}x}=\frac{1}{\frac{n^2}{2}}=\frac{2}{n^2}$

由于级数 $\sum\limits_{n=1}^{\infty}\frac{2}{n^2}$ 收敛,

所以 $\sum\limits_{n=1}^{\infty}\left[\int_0^n(1+x^4)^{\frac{1}{4}}\mathrm{d}x\right]^{-1}$ 收敛

11. 证明:$a\neq -1$ 时,级数 $\sum\limits_{n=1}^{\infty}\frac{a^n}{(1+a)(1+a^2)\cdots(1+a^n)}$ 绝对收敛.

证明 因为 $\lim\limits_{n\to\infty}\left|\frac{u_{n+1}}{u_n}\right|=\lim\limits_{n\to\infty}\left|\frac{a^{n+1}}{(1+a)(1+a^2)\cdots(1+a^{n+1})}\cdot\frac{(1+a)(1+a^2)\cdots(1+a^n)}{a^n}\right|$

$$=\lim_{n\to\infty}\left|\frac{a}{1+a^{n+1}}\right|$$

当 $|a|>1$ 时,$\lim\limits_{n\to\infty}\left|\frac{a}{1+a^{n+1}}\right|=0<1$

当 $|a|<1$ 时,$\lim\limits_{n\to\infty}\left|\frac{a}{1+a^{n+1}}\right|=|a|<1$

当 $|a|=1$ 时,$\lim\limits_{n\to\infty}\left|\frac{a}{1+a^{n+1}}\right|=\frac{1}{2}<1$

所以级数绝对收敛

12. 求下列级数的收敛域:

(1) $\sum\limits_{n=1}^{\infty}\frac{(-1)^n}{2n-1}\left(\frac{1-x}{1+x}\right)^n$;　　(2) $\sum\limits_{n=1}^{\infty}\left(\frac{1}{3}\ln x\right)^n$;

(3) $\sum\limits_{n=1}^{\infty}(-1)^n\frac{1}{4+x^n}$;　　(4) $\sum\limits_{n=2}^{\infty}\frac{1}{n(n-1)}(x^2+x+1)^n$.

解 $\lim\limits_{n\to\infty}\sqrt[n]{|u_n|}=\lim\limits_{n\to\infty}\sqrt[n]{\frac{1}{2n-1}\left|\frac{1-x}{1+x}\right|^n}=\left|\frac{1-x}{1+x}\right|$

当 $\left|\frac{1-x}{1+x}\right|<1$,即 $|1-x|<|1+x|$,亦即 $x>0$ 时,级数 $\sum\limits_{n=1}^{\infty}u_n$ 收敛,

当 $x=0$ 时,原级数为 $\sum\limits_{n=1}^{\infty}\frac{(-1)^n}{2n-1}$ 收敛

故级数$\sum_{n=1}^{\infty}\frac{(-1)^n}{2n-1}\left(\frac{1-x}{1+x}\right)^n$ 的收敛域为$[0,+\infty)$

(2) 原式 $=\sum_{n=1}^{\infty}\frac{1}{3^n}(\ln x)^n$

令 $t=\ln x$,得级数$\sum_{n=1}^{\infty}\frac{1}{3^n}t^n$,

因为$\rho=\lim_{n\to\infty}\left|\frac{a_{n+1}}{a_n}\right|=\lim_{n\to\infty}\frac{3^n}{3^{n+1}}=\frac{1}{3}$　所以$R=3$ 为级数$\sum_{n=1}^{\infty}\frac{1}{3^n}t^n$ 的收敛半径,其收敛区间为$(-3,3)$

当 $t=-3$ 时,得级数$\sum_{n=1}^{\infty}\frac{1}{3^n}(-3)^n$ 发散;

当 $t=3$ 时,得级数$\sum_{n=1}^{\infty}1^n$ 发散,所以级数$\sum_{n=1}^{\infty}\frac{1}{3^n}t^n$ 的收敛域为$(-3,3)$

由$-3<\ln x<3$　得 $e^{-3}<x<e^3$

级数$\sum_{n=1}^{\infty}\left(\frac{1}{3}\ln x\right)^n$ 的收敛域为(e^{-3},e^3)

(3) 由$\lim_{n\to\infty}\left|\frac{u_{n+1}}{u_n}\right|=\lim_{n\to\infty}\frac{\left|(-1)^{n+1}\frac{1}{4+x^{n+1}}\right|}{\left|(-1)^n\frac{1}{4+x^n}\right|}=\lim_{n\to\infty}\frac{\left|\frac{1}{x^{n+1}}\cdot\frac{1}{1+\frac{4}{x^{n+1}}}\right|}{\left|\frac{1}{x^n}\cdot\frac{1}{1+\frac{4}{x^n}}\right|}=\begin{cases}\frac{1}{|x|}, & |x|>1;\\ 1, & |x|\leqslant 1\end{cases}$

而当$|x|\leqslant 1$ 时,$\lim_{n\to\infty}|u_n|=\frac{1}{4}\neq 0$,原级数发散,

故级数$\sum_{n=1}^{\infty}(-1)^n\frac{1}{4+x^n}$ 的收敛域为$(-\infty,-1)\cup(1,+\infty)$

(4) 令 $t=x^2+x+1$,得级数$\sum_{n=2}^{\infty}\frac{1}{n(n-1)}t^n$,求其收敛域.

$\rho=\lim_{n\to\infty}\left|\frac{a_{n+1}}{a_n}\right|=\lim_{n\to\infty}\frac{n(n-1)}{n(n+1)}=1$ 所以 $R=\frac{1}{\rho}=1$,收敛区间为$(-1,1)$

当 $t=-1$ 时,得$\sum_{n=2}^{\infty}\frac{(-1)^n}{n(n-1)}$ 收敛;当 $t=1$ 时,得$\sum_{n=2}^{\infty}\frac{1}{n(n-1)}$ 收敛

所以$\sum_{n=2}^{\infty}\frac{1}{n(n-1)}t^n$ 的收敛域为$[-1,1]$

由$-1\leqslant x^2+x+1\leqslant 1$,得 $x^2+x+1\leqslant 1\Rightarrow -1\leqslant x\leqslant 0$,而 $x^2+x+1\geqslant -1$ 恒成立,

所以$\sum_{n=2}^{\infty}\frac{1}{n(n-1)}(x^2+x+1)^n$ 的收敛域为$[-1,0]$

13. 求$\frac{\pi}{4}-2\sum_{n=0}^{\infty}\frac{(-1)^n4^n}{2n+1}x^{2n+1}$ 收敛域及和函数,并计算$\sum_{n=0}^{\infty}\frac{(-1)^n}{2n+1}$ 的和.

解　由于级数$\sum_{n=0}^{\infty}\frac{(-1)^n4^n}{2n+1}x^{2n+1}$ 中缺少偶次项,因此不能直接利用公式求收敛半径.

由$\lim_{n\to\infty}\left|\frac{u_{n+1}(x)}{u_n(x)}\right|=\lim_{n\to\infty}\left|\frac{(-1)^{n+1}4^{n+1}x^{2n+3}}{2n+3}\cdot\frac{2n+1}{(-1)^n4^nx^{2n+1}}\right|=4x^2$ 知,

当 $4x^2<1$ 时，即当 $x\in\left(-\frac{1}{2},\frac{1}{2}\right)$ 时，级数 $\sum_{n=0}^{\infty}\frac{(-1)^n4^n}{2n+1}x^{2n+1}$ 收敛，

故级数 $\frac{\pi}{4}-2\sum_{n=0}^{\infty}\frac{(-1)^n4^n}{2n+1}x^{2n+1}$ 的收敛区间为 $\left(-\frac{1}{2},\frac{1}{2}\right)$

当 $x=-\frac{1}{2}$ 时，得级数 $\frac{\pi}{4}-2\sum_{n=0}^{\infty}\frac{(-1)^n4^n}{2n+1}\left(-\frac{1}{2}\right)^{2n+1}=\frac{\pi}{4}-\sum_{n=0}^{\infty}\frac{(-1)^{3n+1}}{2n+1}$ 收敛；当 $x=\frac{1}{2}$ 时，得级数 $\frac{\pi}{4}-2\sum_{n=0}^{\infty}\frac{(-1)^n4^n}{2n+1}\left(\frac{1}{2}\right)^{2n+1}=\frac{\pi}{4}-\sum_{n=0}^{\infty}\frac{(-1)^n}{2n+1}$ 收敛，从而级数 $\frac{\pi}{4}-2\sum_{n=0}^{\infty}\frac{(-1)^n4^n}{2n+1}x^{2n+1}$ 的收敛域为 $\left[-\frac{1}{2},\frac{1}{2}\right]$

下面求和函数

$$\frac{\pi}{4}-2\sum_{n=0}^{\infty}\frac{(-1)^n4^n}{2n+1}x^{2n+1}=\frac{\pi}{4}-2\left(x-\frac{4}{3}x^3+\frac{4^2}{5}x^5-\frac{4^3}{7}x^7+\cdots\right)=\frac{\pi}{4}-2S(x)$$

且有 $S'(x)=1-4x^2+4^2x^4-4^3x^6+\cdots=\frac{1}{1+(2x)^2}$

因此 $S(x)=\int_0^x\frac{\mathrm{d}t}{1+(2t)^2}=\frac{1}{2}\int_0^x\frac{\mathrm{d}(2t)}{1+(2t)^2}=\frac{1}{2}\arctan(2x)$

所以 $\frac{\pi}{4}-2\sum_{n=0}^{\infty}\frac{(-1)^n4^n}{2n+1}x^{2n+1}=\frac{\pi}{4}-\arctan(2x)$

由 $2\sum_{n=0}^{\infty}\frac{(-1)^n4^n}{2n+1}x^{2n+1}=\arctan(2x)$，得

当 $x=\frac{1}{2}$ 时，$\sum_{n=0}^{\infty}\frac{(-1)^n}{2n+1}=\frac{\pi}{4}$

14\. 设 $f(x)=\begin{cases}\frac{\ln(1+x^2)}{x}, & x\neq 0;\\ 0, & x=0.\end{cases}$

(1) 将 $f(x)$ 展开成 x 的幂级数，给出收敛域；(2) 求 $f^{(45)}(0)$；(3) 利用 $f(x)$ 的展开式计算 $\sum_{n=1}^{\infty}\frac{(-1)^{n-1}}{n(n+1)}$ 的和.

解 (1) 由于 $\ln(1+x)=x-\frac{x^2}{2}+\frac{x^3}{3}-\frac{x^4}{4}+\cdots+\frac{(-1)^n}{n+1}x^{n+1}+\cdots, x\in(-1,1]$

$$\ln(1+x^2)=x^2-\frac{x^4}{2}+\frac{x^6}{3}-\frac{x^8}{4}+\cdots+\frac{(-1)^n}{n+1}x^{2n+2}+\cdots$$

当 $x\neq 0$ 时，$\frac{\ln(1+x^2)}{x}=x-\frac{x^3}{2}+\frac{x^5}{3}-\frac{x^7}{4}+\cdots+\frac{(-1)^n}{n+1}x^{2n+1}+\cdots$

所以 $f(x)=\sum_{n=0}^{\infty}\frac{(-1)^n}{n+1}x^{2n+1}$

当 $x=-1$ 时，得级数 $\sum_{n=0}^{\infty}\frac{(-1)^{n+1}}{n+1}$ 收敛；当 $x=1$ 时，$\sum_{n=0}^{\infty}\frac{(-1)^n}{n+1}$ 收敛；故收敛域为 $[-1,1]$

(2) 在 $f(x)$ 的展开式中，令 $2n+1=45$，得 $n=22$

$$f(x)=x-\frac{x^3}{2}+\frac{x^5}{3}-\frac{x^7}{4}+\cdots+\frac{(-1)^{22}}{23}x^{45}+\frac{(-1)^{23}}{24}x^{47}+\cdots$$

所以 $f^{(45)}(x)=\frac{45!}{23}+\frac{(-1)^{23}}{24}\times 47\times 46\times 45\times\cdots\times 4\times 3x^2+\cdots$

所以 $f^{(45)}(0)=\dfrac{45!}{23}$

(3) $\int_0^x \ln(1+t)\mathrm{d}t=\dfrac{x^2}{2}-\dfrac{x^3}{3\times 2}+\dfrac{x^4}{4\times 3}-\dfrac{x^5}{5\times 4}+\cdots+\dfrac{(-1)^{n-1}}{n(n+1)}x^{n+1}+\cdots=\sum\limits_{n=1}^{\infty}\dfrac{(-1)^{n-1}}{n(n+1)}x^{n+1}$

而$\int_0^x \ln(1+t)\mathrm{d}t=\int_0^x \ln(1+t)\mathrm{d}(1+t)=[(1+t)\ln(1+t)]_0^x-\int_0^x \mathrm{d}t=(1+x)\ln(1+x)-x$

所以$\sum\limits_{n=1}^{\infty}\dfrac{(-1)^{n-1}}{n(n+1)}x^{n+1}=(1+x)\ln(1+x)-x$

令 $x=1$,得$\sum\limits_{n=1}^{\infty}\dfrac{(-1)^{n-1}}{n(n+1)}=2\ln 2-1$

15. 利用幂级数展开式计算$\sum\limits_{n=2}^{\infty}\dfrac{1}{(n^2-1)2^n}$的和.

解法 1 设 $S(x)=\sum\limits_{n=2}^{\infty}\dfrac{x^n}{n^2-1}$,$x\in(-1,1)$,则 $S\left(\dfrac{1}{2}\right)$就是所求之和

$$[xS(x)]'=\sum_{n=2}^{\infty}\left[\frac{x^{n+1}}{(n+1)(n-1)}\right]'=\sum_{n=2}^{\infty}\frac{x^n}{n-1}=x\sum_{n=1}^{\infty}\frac{x^n}{n}$$

因$\sum\limits_{n=1}^{\infty}\dfrac{x^n}{n}=-\ln(1-x)$,所以$[xS(x)]'=-x\ln(1-x)$,

两边积分 $xS(x)-0S(0)=-\int_0^x x\ln(1-x)\mathrm{d}x=-\dfrac{1}{2}\int_0^x \ln(1-x)\mathrm{d}(x^2)$

$$=-\frac{1}{2}\left[x^2\ln(1-x)-x-\frac{1}{2}x^2-\ln(1-x)\right]$$

故 $S\left(\dfrac{1}{2}\right)=-\left[\left(\dfrac{1}{2}\right)^2\ln\left(1-\dfrac{1}{2}\right)-\dfrac{1}{2}-\dfrac{1}{2}\left(\dfrac{1}{2}\right)^2-\ln\left(1-\dfrac{1}{2}\right)\right]=\dfrac{5}{8}-\dfrac{3}{4}\ln 2$

解法 2 原式$=\dfrac{1}{2}\sum\limits_{n=2}^{\infty}\dfrac{1}{(n-1)2^n}-\dfrac{1}{2}\sum\limits_{n=2}^{\infty}\dfrac{1}{(n+1)2^n}$

$$=\frac{1}{4}\sum_{n=2}^{\infty}\frac{1}{(n-1)}\left(\frac{1}{2}\right)^{n-1}-\sum_{n=2}^{\infty}\frac{1}{(n+1)}\left(\frac{1}{2}\right)^{n+1}$$

$$=\frac{1}{4}\sum_{n=1}^{\infty}\frac{1}{n}\left(\frac{1}{2}\right)^n-\left[\sum_{n=1}^{\infty}\frac{1}{n}\left(\frac{1}{2}\right)^n-\frac{1}{2}-\frac{1}{2}\left(\frac{1}{2}\right)^2\right]$$

因$\sum\limits_{n=1}^{\infty}\dfrac{1}{n}x^n=-\ln(1-x)$,所以$\sum\limits_{n=1}^{\infty}\dfrac{1}{n}\left(\dfrac{1}{2}\right)^n=-\ln\left(1-\dfrac{1}{2}\right)=\ln 2$

故 原式 $=\dfrac{1}{4}\ln 2-\left(\ln 2-\dfrac{1}{2}-\dfrac{1}{8}\right)=\dfrac{5}{8}-\dfrac{3}{4}\ln 2$

16. 设有两条抛物线 $y=nx^2+\dfrac{1}{n}$ 和 $y=(n+1)x^2+\dfrac{1}{n+1}$ 及它们的交点的横坐标的绝对值为 a_n,求(1) 这两条抛物线所围面积 S_n;

(2) 求级数$\sum\limits_{n=1}^{\infty}\dfrac{S_n}{a_n}$的和.

解 求交点,令 $nx^2+\dfrac{1}{n}=(n+1)x^2+\dfrac{1}{n+1}$ 解得 $a_n=|x|=\dfrac{1}{\sqrt{n(n+1)}}$,又因为图形对称,

所以 $S_n=2\int_0^{a_n}\left[nx^2+\dfrac{1}{n}-(n+1)x^2-\dfrac{1}{n+1}\right]\mathrm{d}x=\dfrac{4}{3}\dfrac{1}{n(n+1)\sqrt{n(n+1)}}$

$\frac{S_n}{a_n}=\frac{4}{3}\left(\frac{1}{n}-\frac{1}{n+1}\right)$

所以$\sum\limits_{n=1}^{\infty}\frac{S_n}{a_n}=\lim\limits_{n\to\infty}\sum\limits_{k=1}^{n}\frac{4}{3}\left(\frac{1}{k}-\frac{1}{k+1}\right)=\lim\limits_{n\to\infty}\left[\frac{4}{3}\left(1-\frac{1}{n+1}\right)\right]=\frac{4}{3}$

17. 从点$P_1(1,0)$作x轴的垂线,交抛物线$y=x^2$于点$Q_1(1,1)$再从Q_1作这条抛物线的切线与x轴交于P_2,然后又从P_2作x轴的垂线,交抛物线于点Q_2,依次重复上述过程得一系列点P_1,Q_1;…,P_n,Q_n;…

(1) 求$|\overline{OP_n}|$;

(2) 求级数$|\overline{Q_1P_1}|+|\overline{Q_2P_2}|+\cdots+|\overline{Q_nP_n}|+\cdots$的和.

解 (1) 由$y=x^2$,得$y'=2x$,$\forall a\in(0,1)$,

抛物线$y=x^2$在点(a,a^2)处的切线方程为$y-a^2=2a(x-a)$,该切线与x轴交点为$\left(\frac{a}{2},0\right)$,

故$|\overline{OP_1}|=1$,可见$|\overline{OP_2}|=\frac{1}{2}|\overline{OP_1}|=\frac{1}{2}$,$|\overline{OP_3}|=\frac{1}{2}|\overline{OP_2}|=\frac{1}{2^2}$,…,$|\overline{OP_n}|=\frac{1}{2^{n-1}}\cdots$

(2) 由$|\overline{Q_nP_n}|=|\overline{OP_n}|^2=\left(\frac{1}{2}\right)^{2(n-1)}$有$\sum\limits_{n=1}^{\infty}|\overline{Q_nP_n}|=\sum\limits_{n=1}^{\infty}\left(\frac{1}{2}\right)^{2(n-1)}=\frac{1}{1-\frac{1}{4}}=\frac{4}{3}$

第 9 章　微分方程初步

一、大纲要求

1. 知道微分方程、微分方程的阶、微分方程的解、积分曲线、通解、初始条件、初值问题和特解的定义

2. 会识别变量可分离的方程、齐次方程、一阶线性方程、贝努利方程* 并能对它们进行求解

3. 会用特征根法解二阶常系数齐次线性微分方程，会用特征根法和待定系数法解二阶常系数非齐次线性方程

二、本章知识结构图

- 常微分方程
  - 常微分方程的概念
  - 微分方程的解的概念
    - 微分方程的解
    - 微分方程的通解
    - 微分方程的初始条件和特解
  - 一阶常微分方程的类型及求解
    - 可分离变量方程
    - 齐次方程
    - 一阶线性方程
    - 贝努利方程*
  - 二阶常系数线性微分方程
    - 二阶常系数齐次线性微分方程
    - 二阶常系数非齐次线性微分方程

三、本章基本内容

1. 微分方程的基本概念

表 9-1　微分方程的基本概念

名　称	定　　义
微分方程	表示未知函数、未知函数的导数与自变量之间的关系的方程叫作微分方程
常微分方程	含有一个自变量 x,未知函数 y 及其若干阶导数的方程式称为常微分方程,其一般形式为 $F(x,y,y',\cdots,y^{(n)})=0$
微分方程的阶	微分方程中所出现的未知函数的最高阶导数的阶数,叫作微分方程的阶
微分方程的解	能使微分方程成为恒等式的函数叫作微分方程的解
微分方程的通解	若微分方程的解中含有任意常数,且任意常数的个数与微分方程的阶数相同,这样的解称为微分方程的通解
微分方程的特解	确定了通解中的任意常数后得到的解称为微分方程的特解
初值问题	求微分方程 $y'=f(x,y)$满足初值条件 $y\big\|_{x=x_0}=y_0$ 的特解的问题叫作一阶微分方程的初值问题
积分曲线	微分方程的解的图形是一条曲线,叫作微分方程的积分曲线,对应于通解的称通积分曲线族,对应于特解的称特积分曲线

2. 可分离变量的微分方程

表 9-2　可分离变量的微分方程

定义	如果一个一阶微分方程能写成 $g(y)\mathrm{d}y=f(x)\mathrm{d}x$ 的形式,即能把微分方程写成一端只含 y 的函数和 $\mathrm{d}y$,另一端只含 x 的函数和 $\mathrm{d}x$,那么原方程就称为可分离变量的微分方程
通解	可分离变量方程$\dfrac{\mathrm{d}y}{\mathrm{d}x}=f(x)g(y)$的通解为$\displaystyle\int\frac{\mathrm{d}y}{g(y)}=\int f(x)\mathrm{d}x+C$

3. 齐次方程

表 9-3　齐次方程的定义和通解

定义	如果一阶微分方程能写成$\dfrac{\mathrm{d}y}{\mathrm{d}x}=\varphi\left(\dfrac{y}{x}\right)$的形式,那么就称这方程是齐次方程
通解	齐次方程$\dfrac{\mathrm{d}y}{\mathrm{d}x}=\varphi\left(\dfrac{y}{x}\right)$的通解是求出积分$\displaystyle\int\frac{\mathrm{d}u}{\varphi(u)-u}=\int\frac{\mathrm{d}x}{x}$后,用$\dfrac{y}{x}$代替$u$,即是所给齐次方程的通解

表 9-4 可化为齐次方程的微分方程

方程$\frac{\mathrm{d}y}{\mathrm{d}x}=f\left(\frac{a_1x+b_1y+c_1}{a_2x+b_2y+c_2}\right)$通过变换可化为齐次方程： (1)当行列式$\begin{vmatrix} a_1 & b_1 \\ a_2 & b_2 \end{vmatrix}=0$时，可化为$\frac{1}{b_1}\frac{\mathrm{d}z}{\mathrm{d}x}-\frac{a_1}{b_1}=f\left(\frac{z+c_1}{\lambda z+c_2}\right)$，其中$\lambda$满足$(a_2x+b_2y)=\lambda(a_1x+b_1y)$，$z=a_1x+b_1y$； (2)当行列式$\begin{vmatrix} a_1 & b_1 \\ a_2 & b_2 \end{vmatrix}\neq 0$时，可化为$\frac{\mathrm{d}Y}{\mathrm{d}Z}=f\left(\frac{a_1Z+b_1Y}{a_2Z+b_2Y}\right)$，其中$Z=x-x_0$，$Y=y-y_0$，$x_0$，$y_0$是方程组$\begin{cases} a_1x+b_1y+c_1=0 \\ a_2x+b_2y+c_2=0 \end{cases}$的解，然后将此一阶齐次方程再化为变量可分离的方程求解

4. 一阶线性微分方程

表 9-5 一阶线性微分方程

定义	方程$\frac{\mathrm{d}y}{\mathrm{d}x}+P(x)y=Q(x)$叫作一阶线性微分方程，如果$Q(x)\neq 0$，则方程称为非齐次线性方程；如果$Q(x)\equiv 0$，方程称为齐次线性方程
非齐次线性方程的通解	方程$\frac{\mathrm{d}y}{\mathrm{d}x}+P(x)y=Q(x)$的通解为 $$y=C\mathrm{e}^{-\int P(x)\mathrm{d}x}+\mathrm{e}^{-\int P(x)\mathrm{d}x}\int Q(x)\mathrm{e}^{\int P(x)\mathrm{d}x}\mathrm{d}x$$ 其中$C\mathrm{e}^{-\int P(x)\mathrm{d}x}$是齐次方程$\frac{\mathrm{d}y}{\mathrm{d}x}+P(x)y=0$的通解， $\mathrm{e}^{-\int P(x)\mathrm{d}x}\int Q(x)\mathrm{e}^{\int P(x)\mathrm{d}x}\mathrm{d}x$是非齐次方程的特解

表 9-6 贝努利方程*

定义	方程$\frac{\mathrm{d}y}{\mathrm{d}x}+P(x)y=Q(x)y^n$ $(n\neq 0,1)$叫作贝努利方程
通解	作变换$z=y^{1-n}$，贝努利方程变成 $$\frac{\mathrm{d}z}{\mathrm{d}x}+(1-n)P(x)z=(1-n)Q(x)$$ 求出这方程的通解后，以$z=y^{1-n}$代入，便得到贝努利方程的通解

5. 常系数齐次线性微分方程

表 9-7 二阶常系数齐次线性微分方程

定义	形如$y''+py'+qy=0$的方程(其中p,q均为实常数)称为二阶常系数齐次线性微分方程
通解	设特征方程$r^2+pr+q=0$的两个根分别为r_1,r_2，则齐次线性微分方程的解的情况为： 当r_1,r_2是不相等实根时，通解为$y=C_1\mathrm{e}^{r_1x}+C_2\mathrm{e}^{r_2x}$ 当$r_1=r_2$时，通解为$y=(C_1+C_2x)\mathrm{e}^{r_1x}$ 当$r_{1,2}=\alpha\pm\mathrm{i}\beta$是一对共轭复根时，通解为$y=\mathrm{e}^{\alpha x}(C_1\cos\beta x+C_2\sin\beta x)$ 其中C_1,C_2为任意常数

表 9-8　n 阶常系数齐次线性微分方程

定义	形如 $y^{(n)}+p_1y^{(n-1)}+p_2y^{(n-2)}+\cdots+p_{n-1}y'+p_ny=0$ 的方程叫作 n 阶常系数齐次线性微分方程，其中 $p_1,p_2,\cdots,p_n$ 都是常数
通解	设特征方程 $r^n+p_1r^{n-1}+\cdots+p_{n-1}r+p_n=0$ 的 n 个根分别为 $r_1,r_2,\cdots,r_n$，则齐次线性方程的通解： 当 r_i 为 n 个不相等实根时，通解为 $\sum\limits_{i=1}^{n}C_ie^{r_ix}$； 当 r 为 k 重实根时，通解中对应项为 $e^{rx}(C_0+C_1x+\cdots+C_{k-1}x^{k-1})$； 当 $\alpha\pm i\beta$ 是单个共轭复根时，通解中对应项为 $e^{\alpha x}(C_1\cos\beta x+C_2\sin\beta x)$； 当 $\alpha\pm i\beta$ 是 k 重共轭复根时，通解中对应项为 $e^{\alpha x}[(C_0+C_1x+\cdots+C_{k-1}x^{k-1})\cos\beta x+(D_0+D_1x+\cdots+D_{k-1}x^{k-1})\sin\beta x]$

6. 常系数非齐次线性微分方程

表 9-9　二阶常系数非齐次线性微分方程

定义	形如 $y''+py'+qy=f(x)$ 的方程(其中 p,q 为常数，且 $f(x)\neq 0$) 称为二阶常系数非齐次线性微分方程
特解	(1) $f(x)=e^{\lambda x}P_m(x)$ 时： 方程 $y''+py'+qy=e^{\lambda x}P_m(x)$ 具有这样的特解：$y^*=x^kQ_m(x)e^{\lambda x}$，其中 $Q_m(x)$ 是与 $P_m(x)$ 同次(m 次) 的多项式，而 k 按 λ 不是特征方程的根、是特征方程的单根或是特征方程的重根依次取 0、1 或 2 (2) $f(x)=e^{\lambda x}[P_l(x)\cos\omega x+P_n(x)\sin\omega x]$ 时： 方程 $y''+py'+qy=e^{\lambda x}[P_l(x)\cos\omega x+P_n(x)\sin\omega x]$ 具有这样的特解：$y^*=x^ke^{\lambda x}[R_m^{(1)}(x)\cos\omega x+R_m^{(2)}(x)\sin\omega x]$，其中 $R_m^{(1)}(x),R_m^{(2)}(x)$ 是 m 次多项式，$m=\max\{l,n\}$，k 根据 $\lambda+i\omega$(或 $\lambda-i\omega$) 不是特征方程的根、是特征方程的单根依次取 0 或 1 (3) 若 y_k^* 是方程 $y''+py'+qy=f_k(x)$ 的一个特解. 则方程 $y''+py'+qy=\sum\limits_{k=1}^{n}f_k(x)$ 的一个特解为 $y^*=\sum\limits_{k=1}^{n}y_k^*(x)$

四、重点难点剖析

(一) 基本概念

1. 微分方程中含有未知函数的导数，这与代数方程不同，代数方程的解是确定的常数，而微分方程的解是一族函数.

2. 有时微分方程的通解并不能包含方程的全部解. 在解微分方程时两边消去某一函数时往往会造成最后的通解中会少掉某些解，应把这些解求出，才构成方程的全部解.

3. 有的微分方程的解中含有任意常数，一个 n 阶微分方程的解中必须含有 n 个任意常数，注意这些常数必须是不能合并而使常数个数减少的.

（二）可分离变量的微分方程

注意分离变量时给方程两边同除以某一函数往往会漏掉该函数为零的情形，故须验证该函数为零时是否是微分方程的解.

（三）齐次方程

若 $f(x,y)$ 是零次齐次函数，则方程 $y'=f(x,y)$ 可以通过变量代换 $v=\frac{y}{x}$ 或 $v=\frac{x}{y}$ 化为可分离变量方程.

（四）一阶线性微分方程

1. 用公式计算一阶线性微分方程时，一定要将方程化为标准形式，即 $\frac{\mathrm{d}y}{\mathrm{d}x}+P(x)y=Q(x)$ 否则容易出错.

2. 为避免记错公式而引起的失误，应熟练掌握常数变易法对非齐次线性微分方程求解的方法.

（五）二阶常系数齐次线性微分方程

二阶常系数齐次线性微分方程一般形式为 $y''+py'+qy=0$，其中 p,q 为常数. 它的通解可根据特征方程 $r^2+pr+q=0$ 的根的不同情况写出. 须注意的是由于方程中不含 x，所以它是可降阶的微分方程，但千万不要用可降阶的方程的解法对它求解，那样将会非常复杂.

（六）二阶常系数非齐次线性微分方程

1. 二阶常系数非齐次线性微分方程的形式是 $y''+py'+qy=f(x)$，由方程解的结构知其通解为 $y=Y+y^*$，其中 Y 是方程对应的齐次方程的通解，y^* 是该方程的一个特解. 它们分别可按照上一节和这节的解法求得.

2. 在利用公式求解时，一定要把方程化为标准形式：$y''+py'+qy=f(x)$，注意 y'' 的系数为 1，若不是 1，则求出的解并不满足方程.

五、典型例题解析

解下列微分方程.

例 1　$y'+\sin\frac{x+y}{2}=\sin\frac{x-y}{2}$.

分析　本题练习可分离变量微分方程.

解　原方程可化为 $\frac{\mathrm{d}y}{\mathrm{d}x}=-2\cos\frac{x}{2}\sin\frac{y}{2}$，　$\int\frac{\mathrm{d}y}{\sin\frac{y}{2}}=-2\int\cos\frac{x}{2}\mathrm{d}x$，

$$\left|\csc\frac{y}{2}-\cot\frac{y}{2}\right|=C\mathrm{e}^{-2\sin\frac{x}{2}}.$$

例 2　$\frac{1}{x+y}+\frac{4y^2}{(x+y)^3}+\left[\frac{1}{x+y}-\frac{4xy}{(x+y)^3}\right]y'=0$.

分析　本题练习齐次微分方程.

解　原方程可以化为 $\frac{\mathrm{d}y}{\mathrm{d}x}=\frac{5\left(\frac{y}{x}\right)^2+2\left(\frac{y}{x}\right)+1}{-\left(\frac{y}{x}\right)^2+2\left(\frac{y}{x}\right)-1}$，　设 $u=\frac{y}{x}$，则得

$$u+x\frac{\mathrm{d}u}{\mathrm{d}x}=\frac{5u^2+2u+1}{-u^2+2u-1},\quad 即\quad x\frac{\mathrm{d}u}{\mathrm{d}x}=-\frac{(u+1)^3}{(u-1)^2},\qquad 所以\int\frac{(u-1)^2}{(u+1)^3}\mathrm{d}u=-\int\frac{1}{x}\mathrm{d}x,$$

解之得 $\ln(1+u)+\frac{4}{1+u}-\frac{2}{(1+u)^2}=-\ln x+C$. 即 $\ln(x+y)+\frac{2x(2y+x)}{(x+y)^2}=C$.

例 3 $x\mathrm{d}y+(y-x\mathrm{e}^{-x})\mathrm{d}x=0$.

分析 本题练习用常数变易法,公式法,积分因子法求解一阶线性微分方程.

解法 1 常数变易法.

原方程整理为 $y'+\frac{1}{x}y=\mathrm{e}^{-x}$,对应的齐次方程为 $y'+\frac{1}{x}y=0$,分离变量得$\frac{\mathrm{d}y}{y}=-\frac{\mathrm{d}x}{x}$,

两边积分得 $y=\frac{C}{x}$.

令原方程的通解为 $y=\frac{C(x)}{x}$,代入方程得$\frac{C'(x)}{x}=\mathrm{e}^{-x}$, 即 $C'(x)=x\mathrm{e}^{-x}$,积分得

$C(x)=-(x+1)\mathrm{e}^{-x}+C$. 因此,原方程的通解为 $y=-\left(1+\frac{1}{x}\right)\mathrm{e}^{-x}+\frac{C}{x}$,$C$ 为任意常数.

解法 2 公式法.

对于方程 $y'+\frac{1}{x}y=\mathrm{e}^{-x}$,$P(x)=\frac{1}{x}$,$Q(x)=\mathrm{e}^{-x}$,于是由公式得通解 $y=\mathrm{e}^{-\int\frac{1}{x}\mathrm{d}x}\left(\int\mathrm{e}^{-x}\mathrm{e}^{\int\frac{1}{x}\mathrm{d}x}+C\right)$

$=\frac{1}{x}\left(\int x\mathrm{e}^{-x}\mathrm{d}x+C\right)=-\left(1+\frac{1}{x}\right)\mathrm{e}^{-x}+\frac{C}{x}$,$C$ 为任意常数.

解法 3 积分因子法,由

$$x\mathrm{d}y+(y-x\mathrm{e}^{-x})\mathrm{d}x=x\mathrm{d}y+y\mathrm{d}x-x\mathrm{e}^{-x}\mathrm{d}x=\mathrm{d}(xy)-\mathrm{d}\int x\mathrm{e}^{-x}\mathrm{d}x$$

$$=\mathrm{d}[xy+(x+1)\mathrm{e}^{-x}]=0,$$

得方程通解 $xy+(x+1)\mathrm{e}^{-x}=C$,$C$ 为任意常数.

例 4 $(y^3+xy)y'=1,y|_{x=0}=0$.

分析 本题练习以 y 为自变量的一阶线性微分方程的解法.

解 原方程可化为 $\frac{\mathrm{d}x}{\mathrm{d}y}-yx=y^3$,$x=\mathrm{e}^{\int y\mathrm{d}y}\left(\int y^3\mathrm{e}^{-\int y\mathrm{d}y}\mathrm{d}y+C\right)=-y^2-2+C\mathrm{e}^{\frac{y^2}{2}}$,

将 $y(0)=0$ 代入,得 $C=2$. 所以 $x=2\mathrm{e}^{\frac{y^2}{2}}-y^2-2$.

例 5 求方程 $xy''-y'=x^2$ 的通解.

分析 本题练习 $y''=f(x,y')$类型的方程的解法.

解法 1 令 $y'=p$,则原方程成为 $x\frac{\mathrm{d}p}{\mathrm{d}x}-p=x^2$, 即 $\frac{\mathrm{d}p}{\mathrm{d}x}-\frac{1}{x}p=x$,

$p=\mathrm{e}^{\int\frac{1}{x}\mathrm{d}x}\left(\int x\mathrm{e}^{-\int\frac{1}{x}\mathrm{d}x}\mathrm{d}x+C\right)=x^2+Cx$, 从而 $y=\frac{1}{3}x^3+C_1x^2+C_2$.

解法 2 原方程可以改写为 $\frac{xy''-y'}{x^2}=1$. 即 $\mathrm{d}\left(\frac{y'}{x}\right)=\mathrm{d}x$.

所以$\frac{y'}{x}=x+C$. $y'=x^2+Cx$. 故 $y=\frac{1}{3}x^3+C_1x^2+C_2$.

例 6 求 $y''+4y=2x+\sin 2x$ 的通解.

分析 本题练习求叠加式自由项 $f(x)=f_1(x)+f_2(x)$的通解.

解 $r^2+4=0$, $r=\pm 2\mathrm{i}$,

设 $y^*=Ax+B+x(C\cos 2x+D\sin 2x)$. 代入原方程,比较两端系数,得 $A=\frac{1}{2}$,$B=0$,

$C=-\frac{1}{4}, D=0$，所以 $y^*=\frac{x}{2}-\frac{1}{4}x\cos 2x$，故 $y=\frac{x}{2}-\frac{1}{4}x\cos 2x+C_1\cos 2x+C_2\sin 2x$.

例 7　设函数 $y=y(x)$ 是微分方程 $y''+y'-2y=0$ 的解，且在 $x=0$ 处取得极值 3，求 $y(x)$.

分析　本题考查利用特征值方法求二阶常系数线性齐次微分方程满足初始条件的特解问题.

解　方程的特征方程为 $r^2+r-2=0$，特征根为 $r=-2, r=1$. 所以该齐次微分方程的通解为 $y(x)=C_1 e^{-2x}+C_2 e^x$.

因为 $y(x)$ 可导，所以极值点 $x=0$ 为驻点，即 $y(0)=3, y'(0)=0$，代入原方程中得 $C_1=1$，$C_2=2$，故 $y(x)=e^{-2x}+2e^x$.

六、练习题全解

练习 9.1

1. 验证下列各函数是否为所给微分方程的通解：

(1) $xy'=3y \quad y=Cx^3$；　　(2) $y'+y=e^{-x}, y=(x+C)e^{-x}$；

(3) $x''+9x=10\cos 2t$；　$x=2\cos 2t+C_1\cos 3t+C_2\sin 3t$

(4) $(x-2y)y'=2x-y, x^2-xy+y^2=C$；

(5) $x^2yy''+(xy'-y)^2=0$，　$y^2=x+Cx^2$.

解　(1) $y'=3Cx^2$ 代入方程的左边 $xy'=3Cx^3$，右端 $=3y=3Cx^3$

所以 $y=Cx^3$ 满足方程 $xy'=3y$

(2) $y'=e^{-x}-(x+C)e^{-x}=e^{-x}(1-x-C)$ 代入左端

左端 $=e^{-x}(1-x-C)+(x+C)e^{-x}=e^{-x}=$ 右端

所以 $y=(x+C)e^{-x}$ 满足方程 $y'+y=e^{-x}$

(3) $x'=-4\sin 2t-3C_1\sin 3t+3C_2\cos 3t$，

$x''=-8\cos 2t-9C_1\cos 3t-9C_2\sin 3t$ 代入方程的左端

左端 $=-8\cos 2t-9C_1\cos 3t-9C_2\sin 3t+18\cos 2t+9C_1\cos 3t+9C_2\sin 3t$

$=10\cos 2t=$ 右端

所以 $x=2\cos 2t+C_1\cos 3t+C_2\sin 3t$ 满足方程 $x''+9x=10\cos 2t$

(4) 对方程 $x^2-xy+y^2=C$ 两边求导　$2x-y-xy'+2yy'=0, y'=\frac{y-2x}{2y-x}$

代入方程左端　　左端 $=(x-2y)\cdot\frac{y-2x}{2y-x}=2x-y=$ 右端

所以 $x^2-xy+y^2=C$ 满足方程 $(x-2y)y'=2x-y$

(5) $2yy'=1+2Cx \quad 2(y')^2+2yy''=2C \quad yy''=C-(y')^2$　代入方程左端

左端 $=x^2[C-(y')^2]+x^2(y')^2-2xyy'+y^2$

$=x^2C-x^2(y')^2+x^2(y')^2-2x\left(\frac{1}{2}+cx\right)+x+Cx^2=0$，但此为二阶微分方程，解中只有一个常数　所以 $y^2=x+Cx^2$ 不是微分方程 $x^2yy''+(xy'-y)^2=0$ 的通解

2. 求满足下列条件的微分方程：

(1) 未知方程有通解 $x^2+y^2=2Cx$；　　(2) 未知方程有通解 $y=(C+x)e^{2x}$；

(3) 未知方程有通解 $y=C_1e^{C_2x}$；　　(4) 未知方程的通解为 $y(x+C_3)=C_1x+C_2$.

解 (1) 方程两边对 x 求导,$2x+2yy'=2C$,$C=x+yy'$代入原方程中,

$x^2+y^2=2x(x+yy')$ 所以 $2xyy'=y^2-x^2$ 为所求未知方程

(2) 方程两边对 x 求导,$y'=e^{2x}+2(C+x)e^{2x}$ 由 $y=(C+x)e^{2x}$,得 $C=ye^{-2x}-x$ 代入上式 $y'=e^{2x}+2(ye^{-2x}-x+x)e^{2x}=e^{2x}+2y$ 所以 $y'-2y=e^{2x}$为所求微分方程

(3) 方程两边对 x 求导,$y'=C_1C_2e^{C_2x}=C_2e^{C_2x}\cdot ye^{-C_2x}=C_2y$,$C_2=\dfrac{y'}{y}$,

$y''=C_2y'=y'\cdot\dfrac{y'}{y}=\dfrac{1}{y}(y')^2$ 所以 $yy''-(y')^2=0$ 为所求微分方程

(4) 方程两边分别对 x 求导,$(x+C_3)y'+y=C_1$,

再对 x 求导,$(x+C_3)y''+y'+y'=0$,$(x+C_3)y''+2y'=0$,再对 x 求导,$(x+C_3)y'''+y''+2y''=0$,$(x+C_3)y'''+3y''=0$,由$(x+C_3)y''+2y'=0$,得$(x+C_3)=-2y'(y'')^{-1}$代入上式得

$-2y'(y'')^{-1}y'''+3y''=0$ 所以 $2y'y'''-3(y'')^2=0$ 为所求微分方程

3. 验证下列各函数是否为所给初值问题的解:

(1) 函数 $y=e^x+1$;初值问题:$dy=(y-1)dx$,$y(0)=2$;

(2) 函数 $y=0$;初值问题:$y''-2y'-3y=0$,$y(0)=0$,$y'(0)=4$;

(3) 函数 $y=\dfrac{1}{x+1}$;初值问题:$(x+1)y'+y=0$,$y(0)=1$;

(4) 函数 $y=\cos x+2x\sin x$;初值问题:$y''+y=4\cos x$,$y(0)=1$,$y'(0)=0$.

解 (1) $dy=e^xdx=(e^x+1-1)dx=(y-1)dx$,又 $y(0)=e^0+1=2$,所以 $y=e^x+1$ 是所给初值问题的解

(2) $y=0$,$y'=0$,$y''=0$ 显然满足方程 $y''-2y'-3y=0$,$y(0)=0$. 但是 $y'(0)=0$,不满足 $y'(0)=4$,所以 $y=0$ 不是所给初值问题的解

(3) $y'=\left(\dfrac{1}{x+1}\right)'=-\dfrac{1}{(x+1)^2}$,代入方程左边

$$(x+1)y'+y=(x+1)\cdot\frac{-1}{(x+1)^2}+\frac{1}{x+1}=0,$$

满足方程,又 $y(0)=\dfrac{1}{x+1}\Big|_{x=0}=1$,所以 $y=\dfrac{1}{x+1}$是所给初值问题的解

(4) $y'=(\cos x+2x\sin x)'=-\sin x+2\sin x+2x\cos x=\sin x+2x\cos x$,

$y''=3\cos x-2x\sin x$,代入方程左边

$$y''+y=3\cos x-2x\sin x+\cos x+2x\sin x=4\cos x,$$

满足方程,又 $y(0)=1$,$y'(0)=0$,所以 $y=\cos x+2x\sin x$ 是所给初值问题的解

练习 9.2

1. 求下列微分方程的通解或在给定条件下的特解:

(1) $y'=\sqrt{\dfrac{1+y^2}{1-x^2}}$; (2) $y'=\dfrac{xy+y}{x+xy}$; (3) $y'=10^{x+y}$;

(4) $\sin x\cos^2 ydx+\cos^2 xdy=0$; (5) $y'\sin x=y\ln y$,$y\left(\dfrac{\pi}{2}\right)=e$;

(6) $\cos ydx+(1+e^{-x})\sin ydy=0$,$y(0)=\dfrac{\pi}{4}$; (7) $yy'+xe^y=0$,$y(1)=0$;

(8) $y'-xy'=a(y^2-y')$,$y(a)=1(a\neq0)$.

解　(1) 分离变量$\dfrac{dy}{\sqrt{1+y^2}}=\dfrac{dx}{\sqrt{1-x^2}}$,积分

$\displaystyle\int\frac{dy}{\sqrt{1+y^2}}=\int\frac{dx}{\sqrt{1-x^2}}$,$\ln(y+\sqrt{y^2+1})=\arcsin x+C$ 为所求所给微分方程的通解

(2) $y'=\dfrac{y(1+x)}{x(1+y)}$,　　分离变量,得$\dfrac{1+y}{y}dy=\dfrac{1+x}{x}dx$,积分$\displaystyle\int\left(1+\frac{1}{y}\right)dy=\int\left(1+\frac{1}{x}\right)dx$

$y+\ln y=x+\ln x+\ln C$,$\ln\dfrac{y}{x}=x-y+\ln C$　$\dfrac{y}{x}=Ce^{x-y}$,

所以 $y=Cxe^{x-y}$为所给微分方程的通解.

(3) 分离变量得 $10^{-y}dy=10^x dx$,积分

$\displaystyle -\int 10^{-y}d(-y)=\int 10^x dx$,$-\dfrac{10^{-y}}{\ln 10}=\dfrac{10^x}{\ln 10}+C_1$

$-10^{-y}=10^x+C(C=C_1\ln 10)$为所求微分方程的通解

(4) $\sin x\cos^2 y dx=-\cos^2 x dy$　分离变量得$\dfrac{1}{\cos^2 y}dy=-\dfrac{\sin x}{\cos^2 x}dx$

积分　$\displaystyle\int\sec^2 y dy=\int\cos^{-2}x d\cos x$　$\tan y=-\dfrac{1}{\cos x}+C$

即 $\sec x+\tan y=C$ 为所求微分方程的通解

(5) 分离变量$\dfrac{dy}{y\ln y}=\dfrac{1}{\sin x}dx$,两边积分,

$\displaystyle\int\frac{d\ln y}{\ln y}=\int\csc x dx$,$\ln\ln y=\ln|\csc x-\cot x|+\ln C$,

$\ln y=C(\csc x-\cot x)$,将 $x=\dfrac{\pi}{2}$,$y=e$ 代入上式得 $C=1$

所以 $y=e^{\csc x-\cot x}=e^{\frac{1}{\sin x}-\frac{\cos x}{\sin x}}=e^{\frac{1-\cos x}{\sin x}}=e^{\tan\frac{x}{2}}$　为所求微分方程满足初始条件 $y\left(\dfrac{\pi}{2}\right)=e$ 的特解

(6) $\cos y dx=-(1+e^{-x})\sin y dy$,分离变量得

$\dfrac{\sin y}{\cos y}dy=-\dfrac{1}{1+e^{-x}}dx$,积分　$\displaystyle -\int\frac{d\cos y}{\cos y}=-\int\frac{d(1+e^x)}{1+e^x}$,$\ln\cos y=\ln(1+e^x)+\ln C$

$\cos y=C(1+e^x)$,将 $x=0$,$y=\dfrac{\pi}{4}$代入上式得 $C=\dfrac{\sqrt{2}}{4}$

所以$(1+e^x)\sec y=2\sqrt{2}$为所求满足初始条件 $x=0$,$y=\dfrac{\pi}{4}$的特解

(7) $yy'=-xe^y$,分离变量得 $ye^{-y}dy=-xdx$,积分 $\displaystyle -\int yde^{-y}=-\int xdx$,$\displaystyle\int yde^{-y}=\int xdx$

$\displaystyle ye^{-y}-\int e^{-y}dy=\frac{1}{2}x^2$,$ye^{-y}+e^{-y}=\dfrac{1}{2}x^2+C$,将 $x=1$,$y=0$ 代入上式中得 $C=\dfrac{1}{2}$

所以 $y+1=\dfrac{1}{2}e^y(1+x^2)$为所求满足初始条件 $x=1$,$y=0$ 的特解

(8) $y'(1-x+a)=ay^2$,分离变量得 $y^{-2}dy=\dfrac{a}{1-x+a}dx$,积分$-y^{-1}=-a\ln|1-x+a|+C_1$

所以 $y=\dfrac{1}{C+a\ln|1-x+a|}$为所求所给微分方程的通解,将 $x=a$,$y=1$ 代入通解中得

$C=1$　所以$\dfrac{1}{y}=1+a\ln|1-x+a|$为所求之特解

2. 求下列微分方程的通解或在给定条件下的特解：

(1) $x\frac{dy}{dx}=y\ln\frac{y}{x}$；　(2) $xy'-y-\sqrt{y^2-x^2}=0$；　(3) $3xy^2dy=(2y^3-x^3)dx$；

(4) $y'=\frac{y}{x}+\sin\frac{y}{x}$；　(5) $(xe^{\frac{y}{x}}+y)dx=xdy, y(1)=0$；　(6) $y'=\left(\frac{y}{x}\right)^2+\frac{y}{x}+4, y(1)=2$；

(7) $(x^2+y^2)dx=xydy, y(1)=0$；　(8) $xy'=y(1+\ln y-\ln x), y(1)=1(x>0)$.

解　(1) $\frac{dy}{dx}=\frac{y}{x}\ln\frac{y}{x}$，令 $u=\frac{y}{x}$，$\frac{dy}{dx}=u+x\frac{du}{dx}$，所以 $u+x\frac{du}{dx}=u\ln u$，$x\frac{du}{dx}=u(\ln u-1)$，

分离变量$\frac{du}{u(\ln u-1)}=\frac{dx}{x}$，积分　$\int\frac{d(\ln u-1)}{\ln u-1}=\int\frac{dx}{x}$，$\ln(\ln u-1)=\ln x+\ln C$

$\ln u-1=Cx$，$\ln u=Cx+1$，$u=e^{Cx+1}$　所以 $y=xe^{Cx+1}$ 为所求微分方程的通解

(2) $x\frac{dy}{dx}=y+\sqrt{y^2-x^2}$，$\frac{dy}{dx}=\frac{y}{x}+\sqrt{\frac{y^2}{x^2}-1}$，令 $u=\frac{y}{x}$，$\frac{dy}{dx}=u+x\frac{du}{dx}$，

所以 $u+x\frac{du}{dx}=u+\sqrt{u^2-1}$，$x\frac{du}{dx}=\sqrt{u^2-1}$　分离变量，$\frac{du}{\sqrt{u^2-1}}=\frac{dx}{x}$，积分$\int\frac{du}{\sqrt{u^2-1}}=\int\frac{dx}{x}$，

$\ln u+\sqrt{u^2-1})=\ln x+\ln C$，$u+\sqrt{u^2-1}=Cx$，$\sqrt{u^2-1}=Cx-u$，$u^2-1=(Cx)^2-2Cxu+u^2$，

将 $u=\frac{y}{x}$代入上式得$(Cx)^2-2Cx\cdot\frac{y}{x}+1=0$，即$(Cx)^2-2Cy+1=0$ 为所求微分方程的通解

或由 $u+\sqrt{u^2-1}=Cx$ 得$\frac{y}{x}+\sqrt{\frac{y^2}{x^2}-1}=Cx$，所以 $y+\sqrt{y^2-x^2}=Cx^2$ 为所求之通解

(3) $\frac{dy}{dx}=\frac{2y^3-x^3}{3xy^2}=\frac{2}{3}\cdot\frac{y}{x}-\frac{1}{3}\cdot\frac{x^2}{y^2}$，令 $u=\frac{y}{x}$，$\frac{dy}{dx}=u+x\frac{du}{dx}$，

所以 $u+x\frac{du}{dx}=\frac{2}{3}u-\frac{1}{3u^2}$，$x\frac{du}{dx}=-\frac{1}{3u^2}-\frac{1}{3}u=-\frac{1}{3}\cdot\frac{1+u^3}{u^2}$，

分离变量得$\frac{u^2}{1+u^3}du=-\frac{1}{3}\frac{dx}{x}$，积分　$\frac{1}{3}\int\frac{d(1+u^3)}{1+u^3}=-\frac{1}{3}\int\frac{dx}{x}$，$\ln(1+u^3)=-\ln x+\ln C$，

$1+u^3=\frac{C}{x}$，将 $u=\frac{y}{x}$代入上式得　$x^3+y^3=Cx^2$ 为所求微分方程的通解

(4) 令 $u=\frac{y}{x}$，$\frac{dy}{dx}=u+x\frac{du}{dx}$，　所以 $u+x\frac{du}{dx}=u+\sin u$，

$x\frac{du}{dx}=\sin u$，　分离变量得$\frac{du}{\sin u}=\frac{dx}{x}$，　积分　$\int\csc u du=\int\frac{dx}{x}$，$\ln(\csc u-\cot u)=\ln Cx$，

$\csc u-\cot u=Cx$，$\frac{1}{\sin u}-\frac{\cos u}{\sin u}=Cx$，$\frac{1-\cos u}{\sin u}=Cx$，$\tan\frac{u}{2}=Cx$，$\frac{u}{2}=\arctan Cx$，

所以 $y=2x\arctan Cx$ 为所求微分方程的通解

(5) $\frac{dy}{dx}=\frac{xe^{\frac{y}{x}}+y}{x}=e^{\frac{y}{x}}+\frac{y}{x}$，令 $u=\frac{y}{x}$，$\frac{dy}{dx}=u+x\frac{du}{dx}$，所以 $u+x\frac{du}{dx}=u+e^u$，$x\frac{du}{dx}=e^u$，

分离变量得　$e^{-u}du=\frac{dx}{x}$，积分$-\int e^{-u}d(-u)=\int\frac{dx}{x}$，

$-e^{-u}=\ln x+C$，$-e^{-\frac{y}{x}}=\ln x+C$，将 $x=1$，$y=0$ 代入上式得 $C=-1$，

$e^{-\frac{y}{x}}=1-\ln x$，$-\frac{y}{x}=\ln(1-\ln x)$，

所以 $y=-x\ln(1-\ln x)$为所求微分方程满足初始条件 $x=1$，$y=0$ 的特解

(6) 令 $u=\frac{y}{x}$，$\frac{dy}{dx}=u+x\frac{du}{dx}$，所以 $u+x\frac{du}{dx}=u^2+u+4$，$x\frac{du}{dx}=u^2+4$，分离变量得$\frac{du}{u^2+4}=\frac{dx}{x}$，

积分 $\int\frac{du}{u^2+4}=\int\frac{dx}{x}$，$\frac{1}{2}\arctan\frac{u}{2}=\ln x+C$，将 $x=1$，$y=2$ 代入得 $C=\frac{\pi}{8}$，

所以 $\arctan\frac{y}{2x}=2\ln x+\frac{\pi}{4}$，所以 $y=2x\tan\left(\ln x^2+\frac{\pi}{4}\right)$为所求满足初始条件 $x=1$，$y=2$ 的特解

(7) $\frac{dy}{dx}=\frac{x^2+y^2}{xy}=\frac{x}{y}+\frac{y}{x}$，令 $u=\frac{y}{x}$，$\frac{dy}{dx}=u+x\frac{du}{dx}$，所以 $u+x\frac{du}{dx}=\frac{1}{u}+u$，$x\frac{du}{dx}=\frac{1}{u}$，

$u\,du=\frac{dx}{x}$，积分$\frac{1}{2}u^2=\ln x+C$，将 $x=1$，$y=0$ 代入上式得 $C=0$，

$y^2=x^2\ln x^2$ 为满足初始条件 $x=1$，$y=0$ 的特解

(8) $\frac{dy}{dx}=\frac{y}{x}\left(1+\ln\frac{y}{x}\right)$，令 $u=\frac{y}{x}$，$\frac{dy}{dx}=u+x\frac{du}{dx}$，

所以 $u+x\frac{du}{dx}=u(1+\ln u)=u+u\ln u$，$x\frac{du}{dx}=u\ln u$，分离变量$\frac{du}{u\ln u}=\frac{dx}{x}$，积分

$\ln(\ln u)=\ln C_1x$，$\ln u=C_1x$，$\frac{y}{x}=e^{C_1x}$，将 $x=1$，$y=1$ 代入上式，得 $C_1=0$，

所以 $y=x$ 为所求满足初始条件 $x=1$，$y=1$ 的特解

3. 已知方程 $y'=\frac{y}{x}+\varphi\left(\frac{x}{y}\right)$有通解 $y=\frac{x}{(\ln Cx)^{\frac{1}{2}}}$，求函数 $\varphi(x)$.

解　$y'=\frac{-1}{2(\ln Cx)^{\frac{3}{2}}}+\frac{1}{(\ln Cx)^{\frac{1}{2}}}$　所以$\frac{1}{(\ln Cx)^{\frac{1}{2}}}-\frac{1}{2(\ln Cx)^{\frac{3}{2}}}=\frac{1}{(\ln Cx)^{\frac{1}{2}}}+\varphi[(\ln Cx)^{\frac{1}{2}}]$

令 $t=(\ln Cx)^{\frac{1}{2}}$，$\varphi(t)=-\frac{1}{2t^3}$　所以 $\varphi(x)=-\frac{1}{2x^3}$

4. 一条曲线通过点(2,3)，它在两坐标轴间任意切线均被切点平分，求此曲线的方程.

解　设所求曲线方程为 $y=y(x)$，由题设，设曲线上的任一点的斜率为$\frac{dy}{dx}$，切点坐标为(x,y)如图 9－1 所示，根据题意，曲线上任一点处切线方程为

$$y-0=\frac{dy}{dx}(x-2x),\ y=-x\frac{dy}{dx},\ \frac{dy}{y}=-\frac{dx}{x}$$

积分得　$\ln xy=\ln C$，$xy=C$，将 $x=2$，$y=3$ 代入上式得 $C=6$

所以 $xy=6$ 为所求过点(2,3)的曲线方程

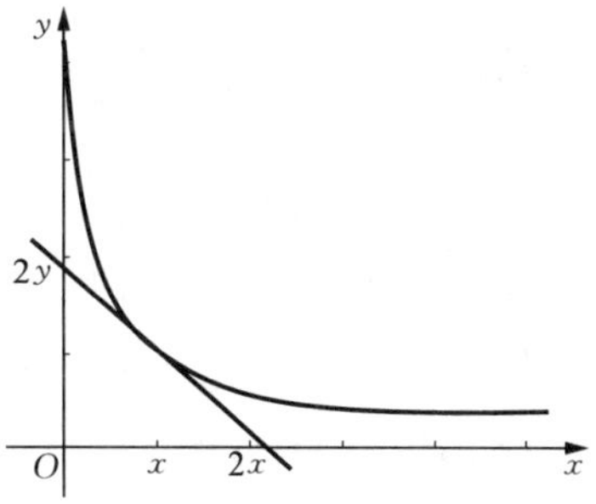

图 9－1

5. 求下列微分方程的通解或给定初始条件下的特解：

(1) $y'-2y=e^x$；　(2) $y'-\frac{n}{x}y=x^ne^x$；

(3) $y'+y\cos x=e^{-\sin x}$；　(4) $(x^2+1)y'-2xy=(1+x^2)^2$；

(5) $y'-y\cot x=2x\sin x$；　(6) $y'-\frac{1}{x+1}y=(x+1)e^x$，$y(0)=1$；

(7) $y'-\frac{1}{x}y=-\frac{2}{x}\ln x$，$y(1)=1$；　(8) $y'+\frac{x}{2(1-x^2)}y=\frac{1}{2}x$，$y(0)=\frac{2}{3}$；

(9) $y'+y\cos x=\sin x\cos x$，$y(0)=1$；　(10) $(x^2-1)y'+2xy-\cos x=0$，$y(0)=1$.

解　(1) 这里 $P(x)=-2$，$Q(x)=e^x$，

所以 $y=e^{2\int dx}\left(\int e^xe^{-2\int dx}dx+C\right)=e^{2x}(-e^{-x}+C)=-e^x+Ce^{2x}$ 为所求的通解

(2) 这里 $P(x)=-\frac{n}{x}$,$Q(x)=x^n e^x$,所以 $y=e^{\int\frac{n}{x}dx}\left(\int x^n e^x e^{-\int\frac{n}{x}dx}dx+C\right)=x^n\left(\int e^x dx+C\right)$

$=x^n(e^x+C)$ 为所求微分方程的通解

(3) 这里 $P(x)=\cos x$,$Q(x)=e^{-\sin x}$, 所以 $y=e^{-\int\cos x dx}\left(\int e^{-\sin x}e^{\int\cos x dx}dx+C\right)=$ $e^{-\sin x}\left(\int dx+C\right)=e^{-\sin x}(x+C)$ 为所求微分方程的通解

(4) $y'-\frac{2x}{x^2+1}y=1+x^2$,$P(x)=-\frac{2x}{x^2+1}$,$Q(x)=1+x^2$

所以 $y=e^{-\int P(x)dx}\left[\int Q(x)e^{\int P(x)dx}dx+C\right]=e^{\int\frac{2x}{x^2+1}dx}\left[\int(1+x^2)e^{-\int\frac{2x}{x^2+1}dx}dx+C\right]$

$=(x^2+1)\left(\int dx+C\right)=(x^2+1)(x+C)$ 为所求微分方程的通解

(5) 这里 $P(x)=-\cot x$,$Q(x)=2x\sin x$,

所以 $y=e^{\int\cot x dx}\left(2\int x\sin x e^{-\int\cot x dx}dx+C\right)=e^{\ln\sin x}\left(2\int x\sin x\cdot\frac{1}{\sin x}dx+C\right)$

$=\sin x\left(2\int x dx+C\right)=\sin x(x^2+C)$ 为所求微分方程的通解

(6) 这里 $P(x)=-\frac{1}{x+1}$,$Q(x)=(x+1)e^x$

所以 $y=e^{\int\frac{1}{x+1}dx}\left[\int(x+1)e^x e^{-\int\frac{1}{x+1}dx}dx+C\right]=e^{\ln(x+1)}(\int e^x dx+C)=(x+1)(e^x+C)$

将 $x=0,y=1$ 代入上式得 $C=0$,

所以 $y=e^x(x+1)$ 为所求满足初始条件 $x=0,y=1$ 的特解

(7) $P(x)=-\frac{1}{x}$,$Q(x)=-\frac{2}{x}\ln x$,

所以 $y=e^{\int\frac{1}{x}dx}\left(-2\int\frac{1}{x}\ln x e^{-\int\frac{1}{x}dx}dx+C\right)=x\left(-2\int\frac{1}{x^2}\ln x dx+C\right)$

$=x\left(2\int\ln x d\frac{1}{x}+C\right)=x\left(\frac{2}{x}\ln x-2\int\frac{1}{x^2}dx+C\right)=x\left(\frac{2\ln x}{x}+\frac{2}{x}+C\right)$

将 $x=1,y=1$ 代入上式得 $C=-1$,

所以 $y=2\ln x-x+2$ 为所求满足初始条件的特解

(8) $P(x)=\frac{x}{2(1-x^2)}$,$Q(x)=\frac{1}{2}x$,

所以 $y=e^{-\int\frac{x}{2(1-x^2)}dx}\left[\frac{1}{2}\int x e^{\int\frac{x}{2(1-x^2)}dx}dx+C\right]=e^{\frac{1}{4}\int\frac{d(1-x^2)}{1-x^2}}\left[\frac{1}{2}\int x e^{-\frac{1}{4}\int\frac{d(1-x^2)}{1-x^2}}dx+C\right]$

$=(1-x^2)^{\frac{1}{4}}\left[\frac{1}{2}\int x(1-x^2)^{-\frac{1}{4}}dx+C\right]$

$=(1-x^2)^{\frac{1}{4}}\left[-\frac{1}{4}\int(1-x^2)^{-\frac{1}{4}}d(1-x^2)+C\right]$

$=(1-x^2)^{\frac{1}{4}}\left[-\frac{1}{4}\cdot\frac{4}{3}(1-x^2)^{\frac{3}{4}}+C\right]=(1-x^2)^{\frac{1}{4}}\left[-\frac{1}{3}(1-x^2)^{\frac{3}{4}}+C\right]$

将 $x=0,y=\frac{2}{3}$ 代入上式得 $C=1$,

所以 $y=(1-x^2)^{\frac{1}{4}}-\frac{1}{3}(1-x^2)$ 为所求满足初始条件 $x=0,y=\frac{2}{3}$ 的特解

(9) 这里 $P(x)=\cos x, Q(x)=\sin x\cos x$,

所以 $y=e^{-\int\cos x\mathrm{d}x}\left(\int\sin x\cos x e^{\int\cos x\mathrm{d}x}\mathrm{d}x+C\right)=e^{-\sin x}\left(\int\sin x e^{\sin x}\mathrm{d}\sin x+C\right)$

$$=e^{-\sin x}\left(\int\sin x\mathrm{d}e^{\sin x}+C\right)=e^{-\sin x}\left[\sin x e^{\sin x}-\int e^{\sin x}\mathrm{d}(\sin x)+C\right]$$

$$=e^{-\sin x}(\sin x e^{\sin x}-e^{\sin x}+C)$$

将 $x=0, y=1$ 代入上式得 $C=2$,

所以 $y=2e^{-\sin x}+\sin x-1$ 为所求满足初始条件 $x=0, y=1$ 的特解

(10) $y'+\dfrac{2x}{x^2-1}y=\dfrac{\cos x}{x^2-1}$,　这里 $P(x)=\dfrac{2x}{x^2-1}, Q(x)=\dfrac{\cos x}{x^2-1}$,

所以 $y=e^{-\int\frac{2x}{x^2-1}\mathrm{d}x}\left(\int\dfrac{\cos x}{x^2-1}e^{\int\frac{2x}{x^2-1}\mathrm{d}x}\mathrm{d}x+C\right)=\dfrac{1}{x^2-1}\left(\int\cos x\mathrm{d}x+C\right)=\dfrac{1}{x^2-1}(\sin x+C)$,

将 $x=0, y=1$ 代入上式得 $C=-1$,

所以 $y=\dfrac{\sin x-1}{x^2-1}$ 为所求满足初始条件 $x=0, y=1$ 的特解

6. 求一曲线,使该曲线通过原点,并且在点 (x,y) 处的斜率为 $2x-y$.

解　根据导数的几何意义,$\dfrac{\mathrm{d}y}{\mathrm{d}x}=2x-y, y(0)=0, y'+y=2x$,这里 $P(x)=1, Q(x)=2x$,

利用公式 $y=e^{-\int P(x)\mathrm{d}x}\left(\int Q(x)e^{\int P(x)\mathrm{d}x}\mathrm{d}x+C\right)$

得 $y=e^{-\int\mathrm{d}x}\left(\int 2xe^{\int\mathrm{d}x}+C\right)=e^{-x}\left(2\int xe^x\mathrm{d}x+C\right)=e^{-x}[2e^x(x-1)+C]=2(x-1)+Ce^{-x}$

将 $x=0, y=0$ 代入上式得 $C=2$,所以 $y=2e^{-x}+2x-2$ 为所求过点 $(0,0)$ 的曲线方程

7. 求下列微分方程的通解或在给定条件下的特解:

(1) $xy'+y=x^3y^6$;　　(2) $y\mathrm{d}x=-(x+x^2y^2)\mathrm{d}y, y(1)=1$.

解　(1) $y'+\dfrac{1}{x}y=x^2y^6$,这里 $P(x)=\dfrac{1}{x}, Q(x)=x^2, n=6$

利用贝努利公式:

$$y^{1-n}=e^{-\int(1-n)P(x)\mathrm{d}x}\left[\int(1-n)Q(x)e^{\int(1-n)P(x)\mathrm{d}x}\mathrm{d}x+C\right]$$

$$=e^{5\int\frac{1}{x}\mathrm{d}x}\left(-\int 5x^2e^{-\int\frac{5}{x}\mathrm{d}x}\mathrm{d}x+C\right)=x^5\left(-5\int x^{-3}\mathrm{d}x+C\right)$$

$$=x^5\left(\frac{5}{2}x^{-2}+C\right)=Cx^5+\frac{5}{2}x^3$$

所以 $y^{-5}=Cx^5+\dfrac{5}{2}x^3$ 为所求微分方程的通解

(2) 方程变形为 $\dfrac{\mathrm{d}x}{\mathrm{d}y}+\dfrac{1}{y}x=-yx^2$ 为贝努利方程,

这里 $P(y)=\dfrac{1}{y}, Q(y)=-y, n=2$,

所以 $x^{1-2}=e^{-\int(1-2)\frac{1}{y}\mathrm{d}y}\left[-\int(1-2)ye^{\int(1-2)\frac{1}{y}\mathrm{d}y}\mathrm{d}y+C\right]$

$$=e^{\ln y}\left(\int ye^{-\ln y}\mathrm{d}y+C\right)=y\left(\int\mathrm{d}y+C\right)=y(y+C)$$

因为 $x^{-1}=y(y+C)$,将 $x=1, y=1$ 代入上式,得 $C=0$,

所以 $xy^2=1$ 为所求满足初始条件 $x=1,y=1$ 的特解

8. 已知微分方程$\frac{dy}{dx}+P(x)y=f(x)$有两个特解 $y_1=-\frac{1}{4}x^2,y_2=-\frac{1}{4}x^2-\frac{4}{x^2}$,求满足条件的 $P(x),f(x)$,并给出方程的通解.

解 $y_1'=-\frac{1}{2}x,y_2'=-\frac{1}{2}x+\frac{8}{x^3}$

解方程组$\begin{cases}-\frac{1}{2}x-\frac{1}{4}x^2P(x)=f(x)\\-\frac{1}{2}x+\frac{8}{x^3}+\left(-\frac{1}{4}x^2-\frac{4}{x^2}\right)P(x)=f(x)\end{cases}\Rightarrow\begin{cases}P(x)=\frac{2}{x}\\f(x)=-x\end{cases}$

所以$\frac{dy}{dx}+\frac{2}{x}y=-x,P(x)=\frac{2}{x},Q(x)=-x$,

所以 $y=e^{-\int\frac{2}{x}dx}\left(-\int xe^{\int\frac{2}{x}dx}dx+C\right)=\frac{1}{x^2}\left(-\int x^3dx+C\right)=\frac{1}{x^2}\left(-\frac{1}{4}x^4+C\right)$

所以 $y=\frac{C}{x^2}-\frac{x^2}{4}$ 为所求微分方程的通解

练习 9.3

1. 求下列二阶齐次线性微分方程的通解或在给定初始条件下的特解:

(1) $y''-7y'+6y=0$;　(2) $y''-4y'+8y=0$;　(3) $y''+25y=0$;　(4) $y''-2y'=0$;

(5) $4y''+4y'+y=0$　$y(0)=2$　$y'(0)=0$;

(6) $y''+4y'+29y=0$, $y(0)=0$　$y'(0)=15$;

(7) $y''-2y'+10y=0$, $y\left(\frac{\pi}{6}\right)=0,y'\left(\frac{\pi}{6}\right)=e^{\frac{\pi}{6}}$;

(8) $y''+\pi^2y=0$,　$y(0)=1,y'(0)=1$.

解 (1) 特征方程为 $r^2-7r+6=0,(r-1)(r-6)=0,r_1=1,r_2=6$,

所以通解为 $y=C_1e^x+C_2e^{6x}$

(2) 特征方程为 $r^2-4r+8=0$,解得 $\alpha=2,\beta=2$,

所以 $y=e^{2x}(C_1\cos 2x+C_2\sin 2x)$为所求之通解

(3) 特征方程为 $r^2+25=0,r_{1,2}=\pm5i,\alpha=0,\beta=5$,所以 $y=C_1\cos 5x+C_2\sin 5x$ 为所求之通解

(4) 特征方程为 $r^2-2r=0,r=0,r=2$,所以通解为 $y=C_1+C_2e^{2x}$

(5) 特征方程为 $4r^2+4r+1=0,(2r+1)^2=0,r_1=r_2=-\frac{1}{2}$,

所以通解为 $y=e^{-\frac{1}{2}x}(C_1+C_2x)$,将 $x=0,y=2$ 代入上式得 $C_1=2$

$y'=-\frac{1}{2}e^{-\frac{1}{2}x}(2+C_2x)+C_2e^{-\frac{1}{2}x}$,将 $x=0,y'=0$ 代入得 $C_2=1$

所以 $y=(2+x)e^{-\frac{1}{2}x}$为所求满足初始条件 $y(0)=2,y'(0)=0$ 的特解

(6) 特征方程为 $r^2+4r+29=0,b^2-4ac=16-116=-100$,

所以 $r_{1,2}=\frac{-4\pm10i}{2}=-2\pm5i,\alpha=-2,\beta=5$,所以通解为 $y=e^{-2x}(C_1\cos 5x+C_2\sin 5x)$

将 $x=0,y=0$ 代入上式得 $C_1=0$,这时 $y=e^{-2x}\cdot C_2\sin 5x$,

$y'=C_2(-2e^{-2x}\sin 5x+5e^{-2x}\cos 5x)$,

将 $x=0, y'=15$ 代入上式得 $C_2=3$　所以特解为 $y=3e^{-2x}\sin 5x$

(7) 特征方程为 $r^2-2r+10=0, b^2-4ac=4-40=-36$,

$r_{1,2}=\frac{2\pm 6i}{2}=1\pm 3i$,　$\alpha=1, \beta=3$,

所以通解为 $y=e^x(C_1\cos 3x+C_2\sin 3x)$

将 $x=\frac{\pi}{6}, y=0$ 代入上式得 $C_2=0$,这时 $y=e^x\cdot C_1\cos 3x, y'=C_1(e^x\cos 3x-3e^x\sin 3x)$,

将 $x=\frac{\pi}{6}, y'=e^{\frac{\pi}{6}}$ 代入上式得 $C_1=-\frac{1}{3}$　所以特解为 $y=-\frac{1}{3}e^x\cos 3x$

(8) 特征方程为 $r^2+\pi^2=0, r_{1,2}=\pm\pi i$,　$\alpha=0, \beta=\pi$,

所以通解为 $y=C_1\cos\pi x+C_2\sin\pi x$. 将 $x=0, y=1$ 代入上式得 $C_1=1$

这时 $y=\cos\pi x+C_2\sin\pi x, y'=-\pi\sin\pi x+C_2\pi\cos\pi x$,

将 $x=0, y'=1$ 代入上式得 $C_2=\frac{1}{\pi}$,所以特解为 $y=\cos\pi x+\frac{1}{\pi}\sin\pi x$

2. 证明方程 $y''+ay'+by=0$ 所有解在 $x\to+\infty$ 时,趋向零的充分必要条件是 $a>0, b>0$.

证明　方程的特征方程 $r^2+ar+b=0$

① 若 $\Delta=a^2-4b>0$,特征方程的两个根为

$r_1=\frac{-a+\sqrt{a^2-4b}}{2}, r_1=\frac{-a-\sqrt{a^2-4b}}{2}$,所以通解为 $y=C_1 e^{\frac{-a+\sqrt{a^2-4b}}{2}x}+C_2 e^{\frac{-a-\sqrt{a^2-4b}}{2}x}$

必要性　$\lim\limits_{x\to+\infty} y=C_1\lim\limits_{x\to+\infty}\frac{1}{e^{\frac{a-\sqrt{a^2-4b}}{2}x}}+C_2\lim\limits_{x\to+\infty}\frac{1}{e^{\frac{a+\sqrt{a^2-4b}}{2}x}}=0$,

必须 $\begin{cases}a-\sqrt{a^2-4b}>0\\ a+\sqrt{a^2-4b}>0\end{cases}\Rightarrow b>0, a>\sqrt{a^2-4b}\Rightarrow a>0$,

充分性　由 $a>0, b>0$, $\lim\limits_{x\to+\infty} y=0$

② 若 $\Delta=a^2-4b=0$,特征根 $r_{1,2}=-\frac{a}{2}$. 所以通解为 $y=(C_1+C_2x)e^{-\frac{a}{2}x}$

必要性　由 $\lim\limits_{x\to+\infty} y=\lim\limits_{x\to+\infty}\frac{C_1+C_2x}{e^{\frac{a}{2}x}}=0$,由于 $x\to+\infty, C_1+C_2x\to+\infty$,

从而 $e^{\frac{a}{2}x}\to+\infty$,只有 $a>0$,由于 $a^2-4b=0, a^2=4b>0$,所以 $b>0$

充分性　当 $a>0, b>0$ 时, $\lim\limits_{x\to+\infty} y=\lim\limits_{x\to+\infty}\frac{C_1+C_2x}{e^{\frac{a}{2}x}}=\lim\limits_{x\to+\infty}\frac{C_2}{\frac{a}{2}e^{\frac{a}{2}x}}=0$

③ 若 $\Delta=a^2-4b<0$,特征方程的根 $r_{1,2}=-\frac{a}{2}\pm\frac{\sqrt{4b-a^2}}{2}i$,

所以通解 $y=\left(C_1\cos\frac{\sqrt{4b-a^2}}{2}x+C_2\sin\frac{\sqrt{4b-a^2}}{2}x\right)e^{-\frac{a}{2}x}$

必要性　由 $\lim\limits_{x\to\infty} y=\lim\limits_{x\to\infty}\frac{C_1\cos\frac{\sqrt{4b-a^2}}{2}x+C_2\sin\frac{\sqrt{4b-a^2}}{2}x}{e^{\frac{a}{2}x}}=0$

由于当 $x\to+\infty$ 时 $C_1\cos\frac{\sqrt{4b-a^2}}{2}x+C_2\sin\frac{\sqrt{4b-a^2}}{2}x$ 为有界函数,

从而当 $x\to+\infty$,且 $a>0$ 时, $e^{\frac{a}{2}x}\to+\infty$,由于 $a^2-4b<0, 0<a^2<4b$ 所以 $b>0$,

充分性　当 $a>0,b>0$ 时，$\lim\limits_{x\to+\infty} y=\lim\limits_{x\to+\infty} e^{-\frac{a}{2}x}\left(C_1\cos\frac{\sqrt{4b-a^2}}{2}x+C_2\sin\frac{\sqrt{4b-a^2}}{2}x\right)=0$

3. 求下列非齐次线性微分方程的通解或在给定初始条件下的特解：

(1) $y''-2y'+2y=x^2$；　(2) $y''-3y'=-6x+2$；

(3) $y''+a^2y=8\cos bx,a,b\neq0,a^2\neq b^2$；　(4) $2y''+y'-y=3e^x$；

(5) $y''-4y'+4y=8(x+e^{2x})$；　(6) $y''+y=e^x\cos x,y\left(\frac{\pi}{2}\right)=0,y'\left(\frac{\pi}{2}\right)=0$；

(7) $y''-(\alpha+\beta)y'+\alpha\beta y=ae^{\alpha x}$，其中 α,β,a 为常数；

(8) $y''-6y'+25y=2\sin x+3\cos x,y(0)=\frac{1}{2},y'(0)=1$.

解　(1) ① 先求 $y''-2y'+2y=0$ 的通解 Y，

特征方程为 $r^2-2r+2=0,b^2-4ac=4-8=-4,r_{1,2}=\frac{2\pm2i}{2}=1\pm i$，　$\alpha=1,\beta=1$，

所以通解为 $Y=e^x(C_1\cos x+C_2\sin x)$

② 求适合方程的特解，特解形式为 $y^*=x^kP_m(x)e^{\lambda x}$，

这里 $P_m(x)=ax^2+bx+C$，由于 $\lambda=0$，不是特征方程的根，取 $k=0$，

所以 $y^*=ax^2+bx+C,y^{*\prime}=2ax+b,y^{*\prime\prime}=2a$

将 $y^*,y^{*\prime},y^{*\prime\prime}$ 代入原方程中，$2a-4ax-2b+2ax^2+2bx+2C=x^2$ 得 $a=\frac{1}{2},b=1,C=\frac{1}{2}$，

所以 $y^*=\frac{1}{2}x^2+x+\frac{1}{2}=\frac{1}{2}(x+1)^2$

所以 $y=Y+y^*=e^x(C_1\cos x+C_2\sin x)+\frac{1}{2}(x+1)^2$ 为原方程的通解

(2) ① 先求 $y''-3y'=0$ 的通解 Y，特征方程为

$r^2-3r=0,r(r-3)=0,r_1=0,r_2=3$，所以通解为 $Y=C_1+C_2e^{3x}$.

② 求原方程的特解，特解形式 $y^*=x^kP_m(x)e^{\lambda x}$，

这里 $\lambda=0$ 是特征方程的根，取 $k=1,P_m(x)=ax+b$

所以 $y^*=x(ax+b)=ax^2+bx,y^{*\prime}=2ax+b,y^{*\prime\prime}=2a$，

将 $y^{*\prime},y^{*\prime\prime}$ 代入原方程中，

$2a-6ax-3b=-6x+2$，得 $a=1,b=0$，所以 $y^*=x^2$，

所以原方程的通解为 $y=Y+y^*=C_1+C_2e^{3x}+x^2$

(3) ① 先求 $y''+a^2y=0$ 的通解 Y，

特征方程为 $r^2+a^2=0,r_{1,2}=\pm ai,\alpha=0,\beta=a$，

所以通解 $Y=C_1\cos ax+C_2\sin ax$.

② 求适合方程的特解，特解形式为

$y^*=x^kP_m(x)e^{\lambda x}(A\cos bx+B\sin bx)$，

当 $a\neq b$ 时，由于 $0\pm bi$ 不是特征方程的根，取 $k=0$，这时，

$y^*=A\cos bx+B\sin bx$，

$y^{*\prime}=-Ab\sin bx+Bb\cos bx$　$y*''=-Ab^2\cos bx-Bb^2\sin bx$，

将 $y^{*\prime},y^{*\prime\prime}$ 代入原方程中

$-Ab^2\cos bx-Bb^2\sin bx+Aa^2\cos bx+Ba^2\sin bx=8\cos bx$，

$A(a^2-b^2)\cos bx+B(a^2-b^2)\sin bx=8\cos bx$，

从而得 $A=\dfrac{8}{a^2-b^2}$，$B=0$，$(a\neq b)$　　所以 $y^*=\dfrac{8\cos bx}{a^2-b^2}$，

所以原方程的通解 $y=Y+y^*=C_1\cos ax+C_2\sin ax+\dfrac{8\cos bx}{a^2-b^2}$

(4) ① 先求方程 $2y''+y'-y=0$ 的通解 Y，

特征方程为 $2r^2+r-1=0$，$(2r-1)(r+1)=0$，$r_1=-1$，$r_2=\dfrac{1}{2}$，

所以 $Y=C_1e^{-x}+C_2e^{\frac{1}{2}x}$

② 求原方程一个特解，特解形式为 $y^*=Ae^x$，

$y^{*\prime}=Ae^x$，$Y^{*\prime\prime}=Ae^x$，将 y^*，$y^{*\prime}$，$y^{*\prime\prime}$代入原方程中，同两端消去 e^x，得 $y^*=\dfrac{3}{2}e^x$

所以原方程的通解为 $y=Y+y^*=C_1e^{-x}+C_2e^{\frac{1}{2}x}+\dfrac{3}{2}e^x$

(5) ① 先求 $y''-4y'+4y=0$ 的通解 Y，特征方程为 $r^2-4r+4=0$，

$(r-2)^2=0$，$r_1=r_2=2$ 所以通解 $Y=e^{2x}(C_1+C_2x)$

② 分别求方程 $y''-4y'+4y=8x$ 和 $y''-4y'+4y=8e^{2x}$的特解

下面求方程 $y''-4y'+4y=8x$ 的特解，特解形式为 $y_1^*=x^kP_m(x)e^{\lambda x}$，

由于 $\lambda=0$ 不是特征方程的重根，取 $k=0$，这时，$y_1^*=ax+b$，

$y_1^{*\prime}=a$，$y_1^{*\prime\prime}=0$，将 y_1^*，$y_1^{*\prime}$，$y_1^{*\prime\prime}$ 代入方程 $y''-4y'+4y=8x$ 中

$-4a+4(ax+b)=8x$　　得 $a=2$，$b=2$　所以 $y_1^*=2x+2$

下面再求方程 $y''-4y'+4y=8e^{2x}$的特解，特解形式为 $y^*=x^kAe^{2x}$，

由于 $\lambda=2$ 是特征方程的重根，取 $k=2$，

所以 $y_2^*=Ax^2e^{2x}$，$(y_2^*)'=A(2xe^{2x}+2x^2e^{2x})=A(2x+2x^2)e^{2x}$，

$y_2^{*\prime\prime}=A(2e^{2x}+4xe^{2x}+4xe^{2x}+4x^2e^{2x})=A(2+8x+4x^2)e^{2x}$，

将 y_2^*，$y_2^{*\prime}$，$y_2^{*\prime\prime}$ 代入方程 $y''-4y'+4y=8e^{2x}$中，同时消去 e^{2x}，

$A(4x^2+8x+2-8x-8x^2+4x^2)=8$，得 $A=4$

所以 $y_2^*=4x^2e^{2x}$，故原方程的通解为 $y=e^{2x}(C_1+C_2x)+2x+2+4x^2e^{2x}$

(6) ① 先求已知方程对应的齐次方程 $y''+y=0$ 的通解 Y，

特征方程为 $r^2+1=0$，$r_{1,2}=\pm i$，$\alpha=0$，$\beta=1$，

所以 $Y=C_1\cos x+C_2\sin x$.

② 求已知方程的一个特解 y^*，y^* 的形式为 $y^*=x^ke^{\lambda x}(A\cos\omega x+B\sin\omega x)$，

由于 $\lambda\pm i\omega=1\pm i$ 不是特征方程的根，取 $k=0$，

所以 $y^*=e^x(A\cos x+B\sin x)$，

所以 $y^{*\prime}=e^x(A\cos x+B\sin x)+e^x(-A\sin x+B\cos x)$，

所以 $y^{*\prime\prime}=e^x(A\cos x+B\sin x)+e^x(-A\sin x+B\cos x)+e^x(-A\sin x+B\cos x)+e^x(-A\cos x-B\sin x)$，

将 $y^{*\prime\prime}$，$y^{*\prime}$，y^* 代入已给方程中，同时消去 e^x，得 $A=0$，$B=\dfrac{1}{2}$，

所以 $y^*=\dfrac{1}{2}e^x\sin x$

所以原方程的通解为 $y=C_1\cos x+C_2\sin x+\dfrac{1}{2}e^x\sin x$

将 $x=\frac{\pi}{2}$，$y=0$ 代入上式，得 $C_2=-\frac{1}{2}e^{\frac{\pi}{2}}$，

$y'=-C_1\sin x+C_2\cos x+\frac{1}{2}e^x\sin x+\frac{1}{2}e^x\cos x$，

将 $x=\frac{\pi}{2}$，$y'=0$ 代入上式，得 $C_1=\frac{1}{2}e^{\frac{\pi}{2}}$，

所以 $y=\frac{1}{2}e^{\frac{\pi}{2}}\cos x-\frac{1}{2}e^{\frac{\pi}{2}}\sin x+\frac{1}{2}e^x\sin x=\frac{1}{2}e^{\frac{\pi}{2}}(\cos x-\sin x)+\frac{1}{2}e^x\sin x$ 为所求之特解

(7) ① 先求 $y''-(\alpha+\beta)y'+\alpha\beta y=0$ 的通解 Y

特征方程 $r^2-(\alpha+\beta)r+\alpha\beta=0$，$(r-\alpha)(r-\beta)=0$

$r_1=\alpha$，$r_2=\beta$，当 $\alpha\neq\beta$ 时，有 $Y=C_1e^{\alpha x}+C_2e^{\beta x}$，当 $\alpha=\beta$ 时，$y=e^{\alpha x}(C_1+C_2x)$；

② 求原方程的一个特解 y^*，y^* 的形式为 $y^*=x^kAe^{\alpha x}$，

当 $\alpha\neq\beta$ 时，α 是特征方程的单根，取 $k=1$，这时 $y^*=Axe^{\alpha x}$，

$y^{*\prime}=A(1+\alpha x)e^{\alpha x}$，$y^{*\prime\prime}=A(2\alpha+\alpha^2x)e^{\alpha x}$，

将 $y^{*\prime\prime}$，$y^{*\prime}$，y^* 代入原方程中，得 $A=\frac{a}{\alpha-\beta}$，所以 $y^*=\frac{ax}{\alpha-\beta}e^{\alpha x}$，

这时原方程的通解为 $y=Y+y^*=C_1e^{\alpha x}+C_2e^{\beta x}+\frac{ax}{\alpha-\beta}e^{\alpha x}$

$$=\left(C_1+\frac{ax}{\alpha-\beta}\right)e^{\alpha x}+C_2e^{\beta x}；$$

当 $\alpha=\beta$ 时，α 是特征方程的重根，取 $k=2$，这时 $y^*=Ax^2e^{\alpha x}$，

$y^{*\prime}=A(2x+\alpha x^2)e^{\alpha x}$，$y^{*\prime\prime}=A(2+4\alpha x+\alpha^2x^2)e^{\alpha x}$，

将 $y^{*\prime\prime}$，$y^{*\prime}$，y^* 代入原方程中，同时两端消去 $e^{\alpha x}$，

$A(2+4\alpha x+\alpha^2x^2-2\alpha x-\alpha^2x^2-2\beta x-\alpha\beta x^2+\alpha\beta x^2)=a$，$A=\frac{a}{2}$

所以 $y^*=\frac{ax^2}{2}e^{\alpha x}$　所以原方程的通解 $y=Y+y^*=(C_1+C_2x)e^{\alpha x}+\frac{ax^2}{2}e^{\alpha x}$

(8) ① 先求 $y''-6y'+25y=0$ 的通解 Y，特征方程为 $r^2-6r+25=0$，

$\Delta=b^2-4aC=36-100=-64$，$r_{1,2}=\frac{6\pm8i}{2}=3\pm4i$，$\alpha=3$，$\beta=4$

所以 $y=e^{3x}(C_1\cos 4x+C_2\sin 4x)$

② 求原方程的一个特解，特解形式 $y^*=x^ke^{\lambda x}(A\cos x+B\sin x)$，

这里 $\lambda=0$，$\omega=1$，$\lambda\pm\omega i=\pm i$ 不是特征方程的根，取 $k=0$，

所以 $y^*=A\cos x+B\sin x$，$y^{*\prime}=-A\sin x+B\cos x$，

$y^{*\prime\prime}=-A\cos x-B\sin x$，将 y^*，$(y^*)'$，$(y^*)''$ 代入原方程中，

$-A\cos x-B\sin x+6A\sin x-6B\cos x+25A\cos x+25B\sin x=2\sin x+3\cos x$

$(6A+24B)\sin x+(24A-6B)\cos x=2\sin x+3\cos x$.

解方程组 $\begin{cases}6A+24B=2\\24A-6B=3\end{cases}\Rightarrow\begin{cases}A=\frac{14}{102}\\B=\frac{5}{102}\end{cases}$　所以 $y^*=\frac{14}{102}\cos x+\frac{5}{102}\sin x$

所以原方程的通解 $y=Y+y^*=e^{3x}(C_1\cos 4x+C_2\sin 4x)+\frac{14}{102}\cos x+\frac{5}{102}\sin x$

将 $x=0, y=\frac{1}{2}$ 代入上式，得 $C_1=\frac{37}{102}$

$y'=3e^{3x}(C_1\cos 4x+C_2\sin 4x)+e^{3x}(-4C_1\sin 4x+4C_2\cos 4x)-\frac{14}{102}\sin x+\frac{5}{102}\cos x$

将 $x=0, y'=1$ 代入上式，得 $C_2=-\frac{1}{102}\times\frac{7}{2}$

所以满足初始条件的特解为

$$y=\frac{1}{102}\left(37\cos 4x-\frac{7}{2}\sin 4x\right)e^{3x}+\frac{1}{102}(14\cos x+5\sin x)$$

练习 9.4

1. 某银行账户以当年余额的 5% 的年利率连续每年盈利取利息，假设最初存入的数额为 10 000元，并且这之后没有其他数额存入和取出，给出账户中余额所满足的微分方程，以及存款到第十年余额.

解 设 $y(t)$ 为 t 年时的余额，则 $\frac{dy}{dt}=0.05y, y(0)=10\ 000$，

$\frac{dy}{y}=0.05dt, \ln y=0.05t+C_1, y=Ce^{0.05t}$，将 $t=0, y=10\ 000$ 代入上式得 $C=10\ 000$，

所以 $y=10\ 000e^{0.05t}$ 为所求账户中余额所满足的微分方程

$y(10)=10\ 000e^{0.5}$ 为存款的第十年的余额

2. 某湖泊湖水容量为 V，每年净水流入量为 $6V$，湖水流出量为 $\frac{V}{3}$，在 1990 年底，湖中含污物 A 的浓度为 $\frac{m_0}{2V}$，低于国家规定的 $\frac{m_0}{V}$ 的浓度标准，但从 1991 年初开始，每年流入含污物浓度为 $\frac{12m_0}{V}$ 的污水 $\frac{V}{6}$，问：(1) 至 1996 年底，湖水含污物 A 的浓度超过国家标准多少倍；(2) 如果从 1997 年初，为治理湖水污染，国家限定流入湖中污水含污物 A 浓度不得超过 $\frac{m_0}{V}$，要经过多少年的治理，可使湖中污物 A 的含量浓度达到国家标准.

解 设 $m(t)$ 为该湖水中含污物 A 的浓度，

(1) 从 1991 年初开始流入湖里含污物量为 $\frac{12m_0}{V}\cdot\frac{V}{6}=2m_0$，每年流出含污物量为 $\frac{1}{3}m$.

根据公式：污染含量增量＝污染物流量－污染物流出量，从而 $m(t)$ 满足的微分方程

$\frac{dm}{dt}=2m_0-\frac{1}{3}m, \frac{dm}{dt}+\frac{1}{3}m=2m_0$，当 $t=0$ 时，$m=\frac{m_0}{2}$

利用公式 $m(t)=e^{-\int P(t)dt}\left[\int Q(t)\,e^{\int P(t)dt}+C\right]$ 得

$$m(t)=e^{-\frac{1}{3}t}\left(\int 2m_0\,e^{\frac{1}{3}\int dt}dt+C\right)=e^{-\frac{1}{3}t}\left(\int 2m_0\,e^{\frac{1}{3}t}\,dt+C\right)$$

$$=e^{-\frac{1}{3}t}(6m_0\,e^{\frac{1}{3}t}+C)=6m_0+Ce^{-\frac{1}{3}t}$$

将 $t=0, m=\frac{m_0}{2}$ 代入上式得 $C=-\frac{11}{2}m_0$，

所以 $m(t)=6m_0-\frac{11}{2}m_0\,e^{-\frac{1}{3}t}$，当 $t=6$ 时，得 $m(6)=6m_0-\frac{11m_0}{2e^2}$.

由$\left(6m_0-\frac{11m_0}{2e^2}\right)/m_0=6-\frac{11}{2e^2}$知，6 年后超过国家标准 $5-\frac{11}{2e^2}$倍

(2) 设 $m(t)$为从 1997 年初开始流入湖中污物 A 的浓度，

为达到国家标准，每年流入湖中污物量为$\frac{m_0}{V}\cdot\frac{V}{6}=\frac{m_0}{6}$，流出污物量为$\frac{1}{3}m$，则 $m(t)$满足的微分方程为

$\frac{dm}{dt}=\frac{m_0}{6}-\frac{1}{3}m$，当 $t=0$ 时，$m=\left(6-\frac{11}{2e^2}\right)m_0$，

$\frac{dm}{dt}+\frac{1}{3}m=\frac{m_0}{6}$，

$$\text{所以 } m(t)=e^{-\frac{1}{3}t}\left(\int\frac{m_0}{6}e^{\int\frac{1}{3}dt}dt+C\right)=e^{-\frac{1}{3}t}\left(\frac{m_0}{6}\times3\times e^{\frac{1}{3}t}+C\right)$$

$$=e^{-\frac{1}{3}t}\left(\frac{m_0}{2}e^{\frac{1}{3}t}+C\right)=\frac{m_0}{2}+Ce^{-\frac{1}{3}t},$$

将 $t=0,m=\left(6-\frac{11}{2e^2}\right)m_0$代入上式得：$\left(6-\frac{11}{2e^2}\right)m_0=\frac{m_0}{2}+C,C=\frac{11}{2}\left(1-\frac{1}{e^2}\right)m_0$，

所以 $m(t)=\frac{m_0}{2}+\frac{11}{2}\left(1-\frac{1}{e^2}\right)m_0e^{-\frac{1}{3}t}$.

令$\frac{m_0}{2}+\frac{11}{2}\left(1-\frac{1}{e^2}\right)m_0e^{-\frac{1}{3}t}=m_0$，$\frac{m_0}{2}=\frac{11}{2}\left(1-\frac{1}{e^2}\right)m_0e^{-\frac{1}{3}t}$，$11\left(1-\frac{1}{e^2}\right)=e^{\frac{1}{3}t}$，

$\frac{1}{3}t=\ln\left[11\left(1-\frac{1}{e^2}\right)\right]$　所以 $t=3\ln\left[11\left(1-\frac{1}{e^2}\right)\right]$

故经过 $t=3\ln\left[11\left(1-\frac{1}{e^2}\right)\right]$年治理，可使湖中含污物 A 的含量浓度达到国家标准

3. 某项新技术要在总数为 N 个的企业群体中推广，$p(t)$为 t 时刻已掌握该项技术的企业数，设新技术推广方式一方面采用已掌握该项技术的企业逐渐向尚未推广该项技术的企业扩展，另一方面直接通过传媒向企业推广，若设前者的推广速度与已掌握该项技术的企业数 $p(t)$以及尚未推广该技术的企业数 $N-p(t)$成正比，而后者推广速度则与 $N-p(t)$成正比，求 $p(t)$所满足的微分方程，并求解方程.

解　根据题设 $p(t)$所满足的微分方程　$\frac{dp}{dt}=Kp(N-p)$，$p(0)=p_0$.

分离变量$\frac{dp}{p(N-p)}=Kdt$，积分$\int\frac{dp}{p(N-p)}=\int Kdt$，

$\frac{1}{N}\int\left(\frac{1}{p}+\frac{1}{N-p}\right)dp=\int Kdt$，　$\ln\frac{p}{N-p}=KNt+C_1$，　$\frac{p}{N-p}=Ce^{KNt}$，

将 $t=0,p=p_0$代入上式，得 $C=\frac{p_0}{N-p_0}$.

$\frac{p}{N-p}=\frac{p_0}{N-p_0}e^{KNt}$，$p=(N-p)\frac{p_0}{N-p_0}e^{KNt}$，$p=\frac{Np_0}{N-p_0}e^{KNt}-\frac{p_0\,p}{N-p_0}e^{KNt}$，

$p\left(1+\frac{p_0}{N-p_0}e^{KNt}\right)=\frac{Np_0}{N-p_0}e^{KNt}$，

$$\text{所以 } p=\frac{\frac{Np_0e^{KNt}}{N-p_0}}{1+\frac{p_0}{N-p_0}e^{KNt}}=\frac{N}{1+\frac{N-p_0}{p_0}e^{-KNt}}=\frac{N}{1-Ae^{-KNt}}\left(A=\frac{p_0-N}{p_0}\right)$$

即 $p(t)=\frac{N}{1-Ae^{-KNt}}\left(A=\frac{p_0-N}{p_0}\right)$为所求的方程

4. 某养鱼池最多能养 1 000 条鱼,鱼数 y 是 t 的函数,且鱼的数目的变化速度与 y 及$1\,000-y$ 乘积成正比,现知养鱼 100 条,3 个月后变为 250 条,求函数 $y(t)$以及 6 个月后养鱼池里鱼的数目.

解　根据题意,y 满足的微分方程

$\frac{dy}{dt}=ky(1\,000-y)$,$y(0)=100$,$y(3)=250$,分离变量$\frac{dy}{y(1\,000-y)}=kdt$,积分

$\frac{1}{1\,000}\int\left(\frac{1}{y}+\frac{1}{1\,000-y}\right)dy=k\int dt$,

$\ln\frac{y}{1\,000-y}=1\,000kt+1\,000C_1$,$\frac{y}{1\,000-y}=Ce^{1\,000kt}$,

将 $t=0$,$y=100$ 代入上式得 $C=\frac{1}{9}$,将 $t=3$,$y=250$ 代入上式得 $k=\frac{1}{3\,000}\ln 3$,

所以$\frac{y}{1\,000-y}=\frac{1}{9}e^{\frac{t}{3}\ln 3}=\frac{1}{9}\cdot 3^{\frac{t}{3}}$　所以 $y=\frac{1\,000}{9+3^{\frac{t}{3}}}\cdot 3^{\frac{t}{3}}$为所求鱼数 y 与 t 的函数关系,

所以 $y(6)=\frac{1\,000\times 9}{18}=500$(尾)　即 6 个月后养鱼池里有 500 尾鱼

5. 已知某商品的生产成本 $C=C(x)$,随生产量 x 的增加而增加,其增长率 $C'(x)=\frac{1+x+C}{1+x}$,且生产量为零时,固定成本 $C(0)=C_0\geqslant 0$,求该商品的生产成本函数 $C(x)$.

解　由 $C'(x)=\frac{1+x+C}{1+x}$,得$\frac{dC}{dt}-\frac{1}{1+x}C=1$,这里 $P(x)=\frac{-1}{1+x}$,$Q(x)=1$

$$\text{所以 } C(x)=e^{\int\frac{1}{1+x}dx}\left(\int e^{-\int\frac{1}{1+x}dx}\,dx+C\right)=(1+x)\left(\int\frac{1}{1+x}dx+C\right)$$
$$=(1+x)[\ln(1+x)+C]$$

将 $x=0$,$C(0)=C_0$代入上式,得 $C=C_0$,

所以 $C(x)=(1+x)[\ln(1+x)+C_0]$为所求某商品的生产成本函数

6. 已知某产品的净利润 P 与广告支出 x 有如下关系:$P'=b-a(x+P)$

其中 a,b 为正的已知常数,且 $P(0)=P_0\geqslant 0$,求 $P=P(x)$.

解　由 $P'=b-a(x+P)$得$\frac{dP}{dx}+aP=b-ax$,这里 $P(x)=a$,$Q(x)=b-ax$,

$$\text{所以 } P(x)=e^{-\int a dx}\left[\int(b-ax)e^{\int a dx}\,dx+C\right]=e^{-ax}\left[\int(b-ax)e^{ax}\,dx+C\right]$$
$$=e^{-ax}\left(\frac{b}{a}e^{ax}-\int axe^{ax}\,dx+C\right)=e^{-ax}\left(\frac{b}{a}e^{ax}-xe^{ax}+\int e^{ax}\,dx+C\right)$$
$$=e^{-ax}\left(\frac{b}{a}e^{ax}-xe^{ax}+\frac{1}{a}e^{ax}+C\right)=\frac{b}{a}-x+\frac{1}{a}+Ce^{-ax}$$

将 $x=0$,$P(0)=P_0$代入上式得 $C=P_0-\frac{b+1}{a}$

所以 $P(x)=\left(P_0-\frac{b+1}{a}\right)e^{-ax}-x+\frac{b+1}{a}$

7. 某公司办公用品的月平均成本 C 与公司雇员人数 x 有如下关系:

$C'=C^2e^{-x}-2C$ 且$C(0)=1$,求 $C(x)$.

解　由 $C'=C^2e^{-x}-2C$ 得$\frac{dC}{dx}+2C=C^2e^{-x}$,是贝努利方程

这里 $P(x)=2,Q(x)=e^{-x},n=2$,

$$C^{1-2}(x)=e^{-\int(1-2)2dx}\left[-\int e^{-x}e^{\int(1-2)2dx}dx+C\right]=e^{2x}\left(-\int e^{-3x}dx+C\right)=e^{2x}\left(\frac{1}{3}e^{-3x}+C\right)$$

将 $x=0,C(0)=1$ 代入上式得 $C=\frac{2}{3}$,

所以 $C^{-1}(x)=e^{2x}\left(\frac{1}{3}e^{-3x}+\frac{2}{3}\right)=\frac{1}{3e^x}+\frac{2}{3}e^{2x}=\frac{1+2e^{3x}}{3e^x}$

所以 $C(x)=3e^x(1+2e^{3x})^{-1}$

七、习题全解

1. 求下列微分方程满足给定条件的特解：

(1) $y'-y=\cos x-\sin x$,当 $x\to+\infty$ 时 y 有界；

(2) $y'-2y=\varphi(x)$,其中 $\varphi(x)=\begin{cases}2,x<1;\\0,x>1,\end{cases}$ $y=y(x)$ 在 $(-\infty,+\infty)$ 内连续,且在 $(-\infty,1)$,$(1,+\infty)$ 内满足方程 $y(0)=0$;

(3) $y''-3y'+2y=2e^x$,$y(x)$ 在 $(0,1)$ 处切线与曲线 $y=x^2-x+1$ 在该点的切线重合；

(4) $yy''+(y')^2=1$,$y(x)$ 过点 $(0,1)$ 又在该点与 $x+y=1$ 相切；

(利用 $yy''+(y')^2=(yy')'$)

解 (1) $P(x)=-1,Q(x)=\cos x-\sin x$,

所以 $y=e^x\left[\int(\cos x-\sin x)e^{-x}dx+C\right]$

而 $\int e^{-x}(\cos x-\sin x)dx=-\int(\cos x-\sin x)de^{-x}$

$=-(\cos x-\sin x)e^{-x}+\int(-\sin x-\cos x)e^{-x}dx$

$=-(\cos x-\sin x)e^{-x}+\int(\sin x+\cos x)de^{-x}$

$=-(\cos x-\sin x)e^{-x}+(\cos x+\sin x)e^{-x}-\int(\cos x-\sin x)e^{-x}dx$

所以 $y=e^x(e^{-x}\sin x+C)=\sin x+Ce^x$

由于当 $x\to+\infty$,y 有界,必须有 $C=0$

所以 $y=\sin x$

(2) 当 $-\infty<x<1$ 时,解方程 $y'-2y=2$;,这里 $P(x)=-2,Q(x)=2$,

所以 $y=e^{2\int dx}\left(2\int e^{-2\int dx}dx+C\right)=e^{2x}\left(2\int e^{-2x}dx+C\right)=e^{2x}\left[-\int e^{-2x}d(-2x)+C\right]$

$=e^{2x}(-e^{-2x}+C)=-1+Ce^{2x}$

将 $x=0,y=0$ 代入上式得 $C=1$,

所以 $y=e^{2x}-1$ 为满足条件 $y(0)=0$ 的特解

又当 $1<x<+\infty$ 时,原方程为 $y'-2y=0$,通解为 $y=Ce^{2x}$,

由于 $y=f(x)$ 在 $(-\infty,+\infty)$ 内连续,从而 $y=f(x)$ 在 $x=1$ 处连续,应有

$\lim\limits_{x\to1^-}f(x)=\lim\limits_{x\to1^+}f(x)=f(1)$,

而 $\lim\limits_{x\to1^-}f(x)=\lim\limits_{x\to1^-}(e^{2x}-1)=e^2-1$,而 $f(1)=Ce^2$,

所以 $Ce^2=e^2-1, C=1-e^{-2}$

所以当 $1<x<+\infty$ 时,特解 $y=(1-e^{-2})e^{2x}$

故满足初始条件 $y(0)=0$ 的特解 $y=\begin{cases}e^{2x}-1, & x\leqslant1;\\(1-e^{-2})e^{2x}, & x>1\end{cases}$

(3) ① 先求方程 $y''-3y'+2y=0$ 的通解 Y,其特征方程 $r^2-3r+2=0$,$(r-1)(r-2)=0$,$r_1=1, r_2=2$,

所以通解 $Y=C_1e^x+C_2e^{2x}$

② 求原方程的一个特解,特解形式 $y^*=x^kAe^x$,由于 $\lambda=1$ 是特征方程的单根,取 $k=1$ 这时 $y^*=Axe^x, y^{*\prime}=A(1+x)e^x, y^{*\prime\prime}=A(2+x)e^x$,

将 $y^*, y^{*\prime}, y^{*\prime\prime}$ 代入原方程中,同时消取去 e^x,得

$A(2+x-3-3x+2x)=2$, $A=-2$ 所以 $y^*=-2xe^x$,

所以原方程的通解为 $y=C_1e^x+C_2e^{2x}-2xe^x$

将 $x=0, y=1$ 代入上式,得 $C_1+C_2=1$,

$y'=C_1e^x+2C_2e^{2x}-2(1+x)e^x$,根据题意 $y'=2x-1$,

令 $C_1e^x+2C_2e^{2x}-2(1+x)e^x=2x-1$,将 $x=0$ 代入得 $C_1+2C_2=1$,

解方程组 $\begin{cases}C_1+C_2=1\\C_1+2C_2=1\end{cases}\Rightarrow\begin{cases}C_1=1\\C_2=0\end{cases}$

故满足初始条件的特解为 $y=e^x-2xe^x$

(4) 原方程可写成 $(yy')'=1$, $yy'=x+C_1$,

$y\dfrac{dy}{dx}=x+C_1$, $ydy=(x+C_1)dx$, 积分

$\dfrac{1}{2}y^2=\dfrac{1}{2}x^2+C_1x+C_2$, 将 $x=0, y=1$ 代入上式中,得 $C_2=\dfrac{1}{2}$,

由 $yy'=x+C_1, y'=\dfrac{1}{y}(x+C_1)$, 令 $\dfrac{1}{y}(x+C_1)=-1$,

将 $x=0, y=1$ 代入得 $C_1=-1$,

故满足初始条件的特解为 $\dfrac{1}{2}y^2=\dfrac{1}{2}x^2-x+\dfrac{1}{2}$

2. 用所给变换,将下列微分方程化为变量可分离方程或线性方程,并求解方程:

(1) $e^yy'-\dfrac{1}{x}e^y=x^2$, 令 $z=e^y$; (2) $\dfrac{1}{y}y'-\dfrac{1}{x}\ln y=x^2$, 令 $z=\ln y$;

(3) $\dfrac{dy}{dx}=(x+y)^2$, 令 $z=x+y$; (4) $(1-x^2)\dfrac{d^2y}{dx^2}-x\dfrac{dy}{dx}+a^2y=0$, 令 $x=\sin t$.

解 (1) 设 $Z=e^y, Z'=e^yy'$ 则原方程变为 $Z'-\dfrac{1}{x}Z=x^2$ 是线性方程 $P(x)=-\dfrac{1}{x}, Q(x)=x^2$,

所以 $Z=e^{\int\frac{1}{x}dx}\left(\int x^2e^{-\int\frac{1}{x}dx}dx+C\right)=x\left(\int xdx+C\right)=x\left(\dfrac{1}{2}x^2+C\right)$

所以 $e^y=\dfrac{1}{2}x^3+Cx$ 为所求之通解

(2) 设 $Z=\ln y, Z'=\frac{1}{y}y'$， 则原方程变成 $Z'-\frac{1}{x}Z=x^2$

同(1) 通解为 $\ln y=\frac{1}{2}x^3+Cx$

(3) 设 $Z=x+y, Z'=1+y', Z'=1+Z^2, \frac{dZ}{Z^2+1}=dx$，积分 $\arctan Z=x+C$，

所以 $\arctan(x+y)=x+C$ 为所求通解

(4) 设 $x=\sin t, dx=\cos t dt$，$\frac{dy}{dx}=\frac{dy}{dt}\cdot\frac{dt}{dx}=\sec t\frac{dy}{dt}$，$\frac{d^2y}{dx^2}=\sec^2 t\frac{d^2y}{dt^2}+\sec^2 t\tan t\frac{dy}{dt}$，

原方程变为 $\frac{d^2y}{dt^2}+a^2y=0$，

特征方程 $r^2+a^2=0, r_{1,2}=\pm a\mathrm{i}, \alpha=0, \beta=a$，

所以通解为 $y=C_1\cos at+C_2\sin at=C_1\cos a(\arcsin x)+C_2\sin a(\arcsin x)$

3. 求满足下列条件的微分方程，并给出通解：

(1) 未知方程为二阶非齐次线性方程，且有 3 个特解：

$y_1=xe^x+e^{2x}, y_2=xe^x+e^{-x}, y_3=xe^x+e^{2x}-e^{-x}$；

(2) 未知方程为二阶常系数非齐次线性方程，有两个特解

$y_1=\cos 2x-\frac{1}{4}x\cos 2x, y_2=\sin 2x-\frac{1}{4}x\cos 2x$；

(3) 未知方程 $y''+\alpha y'+\beta y=\gamma e^x$ 有特解 $y=2e^{2x}+(1+x)e^x$.

解 (1) 根据 y_1 等号右边不含有 e^{-x}；根据 y_2 等号右边不含有 e^{2x}，因此所求方程应该为 $y''+py'+qy=(ax+b)e^x$ 的形式

$y_1'=(1+x)e^x+2e^{2x}, y_1''=(2+x)e^x+4e^{2x}$ 代入所设方程中

$(2+x)e^x+4e^{2x}+(1+x)pe^x+2pe^{2x}+qxe^x+qe^{2x}=(ax+b)e^x$，

从而得 $\begin{cases}1+p+q=a\\2+p=b\\4+2p+q=0\end{cases}$ ①

$y_2'=(1+x)e^x-e^{-x}, y_2''=(2+x)e^x+e^{-x}$ 代入原方程中

$(2+x)e^x+e^{-x}+(1+x)pe^x-pe^{-x}+qxe^x+qe^{-x}=(ax+b)e^x$，

从而得：$\begin{cases}1+p+q=a\\2+p=b\\1-p+q=0\end{cases}$ ②

将 y_3'', y_3', y_3 代入原方程中，所得到的方程组是由①②两个方程组合起来的方程组

$$\begin{cases}1+p+q=a\\2+p=b\\4+2p+q=0\\1-p+q=0\end{cases}\Rightarrow\begin{cases}p=-1\\q=-2\\a=-2\\b=1\end{cases}$$

所以 $y''-y'-2y=e^x(1-2x)$ 为所求的微分方程，通解为 $y=c_1e^{-x}+c_2e^{2x}+xe^x$

(2) 由特解形式知 $\alpha=0, \beta=2$，因此未知方程应为 $y''+4y=A\cos 2x+B\sin 2x$ ①

由 $y_2=\sin 2x-\frac{1}{4}x\cos 2x$，

$y'_2=2\cos 2x-\frac{1}{4}\cos 2x+\frac{1}{2}x\sin 2x$,

$y''_2=-4\sin 2x+\frac{1}{2}\sin 2x+\frac{1}{2}\sin 2x+x\cos 2x=-3\sin 2x+x\cos 2x$,

将 y''_2，y_2代入式①中，得 $\sin 2x=A\cos 2x+B\sin 2x$，所以 $A=0$，$B=1$，所以所求未知方程为 $y''+4y=\sin 2x$

所以通解为 $y=C_1\cos 2x+C_2\sin 2x-\frac{1}{4}x\cos 2x$

(3) $y'=4e^{2x}+e^x+(1+x)e^x=4e^{2x}+(2+x)e^x$,

$y''=8e^{2x}+(3+x)e^x$,

将 y''，y'，y 代入解方程中同时消去 e^x 得

$8e^x+3+x+4\alpha e^x+2\alpha+\alpha x+2\beta e^x+\beta+\beta x=\gamma$,

解方程组$\begin{cases}2\alpha+\beta=-4\\ \alpha+\beta=-1\\ 3+2\alpha+\beta=\gamma\end{cases}\Rightarrow\begin{cases}\alpha=-3\\ \beta=2\\ \gamma=-1\end{cases}$

所以 $y''-3y'+2y=-e^x$ 为所求之微分方程，通解为 $y=c_1e^x+c_2e^{2x}+xe^x$

4. 已知 e^x 是方程 $xy'-P(x)y=x$ 的一个解，求方程满足初值条件 $y(\ln 2)=0$ 的一个特解.

解　将 e^x 代入方程中，得 $xe^x-P(x)e^x=x$

解得 $P(x)=x(1-e^{-x})$. 则原方程为 $xy'-x(1-e^{-x})y=x$

$x\neq 0$ 时，即为 $y'-(1-e^{-x})y=1$

由一阶线性非齐次微分方程通解公式得

$$y=e^{\int(1-e^{-x})dx}\left[\int e^{-\int(1-e^{-x})dx}dx+C\right]=e^{x+e^{-x}}\left(\int e^{-x-e^{-x}}dx+C\right)$$

$$=e^{x+e^{-x}}\left(\int e^{-x}e^{-e^{-x}}dx+C\right)=e^{x+e^{-x}}\left[\int e^{-e^{-x}}d(-e^{-x})+C\right]$$

$$=e^{x+e^{-x}}(e^{-e^{-x}}+C)=e^x+Ce^{x+e^{-x}}$$

将 $y(\ln 2)=0$ 代入，得

$$e^{\ln 2}+Ce^{\ln 2+e^{-\ln 2}}=0$$

解得 $C=-e^{-\frac{1}{2}}$. 所以所求特解为

$$y=e^x-e^{-\frac{1}{2}+x+e^{-x}}$$

5. 设 y_1，y_2，y_3是 $y'+P(x)y=Q(x)$ 的三个互不相同的解，证明 $(y_2-y_1)/(y_3-y_1)$ 是个常数.

证明　由通解 $y=e^{-\int P(x)dx}\left[\int Q(x)e^{\int P(x)dx}dx+C\right]$

知 $y_1=e^{-\int P(x)dx}\left[\int Q(x)e^{\int P(x)dx}dx+C_1\right]$

$y_2=e^{-\int P(x)dx}\left[\int Q(x)e^{\int P(x)dx}dx+C_2\right]$，$y_3=e^{-\int P(x)dx}\left[\int Q(x)e^{\int P(x)dx}dx+C_3\right]$

其中 C_1，C_2，C_3 为任意常数，$(y_2-y_1)/(y_3-y_1)=\frac{C_2-C_1}{C_3-C_1}$是常数

6. 求满足下列条件的函数 $y(x)$：

(1) 连续函数 $y=y(x)$满足方程 $y(x)=\int_0^{3x}y\left(\frac{t}{3}\right)dt+e^{2x}$；

(2) 连续函数 $y(x)$ 满足方程 $x\int_0^x y(t)\mathrm{d}t=(x+1)\int_0^x ty(t)\mathrm{d}t(x>0)$;

(3) 连续函数 $y(x)$ 满足 $y(x)=\sin x-\int_0^x(x-t)y(t)\mathrm{d}t$.

解 (1) $y'=3y+2\mathrm{e}^{2x}$, $y'-3y=2\mathrm{e}^{2x}$,由题设知当 $x=0$ 时, $y=1$,

所以 $y=\mathrm{e}^{3\int\mathrm{d}x}\left(2\int\mathrm{e}^{2x}\ \mathrm{e}^{-3\int\mathrm{d}x}\ \mathrm{d}x+C\right)=\mathrm{e}^{3x}(-2\mathrm{e}^{-x}+C)=-2\mathrm{e}^{2x}+C\mathrm{e}^{3x}$,将 $x=0$, $y=1$ 代入上式得 $C=3$,所以 $y=3\mathrm{e}^{3x}-2\mathrm{e}^{2x}$ 为所求之函数

(2) 方程两边对 x 求导

$\int_0^x y(t)\mathrm{d}t+xy(x)=\int_0^x ty(t)\mathrm{d}t+(x+1)xy(x)$,

$\int_0^x y(t)\mathrm{d}t=\int_0^x ty(t)\mathrm{d}t+x^2\ y(x)$,上式两边对 x 求导

$y(x)=xy(x)+2xy(x)+x^2\ y'(x)$,即 $x^2\ y'(x)+(3x-1)y(x)=0$,

$y'(x)+(\frac{3}{x}-x^{-2})y(x)=0$,这是一阶线性齐次微分方程,

其通解为 $y=C\mathrm{e}^{-\int(\frac{3}{x}-x^{-2})\mathrm{d}x}=C\mathrm{e}^{-3\ln x-\frac{1}{x}}=C\mathrm{e}^{-\frac{1}{x}}\cdot x^{-3}$

所以 $y=C\mathrm{e}^{-\frac{1}{x}}\cdot x^{-3}$ 为所求函数

(3) 方程变形为 $y(x)=\sin x-x\int_0^x y(t)\mathrm{d}t+\int_0^x ty(t)\mathrm{d}t$,

两边同时对 x 求导 $y'=\cos x-\int_0^x y(t)\mathrm{d}t-xy(x)+xy(x)$,

$y'=\cos x-\int_0^x y(t)\mathrm{d}t$,两边再对 x 求导, $y''(x)=-\sin x-y$,

$y''+y=-\sin x$

① 方程 $y''+y=0$ 的通解(同(2)) $Y=C_1\cos x+C_2\sin x$

② 求 $y''(x)+y(x)=-\sin x$ 得一个特解 y^*,特解 y^* 的形式为 $y^*=x^k\mathrm{e}^{\lambda x}(A\cos x+B\sin x)$,

由于题中 $\lambda=0$, $\omega=1$,所以 $0\pm\mathrm{i}$ 是特征方程单根,取 $k=1$,

这时 $y^*=x(A\cos x+B\sin x)$,

$y^{*\prime}=A\cos x+B\sin x+x(-A\sin x+B\cos x)$

$y^{*\prime\prime}=-A\sin x+B\cos x-A\sin x+B\cos x+x(-A\cos x-B\sin x)$

将 $y^{*\prime\prime}$, y^* 代入解方程

$-A\sin x+B\cos x-A\sin x+B\cos x-x(A\cos x+B\sin x)+x(A\cos x+B\sin x)=-\sin x$

$-2A\sin x+2B\cos x=-\sin x$ 得 $A=\frac{1}{2}$, $B=0$,

所以 $y^*=\frac{1}{2}x\cos x$

所以通解 $y=Y+y^*=C_1\cos x+C_2\sin x+\frac{1}{2}x\cos x$

由题设当 $x=0$ 时, $y=0$,当 $x=0$ 时, $y'=1$,

将 $x=0$, $y=0$ 代入上式得 $C_1=0$,

$y'=C_2\cos x+\frac{1}{2}\cos x-\frac{1}{2}x\sin x$,

将 $x=0, y'=1$ 代入上式得 $C_2=\frac{1}{2}$，

$y(x)=\frac{1}{2}\sin x+\frac{1}{2}x\cos x=\frac{1}{2}(\sin x+x\cos x)$ 为所求的函数

7. 设有连接点 $O(0,0)$ 和点 $A(1,1)$ 的一段向上凸的曲线弧 $\overset{\frown}{OA}$，对于 $\overset{\frown}{OA}$ 上任意一点 $P(x,y)$，曲线弧 $\overset{\frown}{OP}$ 与直线段 $\overline{OP}$ 所围成的图形面积为 x^2，求曲线弧 $\overset{\frown}{OA}$ 的方程.

解 由题意得 $x^2=\int_0^x y\mathrm{d}x-\frac{1}{2}xy$，

对 x 求导得 $2x=y-\frac{1}{2}y-\frac{1}{2}xy'$，即 $y'-\frac{1}{x}y=-4$，$P(x)=-\frac{1}{x}$，$Q(x)=-4$，

所以 $y=\mathrm{e}^{\int\frac{1}{x}\mathrm{d}x}\left(-4\int\mathrm{e}^{-\int\frac{1}{x}\mathrm{d}x}\mathrm{d}x+C\right)=x\left(-4\int\frac{1}{x}\mathrm{d}x+C\right)=x(-4\ln x+C)$

将 $x=1, y=1$ 代入上式得 $C=1$，

所以 $y=x(1-4\ln x)$ 为所求的曲线方程

8. 设曲线 L 上位于 xOy 平面第一象限内任意一点 M 处的切线总与 y 轴相交，交点为 A，已知 $|\overline{MA}|=|\overline{OA}|$，且曲线 L 为过点 $\left(\frac{3}{2},\frac{3}{2}\right)$，求曲线 L 的方程.

解 设求的曲线 L 的方程为 $y=f(x)$，曲线上任意一点 $M(x,y)$ 处的切线方程为 $Y-y=f'(x)(X-x)$，当 $X=0$ 时，得 $A(0,y-xf'(x))$ 由题设 $|\overline{MA}|=|\overline{OA}|$，得 $|y-xf'(x)|=\sqrt{x^2+[y-y+xf'(x)]^2}$，两边平方 $y^2-2xyf'(x)+x^2[f'(x)]^2=x^2+x^2[f'(x)]^2$，

$y^2-2xyf'(x)=x^2$，即 $y'-\frac{1}{2x}y=-\frac{x}{2}y^{-1}$，这是贝努利方程，$P(x)=-\frac{1}{2x}$，$Q(x)=-\frac{x}{2}$，$n=-1$，

利用公式 $y^{1-n}=\mathrm{e}^{-\int(1-n)P(x)\mathrm{d}x}\left[\int(1-n)Q(x)\mathrm{e}^{\int(1-n)P(x)\mathrm{d}x}\mathrm{d}x+C\right]$，

得 $y^2=\mathrm{e}^{\int\frac{1}{x}\mathrm{d}x}\left(-\int x\mathrm{e}^{-\int\frac{1}{x}\mathrm{d}x}\mathrm{d}x+C\right)=x(-x+C)$，

将 $x=\frac{3}{2}$，$y=\frac{3}{2}$ 代入上式得 $C=3$，

所以 $x^2+y^2=3x$ 为所求的曲线的方程

9. 设函数 $y=f(x)$ 在 $(1,+\infty)$ 上连续，若曲线 $y=f(x)$，直线 $x=1$，$x=t(t>1)$ 与 x 轴所围成的图形绕 x 轴旋转一周而成的旋转体体积为

$$V(t)=\frac{\pi}{3}[t^2f(t)-f(1)],$$

又知道 $f(2)=\frac{2}{9}$，求 $f(x)$.

解 根据旋转体的体积计算公式 $V=\pi\int_a^b f^2(x)\mathrm{d}x$

得 $\pi\int_1^t f^2(x)\mathrm{d}x=\frac{\pi}{3}[t^2f(t)-f(1)]$，

两边对 t 求导

$f^2(t)=\frac{1}{3}[2tf(t)+t^2f'(t)]$，$3f^2(t)=2tf(t)+t^2f'(t)$，

从而得到 $y'+\frac{2}{x}y=\frac{3}{x^2}y^2$，$P(x)=\frac{2}{x}$，$Q(x)=\frac{3}{x^2}$，$n=2$，

利用 $y^{1-n}=e^{-\int(1-n)P(x)dx}\left[\int(1-n)Q(x)e^{\int(1-n)P(x)dx}dx+C\right]$

得 $y^{-1}=e^{\int\frac{2}{x}dx}\left(-\int\frac{3}{x^2}e^{-\int\frac{2}{x}dx}dx+C\right)=x^2\left(-\int\frac{3}{x^4}dx+C\right)=x^2(x^{-3}+C)$

将 $x=2,y=\frac{2}{9}$代入上式得 $C=1$,

所以$\frac{1}{y}=\frac{x^3+1}{x}$即:$y=\frac{x}{x^3+1}$为所求曲线的方程

10. 设函数 $z=f(\sqrt{x^2+y^2})$满足方程$\frac{\partial^2 z}{\partial x^2}+\frac{\partial^2 z}{\partial y^2}=0$,求 $f(x)$.

解 令 $r=\sqrt{x^2+y^2},z=f(r)$,

$\frac{\partial z}{\partial x}=\frac{dz}{dr}\frac{\partial r}{\partial x}=\frac{x}{\sqrt{x^2+y^2}}\frac{dz}{dr}$,

$$\frac{\partial^2 z}{\partial x^2}=\frac{\sqrt{x^2+y^2}-\frac{x^2}{\sqrt{x^2+y^2}}}{(\sqrt{x^2+y^2})^2}\frac{dz}{dr}+\frac{x}{\sqrt{x^2+y^2}}\frac{d^2 z}{dr^2}\frac{\partial r}{\partial x}=\frac{y^2}{(x^2+y^2)^{\frac{3}{2}}}\frac{dz}{dr}+\frac{x^2}{(x^2+y^2)}\frac{d^2 z}{dr^2}$$

同理$\frac{\partial^2 z}{\partial y^2}=\frac{x^2}{(x^2+y^2)^{\frac{3}{2}}}\frac{dz}{dr}+\frac{y^2}{x^2+y^2}\frac{d^2 z}{dr^2}$

代入方程得$\frac{d^2 z}{dr^2}+\frac{1}{r}\frac{dz}{dr}=0$,

令 $P=\frac{dz}{dr},\frac{d^2 z}{dr^2}=\frac{dP}{dr}$,上式变为$\frac{dP}{dr}+\frac{1}{r}P=0,P=C_1e^{-\int\frac{1}{r}dr}=\frac{C_1}{r}$,

所以$\frac{dz}{dr}=\frac{C_1}{r}$,积分,$z=f(r)=C_1\ln|r|+C_2$,

所以 $f(x)=C_1\ln|x|+C_2$

11. 设 $y=1+\sum_{n=1}^{\infty}\frac{1\times 3\cdot\cdots\cdot(2n-1)}{2\times 4\cdot\cdots\cdot(2n)}x^n$,证明:$y(x)$ 满足方程$(1-x)y'=\frac{1}{2}y$,并求和函数 $y(x)$.

证明 $y=1+\sum_{n=1}^{\infty}\frac{(2n-1)!!}{(2n)!!}x^n$,其收敛区间为$(-1,1)$.

逐项求导得

$$y'=\sum_{n=1}^{\infty}\frac{(2n-1)!!}{(2n)!!}nx^{n-1}=\frac{1}{2}+\sum_{n=1}^{\infty}\frac{(2n+1)!!}{(2n+2)!!}(n+1)x^n$$

$$(1-x)y'-\frac{1}{2}y$$

$$=\frac{1}{2}+\sum_{n=1}^{\infty}\frac{(2n+1)!!}{(2n+2)!!}(n+1)x^n-\sum_{n=1}^{\infty}\frac{(2n-1)!!}{(2n)!!}nx^n-\frac{1}{2}-\frac{1}{2}\sum_{n=1}^{\infty}\frac{(2n-1)!!}{(2n)!!}x^n$$

$$=\sum_{n=1}^{\infty}\left[\frac{(2n-1)!!}{(2n)!!}\cdot\frac{2n+1}{2n+2}(n+1)-\frac{(2n-1)!!}{(2n)!!}n-\frac{1}{2}\cdot\frac{(2n-1)!!}{(2n)!!}\right]x^n$$

$$=\sum_{n=1}^{\infty}\frac{(2n-1)!!}{(2n)!!}\cdot 0\cdot x^n=0$$

所以 $y(x)$ 满足方程$(1-x)y'=\frac{1}{2}y$

解此微分方程：$2\dfrac{\mathrm{d}y}{y}=\dfrac{\mathrm{d}x}{1-x}\Rightarrow(1-x)y^2=C$，又 $y(0)=1$　所以 $C=1$

$y(x)=\dfrac{1}{\sqrt{1-x}}\quad(|x|<1)$

12. 设 $y=\sum\limits_{n=0}^{\infty}\dfrac{(2x)^{2n}}{(2n)!}$，证明：$y(x)$ 满足方程 $y''-4y=0$，并求和函数 $y(x)$.

证明　$y=1+\dfrac{(2x)^2}{2!}+\dfrac{(2x)^4}{4!}+\cdots+\dfrac{(2x)^{2n}}{(2n)!}+\cdots$

$$=\left[\frac{1}{2}+\frac{1}{2}(2x)+\frac{1}{2}\frac{(2x)^2}{2!}+\frac{1}{2}\frac{(2x)^3}{3!}+\frac{1}{2}\frac{(2x)^4}{4!}+\cdots+\frac{1}{2}\frac{(2x)^{2n}}{(2n)!}+\cdots\right]$$

$$+\left[\frac{1}{2}-\frac{1}{2}(2x)+\frac{1}{2}\frac{(2x)^2}{2!}-\frac{1}{2}\frac{(2x)^3}{3!}+\frac{1}{2}\frac{(2x)^4}{4!}-\cdots+\frac{(2x)^{2n}}{(2n)!}+\cdots\right]$$

$$=\frac{1}{2}\mathrm{e}^{2x}+\frac{1}{2}\mathrm{e}^{-2x}$$

$y'=\mathrm{e}^{2x}-\mathrm{e}^{-2x}$，$y''=2\mathrm{e}^{2x}+2\mathrm{e}^{-2x}$，

所以 $y''-4y=2\mathrm{e}^{2x}+2\mathrm{e}^{-2x}-4\cdot\dfrac{1}{2}\mathrm{e}^{2x}-4\cdot\dfrac{1}{2}\mathrm{e}^{-2x}=0$

和函数 $y(x)=\dfrac{1}{2}\mathrm{e}^{2x}+\dfrac{1}{2}\mathrm{e}^{-2x}$.

第 10 章　差分方程

一、大纲要求

1. 理解差分方程的定义
2. 掌握一阶常系数线性差分方程求解方法
3. 会用差分方程解决简单的经济问题

二、本章知识结构图

- 线性差分方程
  - 差分方程的基本概念
    - 差分方程解的性质
    - 差分方程解的结构
  - 一阶线性差分方程
    - 齐次的
    - 非齐次的
  - ** 二阶线性差分方程
    - 齐次的
    - 非齐次的
  - 经济应用

三、本章基本内容

表 10－1　差分概念

一阶差分定义	函数 $y_n=f(n)$在 n 时刻的一阶差分定义为 $\Delta y_n=y_{n+1}-y_n=f(n+1)-f(n)$
二阶差分定义	函数 $y_n=f(n)$在 n 时刻的二阶差分定义为一阶差分的差分，即 $\Delta^2 y_n=\Delta y_{n+1}-\Delta y_n=y_{n+2}-2y_{n+1}+y_n$
三阶差分定义	二阶差分的差分定义为三阶差分 $\Delta^3 y_n=\Delta^2 y_{n+1}-\Delta^2 y_n=\Delta y_{n+2}-2\Delta y_{n+1}+\Delta y_n$ $=y_{n+3}-3y_{n+2}+3y_{n+1}-y_n$
k 阶差分定义	$\Delta^k y_n=\Delta(\Delta^{k-1}y_n)=\Delta^{k-1}y_{n+1}-\Delta^{k-1}y_n$ $=\sum\limits_{i=0}^{k}(-1)^i C_k^i y_{n+k-i}$ 其中 $C_k^i=\dfrac{k!}{i!(k-i)!}$　$(k=1,2,\cdots)$

表 10-2　差分方程

差分方程定义(1)	含有自变量 n，未知函数 y_n，以及 y_n 的差分 $\Delta y_n,\Delta^2 y_n,\cdots$的函数方程，称为(常)差分方程，出现在差分方程中差分的最高阶数，叫差分方程的阶， k 阶差分方程的一般形式为 $F(n,y_n,\Delta y_n,\cdots,\Delta^k y_n)=0$
差分方程定义(2)	含有自变量 n 和两个或两个以上函数值 $y_n,y_{n+1},\cdots$的函数方程，称为(常)差分方程，出现在差分方程中未知函数下标的最大差，叫差分方程的阶. k 阶差分方程的一般形式 $F(n,y_n,y_{n+1},\cdots,y_{n+k})=0$
注意事项	差分方程的两个定义是有差别的，如方程 $\Delta^2 y_n-y_n=0$ 按定义(1)为二阶差分方程，若改写为 $\Delta^2 y-y_n=y_{n+2}-2y_{n+1}+y_n-y_n=y_{n+2}-2y_{n+1}=0$ 按定义(2)应为一阶差分方程

表 10-3　差分方程的解

解的定义		如果将已知函数 $y_n=\varphi(n)$ 代入到差分方程中，使其 $n=0,1,2,\cdots$成为恒等式，则称 $y_n=\varphi(n)$为差分方程的解
通解		如果 k 阶方程的解中含有 k 个独立的任意常数，称这样的解为通解
特解		通解中给任意常数以确定值的解叫特解
解的结构定理	定理1	如果函数 $y_1(n),y_2(n),\cdots,y_k(n)$是 k 阶齐次线性差分方程的 k 个线性无关的解，则 $y(n)=C_1y_1(n)+C_2y_2(n)+\cdots+C_ky_k(n)$是差分方程的通解，其中 $C_1,C_2,\cdots,C_k$ 是任意常数
	定理2	如果 $y^*(n)$是 k 阶非齐次差分方程的一个特解，y 是对应的齐次方程的通解，则 $y(n)=y+y^*(n)$是差分方程的通解
	定理3	如果 $y_1{}^*(n),y_2{}^*(n)$分别是 k 阶非齐次差分方程 $y_{n+k}+a_1(n)y_{n+k-1}+\cdots+a_{k-1}(n)y_{n+1}+a_k(n)y_n=f_1(n)$ $y_{n+k}+a_1(n)y_{n+k-1}+\cdots+a_{k-1}(n)y_{n+1}+a_k(n)y_n=f_2(n)$ 的两个特解，y 是对应的齐次方程的通解，则 $y(n)=y+y_1{}^*(n)+y_2{}^*(n)$是方程 $y_{n+k}+a_1(n)y_{n+k-1}+\cdots+a_{k-1}(n)y_{n+1}+a_k(n)y_n=f_1(n)+f_2(n)$的通解

表 10-4　一阶常系数线性差分方程

定义	非齐次	$y_{n+1}+ay_n=f(n)\quad(n=0,1,2,\cdots)$
	齐次	$y_{n+1}+ay_n=0\quad(n=0,1,2,\cdots)$
齐次方程的通解		$y=C(-a)^n\quad(n=0,1,2,\cdots)$
非齐次方程的通解		$y_{n+1}+ay_n=f(n)\quad(n=0,1,2,\cdots)$的通解 $y(n)=y+y^*(n)$，求出 y 及 $y^*(n)$

表 10-5　二阶常系数线性差分方程**

定义	非齐次方程	$y_{n+2}+ay_{n+1}+by_n=f(n)\quad n=0,1,2,\cdots$ 其中 a,b 为已知常数，且 $b\neq0$，$f(n)$为已知函数
	齐次方程	$y_{n+2}+ay_{n+1}+by_n=0\quad(n=0,1,2,\cdots)$
齐次方程通解		特征根法求 $y_{n+2}+ay_{n+1}+by_n=0$ 的通解 $y_n=C_1\lambda_1^n+C_2\lambda_2^n$. 其中 λ_1 和 λ_2 是对应特征方程 $\lambda^2+a\lambda+b=0$ 的解，称为特征根
非齐次方程通解		$y(n)=y_n+y_n^*$，y_n^* 的形式由表 10-6 给出

表 10-6　特解 y_n^* 的形式

$f(n)$的形式	试解 $y^*(n)$的形式	取试解的条件
$f(n)=P_m(n)$ $P_m(x)$为 m 次多项式	$y_n^*=Q_m(n)=a_0n^m+a_1n^{m-1}+\cdots+a_m$ $a_0,a_1,\cdots a_m$ 为待定系数	$a+b+1\neq0$
	$y_n^*=nQ(n)=a_0n^{m+1}+a_1n^m+\cdots+a_mn$ $a_0,a_1,\cdots,a_m$ 为待定系数	$a+b+1=0$ 且 $a\neq-2$
	$y_n^*=n^2Q(n)=a_0n^{m+2}+a_1n^{m+1}+\cdots+a_mn^2$ $a_0,a_1,\cdots,a_m$ 为待定系数	$a=-2$ $b=1$
$f(n)=ed^m$	$y_n^*=Ad^n$　A 为待定系数	d 不是特征根
	$y_n^*=And^n$　A 为待定系数	d 是单特征根
	$y_n^*=An^2d^n$　A 为待定系数	d 是二重特征根
$f(n)=b_1\cos\beta n+b_2\sin\beta n$ 或$=b_1\cos\beta n$ 或$=b_2\sin\beta n$	$y_n^*=A\cos\beta n+B\sin\beta n$, A,B 为待定系数	$r=\cos\beta+i\sin\beta$ 不是特征根
	$y_n^*=n(A\cos\beta n+B\sin\beta n)$, A,B 为待定系数	$r=\cos\beta+i\sin\beta$ 是单特征根
	$y_n^*=n^2(A\cos\beta n+B\sin\beta n)$, A,B 为待定系数	$r=\cos\beta+i\sin\beta$ 是二重特征根

四、重点难点剖析

1. 差分方程中的未知函数是以非负整数 n 为自变量的函数,差分的定义公式是差分方程中运算的基础,这是重点.

2. 差分方程与微分方程中相应概念相似,如差分方程的阶、通解、特解等概念.

3. 差分与微分具有相似的运算性质.

4. 难点是求解一阶常系数线性差分方程.关键是求一阶常系数非齐次线性方程 $y_{n+1}+ay_n=f(n)$的通解.

5**. 二阶及高阶常系数线性差分方程的求解步骤,也是个难点.

五、典型例题解析

例 1　计算下列函数的差分.

$y_n=\ln(1+n)+2^n$　求 Δ^3y_n.

分析　本题考查 k 阶差分公式:$\Delta^ky_n=\sum\limits_{i=0}^{k}(-1)^{k-i}C_k^iy_{n+i}$

解　$\Delta^3y_n=y_{n+3}-3y_{n+2}+3y_{n+1}-y_n$.

从而 $\Delta^3y_n=\ln(n+4)-3\ln(n+3)+3\ln(n+2)-\ln(n+1)+2^{n+3}-3\cdot2^{n+2}+3\cdot2^{n+1}-2^n$

$$=\ln\frac{(n+4)(n+2)^3}{(n+3)^3(n+1)}+2^n.$$

例 2　证明下列一阶差分的运算法则.

$\Delta(U_nV_n)=U_{n+1}\Delta V_n+V_n\Delta U_n$.

分析 本题练习用差分的定义推导运算法则.

解 由一阶差分定义可得：

$$\Delta(U_nV_n)=U_{n+1}V_{n+1}-U_nV_n=U_{n+1}V_{n+1}-U_{n+1}V_n+U_{n+1}V_n-U_nV_n$$
$$=U_{n+1}(V_{n+1}-V_n)+(U_{n+1}-U_n)V_n=U_{n+1}\Delta V_n+V_n\Delta U_n.$$

例 3 (1997 数学三)差分方程 $y_{t+1}-y_t=t2^t$ 的通解为________.

解 齐次方程 $y_{t+1}-y_t=0$ 的通解为 C(C 为任意常数).

非齐次方程的特解形式为

$y_t^*=(at+b)2^t$,则 $y_{t+1}^*=[a(t+1)+b]2^{t+1}$,代入原方程,

得 $at+2a+b=t$,

由此定出 $a=1,b=-2$,特解为 $y_t^*=(t-2)2^t$,

故原差分方程通解为 $y_t=C+(t-2)2^t$.

例 4 (1998 数学三)差分方程 $2y_{t+1}+10y_t-5t=0$ 的通解为________.

解 化原方程为标准形式 $y_{t+1}+5y_t-\frac{5}{2}t=0,y_{t+1}+5y_t=\frac{5}{2}t$.

齐次方程 $y_{t+1}+5y_t=0$ 的通解为 $Y_t=C(-5)^t$.

非齐次方程的特解形式为 $y_t^*=at+b$,代入方程中,得

$$a(t+1)+b+5(at+b)=\frac{5}{2}t\Rightarrow 6at+a+6b=\frac{5}{2}t$$

由此定出 $a=\frac{5}{12},b=-\frac{5}{72}$,因此特解为 $y^*=\frac{5}{12}t-\frac{5}{72}$,

故所求通解为 $y_t=C(-5)^t+\frac{5}{12}t-\frac{5}{72}$.

六、练习题全解

练习 10.1

1. 计算下列各题的差分:

(1) $y_n=n^2-2n$,求 Δ^2y_n; (2) $y_n=3^n$,求 Δ^2y_n;

(3) $y_n=(n+3)^3+3$,求 Δ^3y_n; (4) $y_n=\ln(n+1)$,求 Δ^2y_n.

解 (1) $\Delta y_n=f(n+1)-f(n)=(n+1)^2-2(n+1)-n^2+2n$

$$=n^2+2n+1-2n-2-n^2+2n=2n-1$$

所以 $\Delta^2y=\Delta y_{n+1}-\Delta y_n=2(n+1)-1-2n+1=2n+2-1-2n+1=2$

(2) $\Delta y_n=f(n+1)-f(n)=3^{n+1}-3^n=3^n(3-1)=2\cdot3^n$

$\Delta^2y_n=\Delta y_{n+1}-\Delta y_n=2\cdot3^{n+1}-2\cdot3^n=4\cdot3^n$

(3) $\Delta y_n=f(n+1)-f(n)=(n+4)^3+3-(n+3)^3-3=(n+4)^3-(n+3)^3$

所以 $\Delta^3y_n=\Delta^2y_{n+1}-\Delta^2y_n=\Delta y_{n+2}-2\Delta y_{n+1}+\Delta y_n$

$$=(n+6)^3-(n+5)^3-2(n+5)^3+2(n+4)^3+(n+4)^3-(n+3)^3$$
$$=(n+6)^3-3(n+5)^3+3(n+4)^3-(n+3)^3$$
$$=n^3+18n^2+108n+216-3n^3-45n^2-225n-375+3n^3+36n^2$$

$$+144n+192-n^3-9n^2-27n-27=6$$

(4) $\Delta y_n=f(n+1)-f(n)=\ln(n+2)-\ln(n+1)$

$\Delta^2 y_n=\Delta y_{n+1}-\Delta y_n=\ln(n+3)-\ln(n+2)-\ln(n+2)+\ln(n+1)$

$$=\ln(n+3)-2\ln(n+2)+\ln(n+1)=\ln\frac{(n+1)(n+3)}{(n+2)^2}$$

2. 按定义 10.2 改写下列差分方程,并指出方程的阶数:

(1) $\Delta^2 y_n-3\Delta y_n=5$;　(2) $\Delta^3 y_{n-1}-n\Delta y_n=2^n$;　(3) $\Delta^3 y_n-3\Delta y_n-2y_n=3$;

(4) $\Delta^2 y_n+2\Delta y_n+3y_n=n^2$;　(5) $\Delta^3 y_n-2\Delta^2 y_n-3y_n=-2(n+1)$.

解　(1) $\Delta^2 y_n=y_{n+2}-2y_{n+1}+y_n,\Delta y_n=y_{n+1}-y_n$,

$\Delta^2 y_n-3\Delta y_n=y_{n+2}-2y_{n+1}+y_n-3y_{n+1}+3y_n=y_{n+2}-5y_{n+1}+4y_n$,

所以改写后为 $y_{n+2}-5y_{n+1}+4y_n=5$

因为 $n+2-n=2$,所以是二阶方程

(2) 因为 $\Delta^3 y_n=y_{n+3}-3y_{n+2}+3y_{n+1}-y_n,\Delta y_n=y_{n+1}-y_n$,

从而 $\Delta^3 y_{n-1}=y_{n+2}-3y_{n+1}+3y_n-y_{n-1}$,

代入原式 $y_{n+2}-3y_{n+1}+3y_n-y_{n-1}-ny_{n+1}+ny_n=2^n$,

即 $y_{n+2}-(3+n)y_{n+1}+(3+n)y_n-y_{n-1}=2^n$ 为改写后的方程

因为 $n+2-(n-1)=3$,所以是三阶方程

(3) $\Delta^3 y_n=y_{n+3}-3y_{n+2}+3y_{n+1}-y_n,\Delta y_n=y_{n+1}-y_n$ 代入原方程

$y_{n+3}-3y_{n+2}+3y_{n+1}-y_n-3y_{n+1}+3y_n-2y_n=3$,

所以 $y_{n+3}-3y_{n+2}=3$ 为改写后的方程

因为 $n+3-(n+2)=1$,所以是一阶方程

(4) 因为 $\Delta^2 y_n=y_{n+2}-2y_{n+1}+y_n,\Delta y_n=y_{n+1}-y_n$ 代入原方程

$y_{n+2}-2y_{n+1}+y_n+2y_{n+1}-2y_n+3y_n=n^2$,

所以 $y_{n+2}+2y_n=n^2$ 为改写后的方程

因为 $n+2-n=2$,所以是二阶方程

(5) 因为 $\Delta^3 y_n=y_{n+3}-3y_{n+2}+3y_{n+1}-y_n$

$\Delta^2 y_n=y_{n+2}-2y_{n+1}+y_n$,将 $\Delta^3 y_n,\Delta^2 y_n$ 代入原方程

$y_{n+3}-3y_{n+2}+3y_{n+1}-y_n-2y_{n+2}+4y_{n+1}-2y_n-3y_n=-2(n+1)$,

所以 $y_{n+3}-5y_{n+2}+7y_{n+1}-6y_n=-2(n+1)$为改写后的方程

因为 $n+3-n=3$,所以是三阶方程

3. 验证下列函数是否为所给方程的解(题中 C_1,C_2,C_3,C_4 为任意常数):

(1) $y_n=\frac{1}{2}3^n-2n+C,y_{n+1}-y_n=3^n-2$;

(2) $y_n=C_1+C_2n+C_3n^2+n^4,y_{n+4}-4y_{n+3}+6y_{n+2}-4y_{n+1}+y_n=0$;

(3) $y_n=C3^n-0.3\sin\frac{\pi}{2}n-0.1\cos\frac{\pi}{2}n,y_{n+1}-3y_n=\sin\frac{\pi}{2}n$;

(4) $y_n=\frac{1}{1+Cn},(1+y_n)y_{n+1}=y_n$.

证明　(1) $y_{n+1}=\frac{1}{2}3^{n+1}-2(n+1)+C$,

将 y_{n+1},y_n 代入 $y_{n+1}-y_n$ 中,$y_{n+1}-y_n=\frac{1}{2}3^{n+1}-2(n+1)+C-\frac{1}{2}3^n+2n-C=3^n-2$,

所以 $y_n=\frac{1}{2}3^n-2n+C$ 满足方程 $y_{n+1}-y_n=3^n-2$.

(2) $y_{n+4}=C_1+C_2(n+4)+C_3(n+4)^2+(n+4)^4$,

$y_{n+3}=C_1+C_2(n+3)+C_3(n+3)^2+(n+3)^4$,

$y_{n+2}=C_1+C_2(n+2)+C_3(n+2)^2+(n+2)^4$,

$y_{n+1}=C_1+C_2(n+1)+C_3(n+1)^2+(n+1)^4$,

将 $y_{n+4},y_{n+3},y_{n+2},y_{n+1},y_n$ 代入方程的左端,

$$\begin{aligned}左端=&C_1+C_2(n+4)+C_3(n+4)^2+(n+4)^4-4C_1-4C_2(n+3)\\&-4C_3(n+3)^2-4(n+3)^4+6C_1+6C_2(n+2)+6C_3(n+2)^2+6(n+2)^4\\&-4C_1-4C_2(n+1)-4C_3(n+1)^2-4(n+1)^4+C_1+C_2n+C_3n^2+n^4\\=&8C_1-8C_1+C_2(n+4-4n-12+6n+12-4n-4+n)\\&+C_3[(n+4)^2-4(n+3)^2+6(n+2)^2-4(n+1)^2+n^2]\\&+[(n+4)^4-4(n+3)^4+6(n+2)^4-4(n+1)^4+n^4]\neq 右端\end{aligned}$$

所以 $y_n=C_1+C_2n+C_3n^2+n^4$ 不是方程 $y_{n+4}-4y_{n+3}+6y_{n+2}-4y_{n+1}+y_n=0$ 的解

(3) $y_{n+1}=C3^{n+1}-0.3\sin\frac{\pi}{2}(n+1)-0.1\cos\frac{\pi}{2}(n+1)$,将 y_{n+1},y_n 代入方程的左端,

$$\begin{aligned}左端=&C3^{n+1}-0.3\sin\frac{\pi}{2}(n+1)-0.1\cos\frac{\pi}{2}(n+1)-3C3^n+0.9\sin\frac{\pi}{2}n+0.3\cos\frac{\pi}{2}n\\=&C3^{n+1}-3C3^n-0.3\left[\sin\left(\frac{\pi}{2}n\right)\cos\frac{\pi}{2}+\cos\left(\frac{\pi}{2}n\right)\sin\frac{\pi}{2}\right]-0.1\cos\frac{\pi}{2}(n+1)\\&+0.9\sin\frac{\pi}{2}n+0.3\cos\frac{\pi}{2}n\\=&-0.3\cos\frac{\pi}{2}n-0.1\cos\frac{\pi}{2}(n+1)+0.9\sin\frac{\pi}{2}n+0.3\cos\frac{\pi}{2}n\\=&-0.1\cos\frac{\pi}{2}(n+1)+0.9\sin\frac{\pi}{2}n=0.1\sin\frac{\pi}{2}n+0.9\sin\frac{\pi}{2}n=\sin\frac{\pi}{2}n\end{aligned}$$

故 $y_n=C3^n-0.3\sin\frac{\pi}{2}n-0.1\cos\frac{\pi}{2}n$ 是方程 $y_{n+1}-3y_n=\sin\frac{\pi}{2}$ 的解

(4) $y_{n+1}=\frac{1}{1+C(n+1)}$,方程的左端 $=\left(1+\frac{1}{1+Cn}\right)\cdot\frac{1}{1+C(n+1)}$

$$=\frac{1+Cn+1}{1+Cn}\cdot\frac{1}{1+C(n+1)}=\frac{2+Cn}{1+Cn}\cdot\frac{1}{1+C(n+1)}=\frac{2+Cn}{(1+Cn)(1+Cn+C)}\neq y_n$$

所以 $y_n=\frac{1}{1+Cn}$ 不是方程 $(1+y_n)y_{n+1}=y_n$ 的解

4. 已知 $y_n=C_1+C_2a^n$ 是方程 $y_{n+2}-3y_{n+1}+2y_n=0$ 的通解,求满足条件的常数 a.

解　$y_{n+2}=C_1+C_2a^{n+2}$,$y_{n+1}=C_1+C_2a^{n+1}$,将 y_{n+2},y_{n+1},y_n 代入方程中

$C_1+C_2a^{n+2}-3C_1-3C_2a^{n+1}+2C_1+2C_2a^n=0$,

$C_2a^n(a^2-3a+2)=0$,$C_2a^n(a-1)(a-2)=0$,

所以 $a=0$ 或 $a=1$,或 $a=2$.

当 $a=0$ 或 $a=1$ 时 y_n 为常数故舍去,所以 $a=2$

5. 已知 $y_1(n)=2^n$,$y_2(n)=2^n-4n+1$ 是差分方程 $y_{n+1}+P(n)y_n=f(n)$ 两个特解,求满足条件的 $P(n)$,$f(n)$ 以及方程的通解.

解　$y_1(n+1)=2^{n+1}$,$y_2(n+1)=2^{n+1}-4(n+1)+1$,

将 $y_1(n)=2^n$，$y_1(n+1)=2^{n+1}$ 代入方程 $y_{n+1}+P(n)y_n=f(n)$ 中

得 $2^{n+1}+2^nP(n)=f(n)$，

将 $y_2(n)$，$y_2(n+1)$ 代入方程 $y_{n+1}+P(n)y_n=f(n)$ 中

得 $2^{n+1}-4(n+1)+1+(2^n-4n+1)P(n)=f(n)$，

解方程组 $\begin{cases}2^{n+1}+2^nP(n)=f(n)\\2^{n+1}-4(n+1)+1+(2^n-4n+1)P(n)=f(n)\end{cases}$ 得 $\begin{cases}P(n)=-\dfrac{4n+3}{4n-1}\\f(n)=\dfrac{4n-5}{4n-1}2^n\end{cases}$

满足条件的方程为 $y_{n+1}-\dfrac{4n+3}{4n-1}y_n=\dfrac{4n-5}{4n-1}2^n$

① 下面求方程的通解，先求方程对应的齐次方程的通解 y_n，

齐次方程为 $y_{n+1}-\dfrac{4n+3}{4n-1}y_n=0$，$y_{n+1}=\dfrac{4n+3}{4n-1}y_n$，

$$\begin{aligned}所以\ y_{n+1}&=\frac{4n+3}{4n-1}y_n=\frac{4n+3}{4n-1}\cdot\frac{4(n-1)+3}{4(n-1)-1}y_{n-1}=\frac{4n+3}{4n-1}\cdot\frac{4n-1}{4n-5}y_{n-1}\\&=\frac{4n+3}{4n-1}\cdot\frac{4n-1}{4n-5}\cdot\frac{4(n-2)+3}{4(n-2)-1}y_{n-2}=\frac{4n+3}{4n-1}\cdot\frac{4n-1}{4n-5}\cdot\frac{4n-5}{4n-9}y_{n-2}\\&=\frac{4n+3}{4n-1}\cdot\frac{4n-1}{4n-5}\cdot\frac{4n-5}{4n-9}\cdot\frac{4n-9}{4n-13}\cdot\cdots\cdot y_0=-(4n+3)y_0\end{aligned}$$

所以 $y_{n+1}=-(4n+3)y_0$（y_0 为常数）$y_n=-(4n-1)y_0$，

所以齐次方程的通解为 $y=C(4n-1)$

② 方程的特解，特解形式为 $y_n^*=A2^n$，$y_{n+1}^*=A2^{n+1}$，代入方程

$y_{n+1}-\dfrac{4n+3}{4n-1}y_n=\dfrac{4n-5}{4n-1}2^n$ 中，得 $A=1$，

所以满足条件的通解 $y_n=y+y_n^*=C(4n-1)+2^n$

6. 试证函数 $y_1(n)=(-2)^n$ 和 $y_2(n)=n(-2)^n$ 是方程 $y_{n+2}+4y_{n+1}+4y_n=0$ 的两个线性无关的解，并求该方程的通解.

证明 将 $y_1(n)=(-2)^n$ 代入方程的左端，

左端 $=(-2)^{n+2}+4(-2)^{n+1}+4(-2)^n=(-2)^n(4-8+4)=0=$ 右端，

所以 $y_1(n)=(-2)^n$ 为方程 $y_{n+2}+4y_{n+1}+4y_n=0$ 的解

将 $y_2(n)=n(-2)^n$ 代入方程的左端，

$$\begin{aligned}左端&=(n+2)(-2)^{n+2}+4(n+1)(-2)^{n+1}+4n(-2)^n\\&=(-2)^n(4n+8-8n-8+4n)=0=右端，\end{aligned}$$

所以 $y_2(n)=n(-2)^n$ 为方程 $y_{n+2}+4y_{n+1}+4y_n=0$ 的解

又 $\dfrac{y_1(n)}{y_2(n)}=\dfrac{(-2)^n}{n(-2)^n}=\dfrac{1}{n}\neq$ 常数，所以 $y_1(n)$ 与 $y_2(n)$ 线性无关，从而

$y_1(n)$ 与 $y_2(n)$ 是方程 $y_{n+2}+4y_{n+1}+4y_n=0$ 的两个线性无关的解，

其通解为 $y_n=C_1(-2)^n+C_2n(-2)^n=(-2)^n(C_1+C_2n)$

练习 10.2

1. 求下列差分方程的通解：

(1) $2y_{n+1}+y_n=3+n$；　　(2) $y_{n+1}-2y_n=2^n$；

(3) $y_{n+1}-\alpha y_n=e^{\beta n}$，$\alpha,\beta$ 为常数，$\alpha\neq 0$.

解　(1) 方程变形为 $y_{n+1}+\frac{1}{2}y_n=\frac{3}{2}+\frac{1}{2}n$，

因 $a=\frac{1}{2}$，所以对应齐次方程的通解 $Y(n)=C(-a)^n=C\left(-\frac{1}{2}\right)^n$，

由于 $P_m(n)=\frac{3}{2}+\frac{1}{2}n$，$a=\frac{1}{2}\neq-1$，

所以设特解 $y^*(n)=a_0n+a_1$，$y^*(n+1)=a_0(n+1)+a_1$，

将 $y^*(n+1)$，$y^*(n)$ 代入原方程中，

$2a_0(n+1)+2a_1+a_0n+a_1=n+3$，

化简 $3a_0n+(2a_0+3a_1)=n+3$，　比较等式两端同次幂的系数

$$\begin{cases}3a_0=1\\2a_0+3a_1=3\end{cases}\Rightarrow\begin{cases}a_0=\frac{1}{3}\\a_1=\frac{7}{9}\end{cases}$$　　所以 $y^*(n)=\frac{1}{3}n+\frac{7}{9}$

故方程的通解为 $y=Y+y^*=C\left(-\frac{1}{2}\right)^n+\frac{1}{3}n+\frac{7}{9}$

(2) $a=-2$，因此对应的齐次方程的通解 $Y=C(-a)^n=C2^n$，

又 $f(n)=2^n$ 是指数函数，可设特解 $y^*(n)=An^k2^n$，

由于 $a=-2=-d$，所以取 $k=1$，这时 $y^*(n)=An2^n$，

$y^*(n+1)=A(n+1)2^{n+1}$，将 $y^*(n+1)$，$y^*(n)$ 代入原方程中，

$A(n+1)2^{n+1}-2An2^n=2^n$，　消去 2^n 得 $2A=1$ 所以 $A=\frac{1}{2}$，

$y^*=\frac{1}{2}n2^n$，　故方程的通解为 $y=Y+y^*=C2^n+\frac{1}{2}n2^n$

(3) 方程可化成 $y_{n+1}-\alpha y_n=(e^{\beta})^n$，

因 $a=-\alpha$ 所以对应的齐次方程的通解 $Y=C(-a)^n=C\alpha^n$，

又 $f(n)=(e^{\beta})^n$ 是指数函数，可设特解 $y^*(n)=An^k(e^{\beta})^n=An^ke^{\beta n}$，

① 若 $a=-\alpha\neq-d=-e^{\beta}$，这时取 $k=0$，

$y^*(n)=Ae^{\beta n}$，$y^*(n+1)=Ae^{\beta(n+1)}$，

将 $y^*(n+1)$，$y^*(n)$ 代入原方程中，

$Ae^{\beta(n+1)}-A\alpha e^{\beta n}=e^{\beta n}$，$A(e^{\beta}-\alpha)=1$，$A=\frac{1}{e^{\beta}-\alpha}$，

所以 $y^*(n)=\frac{1}{e^{\beta}-\alpha}e^{\beta n}$，　故方程的通解为 $y^{(n)}=Y+y^*=C\alpha^n+\frac{1}{e^{\beta}-\alpha}e^{\beta n}$

② 若 $a=-\alpha=-d=-e^{\beta}$，这时方程变为　$y_{n+1}-\alpha y_n=\alpha^n$，

特解 $y^*(n)=An^k\alpha^n$，　由于 $a=-d$，　取 $k=1$，　这时 $y^*(n)=An\alpha^n$，

$y^*(n+1)=A(n+1)\alpha^{n+1}$，　将 $y^*(n+1)$，$y^*(n)$ 代入原方程中，

$A(n+1)\alpha^{n+1}-A\alpha n\alpha^n=\alpha^n$，消去 α^n

$A\alpha(n+1-n)=1$，$A\alpha=1$，$A=\frac{1}{\alpha}$，所以 $y^*=n\alpha^{n-1}$，

故方程的通解为 $y^{(n)}=Y(n)+y^*(n)=C\alpha^n+n\alpha^{n-1}=(C\alpha+n)\alpha^{n-1}$

综上通解 $y(n)=\begin{cases} C\alpha^n+\dfrac{1}{e^{\beta}-\alpha}e^{\beta n}, & \alpha\neq e^{\beta} \\ (C\alpha+n)\alpha^{n-1}, & \alpha=e^{\beta} \end{cases}$

2. 求下列差分方程满足给定条件的特解:

(1) $8y_{n+1}+4y_n=3, y_0=\dfrac{1}{2}$; (2) $y_{n+1}+2y_n=2^n, y_0=\dfrac{4}{3}$;

(3) $2y_{n+1}-y_n=2+n^2, y_0=4$.

解 (1) 方程变形为 $y_{n+1}+\dfrac{1}{2}y_n=\dfrac{3}{8}$,

$a=\dfrac{1}{2}$,所以对应的齐次方程的通解 $Y(n)=C(-a)=C\left(-\dfrac{1}{2}\right)^n$,

这里 $f(n)=\dfrac{3}{8}$,所以非齐次方程的特解为 $y^*(n)=a_0, y^*(n+1)=a_0$

将 $y^*(n+1), y^*(n)$代入方程 $y_{n+1}+\dfrac{1}{2}y_n=\dfrac{3}{8}$中,得 $a_0=\dfrac{1}{4}$所以 $y^*(n)=\dfrac{1}{4}$,

故通解 $y=Y+y^*=C\left(-\dfrac{1}{2}\right)^n+\dfrac{1}{4}$,将 $n=0, y=\dfrac{1}{2}$代入上式得 $C=\dfrac{1}{4}$,

所以满足给定条件 $y_0=\dfrac{1}{4}$的特解为 $y=\dfrac{1}{4}\left(-\dfrac{1}{2}\right)^n+\dfrac{1}{4}$

(2) 因为 $a=1$ 所以对应的齐次方程的通解 $Y(n)=C(-a)=C(-2)^n$,
又 $f(n)=2^n$ 是指数函数,因此非齐次方程的特解 $y^*(n)=An^k2^n$,
由于 $a=2\neq -d=-2$,取 $k=0$,这时 $y^*(n)=A2^n$,
$y^*(n+1)=A2^{n+1}$,将 $y^*(n+1), y^*(n)$代入原方程中,同时消去 2^n,
得 $A=\dfrac{1}{4}$,所以 $y^*=\dfrac{1}{4}2^n$,所以方程的通解 $y=Y+y^*=C(-2)^n+\dfrac{1}{4}2^n$

将 $n=0, y=\dfrac{4}{3}$代入上式得 $C=\dfrac{13}{12}$,

故方程满足给定条件 $y_0=\dfrac{4}{3}$的特解为$\dfrac{13}{12}(-2)^n+\dfrac{1}{4}\cdot 2^n$

(3) 方程变形为 $y_{n+1}-\dfrac{1}{2}y_n=1+\dfrac{1}{2}n^2$,

因为 $a=-\dfrac{1}{2}$,所以对应的齐次方程的通解 $Y(n)=C(-a)^n=C\left(\dfrac{1}{2}\right)^n$

又 $f(n)=1+\dfrac{1}{2}n^2$,由于 $a=-\dfrac{1}{2}\neq -1$,

所以设非齐次方程的特解
$y^*(n)=a_0n^2+a_1n+a_2, y^*(n+1)=a_0(n+1)^2+a_1(n+1)+a_2$,
将 $y^*(n+1), y^*(n)$代入原方程中,

$a_0(n+1)^2+a_1(n+1)+a_2-\dfrac{1}{2}a_0n^2-\dfrac{1}{2}a_1n-\dfrac{1}{2}a_2=1+\dfrac{1}{2}n^2$,

化简$\dfrac{1}{2}a_0n^2+\left(2a_0+\dfrac{1}{2}a_1\right)n+\left(a_0+a_1+\dfrac{1}{2}a_2\right)=\dfrac{1}{2}n^2+1$,

比较等式两端同次幂的系数:

$$\begin{cases}\frac{1}{2}a_0=\frac{1}{2}\\ 2a_0+\frac{1}{2}a_1=0\\ a_0+a_1+\frac{1}{2}a_2=1\end{cases}\Rightarrow\begin{cases}a_0=1\\ a_1=-4\\ a_2=8\end{cases}$$ 所以 $y^*(n)=n^2-4n+8$，

方程的通解 $y=Y+y^*=C\left(\frac{1}{2}\right)^n+n^2-4n+8$

将 $n=0,y=4$ 代入上式得 $C=-4$，

所以方程满足给定条件 $y_0=4$ 的特解为 $y=-4\left(\frac{1}{2}\right)^n+n^2-4n+8$

3. 求下列二阶齐次线性差分方程的通解或满足条件的特解：

(1) $y_{n+2}-7y_{n+1}+12y_n=0$；　　(2) $y_{n+2}=y_{n+1}+y_n$；

(3) $y_{n+2}-6y_{n+1}+9y_n=0$；　　(4) $y_{n+2}+4y_n=0$；

(5) $y_{n+2}-4(a+1)y_{n+1}+4a^2y_n=0$，$a$ 为常数，$1+2a>0$；

(6) $y_{n+2}+2y_{n+1}-3y_n=0$，$y_0=-1$，$y_1=1$.

解　(1) 特征方程为 $\lambda^2-7\lambda+12=0$，$(\lambda-3)(\lambda-4)=0$，

$\lambda_1=3,\lambda_2=4$，所以方程有两个特解：$y_1(n)=3^n$，$y_2(n)=4^n$，

且由 $\frac{y_1(n)}{y_2(n)}=\left(\frac{3}{4}\right)^n\neq$ 常数，知 $y_1(n)$，$y_2(n)$ 线性无关，

所以方程的通解为 $y_n=C_13^n+C_24^n$

(2) 方程化为 $y_{n+2}-y_{n+1}-y_n=0$，

特征方程 $\lambda^2-\lambda-1=0$，$\Delta=1+4=5$，

$\lambda_1=\frac{1+\sqrt{5}}{2}$，$\lambda_2=\frac{1-\sqrt{5}}{2}$，所以方程的两个特解为

$y_1(n)=\left(\frac{1+\sqrt{5}}{2}\right)^n$，$y_2(n)=\left(\frac{1-\sqrt{5}}{2}\right)^n$

且由 $\frac{y_1(n)}{y_2(n)}=\left(\frac{1+\sqrt{5}}{1-\sqrt{5}}\right)^n\neq$ 常数，知 $y_1(n)$，$y_2(n)$ 线性无关，

所以方程的通解为 $y_n=C_1\left(\frac{1+\sqrt{5}}{2}\right)^n+C_2\left(\frac{1-\sqrt{5}}{2}\right)^n$

(3) 方程的特征方程为 $\lambda^2-6\lambda+9=0$，$(\lambda-3)^2=0$

得：$\lambda_1=\lambda_2=3$，于是方程有两个特解 $y_1(n)=3^n$，$y_2(n)=n3^n$，

所以方程的通解为 $y_n=(C_1+C_2n)3^n$

(4) 方程中 $a=0,b=4$，

特征方程为 $\lambda^2+4=0$，$\lambda_{1,2}=\pm 2\mathrm{i}$，

特解形式为 $y_1(n)=r^n\cos\beta n$，$y_2(n)=r^n\sin\beta n$，

其中 $r=\sqrt{b}=2$，$\tan\beta=-\frac{1}{a}\sqrt{4b-a^2}\to+\infty$，所以 $\beta=\frac{\pi}{2}$，

所以两个特解 $y_1(n)=2^n\cos\frac{\pi}{2}n$，$y_2(n)=2^n\sin\frac{\pi}{2}n$

且有 $\frac{y_1(n)}{y_2(n)}=\cot\frac{\pi}{2}n\neq$ 常数，知 $y_1(n)$，$y_2(n)$ 线性无关，

所以方程通解为 $y_n=2^n(C_1\cos\frac{\pi}{2}n+C_2\sin\frac{\pi}{2}n)$

(5) 方程的特征方程为 $\lambda^2-4(a+1)\lambda+4a^2=0$,

$\Delta=[-4(a+1)]^2-16a^2=16(a^2+2a+1-a^2)=16(1+2a)>0$,

$\lambda_1=\frac{4(a+1)+4\sqrt{2a+1}}{2}=2(a+1+\sqrt{2a+1})$,

$\lambda_2=\frac{4(a+1)-4\sqrt{2a+1}}{2}=2(a+1-\sqrt{2a+1})$,

因此方程的两个特解为 $y_1(n)=2^n(a+1+\sqrt{2a+1})^n$,$y_2(n)=2^n(a+1-\sqrt{2a+1})^n$,且线性无关,

所以方程的通解为 $y_n=2^n[C_1(a+1+\sqrt{2a+1})^n+C_2(a+1-\sqrt{2a+1})^n]$

(6) 特征方程为:$r^2+2r-3=0$,$r_1=-3$,$r_2=1$,

所以两个特解分别为 $y_1(n)=(-3)^n$,$y_2(n)=(1)^n$

由于 $\frac{y_1(n)}{y_2(n)}=(-3)^n\neq$常数,所以通解为 $y_n=C_1(-3)^n+C_2$,

将 $n=0$,$y_0=-1$ 代入上式得 $C_1+C_2=-1$,

将 $n=1$,$y_0=1$ 代入上式得 $-3C_1+C_2=1$,

解之得 $\begin{cases}C_1=-\frac{1}{2}\\C_2=-\frac{1}{2}\end{cases}$ 所以满足初始条件的特解为 $y=-\frac{1}{2}(-3)^n-\frac{1}{2}=-\frac{1}{2}[1+(-3)^n]$

练习 10.3

1. 已知某人欠有债务 25 000 元,月利率为 1%,计划在 12 个月内用分期付款的方法还清债务,每月要付出多少钱?设 a_n 为付款 n 次后还剩欠款数,求每月付款 P 元使 $a_{12}=0$ 的差分方程.

解 根据题意,每月付款 P 元,使 $a_{12}=0$ 的差分方程的模型为

$a_{n+1}=(1.01)a_n-P$,

$a_{n+1}-1.01a_n=-P$,…且 $a_{12}=0$,$a_0=25\ 000$,

这里 $a=-1.01$,所以对应的齐次方程的通解为 $C(1.01)^n$,

方程 $a_{n+1}-1.01a_n=-P$ 的特解 $a^*(n)=A$,$a^*(n+1)=A$,

将 $a^*(n+1)$,$a^*(n)$代入方程 $a_{n+1}-1.01a_n=-P$ 中,得 $A=\frac{P}{0.01}$,

所以方程 $a_{n+1}-1.01a_n=-P$ 的特解 $a^*=\frac{P}{0.01}$

所以方程 $a_{n+1}-1.01a_n=-P$ 的通解 $a_n=C(1.01)^n+\frac{P}{0.01}$

将 $a_0=25\ 000$ 代入上式得 $C+\frac{P}{0.01}=25\ 000$,

将 $a_{12}=0$ 代入上式得 $C(1.01)^{12}+\frac{P}{0.01}=0$

解方程组 $\begin{cases}C+\frac{P}{0.01}=25\ 000 & ①\\C(1.01)^{12}+\frac{P}{0.01}=0 & ②\end{cases}$

式①－②得$[(1-(1.01)^{12}]C=25\ 000$，

所以$C=\dfrac{25\ 000}{1-1.126\ 824\ 9}=-\dfrac{25\ 000}{0.126\ 824\ 9}=-197\ 122.17$

代入式①中，得

$P=0.01\times(197\ 122.17+25\ 000)=2\ 221.221\ 7\approx2\ 221.22$(元)

即$P=2\ 221.22$元为每月要付出的钱

2. 某公司每年工资总额在比前年增加 20％的基础上再追加 200 万元，若以W_t表示第t年的工资总额(单位：百万元)，求W_t满足的方程；若 2000 年该公司的工资总额为 1 000 万元，则 5 年后工资总额将是 2000 年的多少倍？

解　根据题意，W_t满足的微分方程为：$W_{t+2}=(1+20\%)W_{t+1}+2$，

即$W_{t+2}-(1.2)W_{t+1}=2$.

求$W_{t+2}-(1.2)W_{t+1}=0$的通解$\overline{W_t}$，特征方程$r^2-1.2r=0$，$r_1=0$，$r_2=1.2$，

所以$\overline{W_t}=C(1.2)^t$，

再求方程$W_{t+2}-(1.2)W_{t+1}=2$的特解$W^*(t)$，特解形式为$W^*(t)=a_0t^2+b_0t+c_0$，

代入上式得$a_0=0$，$b_0=0$，$c_0=-10$，

所以$W^*(t)=-10$，

所以通解$W(t)=C(1.2)^t-10$

初始条件$W_0=1\ 000$代入上式得$C=1\ 010$，

所以满足初始条件的特解为$W(t)=1\ 010(1.2)^t-10$，

$W(5)=1\ 010\times(1.2)^5-10=1\ 010\times2.488-10=2\ 503.2$，

$W(5)/W(0)=\dfrac{2\ 503}{1\ 000}\approx2.5$，

所以 5 年后的工资总额将是 2000 年的 2.5 倍

3. 在讨论供求关系时，某商品的需求量、供给量和价格均被看作时间n的函数，n取整数型离散值. 传统的基本动态供需均衡模型为

$$\begin{cases}D_n=a+bP_n\\S_n=a_1+b_1P_{n-1}\\D_n=S_n\end{cases}$$

模型表明，现期需求依赖于同期价格，现期供给依赖前期价格，试求P_n满足的动态供求均衡模型的差分方程，求解差分方程，讨论价格相对时间n的稳定性.

解　根据题意要求，让供给函数S_n与需求函数D_n相等，可得均衡模型的差分方程

$a+bP_n=a_1+b_1P_{n-1}$，即

$P_n-\dfrac{b_1}{b}P_{n-1}=\dfrac{a_1-a}{b}$为所求的差分方程模型

设对应的齐次方程的通解P_n，

从而$P_n=C\left(\dfrac{b_1}{b}\right)^n$. 方程$P_n-\dfrac{b_1}{b}P_{n-1}=\dfrac{a_1-a}{b}$的特解$P^*(n)=A$，

$P^*(n-1)=A$将$P^*(n)$，$P^*(n-1)$代入上式中得$A=\dfrac{a_1-a}{b-b_1}$，

所以$P^*(n)=\dfrac{a_1-a}{b-b_1}$，

所以方程 $P_n-\frac{b_1}{b}P_{n-1}=\frac{a_1-a}{b}$ 的通解

$P_n=P_n+P^*(n)=C\left(\frac{b_1}{b}\right)^n+\frac{a_1-a}{b-b_1}$

当 $|b_1|<|b|$ 时,有 $\lim\limits_{n\to\infty}P_n=\lim\limits_{n\to\infty}\left[C\left(\frac{b_1}{b}\right)^n+\frac{a_1-a}{b-b_1}\right]=\frac{a_1-a}{b-b_1}$

说明价格相对时间 n 稳定;当 $|b_1|>|b|$ 时,$\lim\limits_{n\to\infty}P_n=\infty$,因此价格趋向不稳定

七、习题全解

1. 设 $f(x)$ 在 R 上有定义,$h>0$ 为常数,称 $\Delta_h f(x)=f(x+h)-f(x)$ 为 $f(x)$ 的步长为 h 的一阶差分.

(1) 证明:$\Delta_h[cf(x)]=c\Delta_h f(x)$($c$ 为常数),

$\Delta_h[f_1(x)+f_2(x)]=\Delta_h f_1(x)+\Delta_h f_2(x)$;

(2) 若定义 $\Delta_h^n f(x)=\Delta_h[\Delta_h^{n-1}f(x)]$,$n=2,3,\cdots$ 是 $f(x)$ 的步长为 h 的 n 阶差分,用数学归纳法证明:$\Delta_h^n f(x)=\sum\limits_{k=0}^{n}C_n^k(-1)^{n-k}f(x+kh)$.

证明 (1) 因为 $\Delta_h[cf(x)]=cf(x+h)-cf(x)=c[f(x+h)-f(x)]=c\Delta_h f(x)$,

所以 $\Delta_h[cf(x)]=c\Delta_h f(x)$.

因为 $\Delta_h[f_1(x)+f_2(x)]=[f_1(x+h)+f_2(x+h)]-[f_1(x)+f_2(x)]$

$=[f_1(x+h)-f_1(x)]+[f_2(x+h)-f_2(x)]=\Delta_h f_1(x)+\Delta_h f_2(x)$,

所以 $\Delta_h[f_1(x)+f_2(x)]=\Delta_h f_1(x)+\Delta_h f_2(x)$

(2) 当 $n=2$ 时 $\Delta_h^2 f(x)=\Delta_h[\Delta_h f(x)]=\Delta_h[f(x+h)-f(x)]$

$=[f(x+2h)-f(x+h)]-[f(x+h)-f(x)]$

$=f(x+2h)-2f(x+h)+f(x)=\sum\limits_{i=0}^{2}(-1)^{2-i}C_2^i f(x+ih)$

假定 $n=k$ 时,等式 $\Delta_h^k f(x)=\sum\limits_{i=0}^{k}(-1)^{k-i}C_k^i f(x+ih)$ 成立,

证明当 $n=k+1$ 时等式成立,

$$\Delta_h^{k+1}f(x)=\Delta_h\left[\sum_{i=0}^{k}(-1)^{k-i}C_k^i f(x+ih)\right]=\sum_{i=0}^{k+1}(-1)^{(k+1)-i}C_{k+1}^i f(x+ih),$$

故对任意的 n 等式成立,

$$\Delta_h^n f(x)=\sum_{k=0}^{n}C_n^k(-1)^{n-k}f(x+kh)$$

2. 设 $f(x)$ 是 $\mathbf{R}$ 上的二次连续可导函数,证明

$$\Delta_h^2 f(x)=\int_0^h\left[\int_0^h f''(x+t_1+t_2)\mathrm{d}t_1\right]\mathrm{d}t_2.$$

证明 由第一题的证明知 $\Delta_h^2 f(x)=f(x+2h)-2f(x+h)+f(x)$,

对定积分 $\int_0^h f''(x+t_1+t_2)\mathrm{d}t_1$,$t_1$ 为积分变量,在这 x 可看作常数,

所以 $\int_0^h f''(x+t_1+t_2)\mathrm{d}t_1=\int_0^h \mathrm{d}f'(x+t_1+t_2)=[f'(x+t_1+t_2)]\big|_0^h$

$$= f'(x+h+t_2) - f'(x+t_2)$$

所以$\int_0^h \left[\int_0^h f''(x+t_1+t_2)\mathrm{d}t_1\right]\mathrm{d}t_2 = \int_0^h [f'(x+h+t_2) - f'(x+t_2)]\mathrm{d}t_2$

$$= \int_0^h \mathrm{d}f(x+h+t_2) - \int_0^h \mathrm{d}f(x+t_2) = [f(x+h+t_2)]\Big|_0^h - [f(x+t_2)]\Big|_0^h$$

$$= f(x+2h) - f(x+h) - f(x+h) + f(x) = f(x+2h) - 2f(x+h) + f(x)$$

所以 $\Delta_h^2 f(x) = \int_0^h \left[\int_0^h f''(x+t_1+t_2)\mathrm{d}t_1\right]\mathrm{d}t_2$

3. 设 a,b 为非零常数，且 $1+a\neq 0$，试证：通过变换 $u_n = y_n - \frac{b}{1+a}$，可将非齐次方程 $y_{n+1} + ay_n = b$ 变换为 u_n 的齐次方程，并由此求出 y_n 的通解.

解 由变换 $u_n = y_n - \frac{b}{1+a}$，得 $y_n = u_n + \frac{b}{1+a}$，$y_{n+1} = u_{n+1} + \frac{b}{1+a}$，

代入方程 $y_{n+1} + ay_n = b$ 中，$u_{n+1} + \frac{b}{1+a} + au_n + \frac{ab}{1+a} = b$

$u_{n+1} + au_n = b - \frac{b+ab}{1+a} = 0$，

即 $u_{n+1} + au_n = 0$ 为齐次方程

齐次方程 $y_{n+1} + ay_n = 0$ 的通解 $Y(n) = C(-a)^n$

又　$y_n = u_n + \frac{b}{1+a}$

所以　$y_n = C(-a)^n + \frac{b}{1+a}$

所以方程 $y_{n+1} + ay_n = b$ 的通解 $y_n = C(-a)^n + \frac{b}{1+a}$

4. 已知差分方程$\frac{a+by_n}{c+dy_{n+1}} = \frac{y_n}{y_{n+1}}$，其中 a,b,c,d 均为正常数，试证经代换 $z_n = \frac{1}{y_n}$，可将方程化为关于 z_n 的线性差分方程，并由此找出原方程的通解.

解 将 $z_n = \frac{1}{y_n}$ 化成 $y_n = \frac{1}{z_n}$，$y_{n+1} = \frac{1}{z_{n+1}}$，代入已给方程中，

$\dfrac{a+\frac{b}{z_n}}{c+\frac{d}{z_{n+1}}} = \dfrac{\frac{1}{z_n}}{\frac{1}{z_{n+1}}}$，$\frac{z_{n+1}(az_n+b)}{z_n(cz_{n+1}+d)} = \frac{z_{n+1}}{z_n}$，化简为 $z_{n+1} - \frac{a}{c}z_n = \frac{b-d}{c}$

① 当 $a\neq c$，即$-\frac{a}{c}\neq -1$ 时，齐次方程 $z_{n+1} - \frac{a}{c}z_n = 0$ 的通解 $z(n) = \overline{C}\left(\frac{a}{c}\right)^n$，这时非齐次方程的特解

$z^*(n) = A$，$z^*(n+1) = A$ 代入方程 $z_{n+1} - \frac{a}{c}z_n = \frac{b-d}{c}$ 中，$A\left(1-\frac{a}{c}\right) = \frac{b-d}{c}$，$A = \frac{b-d}{c-a}$，$z^*(n) = \frac{b-d}{c-a}$，

所以通解为 $z(n) = \overline{C}\left(\frac{a}{c}\right)^n + \frac{b-d}{c-a}$

② 当 $a=c$ 时，$-\frac{a}{c} = -1$，这时方程变成 $z_{n+1} - z_n = \frac{b-d}{c}$，

对应的齐次方程的通解 $z(n)=\overline{C}$,由于公式中的 $a=-1$,$f(n)=\dfrac{b-d}{c}$,

所以非齐次方程的特解 $z^*(n)=An$,$z^*(n+1)=A(n+1)$,

代入方程 $z_{n+1}-z_n=\dfrac{b-d}{c}$中,$An+A-An=\dfrac{b-d}{c}$,

$A=\dfrac{b-d}{c}$,所以 $z^*(n)=n\left(\dfrac{b-d}{c}\right)$,

所以通解为 $z(n)=\overline{C}+\dfrac{b-d}{c}n$

综上 $z_n=\begin{cases}\overline{C}\left(\dfrac{a}{c}\right)^n+\dfrac{b-d}{c-a}, & a\neq c;\\ \overline{C}+\left(\dfrac{b-d}{c}\right)n, & a=c\end{cases}$ ($\overline{C}$ 为任意常数)

由此原方程的通解 $y_n=\begin{cases}\dfrac{1}{\overline{C}\left(\dfrac{a}{c}\right)^n+\dfrac{b-d}{c-a}}, & a\neq c;\\ \dfrac{c}{\overline{C}c+(b-d)n}, & a=c\end{cases}$

5. 已知 $y_1=4n^3$,$y_2=3n^2$,$y_3=n$ 是方程 $y_{n+2}+a_1(n)y_{n+1}+a_2(n)y_n=f(n)$的三个特解,问它们能否组合构造出所给方程的通解;如可以,给出方程的通解.

解 由题设 y_1,y_2,y_3 是方程 $y_{n+2}+a(n)y_{n+1}+a_2(n)y_n=f(n)$的特解,

则 y_1-y_3,y_2-y_3 是对应的齐次方程的解

而$\dfrac{y_1-y_3}{y_2-y_3}=\dfrac{4n^3-n}{3n^2-n}=\dfrac{4n^2-1}{3n-1}\neq$常数,

所以 y_1-y_3 与 y_2-y_3 线性无关,

所以 $Y_n=C_1(y_1-y_3)+C_2(y_2-y_3)$是齐次方程的通解

所以 $y_n=Y_n+y_3=C_1(4n^3-n)+C_2(3n^2-n)+n$ 为方程 $y_{n+2}+a_1(n)y_{n+1}+a_2(n)y_n=f(n)$的通解